普通高等院校风景园林专业"十三五"规划精品教材

# 园林花卉学

主　　编　薛秋华

副 主 编　李保印　周秀梅　王少平　吴银玲

参编人员　（以姓氏笔画为序）

　　　　　王敏华　邓传远　冯　莹　叶露莹

　　　　　闫淑君　陈　超

华中科技大学出版社

中国·武汉

# 内 容 提 要

本书是由多位在高等学校从事园林教学与科研工作的、有经验的教师，结合自己的实践，在共同研究、商榷的基础上编写而成的。园林花卉学是以园林上常用的草本和少量木本花卉为对象，研究其分类、习性、分布、繁殖、栽培与应用等理论和技术的综合学科。本书主要由两个方面内容构成：总论部分，主要阐述花卉的共性内容，如分类、繁殖、栽培管理、园林应用等；各论部分，主要以花卉的生活型为主线，阐述各类花卉的特征、繁殖、栽培和应用等。全书分为17章，分别为：绪论，园林花卉的分类，花卉生长和发育的规律，花卉与环境因子，花卉的繁殖，花卉的栽培管理，花卉栽培新技术，园林花卉的装饰和应用，一二年生园林花卉，宿根园林花卉，球根园林花卉，兰科花卉，室内观叶植物，水生花卉，多肉多浆花卉，木本园林花卉，草坪与地被植物。

"园林花卉学"是一门实践性很强的课程，本书以实用为特色，突出一些栽培新技术和新方法，内容较为全面，适合园林园艺、风景园林、景观、城市规划和相关专业的学生学习和参考，也适合园林花卉的从业人员和爱好者进行学习与参考。

**图书在版编目(CIP)数据**

园林花卉学/薛秋华主编. —武汉：华中科技大学出版社，2014.5（2022.1重印）
ISBN 978-7-5680-0001-7

Ⅰ.①园… Ⅱ.①薛… Ⅲ.①花卉-观赏园艺-高等学校-教材 Ⅳ.①S68

中国版本图书馆 CIP 数据核字(2014)第 100141 号

**园林花卉学**

薛秋华 主编

---

责任编辑：张秋霞
封面设计：潘 群
责任校对：祝 菲
责任监印：张贵君

出版发行：华中科技大学出版社（中国·武汉）　　电话：(027)81321913
　　　　　武汉市东湖新技术开发区华工科技园　　邮编：430223
录　排：华中科技大学惠友文印中心
印　刷：广东虎彩云印刷有限公司
开　本：850mm×1065mm　1/16
印　张：29.25
字　数：773 千字
版　次：2022 年 1 月第 1 版第 5 次印刷
定　价：65.00 元

---

华中出版

# 总　　序

　　《管子》一书《权修》篇中有这样一段话："一年之计,莫如树谷;十年之计,莫如树木;百年之计,莫如树人。一树一获者,谷也;一树十获者,木也;一树百获者,人也。"这是管仲为富国强兵而重视培养人才的名言。

　　"十年树木,百年树人"即源于此。它的意思是说,培养人才是国家的百年大计,既十分重要,又不是短期内可以奏效的事。"百年树人"并不是非得 100 年才能培养出人才,而是比喻培养人才的远大意义,要重视这方面的工作,并且要预先规划,长期、不间断地进行。

　　当前,我国风景园林业发展形势迅猛,急缺大量的风景园林应用型人才。全国各地设有风景园林专业的学校众多,但能够做到既符合当前改革形势又适用于目前教学形式的优秀教材却很少。针对这种现状,急需推出一系列切合当前教育改革需要的高质量优秀专业教材,以推动应用型本科教育办学体制和运作机制的改革,提高教育的整体水平,并且有助于加快改进应用型本科办学模式、课程体系和教学方法,形成具有多元化特色的教育体系。

　　这套系列教材整体导向正确,科学精练,编排合理,指导性、学术性、实用性和可读性强,符合学校、学科的课程设置要求。以风景园林专业指导委员会的专业培养目标为依据,注重教材的科学性、实用性、普适性,尽量满足同类专业院校的需求。教材内容上大力补充新知识、新技能、新工艺、新成果,注意理论教学与实践教学的搭配比例,结合目前教学课时减少的趋势适当调整了篇幅。根据教学大纲、学时、教学内容的要求,突出重点、难点,体现了建设"立体化"精品教材的宗旨。

　　以发展社会主义教育事业、振兴高等院校教育教学改革、促进高校教育教学质量的提高为己任,对我国高等教育的理论与思想、办学方针、体制、教育教学内容改革等进行了广泛深入的探讨,以提出新的理论、观点和主张。希望这套教材能够真实体现我们的初衷,真正能够成为精品教材,得到大家的认可。

中国工程院院士

2007 年 5 月

# 前　言

　　花卉学是以可用于观赏的植物为研究对象,主要研究它们的分类、生物学特性、生长发育规律、环境对其生长的影响、栽培养护管理和园林应用等方面的基础理论与操作技能的科学。花卉是美化环境的主要材料,具有品种繁多、色彩丰富、观赏期长、生产周期短、经济效益高等特点;在净化环境方面也起着重要作用,包括:调节湿度、调节温度、吸收二氧化碳、放出氧气、吸收有害物质等;保持水土,增进身心健康;在人们的文化生活方面,可以增加人与人的交往,增进友谊、陶冶情操;能用于生产,创造经济效益。花卉学是景观、风景园林、观赏园艺及相关专业重要的课程,编写此书,希望能将花卉业多年的发展过程中的新理论、新技术传授给学生,更好地指导生产实践,使教学与生产相结合。

　　本书由福建农林大学 2013 年度教材出版基金资助。

　　本书组织了多位在高校从事园林教学与科研工作的、有经验的教师,结合多年的教学实践,共同研究、商榷,编写而成。园林花卉学是以园林上常用的草本和少量木本花卉为对象,研究其分类、习性、分布、繁殖、栽培与应用等理论和技术的综合学科。本书主要由两个方面的内容构成:总论部分,主要阐述花卉的共性,如分类、繁殖、栽培管理、园林应用等;各论部分,主要以花卉的生活型为主线,阐述各类花卉的特征、繁殖、栽培和应用等。全书分为 17 章,分别为:绪论,园林花卉的分类,花卉生长和发育的规律,花卉与环境因子,花卉的繁殖,花卉的栽培管理,花卉栽培新技术,园林花卉的装饰和应用,一二年生园林花卉,宿根园林花卉,球根园林花卉,兰科花卉,室内观叶植物,水生花卉,多肉多浆花卉,木本园林花卉,草坪与地被植物。

　　本书编写分工如下。薛秋华负责大部分总论部分和部分各论的编写,参加总论部分编写的还有李保印、周秀梅、陈超、叶露莹、邓传远、闫淑君等。各论部分编写分工如下。李保印(教授)负责编写第 4 章、第 8 章,冯莹(讲师)负责编写第 16 章,王敏华(讲师)负责编写第 14 章,王少平(副教授)负责编写第 9 章、第 13 章,吴银玲(副教授)负责编写第 10 章、第 12 章,周秀梅(副教授)负责编写第 15 章、第 7 章。其余各章由薛秋华编写。

　　园林花卉学是一门实践性很强的课程,本书以实用为特色,突出一些新技术和新方法,内容较为全面,适用于园林园艺、风景园林、景观、城市规划和其他相关专业学生的学习与参考,也适合于园林花卉的从业人员和爱好者的学习与参考。

# 目　录

# 0 绪 论

【本章提要】 本章介绍了花、花卉、园林花卉的概念,花卉的学习方法,以及花卉栽培的意义和作用;花卉栽培的发展历史;花卉植物种质资源的特点;国际花卉现代化生产的特点;我国花卉的生产现状以及发展趋势。通过本章的学习,读者可以掌握花卉栽培的基本方法,了解国内外花卉的发展现状和趋势。

## 0.1 园林花卉的概念和作用

### 0.1.1 园林花卉的概念

"花"是指被子植物适应于生殖而产生的短缩变态枝,是植物的繁殖器官。"卉"是草的总称,"花卉"即是花草的总称。在植物界的系统发育过程中,形成了千姿百态、艳丽多彩、气味芬芳的花花草草,这些可用于观赏的花草,统称为"花卉"。花卉的狭义理解是指有观赏价值的草本植物;广义的理解是指具有观赏价值的植物,包括草本及木本植物。园林花卉是指适用于园林与环境绿化的、具有观赏价值的植物,包括观花、观叶、观枝茎、观芽、观果、观根的草本和木本植物。

中国幅员辽阔,地跨寒、温、热三带,山川秀美,园林花卉资源极为丰富,中国园林素有"世界园林之母"的美称。园林植物是供人类栽培和观赏的对象,在城乡绿化和园林建设中是主要素材。

本课程学习的主要对象是狭义的园林花卉,以草本的花卉为主(也有少量常见的小木本花卉),研究它们的分布、品种、形态特征、生态习性、繁殖及栽培管理、园林用途等。园林花卉种类繁多,生态习性和生物学特性各不相同,加之栽培目的有异,从而形成了各种不同的栽培方式。读者应在了解园林花卉的习性、观赏特性、用途的基础上,学习和掌握其栽培管理技术措施,并能够理论联系实际,多做观察记录,勤思考;在实践中应根据其特点合理使用各项技术措施,多做分析、比较和归纳工作,坚持这种学习方法会有较大的收获。

园林花卉栽培与养护管理技术是在了解和掌握园林花卉植物的基础上,吸收有用的实践经验,将园林花卉生长发育规律应用于栽培管理的综合技术。园林花卉栽培是园林和观赏园艺的重要内容。通过学习,人们可以根据园林花卉的生长发育规律,人为采取直接或间接的措施对园林花卉及其生长环境进行调节,以控制其生长和发育。这是实践性很强的一门课,在学习过程中应理论联系实际,要能熟练地动手操作,才能使自己成为合格的、实践和理论并重的花卉栽培和园林管理专业技术人才。

学习园林花卉栽培与养护管理技术的目的和任务就是要学会应用园林花卉来建设园林,并使其能长期地、充分地发挥功能。

### 0.1.2 园林花卉栽培的意义和作用

1)在园林绿化中的作用

园林花卉为园林绿化、美化和香化的重要材料。尤其是草本花卉,其繁殖系数高,生长快,花色艳丽,装饰效果强,所以在园林绿化中常用于布置花坛、花台、花境、花群、花丛等,为人们创造优美的工作、休憩环境,丰富人们的精神和文化生活,给人们以美的享受,有助于消除疲劳、增进身心健康,还可以为节日庆祝活动增添欢快和热烈的气氛。植物本身就是自然的艺术品,它的叶、花、果、姿,均具有无比的魅力。古往今来,千千万万的诗人、画家为它们讴歌作画,由此可见它们对人类的影响巨大。人们在与植物的接触中,可以荡涤污秽、纯洁心灵、美育精神、陶冶性格,还可以受到美好的精神文明教育。

2)在生态环境中的作用

园林花卉不仅有美化环境的功能,还有改善环境生态因子及保护环境的功能,尤其对局部气候的改善作用极大。园林花卉是环境的净化器,它能吸收二氧化碳($CO_2$),放出氧气($O_2$),阻滞尘埃,减少空气中的尘埃量,清新空气,有利于人的身心健康。园林花卉是环境的消毒器,实验证明,许多观赏植物能分泌杀菌素,使空气中的细菌、真菌和原生动物的量减少。园林花卉是有毒物质的过滤器,许多观赏植物能吸收空气中的有毒气体和水体、土壤中的有毒物质,通过自身的循环,吸收毒素或富集于体内,从而减少空气、水体和土壤中的毒物量。园林花卉可遮挡阳光,减少热辐射,降低温度,对环境起到冬暖夏凉的作用。园林花卉是各种噪声的消声器,实践证明,噪声会对人体产生不利影响,引发许多疾病,而观赏植物具有降低噪声的作用,有利于人体健康。另外,园林花卉还有涵养水源、保持水土、防风固沙、防火、防海潮的作用。

3)在文化生活中的作用

花卉是非常美丽的自然产物,可以用来美化室内环境,改善生活环境,丰富日常生活。在人际交往中,花卉可以用于表达敬意和友谊,增进团结,促进科学文化交流。近年来,对于国际友人的外事用花和人们的生活用花等需求量日益增加。鲜花是馈赠亲友的高档礼品,在赠送鲜花时应根据各国习俗和赠送对象,选择适宜的种类和品种。

①婚礼庆典:宜选择花色艳丽、芳香和富有寓意的花卉,如一串红、牡丹、芍药、梅花等,象征团圆、和睦和永久相爱。

②祝贺生日:对同辈,宜选择石榴花、木本象牙红和红色月季花等,象征火红的年华和前程似锦的祝愿;对长辈,宜选择万年青、君子兰、苏铁等,象征安详和长寿。

③探望病人:宜选择香味柔和的花卉,如兰花、月季。

④乔迁之喜:宜选择多年生常绿盆花,如兰花、文竹、米兰花等,象征永久、安安稳稳。

⑤表示惋惜、怀念和参加葬礼:可按季节不同,选择白色的月季、牡丹、栀子、菊花和马蹄莲等。

⑥节日送花:母亲节,送白色香石竹;情人节,送红色玫瑰;圣诞节,送圣诞花、圣诞树。

4)在经济生活中的作用

花卉生产栽培是一项重要的园艺生产,不仅可以满足人们对生活环境改善、绿化、室内装饰的需要,还可以输出国外,换取外汇或其他急需物质。我国近年来大量出口的花卉有漳州水仙、兰州百合、云南茶花、上海香石竹和盆景等。荷兰的郁金香、风信子等,日本的百合、菊花、香石竹、月季等,新加坡的热带兰,意大利的干花等,长期进行专业栽培,其生产利润在国家收入中占重要比重,有些还成为国民经济的主要收入,如荷兰是世界上最大的花卉出口国。

很多花卉同时又是药用植物、香料植物和经济植物。大部分花草可用作药材,如金银花、桔梗、龙胆、百合、芍药等;晚香玉、玫瑰、小苍兰、茉莉、栀子和白兰花等都是重要的香料植物,用于提取香精,玫瑰油和香叶天竺葵香精的价格比黄金价格还高;有些花卉可以作为食品工业和轻工业的重要原料,用于制作茶油、玫瑰酱、桂花晶、藕粉等;仙人掌果实、柠檬、草莓、金橘、葡萄等可以作为水果;苋科植物可以作为蔬菜。

## 0.2 我国花卉的栽培历史简述

中国人对于植物之美的观赏由来已久。但商、周时代的栽培对象大多属于林木或果木,而非专用于观赏的植物。观赏植物的专业性栽培当始于南北朝。南宋杨万里《和梅诗序》云:"……梅于是时始以花闻天下。"齐梁年间问世的《魏王花木志》,可作为花木专著的发端。晋代王恺以嫁接技术传世,为繁殖优良单株和芽条变异提供了技术参考。而当时,社会上赏花赋诗成为一时风尚,加上专业知识和技术的发展,特别是南朝君主的提倡与推广,为观赏植物的专业栽培创造了条件。唐代,牡丹栽培盛极一时,育种工作已开始。北宋欧阳修的《洛阳牡丹图》对牡丹的记述甚详。宋代,菊花进行了专业栽培,品种之多、栽培技艺之精,可从范成大《范村菊谱》中略见端倪。南宋定都临安,对观赏植物需求甚多,杭州余杭门外,东西马塍,为花农种花之地,举凡花草树木,均有种植,成为混合性观赏植物栽培的集中地,此种栽培方式一直延续至近代。

中国古代花果树木栽培,以温室栽培的催花技术最为精妙。如汉代扶荔宫栽培荔枝用南方果木,为中国温室栽培的起源。范成大《范村梅谱》云:"符都卖花者争先为奇。冬初所未开枝,置浴室中,熏蒸令折,强名早梅。"可谓花卉促成栽培之始。在中国古代观赏植物栽培技术传统中,偏重于在深入掌握生态习性的基础上各顺其性,然后力求通过人工技艺巧夺天工,应是最值得总结和发扬的精华。如《齐民要术》云:"顺天时,量地利,则用力少而成功多。"在《花镜》中,陈淏子的指导思想已发展成:"在花主园丁,能审其燥湿,避其寒暑,使各顺其性,虽遐方异域,南北易地,人力亦可以夺天功,夭乔未尝不在吾侪掌握中也。"这是在顺应自然的基础上来巧夺天工,值得深入总结与发扬。此外,在中国传统观赏植物栽培中,一贯强调整体观念,特别重视培育与选择,并注重栽培与育种的相辅相成关系。这在古代名花名谱,如《洛阳牡丹记》《刘氏菊谱》等书中,均有精彩论述。

近代,各地花卉种植者借鉴他国技术,总结经验,对于如何将栽培原理和关键技术应用于现代重要花卉的生产中,有了很大的进步。

新中国成立以来,特别是党的十一届三中全会以来,由于科学技术的进步,工农业生产有较大的发展。随着国际交流日益增多,人民生活水平不断提高,园林园艺事业也得到相应的发展,表现在:园林植物种类增加,品种质量逐步提高,生产技术、经营管理有所改善,园林绿地逐年扩大,保护生态环境的意识普遍加强。无土栽培、组织培养、辐射育种等一些先进技术和全天候温室等先进设备,在部分省市已开始应用;沿海一些城市的盆景已组织出口,在国外展览中受到关注;插花艺术已逐渐普及。以上这些无疑对发展我国园林园艺事业、优化环境质量、增加财政收入起到了重要的作用。

## 0.3 我国丰富的花卉种质资源

中国是世界栽培植物最大的起源中心之一。中国原产的观赏植物种质,以种类繁多、分布集中、丰富多彩、特点突出而闻名于世。近二三百年来,西方国家及日本自中国引过去大量观赏植物种质,很多已应用于全球园林或参加了花卉育种,为世界园林与花卉业作出了重要贡献。中国观赏植物种质资源的特点如下。

1)种类和品种繁多

中国原产的观赏植物,尤其是适合园林或家庭应用的花卉以及有潜在发展能力的观赏植物种质,在全球所占比重较大,如乔木、灌木中原产中国的,有7500种以上,松柏类、竹类尤为突出,这在世界上是罕见的。我国的草本植物种质也十分丰富。(见表0-1)

表0-1 观赏植物30个属的中国原产种数占世界总种数之比

| 序 号 | 名 称 | 属 名 | 中国原产种数 | 世界总种数 | 所占比例/(%) | 分布中心 |
|---|---|---|---|---|---|---|
| 1 | 槭 | Acer | 150 | 200 | 75.0 | |
| 2 | 落新妇 | Astilbe | 15 | 25 | 60.0 | |
| 3 | 茶花 | Camellia | 195 | 220 | 88.6 | 西南、华南 |
| 4 | 腊梅 | Chimonanthus | 6 | 6 | 100.0 | |
| 5 | 金粟兰 | Chloranthus | 15 | 15 | 100.0 | |
| 6 | 蜡瓣花 | Corylopsis | 21 | 30 | 70.0 | 长江以南 |
| 7 | 枸子 | Cotoneaster | 60 | 95 | 63.2 | 西南 |
| 8 | 兰 | Cymbidium | 30 | 50 | 60.0 | |
| 9 | 菊 | Dendranthema | 17 | 30 | 56.7 | |
| 10 | 四照花 | Dendrobenthamia | 9 | 12 | 75.0 | |
| 11 | 溲疏 | Deutzia | 40 | 60 | 66.7 | 西南 |
| 12 | 油杉 | Keteleeria | 10 | 12 | 83.3 | 华东、华南、西南 |
| 13 | 百合 | Lilium | 40 | 80 | 50.0 | |
| 14 | 石蒜 | Lycoris | 15 | 20 | 75.0 | |
| 15 | 苹果 | Malus | 23 | 35 | 65.7 | |
| 16 | 绿绒蒿 | Meconopsis | 37 | 45 | 82.2 | |
| 17 | 含笑 | Michelia | 40 | 60 | 66.7 | 西南至华东 |
| 18 | 沿阶草 | Ophiopogon | 33 | 55 | 60.0 | |
| 19 | 木犀 | Osmanthus | 27 | 30 | 90.0 | 长江以南 |
| 20 | 爬山虎 | Parthenocissus | 10 | 15 | 66.7 | |
| 21 | 泡桐 | Paulownia | 9 | 9 | 100.0 | |
| 22 | 马先蒿 | Pedicularis | 329 | 600 | 54.8 | |

续表

| 序 号 | 名 称 | 属 名 | 中国原产种数 | 世界总种数 | 所占比例/(%) | 分布中心 |
|---|---|---|---|---|---|---|
| 23 | 毛竹 | *Phyllostachys* | 45 | 50 | 90.0 | 黄河以南 |
| 24 | 报春花 | *Primula* | 294 | 500 | 58.8 | |
| 25 | 李(樱、梅) | *Prunus* | 140 | 200 | 70.0 | |
| 26 | 杜鹃花 | *Rhododendron* | 530 | 900 | 58.9 | 西南 |
| 27 | 绣线菊 | *Spiraea* | 65 | 105 | 61.9 | |
| 28 | 丁香 | *Syringa* | 26 | 30 | 86.7 | 东北至西南 |
| 29 | 椴树 | *Tilia* | 35 | 50 | 70.0 | 东北至西南 |
| 30 | 紫藤 | *Wisteria* | 7 | 10 | 70.0 | |

中国栽培植物的品种数也是非常丰富的，如1996年梅花品种有300个以上，牡丹品种约500个，落叶杜鹃品种约500个，芍药品种有200个，月季品种有800个，菊花品种有3000个以上。

2)特点突出

中国有许多植物是中国独有的特产科、属、种，是举世无双的。如银杏科的银杏属，松科的金钱松属，杉科的台湾杉属、水杉属、水松属，柏科的福建柏属，红豆杉科的白豆杉属，木兰科的宿轴木属，瑞香科的结香属，腊梅科的腊梅属等，还有梅花、桂花、月季、南天竹等品种。

3)分布集中

很多著名观赏植物的科、属是以中国为世界的分布中心的(见表0-1)，在相对较小的地区内，集中着众多原产植物种类。

4)丰富多彩

中国地域广阔、环境变化多，经长期的环境影响形成许多变异种类，植物的形态特征变化较大。同种植物不同品种在花形、花色、香气、树形姿态等方面多少有差异，使植物形成丰富多彩的观赏特性。

## 0.4 世界花卉生产状况及发展趋势

花卉大规模生产始于第二次世界大战之后，自20世纪80年代开始得到迅速发展，目前花卉已成为世界上最具有活力的产业之一。近年来，世界花卉业发展很快，人们对花卉的需求量也不断增加，1991年世界花卉总消费量达1000多亿美元，到2000年已经达到2000亿美元。人均花卉消费最高的国家依次是瑞士、挪威、澳大利亚和德国；消费量最大的国家是美国、德国、日本；种植面积最大的国家是中国、印度、日本、美国、巴西，约占世界花卉种植总面积的60%。荷兰是花卉出口大国，出口总额占世界花卉出口总额的68%，而泰国、新加坡、澳大利亚和新西兰的热带花卉的出口量也日益增加。图0-1为世界花卉生产分布图。

国际市场上销售的花卉主要是鲜花、球根、盆花、种子。花卉生产和育种应根据国际花卉市场需求的变化，不断推陈出新，尽量延长花卉寿命。对于球根花卉，应延长其生长季节和提高花卉的冬季质量；对于切花，应培育新品种、稀有品种和抗病虫害的品种；对于盆栽花卉，人们喜欢一些小型、矮生的迷你型的品种，所以应尽量培育四季都有花的品种。

**图 0-1 世界花卉生产分布图**

国际花卉的现代化生产有如下特点。

①温室化生产:利用现代化设备,自动调节温度、湿度、光照等,生产可以不受季节限制,可以提高单位面积产量,周年生产和供应。

②工厂化生产:可以进行流水作业,连续生产和大规模生产,提高产量,节省用地。

③专业化生产:为了占领国际花卉市场,各国都致力于培育独特的花卉种类,形成自己的生产优势,单一种类的生产便于集约经营和大规模生产。

④采用最新的生产技术:组织培养技术的应用可以培育无病毒种苗、大量繁殖苗木、培育新品种;无土栽培技术的应用可以减少病虫害的危害、提高花卉质量、降低成本。

## 0.5 我国花卉业的生产现状及发展趋势

### 0.5.1 我国花卉业的生产现状

我国是世界上花卉生产面积最大的国家,但总产值很低,消费水平也很低。我国是一个花卉生产和消费的复合体,花卉产品出口的能力差,多为自产自销的状态,同时我国的消费潜力很大。

目前,我国花卉销售的主要种类所占比例为:观赏与绿化苗木占53%,盆栽花卉占9%,工业用花卉及其他占9%,鲜切花(含切叶)占6%,草坪占5%,花卉种苗占2%,还有种子、种球等占16%。

鲜切花的生产主要在云南;园林绿化苗木主要在江苏、浙江生产;东北与西北主要生产球根花卉;广东、海南以生产观叶植物为主。

目前,我国花卉生产的状况如下。

①花卉生产的速度很快、面积很大,但是产值和经济效益都很低。花卉生产与相关技术不配套,多采用传统技术,注重花卉产前技术,忽略花卉产后技术。

②对中国花卉种质资源的特点和优点认识不足,对中国民族花卉的研究和利用力度弱,具有自主知识产权的花卉品种很少,即引进的花卉品种多,开发利用自己的品种少。

③我国的地域差别大,因此,不同地域生产的花卉种类不同,目前,我国的花卉生产区域化布局逐步形成并趋于合理化。

④花卉科研与市场和生产脱节,科研成果转化能力差。

⑤花卉流通体系在逐步完善中。

⑥花卉消费稳定增长,国内的消费潜力大。

## 0.5.2 我国花卉业的发展趋势

1)提高思想认识,研究方针政策

在调整农业经济结构、发展商品生产的形势下,应使花卉形成新的产业,加强宣传,提高认识,农业产业结构调整要把花卉业的发展作为一项重要内容。

2)开发资源,利用资源

我国野生花卉资源极为丰富,潜力很大,应提高对我国花卉种质资源的认识,充分利用各地优越的自然条件发展生产。除了继承我国传统技术外,还应吸收国外先进技术,开发具有自主知识产权的花卉品种。

3)改善生产条件,提高产品质量

我国的花卉生产设施和设备都比较简陋,花卉生产难以做到周年生产,产品质量也比较差,因此经济效益很低。改善生产条件,提高配套技术水平,才能提高生产效率,从而保证产品的质量和产量,提高经济效益。

4)加强科学研究工作

近年来,我国在花卉育种、开发花卉野生资源、花卉快速繁殖等方面,取得了一些很有价值的研究成果。但总的来说,当前花卉生产还存在品种陈旧,栽培技术落后,生产设备落后,花卉的数量少、质量差、产量低、淡旺季不均、病虫害严重等问题。要使花卉满足市场需求,只依靠传统的、落后的生产方式是不行的,应有计划地采用现代化技术和科学设备,才能改变生产落后的状况。花卉研究应以应用技术研究为主,但也要有一部分理论探索性研究。应研究的主要有以下几个方面。

(1)传统名花系统研究

重点研究梅、牡丹、芍药、杜鹃花、茶花、菊花、荷花等。主要研究新品种选育,培育抗逆性强、色彩丰富的新品种;研究野生品种引种、驯化及繁殖利用;整理原有品种系统;研究商品化生产促成栽培、抑制栽培、特殊栽培技术。

(2)球根花卉的引种、繁育及栽培技术的研究

重点研究水仙、唐菖蒲、百合、仙客来、大丽花的新品种选育。充分利用现有的球根花卉种质资源,选育花色丰富的新品种;适当引进国内短缺的品种,研究其繁殖及栽培技术;研究种球快速繁殖新技术;提高种球质量,研究留种及种球生长发育规律、开花生理、防止退化技术。

(3)一二年生草花及宿根花卉引种、留种、育种及良种繁殖研究

引进一些国外品种以增加花色;开发野生花卉资源;研究花草良种繁殖、防止退化的技术;研究商品种子生产技术。

（4）鲜切花品种研究及储藏保鲜、包装和干花技术研究

重点研究月季、菊花、唐菖蒲、香石竹、非洲菊、丝石竹及一些热带兰。主要研究新品种，包括对原有品种的收集筛选和提纯复壮；引进和选育国外优良品种；研究保护地设施下鲜切花周年供应，包括生长发育规律、土肥管理、病虫害防治等研究；研究工厂化生产，包括育苗、无土栽培技术以及对已经引进的温室工厂化生产技术的经验总结和系统研究；组织培养试管苗脱毒及研究快速繁殖；研究鲜切花商品的包装、贮藏、保鲜和运输。

（5）观叶植物引种、育种及栽培技术研究

主要研究对现有品种的收集筛选；选育新品种；引种、驯化及繁殖野生品种；研究土、肥、水管理及病虫害防治等生产技术。

（6）盆景及插花艺术研究

研究各大流派的盆景制作技术和造型艺术的继承和创新；研究对我国传统插花技术、艺术的继承和创新。

（7）细胞工程在花卉繁殖及育种中的应用研究

研究重点花卉的组织培养快速繁殖技术；研究细胞人工诱变育种；研究细胞突变体筛选（着重于抗病、抗高温、抗寒等方面特性的选育）、胚培养、试管授粉、细胞融合等技术；研究无性系的保存及建立细胞库。

（8）花卉种质资源开发、利用、保存的研究

开发、利用、研究野生花卉种质资源；研究花卉种质资源的保存；研究利用种质资源改良、选育栽培花卉品种；采用多种途径保护并采用快速繁殖技术扩大名贵稀有品种生产。

5）加强人才培养

培养更多的中、高级花卉技术人员，培养经营管理人员，为花卉的科研和生产服务。

6）打开销售市场，加强流通领域

随着国民经济的发展，除了占领国内花卉市场外，还应打开国际市场的销路，增加出口，获取外汇。

# 本章思考题

1. 什么是园林花卉？简述它的主要作用。
2. 简述中国观赏植物种质资源的特点。
3. 简述国际花卉现代化生产的特点。
4. 简述我国花卉生产的状况。
5. 简述目前我国花卉业应重点研究的问题。
6. 简述我国发展花卉业的措施。

# 1 园林花卉的分类

**【本章提要】** 花卉的分类方法有很多,自然分类法可以让人们了解植物的亲缘关系以及植物的进化过程,因此,本章简单介绍了花卉植物的自然分类法和植物的命名方式。本章还介绍了一些人为的分类方法,包括按生态习性进行分类、按环境需求进行分类、按原产地进行分类等。了解花卉植物的各种分类方式,有利于将植物进行归类,便于识别和掌握它们的特点。

## 1.1 自然分类法分类的基础知识简介

1)自然分类法分类

根据生物界自然演化过程和彼此之间的亲缘关系进行的分类,称为自然分类法。这种方法根据形态、生理遗传、进化等方面的相似程度和亲缘关系来确定植物在生物界的系统地位,是一种以植物进化过程中亲缘关系的远近作为分类标准的分类方法。这种方法科学性较强,在生产实践中也有重要意义。

2)分类单位

为了区分各个植物类群,人们根据植物类群范围大小和等级高低赋予其一定的名称,这就是分类的等级单位。了解和掌握分类的等级单位(阶层)是分类学必须具备的基本知识。

植物分类的等级单位是:界、门、纲、目、科、属、种。其中界是最高单位,最基本单位为种,有时在各分类等级单位之下可加入亚单位,如亚门、亚纲、亚目、亚科、亚属等,种下还可设亚种、变种和变型。下面以菊花为例(见图 1-1)进行说明。

界　植物界(Regnum vegetabile)
门　种子植物门(Spermatophyta)
亚门　被子植物亚门(Angiospermae)
纲　双子叶植物纲(Dicotyledoneae)
亚纲　菊亚纲(Asteridae)
目　菊目(Asterales)
科　菊科(Asteraceae)
属　菊属(*Chrysanthemum*)
种　菊花(*Chrysanthemum morifolium*)

**图 1-1　菊花分类单位图**

种是指有一定的形态和生理特征,以及一定自然分布区的植物类群。它是分类的依据,是分类的基本单位。"种"与"种"之间有明显的界限,除了形态特征的差别外,还存在着"生殖隔离"现象,即异种之间不能交配产生后代,即使产生后代亦不能具有正常的生殖能力。种具有相对稳定的特征,但它不是绝对固定、永远一成不变,它在长期种族延续中不断地产生变化。分类学家按种的差异大小,在"种"下分为亚种、变种、变型。

亚种是种内的变异类型,是种内在形态上有区别,在分布、生态、季节上有隔离的植物类群。

变种也是种内的变异类型,其在特征上与原种有一定的区别,是由于同一种所包含的无数个体在其分布区内,受到不同环境影响而产生的变异。它有一定的地理分布,且变异性状能稳定地遗传。变种的学名,是在原种名之后加缩写字"var."后,再写上拉丁变种名。如白花白芨是白芨的变种,其学名为 *Bletilla striata* var. *alba* Hort。

变型也是种内的变异类型,但是没有一定分布区,而是零星分布的个体。变型的学名,是在原种名之后加缩写字"f."后,再写变型名,最后写缩写的命名人。如萱草的变型类型斑叶变型的学名为 *Hemerocallis fulva* f. *variegata*。

品种是指种内具有一定经济价值,遗传性比较一致的变异群体。它经过人工选择、培育而成,能适应一定的自然栽培条件,在产量和质量上比较符合人类的要求。栽培品种的学名,则是在种名后加写 cv.。如日本花柏一个叫绒柏的栽培品种,其学名为 *Chamaecyparis pisifera* Endl. cv. *Squarrosa*,或写为 *Chamaecyparis pisifera* 'Squarrosa'。

3)植物命名法

(1)拉丁学名命名法

根据《国际植物命名法规》规定,植物新种的刊布,必须有拉丁文的描述,否则无效。用拉丁文给植物以正确的名称,此名称即为该植物的学名,全世界通用。学名通常采用林奈的双名法命名:属名+种名+定名人姓名。如银杏(*Ginkgo biloba* L.),茶花(*Camellia japonica* Linn.)。

国际植物命名法规有如下规定。

①每一种植物只有一个合法的拉丁学名,其他名只作异名或废弃。

②每种植物的拉丁学名包括属名和种名,另加命名人名。

③一种植物如有2个或2个以上的拉丁学名,应以最早发表的名称为准,并且按"法规"正确命名,方为合法名称。如西伯利亚蓼(*Polygonum sibiricum* Laxm.)发表于1773年,而 Murr 又将此植物命名为(*Polygonum hastatum* Murr.),发表于1774年,因此,前者有效,后者为异名。

④一个植物合法有效的拉丁学名,必须有有效发表的拉丁描写。

⑤对于科或科以下各级新类群的发表,必须指明其命名模式,才算有效。如新科应指明模式属,新属应指明模式种,新种应指明模式标本。

⑥保留名是不合命名法规的名称,按理应不通行,但由于历史上已经习惯用久了,经公议可以保留,但这一部分数量不大。如科的拉丁词尾有一些以"-aceae"结尾,伞形科(Umbelliferae)或写为 Apiaceae,十字花科(Cruciferae)也可写为 Brassicaceae,禾本科(Gramineae)也可写为 Poaceae。

有些植物的拉丁学名是由两人命名的,这时应将两人的缩写字均附上而在其间加上连词"et"或"&"符号。如罗汉竹 *Phyllostachys aurea* Carr. ex A. et C. *Riviere*)。如果某种植物是由一人命名但是由另一人代为发表的,则应先写原命名人的缩写,再写一前置词"ex"表示"来自"之意,最后再写代为发表的作者姓氏缩写,如罗汉松。又常有些植物的学名后附上两人缩写名,而前一个人名括在括号之内,这表示括号内的人是原来的命名人,但经后者研究后更换了属名之意。

在拉丁学名之后经常可见到有"syn."的缩写字,其后又有许多学名。这是因为《国际植物命名法规》规定,任何植物只许有一个拉丁学名,但实际上有的有几个学名,所以就将符合《国际植物命名法规》名称的作为正式学名,而其余的作为异名(Synonymus)。由于有些异名在某些地区或国家用得较普遍,为了查考或避免造成"异名同物"的误会,所以常在正式学名之后,附上缩写字"syn.",

再将其余的异名附上。如西伯利亚蓼(*Polygonum sibiricum* Laxm. syn. *Polygonum hastatum* Murr.)

(2)中文名称命名原则

①一种植物只应有一个全国通用的中文名称;至于全国各地的地方名称,可任其存在而称为地方名。

②一种植物的通用中文名称,应以属名为基础,再加上说明其形态、生活环境、分布等的形容词,如水仙、中国水仙。但是已经广泛使用的正确名称就不必强求一致,仍应保留原名,如丝棉木。

③中文属名是植物名的核心,在拟定属名时,除查阅中外文献外,还应到群众中收集地方名称,经过反复比较研究,最后采用通俗易懂、形象生动、使用广泛,与形态、生态、用途有联系而又不致引起混乱的中文名作为属名。

④集中分布于少数民族地区的植物,宜采用少数民族所惯用的原来名称。

⑤凡名称中有古僻字或显著迷信色彩,会带来不良影响的可不用,但如"王""仙""鬼"等字,因为已广泛应用,如废弃会引起混淆,可酌情保留。

⑥凡纪念中外古人、今人的名称,尽量取消,但已经广泛通用的植物名称,可酌情保留。

# 1.2 花卉按生态习性(栽培习性)分类

依据花卉的生态习性来进行的分类方法是目前应用最为广泛的分类方法(见图1-2)。

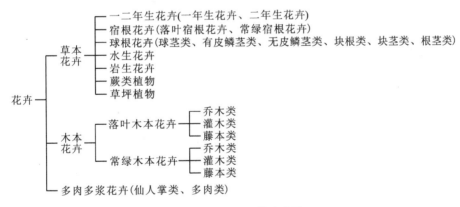

图 1-2 按生态习性分类图

## 1.2.1 草本花卉

草本花卉是茎无木质化或半木质化,植株低矮的花卉。

1)一二年生草本花卉

一二年生草本花卉的生命周期在一年内完成,不论是否跨年度。

(1)一年生草花

一年生草花是指在一个生长季内完成生活史的花卉植物,即从播种到开花、结实、枯死,均在一个生长季内完成。一年生草花一般在春季播种,当年夏秋开花结实,入冬植株死亡,完成生命周期,如鸡冠花、千日红、牵牛花、凤仙花、麦秆菊、万寿菊。

(2)二年生草花

二年生草花是指在两个生长季节内完成生活史的花卉植物,播种当年进行营养生长,气温降低后,植株进入休眠状态,待温度升高,植株又进入生长,之后开花、结实、枯死。二年生草花一般秋季播种,幼苗越冬,翌年春、夏开花结实,入夏植株死亡,完成生命周期,如三色堇、瓜叶菊、雏菊、旱金莲、紫罗兰。

2)宿根花卉

宿根花卉为多年生草花,植株当年生长的地上部分于冬季或夏季进入半休眠状态或完全休眠的枯死状态,其根部宿存,待气温适宜时再萌发新芽、新梢生长,根茎部不发生变态,如菊花、非洲菊、香石竹。

(1)落叶草花

落叶草花为地上部分完全休眠,留存地下部分宿存的花卉植物,如蜀葵、金鸡菊、菊花、金光菊。

(2)常绿草花

常绿草花无明显休眠期,四季常青,如文竹、吊兰、万年青、天竺葵、萱草、非洲菊、君子兰。

(3)兰科植物

兰科(Orchidaceae)植物是可用于观赏的栽培种类,其种类繁多,在栽培中有独特的要求。

3)球根花卉

球根花卉为多年生草本花卉,其地下部具有膨大的变态根、茎,是贮藏营养的器官。球根花卉根据地下部分变态器官不同,可分为如下几种。

(1)球茎

球茎,即花卉的地下部分是变态茎,茎膨成球形,称为球茎,球茎上有节,节上有许多芽眼,有根盘,根盘上有根点,如唐菖蒲、小苍兰。

(2)有皮鳞茎类

有皮鳞茎类,即花卉的地下变态茎由许多鳞片包被形成膨大状,鳞茎盘周围会产生小鳞茎,鳞茎盘上有根点,外被皮膜,如水仙、朱顶红、石蒜。

(3)无皮鳞茎类

无皮鳞茎类,即花卉的地下变态茎由许多鳞片抱合组成,呈松散状,扁球形,外无皮膜包被,如百合。

(4)块根类

块根类,即花卉的地下部分为变态的根,膨大成块状,芽着生于根顶端即根颈处,如大丽花。

(5)块茎类

块茎类,即花卉的地下部分为变态的茎,膨大成块状,茎上有节,茎节上产生芽和根,如马蹄莲。

(6)根茎类

根茎类,即花卉的地下为变态的茎,肥大呈根状,茎上有节,并有横生分枝,每个分枝的顶端为生长点,须根自节部簇生而出,如美人蕉、荷花。

4)水生花卉

水生花卉泛指生长于水中或沼泽地的观赏植物,为多年生草本植物,大多数地下部分具有肥大的根状茎,有些不膨大,如荷花、睡莲、水葱、千屈菜、王莲、花叶芦竹。

5)蕨类花卉

蕨类花卉为多年生草本植物,多为常绿,其生活史分有性世代和无性世代,不开花,也不产生种子,依靠孢子进行繁殖。

6)岩生花卉

岩生花卉是用来装饰岩石园的植物材料。理想的岩生花卉应具备的条件是:植株低矮、生长缓慢、生活期长、耐瘠薄、抗逆性强、多年生宿根或球根,如虎耳草、景天。

7)草坪植物及地被植物

草坪植物及地被植物以多年生、丛生性强的草本植物为主,大多数能自行繁衍,供园林中覆盖地面使用。

草本花卉实际上只有一二年生草花、宿根花卉和球根花卉三类,其他类型均可归入上述三类,由于兰科植物、水生植物、蕨类植物、岩生植物、草坪和地被植物在应用方面都比较特殊,所以将它们单独列出。

## 1.2.2　木本花卉

木本花卉的茎完全木质化,植株较高大。

1)落叶木本花卉

落叶木本花卉大多数原产于暖温带、温带和亚寒带地区,在冬季会落叶。

(1)乔木类

乔木类花卉的地上部有主干,侧枝从主干上发出,植株较直立、高大,如桃花、梅花、木棉。

(2)灌木类

灌木类花卉的地上部无主干和侧主枝,多呈丛生状生长,如牡丹、芍药、紫玉兰。

(3)藤本类

藤本类花卉的地上部不能直立生长,茎蔓多攀援在其他物体上,如紫藤、凌霄。

2)常绿木本花卉

常绿木本花卉多原产于热带和亚热带地区,也有少部分原产于暖温带地区,大部分为四季常绿,有的呈半常绿状态。

①乔木类:如广玉兰、白兰花。

②灌木类:如夹竹桃、竹类。

③藤本类:如常春藤、炮仗花。

## 1.2.3　多肉多浆类花卉

多肉多浆类花卉多原产于热带半荒漠地区,它们的茎部肉质多浆,为发达的贮水组织,可产生各种变态。

①仙人掌类:仙人掌科植物,如仙人球、昙花、蟹爪兰。

②多肉植物类:除仙人掌科植物外的多肉多浆植物,如芦荟、凤梨、景天。

## 1.3 依据花卉原产地分类

花卉种类繁多,来自于世界各地的花卉,分布在热带、亚热带、温带和寒带,不同原产地的花卉植物,其生态习性不同,对环境条件的要求亦不同。因此,了解各类花卉在世界上的分布及原产地的气候条件,给予相应的栽培环境和技术措施,以满足生长发育的要求,这是栽培成功的关键。花卉原产地的气候型有如下几种(见图1-3)。

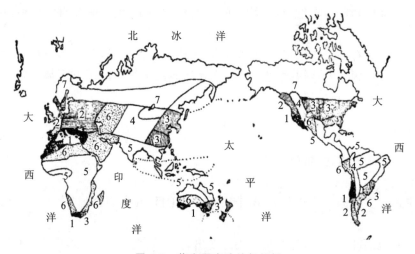

**图 1-3　花卉原产地的气候型**
1—地中海气候型;2—大陆西岸气候型(欧洲气候型);3—大陆东岸气候型(中国气候型);
4—热带高原气候型(墨西哥气候型);5—热带气候型;6—沙漠气候型;7—寒带气候型

### 1.3.1 中国气候型

中国气候型又称为大陆东岸气候型。此气候型的气候特点是:冬寒夏热,年温差较大。属于此气候型的有:中国的华北及华东地区、日本、北美洲东部、巴西南部、大洋洲东部、非洲东南部。中国气候型根据冬季气候特点,分为温暖型和冷凉型。

(1)温暖型(低纬度地区)

温暖型气候以低纬度地区为代表,包括中国长江以南(华东、华中和华南)、日本西南部、美国东南部、巴西南部、南非东南部、澳大利亚东南部。此区域以喜温暖的球根花卉,不耐寒的一二年生花卉,宿根花卉为主。原产于此区域的花卉植物有:中国石竹、一串红、凤仙花、天人菊、非洲菊、中国水仙、百合、山茶、杜鹃、唐菖蒲、马蹄莲等。

(2)冷凉型(高纬度地区)

冷凉型气候以高纬度地区为代表,包括中国华北及东北南部、日本东北部、美国东北部。此区域以耐寒性较强的花卉植物为主,包括菊花、芍药、鸢尾、翠菊、花毛茛、紫菀、贴梗海棠、荷包牡丹、铁线莲等。

## 1.3.2 欧洲气候型

欧洲气候型又称大陆西岸气候型。此气候型的气候特点是:冬季气候温暖,夏季温度不高,一般不超过15~17 ℃,四季均有雨水,西海岸地区雨量较少。属于此气候型的地区有:欧洲大部分地区、北美洲西海岸中部、南美洲西南及新西兰南部。原产于此区域的花卉植物有:三色堇、雏菊、矢车菊、霞草、喇叭水仙、紫罗兰、羽衣甘蓝、毛地黄、锦葵、剪秋罗、铃兰等。

## 1.3.3 地中海气候型

地中海气候型以地中海沿岸气候为代表。此气候型的气候特点是:自秋季至翌年春末为降雨期,夏季极少降雨为干燥期;冬季最低温度为6~7 ℃,夏季温度为20~25 ℃;因夏季气候干燥,多年生花卉常具有地下变态的根茎。属于此气候型的区域有:南非好望角、大洋洲东南和西南部、南美洲智利中部、北美洲加利福尼亚。原产于此区域的花卉植物有:风信子、水仙、郁金香、仙客来、小苍兰、酢浆草、天竺葵、鸢尾、龙面花、晚春锦、猴面花、赛亚麻、智利喇叭花、射干、唐菖蒲、石竹、金鱼草、金盏菊、麦秆菊、蒲包花、君子兰、鹤望兰、网球花等。

## 1.3.4 墨西哥气候型

墨西哥气候型又称为热带高原气候型,见于热带与亚热带高山地区。此气候型的气候特点是:周年温度近于14~17 ℃,温差小,降雨量因地区而有所不同,有的雨量充沛均匀,也有的集中在夏季,花卉耐寒性较弱,喜夏季冷凉。属于此气候型的区域有:墨西哥高原、南美洲的安第斯山脉、非洲中部高山地区、中国云南。原产于此区域的花卉植物有:大丽花、晚香玉、百日草、一品红、旱金莲、云南山茶、香水月季、波斯菊、万寿菊、球根秋海棠、报春等。

## 1.3.5 热带气候型

此气候型的气候特点是:周年高温,温差小,有的地方年温差不到1 ℃,雨量大,一年中有雨季和旱季之分。属于此气候型的区域有:亚洲、非洲及大洋洲、中美洲和南美洲的热带地区。原产于此区域的花卉植物有:鸡冠花、虎尾兰、蟆叶秋海棠、变叶木、凤仙花、非洲紫罗兰、紫茉莉、花烛、大岩桐、长春花、美人蕉、牵牛花、竹芋、朱顶红、卡特兰、水塔花等。

## 1.3.6 沙漠气候型

此气候型的气候特点是:周年降雨量少,气候干旱,多为不毛之地。此区域的植物多为多肉多浆类植物。属于此气候型的区域有:非洲、阿拉伯、墨西哥北部、大洋洲中部、黑海东北部、秘鲁、阿根廷及中国海南岛西南部。原产于此区域的花卉植物有:仙人掌类植物、多肉类植物。

## 1.3.7 寒带气候型

此气候型的气候特点是:冬季漫长而严寒,夏季短促而凉爽,植物一年生长集中在夏季,夏季只有2~3个月,夏季白天长,风大,植物低矮,生长缓慢,常成垫状。属于此气候型的区域有:阿拉斯加、西伯利亚、斯堪的纳维亚等寒带地区及高山地区。原产于此区域的花卉植物有:细叶百合、龙胆、雪莲、点地梅、绿绒蒿。

## 1.4　其他分类法

对于花卉植物的分类,除了自然分类法是按生物界自然演化过程和彼此之间亲缘关系进行分类的外,其他的分类方法均是以人为的需求进行分类,这些分类方法不是很系统,但比较适用。

1)依据栽培环境需求划分

(1)露地花卉

露地花卉是指在当地自然条件下,可以在不加任何保护设施条件下栽培的花卉植物。

(2)温室花卉

温室花卉是指在当地自然条件下,需要用设施进行栽培的花卉,很多的热带、亚热带和暖温带地区原产的花卉,在北方寒冷地区,必须在温室中栽培才能安全越冬和正常开花。

2)依据园林用途来划分

(1)花坛花卉

花坛花卉是指用于花坛栽培和装饰的花卉植物,要求花期一致、株型丰满、高矮适度,可以是一二年生草花,宿根花卉或低矮的木本花卉,如三色堇、半支莲、万寿菊等。

(2)盆栽花卉

盆栽花卉是指用盆栽培用于观赏的花卉,要求株丛圆整、开花繁茂、整齐一致。

(3)室内花卉

室内花卉是指较耐阴、适合在室内长期摆放和观赏的花卉植物,如天南星科花卉、竹芋科植物、百合科植物等。

(4)切花花卉

切花花卉是指可用于切花生产的花卉植物,包括切花和切叶,如月季、唐菖蒲、非洲菊、切花菊、霞草、香石竹、苏铁、散尾葵等。

(5)地被花卉

地被花卉是指低矮、抗性强、用于覆盖地面的花卉植物,如沿阶草、二月兰、白三叶、小花栀子花、三叶草、马蹄金、麦冬、红花檵木、黄叶假连翘等。

(6)专类观赏花卉

专类观赏花卉是指在特定环境中,专门种植一类花卉植物,形成专类观赏园,如山茶园、梅花园、樱花园、多肉多浆植物园、荷花园等。

(7)盆景花卉

盆景花卉是指专门用丁盆景制作的花卉植物,如人参榕、南洋杉等。

3)依据经济用途划分

(1)药用花卉

药用花卉是指具有药用功能的花卉植物,如桔梗、芍药、莘荑、佛手、紫菀、泽泻、白芨、金樱子等。

(2)食用花卉

食用花卉是指可用于药膳、果用或菜用的花卉植物,如百合、黄花菜、银杏、络石、黄秋葵、木槿等。

（3）香料花卉

香料花卉是指可用于提取香精的花卉植物，如香叶天竺葵、玫瑰、晚香玉、白兰花、茉莉、薰衣草、代代等。

（4）其他花卉

其他花卉包括可用于生产纤维、淀粉和油料的花卉植物，如龙舌兰、亚麻、苏铁、油棕、竹柏等。

4）依据自然分布划分

（1）热带花卉

热带花卉是指原产于热带地区，在冬季必须进入高温温室栽培的花卉植物，如鹤望兰、洋金凤、黄金鸟、旅人蕉、王莲、鸡蛋花、仙人掌类等。

（2）亚热带花卉

亚热带花卉是指在生长过程中，喜欢温暖湿润的气候条件，在北方冬季要进入温室越冬的花卉植物，如茶花、米兰、白兰花等。

（3）温带花卉

温带花卉是指原产于亚热带北部和温带地区，在北方能露地安全越冬的花卉植物，如月季、牡丹、碧桃、樱花等。

（4）寒带花卉

寒带花卉是指原产于寒带地区和高山地区的、耐寒性很强的花卉植物，如雪莲、点地梅、龙胆等。

（5）高山花卉

高山花卉是指原产于高海拔地区，不耐暑热，也怕严寒，要求有较高空气湿度和强紫外线的花卉植物，如倒挂金钟、仙客来、茶花、杜鹃等。

（6）水生花卉

水生花卉是指生长在水中、沼泽地或湿地上的花卉植物，如千屈菜、旱伞草、泽泻、荷花、王莲、睡莲等。

（7）岩生花卉

岩生花卉是指耐旱性强，可以用来装饰岩石园的花卉植物，如吊兰、虎耳草、景天、费菜、白头翁、亚麻等。

5）依据花卉对光照强度要求划分

（1）阳性花卉

阳性花卉必须在完全的光照下生长，不能忍受若干荫蔽，否则会生长不良。原产于热带和温带平原上、高原南坡上以及高山阳面岩石的花卉均为阳性花卉。多数露地一二年生花卉及宿根花卉、仙人掌科、景天科和番杏科等多浆类植物都为阳性花卉。

（2）阴性花卉

阴性花卉要求在适度荫蔽下方能生长良好，不能忍受强烈的直射光照，生长期间一般要求有50%～80%荫蔽度的环境条件。它们多数生长在热带雨林下或分布于森林下及阴坡上，如蕨类植物、兰科植物、苦苣苔科植物、凤梨科植物、姜科植物、天南星科及秋海棠科植物等都为阴性花卉，多数室内观叶植物均属阴性花卉。

（3）半耐阴花卉

半耐阴花卉对于光照强度的要求介于上述两者之间。多原产于热带和亚热带地区,在原产地时,由于当地空气中的水蒸气较多,一部分紫外线被水雾所吸收,减弱了光照强度,因此,一般在光照不太强的条件下,即疏荫条件下生长良好,如杜鹃花、茶花、白兰花。

6）依据花卉对光周期的要求划分

（1）长日照花卉

长日照花卉要求较长时间的光照,才能开花或促进开花。一般要求 14～16 h/d 的光照下能开花。若在昼夜不间断的光照下,能起更好的促进作用;反之,若在较短的日照下便不开花或延迟开花。二年生花卉和早春开花的多年生花卉为长日照花卉。

（2）短日照花卉

短日照花卉要求在较短日照下能开花或促进开花。一般在 8～12 h/d 的日照下能开花,在较长的光照下便不能开花或延迟开花。一年生花卉和秋季开花的多年生花卉为短日照花卉。

（3）日中性花卉

日中性花卉在较长或较短日照下均能开花,即对日照长度的要求不严格、不敏感,对于日照长度的适应范围较广,只要温度适宜均能开花。一般四季开花的植物为日中性花卉,如月季、扶桑、大丽花、四季桂花等。

7）依据花卉对温度的要求划分

（1）高温类（不耐寒性花卉）

高温类花卉多数原产于热带、亚热带地区,在生长期间要求高温,不能忍受 0 ℃ 以下的温度,其中一部分种类甚至不能忍受 5 ℃ 左右的温度,在这样的温度下则停止生长,甚至死亡。这类花卉在整个生长发育过程中,都要求较高温度,生长发育在一年中无霜期内进行,在春季晚霜后开始生长,在秋季早霜到来时休眠,如一年生花卉和大部分室内观叶植物。它们大部分需要在温室中越冬。

（2）中温类（半耐寒性花卉）

中温类花卉多原产于温带转暖处,耐寒力介于耐寒性和不耐寒性花卉之间,此类花卉一般可以在露地栽培,但有些种类在温度达到 0 ℃ 或有霜冻时,须略加防寒才能安全越冬。如二年生花卉、宿根花卉、一部分木本花卉。

（3）低温类（耐寒性花卉）

低温类花卉原产于温带或寒带地区,能适应较低温度,抗寒力强,一般情况下,能耐 0 ℃ 以下的温度,其中一部分种类能耐 −10 ℃ 以下的低温,冬季可以露地越冬,夏季高温须防暑才能安全越夏。如一些二年生花卉和一些木本花卉,玫瑰、银杏、金银花等。

8）依据花卉对水分的要求划分

（1）旱生花卉

旱生花卉耐旱性强,能忍受较长期的空气和土壤的干燥。为了适应干旱的环境,它们在外部形态上和内部构造上都产生许多相应的变化及特征,如叶片变小或退化或肉质化;表皮层角质层加厚,气孔下陷;叶表面具有厚茸毛以及细胞液浓度和渗透压变大等,大大减少植物体水分的蒸腾,同时该类花卉根系比较发达,能增强吸水力,从而更增强了适应干旱环境的能力,如多肉多浆类植物。

（2）半耐旱花卉

半耐旱花卉多数叶片呈革质或蜡质状或叶片上有大量茸毛,还有一些枝叶呈针状或片状,以减少水分蒸发,如山茶花、杜鹃花、橡皮树、文竹、天门冬、松柏等。

（3）中生花卉

中生花卉对土壤水分要求多于半耐旱花卉,要求土壤含水量在60％左右(即保持湿润状态),包括大部分木本花卉,一些一二年生花卉,宿根花卉,球根花卉及一些肉质根系花卉,如苏铁、棕榈、扶桑、石榴等。

（4）湿生花卉

湿生花卉耐旱性弱,生长期间要求经常有大量水分存在,或有饱和水的土壤和空气,它们的根、茎和叶内有通气组织的气腔与外界相互通气,吸收氧气以供根系需要,如龟背竹、马蹄莲等天南星科及鸭趾草科植物等。

（5）水生花卉

水生花卉生长在水中,有些在浅水中,应养护在湖水、池塘、水池、水缸、湿地上,如王莲、睡莲等。

9) 依据花卉对土壤酸碱度的要求划分

（1）耐强酸性花卉

耐强酸性花卉要求土壤的pH值在4.0～6.0之间,如杜鹃花、茶花、苏铁、栀子花、兰花等。

（2）酸性花卉

酸性花卉要求土壤的pH值在6.0～6.5之间,如百合、秋海棠、朱顶红、蒲包花、茉莉、柑橘、马尾松、棕榈等。

（3）中性花卉

中性花卉要求pH值在6.5～7.5之间,绝大多数花卉植物属于此类。

（4）耐碱性花卉

耐碱性花卉要求pH值在7.5～8.0之间,如石竹、天竺葵、香豌豆、仙人掌、玫瑰、柽柳、白蜡、紫穗槐等。

10) 依据观赏部位划分

（1）观花类

观花类是指以观赏花为主的花卉植物,如月季、玫瑰、水仙花、牡丹、金鱼草、三色堇、梅花等。

（2）观果类

观果类是指以观赏果实为主的花卉植物,如金橘、冬珊瑚、五色椒、风船葛、西番莲、吉庆果、树番茄等。

（3）观叶类

观叶类是指以观赏叶片为主的花卉植物,如苏铁、棕榈类、天南星科植物、竹芋类、肖竹芋类等。

（4）观茎类

观茎类是指以观赏茎为主的花卉植物,如光棍树、竹节蓼、木麻黄、仙人掌科植物、文竹、天门冬等。

（5）观花苞类

观花苞类是指以观赏花的苞片为主的植物,如三角梅、一品红、鸡冠花、千日红、虾衣花等。

（6）观叶苞类

观叶苞类是指以观赏叶片苞片为主的花卉植物,如橡皮树、银芽柳等。

(7)观根类

观根类是指以观赏根为主的花卉植物,如人参榕、锦屏藤等。

(8)观芽类

观芽类是指以观赏芽为主的花卉植物,如银芽柳等。

(9)食虫花卉

食虫花卉是指具有独特捕虫器官的花卉植物,如猪笼草、瓶子草、茅膏菜、捕蝇草、角胡麻等。

(10)芳香花卉

芳香花卉是指具有香气的花卉植物,如含笑、米兰、茉莉、白兰花、牡丹、玫瑰、香叶天竺葵等。

## 本章思考题

1.了解种、亚种、变种、变型、品种的概念,以及它们的区别。

2.简述植物的拉丁学名命名方法。

3.简述植物的中文命名方法。

4.简述花卉按生态习性如何进行分类。

5.简述花卉按观赏部位如何进行分类。

# 2 花卉生长和发育的规律

【本章提要】 了解花卉植物生长和发育的规律是栽培管理的基础,掌握花卉植物生长发育的规律才能很好地提高其产量和质量。本章介绍了花卉植物生长和发育的一般规律,包括:花卉个体发育的过程,花卉的花芽分化、开花、结果,以及影响花卉生长和发育的因素。

生长是指植物在同化外界物质的过程中,通过细胞的分裂和扩大,植物体积和重量不可逆地增加过程。发育是指在植物的生活史中,建筑在细胞、组织、器官分化基础上的结构和功能的变化。生长是一个量累积的过程,即量变的过程;发育则是植物器官和机能经过一系列复杂质变过程后产生与其相似的个体的过程。由于花卉的种类不同,其生长和发育的过程也不相同。为了能让各种花卉植物能正常地生长和发育,要了解所有花卉植物生长和发育的规律与所需环境,才能创造和利用相应的环境及栽培技术,满足它们生长和发育的需求,达到驯化和利用的目的。在生产过程中,可以利用各种条件,做到周年生产,提高产量和质量,以达到提高经济效益的目的。因此,学习及掌握花卉生长和发育的规律是花卉生产者及爱好者的工作和任务,也是花卉栽培和应用的理论基础。

## 2.1 花卉生长和发育的过程

### 2.1.1 花卉生长和发育

1)花卉个体生长和发育的过程

从花卉个体生长和发育的过程来看,由种子发芽、生长、发育到重新获得种子的过程,可以分为种子期、营养生长期和生殖生长期,不同时期有不同的特点,具体如下。

(1)种子期

①胚胎期:即从卵细胞受精开始,到种子形成的过程。胚是植物新个体的原始体,它由胚芽、胚根、胚轴和子叶构成。种子萌发后,胚根、胚轴和胚芽分别形成植物体的根、茎、叶及过渡区。种子的形成受植株营养合成的影响,也受环境条件的影响。

②种子休眠:大多数植物的种子形成后,会有休眠期。不同植物的休眠期有所不同,有些时间长,有些时间短,有些可能没有休眠期。种子是有生命的,因此,它存在寿命长短问题。种子寿命长短与植物本身的遗传性有关,还与种子贮藏的环境条件有关。一般种子的寿命是几年到十几年,也有百年以上的。种子保存在冷凉而干燥的环境中,可降低新陈代谢,其寿命会延长。

③种子的发芽:种子经过适当时间的休眠后,在外界环境条件适宜的情况下,开始萌发生长。种子萌发所需的能量来自种子自身的贮藏物质,因此,种子质量好才能保证种苗的质量好。选择发芽能力强、饱满、新鲜的种子,并提供适宜的外界环境条件,如温度、水分、氧气等,可让种子萌发形成幼苗。

(2)营养生长期

①幼苗期:种子萌发后,进入幼苗期,即营养生长的初期。种子的胚根突破种皮向下生长,发育成主根;胚芽突破种皮向上生长,伸出土面形成茎和叶,形成一棵完整的幼苗。幼苗期植物体生长迅速,代谢旺盛,营养物质累积用于植物体的生长,即根、茎、叶的生长。此期的植物体抗性差,生长需要大量的营养物质。幼苗期生长良好,后期植物体才能生长良好。

②营养生长旺盛期:有些植物幼苗期过后即进入营养生长的旺盛期,如一年生花卉植物和一些多年生花卉植物;有些植物幼苗期过后会经过一段时间的休眠期,之后才进入营养生长旺盛期,此期的植物体同化作用大于异化作用,大量积累养分物质,为后期的开花结实积累养分物质打下良好的基础。

(3)生殖生长期

①花芽分化期:植物体生长和发育到一定的年龄或时期,在外界环境条件适宜的情况下,植株会进入生殖生长,此时,茎尖的分生组织不再形成叶原基和腋芽原基,而产生花或花序原基,逐渐形成花和花序,这个过程是花芽分化。花芽分化的时间受自身遗传特性的影响,还受到环境条件的影响。

②开花期:花芽形成后,当雄蕊中的花粉粒和雌蕊中的胚囊成熟了,雄蕊和雌蕊暴露出来的现象,即植物开花。开花期是指一株植物从第一朵花开放到最后一朵花开毕所经历的时间。开花是植物生长史中一个重要时期,各种植物的开花都有一定的规律,在栽培上,要具有满足花芽分化的环境条件,使花芽发育正常,开花结果良好。

③结果期:经授粉受精后,子房膨大发育成果实,此期为结果期。观果类花卉的结果期是最佳的观赏期。有些植物边开花结果边营养生长,如木本花卉;有些植物开花结果期与营养生长期区别明显,如一二年生草本花卉。

2)不同种类花卉的生长和发育

花卉植物的种类繁多,根据种子到新种子形成的过程所经历的时间的不同,可分为一年生、二年生、多年生和其他花卉。不同类型的花卉,其生长发育过程也不同。

(1)一年生花卉

一年生花卉是春季播种的花卉,其生命周期在一年时间内完成。种子萌发生长成幼苗,幼苗成长不久后就进行花芽分化,开花结实,如鸡冠花、凤仙花、千日红、波斯菊、百日草等。

(2)二年生花卉

二年生花卉是秋季播种的花卉。种子萌发成幼苗,当年进行营养生长,经过一个冬季,到第二年开花结实,植株生命周期在一年内完成,但跨越了一个年度,故称二年生花卉,如三色堇、金盏菊、紫罗兰、旱金莲、雏菊等。

(3)多年生花卉

多年生花卉是指一次播种可以多年开花的花卉植物。按生长特性又分为球根花卉和宿根花卉。

①宿根花卉:宿根花卉是多年生的草本花卉植物,地下没有变态的根或茎。耐寒性较强的宿根花卉在春、夏、秋三季均可生长,冬季休眠,如菊花、芍药、蜀葵、大花金鸡菊等;耐寒性较弱的宿根花卉无明显的休眠期,地上部分周年常绿,如君子兰、非洲菊、万年青、麦冬、鹤望兰等。

②球根花卉:球根花卉是多年生草本花卉植物,其地下部分有变态的根或茎。球根花卉分为春

季种植和秋季种植两类。春植球根花卉有唐菖蒲、晚香玉、朱顶红等,秋植球根花卉有水仙、风信子、小苍兰等。

（4）其他花卉

除了上述草本花卉外,还有一些小型的木本花卉,如月季、玫瑰、茉莉、牡丹、梅花等。

上述是花卉生长和发育的一般过程,并不是所有的花卉都必须经历这些过程和时期。有些植物不经历种子时期,有些植物不经历开花期,有些植物不经历结果期。

### 2.1.2　花卉的花芽分化

植物的生长点既可分化为叶芽,也可分化为花芽。生长点由叶芽状态向花芽状态转变的过程,称为"花芽分化"。广义的花芽分化指的是花芽形成的全过程,包括生理分化、形态分化、花器的形成直到性细胞成熟的过程,从生长点顶端变得平坦,四周开始下陷起,逐渐分化出萼片、花瓣、雄蕊、雌蕊以及整个花蕾或花序原始体的全过程;狭义的花芽分化是指花芽的形态分化过程,即叶芽生长点的细胞组织形态转为花芽生长点的组织形态过程。在形态分化之前,生长点内部由叶芽的生理状态(代谢方式)转向形成花芽的生理状态的过程,称为"生理分化"。

#### 1. 花芽分化期

花芽分化期是指花芽分化的各个时期。

花芽分化可分为生理分化期、形态分化期和性细胞成熟期。不同植物的花芽分化过程和形态指标皆不同。

（1）生理分化期

生理分化期在形态分化期前1～7周(一般是4周左右或更长),也称为"花芽分化临界期",是控制花芽分化的关键时期。

（2）形态分化期

此期包括花或花序形成的各个过程,一般分为如下五个时期。

①分化初期:一般于芽内突起的生长点逐渐肥厚,顶端高起呈半球体状,四周下陷,叶芽状态转入花芽状态,是花芽分化的标志,此期若遇到条件不适宜,还有可能转为叶芽状态。

②萼片形成期:下陷四周产生突起体,即萼片原始体形成,进入此期才真正形成花芽。

③花瓣形成期:于萼片原基内的基部产生突起体,即花瓣原始体。

④雄蕊原始体:花瓣原始体内侧基部产生突起体,即雄蕊原始体。

⑤雌蕊原始体:在花原始体中心底部产生突起体,即为雌蕊原始体。

（3）性细胞形成期

花芽经过形态分化后,要经历一定的时间,使花器进一步分化完善与生长,才能开始开花结果。

#### 2. 花芽分化的类型

植物的种类不同,其花芽分化开始的时间和延续时间也不同,如表2-1所示。根据花芽分化的特点,可分为以下几个类型。

（1）夏秋分化型

花芽分化一年一次,于6月至9月高温季节进行,至秋末,花器的主要部分已完成,经过低温,性细胞成熟后,于当年的冬末或早春开花,如牡丹、梅花、榆叶梅等。球根花卉在夏季较高温度下进行花芽分化,秋植球根在进入夏季后,地上部分全部枯死,进入休眠状态,花芽分化在夏季休眠后进行;春植球根的花芽分化是在夏季生长期进行。

(2)冬春分化型

一般秋梢停长后,至翌年春季萌芽前,即从11月至翌年4月这段时期中,花芽逐渐分化与形成,如龙眼、荔枝和柑橘类,其特点是分化时间较短,并连续进行。一些二年生花卉和春季开花的宿根花卉仅在春季温度较低时进行花芽分化。

(3)当年一次分化型

一些当年夏秋开花的种类,在当年枝的新梢上或花茎顶端形成花芽,台紫薇、木槿等以及夏秋开花的宿根花卉,如萱草、菊花等,均属于此类型。

(4)多次分化型

在一年中能多次抽梢,每抽一次,就分化一次花芽并开花的花卉其花芽分化类型为多次分化型,如月季、茉莉、四季桂、四季橘、倒挂金钟、香石竹等四季开花的花木和宿根花卉。一年中花芽的形成与温度有关,温度适宜时能陆续形成花芽,并开花。

(5)不定期分化型

每年只分化一次花芽,但时间不定,只有叶片积累到一定数量或植物体自身养分累积到一定程度时分化花芽,开花结果为不定期分化型,如君子兰、芭蕉科和凤梨科植物等。

表2-1　各类花卉的花芽分化实例

| 种类 | 花芽分化适温/℃ | 花芽伸长适温/℃ | 其他条件 |
|---|---|---|---|
| 郁金香 *Tulipa gesneriana* | 20 | 9 | |
| 风信子 *Hyacinthus orientalis* | 25～26 | 13 | |
| 喇叭水仙 *Narcissus pseudonarcissus* | 18～20 | 5～9 | |
| 麝香百合 *Lilium longiflorum* | 2～9 | 20～25 | |
| 球根鸢尾 *Iris Dutch* | 13 | | |
| 唐菖蒲 *Gladiolus hybridus* | 10以上 | | 花芽分化和发育要求较强光照 |
| 小苍兰 *Freesia refracta* | 5～20 | 15 | 分化时要求温度范围广 |
| 旱金莲 *Tropaeolum majus* | | | 17～18 ℃,长日照下开花、超过20 ℃不开花 |
| 菊花 *Dendranthema morifolium* | 8～15 | | |

注:引自北京林业大学园林学院花卉教研室《花卉学》;原书引自《園藝植物の开花生理と栽培》。

### 3.花芽分化的条件

1)影响花芽分化的因素

影响花卉花芽分化的因素主要有植物自身的内在因素(内因)和环境条件(外因)两个方面。

(1)内因

①枝叶生长与花芽分化的关系:植物体内的营养物质的累积是花芽分化的基础,一定量的叶片光合作用产生的营养物质才够满足花芽的形成和结果所需。有研究表明:苹果的叶果比为30:1~40:1,即结一个果要有30~40片叶来保证,方能使花芽分化良好。但若营养生长太旺盛,特别是花芽分化前营养生长旺盛,经常会出现只长叶不开花的现象,不利于花芽分化,许多花卉"疯长"的结果是花少、花小,营养生长影响了生殖生长。

②开花结果与花芽分化的关系:花卉开花结果的多少与花芽分化关系很大,前一年开花结果多,消耗大量贮藏养分,从而造成根系生长低峰并限制新梢生长量,新梢量少开花就少,果实就少。对此有两种解释:一方面前一年果多,消耗多,积累少,影响翌年开花结果;另一方面果多,种子多,种胚多,其生长阶段产生大量的赤霉素和IAA,这些物质影响了新梢生长,从而影响翌年的开花结果。

③根的生长与花芽分化的关系:吸收根系的生长与花芽分化有明显的正相关关系,这与吸收根合成蛋白质和细胞激动素等的能力有关。

④矿质与花芽分化的关系:研究表明,矿质元素如氮、磷、铜、钙等对花卉的花芽分化有影响,可以促进花芽分化。矿质元素的缺乏会影响成花,另外,营养元素的相互作用的效果,对成花也是很重要的。

(2)外因

①光照:植物有机物的形成、积累及内源激素的平衡等都与光有关,无光则不开花结果,光对花芽分化的影响主要是光量和光质。对一些对光周期敏感的花卉植物来说,日照条件是决定他们开花期的主要外因。从光照强度上看,强光有利于花芽分化,因此,植株太密植或树冠太密集都不利于开花。从光质方面看,紫外光可促进花芽分化。

②温度:各种花卉花芽分化的最适温度不同,但总体来说花芽分化的最适温度比枝叶生长的最适温度高,超过枝叶生长的最适温度时,植株的枝叶就停止生长或缓慢生长,转入花芽分化。有些花卉花芽分化需要低温,其在花芽分化前必须有一段时间的低温,才能花芽分化或促进花芽分化,即有春化作用。

③水分:土壤的水分状况较好时,植物营养生长较旺盛,不利于花芽分化;而土壤相对干燥,营养生长停止或生长缓慢,有利于花芽分化。花卉生产中的"扣水"措施,即适当的控水,让花芽分化。

④栽培措施和栽培技术:采用综合措施,如施肥、扩大树冠、修剪整形、疏花疏果等,可以促进花芽分化。

2)花芽分化的理论

植物生长点的分生细胞是在怎样的生理条件下转入花芽状态的,这是研究花芽分化的重要内容。花芽分化的三个基本理论如下。

(1)遗传基因控制论

生理生化研究表明遗传物质在花芽分化中有重要作用。植物丰产品种,无论生长旺、弱均能成花,说明与遗传基因有关。那些在体内控制花芽分化的基因,要在外界条件和内部因素的刺激下,才会活跃或解除抑制,使植物进入花芽分化。控制基因的这种连续反应活动就是控制组织分化的关键。而外部条件所导致的内部刺激会诱导出特殊的酶,特殊的酶导致结构物质、能量物质和激素水平的改变,从而导致生理分化。

(2)碳氮比(C/N)学说

影响花芽分化的营养物质有碳水化合物和无机氮。碳氧比学说认为花芽分化的物质基础是植物体内糖类物质的累积,以碳氮比(C/N)来表示。植物体内含氮化合物与同化糖类含量的比例,是决定花芽分化的关键,当糖类含量比较多、含氮化合物比较少时,促进花芽分化;相反,糖类含量比较少、含氮化合物比较多时,有利于营养生长。

(3)"成花素"理论

"成花素"理论认为花芽分化是成花素作用的结果。花芽分化是以花原基的形成为基础的,而花原基的发生则是由于植物体内各种激素趋于平衡所致。

研究结果表明:花芽分化必须具备组织分化基础、物质基础和一定的外界条件,花芽分化是在内外条件综合作用下产生的,而物质基础是首要因素,激素和一定的外界环境因子则是重要条件。

### 4. 花芽分化的控制

根据花卉植物花芽分化所需要的条件,人们在了解了花芽分化规律的基础上,以栽培技术为措施,通过调节植物各器官间生长发育的关系以及外界因子,来控制花芽分化,如通过适地适树、选砧、嫁接、促控根系生长(断根)、整形修剪(环剥、扭梢、弯枝、拉枝、环割、绞缢等)、疏花疏果、水施控制和生长调节剂的施用等来控制花芽分化。

## 2.1.3 坐果

植物体经过授粉受精后,子房膨大发育成果实的过程,即为坐果。"坐果"是农林行业的专用术语,通常是指植株的授粉、胚珠的受精。绝大多数的植物,要经过授粉和受精才能结实;少数植物可不经过授粉,果实和种子都能正常发育,这就是"孤雌生殖";还有一些植物,不需要授粉受精,子房就可发育成果实,但无种子,这就是"单性结实"。影响授粉和受精的因素有:①遗传原因导致不能形成大量正常的花粉;②花粉粒和胚囊的营养状态是授粉和受精的前提条件,营养不佳会导致授粉受精无法实现;③外界环境条件不良,如温度、干旱、大风、阴雨等,会引起花粉或胚囊发育不良或中途死亡。

提高授粉和受精概率的措施,除了配植授粉植物外,还应提高氮素营养贮藏和喷施硼等。

## 2.1.4 结果

结果与坐果概念不同,坐果是指早期的胚的膨大,是指授粉受精后子房受花粉分泌的生长素的作用开始膨大并稳定的过程;结果是指胚发育到后期形成果实。从花谢后至果实达到生理成熟时止,需经过细胞分裂、组织分化、种胚发育、细胞膨大和细胞内营养物质的积累和转化等过程,这是果实的生长发育过程。果实的生长要经历:①生长期,即果实先是细胞的分裂与增大,伸长生长后横向生长;②成熟期,即果实内含物的变化,其中肉质果的变化较显著。

影响果实生长发育的因素有很多。

(1)充足的贮藏养分和适当的叶果比

果实的细胞分裂主要依赖蛋白质的供应,因此,植物体贮藏的养分会影响果实的数量和质量;植物体内养分物质的累积和适当的叶片数量,即适当的叶果比,能保证养分的供给,保证果实的数量和质量。

(2)无机营养和水分

矿质元素在果实中的含量不到1%,但是缺少矿质元素,就会影响果实生长。在生长过程中,缺磷则果肉细胞数减少,因为在细胞增大初期以细胞质增加为主,而磷是细胞原生质的组成部分,缺磷果实增长受影响;钾对果实的增大和果肉干重的增加有明显作用,钾提高了原生质活性,促进了糖的运输和固定,因而干重增加,此外,钾与水合作用有关,钾多,果实鲜重中水分百分比也增加,钾对果实后期增大有良好的作用。果实的80%~90%为水分,水是一切生理活动的基础,果实生长自然离不开水分,干旱对果实增长的影响比对其他器官要大得多。

(3)种子

果实内种子数目和分布影响果实的大小和形状。有种子和种子多,都有利于果实生长。

(4)温度

每种果实的成熟都需要一定的积温,过低或过高的温度都能促使果实呼吸强度上升,进而影响果实生长。果实的生长主要在夜间进行,所以夜温影响更大。

(5)光照

光照不足,植物生长不良,对果实的大小和品质有影响,它主要是通过降低叶片的光合速率,减少光合产物供应,进而阻碍果实生长发育。

满足果实发育的栽培措施是:提高植物体前一年养分的累积和贮藏,这是果实能充分长大的基础。因此,花前施肥(前期施用氮肥,后期施用磷、钾肥)、灌水、疏花疏果、病虫害防治和通风透光均有利于果实生长发育。

## 2.2 花卉生长发育的规律

花卉同其他植物一样,在其生长发育过程中,要经历生命周期的变化和年周期的变化。

### 2.2.1 花卉的生命周期

花卉生命周期即是指在花卉植物个体发育过程中,要经历种子休眠和萌发、营养生长和生殖生长三大时期,是一种周期性的变化过程。

花卉植物经历的各个时期或周期性变化过程,都遵循着一定的规律性,如发育阶段的顺序性和局限性等。花卉植物的种类繁多,不同的花卉植物,其生命周期的长短有不同,如短命菊的生命周期只有几天时间,牡丹和苏铁生命周期达几百到上千年。一般情况下,草本花卉其生命周期较木本花卉短,草本花卉的生命周期短的只有几天,长的有一年、两年或数年;木本花卉的生命周期较长,长达几十年、几百年或上千年。如圆柏属的树种,其寿命可达2000年以上;柏属、紫杉属的树木可达3000年以上;红杉可达5000年以上。木本植物经过数年、上百年甚至几千年的生长后,耗尽养分,最后枯死。

花前成熟期即花卉从萌芽生长到开花前的这段时期。我国有句谚语"桃三杏四李五",说的是这些果树从播种到开花必须经历一定的生长时间。人们在长期的研究过程中发现,植物只有长到一定年龄,达到一定的内在生理状态时,才能在适宜环境条件的诱导下开花。通常把植物能够接受条件诱导而开花的生理状态,称为花熟状态。在达到花熟状态之前的时期,称为幼年期(或花前成熟期)。因此,花前成熟期的长短因植物种类或品种而异,短的数日,长可达几十年,如矮牵牛,在短日照条件下,于子叶期就能诱导其开花;唐菖蒲早花品种从种植到开花仅 90 d 时间,晚花品种则需要 120 d 时间;牡丹播种后需要 3~5 a 时间才能开花;有些木本花卉,如苏铁、欧洲冷杉等需要 20~30 a 才能开花,一般来说,草本花卉花前成熟期短,木本花卉则较长。大多数木本植物在通过幼年期后,可以年复一年地开花,但少数植物如竹类,属于一次开花植物,在整个生长周期中只开花结实 1 次,之后就衰老死亡,竹类的花前成熟期为 5~50 a。

### 2.2.2 花卉的年周期

在花卉植物的年周期变化中,要经历生长期和休眠期的规律性变化。花卉的种类不同,他们的年周期的类型和特点也不同。一年生花卉为当年种植当年开花结实,入冬则植株死亡,其生命周期与年周期相同,特点是周期短而简单。二年生花卉秋季播种后,以幼苗形态进入休眠或半休眠状态,温度适宜时再生长,开花结实后植株死亡,他们要经历生长—休眠—再生长—再休眠的年周期变化。多年生花卉植物或木本花卉植物,一年中也要经历生长和休眠的周期性变化,休眠期在夏季或冬季温度不适宜的时期。

### 2.2.3 生长的相关性

植物体各部分之间存在着相互联系、相互促进或相互抑制的关系,即某一部位或器官的生长发育,常能影响另一部位或器官的形成和生长发育。这种相互促进或相互抑制的关系,即为相关性,这主要是由于植物体内营养物质的供求关系和激素等物质调节的需要,也是植物有机体整体性的表现。

1)地上部与地下部的相关

矿质营养及水分是由根部吸收的,碳水化合物在叶片中通过光合作用合成,积累的物质又集中到果实、块茎、块根中,因此,在同一植物的不同器官之间,有密切的物质运转的"库—源"关系。植物体根系活动所需的营养和某些特殊物质,主要是由地上部叶子进行光合作用所制造。在植物生长季节,如果一定时期内根系得不到光合产物,就可能因饥饿而死亡,因此必须经常进行上下的物质交换。地上部与根系间对养分存在着相互供应和竞争关系,植物体通过错开生长高峰,来自动调节竞争。在较低温度下根常比枝叶先行生长;当新梢旺盛生长时,根生长缓慢;当新梢渐趋停长时,根的生长则趋达高峰;当果实生长加快时,根生长变缓慢;秋后秋梢停长和采果后,根生长常又出现一个小的生长高峰。地上部叶片太少,根系量也会少;地上部摘除花或果实,可增加地下根的量;多施肥,根系生长好,地上部则枝繁叶茂。

2)营养生长和生殖生长的相关

植物体的营养生长旺盛,叶面积大,光合产物多,花多而艳,相反,如果营养生长不良,叶面积小,则花器官发育不完全。在栽培上,氮肥施用过多会导致开花结果少,会导致徒长,研究表明:徒长的植株,其大部分同化物质都转运到茎端的生长点和嫩芽中,运转到果实和种子中的只有一小部分,在这种情况下,可以通过栽培措施和利用植物生长抑制剂等方法抑制其营养生长。当然,生殖生长也影响营养生长,植物开花结果多了,由于营养多数提供给了花和果,枝叶的生长受到抑制,另外,结果多也抑制了枝梢的生长,适当摘除花和果实可以促进营养生长。

植物体的生长过程中,任何一个生长发育时期都和其前一个时期有密切的关联,没有良好的营养生长就没有良好的生殖生长,因此要实现优质、高产,必须重视每一个生长阶段。植物体的发育阶段中还存在顺序性与局限性,顺序性指的是前一阶段完成以后,后一阶段才能出现,不能超越,也不能倒转。局限性就是植物生长发育的各个阶段,可能受营养条件和环境条件的影响,如温度、光照等,采用其他措施是无法替代的,如二年生花卉的发育,春化及光周期的作用是主要的,而且不可替代,采用施肥、灌溉等方法无法诱导其花芽的形成。

## 本章思考题

1. 什么是生长?什么是发育?
2. 简述花卉种子期经历的各个时期的特点。
3. 简述花卉营养生长的特点。
4. 简述花卉生殖生长的特点。
5. 简述花卉花芽分化的各个时期。
6. 简述花芽分化的各个类型。
7. 简述影响花芽分化的因素。
8. 花卉花芽分化的基本理论。
9. 简述影响果实生长发育的因素。
10. 花卉的生命周期和年周期。
11. 简述花卉植物地上部分和地下部分之间存在着哪些相关性。

# 3　花卉与环境因子

**【本章提要】**　花卉的生长发育除了与遗传特性有关外,还与生长的环境密切相关,因此,了解花卉生长发育与环境因子的关系,是栽培花卉的重要基础。本章介绍温度、湿度、光照、土壤、营养、气体对花卉的影响及这些环境因子的调节方法,并介绍了人工环境的建立,常用的栽培设施的主要作用、特点、结构及相关设备等。

植物所生活的空间即是植物生长的"环境",植物的生活环境包括温度、光照、水分、空气、土壤、地形地势、生物和人为活动等因子。在这些因子中,有些对植物没有影响或者在一定阶段内没有影响,对植物有直接、间接影响的因子称为"生态因子",生态因子中属于植物生活必需的、没有它植物不能生存的,则被称为"生存条件",对于植物体而言,$O_2$和$CO_2$、光照、温度、水分及矿质元素等是植物的生存条件。在这些因子中,地形地势是通过热量变化、水汽、光照、土壤等对植物体产生影响的,这种作用不是直接的而是间接的,是属于间接因子。其他因子均为植物的直接因子。

在研究植物与环境间的关系中,人们必须具备以下几个基本观念。

(1)环境因子的作用是综合作用

在植物体生长发育过程中,对植物影响的环境因子是多方面的,各生态因子是相互关联、相互影响的,它们组合为综合的总体,对植物体的生长生存起着综合的生态和生理作用,是综合作用的结果。环境中各生态因子相互联系、相互作用产生的整体效应,是个体效应基础上的质的飞跃。一个环境的性质不等于各个因子要素效应的简单相加,而要大于各因子效应之和。如光照的变化直接影响温度、湿度等诸多生态因子的变化,这些因子又引起相应的其他变化。

(2)特定阶段和过程中的主导因子不同

在生态因子对植物体起综合作用的过程中,有些生态因子在一定的特殊阶段和过程中起着主导作用,对植物的一生而言,主导因子不是固定不变的,不同阶段和过程,其主导因子是不同的。

(3)生存条件不可替代

生存条件很重要,虽然生态因子相互影响、相互关联,但是生存条件是不可替代的,一种生存条件缺乏时,不能以另一种条件来替代。如植物生长过程中所需要的生存条件,光照、温度、水分、无机盐等,对于植物来讲虽然不是等价的,但都是同等重要且不可缺少的,它们不能相互替代。

(4)生态因子具有补偿作用

植物体生长过程中,生态因子是不能完全被其他因子所替代的,但对于某一个生态因子一定范围内的不足或过多,可通过其他因子的量的变化加以补偿,从而维持整个环境生态效应的稳定性。如植物群落底层植物的光照不足时可被近地面处高浓度的$CO_2$有效地加以补偿,使其仍保持较高的光合效率。同样,植物在低氮条件下需要的水分比高氮条件下需要的水分多,以防止植物枯萎,这就是水对氮肥的补偿作用。

(5)生态因子具有限制作用

植物的生长发育受生态因子的综合作用,但在有的环境条件下,其中一种或少数几种因子的数量过多或过少,超出其他因子的补偿作用和植物自身的忍耐限度,就会限制植物体的生存和生长发育,甚至会造成植物体的死亡,这些因子就是限制因子。植物对生存条件及生态因子变化强度的适应范围是有一定限度的,这个适应的范围,也称"生态幅",不同植物以及同一植物不同的生长发育阶段的生态幅,常有很大差异。

(6)生态因子的阶段性

植物在整个生长发育过程中,对各个生态因子的需求随着生长发育阶段的不同而有所变化,即植物对生态因子的需求具有阶段性。如植物的生长温度不能太低,如果太低会导致植物生长不良,但是春化过程的低温又是必需的。

植物体的生长过程除了受它们自身的遗传特性影响外,也受到外界环境条件的影响,充分了解植物体与环境条件的关系,遵守"适地适花"的原则,满足它们对环境条件的各项要求,才能做到生长良好,开花繁茂,硕果累累。

# 3.1 温度

温度是影响花卉植物生存、分布及生长发育的重要环境因子之一,同一种花卉植物的不同生长发育阶段对温度的要求不同,不同花卉对温度的需求也不同,给予适宜的温度才能保证花卉植物的正常生长。

## 3.1.1 温度三基点

花卉植物同其他生物一样,都只能在一定的温度范围内才能生存,在一定的温度范围内才能正常生长与发育。花卉生长发育的最高、最适和最低温度,称为"温度三基点"(见图 3-1)。在最适温度的范围内,花卉植物生长、发育最好,而超过正常生活的最高、最低点的温度范围,花卉植物的生长、发育就停止,并开始出现伤害。除了生长的三基点外,所有花卉植物都还有生存的三基点,超过生存的极限温度后,花卉就不能存活。由于花卉的原产地气候和类型不同,它们对温度三基点的要求也不同,通常原产热带的花卉,其温度的三基点较高,开始生长的最低温度一般为 18 ℃,最适生长温度为 30～35 ℃,可以耐 40 ℃以上的高温,如热带花卉王莲的种子要在水温 30～35 ℃下才能发芽生长,仙人掌类在 15～18 ℃时开始生长,能忍受的最高温度为 50～60 ℃,仙人掌科蛇鞭柱属的多数种类温度高达 28 ℃才能生长。温带植物最适生长温度为 25～30 ℃,生长温度为 5～40 ℃,原产于温带的芍药,在北京冬季-10 ℃ 条件下,地下部分不会枯死,到翌年春天当温度回升至 10 ℃左右即能萌动出土。原产寒带的花卉要求的三基点较低,如著名的高山花卉雪莲在 4 ℃开始生长,-20 ℃至-30 ℃下亦能生存。

植物的生长对温度较敏感,温度变化几度就会导致生长速率的明显变化。在一定范围内,植物生长过程随着温度升高而加快,但超过一定范围的温度,生长反而会下降。植物生长最快的温度是植物生长的最适温度,在这样的温度下,植物虽然快但不一定健壮,反而由于消耗物质多,幼苗长得细长柔弱,植株易损伤。因此,若要植物生长健壮又比较快,必须提供协调的最适温度,此温度略低于最适温度。

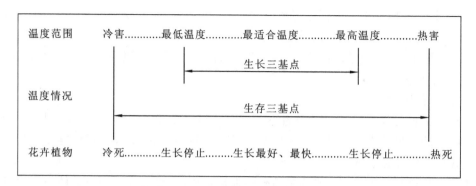

图 3-1 温度与生长情况图

### 3.1.2 花卉按对温度的要求分类

(1)高温类(不耐寒性花卉)

高温类花卉多数原产于热带、亚热带地区,在生长期间要求高温,不能忍受 0 ℃以下的温度,其中一部分种类甚至不能忍受 5 ℃左右的温度,否则停止生长,甚至死亡。这类花卉在整个生长发育过程中,都要求较高温度,生长发育在一年中无霜期内进行,在春季晚霜后开始生长,在秋季早霜到来时休眠。如一年生花卉和大部分室内观叶植物,它们大部分需在温室中越冬。

(2)中温类(半耐寒性花卉)

中温类花卉多原产于温带转暖处,耐寒力介于耐寒性和不耐寒性花卉之间,此类花卉一般可以在露地栽培,但有些在温度达到 0 ℃时,或有霜冻时需略加防寒才能安全越冬。如二年生花卉、一些宿根花卉和一部分木本花卉。

(3)低温类(耐寒性花卉)

低温类花卉原产于温带或寒带地区,能适应较低温度,抗寒力强,一般情况下,能耐 0 ℃以下的温度,其中一部分能耐 −5 ℃以下的低温,冬季可以露地越冬,夏季高温须防暑才能安全越夏,如一些二年生花卉和一些木本花卉如玫瑰、金银花等。

### 3.1.3 温度对花卉生长发育的影响

温度不仅影响花卉植物的地理分布,而且还影响各种花卉生长发育的每一过程和时期。温度影响着花卉植物的方方面面。

1)生长发育不同时期对温度要求不同

同一种花卉的不同生长发育时期对温度有不同的要求,如种子或球根的休眠、茎的伸长、花芽分化和发育等对温度要求都不同。以播种繁殖的花卉种类来说,在播种繁殖时,一般都要求较高温度,有利于种子吸收水分、萌发。一年生草本花卉若要早春播种,多在室内进行盆播,出苗后转入地栽,这就是要满足其对温度的要求;进入幼苗期要求较低温度,温度过高,会使幼苗生长太快,容易徒长,致使苗木细弱。二年生花卉以幼苗越冬,在幼苗期温度要求更低,否则不能顺利通过春化阶段;进入营养生长期,要求较高温度,这样能促进营养生长,有利于营养物质的制造、积累和贮藏;进入开花结实期又不需要很高的温度,因此,夏季温度过高,花卉开花的也较少,春秋两季开花较多。

2)有效积温

每种花卉植物都有一个生长发育的下限温度(或称生物学起点温度),这个下限温度一般用日平均气温表示。低于下限温度时,作物花卉植物便停止生长发育,但不一定死亡。高于下限温度时,花卉植物才能生长发育。我们把高于生物学下限温度的日平均气温值叫做活动温度,而把花卉植物某个生育期或全部生育期内活动温度的总和,称为该作物花卉植物某一生育期或全生育期的活动积温。活动积温与生物学下限温度之差,叫做有效温度,也就是说,这个温度对作物花卉植物的生育才是有效的。花卉植物某个生育期或全部生育期内有效温度的总和,就是该花卉植物这一生育期或全生育期的有效积温。积温可作为农业气候研究中分析地区热量资源、编制农业气候区划的热量指标;在农业气象预报及情报服务中利用积温,分析引进或推广地区的温度条件,可以了解引种植物是否适合该地区,为引种服务;利用花卉发育速度与温度的相关关系,可以用积温预报花卉的生长发育期。

3)春化现象

春化现象是指花卉植物需要经过一个低温阶段才能开花结果的现象,这个发育阶段称为春化阶段,这个低温对植物花芽的促进作用,称为春化作用。不同植物通过该阶段所要求的低温值和通过低温的时间各不相同。

(1)花卉植物按春化低温值分类

依据要求低温值的不同,可将花卉分为以下三种类型。

①冬性植物:这类植物在通过春化阶段时要求低温,在0~10 ℃间,越接近0 ℃通过春化所需时间越短,一般通过春化的时间为30~70 d,有人称此类植物为春化要求性植物。二年生花卉,如月见草、毛地黄、紫罗兰等为冬性植物,它们在秋季播种后,以幼苗状态度过冬季,低温期是其春化阶段。二年生花卉若在春季播种,可能不能正常开花,或植株矮小即开花,作为切花材料就不合适了。多年生花卉在早春开花的种类,通过春化阶段也要求低温。

②春性植物:这类植物在通过春化阶段时,要求低温值5~12 ℃,比冬性植物高,完成春化作用所需要的时间亦较短,为5~15 d。一年生花卉为春性植物;秋季开花的多年生花卉亦是春性植物。

③半冬性植物:通过春化阶段时,对于温度的要求不甚敏感,这类植物在15 ℃的温度下也能够完成春化作用,但是,最低温度不能低于3 ℃,通过春化阶段的时间是15~20 d。

花卉植物的种类繁多,不是所有的植物都有春化要求,有些植物对春化要求很强;有些植物对春化要求不强;有些则无春化要求。植物通过春化有两种形式。a.植物体春化:以特定生育期的植物体通过春化阶段,如紫罗兰、六倍利等二年生草本花卉;以幼苗通过春化阶段,如小苍兰、唐菖蒲等以球根通过春化阶段。b.种子春化:以萌芽种子通过春化阶段。

(2)春化处理

人工的低温处理,能促进春化作用,促进花芽分化,促进开花,这种处理方式即为春化处理。

上海植物园曾有报道:将当年春季种植,夏季开花,秋季收成的唐菖蒲种球,经过两个月2~5 ℃的低温处理后,种植下去后,有的当年可开花,有的翌年春天即可开花,低温能打破休眠,促进春化,使其提前开花。

实验表明:使用赤霉素处理,可使许多二年生植物,不经低温处理而开花,即赤霉素在某种程度上,以某种方式"代替"了低温,但只对长日照植物有效。

4)温周期现象

在自然条件下气温是呈周期性变化的,许多生物适应温度的某种节律性变化,并通过遗传成为其生物学特性。这一现象称为(植物的)温周期现象。温周期又分为昼夜温差变化和季节性温差变化。

温周期对花卉植物的影响:昼夜的温度变化即日温周期对花卉植物影响较大,在植物生长的适宜温度下,温差越大,对花卉植物的生长发育越有利。白天的温度高,有利于光合作用,夜晚的温度低,减少了呼吸作用对养分的消耗,净积累量较多,导致花卉枝叶茂盛,繁花似锦,如云南的茶花及高山上的杜鹃花一般开得特别好,花大、色艳,这与当地昼夜温差大有很大关系。

对于温周期现象,从生理上有两种解释:①较低夜温可以减少呼吸作用对糖分的消耗;②较低夜温有利于根系合成细胞分裂素类的激素,这类激素被运输到植物体各部分而起作用。

栽培中为使花卉生长迅速,最理想的条件是白天温度应在该花卉光合作用的最佳温度范围内;夜间温度应在呼吸作用较弱的温度限度内,使花卉得到较大的有机物质积累量,才能迅速生长(见表 3-1)。

表 3-1   部分花卉的昼、夜最适温度

| 名称 | 白天最适温度/℃ | 夜间最适温度/℃ |
| --- | --- | --- |
| 金鱼草 | 14~16 | 7~9 |
| 心叶藿香蓟 | 17~19 | 12~14 |
| 香豌豆 | 17~19 | 9~12 |
| 矮牵牛 | 27~28 | 15~17 |
| 彩叶草 | 23~24 | 16~18 |
| 翠菊 | 20~23 | 14~17 |
| 百日草 | 25~27 | 16~20 |
| 非洲紫罗兰 | 19~21 | 23.5~25.5 |
| 月季 | 21~24 | 13.5~16 |

注:引自包满珠《花卉学》。

5)温度对花色的影响

温度是影响花色的主要环境条件,在很多花卉中温度与光照对花色有影响。据 Harde 研究表明:蓝白相间的矮牵牛品种,在 30~35 ℃的高温下,开花繁茂时,花瓣完全呈现蓝色或紫色;在 15 ℃下,开花繁茂时,花瓣呈现白色;而在上述两温度间,则呈现蓝和白相间的颜色,且蓝色和白色的比例随着温度变化而变化,在温度接近 30~35 ℃时,蓝色部分增多,温度变低时,白色部分逐步增多。

大多数花卉植物在夏季炎热时,花开得少,即使开花,花色也较暗淡,如大丽花、月季等,在秋凉后花色会变得鲜艳。

### 3.1.4   不适温度对花卉植物的影响

在花卉植物生长发育过程中,自然界中非规律性温度变化,如过高或过低的温度或骤然的高温

和低温对生长发育的影响很大。植物生长过程中,温度过高或过低都将影响各种酶促反应过程,造成各生理功能之间的协调被破坏,从而使植物生长被破坏。

1)低温对植物生长不利影响

①温度骤降,引起细胞内结冰,使原生质不可逆地凝固。

②温度逐渐下降,下降到一定温度(0 ℃以下)时,引起细胞间隙结冰,使细胞受机械挤压而损伤,并且冰晶不断从细胞内吸水,使原生质严重脱水。

③当温度下降,细胞间隙结冰而细胞尚未受害时,此时气温骤升转暖,细胞间隙中的水分来不及被细胞吸回就蒸发掉了,致使细胞缺水而干死,并且,若解冻太快,细胞壁吸水快而细胞质吸水慢,会使细胞受到机械拉力的损害,如霜冻和寒害。

2)高温对植物生长不利影响

①高温引起原生质发生性变而凝固,使原生质结构受到破坏。

②高温破坏了植物体内新陈代谢的协调,如叶绿体受到破坏不能进行光合作用,酶受到破坏使呼吸和物质转化等不能正常进行,体内累积过多有毒物质而中毒。

③高温引起植物干旱和萎蔫。大气干旱会引起植物暂时萎蔫;土壤干旱会导致植物永久萎蔫,时间过长则导致植物干枯死亡。

### 3.1.5 土温对花卉生长发育的影响

土温对种子发芽、根系发育、幼苗生长等,均有很大的影响。在播种繁殖时,较高的土温可使种子内生化活动正常进行,若在早春进行播种时,一般在温室内进行或用薄膜覆盖提高土温,提高发芽率。一些不耐寒的花卉种子发芽需要较高的温度,最适温度为 20～30 ℃;耐寒性宿根花卉及露地二年生花卉的种子发芽最适温度为 15～20 ℃。

一般地温比气温高 3～6 ℃时,扦插苗成活率最高。若土温比气温低时,会产生先发芽,后发根的现象,新萌发的枝梢会将枝条内贮藏的水分和养分消耗完,造成插穗死亡现象,这种现象称"回芽"。

### 3.1.6 温度的调节

地球表面的任何一处温度,除了与其所在的纬度有关外,还与海拔、季节、日照长短、微气候因子(方向、坡度、植被、土壤)、空气湿度等有关。在栽培花卉植物时,我们要了解花卉的生长特点和环境要求,因地制宜。为了满足花卉植物对温度的要求,生长季尽量使花卉处于最适温度以利于花卉的生长发育,必要时可以调节环境温度;在非生长季和休眠期也要保证它们存活。温度调节措施包括防寒、保温、加温、降温等,此外,还要善于利用环境的小气候、小环境的局部温度差异,创造适宜的花卉生长环境。从远方引种时,更要了解所引植物的习性,它们生长对温度的要求,开花结果对温度的要求等,才能保证引种的成功。

## 3.2 光照

光是植物赖以生存的必要条件,是植物合成有机物质的重要能量物质,光对花卉植物的影响主要是:光照度、光照长度(光周期)和光质(光的组成)。

### 3.2.1 花卉生长需要阳光

光合作用是绿色植物在光下利用 $CO_2$ 和水合成有机物质，并放出 $O_2$ 的过程。合成的有机物质主要是碳水化合物。光合作用的反应式如下：

$$CO_2 + H_2O \xrightarrow[\text{叶绿素}]{\text{光}} (CH_2O) + O_2$$

光合作用所利用的能源，是取之不尽的日光能，所利用的原料是广布于地球表面的 $CO_2$ 和水，所以绿色植物在生物界中，数量上占有绝对优势。由于绿色植物又是所有其他生物所需食物的最终来源，所以，实际上所有的生物都是通过绿色植物的光合作用，以日光能作为生命活动所需要的能源。另外，绿色植物所合成的碳水化合物以及其他有机物质，又是所有其他生物用以建造其自身躯体的原料，所以进行光合作用的绿色植物，是制造有机物质的工厂，又是能源转换站。花卉植物的生长发育需要阳光，同时光也作为一种外部信号调节它们的生长发育。

### 3.2.2 光照度对花卉生长发育的影响

光照度是指单位面积上所接受可见光的能量，单位为勒克斯。光照度随纬度的增加而减弱；随海拔的升高而增强。一年中以夏季光照最强，冬季光照最弱。一天中以中午光照最强，早晚最弱。叶片在光照度为 3000～5000 lx 时开始进行光合作用，但一般植物生长需在 18000～20000 lx 下进行。如果阳光不足，可用人造光源代替。一般光合作用的强度随光照度的加强而增大，但增大幅度有限，超过限度光合作用会减弱或停止。

1）花卉根据对光照度的要求分类

（1）阳性花卉

阳性花卉必须在完全的光照下生长，不能忍受些许荫蔽，否则会生长不良。原产于热带和温带平原、高原南坡以及高山阳面岩石的花卉均为阳性花卉，如多数露地一二年生花卉及宿根花卉、仙人掌科、景天科和番杏科等多浆类植物。

（2）阴性花卉

阴性花卉要求在适度荫蔽下方能生长良好，不能忍受强烈的直射光照，生长期间一般要求有 50%～80% 荫蔽度的环境条件。它们多数原产在热带雨林下或分布于森林下及阴坡上，如蕨类植物、兰科植物、苦苣苔科植物、凤梨科植物、姜科、天南星科及秋海棠科植物等多为阴性花卉，多数室内观叶植物属于此类植物。

（3）中性花卉

中性花卉对于光照度的要求介于上述二者之间，多原产于热带和亚热带地区。在原产地，由于当地空气中的水蒸汽较多，一部分紫外线被水雾所吸收，因而减弱了光照度，因此，中性花卉一般在光照不太强的条件下生长良好，即疏荫环境下生长良好，如杜鹃花、茶花、白兰花等。

对于不同花卉种类给予相应的光照强度才能使其生长良好。阳性花卉若在阴暗环境下生长，则会出现枝条纤细、节间伸长、叶片黄瘦、花小不艳、香味不浓、果实青绿而不上色的情况，因而失去其观赏价值；阴性花卉若在光照太强的情况下生长，叶片的叶绿体会被杀死，造成叶片灼伤、黄化、脱落甚至死亡，因此，此类花卉必须在散射光下生长。

2）光照度对花卉色彩的影响

（1）对花色的影响

花的紫红色是由于花青素的存在，但花青素必须在强光下才能产生，在散射光下不易产生，如春季芍药的紫红色嫩芽以及秋季红叶均为花青素的颜色。花青素的产生除受强光影响外，一般还与光的波长和温度有关，春季芍药嫩芽显紫红色，这与当时的低温有关，由于春季夜间温度较低，白天同化作用产生的碳水化合物，在转移过程中受到阻碍滞留叶片中，而成为花青素产生的物质基础。

光照度对蓝、白复色的矮牵牛花朵有明显影响，实验表明：随温度升高蓝色部分增加；随光照度增大，白色部分变大。

（2）对叶色的影响

同是绿色的叶片，叶色深浅有不同。叶绿体位于叶片上表皮的栅栏组织细胞中，叶绿体中主要含有蓝绿色的叶绿素 A 和呈黄绿色的叶绿素 B，叶片绿色的浓淡，取决于细胞中叶绿素 A 和叶绿素 B 的含量，光照强，叶绿素 A 含量高，叶色呈深绿色；光照弱，叶绿素 B 含量高，叶片呈浅绿色。

在一些彩色叶片中，叶绿体中还含有大量的胡萝卜素（橙红或红色）和叶黄素（黄色），叶片在强光下合成叶黄素较多，叶片呈偏黄色；在弱光下，胡萝卜素合成较多，因此，叶片呈现橙色至红色。如双色叶植物红背桂，在阳光下生长时，叶片色彩相对没有弱光下的叶片那么鲜红。

有些植物的叶片彩与光没有关联，如有些叶片呈金心或金边，是因为在不同部位的叶绿体内含有不同的色原元素，造成叶片上呈现黄、绿两色。彩叶芋的叶片上有白色小斑块，这是由于该部位栅栏组织内的白色体没有转化成叶绿素的能力。有些叶片呈现黄色是由于病毒侵染机体引起黄化，这种黄化有观赏价值，所以，通过无性繁殖的方法保留下来，如花柏。

3）光的有无和强弱对开花的影响

有些花卉的花蕾开放和开放时间与光的有无和强弱有关，如半支莲（太阳花）、酢浆草必须在强光下才能开放，日落后闭合；牵牛花是在凌晨开放；紫茉莉仅在傍晚开放，第二天日出后闭合；夜合是在太阳出来后开花，夜晚闭合；昙花则在晚间 9 时以后开放，凌晨 0 时后逐渐败谢。花卉开花时间表如表 3-2 所示（引自花卉栽培学讲义）。

表 3-2　花卉开花时间表

| 开花时间/h | 花卉名称 | 开花时间/h | 花卉名称 |
|---|---|---|---|
| 3 | 蛇床 | 4 | 牵牛花 |
| 5 | 蔷薇 | 6 | 龙葵 |
| 7 | 芍药 | 8 | 莲花 |
| 9 | 半支莲 | 10 | 马齿苋 |
| 16 | 万寿菊 | 17 | 茉莉 |
| 18 | 烟草花 | 19 | 剪秋萝 |
| 20 | 夜来香 | 21 | 昙花 |

18 世纪瑞典的植物学家林奈为了确切地说明开花时间和光的有无、强弱有关，在一个精心设计的花坛里，按花卉开花的时间顺时针排列，制作出了世界上第一个"花时钟"。在花卉栽培中，可以用光暗颠倒的方法，使夜间开放的花卉植物在白天开放。

### 3.2.3 光周期对花卉生长发育的影响

光周期是指一日中日出日落的时数(一日的日照长度)。昼夜光暗交替称为光周期。纬度和季节不同,光照长度不同。在低纬度的热带地区,光照长度周年接近 12 h;在两极地区有极昼和极夜现象,夏至时北极圈内光照长度为 24 h。因此,分布在不同气候带的花卉,对光照长度的要求也不同。光周期对植物生长发育有影响的现象,称为光周期现象。光周期对花卉植物的休眠、球根形成、节间长短、叶片发育、成花过程、花青素形成等过程均有影响。

1)花卉根据对光周期的要求分类

各种植物都依赖于一定的光照长度和相应的黑夜长度的相互交替,才能诱导花的发生和开放。根据对光周期的要求花卉可分为以下几类。

(1)长日照花卉

长日照花卉要求较长时间的光照,才能开花或促进开花。一般要求 14～16 h/d 日照。若在昼夜不间断的光照下,能起更好的促进作用;相反,若在较短的日照下便不开花或延迟开花。二年生花卉和早春开花的多年生花卉为长日照植物。

(2)短日照花卉

短日照花卉在较短日照下能开花或促进开花。一般在 8～12 h/d 的日照下能开花,在较长的光照下便不能开花或延迟开花。一年生花卉和秋季开花的多年生花卉为短日照花卉。

(3)中性花卉

中性花卉在较长或较短日照下均能开花,对于日照长度的适应范围较广,只要温度适宜均能开花。一般四季开花的植物为中性花卉,如月季、四季桂花、扶桑、大丽花等。

对于一些对日照敏感的花卉植物而言,日照条件是决定它们开花期的主要外部因子。随着研究的深入,目前发现也有一些花卉的成花对光照长度的要求较严格,如翠菊在长日照下花芽形成、伸长,在短日照条件下开花,称为长短日照花卉;大花天竺葵在短日照条件下花芽形成、伸长,在长日照条件下开花,称为短长日照花卉;有些花卉在昼夜长短接近于相等时才能开花,称为中日照花卉。

花卉植物的开花除了受光周期影响外,在满足光周期条件下,还必须要注意满足它们对温度的要求,有时温度不适宜也会影响开花。

2)光周期对其他器官生长的影响

日照长度还能促进某些植物的营养繁殖,如落地生根属的某些花卉,其叶缘上的幼小植物体只能在长日照下产生。虎耳草腋芽发育成的匍匐茎只能在长日照下才能产生。另外,长日照还能促进禾本科植物的分蘖。

短日照能促进某些植物块茎、块根的形成和生长,如菊芋块茎的发育是在短日照下发生的,长日照下其块茎只在土层下产生匍匐茎,并不加粗。大丽花块根的发育对日照长度也很敏感,某些在正常日照下不能产生块根的变种,经短日照处理后能诱导形成块根,并且在以后的长日照下能继续形成块根。球根秋海棠的块茎发育也为短日照所促进。

研究表明:短日照经常促进休眠;长日照促进营养生长。在短日照周期中给予间歇光照,可以获得长日照效应。

### 3.2.4　光质对花卉生长发育的影响

光质即光的组成,是指具有不同波长的太阳光谱成分,根据测定,太阳光的波长范围主要在150~4000 nm之间,其中可见光(即红、橙、黄、绿、青、蓝、紫)波长在380~760 nm之间,太阳光辐射为52%;不可见光红外线占43%,紫外线占5%。

植物同化作用时吸收最多的是红光和橙光,其次为黄光,而蓝紫光的同化效率仅为红光的14%。在太阳直射光中,红光和黄光最多只有37%,在散射光中,红、黄光占50%~60%,散射光对半荫性花卉及弱光下生长的花卉效用大于直射光。但直射光所含紫外线比例大于散射光,对于防止徒长,使植株矮化的效用较大。高山上花卉色彩艳丽和热带花卉的色彩艳丽与紫外线较强有关。

①红光、橙光有利于植物碳水化合物的合成,加速长日照植物的发育,延迟短日照植物发育。红光能促进叶子的伸长,抑制茎的过度伸长,对黄化恢复最有效。

②蓝、紫光能加速短日照植物发育,延迟长日照植物发育,能阻止黄化。蓝光有利于蛋白质的合成。

③蓝紫光和紫外线能抑制茎的伸长和促进花青素的形成,高山上紫外线丰富,因此,高山植物大多数较矮小。紫外线又是植物色素形成的主要光能,它有利于VC的合成。

④红外线有促进植物枝条延伸的作用。

### 3.2.5　光的调节

光照强度使用照度计测量。花卉植物对光照强度的要求,一般可通过光补偿点和光饱和点来表示。光补偿点即光合作用所产生的碳水化合物与呼吸作用所消耗的碳水化合物达到平衡时的光照强度。光饱和点是指增加光照强度,光合强度不会增加时的状态,因为此时植物接受的光能与其呼吸利用相等,达到饱和状态。用照度计测量光照强度,光照强度不足,可用补光的方法,如使用各种灯光(白炽灯、荧光灯、LED灯、高压水银荧光灯、高压钠灯等)进行调节,以增加光照强度,提高光合速率,使植物生长发育良好;光周期的调节可以用黑布或黑色塑料薄膜减少日照时间,用加光的方法来延长日照时间。光质可通过选用不同的温室覆盖物来调节。

## 3.3　水分

水是植物体的重要组成部分,也是植物生命活动的必要条件,草本植物体内70%~90%是水,植物生活所需要的元素很多是从水中获取,矿物质被根毛吸收后供给植物生长和发育,光合作用也只有在水存在的情况下,光作用于叶绿素时才能进行。因此,植物对水的需求量很大。植物体内的一系列生化反应都要在水的参与下进行,植物缺水,会产生萎蔫,甚至死亡;水分过多,植株烂根烂茎,落花落果,甚至死亡。

### 3.3.1　花卉按对水分的要求分类

1)旱生花卉

旱生花卉耐旱性强,能忍受较长期的干燥的空气和土壤而生存。为了适应干旱的环境,它们在外部形态上和内部构造上都产生许多相应的变化及特征,如叶片变小、退化或肉质化;表皮层角质层加厚,气孔下陷;叶表面具有厚茸毛以及细胞液浓度和渗透压变大等,大大减少植物体水分的蒸发,同时该类花卉根系比较发达,能增强吸水力,从而更增强了适应干旱环境的能力,如多肉多浆类植物。

2)半耐旱花卉

半耐旱花卉多数叶片呈革质或蜡质状或叶片上有大量茸毛,还有一些枝叶呈针状或片状,以减少水分蒸发,如茶花、杜鹃花、橡皮树、文竹、天门冬、松柏等。

3)中性花卉

中性花卉对土壤水分要求多于半耐旱花卉,要求土壤含水量在60%左右(即保持湿润状态),包括大部分木本花卉,一些一二年生花卉,宿根花卉,球根花卉以及一些肉质根系花卉,如苏铁、棕榈、扶桑、石榴等。

4)湿生花卉

湿生花卉耐旱性弱,生长期间要求经常有大量水分存在,或有饱和水的土壤和空气,它们的根、茎和叶内有通气组织的气腔与外界相互通气,吸收氧气以供根系需要,如龟背竹、马蹄莲等天南星科及鸭趾草科植物。

5)水生花卉

水生花卉生长在水中,有些在浅水中,应养护在湖水、池塘、水池、水缸、湿地上,如王莲、睡莲等。

对于露地栽培的花卉,根系分枝多、分布广的种类,能从下层土壤或地下水中吸收水分,其抗旱能力强;一般宿根花卉的根系较强大,并能深入地下,因此多数种类能耐干旱;一二年生花卉与球根花卉根系不及宿根花卉强大,耐旱力也弱。

### 3.3.2 水分对花卉生长发育的影响

1)生长过程中对水分的需求

同一种花卉在不同生长过程中对水分要求不同。种子萌发时,需要较多的水分,以使水分渗入种皮,有利于胚根的抽生,并供给种胚必要的水分;种子萌发后,在幼苗状态时,因根系弱小,在土壤中分布较浅,抗旱力极弱,必须保持湿润,以后应逐渐降低土壤湿度,以防苗木徒长,促使植株老熟;花芽分化时,相对干旱能使枝条加长生长,体内贮藏的营养物质可集中供应花芽分化;开花后如果土壤水分过多,花朵会很快完成授粉而败落,种子不饱满,为延长花期应尽量少浇水,对观果类花卉应多浇水,以满足果实发育的需要;在种子成熟时,则要求空气干燥。

2)水分对花芽分化的影响

水分对花卉的花芽分化有影响。控制对花卉的水分供给,以达到控制营养生长、促进花芽分化的目的。梅花的"扣水",就是控制水分供给,致使新梢顶端自然干梢,叶片卷曲,停止生长,转向花芽分化。

对于球根花卉,凡球根含水量少的,则花芽分化也早,早挖的球根或含水量较高的球根,花芽分化延迟。球根鸢尾、水仙、风信子、百合等用30～35℃的高温处理,使其脱水而达到花芽分化提早和促进花芽伸长的目的。

广州的年橘就是在7月份控制水分,使花芽分化,促使其开花结果,供春节观赏。

三角梅若只长叶不开花,可用控制水分和氮肥的方法促使其开花。

3)水分对花色的影响

水分对花色的影响很大。一般在水分缺乏时,花色变浓,因为此时色素较多,故色彩变浓,但相对较暗淡;水分充足时,才能显示出花卉品种本身色彩,花期也长。

### 3.3.3　水分与生存

在花卉栽培中,当水分不足时,即呈现萎蔫现象,叶片及叶柄皱缩下垂,特别是一些叶片较薄的花卉更易显露出来。中午由于叶面蒸发量大于根的吸水量,常呈现暂时的萎蔫状态,此时若能使它在温度较低、光照较弱和通风少的条件下,就能很快恢复过来;若让它长期处在萎蔫状态下,老叶及下部叶片就脱落死亡。多数草木花卉在干旱时,植株各部分由于木质化程度的增加,常使其表面粗糙,叶子失去原有的鲜绿色泽。

当水分过多时,一部分根系遭受损伤,土壤中缺少空气,根系失去正常作用,吸水减少,呈现不正常的干旱状态;水分过多,还常使叶片发黄或植株徒长,易倒伏,易受病菌侵害。因此水分过多或过少都不利于生长。

### 3.3.4　花卉植物的浇水原则

(1)旱生花卉

旱生花卉应掌握宁干勿湿的原则,防止水分过多而引起烂根、烂茎死亡。特别是在此类植物进入休眠期时,少浇水或不浇水植物则不容易死亡,多水必然造成植物腐烂而死亡。

(2)半耐旱花卉

半耐旱花卉应掌握干透浇透的原则,此类植物要等待盆土近干燥时开始浇水,浇水就必须浇透水。

(3)中性花卉

中性花卉应掌握间干间湿的原则,即保持60%的土壤含水量。有些植物如兰花,它需要土壤湿度较低、空气湿度较高的环境,在栽培养护过程中,用喷雾来增加空气湿度,有利于兰花的生长发育。

(4)耐湿花卉

耐湿花卉应掌握宁湿勿干的原则,此类植物需要很高的土壤湿度和空气湿度,极不耐旱,在栽培过程中应尽量满足它们对水分的要求。

(5)水生花卉

水生花卉应养在水中,用于水面的绿化。

### 3.3.5　空气湿度

在花卉进行无性繁殖时,大多都要求80%以上的空气湿度,才能使繁殖材料长期处于鲜嫩状态,防止凋萎,从而提高成活率。

花卉植物生长期间,一般都要求湿润的空气,特别对于耐湿花卉,要求的空气湿度更大,但在冬季温室养护时,室内空气湿度过大,易引起徒长,并引起多种病虫害,因此应加强通风透光来降低湿度。开花结实时,要求空气湿度较小,否则会影响开花和花粉自花药中散出,使授粉作用减弱。在种子成熟时,更要求空气干燥。

### 3.3.6 水分调节

花卉植物的水分调节,应该根据植物的习性进行,休眠期需水量少,生长期需水量多。室内栽培的植物,蒸腾量小,需水少,需通风透光;室外栽培的植物,蒸腾量大,需水多。

## 3.4 土壤

土壤是花卉生长的主要基地之一,它能不断地提供花卉生长发育所需要的空气、水分和营养元素,所以土壤的理化性质及肥力状况对花卉的栽培、生长发育具有重要意义。花卉栽培对土壤的要求是:具备良好的团粒结构,疏松肥沃,保水性好,排水性好,富含腐殖质,酸碱度适合。

### 3.4.1 土壤性状

土壤性状主要由土壤矿物质、土壤有机质、土壤温度、水分及土壤微生物、土壤酸碱等因素所决定,衡量一种土壤的好坏,必须分析上述各因素。土壤质地不同,植物的生长状态也不同。

1)土壤矿物质

土壤矿物质是土壤组成的最基本物质,其含量不同,颗粒大小不同,所组成的土壤质地也不同,通常按照矿物质颗粒粒径的大小将土壤分为三类。

(1)砂土类

砂土类土粒间隙大,通透性强,排水良好,但保水性差,土温易升易降,昼夜温差大,有机质含量少,肥劲强,但肥力短。常用于调制培养土和改良黏土,或用于扦插、播种和栽培耐旱的花卉,如仙人掌类和多肉多浆类花卉。

(2)黏土类

黏土类土壤间隙小,通透性差,排水不良,但保水性强,含矿质元素和有机质较多,保温性强且肥力长,土温昼夜温差小,早春升温慢,对幼苗生长不利,除适于少数黏质土壤的种类外,对大多数花卉的生长不利,常与其他土类配合使用。

(3)壤土类

壤土类土粒大小居中,性状介于三少土与黏土之间,通透性好,保水保肥力强,有机质含量多,土温比较稳定,对花卉生长有利,适合大多数花卉。

2)土壤有机质

土壤有机质是土壤固相部分的重要组成成分,是土壤养分的主要来源。尽管土壤有机质的含量只占土壤总量的很小一部分,但它对土壤形成、土壤肥力、环境保护及农林业可持续发展等方面都有着极其重要的作用。土壤在微生物作用下,分解释放出植物生长所需要的多种大量元素和微量元素,所以有机质含量高的土壤,不仅肥力充分且土壤理化性状也好,有利于花卉的生长。

土壤有机质的含量在不同土壤中差异很大,含量高的可达20%~30%,如泥炭土或腐殖土等;含量低的仅有0.5%~1%,如荒漠土和风沙土等。一般把耕作层中有机质含量在20%以上的称为有机质土壤;有机质含量在20%以下的土壤,称为矿质土壤。一般情况下,耕作层土壤有机质含量在5%以上。

土壤有机质中含有大量的植物营养元素,如氮(N)、磷(P)、钾(K)、钙(Ca)、镁(Mg)、硫(S)、铁

(Fe)等重要元素,还有一些微量元素,可为植物提供生长所需养分。土壤有机质的矿质化过程产生的二氧化碳既是大气中二氧化碳的重要来源,也是植物光合作用的重要碳源。土壤有机质中的胡敏酸可以加强植物呼吸过程,提高细胞膜的渗透性,促进养分迅速进入植物体;土壤有机质中的有机物可以促进植物生长,提高抗性。有机质在改善土壤物理性质中的作用是多方面的,其中最主要、最直接的作用是改良土壤结构,促进团粒状结构的形成,从而增加土壤的疏松性,改善土壤的通气性和透水性,为土壤微生物和植物生长创造良好的环境条件。

3) 土壤温度

土壤温度(地温)影响着植物的生长、发育和土壤的形成。适宜的温度有利于土壤微生物的活动,有利于矿质元素的吸收,能促进有机质的输送和吸收。

4) 土壤微生物

土壤中微生物的种类较多,有细菌、真菌、放线菌、藻类和原生动物等;数量也很大,1 g 土壤中就有几亿到几百亿个。大部分土壤微生物对作物生长发育是有益的,它们对土壤的形成发育、物质循环和肥力演变等均有重大影响,当然也有一些不被人喜欢的致病微生物。

土壤微生物在自己的生活过程中,通过代谢活动完成氧气和二氧化碳的交换,以及分泌的有机酸等有助于土壤粒子形成大的团粒结构,最终形成真正意义上的土壤;土壤微生物最显著的成效就是分解有机质和矿质质,调节植物生长;微生物还可以降解土壤中残留的有机农药、城市污物和工厂废弃物等,把他们分解成低危害甚至无害的物质,降低残毒危害。

5) 土壤酸碱度

土壤的 pH 值与土壤理化性质和微生物活动有关,所以土壤有机质和矿质元素的分解和利用也与土壤 pH 值紧密相关(见表 3-3)。大多数露地花卉要求中性土壤,仅有少数花卉可适应强酸性(pH 值为 4.5~5.5)或碱性(pH 值为 7.5~8.0)土壤。温室花卉几乎全部种类要求酸性或弱酸性土壤。

pH 值对某些花卉的花色变化有着重要影响,八仙花的花色变化是由土壤 pH 值的变化而引起的(见表 3-4)。Molisch 的研究结果表明:八仙花的蓝色花朵的出现与铝和铁有关,还与土壤 pH 值的高低有关。pH 值低,花色呈现蓝色;pH 值高,则呈现粉红色。另外,随 pH 值的降低,萼片中铝的含量增多。

表 3-3　花卉最适土壤酸碱度

| 花卉名称 | 适宜 pH 值 | 花卉名称 | 适宜 pH 值 |
|---|---|---|---|
| 藿香蓟 | 5.0~6.0 | 美人蕉 | 6.0~7.0 |
| 金鱼草 | 6.0~7.0 | 仙客来 | 5.5~6.5 |
| 香豌豆 | 6.5~7.5 | 孤挺花 | 5.0~6.0 |
| 金盏花 | 6.5~7.5 | 大岩桐 | 5.0~6.5 |
| 桂竹香 | 5.5~7.0 | 文竹 | 6.0~7.0 |
| 紫罗兰 | 5.5~7.5 | 四季报春 | 6.5~7.0 |
| 雏菊 | 5.5~7.0 | 紫鸭趾草 | 4.0~5.0 |
| 勿忘我 | 6.5~7.5 | 倒挂金钟 | 5.5~6.5 |
| 三色堇 | 6.3~7.3 | 蟆叶秋海棠 | 6.3~7.0 |
| 石竹 | 7.0~8.0 | 蹄纹天竺葵 | 5.0~7.0 |

续表

| 花卉名称 | 适宜 pH 值 | 花卉名称 | 适宜 pH 值 |
|---|---|---|---|
| 紫菀 | 6.5～7.5 | 盾叶天竺葵 | 5.5～7.0 |
| 香菫 | 7.0～8.0 | 八仙花 | 4.0～4.5 |
| 野菊 | 5.5～6.5 | 兰科花卉 | 4.5～5.0 |
| 风信子 | 6.5～7.5 | 凤梨科植物 | 4.0 |
| 百合 | 5.0～6.0 | 蕨类植物 | 4.5～5.5 |
| 水仙 | 6.5～7.5 | 仙人掌类 | 5.0～6.0 |
| 郁金香 | 6.5～7.5 | 棕榈类 | 5.0～6.3 |

注：以上两表引自《花卉学》。北京林业大学园林学院花卉教研室主编。

表 3-4　土壤酸碱度与八仙花花色、花中的铝含量的关系

| 土壤 pH 值 | 花　色 | 铝的含量/mg·L$^{-1}$ |
|---|---|---|
| 4.56 | 深蓝色 | 2375 |
| 5.13 | 蓝色 | 897 |
| 5.50 | 紫色 | 338 |
| 6.51 | 红紫色 | 214 |
| 6.89 | 粉红色 | 180 |
| 7.36 | 深粉红色 | 100 |

## 3.4.2　各类土壤

（1）田园土

田园土是指菜园或种植豆科植物的表层砂质壤土，具有相当高的肥力，并具有良好的团粒结构，pH 值为 5.5～6.5。含有较丰富的腐殖质，物理性能良好，除直接用于露地栽培花木外，也是配制盆栽花卉所用的培养土的主要成分。

（2）河沙

河沙颗粒较粗，石英含量较高，相当干净，排水透水性较好，无肥力，保肥保水力差，多用于扦插和栽培多肉多浆类植物，可与田园土混合使用。pH 值为 6.5～7.0。

（3）塘泥

塘泥是指鱼塘塘底的表土，呈灰黑色，含有大量营养和腐殖质，挖回后整块晒干，然后打碎成 1～1.5 cm 直径的小块，可直接用于盆栽花木。好的塘泥，需满足"干不板结，湿不黏块"的要求。

（4）红山泥

红山泥的结构不太好，较黏重，呈酸性反应，含有大量铁（Fe），有机质含量少，缺少肥力，多用于栽培原产于南方的花卉，如茶花的扦插和栽培。

（5）腐叶土

腐叶土由枯枝落叶、烂菜梗、菜叶及动物的下脚料与土壤堆积、腐熟而成。此类土一是质轻疏松，透水通气性能好，且保水保肥能力强。二是多孔隙，长期施用不板结，易被植物吸收。腐叶土与其他土壤混用，能改良土壤，提高土壤肥力；三是富含有机质、腐殖酸和少量维生素、生长素、微量元

素等,能促进植物的生长发育;四是分解发酵中的高温能杀死其中的病菌、虫卵和杂草种子等,减少病虫杂草危害。腐叶土是较好的花卉栽培土。

腐叶土自然分布广,采集方便,堆制简单。有条件的地方,可到山间林下直接挖取多年风化而成的腐叶土,也可就地取材料,家庭堆制腐叶土。

（6）煤烟灰

大烟囱的下面掏出的煤烟灰,可用来代替河沙加入培养土中,从而大大减轻盆土的重量,通气和透水性能都非常良好,并能使盆面永远疏松,无毒害,可用于调制培养土。

（7）泥炭土

泥炭土也称草炭土,是从泥炭或沼泽地里提取的,酸性或中性,含有一定量的有机质、纤维,吸水和保肥能力都比较强,适宜作为生长缓慢的常绿花木扦插繁殖,或与河沙混合用于花卉播种或扦插用土,也可用来调制培养土。

（8）木屑

木屑又称锯末或锯屑,是木材加工后的副产物,具有质轻、强吸水、保水的特点。pH 值为 6.2,经过堆积腐烂后 pH 值为 5.2。一般用于加入其他基质混合使用,用量不宜超过 20%。

（9）树皮

树皮通气和透水性能较好,持水性差,用时必须压碎成 1~6 mm 大小块状,并最好堆积腐熟。一般与其他基质混合使用,用量占体积的 25%～75%,单独使用只用于兰花栽培。

（10）椰糠

原料是椰子壳经过切细形成。吸水量是自身重量的 5~6 倍,pH 值为 5.8～6.7。酸碱性、容重、通气性、持水量、价格等都适中,常用作土壤改良剂。

### 3.4.3　各类花卉对土壤的要求

花卉的种类繁多,不同花卉的生长发育对土壤的要求不同,同一种花卉在不同时期对土壤的要求也有差异。

1）露地花卉

一般露地栽培花卉除沙土及重黏土,其他土质均能适应多数花卉种类的要求。

（1）一二年生花卉

一二年生花卉在排水良好的砂质壤土、壤土及黏质壤土上均可生长良好,重黏土及过度轻松的土壤不适合;适宜的土壤是指表土深厚、地下水位较高、干湿适中、富含有机质的土壤。

（2）宿根花卉

宿根花卉的根系较发达,入土较深,应有 40~50 cm 的土层;栽植时应施入大量有机质肥料,以维持长期的良好土壤结构。最好能在土壤下层土中混有砂砾,当土壤排水良好,而表土为富含腐殖质的黏质壤土时,生长更好。宿根花卉一般幼苗期间喜腐殖质丰富的轻松土壤,在第二年以后喜黏质壤土。

（3）球根花卉

球根花卉对于土壤的要求更为严格,球根一般以富含腐殖质而排水良好的砂质壤土或壤土为宜,尤以下层为排水良好的砂砾土,而表土为深厚的砂质壤土最为理想。

（4）木本花卉

木本花卉生长时间长,根系发达,对土壤的要求非常严格,以富含腐殖质的砂质壤土和壤土为宜,且在以后栽培时,还应施用大量有机肥和进行根外追肥。

2)盆栽花卉

盆栽花卉生长局限于花盆中,盆容量有限,因此,要求营养物质丰富、物理性质良好的土壤,才能满足其生长和发育,所以盆栽花卉需要用配制的培养土来栽培。培养土要求:富含腐殖质,土壤松软,空气流通,排水良好,能长久保持土壤湿润状态,不易干燥,丰富的营养可充分供给植物的需要,以促进盆栽花卉的生长发育。

主要培养土的配合比例如下。

(1)一二年生花卉

幼苗用园土 3.5 份,河沙 1.5 份;定植用土为腐叶土 2～3 份,河沙 1～2 份。

(2)宿根花卉

腐叶土 3～4 份,园土 5～6 份,河沙 1～2 份。

(3)球根花卉

腐叶土 3～4 份,园土 5～6 份,河沙 1～2 份;实生苗腐叶土 5 份,园土 2～3 份,河沙 1～2 份。

(4)花木实生苗和扦插苗

腐叶土 4 份,园土 4 份,河沙 2 份。

(5)栽培土

腐叶土 3 份,园土 5 份,河沙 2 份。

(6)桩景及盆栽树木

腐叶土及堆肥土适量,河沙必须占 10％～20％。

# 3.5 营养

营养是植物生长发育所必需的。在生长过程中,必须满足花卉对营养的需求,它才能正常地进行新陈代谢、生长和发育。

## 3.5.1 花卉对营养元素的要求

维持植物正常生活必须要有大量元素,通常有 10 种,其中构成有机物质的元素有 4 种,即碳、氢、氧、氮;形成灰分的矿物质元素有 6 种,即磷、钾、硫、钙、镁、铁。氧、氢主要来源于水,碳从空气中来,矿物质元素均从土壤中来。氮素营养主要来自于土壤,但土壤中的量往往不足以保证植物生长所需,需要外来补充。

在植物生长过程中,同时也需要微量元素,如硼、锰、锌、铜、钼等,这些元素在植物体内含量甚少,占植物体重的 0.0001％～0.001％。此外有些超微量元素,亦是植物生长所需,如镭、钛、铀、铜等,有促进生长的作用。

## 3.5.2 各种营养元素的作用

1)各种营养元素的作用

(1)氮(N)

氮主要以铵态或硝态的形式为植物所吸收,有些可溶性有机氮如尿素等亦能为植物所利用。

氮是构成蛋白质的主要成分,在植物生命活动中占有重要地位。它可促进植物营养生长,促进叶绿素的形成,使植物花朵增大,种子充实,但如果超过其生长需要,就会推迟开花,使茎徒长,降低对病害的抵抗力。

(2)磷(P)

磷主要以 $HPO_4^{2-}$ 和 $H_2PO_4^-$ 形式被植物所吸收,被称为生命元素。是细胞质和细胞核的主要成分。磷素能促进种子发芽,提前开花结实期,使茎发育坚韧,不易倒伏,增强根系发育,并能部分抵消氮肥施用过多造成的影响,增强植株对不良环境和病虫害的抵御能力。植物在幼苗生长阶段需要施入适量磷肥,进入开花期以后,磷肥需要量更多。

(3)钾(K)

钾在植物体内不形成任何的结构物质,可以起着某些酶的活化剂的作用。钾肥能使植物生长强健,增强茎的韧性,不易倒伏,促进叶绿素的形成与光合作用的进行。在冬季温室中,当光线不足时应适当多施钾肥。钾素还能促进根系扩大,对球根植物的发育有好处。钾素能使花色鲜艳,提高植物抗寒、抗旱及抵抗病虫害的能力。但过量钾能使植株低矮,节间缩短,叶子变黄,继而呈褐色并皱缩,使植株在短时间内枯萎。

(4)钙(Ca)

钙是细胞壁中胶层的组成成分,以果胶钙的形态存在。植物缺钙时,细胞壁不能形成,并会影响细胞分裂,妨碍新细胞的形成,致使根系发育不良,植株矮小,严重时会使植物幼叶卷曲,叶尖有黏化现象,叶缘发黄,逐渐枯死,根尖细胞腐烂、死亡。

(5)镁(Mg)

镁是叶绿素的组成成分之一。它对光合作用有重要的作用,又是许多酶的活化剂,有利于促进化合物的代谢和呼吸作用。

(6)硫(S)

硫是构成蛋白质和酶不可缺少的成分。缺硫会使叶绿素含量降低,叶色淡绿,严重时呈黄白色。

(7)铁(Fe)

铁是形成叶绿素所必需的,叶绿素本身不含铁,但如果缺铁,叶绿素就不能形成,造成"缺绿症"。缺铁时,下部叶片常能保持绿色,而嫩叶上会呈现网状的"缺绿症"。

(8)硼(B)

硼能促进碳水化合物的正常运转,促进生殖器官的正常发育,还能调节水分的吸收和氧化还原过程。缺硼会影响花芽分化和发生落花落果现象,还会使茎杆裂开。

(9)锰(Mn)

锰是叶绿体的结构成分,多种酶的活化剂。缺锰会使植物体内硝态氮积累,可溶性非蛋白态氮素增多。

(10)锌(Zn)

锌是许多酶的组成成分。缺锌,除叶片失绿外,在枝条尖端常会出现小叶簇生现象,称为"小叶病"。严重时会使枝条死亡。

(11)钼(Mo)

钼存在于生物催化剂之中,它对豆科植物作用及自生固氮菌有重要作用,能促进豆科作物固氮,还能促进光合作用的强度。植物缺钼的共同症状是植株矮小,生长受抑制,叶片失绿、枯萎以致坏死。豆科植物缺钼,根瘤发育不良,瘤小而少,固氮能力弱或不能固氮。

（12）铜（Cu）

铜是植物体内多种氧化酶的组成成分,叶绿体中含有较多的铜,缺铜会使叶绿素减少,叶片出现失绿现象,幼叶的叶尖因缺绿而黄化,最后叶片干枯、脱落。

（13）氯（Cl）

植物光合作用中水的光解需要氯离子参与。氯离子是细胞液和植物细胞本身渗透压的调节剂和阳离子的平衡者。氯离子对球根、烟草等有相应的反应。若施用大量含氯的肥料,会影响球根、块茎的形成。

2）主要营养元素的吸收态和移动性

植物体吸收营养物质不是随意的,矿质元素只有以一定的离子状态存在时,才能被植物体吸收利用。因此,在栽培植物时,一般在施肥后有少量雨水或施肥后适量灌水都有利于保证肥料被吸收,提高肥料的利用率。

矿质元素在植物体内是有移动性的,氮、磷、钾、镁等元素在植物体内有较大的移动性,它们可以从老叶向新叶中转移,当植物缺磷时,老叶中的磷能大部分转移到正在生长的幼嫩组织中去,缺磷的症状首先在下部老叶出现,并逐渐向上发展。因而这类营养元素的缺乏症都发生在植物下部的老熟叶片上;反之,铁、钙、硼、锌、铜等元素在植物体内不易移动,这类元素的缺乏症常首见于新生芽和叶。移动性则表明元素在花卉体内的可利用状况。部分营养元素的移动性见表3-5（引自刘燕《园林花卉学》）。

表3-5 部分营养元素的移动性

| 营养元素 | 存在状态 | 移动性 | 移动情况 |
| --- | --- | --- | --- |
| N | $NH_4^+$、$NO_3^-$ | 易移动 | 缺乏时老叶先显现症状 |
| P | $HPO_4^{2-}$、$H_2PO_4^-$ | 易移动 | 缺乏时老叶先显现症状 |
| K | $K^+$ | 易移动 | 缺乏时老叶先显现症状 |
| S | $SO_4^{2-}$ | 不易移动 | 缺乏时幼叶先显现症状 |
| Mg | $Mg^{2+}$ | 易移动 | 缺乏时老叶先显现症状 |
| Ca | $Ca^{2+}$ | 不易移动 | 缺乏时幼叶先显现症状 |
| Fe | $Fe^{2+}$、$Fe^{3+}$ | 不易移动 | 缺乏时幼叶先显现症状 |
| B | $H_2BO_3^-$、$HBO_3^{2-}$ | 不易移动 | 缺乏时幼叶先显现症状 |
| Cu | $Cu^{2+}$、$Cu^+$ | 不易移动 | 缺乏时幼叶先显现症状 |
| Zn | $Zn^{2+}$ | 易移动 | 缺乏时老叶先显现症状 |
| Mn | $Mn^{2+}$ | 不易移动 | 缺乏时幼叶先显现症状 |
| Cl | $Cl^-$ | 不易移动 | 缺乏时幼叶先显现症状 |
| Mo | $MoO_4^{2-}$ | 不易移动 | 缺乏时幼叶先显现症状 |

## 3.5.2 花卉栽培中常用的肥料

花卉通过根系或叶片从环境中吸收营养物质,营养元素主要存在于土壤中或施用的肥料中,土壤是养分的主要来源,在土壤营养不足的情况下,需要外来补充。

### 1.肥料的种类(见图 3-2)

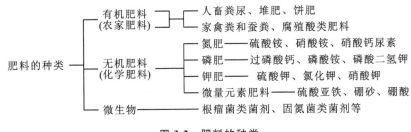

**图 3-2　肥料的种类**

### 2.肥料的性质及施用

1)肥料的性质

(1)有机肥料

有机肥料即以有机化合物形式存在的肥料。这类肥料种类多、来源广、养分完全,但营养元素含量少、不稳定,它能改良土壤的理化性状,肥效释放缓慢但持久。

①人粪尿:人粪尿是含氮为主的完全肥料,多用于地栽植物或苗圃中追肥使用。人粪尿用于盆栽植物时,以施入盆底为宜,不要在盆土表面追施。酸性土栽培植物时忌用人粪尿,以免造成盆土碱化。

②厩肥:主要是由家畜的粪便、剩余的饲料、垫圈土等组成,以氮为主,也有磷、钾元素。厩肥肥力较柔和,可直接施入栽培地作基肥,经充分发酵腐熟后,和培养土混合供盆栽使用。

③堆肥:利用各种动植物的残体,加适量氮肥或饼肥堆制,经微生物的发酵而成,是一种完全的有机肥料,养分丰富,有效缓慢。pH 值呈中性,可改良土壤的物理性质,可与土壤混合作盆栽基质用,或作基肥使用。

④饼肥:是指油料植物种子榨油后的残渣,有豆饼、花生饼、菜子饼、茶饼等。饼肥养分丰富,一般应粉碎、泡制、发酵后使用,多作基肥,也可用发酵饼肥兑水作追肥。

⑤鸡鸭粪:禽类的粪便,是磷肥的主要来源,特别适用于观果植物。鸡鸭粪在使用前应翻捣打碎,或撒施栽培地作基肥,或填入盆底,或与培养土一同沤制。

⑥草木灰:是钾肥的主要来源。可将草木灰直接撒入土中然后翻耕,也可与培养土混合。它是碱性土,可用于中和酸性土。

⑦腐殖酸类肥料:以泥炭、草炭等为原料,加入适量的速效氮肥、磷肥、钾肥制成,既含有丰富的有机质,又含有速效养分,兼有速效和缓效的特点。

⑧马蹄片:又称马掌,是猪、牛、羊蹄角磨碎后的粉状或片状物,含氮 3.5%、磷 15.5%、钾0.87%,是一种富含磷元素的有机肥,是碱性肥,肥速中等。马蹄片是北方盆花常用的有机肥料,如泡制马掌水,可成为速效性肥料。在缸栽或盆栽水生花卉或多肉多浆花卉时,这类肥料使用起来较方便。

(2)无机肥料

无机肥料即化学肥料,它具有养分单一、含量高、肥效快、清洁卫生、使用方便的优点,但长期单一使用,易使土壤结构破坏、板结、透气性不良,最好能配合有机肥使用。

①硫酸铵$[(NH_4)_2SO_4]$：即硫铵、肥田粉。硫酸铵吸湿性小、易溶于水、肥效快，是生理酸性肥料，不能与碱性肥料混用。多以水溶液作追肥。用$1\%\sim2\%$的水溶液施入土中，用$0.3\%\sim0.5\%$的水溶液喷于叶面。

②尿素$[CO(NH_2)_2]$：有吸湿性，易溶于水，是中性肥料。一般用$0.5\%\sim1\%$的水溶液施入土中，或用$0.1\%\sim0.3\%$的水溶液进行根外追肥。傍晚使用，以免烧伤叶片。

③硝酸铵$[NH_4NO_3]$：具有吸湿性强、易溶于水、肥效快、易被植物吸收利用的特点，但易爆炸和燃烧，严禁与有机肥混合放置。一般作追肥用，用$1\%$水溶液。

④过磷酸钙$[Ca(H_2PO_4)_2+CaSO_4]$：主要有用成分是磷酸二氢钙的水合物$[Ca(H_2PO_4)_2 \cdot H_2O]$和少量游离的磷酸，还含有无水硫酸钙成分，是用硫酸分解磷矿直接制得的磷肥，为酸性肥料。它能溶于水，易吸湿结块，不宜久放，作为基肥效果好，也可用$1\%\sim2\%$的水溶液施于土中，或用$0.5\%\sim1\%$的溶液根外追肥。

⑤磷酸二氢钾$(KH_2PO_4)$：是磷钾复合肥料，易溶于水，速效。常用$0.1\%$左右的溶液做根外追肥。常用于花期，花蕾形成前使用可促进开花；开花时使用，可延长花期，可使花径大，花香浓郁。

⑥磷酸铵$[NH_4H_2PO_4+(NH_4)_2HPO_4]$：是氮磷复合肥料，含磷量为$46\%\sim50\%$，含氮量为$14\%\sim18\%$。磷酸铵吸湿性小，易溶于水，是高浓度的速效肥料，可作基肥和追肥。

⑦硫酸钾$(K_2SO_4)$：易溶于水，速效，适用于球根、块根、块茎植物，一般作基肥效果好，也可用$1\%\sim2\%$的水溶液施于土中作追肥。

⑧氯化钾$(KCl)$：易溶于水，球根与块茎植物忌用，属于生理酸性肥。

⑨硝酸钾$(KNO_3)$：易溶于水，吸湿性小，适用于球根等，一般用$1\%\sim2\%$的水溶液施于土中，$0.3\%\sim0.5\%$的水溶液作根外追肥。

⑩铁肥：硫酸亚铁$(FeSO_4 \cdot 7H_2O)$，晶体状又称绿矾、黑矾，是酸性土植物的良好追肥，能防止黄化病。用$0.2\%$的硫酸亚铁水溶液，可使叶片翠绿、光亮。

⑪硼肥：硼酸$(H_3BO_3)$和硼砂$(Na_2B_4O_7 \cdot H_2O)$，可撒施和喷施，用$0.05\%\sim0.2\%$的溶液喷施。

⑫锰肥：硫酸锰$(MnSO_4 \cdot 4H_2O)$，易溶于水，溶解度大，根外追肥的质量分数为$0.05\%\sim0.1\%$，一般在开花期和球根形成期喷施效果好。锰肥对石灰性土壤或喜钙植物也有较好效果。

⑬铜肥：硫酸铜$(CuSO_4)$，易溶于水，肥效快，多作追肥或根外追肥，其质量分数为$0.01\%\sim0.5\%$。

⑭锌肥：硫酸锌$(ZnSO_4)$，易溶于水，根外追肥的的质量分数为$0.05\%\sim0.2\%$，在石灰性土壤上施用良好。

⑮钼肥：钼酸铵$[(NH_4)_2MoO_4]$，易溶于水，对豆科根瘤菌、自生固氮菌的生命活动有良好作用，可作根外追肥，质量分数为$0.01\%\sim0.1\%$，一般在苗期或现蕾期喷施。

2)肥料的施用

(1)肥料的施用方法

施肥效果与施肥方法有密切关系，而土壤施肥方法应与树木的根系分布特点相适应。把肥料施在距根系集中分布层稍深、稍远的地方，以利根系向纵深扩展，形成强大的根系，扩大吸收面积，提高吸收能力。基肥因发挥肥效较慢应深施，追肥肥效快则宜浅施，供植物及时吸收。具体施肥方法有环状施肥、放射沟施肥、条沟状施肥、穴施、撒施、水施。

叶面施肥，简单易行，用肥量小，发挥作用快，可及时满足植物的急需，并可避免某些肥料元素在土壤中的化学和生物的固定作用。

土壤施肥和叶面喷肥各具特点,可以互补不足,如能运用得当,可发挥肥料的最大效用。

(2)肥料的施用时期

在生产上,施肥时期一般分基肥施用时期和追肥时期。

基肥施用时期要早,追肥施用时期要巧。基肥分秋施和春施。秋施基肥正值根系秋季生长高峰,伤根容易愈合,并可发出新根。结合施基肥,如能再施入部分速效化肥,以增加植物体积累,提高细胞液浓度,从而增强植物的越冬性,并为来年生长和发育打好基础。春施基肥,因有机物没有充分分解,肥效发挥较慢,早春不能及时供给根系吸收,到生长后期肥效发挥作用,往往会造成新梢二次生长,对植物生长发育不利。特别是对某些观花观果类植物的花芽分化及果实发育不利。基肥宜施迟效性有机肥料,如腐殖酸类肥料、堆肥、厩肥、圈肥及作物的枯枝落叶、秸秆等,使其逐渐分解,供植物较长时间吸收利用。

追肥又叫做补肥。根据植物一年中各物候期需肥特点及时追肥,以调解植物生长和发育的矛盾,追肥的施用时期在生产上分前期追肥和后期追肥。前期追肥又分为开花前追肥、落花后追肥以及花芽分化期追肥。每年在生长期进行 $1\sim2$ 次追肥实为必要,至于具体时期,则应视情况合理安排,灵活掌握。

(3)施用肥料量

施肥量受植物体、土壤肥瘠、肥料种类及各个物候期需肥情况等多方面的影响。因此,很难确定统一的施肥量。以下原则可供决定施肥量的参考。

①根据不同树种而异:植物体不同,对养分的要求也不一样,如梓树、茉莉、梧桐、梅花、桂花等是喜肥植物,宜多施;沙棘、刺槐、油松、臭椿等是耐瘠薄的植物宜少施。开花结果多的大树宜多施;开花结果少的小树宜少施。树势弱的宜多施。施肥量过多或过少,对植物体生长发育均有不良影响。施肥量既要符合树体要求,又要以经济用肥为原则。

②根据叶片或土壤分析结果来施用:树叶所含的营养元素量可反映树体的营养状况,所以近年来,广泛应用叶片分析法来确定植物体的施肥量。另外,也可根据土壤分析结果来确定施肥量。

(4)施肥时应注意的事项

①掌握植物在不同时期内需肥的特性:新梢的生长情况很大程度上取决于氮的供应,其需氮量是从生长初期到生长盛期逐渐提高的。在新梢缓慢生长期,除需要氮、磷外,也还需要一定的钾肥。开花、坐果和果实发育时期,植物对营养元素的需要都特别迫切,而钾肥的作用更为重要。在结果的当年,钾肥能加强植物的生长和促进花芽分化。

②掌握植物吸肥与外界的关系:植物吸肥不仅决定于植物的生物学特性,还受外界环境条件(光、热、水、土壤)的影响,光照充足,温度适宜,光合作用强,根系吸肥量多;反之,吸收就慢且少。土壤水分亏缺,施肥有害无利。因此,施肥应根据土壤水分变化规律或结合灌水施肥。土壤酸碱度对植物吸肥的影响也较大,在酸性条件下,有利于硝态氮的吸收,有利于阴离子的吸收;在碱性条件下,有利于铵态氮的吸收,有利于阳离子的吸收。

③掌握肥料的性质:肥料的性质不同,施肥的时期也不同,易流失和易挥发的速效性或施后易被土壤固定的肥料,如碳酸氢铵、过磷酸钙等宜在植物需肥前施入;迟效性肥料如有机肥,因需腐烂分解矿质化后才能被植物吸收利用,故应提前施用。

④肥料互相混合的原则:一种化学肥料大多只含有一种肥料要素,为了满足植物营养的需要,

往往需要同时施用几种化学肥料,或化学肥料与有机肥混合使用。混合时必须满足几个条件:混合后不致发生养分损失;混合后改善了不良的物理性状;混合后有利于肥效的提高。

# 3.6 气体

空气中各种气体对花卉生长有不同的作用,氧气($O_2$)和二氧化碳($CO_2$)对植物生长有利,空气中有些气体对植物有害,如二氧化硫($SO_2$)和氟化氢(HF)等,它们影响花卉植物的生长发育。

### 1.氧气($O_2$)

氧气与花卉生长发育密切相关,它直接影响花卉植物的呼吸和光合作用。大气中含氧量为21%,空气中的氧气含量降到20%以下,花卉植物地上部分呼吸速率开始下降;降到15%以下时,呼吸速率迅速下降,空气中氧气含量相对稳定,一般不会限制植物的生长与发育。在自然条件下,土壤或基质中的氧气含量会影响植物地下部分的生长,氧气含量为5%,根系能正常呼吸,低于此浓度,呼吸速率下降,当土壤通气不良时,氧气含量低于2%时,影响根系的呼吸和生长,另外,种子萌发过程中,土壤和基质的水分过多,含氧量太少时,种子会发酵腐烂,影响萌发。土壤板结或水分过多,都会影响植物生长发育。

### 2.二氧化碳($CO_2$)

空气中的二氧化碳虽然含量很小,仅有0.03%左右,但对花卉植物的生长影响很大,是植物光合作用所必需的重要物质之一。在一定浓度范围内,随着浓度的增加,光合作用加强,促进营养物质的合成,但当二氧化碳含量增加到2%~5%时,即会对光合作用产生抑制效应。植物在保护地栽培时,可增加空气中二氧化碳的含量,同时增加光照,可提高光合作用的效率,提高植物体内营养物质的积累。有研究表明:温室中的二氧化碳的浓度增加到1500 mL/$m^3$以上时,菊花的茎长、干物质和花茎均有所增加;另外,给香石竹和月季增加二氧化碳浓度,均能提高产品的数量和质量。一般温室可以维持在1000~2000 mL/$m^3$。

### 3.二氧化硫($SO_2$)

空气中的二氧化硫含量是0.03%(300 mL/$m^3$)。空气中的二氧化硫主要来源于工厂燃烧后排放的气体,当空气中二氧化硫的量达到0.2 mL/$m^3$时,便会使植物受害;当浓度达到5 mL/$m^3$时,植物开始出现病斑。植物吸收二氧化硫后,首先从叶片气孔周围细胞开始并逐步扩散,破坏叶绿体,使细胞脱水坏死。表现症状为叶脉间发生许多褐色斑点,严重时变为白色或黄褐色,叶缘干枯,叶片脱落。对二氧化硫敏感的花卉有:矮牵牛、波斯菊、百日草、蛇目菊、玫瑰、石竹、唐菖蒲、天竺葵、月季等。对二氧化硫抗性中等的植物有:杜鹃花、叶子花、茉莉花、南天竹、一品红、三色堇、高山积雪、矢车菊、旱金莲、白鸡冠等。

### 4.氨气($NH_3$)

在保护地栽培中,由于大量施肥,常会导致氨气的大量积累。氨气含量过多,对植物生长不利。当空气中含氨量达到0.1%~0.6%时,就会产生叶缘烧伤现象;当含量达到4%时,经24 h,植株即中毒死亡。施用氨肥时需注意氨气的挥发,以免产生毒害。

5. 氟化氢（HF）

氟化氢主要来源于炼铝厂、磷肥厂及搪瓷厂,它排放量大、毒性强,对植物的危害是:使植株幼芽或幼叶出现淡褐色至暗褐色病斑,并向内部扩散,以致出现萎蔫,还易导致植株矮化、早期落叶、落花和不结实的现象。

6. 氯气（$Cl_2$）和氯化氢（HCl）

氯气和氯化氢浓度高时,对植株的危害极其严重,在 $0.1\ mL/m^3$ 时接触 1 h 即可见症状,症状与接触二氧化硫时的相似,但受伤组织与健康组织之间常无明显界限。毒害症状也大多数出现在生理旺盛的叶片上,而下部老叶和顶端新叶受害较少。氯的毒性比二氧化硫大 $2\sim4$ 倍。

7. 臭氧（$O_3$）

汽车排出气体中的二氧化氮经紫外线照射后产生一氧化氮和氧原子,氧原子与空气中的氧化合成臭氧。臭氧危害植物栅栏组织的细胞壁和表皮细胞,在叶片表面形成红棕色或白色斑点,最终导致花卉枯死。

8. 其他有害气体

空气中还含有其他有毒气体,如乙烯、乙炔、丙烯、硫化氢、氧化硫、一氧化碳和氰化氢等,它们对植物有严重危害。在植物栽培中,必须注意空气的污染,尽量减少空气中有毒气体的量,还要选择抗性强的品种和种类,以减少有毒气体对植物的危害,为人类创造优良的生活环境。

# 3.7  人工保护地栽培环境

植物栽培除掌握栽培基础知识和技术外,还需要有一定的设备才能满足和保证各类植物的正常生长和发育的需要,从而不受地区和季节的限制,能周年生产观赏植物。主要的生产设备包括:温室、温床、冷床、荫棚、塑料大棚、灌溉设备等。随着科学技术的发展,摆脱自然条件的束缚,周年生产观赏植物,这需要更多、更科学、更先进的各种类型的栽培设备。

花卉保护地栽培主要用于花卉的育苗、商品花的生产,用于不适地的花卉及不适时花卉的生产,与露地花卉栽培相比,保护地栽培的特点如下。

①保护地栽培可以做到周年生产,为减少成本提高经济效益,应该选择低能耗、产值高、效益好的花卉,并做到保护地栽培与露地栽培相结合。

②保护地需要设施和设备的投入,设备投入多,生产费用高。

③产品质量高,产量提高。若能科学地、合理地安排温室,能提高单位面积产量,可提高产品质量和产量。

④对栽培环境要求高,对栽培技术的要求亦高。

⑤保护地栽培要与露地栽培配合使用,以露地栽培为主,设施栽培配合,保证周年供应,并降低生产成本。

保护地栽培在我国有悠久的历史,远在公元前 2 世纪就有保护地栽培的记载,例如用温室进行瓜类栽培等。从秦朝到清朝,各朝代都有利用温室种菜、种花和促成栽培的记载。新中国成立后,特别是改革开放以来,各种类型的保护地设施如雨后春笋,目前的保护地栽培已经从简单的地膜覆盖和小型拱棚发展到全自动化控制、大型的现代化温室。目前,全球保护地栽培发展的新趋势如下所示。

(1)向大型化方向发展

随着温室技术的发展,为了规模化、集约化生产,降低生产成本,发达国家的生产温室趋向大型化,每栋温室的面积基本上都在 0.5 ha 以上。连栋温室的面积一般在 2~20 ha。

(2)向现代化、机械化和自动化方向发展

温室内部环境因素,如温度、湿度、光照和二氧化碳浓度等,都由计算机动态控制。花卉的栽培过程,如播种、育苗、定植、管理、采收、包装、运输等环节都实现了机械化、自动化操作。

(3)温室生产向低能耗、低成本的地区转移

随着全球市场一体化和交通运输的发展,产品的异地销售十分便利,温室生产向低能耗、低成本的地区转移,如从美国、日本转向中国,转向南非和肯尼亚等地。

(4)生产向高新技术方向发展

采用先进的生产技术进行生产,如无土栽培技术、组织培养技术、全素营养配方施肥等,高新技术生产,使质量和产量都可以得到提高,能产生高效益。

人工保护地栽培,是指在人为控制的环境下栽培植物,它对栽培管理技术要求严格,因此要做到以下几点。

①对栽培的花卉的生长发育规律和生态习性进行深入了解,要求精确掌握它们对光照、温度、湿度、营养条件、二氧化碳含量的最适需求,以及对不适环境的抗性幅度等。

②了解栽培地气候条件和周边环境的情况。

③了解人工栽培地的设施和设备情况,了解设备的性能和可调控的范围等。

④要有熟练的栽培技术和经验。

## 1. 栽培场地

生产性苗圃的场地,可分为地栽场地和盆栽场地,它们都要求种植在阳光充足、排水良好、通风的地方。

(1)地栽场所

地栽场所用于育苗和培养大苗。要求土层深厚,30 cm 以上的表土最好是壤土或砂质壤土,并含有丰富的腐殖质而形成良好的团粒结构,土壤 pH 值应在 6.5~7.5 之间。地下水位至少要在 1 m 以下。新开辟的苗圃地,需改良后再使用,并进行客土改良,或深翻熟化,或施用有机肥改良。

(2)盆栽场地

盆栽场地要求地表排水流畅,在雨季不会积水,地面铺垫层,使盆土漏水更加流畅。

## 2. 荫棚

在以生产盆花为主的花场里,荫棚的占地面积较大,它的主要作用是:用于养护荫性和半荫性观赏植物及一些中性植物;刚刚上盆的或翻盆的苗木和老株,也需在荫棚内养护一段时间来服盆缓苗;嫩枝扦插的观赏植物需要遮荫;露地栽培的切花也要在荫棚下栽培。

1)地点的选择

应选在地势高燥、通风和排水良好的地段,保证雨季棚内不积水,有时还要在棚的四周开小型

排水沟。棚内地面应铺设一层炉渣、粗沙或豆石,以利于排出盆内的积水。

2)荫棚的建立

(1)规格和尺寸

荫棚的高度应以本花场内养护的大型阴性盆花的高度为准,一般不应低于 2.5 m。立柱之间的距离可按棚顶横担料的尺寸来决定,最好不要小于 2 m×3 m,否则花木搬运不便,并会减小棚内的使用面积。整个荫棚的南北宽度不要超过 10 m,太宽则容易窝风,但也不要太窄,否则棚内盆花的摆放不好安排。

(2)材料和加工

①立柱:立柱有木柱(毛竹柱)、钢管柱和钢筋混凝土柱三种。木柱(毛竹柱)的价格便宜,但不耐久,只能作临时性的荫棚,为防其腐朽,入土部分必须涂刷沥青来防腐。钢管柱的价格昂贵,还需要涂刷防锈漆防锈,但直径较小,可提高棚内的使用面积。钢筋混凝土柱是最理想的柱材,可使用时间较长,一般截面积的尺寸不超过 15 cm×15 cm,以免占地过多而影响棚内操作。后两种可作永久性荫棚。

②棚顶骨架:立柱上面的棚顶骨架分上下两层,纵横架设。下层为檩材,可用粗竹竿、角钢或圆钢等,按南北向担在立柱的顶端,在檩材的上面再设一组椽材,一般多用竹竿或细钢筋按东西长铺设,每根之间的距离不要超过 30 cm,并用细铅丝把它们固定在檩材上。

③遮荫材料:棚顶的遮荫材料有竹帘和苇帘两种。竹片或芦苇杆用尼龙绳编织,为防止腐烂,用清漆涂刷两遍。这种材料使用寿命较短,需 1～2 a 更换一次。较长久使用的是遮光网,根据需要选择适合的遮光密度。

3)荫棚类型

荫棚的种类和形式很多,可大致分为永久性和临时性两类。

(1)永久性荫棚

永久性荫棚多用于温室花卉的夏季养护、栽培兰花或杜鹃花。温室多为东西向延长,高 2.5～3.0 m,宽度不小于 6 m,用钢管或水泥柱构成主架,每隔 3 m 设立柱一根,棚架上覆盖遮荫网、苇秆、苇帘等。

(2)临时性荫棚

临时性荫棚除了放置越夏的温室花卉外,还可用于露地繁殖床和切花的栽培等。形状与永久性荫棚相同,采用东西向延长,为了避免阳光从东面或西面照射到荫棚内,在东西两端还要设立遮荫帘,将竿子斜架于末端的桩上,覆以苇秆或苇帘,或将棚顶所盖的苇帘延长下来。棚内要求地面平整,铺上细煤渣,以利排水。

## 3.塑料大棚

塑料大棚是不加温的大型花木越冬设备,造价低,搭设简便,夏季可拆掉薄膜作露地栽培场或覆盖遮光网作荫棚使用。

1)大棚的规格和类型

大棚的面积一般都在 300 m² 以上,宽 10～20 m,长 30～50 m,中高 1.8～2.5 m,边高 1.0～1.5 m。目前多用角钢或圆钢焊接骨架,用螺栓连接在钢管或钢筋混凝土柱上。

（1）按照大棚的排列形式分

①单栋大棚：以一栋为一个单元，棚顶做成拱圆形，下设4～8排钢管或钢筋混凝土立柱，按南北长架设。每栋180～600 m²。

②连栋大棚：把许多拱圆形大棚连接在一起，中间不设隔段，可在棚内进行机耕作业。每栋占地可达0.5 ha以上，并可根据需要增加或缩减。大面积切花栽培，可用这种大棚。

图3-3　竹木结构的大棚

（2）按照大棚骨架所用材料分

①竹木结构（见图3-3）：目前农村仍然在使用此类型大棚。大棚的立柱和拉杆的材料是用硬杂木、毛竹竿等，拱杆、压杆等用竹竿。竹木结构的大棚造价较低，但使用年限较短，棚内立柱多，操作不方便、遮荫等严重影响光照。

②混合结构：由竹木、钢材、水泥构件等多种材料构建骨架。拱杆用钢材或竹竿等，主柱用钢材或水泥柱，拉杆用竹木、钢材等。此类大棚既坚固耐久，又节省钢材，造价较低。

③钢结构：大棚的骨架用轻型钢材焊接而成，并尽量减少立柱或不用立柱，目前应用较多，其抗风雪力强，坚固耐用，操作方便，但造价较高，钢材容易锈蚀，要定期维护。

④装配式钢管结构：此类型大棚主要构件采用内外热浸镀锌薄壁钢管，用承插、螺钉、卡销或弹簧卡具连接组装而成。所有的配件都是由工厂按照标准规格生产，配套组装，它们的特点是规格标准、结构合理、耐锈蚀、安装拆卸方便、坚固耐用，有6 m、8 m、10 m跨度等规格的大棚。

2）大棚的建立

（1）立柱

立柱用来固定和支撑棚架，也可承受雨、雪和风的作用，必须竖直埋设。如采用钢筋混凝土立柱，基本规格应为8 cm×8 cm×10 cm，埋深为50～60 cm。

（2）拱杆

拱杆是支撑塑料薄膜的骨架，横向固定在立柱上，呈自然拱形，东西两端落地后埋入土内，深30～50 cm。拱杆多用规格为1.2～1.6 cm的圆钢或0.3 cm×3.0 cm的扁钢弯成，各根之间的间距应大于2 m。

（3）拉杆

拉杆用来南北纵向连接立柱，固定拱杆和压杆，加固整体，相当于屋顶的檩条。拉杆可用角钢或较粗的圆钢，把它们南北向紧绑在立柱顶端以下30 cm处，在每排南北向立柱上绑拉杆一道。

（4）压杆

在拱杆上扣上塑料薄膜以后，必须在两杆之间再压一道压杆，才能把薄膜绷紧、压平和固定。当压杆把薄膜压紧后，将落在拉杆上，使压下的薄膜低于拱杆30 cm，于是棚顶就成了起伏的波浪状，从而减小风的压力。

（5）薄膜

多采用聚乙烯或聚氯乙烯薄膜，它们比较耐用，目前乙烯-醋酸乙烯共聚物（EVA）膜和氟质塑料(F-clean)也逐步用于设施。多用白色、灰色或天蓝色、紫色的薄膜,以缓和强光、棚温。薄膜的四周要长出棚架 30～50 cm,以便埋土固定。

(6)门窗

在大棚的南北两端应各设一个活门,当棚内温度过高时,可将南北两门同时打开对流通风。在冬季封北门,留南门出入。正规大棚的通风窗应开在棚顶的东西两侧的斜上方。自制的简易大棚可将下面的薄膜揭开通气。

大棚有定型大棚,一般宽度为 6 m,拱杆之间距离为 1 m,大棚面积多为 6 m×30 m,或者长度视场地需要而定。

4.温室

温室是花场的主要设施,南方地区为冬季促成栽培,常用温室;在北方地区用温室栽培热带、亚热带花卉。

1)温室类型

(1)按应用目的分

①观赏温室:观赏温室专供陈列、展览、普及科学知识之用。一般设于公园和植物园内,要求外形美观、高大,便于游人游览、观赏、学习等。

②生产栽培温室:生产栽培温室以生产为目的,建筑形式以满足植物生长发育的需要和经济实用为原则,一般外形简单、低矮,热能消耗较少,室内生产面积利用充分,有利于降低生产成本。

③繁殖温室:繁殖温室主要用于大规模繁殖。

④人工气候室:人工气候室主要用于科学研究,目前的大型自动化智能温室在一定意义上也是人工气候室。

(2)按温室温度分

①高温温室:高温温室的室温为 15～30 ℃,主要用于栽培原产热带平原地区的花木,这类温室也用于花木的促成栽培。

②中温温室:中温温室的室温为 10～18 ℃,主要用于栽培原产于亚热带的花木和对温度要求不高的热带花卉。

③低温温室:低温温室的室温为 5～15 ℃,主要用于栽培原产暖温带的花木及对温度要求不高的亚热带花木。

(3)按栽培花木种类分

植物的种类不同,对温室环境条件的要求也不同。依据不同种类特殊要求,设置专类温室,如兰科植物温室、棕榈科植物温室、蕨类植物温室、仙人掌及多肉植物温室、观叶植物温室等。

(4)按温室结构分

①单栋温室:单栋温室一般规模较小,常用于小规模的生产栽培和科学研究。其采光性能好,便于进行自然通风和人工操作管理;保温性较差,室外气温对室内气温影响较大,单位建筑面积的土建造价较高。单栋温室根据屋面形式又分为:a.单坡屋面温室(见图 3-4)。此类温室具有透光的单坡朝南的屋面,北墙采用砖墙、土墙或复合墙体挡风、保温,并用其墙面吸收和反射一部分光辐射;骨架采用竹竿、木杆、钢管等,在屋面上设苇、蒲等保温帘,用于阴天或夜间的保温覆盖。其采光性能、保温性能、防风性能均较好。屋面透光材料用玻璃和塑料薄膜均可。b.双坡屋面温室(见图

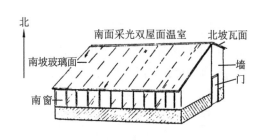

图 3-4　单坡屋面温室

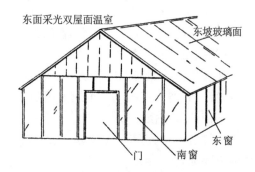

图 3-5　双坡屋面温室

3-5）。此类温室包括人字形对称双坡屋面、不对称双坡屋面、折线式双坡屋面、拱形屋面等外形的温室。双坡屋面温室的特点是采光量较大,单位面积土建造价较低,总占地面积较小,但其保温性能较差,室内栽培管理、耕作方便。双坡层面温室的屋脊高 3～4 m,有的可达 5 m,南北走向,室内采光均匀,有比较完善的环境监测控制设备,机械化、自动化程度高,是一种现代化栽培设施,但一次性投资大,能源消耗大,栽培管理技术要求高。

②连栋温室:为了加大温室的规模,适应大面积、甚至工厂化生产的需要,将两栋以上的单温室在屋檐处衔接起来,去掉连接处的侧墙,加上檐沟,就构成了连栋温室。它具有保温性好,单位面积的土建造价低,占地面积小,总平面的利用系数高,有利于降低造价,节省能源,但采光量小于单栋温室的特点。

(5)按相对于地面的位置分(见图 3-6)

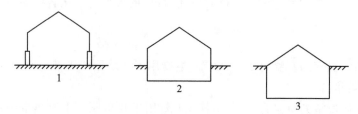

图 3-6　温室相对于地面的位置
1—地上式温室;2—半地下式温室;3—地下式温室

①地上式温室:整个温室都在地面上。

②半地下式温室:四周矮墙深入地下,仅侧窗留于地面,此类温室保温、保湿性好。

③地下式温室:屋顶凸出在地面上,只由屋面采光。此类温室保温、保湿性能好,但采光不足,空气不流通,适用于北方严寒地区栽培湿度要求大的、耐阴的花卉植物。

(6)按建筑材料分

①土结构温室:土结构温室墙壁用泥土筑成,屋顶上面主要材料也为泥土,其他各部分结构为木材,采光面最早采用纸窗,目前常用玻璃窗、塑料窗和塑料薄膜,在北方冬季无雨季节使用。

②木结构温室:木结构温室的屋架及门窗框都为木制。木结构温室造价低,随着使用时间的延长,密闭度会下降,使用期限一般为 15～20 a。

③钢结构温室:钢结构温室的温室结构部分均用钢材制成,此类型温室造价高,容易生锈,由于热胀冷缩常使玻璃面破碎,一般可用 20～25 a。

④钢木混合结构温室:除中柱、桁条及屋架用钢材外,钢木混合结构温室的其他部分都为木制。由于温室主要结构应用钢材,可建造大型温室,经久耐用。

⑤铝合金结构温室:铝合金结构温室的结构轻,强度大,门窗及温室的结合部分密闭度高,能建造大型温室。铝合金结构温室使用期限一般为 25~30 a,但造价高,是目前大型现代化温室的主要类型之一。

⑥钢铝混合结构温室:钢铝混合结构温室的柱、屋架采用钢制异形管材结构,门窗框等与外界接触部分是铝合金构件。此类温室具有钢结构和铝合金结构二者的优点,造价比铝合金结构的低,是大型现代化温室较理想的结构。

目前,用于温室覆盖的材料有:玻璃、丙烯酸塑料板、聚碳酸酯板、聚酯纤维玻璃、聚乙烯波浪板、聚乙烯膜等。

2)温室的建立

(1)温室设计的基本要求

设计温室的基本依据是栽培植物的生态要求。温室设计是否科学和实用,主要是看它能否最大限度地满足栽培植物的生态要求。要求温室内的主要环境因子,如温度、湿度、光照、水分等都要符合栽培植物的生态习性。因此,温室设计者要对各类植物的生长发育规律和不同生长发育阶段对环境的要求有确切的了解,充分运用建筑工程学等学科原理和技术,才能获得较理想的设计效果。

(2)温室的排列

在进行规模植物生产的情况下,对于温室群的排列,主冷床、温床、荫棚等附属设备的设置,应有全面的规划。在规划各温室地点时,应首先考虑避免温室之间互相遮荫,但不可相距过远。温室间的合理距离决定于温室的高度及各地纬度的不同。当温室为东西向延长时,南北两排温室间的距离通常为温室高度的 2 倍;当温室为南北向延长时,东西两排温室之间的距离应为温室高度的2/3。当温室高度不等时,其高的一面应设置在北面,矮的一面设置在南面。

(3)屋面的倾斜度

太阳辐射热是温室的基本热源之一。吸收太阳辐射的能力大小,取决于太阳高度角和玻璃屋面的倾斜度。一般以冬至中午的太阳高度角来确定温室玻璃屋面的倾斜度。不同地区纬度不同,必须根据各地区冬至中午太阳的投射角来确定玻璃屋面的角度,以获得最大的太阳辐射热。

3)温室内的设施

(1)温室加温系统

温室加温的方法主要有烟道、热水、蒸汽、热风、电热、发酵等。

①烟道加温:此法设置容易,费用少而燃料消耗少,在较小温室中采用。其缺点是不易调节,室内空气干燥,植物生长不良;室内温度不均匀,热力供应量小,较大温室不能采用。

②热水加温:热水加温多采用重力循环法,即热水从锅炉中送出,经过送水管输至温室内放热管,当管内热量散出后,水即冷却而比重加大,于是循回水管返回锅炉内,再提高水温,如此反复循环,室温得以维持,并可借自动调节器来保持要求的一定温度。此法加温最适于植物的生长发育,温度、湿度都易保持稳定,而且室内温度均匀,湿度较高,但其缺点是当冷却之后,不易使温室温度迅速升高,且热力不及蒸汽力大,一般适用于 300 m² 以下的温室,大面积温室不适用。

③蒸汽加温:用于大面积温室,加温容易,温度易调节,室内湿度则较热水加温的低,易于干燥,

近蒸汽管处由于温度较高,易使附近植物受到损害。蒸汽加温装置费用较高,蒸汽压力较大,必须有熟练的加温技术。

④热风加温系统:由加热器、风机和送风管组成。在现代化大型温室中使用,并且主要用于低纬度地区作临时加温。室温冷热不均,热风机一开温度剧升,一停又骤降,还需安装温度自动控制器。

⑤温泉地热加温:在温泉或地热深井的附近建造温室,将热水直接泵入温室用以加温,是一种极为经济的加温方法。如福建省农科院地热研究所,就利用福州的地热水,经管道送入温室,使温室的温度升高。

(2)温室降温系统

在长江以南的省区,其温室的主要功能就是夏季降温。温室降温通常采用自然降温和机械降温两种方式。

①自然降温:采取遮荫、通风、屋顶喷水或屋顶涂白相结合的方法,效果比较显著,也经济实用。在南方地区,夏季的遮荫可使温室降温 2~3 ℃。

②机械降温:机械降温有两种方式,一是压缩式冷冻机制冷,降温效果好,但是耗能大、费用高,而且制冷面积有限,只用于试验研究性温室。二则是现代化大型温室常用的热风加温与湿帘降温系统(见图3-7),其结构是在温室的北墙安装湿帘,南墙安装排风扇。湿帘是由纤维质制成,吸水性极强,不易腐烂,有蜂窝造纸型和壁毯型两种,沿墙的全长安装,宽为 1.5 m。使用时,冷水不断淋过使其饱含水分,开动排风扇,随温室气体的流动,水分蒸发、吸收而起到降温作用。

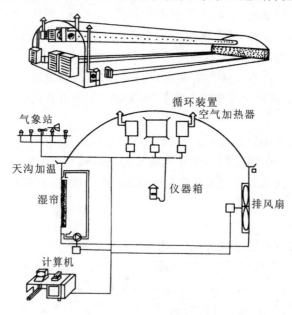

**图 3-7 热风加温与湿帘降温系统**

(3)光照的调节系统

温室内要求光照充足且分布均匀,因此在设计和建造温室时,必须从结构、屋面倾斜角及坐落方位等方面综合考虑,合理规划,以保证室内良好的光照条件。在必要时还需补光、遮光和遮荫。

①补光:补光的目的,首先是光合作用,补光用于增加光照时数和光照强度;其次是调节光周

期。为调节花期,达到周年生产,需延长或缩短日照长度,这种补光不要求高强光。

②遮光:在温室外部或内部覆盖黑色塑料薄膜,或外黑里红的布帐,根据不同植物对光照时间的不同要求,在下午日落前几小时放下,使室内每天保持一定时间的短日照环境,以满足短日照性植物生长发育的生理需要。

③遮荫:夏季温室内植物栽培时,常常由于光照强度太高而导致室内温度过高,影响了植物的正常生长发育,所以可用遮荫来减弱光照强度。具体方法有以下几种。

a.覆盖帘子:在夏季中午前后,在温室外部覆盖苇帘或竹帘,帘子编制的密度依所栽培的植物对荫蔽度的要求而定。

b.遮荫网:遮荫网是一种耐燃的黑色化纤织物,孔隙大小亦根据植物的荫蔽度而定。国外现代化植物生产中,还使用彩色遮荫幕,有乳白、浅蓝、绿、橘红等色,上面粘有宽度不同的、反射性很强的铝箔条,遮荫度在25%～99.9%,因此适于各种类型植物生长发育的需要。

c.涂白:将5 kg白石灰加少量水粉化,经过滤后加入25 kg水和0.25 kg食盐,用喷雾器均匀地喷洒在温室外面的玻璃屋面上,能经久不落。由于白色能够大量地反射太阳光,从而起到减弱室内光强的作用。

d.运用藤本植物遮挡光线:主要用于观赏性温室,此法与自然界郁闭的森林环境极相似,荫蔽效果好,且能展示出植物生态群落的景观。

(4)调节温室湿度

①空气湿度:温室内降低空气湿度一般都采用通风法,即打开所有门窗通过空气的流动来降湿。但是在夏季室外也处于高温高湿的环境时,就需用排气扇,进行强制通风,以增大通风量,效果明显。提高温室内的空气湿度可采取以下几种方法。

a.室内修建贮水池。

b.装置人工喷雾设备。

c.室内人工降雨。

d.室外屋顶喷水。

②土壤湿度:土壤湿度直接地影响植物根系的生长和肥料的吸收,间接地影响地上部生长发育。调节土壤湿度有以下几种方法。

a.地表灌水法:即对地栽的植物于地面开沟漫灌,对盆栽植物用手提软管或喷壶灌水。这种方法是将土壤表面和植物基部湿润,向根系存在的土壤里供水。缺点是用水量大,不均匀,容易造成病虫害传播。

b.底面吸水法:是植物播种育苗和盆栽常用的灌水方法。将花盆底部装入碎砖瓦、粗砂粒、炉渣等,上面填入栽培土后,放在栽培床中,床中间间隔一定时间灌满水,使花盆底部完全浸泡在水中,水逐渐由下向上浸满全盆(见图3-8)。此法用水量省,植物根部着水均匀,且不易染真菌病害,但是水的移动方向是自下而上的,往往造成花盆表土的盐分浓度较高。

c.喷灌法:将供水管高架在温室内,从上面向植物全株进行喷灌,即使植物和土壤得到了水分,又能起到降温和增加空气湿度的作用,所以喷灌是大型现代化温室植物生产较理想的一种灌水方式。喷灌系统的主管道上一般还配有液肥混合装置,液肥(或农药)与水的配比可在1∶(100～600)范围内选定,自动均匀地混合流往支管中,达到一举多得的效果。

d.滴灌法:将供水细管(发丝管)一根根地连接在水管上,或将供水管几根同时连接到配水器

图 3-8　吸水垫

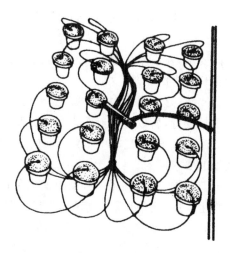

图 3-9　滴灌装置

上,细管的另一端则插入植株的根际土壤中将水一滴滴地灌入,因此用水量小而灌水时间长。采用此法灌溉,若土壤或栽培基质的物理性状良好,再掌握了所栽植物的灌水点和停水点,是相当经济的,但是要求植物的生长发育整齐一致,否则供水量和供水时间无法控制,见图 3-9。

灌水的自动化,为使灌溉系统能在植物的全生长期和夏季的耗水高峰期及时供水,多采用自动灌水,方法有时间控制、电阻控制、水分张力控制法。其中时间和水分张力控制法在生产上应用较多,而电阻控制则多用于科研。

图 3-10　喷淋和施肥系统

(5)温室施肥系统(见图 3-10)

在人工保护地栽培中,多利用缓释性肥料和营养液施肥。温室施肥系统可分为开放式(对废液不回收利用)和循环式(废液回收再利用)两种。施肥系统由贮液槽、供水泵、浓度控制器、酸碱控制器、管道系统和各种传感器组成。营养液的供给是根据栽培基质、栽培植物的需求来配制。自动施肥系统则是人为地将配制好的营养液母液,放入系统特定的容器中,开起系统控制开关,即可按一定比例将营养液混合,供给植物,营养液施肥系统一般与自动化灌溉系统结合使用。

(6)$CO_2$ 控制系统

花卉植物光合作用过程中,增加 $CO_2$ 浓度并提高光照强度,可以增加有机物质的累积,促进花卉植物生长与发育,提高产量和质量。在温室内配备 $CO_2$ 发生器,结合 $CO_2$ 浓度检测和反馈控制系统进行 $CO_2$ 浓度的控制,一般浓度控制在 $600\sim1500\ \mu L/L$,不能超过 $5000\ \mu L/L$。

(7)温室的附属设备和建筑

①室内通道:观赏温室内的通道应适当扩宽,一般应为 $1.8\sim2.0\ m$,路面可用水泥、方砖或花纹卵石铺设。生产温室内的通道则不宜太宽,以免占地过多,一般为 $0.8\sim1.2\ m$,多用土路,永久性温室的路面可适当铺装。

②水池:为了在温室内贮存灌溉用水并增加室内湿度,可在种植台下建筑水池,深一般不超过 50 cm。在观赏温室内,水池可建成观赏性的,带有假山、喷泉,栽培一些水生植物,放养一些金鱼。

③种植槽:在观赏温室用得较多。将高大的植物直接种植于温室内的,应修建种植槽,上沿高出地面 10～30 cm,深度 1～2 m,这样可限制营养面积和植物根的伸展,以控制其高度。

④台架:为了经济地利用空间,温室内应设置台架摆设盆栽植物,结构可为木制、钢筋混凝土或铝合金。观赏温室的台架为固定式,生产温室的台架多为活动式。靠窗边可设单层台架,与窗台等高,为 60～80 cm;靠后墙可设 2～3 层阶梯式台架,每层相隔 20～30 cm;中部多采用单层吊装式台架,既利用了空间,又不妨碍前后左右植物的光照。

⑤繁殖床:为在温室内进行扦插、播种和育苗等繁殖工作而修建,采用水泥结构,并配有自动控温、自动间歇弥雾的装置。

⑥照明设备:在温室内安装照明设备时,所有的供电线路必须用暗线,灯罩为封闭式的,灯头和开关要选用防水性能好的材料,以防因室内潮湿而漏电。

⑦防虫网(见图 3-11)。防虫网可以有效地防止外界植物害虫进入温室,使温室中的植物免受病虫害的侵袭,减少农药的使用。安装防虫网要特别注意防虫网网孔的大小,并选择合适的风扇,保证风扇能正常运转,同时不降低通风降温效率。

**图 3-11　防虫网**

### 5.风障

风障是比较简单的保护地,北方常用,南方少用,它多与冷床结合使用。

风障是利用各种高秆植物的茎秆栽成篱笆式设施,以阻挡寒风、提高局部温度与湿度,保证花木安全越冬。

风障能充分利用太阳的辐射能,来提高风障保护区的地温和气温。因为,风障增加了被保护地太阳辐射的面积,使太阳的辐射热扩散于风障前。此外,由于气流比较稳定,风障前的温度也容易保持。据测定,一般风障前夜温较露地要高 2～3 ℃,白天高 5～6 ℃。风障的增温效果,以有风晴天时最为显著,无风晴天次之,阴天不显著。保护地距风障愈近,温度愈高。

风障还有减少水分蒸发和提高相对湿度的作用,以形成良好的小环境。在我国北方,冬春气候晴朗多风的地区,风障很有发展前途。

### 6.活动苗床

除了上面提到的温室内的固定台架外,在生产上,为了节省劳动力和温室面积,温室中常设一些活动的苗床,这种设备一次性投资较大,但可节约可观的经济费用。

1)苗床的建立

(1)滑动苗床

一般每间温室,都有几个纵向苗床(或称花床),而苗床之间要留有通道。如果有 4 排花床就要有 5 条通道,致使温室的有效利用面积只有总面积的 2/3 左右。活动苗床就可减少通道的占地面积,即将苗床的座脚固定后,用两根纵长的镀锌钢管放在座脚一面,再将和温室长度相等的苗床底架放到管子上,不加固定,利用管子的滚动,苗床就可以左右滑动(见图 3-12、图 3-13)。因此一间温室只要留一条通道,把苗床左右滑动,就可在每两个苗床之间露出相当于通道宽度的间隔,也就是

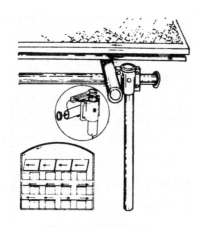

图 3-12 苗床的固定

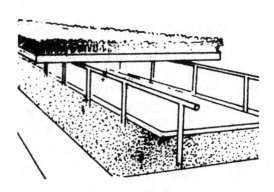

图 3-13 活动苗床

可变换位置的通道。这样每间温室的有效面积可提高到 86%～88%,每单株植物的燃料费及其他生产费用可下降 30%。国内有用 4 分或 6 分镀锌钢管作边框,用塑料打包带编网作底的活动花架。

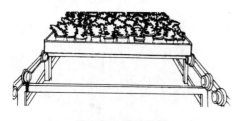

图 3-14 活动花框

(2)活动花框(见图 3-14)

活动花框能把大量花盆很轻易地从温室里移到工作室进行各种操作,也可以移到荫棚、冷库或装车的地方。

花框呈长方形的浅盆状,一般为 1.2 m×3.6 m 至 1.5 m×6 m,框边高 10～12 cm,用铝材制成,很轻。框放在两条固定的钢管上,框底有滚筒能在钢管上滚动。每个花框可以推滚到过道的运送车上,而后移向目的地。

这种花框除能沿钢管纵向滚动外,也能向左或向右滑动 40～50 cm,现出人行的通道。固定钢管在冬天可以通热水,兼作加温用。

2)移动式苗床型号和规格(见图 3-15)

(a)

(b)

图 3-15 移动式苗床

①手动驱动,操作简单,移动方便。苗床边框为铝合金,支架部分的钢管和苗床网都采用热镀锌工艺,能在潮湿环境下长期使用。

②可向左、右移动 300 mm,能使温室的使用面积达 80%左右。

③设有限位防翻装置,防止由于偏重引起的倾斜问题。

④规格:高 0.81 m,标准宽 1.65 m,也可根据温室宽度定尺和长度定做。

## 7.花盆

为了满足盆栽植物在生产、观赏和陈设时的不同需要,花盆的外形、质地和大小有许多不同的类型,大体上可分成以下两大类。

### 1)生产用盆

生产用盆的特点是排水和透气性能良好,质地粗糙,重量轻,不追求艺术造型,价格便宜,但不结实。

生产用盆多用素烧泥盆,由黏土烧制而成,有红色和灰色两种,底部中央留有排水孔。盆的口径一般在 7~40 cm 之间。

### 2)陈设用盆

为了提高盆花的观赏效果,使植株、花朵和花盆相映成趣,人们利用不同的材料,采用不同的造型方法和制作工艺,制成不同形状和不同颜色的观赏花盆,有的还雕刻书法、绘画和图案,使它们成为美丽的工艺品。这种花盆的质地都比较坚实,通气和透水性能不良,一般盆花不适合用它们来长期养护,且价格较贵,因此多在室内陈设时作短期使用,或布置会场、宾馆及展览,或栽植树桩盆景。陈设用盆一般有以下几种类型。

(1)瓷盆

瓷盆为上釉盆,常有彩色绘画,外形美观,适合室内装饰之用。但由于上釉,水分、空气流通不良。

(2)陶盆

陶盆有两种:一种是素陶盆,用陶泥烧制而成,有一定的通气性;另一种是在素陶盆上加一层彩釉,比较精美坚固,但不透气。

(3)紫砂盆

紫砂盆既精致美观,又有微弱的通气性,多用来养护室内名贵的中小型盆花,或树桩盆景。

(4)木盆或木桶

当需要用 40 cm 以上口径的盆时,即采用木盆。木盆选材宜用材质坚硬而不易腐烂的红松、槲、栗、杉木、柏木等,外部刷以油漆,即可防腐,又增加美观,内部应涂以环烷酸铜借以防腐,盆底有排水孔。

(5)水养盆

水养盆专用于栽培水生植物,盆底无排水孔,盆面阔大而浅,如"莲花盆""水仙盆"等。

(6)兰盆

兰盆专用于栽培气生兰及附生蕨类植物,其盆壁有各种形状的孔洞,以便流通空气。

(7)盆景用盆

盆景用盆深浅不一,形式多样。山水盆景用盆为特制的浅盆,以石盘为上品。

(8)纸盆

纸盆供培养幼苗之用,特别用于不耐移植的种类,可在温室内纸盆中进行育苗。

（9）塑料盆

塑料盆质轻而坚固耐用，可制成各种形状，色彩也极多，其水分、空气流通不良，使用它应注意培养土的物理性状，使之疏松通气，以克服不透气的缺点。

**8.育苗容器**

现代花卉育苗常用的育苗容器有穴盘、育苗器和育苗钵等。

1）穴盘（见图3-16）

穴盘是用塑料制成的蜂窝状、由同样规格的小孔组成的育苗容器。穴盘的大小及穴洞的数目有多样。一方面，满足大小种苗的不同需求；另一方面，便于机械化操作的需求。规格有128～800穴/盘。用穴盘生产，能保持种苗的根系的完整性，节约生产时间，减少劳动力，提高机械化程度，有利于大规模生产。

2）育苗盘（见图3-17）

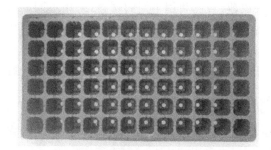

图3-16　穴盘

图3-17　育苗盘

图3-18　育苗钵

育苗盘也叫催芽盘，用于育苗。有容易调节水分、温度、光照和便于种苗贮藏及运输的优点。

3）育苗钵（见图3-18）

育苗钵是培育小苗的钵体容器，规格很多。一类是塑料育苗钵，由聚氯乙烯和聚乙烯制成，多为黑色，也有其他颜色的，口径一般为6～15 cm，高为10～12 cm。另一类是有机质育苗钵，是以泥炭为主要原料制成的，还有用牛粪、锯末、黄泥土或草浆制作的，此种容器质地疏松，透气、透水，装满水后能在底部无孔情况下，40～60 min内全部渗出。此种育苗钵在土壤中降解，降解后不影响植物根系生长，无缓苗期，成苗率高，生长快。

**9.诱虫板**

诱虫板即具有某些昆虫特定趋向的颜色，如蚜虫、粉虱对光谱中特定的黄色具有趋向性，种蝇、蓟马对光谱中特定的蓝色具有趋向性，利用昆虫的这种特性，诱虫板可以将对其颜色有趋性的害虫引诱来，并利用双面涂有的无公害黏虫胶将其黏住，从而起到防治害虫的作用。诱虫板的使用可以减少化学农药的施用量，降低农产品农药残留，提高产品质量。利用诱虫板诱杀害虫，具有使用方法简单，成本低廉，且不污染环境的特点，是害虫综合治理技术中无害化手段之一。

田间使用方法如下所示。

(1)使用时间

从植物苗期或移栽定植时开始使用,可以有效控制害虫的繁殖数量或蔓延速度。

(2)放置方式

露地栽培的植物可用直径 1 cm,长 150 cm 竹竿将下端插入土中,上端固定诱虫板;大棚蔬菜可用铁丝或绳子穿过诱虫板的两个悬挂孔将其固定好,采用与蔬菜种植行(垄)平行方式东西向放置。

(3)悬挂高度

诱虫板下沿比植株生长点高 15～20 cm,并随着植株生长相应调整悬挂高度。当蔬菜生长达到一定高度后可将诱虫板悬挂于植株中部或中上部(害虫最密集的地方)。黄板诱杀蚜虫的最适高度为 32～40 cm,对搭架蔬菜应顺行,使诱虫板垂直挂在两行中间蔬菜植株中上部或上部。

(4)放置密度

防治蚜虫、斑潜蝇、粉虱等害虫,开始悬挂 3～5 块黄色诱虫板,以监测虫口密度。当诱虫板诱虫量增加时,每亩悬挂规格为 25 cm×30 cm 的黄板 25～30 块,或 20 cm×30 cm 的黄板 30～35 块。防治种蝇、蓟马等害虫,每亩悬挂 25 cm×40 cm 的蓝板 20 块,或 25 cm×20 cm 的蓝板 30 块。具体使用数量应根据诱虫板上黏着的害虫数量增加情况而定。

(5)更换时间

当诱虫板因受风吹日晒及雨水冲刷而失去黏着力时应及时更换。当害虫布满诱虫板无法再黏害虫时可以更换诱虫板,也可以用钢锯条或竹片将虫体刮除,诱虫板可重复使用。

(6)其他

诱虫板的使用如能与其他综合防治措施(杀虫灯、性诱剂等)配合使用,将更为有效地控制蔬菜害虫为害。

# 本章思考题

1.在研究植物与环境间的关系中,人们必须具备哪些基本观念?

2.温度的三基点是什么? 什么是协调的最适温度?

3.简述在生长发育过程中,温度对生长发育的影响。

4.简述不适的温度对花卉生长发育的影响。

5.简述花卉植物按照对光照强度的要求进行分类。

6.简述光照强度对花卉花色和叶色的影响。

7.简述花卉植物按照对光周期的要求进行分类。

8.简述光质对花卉生长发育的影响。

9.简述花卉植物按照对水分的要求进行分类。

10.简述水分花卉植物花芽分化的影响。

11.简述各类花卉的浇水原则。

12.简述土壤的类型以及各类型土壤的特性。

13.论述用于花卉栽培的各类土壤的特性。

14.简述各类花卉对土壤的要求。

15.简述 N、P、K 三元素对花卉的生长发育的影响。

16. 简述有机肥料的类型。
17. 简述施肥时的注意事项。
18. 简述肥料的施用方法。
19. 简述全球保护地栽培发展的新趋势。
20. 简述保护地栽培的特点。
21. 简要说明设施栽培在观赏植物生产中的意义。
22. 栽培设施主要有哪些类型？各有何特点？
23. 温室中的附属设备有哪些？主要的作用是什么？
24. 根据本地气候特点，对观赏植物生产中应用的栽培设施或温室类型提出建议，并说明理由。
25. 简述各类育苗容器的特点。

# 4 花卉的繁殖

【本章提要】 花卉繁殖是花卉植物栽培和园林应用的重要环节。本章介绍了园林花卉植物有性繁殖(种子繁殖)、无性繁殖(包括:分生繁殖、扦插繁殖、嫁接繁殖、压条繁殖)和孢子繁殖等栽培方法和技术要点,以及繁殖过程中所需要的条件。

花卉繁殖是花卉生产中重要而不可或缺的手段。它不仅用于种苗生产,而且在花卉种质资源保存、新品种选育等过程中具有重要作用。只有将花卉种质资源保存下来,并繁殖出一定的数量,才能为园林生产所应用,为选择育种提供物质材料。园林花卉种类及品种众多,各有自己的繁殖特点。只有掌握其繁殖特点,才能很好地加以利用。

在人类长期的生产探索和实践中,已经发现和总结出了园林花卉的许多繁殖培育方法,依据旧个体或母体产生新个体的方式不同,通常分为两类,一是有性繁殖,二是无性繁殖。

## 4.1 有性繁殖

### 4.1.1 种子繁殖的意义

种子繁殖就是用种子来繁殖种苗的方法,又称为实生繁殖,所得的苗木称为播种苗或实生苗。

种子繁殖的成功取决于以下几方面:种子必须是有生命的并且能发芽的种子;种子应该发芽迅速,有活力,足以抵抗苗床可能出现的不良条件。种子处于休眠状态会阻碍种子发芽,必须在发芽前加以处理来克服。因此,要求必须掌握每种植物的种子发芽要求。假如种子能够迅速发芽,那么繁殖成功的关键就在于是否能够给种子和幼苗提供适当的环境,如温度、湿度、氧气、光照或黑暗等条件。

园林花卉的种子体积较小,采收、贮藏、运输、播种都比较简单,可以在较短的时间内培育出大量的苗木或供嫁接繁殖用的砧木。因此,种子繁殖在园林苗圃中占有极其重要的地位,对于园林苗圃的苗木繁殖具有十分重要的意义。

园林花卉种子播种繁殖具有以下特点。

①播种繁殖一次可获得大量苗木。园林花卉的种子获得比较容易,采集、贮藏、运输都比较方便。

②播种苗生长健壮,根系发达,寿命长,且抗风、抗寒、抗旱、抗病虫害的能力及对不良环境的适应力较强。

③播种繁殖的幼苗,遗传保守性较弱,对新环境的适应能力较强,有利于异地引种的成功。如从南方直接引种梅花苗木到北方,往往不能安全越冬,而引入种子在北方播种育苗,其中播种繁殖的部分苗木则能安全过冬。用播种繁殖的苗木,特别是杂种幼苗,由于遗传性状的分离,在苗木中常会出现一些新类型的变异,这对于新品种、新品系的选育有很大的意义。

④播种繁殖的幼苗由于需要经过一定时期、一定条件下的生理发育阶段,因而开花结果较无性繁殖的苗木晚。

⑤由于播种苗具有较大的遗传变异性,因此对一些遗传性状不稳定的园林花卉,播种繁殖的苗木常常不能保持母株原有的观赏价值或特征特性。如龙柏经播种繁殖,苗木中常有大量的圆柏幼苗出现;重瓣榆叶梅播种苗大部分退化为单瓣或半重瓣花;龙爪槐播种繁殖后代多为国槐等。因此,对这些树种则需要采用无性繁殖的方法繁殖苗木。

种子繁殖包括播种前的种子处理、播种时期的选择、播种密度和播种量的确定、播种方法和技术流程以及播种苗的抚育管理等内容。

### 4.1.2 种子采收与贮藏

1)种子采收与处理

不同的园林花卉其果实的成熟期与开裂方式不同,采收时应注意以下几点:选择优良母株,淘汰劣株,防止混杂。

适时采种,过早,成熟度不够,种子质量差,影响发芽率;过晚,果实易开裂造成种子散落或被虫、鸟吃掉,采不到种子,或采种困难,采种量少不能满足生产要求。对于易开裂的,可分期、分批采收。采收时间以清晨为好。

采收之后,要把种子从果实中取出来,再经过适当的干燥、除杂、分级等工序后,才能得到籽实饱满、品质优良、适宜贮藏或播种的种子。

整株采收的,对植株要晾干再脱粒。带果实一起采收的,要除去果皮、果肉及各种附属物。种子采收后需要晾晒的,一定要连果壳一起晒,不要将种子置于水泥晒场上或放在金属容器中于阳光下暴晒,否则会影响种子的生命力。因此,可将种子放在帆布、芦席、竹垫等上晾晒。有的种子怕晒,宜用自然风干法,即将种子置于通风、避雨的室内,使其自然干燥,达到贮藏安全含水量。

2)种子贮藏

如果种子采收后不立即播种,就需要贮藏起来。贮藏得法,种子保持良好的生命力,播种后能够发芽,否则,种子即丧失生活力,不能发芽,甚至死亡。自然条件下种子的寿命是一定的,即种子具有一定的生命期限,也称为寿命。按种子寿命的长短,可分为短命种子、中命种子和长命种子。短命种子,寿命1 a左右,如报春花类、秋海棠类的种子,发芽力只能保持数月,非洲菊则更短。中命种子,寿命为2~3 a,多数园林花卉的种子属于此类。长命种子,寿命为4~5 a及5 a以上,如豆科中的多数花卉、莲属花卉、美人蕉属及锦葵科某些花卉的种子等,寿命都很长。如中国东北泥炭土中埋葬了约1000 a的荷花种子,出土后仍能正常发芽。

影响园林花卉种子寿命的因素主要有以下几个方面。

(1)种子的成熟度

种子成熟度越高,种子籽实饱满,寿命越长。反之,没有完全成熟的种子含水量高,种皮不紧密,呼吸作用强,营养物质易被消耗,造成种子寿命变短。

(2)种子的含水量

一般情况下种子含水量越低,越不容易发热发霉,保持生命力的时间也就越长。大多数园林花卉种子的含水量在5%~6%时寿命最长。含水量在5%以下时,细胞膜的结构易被破坏,加速种子的衰败。含水量在8%~9%时,容易出现虫害。含水量达12%~14%时,有利于真菌的繁殖。含水量达 13%～20%时易发热而腐烂。40%～50%时,种子会发芽。常规贮藏时,大多数园林花卉的种子含水量宜保持在 5%～8%为宜。

（3）种子的完好程度

完好的种子,种皮能够阻止水分和氧气通过,保持种子的休眠状态。受到机械损伤的种子,易腐烂变质,影响种子寿命。

（4）种子的贮藏环境

温度高,种子呼吸作用强,消耗多,导致种子寿命缩短。低温可以抑制种子呼吸,延长种子寿命。多数园林花卉种子在干燥密封后,贮藏在 1～5 ℃低温条件下为宜。空气湿度方面,多数花卉种子要求贮藏湿度为 30%～60%。但是,多数木本花卉的种子在比较干燥的条件下,反而容易丧失发芽力。

（5）种子的贮藏方法

大多数草花和乔灌木种子在第 2 年播种,常用干燥贮藏法,即将种子置于阴凉、干燥、通风的室内保存。一些易丧失生活力的花卉种子,当需要长期贮藏时,宜采用干燥密闭贮藏法,即将种子装入密闭容器中贮于冷凉处保存。也可采用干燥低温密闭贮藏法保存寿命较长的种子,贮藏条件是1～5 ℃的冷室冰箱中。现代有可控温的数字种子库,可以进行种子长期的保存。对于大多数木本花卉的种子,一般常用湿藏法,也称层积法,即在一定的湿度、较低温度下,将种子与湿沙分层堆积,以利于种子维持一定的含水量和保持种子的生命力。如牡丹、芍药等花卉的种子,可用此法。对于水生花卉,如莲、睡莲、王莲等,种子采收后应立即贮藏于水中以保持其发芽力。

### 4.1.3　种子发芽需要的条件

1）水分

种子萌发需要吸收充足的水分。当吸水膨胀后,种皮破裂,呼吸强度增大,各种酶的活性随之加强,蛋白质及淀粉等大分子贮藏物质进行分解、转化成小分子物质,然后被输送到胚,促使胚开始生长。所以,播种前常浸种或增加土壤墒性,以利种子萌发。

2）温度

种子萌发需要适宜的温度。原产地不同的花卉,其种子萌发对温度的要求不同。一般原产热带的花卉种子萌发需要较高的温度,亚热带及温带的次之,原产温带北部的一些花卉种子萌发则常需要一定的低温。如王莲种子萌发需要 30～35 ℃,10～21 d 发芽。大花葱的种子在高于 10 ℃时几乎不萌发,需要使种子处于 2～7 ℃条件下较长时间才能萌发。

3）氧气

种子萌发需要氧气,供氧不足会妨碍种子发芽。一些水生花卉的种子例外,其种子萌发时需要的氧气较少。

4）光照

大多数花卉的种子萌发时,对光照不敏感。但是,有些花卉的种子是小粒,如果播种的较深,则没有从深层土壤中伸出的能力。所以要适当浅播,覆土要薄,以促进其萌芽出土,开始光合作用。另外,有一些花卉的种子,在光照下则不能萌发或受到光的抑制,这类种子萌发时,需要覆盖或创造黑暗条件,以利于萌发。

5)基质

种子在基质中,要求基质细而均匀,无石块、杂物等,通气排水良好,保湿性能好,不带病虫害,满足种子萌发要求的水分、温度、氧气、肥料等。

### 4.1.4 播种前的处理

1)种子精选

种子精选是指清除种子中的各种夹杂物,如种翅、鳞片、果皮、果柄、枝叶碎片、瘪粒、破碎粒、石块、土粒、废种子及异类种子等的过程。精选提高了种子纯度,利于贮藏和播种。播种后发芽迅速,出苗整齐,便于管理。

优良种子的标准是:品种纯正,各性状指标符合要求;发育充分,成熟饱满,发芽力和生活力均高;无病虫害和机械损伤;种子新鲜,不是多年的陈种子;种子纯净度高,杂质少。

2)种子消毒

种子消毒可杀死种子本身所带的病菌,保护种子免遭土壤中病虫的侵害。这是育苗工作中一项重要的技术措施,多采用药剂拌种或浸种方法进行。现简单介绍常用的消毒方法和药剂。

(1)浸种消毒

把种子浸入一定浓度的消毒溶液中一定时间,杀死种子所带病菌,然后捞出阴干待播的过程称为浸种。常用的消毒药剂有 0.3%～1% 的硫酸铜溶液、0.5%～3% 的高锰酸钾溶液、0.15% 的甲醛(福尔马林)溶液、0.1% 的升汞(氯化汞 $HgCl_2$)溶液、1%～2% 的石灰水溶液、0.3% 的硼酸溶液和200 倍的托布津溶液等。消毒前先把种子浸入清水 5～6 h,然后再进行药剂浸种消毒适宜时间,最后捞出用清水冲洗。

(2)拌种消毒

把种子与混有一定比例药剂的园土或药液相互掺合在一起,以杀死种子所带病菌和防止土壤中病菌侵害种子,然后共同施入土壤。常用的药剂有赛力散(乙酸苯汞 $CH_3COOC_6H_5Hg$)、西力生(氯化乙基汞 $C_2H_5ClHg$)、五氯硝基苯与敌克松(对二甲基氨基苯重氮磺酸钠)混合液、敌克松、呋喃丹、甲拌磷(3911)、福美锌二甲基二硫代氨基甲酸锌 $C_6H_{12}N_2S_4Zn$、退菌特、敌百虫、2,6-二氯苯醌等。

(3)晒种消毒

对于耐强光的种子还可以用晒种的方法对其进行晒种消毒,激活种子,提高发芽率。

最后,种子消毒过程中,应该注意药剂浓度和操作安全,胚根已突破种皮的种子消毒易受害。

3)种子催芽

有些种子具有坚硬种皮和厚蜡质层,不能吸水膨胀;有些种子休眠期长,播后自然条件下发芽持续的时间长,出苗慢;有些种子播种后发芽受阻,出苗不整齐等。造成种子发芽率低的主要原因可能是种子本身或其他原因,如种子生命力下降,贮藏方式不当;播种技术或播种时期不正确;生理原因可能是种胚没有通过后熟,处于休眠期,种胚发育不充分或受伤;物理原因诸如种皮坚硬,水分透不进等。为了播种后能达到出苗快、齐、匀、全、壮的标准,最终提高苗木的产量和质量,一般在播种前需要进行催芽处理。常用的催芽方法有以下几种。

(1)清水浸种

催芽原理是种子吸水后种皮变软,种体膨胀,打破休眠,刺激发芽。生产上有温水和热水浸种两种方法。温水浸种适用于种皮不太坚硬,含水量不太高的种子。浸种水温以 40~50 ℃ 为宜,用水量为种子体积的 5~10 倍。种子浸入后搅拌至水凉,每浸 12 h 后换一次水,浸泡 1~3 d,种子膨胀后捞出晾干。热水浸种适用于种皮坚硬的种子,水温以 60~90 ℃ 为宜,用水量为种子体积的 5~10 倍。将热水倒入盛有种子的容器中,边倒边搅。一般浸种约 30 s(小粒种子 5 s),很快捞出放入 4~5 倍凉水中搅拌降温,再浸泡 12~24 h。机械损伤也叫破种,原理是擦破种皮,使种子更好地吸水膨胀,便于萌发。少量种子可用砂纸、剪刀或砖头破壳,也可将种子外壳剥去(需当即播种)。种子数量多时,最好用机械破种。

(2)酸、碱处理

具有坚硬种壳的种子,可用有腐蚀性的酸、碱溶液浸泡,使种壳变薄,增加透性,促进萌发。常用 95% 的浓硫酸浸泡 10~120 min,或用 10% 的氢氧化钠浸泡 24 h 左右。捞出后用清水冲洗干净,再进行催芽处理或播种。

(3)层积处理

层积处理分为低温层积处理和高温层积处理。①低温层积处理也叫层积沙藏,见图 4-1。方法是秋季选择地势高燥、排水良好的背风阴凉处,挖一个深和宽大约为 1 m,长约 2 m 的坑,种子用 3~5 倍的湿沙(湿度以手握成团,一触即散为宜)混合,或一层沙一层种子交替,也可装于木箱、花盆中,埋入地下。坑中插入一束草把以便于通气。层积期间温度一般保持 2~7 ℃,如天气较暖,可用覆盖物保持坑内低温。春季播种之前半月左右,注意勤检查种子情况,当"裂嘴"露白种子达 30%

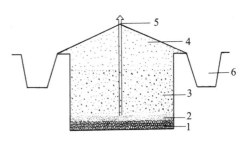

**图 4-1 种子层积示意图**
1—卵石;2—沙子;3—种沙混合;
4—覆土;5—通气竹管;6—排水沟

以上时,即可播种。②高温层积是在浸种之后,用湿沙与种子混合,堆放于温暖处保持 20 ℃ 左右,促进种子发芽。层积过程中要注意通气和保湿,防止生热、发霉或水分丧失。同样,当"裂嘴"露白种子达 30% 以上时,即可播种。

(4)其他处理

除以上常用的催芽方法外,还可用微量元素的无机盐处理种子进行催芽,使用药剂有硫酸锰、硫酸锌等。也可用有机药剂和生长素处理种子,如酒精、胡敏酸、酒石酸、对苯二酚、萘乙酸、吲哚乙酸、吲哚丁酸、2,4-二氯苯氧乙酸、赤霉素等。有时也可用电离辐射处理种子,进行催芽。有些花卉的种子具有附属物,影响种子吸水而造成萌发困难。如千日红,可在种子中掺入砂子,经轻搓去除绵毛,可促进种子萌发。

4)土壤消毒

土壤是传播病虫害的主要媒介,也是病虫繁殖的主要场所,许多病菌、虫卵和害虫都在土壤中生存或越冬,而且土壤中还常有杂草种子。土壤消毒可控制土传病害、消灭土壤有害生物,为园林植物种子和幼苗创造有利的土壤环境。土壤常用的消毒方法如下。

(1)火焰消毒

在日本用特制的火焰土壤消毒机(汽油燃料),使土壤温度达到 79~87 ℃,既能杀死各种病源微生物和草籽,也可杀死害虫,而土壤有机质并不燃烧。在我国,一般采用燃烧消毒法,在露地苗床上,铺上干草,点燃可消灭表土中的病菌、害虫和虫卵,翻耕后还能增加一部分钾肥。

（2）蒸汽消毒

以前是利用 100 ℃水蒸汽保持 10 min,会把有害微生物杀死,也会把有益微生物和硝化菌等杀死。现在多用 60 ℃水蒸汽通入土壤,保持 30 min,既可杀死土壤线虫和病原物,又能较好地保留有益菌。

（3）溴甲烷消毒

溴甲烷是土壤熏蒸剂,可防治真菌、线虫和杂草。在常压下,溴甲烷为无色无味的液体,对人类剧毒,临界值为 0.065 mg/L,因此,操作时要佩戴防毒面具。一般用药量为 50 g/m²,将土壤整平后用塑料薄膜覆盖,四周压紧,然后将药罐用钉子钉一个洞,迅速放入膜下,熏蒸 1～2 d,揭膜散气 2 d后再使用。由于此药剧毒,必须经专业人员培训方可使用。

（4）甲醛消毒

40％的甲醛溶液称为福尔马林,用 50 倍液浇灌土壤至湿润,用塑料薄膜覆盖,经两周后揭膜,待药液挥发后再使用。一般 1 m³ 培养土均匀撒施 50 倍的甲醛 400～500 mL。此药的缺点是对许多土传病害,如枯萎病、根癌病及线虫等,效果较差。

（5）硫酸亚铁消毒

用硫酸亚铁干粉按 2‰～3‰ 的比例拌细土撒于苗床,1 hm² 用药土 150～200 kg。

（6）石灰粉消毒

石灰粉既可杀虫灭菌,又能中和土壤的酸性,南方多用。一般 1 m² 床面用 30～40 g,或 1 m³ 培养土施入 90～120 g。

（7）硫黄粉消毒

硫黄粉可杀死病菌,也能中和土壤中的盐碱,多在北方使用。用药量为 1 m² 床面用 25～30 g,或 1 m³ 培养土施入 80～90 g。

此外,还有很多药剂,如辛硫磷、代森锌、多菌灵、绿亨一号、氯化苦、五氯硝基苯、漂白粉等,也可用于土壤消毒。近几年,我国从德国引进一种新药——必速灭颗粒剂,这是一种广谱性土壤消毒剂,已用于高尔夫球场草坪、苗床、基质、培养土及肥料的消毒。使用量一般为 1.5 g/m² 或 60 g/m³基质,大田为 15～20 g/m²。施药后要等 7～15 d 才能播种,在此期间可松土 1～2 次。

育苗土用量少时,也可用锅蒸消毒、消毒柜消毒、水煮消毒、铁锅炒烧消毒等方法。

### 4.1.5 播种期与播种量的确定

1）播种期

播种育苗的播种期关系到苗木的生长期、出圃期、幼苗期对环境的适应能力以及土地利用率。播种期的确定主要根据树种的生物学特性和育苗地的气候特点。我国南方,全年均可播种。在北方,因冬季寒冷,露地育苗则受到一定限制,确定播种期是以保证幼苗能安全越冬为前提。生产上,播种季节常在春、夏、秋三季,以春季和秋季为主。如果在设施内育苗,北方也可全年播种。

春季播种适用于绝大多数园艺植物,时间多在土壤解冻之后,越早越好,但以幼苗出土后不受晚霜和低温的危害为前提。

夏季播种适合那些在春夏成熟而又不宜贮藏或者生活力较差的种子。播种后遮荫和保湿工作是育苗是否成功的关键。为保证苗木冬前能充分木质化,应当尽量早播。

秋季播种适于种皮坚硬的大粒种子和休眠期长而又发芽困难的种子。一般在土壤结冻以前,越晚越好。否则,播种太早,当年发芽,幼苗会受冻害。

冬季播种实际上是春播的提早,秋播的延续。冬季播种适于南方育苗采用。

另外,有些花卉如非洲菊、仙客来、报春花、大岩桐等,因种子含水量大,失水后容易丧失发芽力或缩短寿命,采种后最好随即播种。

2)播种量

播种量是指单位面积或长度上播种种子的重量。适宜的播种量既不浪费种子,也有利于提高苗木的产量和质量。播种量过大,浪费种子,间苗也费工,苗子拥挤和竞争营养,易感病虫,苗木质量下降。播种量过小,产苗量低,易生杂草,管理费工,也浪费土地。

计算播种量的公式为

$$X = C \times \frac{A \times W}{P \times G \times 1000^2}$$

式中:X——单位面积或长度上育苗所需的播种量(kg);A——单位面积或长度上产苗数量(株);W——种子的千粒重(g);P——种子的净度(%);G——种子发芽率(%);C——损耗系数。

损耗系数因自然条件、圃地条件、树种、种粒大小和育苗技术水平而异。一般认为,种粒越小,损耗越大,如大粒种子(粒径 5.5 mm 以上,千粒重在 700 g 以上,如牵牛花的种子),C 值等于 1;中小粒种子(中粒,粒径为 2～5 mm,小粒,粒径为 1～2 mm 之间,千粒重在 3～700 g,如紫罗兰、三色堇的种子),1<C<5;极小粒(微粒)种子(粒径在 1 mm 以下,千粒重在 3 g 以下,如金鱼草的种子),C=10～20。

## 4.1.6 播种

1)播前整地

为了给种子发芽和幼苗出土创造一个良好的条件,也为了便于幼苗的抚育管理,在播种前要细致整地。整地的要求是苗床平坦,土块细碎,上虚下实,畦埂通直。同时土壤湿度要达到播种要求,以手握后有隐约湿迹为宜。

2)播种密度

适宜的播种密度要能够保证苗木在苗床上有足够的生长空间,在移植前能得到较好的生长。因此,大粒种子播得稀些,小粒种子宜密些;阔叶树播得稀些,针叶树宜密些;苗龄长者播得稀些,苗龄短者宜密些;发芽率高者播得稀些,发芽率低者宜密些;土壤肥力高宜播得稀些,土壤肥力低宜播得密些。

3)播种方法

(1)根据生产上常用播种方法分

生产上常用的播种方法有撒播、条播和点播。

①撒播:将种子均匀地撒于苗床上为撒播。小粒种子如杨、柳、一串红、万寿菊等,常用此法。为使播种均匀,可在种子里掺上细沙。由于出苗后不成条带,不便于进行锄草、松土、病虫防治等管理,且小苗长高后也相互遮光,最后起苗也不方便。因此,最好改撒播为条带撒播,播幅 10 cm 左右。

②条播:按一定的行距将种子均匀地撒在播种沟内为条播。中粒种子如刺槐、侧柏、松、海棠等,常用此法。播幅为 3～5 cm,行距 20～35 cm,采用南北行向。条播比撒播省种子,且行间距较大,便于抚育管理及机械化作业,同时苗木生长良好,起苗也方便。

③点播:对于大粒种子,如银杏、核桃、板栗、杏、桃、油桐、七叶树等,按一定的株行距逐粒将种子播于圃地上,称为点播。一般最小行距不小于 30 cm,株距不小于 15 cm。为了利于幼苗生长,种子应侧放,使种子的尖端与地面平行。

(2)根据播种时种子所处的条件分

根据播种时种子所处的条件分为露地直播、露地苗床播种、温室盆播、穴盘播种等。

①露地直播。对于一些不耐移植的直根性花卉,直接把种子播种于应用地中,不再移植。或者,先播种于小型营养钵中,成苗后再带土球定植于应用地点。如虞美人、花菱草、香豌豆、地肤、牵牛、羽扇豆、羽叶茑萝等。

②露地苗床播种。先将花卉种子播种于育苗床中,然后经分苗再培养,最后定植于应用地点。这种方法,便于幼苗期的养护管理,节约成本。

③温室盆播。为了减少季节和气候的影响,于温室中播种。可以地播,但最好采用盆播。盆播时要配制基质(盆土),用盆较小而浅,常用深 10 cm 的浅盆。大粒种子可点播种或条播,小粒或微粒种子采用撒播法,且覆土要以不见种子为度。

**图 4-2 穴盘播种**

④穴盘播种。穴盘播种是以穴盘为容器(见图 4-2)进行播种。以泥炭土混合蛭石或珍珠岩等配成基质,采用人工或精量播种机器播种。播种后于催芽室催芽,然后温室培养达到出苗要求。这是花卉工厂化生产的配套技术之一。优点是种苗整齐一致,操作简单,移苗过程中对种苗根系伤害很小,缩短了缓苗时间。但是,对水质、肥料、环境等要求较高,需要精细管理。

4)播种深度

一般情况下,播种深度以种子直径的 2～3 倍为宜。具体播深取决于种子的发芽势、发芽方式和覆土等因素。小粒种子和发芽势弱的种子覆土宜薄,大粒种子和发芽势强的种子覆土宜厚;黏质土壤覆土宜薄,砂质土壤覆土宜厚;春夏播种覆土宜薄,秋播覆土可厚一些。如果有条件,覆盖土可用疏松的沙土、腐殖土、泥炭土、锯末等,有利于土壤保温、保湿、通气和幼苗出土。此外,播种深度要均匀一致,否则幼苗出土参差不齐,影响苗木质量。

## 4.1.7 播种后的管理

1)播种苗的生长发育规律

播种苗从种子发芽到当年停止生长进入休眠期为止是其第一个生长周期。在此周期内,由于外界环境影响和自身各发育期的要求不同而表现出不同的特点。故此,可将播种苗的第一个生长周期划分出苗期、生长初期、速生期和生长后期四个时期。了解和掌握苗木的年生长发育特点和对外界环境条件的要求,才能采取切实有效的抚育措施,培育出优质壮苗。

(1)出苗期

从播种开始到长出真叶、出现侧根为出苗期。此期长短因树种、播种期、当年气候等情况而不同。春播需 3～7 周,夏播需 1～2 周,秋播则需几个月。播种后种子在土壤中先吸水膨胀,酶的活性增强,贮藏物质被分解成能被种胚利用的简单有机物。接着胚根伸长,突破种皮,形成幼根扎入土壤。最后胚芽随着胚轴的伸长,破土而出,成为幼苗。此时幼苗生长所需的营养物质全部来源于种子本身。由于此期幼苗十分娇嫩,环境稍有不利都会严重影响其正常生长。此期主要的影响因子有土壤水分、温度、通透性和覆土厚度等。如果土壤水分不足,种子则会发芽迟或不发芽。水分太多,土壤温度降低,通气不良,也会推迟种子发芽,甚至造成种子腐烂。土壤温度以 20～26 ℃ 最为适宜出苗,太高或太低出苗时间都会延长。覆土太厚或表土过于紧实,幼苗难出土,出苗速度和出苗率降低。覆土太薄,种子带壳出土,或土壤过干也不利于出土。

因此,这一时期育苗工作要点是:采取有效措施,为种子发芽和幼苗出土创造良好的环境条件,满足种子发芽所需的水分、温度等条件,促进种子迅速萌发,出苗整齐,生长健壮。具体地说,就是要做到适期播种,提高播种技术,保持土壤湿度但不要大水漫灌,覆盖增温保墒,加强播种地的管理等。

(2)生长初期

从幼苗出土后能够利用自己的侧根吸收营养和利用真叶进行光合作用维持生长,到苗木开始加速生长为止的时期为生长初期。

一般情况下,春播需 5～7 周,夏播需 3～5 周。苗子生长特点是地上部分的茎叶生长缓慢,而地下的根系生长较快。但是,由于幼根分布仍较浅,对炎热、低温、干旱、水涝、病虫等的抵抗力较弱,易受害而死亡。

此期育苗工作的要点是:采取一切有利于幼苗生长的措施,提高保苗率。这一时期,水分是决定幼苗成活的关键因子。要保持土壤湿润,但又不能太湿,以免引起腐烂或徒长。要注意遮荫,避免因温度过高或光照过强而引起烧苗伤害。同时还要加强间苗、蹲苗、松土除草、施肥(磷和氮)、病虫防治等工作,为将来苗木快速生长打下良好基础。

(3)速生期

从幼苗加速生长开始到生长速度下降为止的时期为速生期。大多数园林木本花卉的速生期是从 6 月中旬开始到 9 月初结束,持续 70～90 d。

此期幼苗生长的特点是生长速度最快,生长量最大,表现为苗高增长,径粗增加,根系加粗、加深和延长等。有的树种出现两个速生阶段,一个在盛夏之前,一个在盛夏之后。盛夏期间,因高温和干旱,光合作用受抑制,生长速度下降,出现生长暂缓现象。

幼苗在速生期的生长发育状况基本上决定了苗木的质量。因此,这一时期育苗的工作重点是:在前期加强施肥、灌水、松土除草、病虫防治(食叶害虫)等工作,并运用新技术如生长调节剂、抗蒸腾剂等,促进幼苗迅速而健壮地生长。在速生期的末期,应停止施肥和灌溉,防止贪青徒长,使苗木充分木质化,以利于越冬。

(4)生长后期

从幼苗速生期结束到落叶进入休眠为止称为生长后期,又叫苗木硬化期或成熟期。此期一般持续 1～2 个月的时间。

幼苗生长后期的生长特点是幼苗生长渐慢,地上部分生长量不大,但地下部分根系又出现一次生长高峰。形态上表现为叶片逐渐变红、变黄后脱落,枝条逐渐木质化,顶芽形成,营养物质转化为贮藏状态,越冬能力增强。

此期育苗工作的重点是:停止一切促进幼苗生长的管理措施,如不要追氮肥,减少灌水等,以控制生长,防止徒长,促进木质化,提高御寒能力。

2)苗床的管理

播种后的苗床管理主要内容有覆盖保墒、灌水、松土除草和防治病虫等。播种后出苗前,苗床应用稻草、麦草、芦苇、竹帘、苔藓、锯末、蕨类、水草或松枝等覆盖,以保持床土湿润,防止板结,利于出苗。但覆盖不能太厚,以免使土壤温度降低或土壤过湿,延迟发芽时间。出苗后,要及时稀疏或移去覆盖物,防止影响幼苗出土。

苗床干燥缺水会妨碍种子萌发。因此,除了灌足底水外,在播种后出苗前,应适当补充水分,保持土壤湿润,以促进种子萌发。灌水以不降低土壤温度,不造成土壤板结为标准。灌水最好采用喷水方法,少用地面灌溉,以防止种子被冲走或发生淤积现象。

松土除草也是苗床管理的一个重要内容,可使种子通气条件改善,减少土壤水分蒸发,削减出土的机械障碍。松土除草宜浅不宜深,以防伤及幼苗根系。

当苗床上发生苗木病害如立枯病、猝倒病、根腐病时,要及时喷施杀菌剂防治。

在苗床管理期间,常会遇到下列异常幼苗,应及时采取相应措施处理。

(1)带帽苗

由于床土过干,覆土太薄,种子出苗后种壳黏附着子叶随苗木一起出土。因此,播种后应保持苗床湿润,覆土要适中。对于带帽苗,可在清晨苗木湿润时细心剥除种壳。

(2)高脚苗

由于种子播撒量大,出苗后床温过高或通风不良造成徒长而成高脚苗。因此,要视苗床面积播撒种子;出苗后要控制苗床温度,加强通风透光;视情况适当间苗或喷洒矮壮素、多效唑等以控制生长高度,但要注意使用浓度宜低不宜高。

(3)萎蔫苗

由于连续阴雨低温而突然转晴,全部揭开覆盖物后造成萎蔫,也可能是其他原因造成。因此,不能急于全部揭开覆盖物,而应逐步进行。可先揭两头,再揭一半,最后再揭去全部覆盖物。

(4)老化苗

在进行蹲苗时,由于长时间干旱而形成老化僵苗。因此,蹲苗时要控温少控水,淡肥勤施,以达矮化促壮之目的。

(5)病害苗

由于种子或床土带菌、床土过湿、地温太低、光照不足及通风不畅等原因诱发种苗病害。要分清病害产生的原因,然后进行综合防治。

(6)肥害或药害苗

由于施肥(药)过频或过量,造成土壤溶液中盐分(药剂)浓度过大而引起苗害。发生后,要用淡水薄灌,冲淡盐分,稀释药剂。

3)幼苗的移栽

将种床上长出真叶的幼苗移植到新培育地点(苗床)的过程称为幼苗移栽。育苗初期,多在种床上集中培育,以便采取精细的抚育管理。但是随着幼苗生长,相互之间挡风遮光,营养面积缩小,如不及时移栽分开,苗木就会生长不良,拥挤徒长,病虫害也会严重发生。

幼苗移栽一般是在幼苗长出1~4片真叶,苗木根系尚未木质化时进行。移栽前,要小水灌溉,等待水渗干后再起苗移栽。起苗移栽最好在早晨、傍晚或阴雨天进行。不论带土移栽或裸根移栽,起苗时决不能用手拔,一定要用小铲,在苗一侧呈45°入土,将主根切断。目的是控制主根生长,促进侧根、须根生长,提高苗木质量。裸根起苗后,最好将苗木的裸根蘸上泥浆,以延长须根寿命。在拿、提小苗时,应捏着叶片而不要捏着苗茎。因为叶片伤后还可再发新叶,苗茎受伤后苗子就会死亡。栽植的深度与起苗前小苗的埋深一致,不可过深或过浅。栽后及时灌水,并注意遮荫 2~3 d。移栽密度比计划产苗量要多出 5%~10%。

# 4.2 无性繁殖

## 4.2.1 无性繁殖的意义

无性繁殖又称营养繁殖,是以母株的营养器官(根、茎、叶、芽等)的一部分,通过压条、扦插、嫁接、分株、组织培养等来培育新植株的方法。它是利用植物细胞的全能性和再生能力以及与另一植物通过嫁接合为一体的亲和力来进行繁殖的。用无性繁殖法繁殖出来的苗木称为营养苗。由于蕨类花卉其孢子体直接产生孢子进行繁殖,不经过两性结合,与种子繁殖有本质不同,也应归入无性繁殖之列,如肾蕨属、蝙蝠蕨属、铁线蕨属等。

无性繁殖的主要优点是:①获得的苗木其遗传性与母株基本一致,能保持母本优良性状,苗木生长整齐一致,很少变异;②由于新株的个体发育阶段是在母体的基础上继续发展,因此可以加速生长,跨越生理(发育)阶段,提早开花、结果;③对一些不易结实或种子很少的园林植物,无性繁殖法也是必需的。无性繁殖的缺点是:苗木根系较浅,寿命较短,抗逆性较差。

由于无性繁殖是利用母株的器官进行繁育,因此,加强母株管理,采用各种方法促进母株生长发育、枝芽饱满,严格防治病虫害发生,都是培育良好无性繁殖材料的重要措施。地下部管理主要是根据植株生长发育规律合理施肥,及时浇水或补水,中耕、松土,促进根条健康生长。地上部管理主要是调整树冠结构,改善树冠内通风透光条件,合理控制开花与结果,促进枝芽健壮,及时防治病虫危害。

在花卉生产上,木本花卉、多年生花卉和多年生作一二年生栽培的花卉常用嫁接、扦插、压条、分生、繁殖法,如牡丹、山茶、一品红、矮牵牛、瓜叶菊等。仙人掌类及多浆植物也常用扦插、嫁接法系列。

## 4.2.2 分生繁殖

分生繁殖是指利用园林花卉自然分生的变态器官如萌蘖、吸芽、珠芽、走茎、球根、块根等,与母株分离或分割进行培养成独立新植株的繁殖方式。对于多年生花卉,分生繁殖是主要的繁殖方法。它具有操作简便、成活容易、快速成苗、保持母株的遗传性状等优点,但是繁殖系数较低是其不足。

1)鳞茎分株法

一些球根类花卉,其地下部具有鳞茎球时,可用分鳞茎法繁殖。鳞茎主要是由植物体的叶子变态成多肉肥厚的鳞片组成,其茎矮化成盘状又称鳞茎盘,鳞茎盘顶端的中心芽和鳞片间的侧芽,为植物体发育的新个体,如郁金香、风信子、水仙、朱顶红等。分离鳞茎的方法是当母球种植一年后,其叶原茎分化伸长,发育成侧鳞茎,采收挖掘出母球,待干燥后将小球分离即可。见图 4-3(a)和图 4-3(b)左图。

2)球茎繁殖法

一些球根花卉具有地下球茎时,可用分割或分切球茎的方法繁殖,图4-3(b)右图和图4-4。球茎是由茎肥大变态成球状或扁球状,顶端及节间上有芽,叶成薄膜状包裹着外面,主要种类有唐菖蒲,番红花等。分割球茎的方法是球茎通过顶芽的生长发育,基部膨大成新球茎进行自然增殖,同时母球和新球间的茎节上的腋芽伸长分枝,继而先膨大可形成小球茎,小球茎栽种1 a即成新球。

(水仙)鳞茎繁殖示意图　　(唐菖蒲)球茎繁殖示意图

(a)　　　　　　　　　　　　　(b)

**图 4-3　鳞茎合株法**

(a)无皮鳞茎;(b)左图:有皮鳞茎;右图:球茎

1—老球;2—新球;3—子球

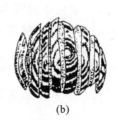

(a)　　　　(b)

**图 4-4　分切球茎**

(a)切球前;(b)切球后

3)根茎繁殖法

一些球根花卉的地下茎为根茎时,可用分割根茎的方法繁殖。根茎是植物的地下茎肥大变态而成的一些种类,如美人蕉、荷花、睡莲等,根茎节上的不定芽生长膨大能形成新的根茎。根茎繁殖时通常在新老根茎的交界处分割,保持每节有2~3个芽进行栽种,见图4-5。

4)吸芽或珠芽及零余子繁殖法

多浆植物如芦荟、景天、拟石莲花、凤梨等能够产生吸芽,可利用吸芽繁殖苗木(图4-6盆边小植株为吸芽)。通过刺激,可使植株多产生吸芽,以扩大繁殖系数。

卷丹叶脉产生的珠芽(见图4-7),观赏葱类生于花序中的珠芽,可利用其进行繁殖苗木。薯蓣类等植株上发生的鳞茎状或块茎状,称零余子(见图4-8),可作繁殖材料用于苗木繁殖。

5)分株繁殖法

分株繁殖是利用某些植物能够萌生根蘖、匍匐茎、根状茎的习性,在它们生根后,将其切离母体培育成独立新植株的一种无性繁殖方法。分株繁殖在麦冬、春兰、萱草、玉簪、一枝黄花、蜀葵、宿根福禄考、部分蕨类、筋骨草、虎耳草、芭蕉等及石榴、贴梗海棠、黄刺玫、玫瑰等花灌木及观赏竹类等的繁殖中普遍采用。分株繁殖是有根植株分离,因此成活率高,但繁殖系数低,见图4-9。

分株的时期常在春、秋两季,但要考虑到分株对开花的影响。一般秋季开花者宜在春季萌芽前

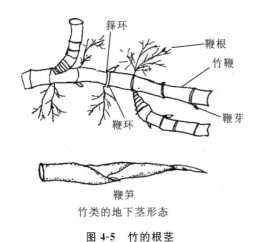

竹类的地下茎形态

图 4-5 竹的根茎

图 4-6 芦荟的吸芽

图 4-7 百合的珠芽

图 4-8 零余子

进行,春季开花者宜在秋季落叶后进行,而竹类则宜在出笋前一个月进行。

分株方法是将母株全部带根挖起,用锋利的刀、剪或锹将母株分割成数丛,使每一丛上有1~3个枝干,下面带有一部分根系,适当修剪枝、根,然后分别栽植。如果繁殖量很少,也可不将母株挖起,而在母株一侧或外侧挖出一部分株丛,分离栽植。

当某些花卉的根部周围具有萌发的根蘖时,可从母株上分割下来,栽培成新的植株,称为分根蘖繁殖,如枣、香椿、木兰等可用此法繁殖。方法是在早春萌芽前或秋季落叶后,将母株周围地面上自然萌发生长的根蘖苗带根挖出,挖掘时不要将母株根系损伤太多,以免影响母株的生长。

草莓、虎耳草等的匍匐茎是一种特殊的茎,其由根颈的叶腋发生,沿地面生长,并且在节上基部发根,上部发芽。因此,可在春季萌芽前或秋后8月份、9月份(华北),切离母株栽植,形成独立新植株。这称为分匍匐茎(走茎)繁殖法,见图4-10。

## 4.2.3 扦插繁殖

扦插繁殖是利用植物营养器官的一部分(如枝、芽、根、叶等)作为插穗,在一定条件下,插在土、

图 4-9　虎尾兰的分株

图 4-10　鸢尾的走茎

沙或其他基质中,使其生根发芽,成为完整独立的新植株的过程。扦插繁殖简便易行,成苗迅速,又能保证母本的优良性状,所以扦插育苗,早已成为园林植物主要繁殖手段之一。

1)扦插生根的原理

植株上每一个细胞,其遗传物质随有丝分裂过程同步复制。所以每个细胞内都具有相同的遗传物质,它们在适当的环境条件下具有潜在形成相同植株的能力,这种能力也就是全能性。随着植株生长发育,大部分细胞已不再具有分生能力,只有少数保存在茎或根生长点和形成层的细胞,作为分生组织而保留下来。当植物体的某一部分受伤或被切除时,植株能表现出弥补损伤和恢复协调的机能,也就称之为再生作用。

枝条扦插后之所以能生根,是由于枝条内形成层和维管束组织细胞恢复分裂能力(再生),形成根原始体,而后发育生长出不定根并形成根系。根插则是在根的皮层薄壁细胞组织中生成不定芽,而后发育成茎叶。

2)扦插成活的条件

扦插后能否生根成活,主要取决于插穗本身条件和外界环境条件是否适宜。

(1)插穗本身条件

在扦插繁殖过程中,插穗(也称插条)能否尽快形成不定根是成活的关键,而影响插穗生根的内因主要有植物的遗传性、采条母株的年龄、插条在母株上的部位、枝条的发育状况等。一般幼龄树上的插穗比老龄树上的插穗容易生根;枝条生长健壮、组织充实、芽眼饱满的比营养物质不足的容易生根。

(2)花卉种类

插穗的生根能力由于植物的种类、品种的遗传特性而不同。如在相同条件下苹果枝条扦插就很难生根,因此,在无性繁殖中要充分考虑不同植物的遗传性特点,采用相应的繁殖方法。

(3)母株的起源和年龄

生产实践证明,在同等条件下取插穗,实生苗比营养苗再生能力强;随着母树的年龄增大,插穗的生根能力会逐渐降低。一般对于木本植物来说,幼龄苗扦插或离体茎尖组织培养繁殖更容易获得成功,这主要是由于年龄较大的母树阶段发育衰老、细胞分生能力低。

(4)枝条的发育状况及部位不同影响插穗生根

因为生根和萌芽需要消耗很多营养物质,所以枝条的发育状况如何,直接影响插条的生根成活。在采条时,一定要选择发育充实、芽眼饱满、节间较短的枝条;在实践中应从生长健壮、无病虫害的母树上采集树冠中部或下部发育充实的 1~2 a 生枝条作为插穗。对于常绿树种,虽然一年四季可采用扦插等无性繁殖,但也应选择生长健壮、代谢旺盛、芽眼饱满的中上部枝条作为插穗。

（5）环境条件

扦插生根所需的外界条件主要有温度、湿度、空气、光照和扦插基质。

①温度:插条的生根成活率以及生根速度与温度有极大的关系。最适宜的生根温度因树种、扦插时间不同而有所差异。一般愈伤组织在 10 ℃ 以上开始生根,15~25 ℃ 生根最适宜,30 ℃ 以上生根率下降。但不同植物扦插最适温度也不同。

②湿度:在插穗不定根的形成过程中,空气的湿度、基质的湿度以及插条自身的含水量是扦插成败的重要因素,尤其是绿枝扦插,湿度更为重要。一般插穗所需的空气相对湿度为 90% 左右,基质湿度保持其干土重量的 20%~25%,插条自身应基本保持新鲜状态的持水量。在进行扦插育苗时,应采用喷水、间隔喷雾、扣拱棚（封盖）等方法提高空气相对湿度;选择通气性良好的基质,适时浇水、喷水;而扦插前对插条采用低温、密封的贮藏方法。

③光照:插穗生根,需要一定的光照条件,尤其是绿枝扦插。光照可使叶片制造营养物质,有利于生根。特别是在扦插后期,插穗生根后,更需一定的光照条件,但又要避免强光直射,以免水分过度蒸发,使叶片萎蔫或灼伤,可采用喷水降温或适当遮荫等措施来维持插穗水分代谢平衡。

④空气:扦插育苗中,通风供氧对插穗生根有很大的促进作用。实践证明:插条生根率与基质中的含氧量成正比。因此,在进行扦插繁殖时,一定要选择通透性良好的基质,以保证成活率。

⑤扦插基质:无论选用何种扦插基质,都应满足插条对基质水分和通气条件的要求。硬枝扦插,最好用砂质壤土或壤土,因其土质疏松,通气性好,土温较高,并有一定的保水能力,插穗容易生根成活。绿枝扦插可选用砂土、蛭石等。

长期育苗时,应注意定时更换新基质。一般扦插过的旧床土不宜重复使用。这是因为使用过的基质,或多或少地混有病原菌,要使用旧床土必须进行消毒,方法是用 0.5% 的福尔马林或高锰酸钾进行温床消毒。

3）扦插的设施

（1）插床

①露地扦插:一般大型苗圃主要进行露地育苗。应选土层深厚、疏松肥沃、排水良好、中性或微酸性的砂质壤土为宜,如土壤不适宜就必须改良土壤。育苗量较小时也可在地上用砖砌成宽约 90~120 cm、高 35~40 cm 的扦插床,搬运客土作床,在床底先铺上 5 cm 厚的小石砾后再填入客土,以利排水通气。

因为早春温度回升慢,要进行春插,可以用地膜覆盖在地面（或扦插床）,然后打孔扦插。这样地温上升快,有利生根。也可以采用小拱棚覆盖,把整个床畦覆盖起来,这样不仅地温上升快,而且床面湿润,空气湿度也大,可提高成活率。但要注意防止光照过强,温度过高（>30 ℃）,应及时通风换气,并在拱棚上加遮光网。

②电热温床扦插:一般扦插育苗,先生根后萌芽是成活的关键。为了提高插穗基部温度,可采用床土底部铺设电热线的方法（见图 4-11）。温床可用砖砌成,先在最下面铺 5 cm 左右排水材料,再铺一层珍珠岩隔热,再在上面铺设电热线（线距 10 cm 左右）,最后填入床土或培养基质（河沙、锯末、珍珠岩等）,厚度稍大于插条长度,电热线由温控仪控制,一般保持插穗基部温度在 20~25 ℃

为宜。

③弥雾苗床扦插:为了使插穗顺利生根成活,就要使它们尽快生根并且在未生根前保持活力,这就需要一个适宜的温度和土壤环境,尤其是创造一个近饱和的空气湿度条件。在插穗叶面上维持一层薄的水膜,促进叶片的生理活动,能显著提高绿枝扦插成活率。弥雾装置普遍采用电子叶自动控温喷雾系统,在全光照条件下进行(见图 4-12)。

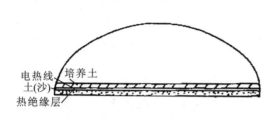

图 4-11　电热温床

图 4-12　全光照喷雾扦插床

(2)供水设备

①一次性供水:适用于恒湿插床,供一次水,盖上塑料布,使水在密闭的环境中循环。

②自动间歇喷雾法:利用电子叶控制系统操纵,根据插床水分情况,进行间歇喷雾。

③连续喷雾法:用高压抽水机或水塔的自来水通过喷头,于每天太阳出来时开喷,日出后停喷。

④人工喷灌法:根据插床干湿情况,进行人工喷灌。一般 2～3 次/d,高温干旱季节增至 8 次/d。

4)扦插的方法

(1)硬枝扦插

硬枝扦插又称休眠期扦插,即选用充分成熟的 1～2 a 生枝条进行扦插(见图 4-13)。此方法多用于木本花卉的扦插繁殖,优点是简便、成本低。采集插条应在秋末树木停止生长后至第二年萌芽前进行。剪取枝条后,贮藏枝条。方法是:选择地势较高、排水良好、背风向阳的地方挖沟,沟深 80～120 cm、沟宽 80～100 cm、沟长视插条数量而定。将插条捆扎成束,埋于沟内,盖上湿沙和泥土即可。

扦插前,插条剪成长 10～15 cm、带 2～3 个芽的枝段,上芽要离剪口 0.5～1 cm,并将上剪口剪成微斜面,斜面方向是朝着生芽的一方高,背芽的一方低,以免扦插后切面积水。扦插前可采用促进插穗生根的各种催根方法。

硬枝扦插可在春、秋两季进行,秋插应在土壤封冻前完成。秋插应稍深,以防插条被风吹干枝芽,插后在其上可覆沙或土,翌年开春后,萌芽前除去。春插在土壤解冻后进行,南方扦插一般先在插床上覆盖地膜后再插;而北方地温、气温较低,可结合覆膜,扣棚扦插。

(2)绿枝扦插

绿枝扦插又称软枝扦插,一般是指于生长期用半木质化的新梢进行扦插。绿枝扦插的插穗也需尽量从发育阶段年轻的母树上剪取,选择健壮、无病虫害、半木质化的当年生新梢,每根插穗剪留

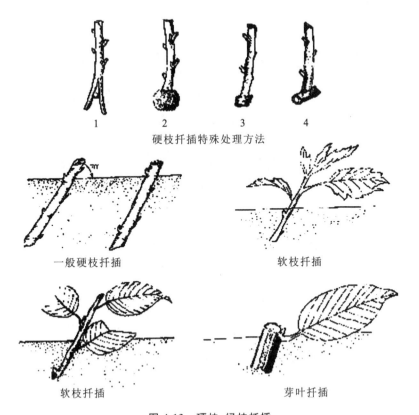

硬枝扦插特殊处理方法

1　2　3　4

一般硬枝扦插　软枝扦插

软枝扦插　芽叶扦插

**图 4-13　硬枝、绿枝扦插**

1—加石子扦插;2—泥球扦插;3—带踵扦插;4—锤形扦插

10～15 cm,保留 3～4 个芽(1～2 片叶),下部剪口时要齐节剪,以利发根,剪去插条下部叶,上部保留 1～2 片叶,嫩梢一般剪除,以减少蒸发。有时为了节约插穗,也可采用一叶一芽的插穗,此时可称为芽叶插(见图 4-13)。插穗剪成后,尽快扦插,插后用芦苇帘或遮光网遮荫。喷雾或勤喷水,一般每天喷 3～4 次,待生根后逐渐撤除遮荫物。有条件时,可采用全光照弥雾扦插法(见图4-14)。

(3)根插

利用植物的根进行扦插叫做根插。根插在园林苗圃中也常应用。采用根插的植物必须是根上能够形成不定芽的树种,如毛白杨、泡桐、香椿、牡丹、山楂、漆树等。

**图 4-14　全光照弥雾绿枝扦插**

根插常在休眠期时从母株周围刨取种根,也可利用出圃挖苗时残留在圃地内的根,选其粗度在 0.8 cm 以上的根条,剪成 10～15 cm 的小段,并按粗细分级埋藏于假植沟内,至翌年春季扦插。在床面上开深 5～6 cm 的沟,将种根斜插或全埋于沟内,覆土 2～3 cm,平整床面,立即浇水,保持土壤适当湿度,15～20 d 后可发芽。

(4)叶插

一些花卉可以进行叶插繁殖。如百合、景天等可以从叶基部或叶柄成熟细胞所发生的次生分生组织发育出新植株。

叶插一般可分为全叶扦插、叶柄扦插和叶块扦插,对于全叶插的叶片要使其与基质密接,并在叶脉处切断(见图 4-15)。叶柄扦插则是把叶柄 2/3 插入基质。

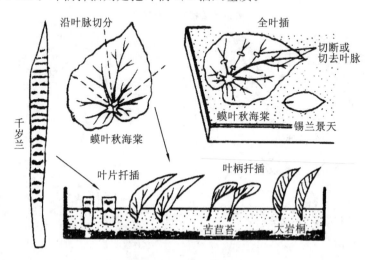

**图 4-15　叶片扦插**

由于叶插一般都在夏季,叶片蒸腾量大,所以应注意扦插期间的保湿和遮荫。

5)促进生根的方法

(1)药剂处理法

用植物生长激素进行生根的处理方法在生产上广泛应用,常用的有吲哚乙酸、吲哚丁酸及萘乙酸等。它们对于茎插均有显著作用,对叶插和根插效果不明显。

①粉剂处理法:将药用适量的 95% 的酒精溶解,加入适量的滑石粉,充分搅拌,放入瓷盘中,在暗处晾干,磨成细的粉末,即可使用。应用于宜生根的材料,其质量分数为 0.05%～0.2%,对于生根较难的材料,其质量分数为 1%～2%。两种生长素混合使用,常比单一生长素处理生根快,根数多。

②液剂处理法:生长素用适量酒精溶解后,加入水至所需浓度使用。

a.低浓度长时间处理法:草本植物使用质量分数为 0.0005%～0.001%;木本植物使用质量分数为 0.004%～0.02%,浸 24 h。

b.高浓度短时间处理法:多用于木本植物,使用质量分数为 0.4%～1%,浸 1～2 s,即行扦插。

用高锰酸钾、蔗糖及醋酸等处理,一般质量分数为 0.1%～1.0%,浸 24 h,蔗糖用 2%～10% 的质量分数,处理后,用清水冲洗干净扦插。

(2)物理处理法

物理处理方法有:电流处理、超声波处理、增加底温、环状剥皮、软化处理、低温处理等。

环状剥皮、环割或刻伤:即在扦插前进行处理,使养分积存在枝条的中上部,然后剪下枝条进行扦插,有利于根系产生。

软化处理即在插穗剪取前,先在剪取部分进行遮光处理,使之变白软化,预先给予生根环境和刺激,促进根原组织的形成。

6)扦插基质

(1)河沙

河沙通气、排水,保水能力差,水分能不断得到满足,河沙作为扦插基质,既经济效果又好。

(2)泥炭

泥炭保水力强,通气性差。与沙混合使用效果较好。泥炭含有胡敏酸,对促进插条生根、产生愈伤组织和发根有利。

(3)土壤

土壤保水力强,有肥力,但排水透气性差。

(4)蛭石、珍珠岩

蛭石和珍珠岩质轻、保水及透气性均较好,但成本高。

(5)水

在水中易生根的种类,可采用水作基质。

### 4.2.4 嫁接繁殖

1)嫁接繁殖的概念

嫁接又称接木,就是将欲繁殖的枝条或芽接在另一种植物的树体或根上,形成一个独立新植株的一种繁殖方法。因此,嫁接繁殖主要用于木本花卉的苗木繁殖。通过嫁接繁殖所得的苗木,称为"嫁接苗",它是一个由两部分组成的共生体。供嫁接用的枝或芽称为"接穗",而承受接穗带根的植物部分称为"砧木"。由于嫁接繁殖是将砧木、接穗两个植株的部分结合在一起,两者是相互影响的,因此,嫁接除具有其他营养繁殖方法的优点外,还具有其他营养繁殖所无法起到的作用,主要有:可增强苗木的抗性和适应性;能够提早开花、结果;可使一树多花,提高观赏价值;能更换优良品种;能救治树体创伤和老树复壮等。但是嫁接繁殖也有一定的局限性,如嫁接繁殖受限于植物的亲缘关系,不是所有植物都可以嫁接繁殖。此外,嫁接还需要较高的技术水平。

2)嫁接繁殖的原理

苗木嫁接后之所以能够成活,主要是依靠砧木和接穗结合部分形成层的再生能力。嫁接后首先由形成层的薄壁细胞进行分裂,形成愈伤组织,进一步增生,充满结合部空间,并进一步分化出结合部的输导组织,与砧木、接穗原来的输导组织连通成为一体,从而保证了水分、养分的上下沟通,这样在嫁接时两者被暂时破坏的平衡得到恢复,砧木与接穗从此结合在一起,成为一个新的植株。

3)影响嫁接成活的因素

(1)砧木和接穗的亲和力

亲和力是指砧木和接穗两者结合后能否愈合成活和正常生长、结果的能力,是嫁接成活的最基本因素。一般来说,砧木与接穗能结合成活,并能长期正常生长、开花、结实,就是亲和力良好的表现。而影响亲和力大小的主要因素是接穗与砧木之间的亲缘关系,如同种之间进行嫁接亲和力最强;同属异种的差之;同科异属的,一般来说其亲和力更弱;而异科之间一般不能嫁接繁殖(但也有嫁接成活的记载)。

（2）砧木与接穗的生理状态

嫁接时砧木与接穗所处的物候期相同或相近,其成活率就越高。一般接穗芽眼处在休眠状态下,砧木处于休眠状态或刚萌芽状态,则最易成活。若相反接穗的芽已萌动,砧木的树液流动尚未开始,接穗在砧木上得不到水分、养分的供应就会干枯死亡。

（3）嫁接技术

嫁接技术高低也是影响成活的重要因素,熟练快速地处理接穗和砧木,对齐形成层,严密包扎伤口,防止接穗蒸发失水,能显著提高成活率。

（4）环境因素的影响

环境因素的影响主要指湿度和温度的影响。如砧木干旱缺水、空气湿度小,嫁接成活率就低,一般接口湿度以 90%～95% 为宜。温度对嫁接的成活也有很大的影响。一般来说温度低伤口愈合慢,但也不宜过高,以 20～25 ℃ 为宜。此外对一些易产生伤流或伤口易变色（含单宁多）的树种,嫁接时要注意选择合适的时期和采用相应技术措施。

4）接穗和砧木的选择

（1）接穗

①接穗的选择:为了保证育苗质量,严格选用接穗是繁育优质苗木的前提。生产中应选择品种纯正、发育健壮、丰产稳产、无检疫病虫害的成年植株作采穗母树。一般剪取树冠外围生长充实、枝条光洁、芽体饱满的发育枝或结果枝作接穗,以枝条中段为优。春季嫁接多采用一年生的枝条,避免采用多年生枝。而徒长性枝条或过弱枝不宜作接穗。

②接穗的采集和贮运:采集接穗,如繁殖量小或离嫁接处近时最好随采随接。如果春季枝接数量大或外地调进新品种,也可在前一年秋末将接穗采回,而后采用露地挖坑或窖藏,用沙土堆埋,在温度 0～7 ℃、湿度 80%～90% 的条件下贮藏,效果较好。接穗远地运输,可用湿纸包裹,再用塑料膜包好,膜的两端留有空隙以便通气和排出水分,装箱寄运。到达目的地后,立即开包,放在阴凉处,低温或覆盖湿沙保存。芽接用的接穗,应随采随接。采条后立即剪去嫩梢,摘去叶片（保留1.5～2.5 cm 叶柄）,用湿布包裹。以备嫁接。

（2）砧木

砧木是嫁接苗的基础,正确选择利用砧木,是培育优质嫁接苗的重要条件。选用砧木时,要求其与接穗的亲和力要强,通常同种之间亲和力最强,同属之间有的亲和力较强,但有的较弱。一般综合考虑,大多砧木在与接穗同属之间选择。此外,砧木还应具有较强的抗逆性（如抗旱、抗寒、抗病虫等）,对土壤的适应性要强;同时还应考虑对接穗生长和开花结果有较好的影响,并能保持接穗原有的优良品性。例如,砧木具有矮化特点,嫁接后的接穗品种也会受到矮化影响,呈现节间短、树体变小的特征。一般用根系发达的 1～2 a 生实生苗作砧木较好。

5）嫁接时期的确定

嫁接时期与各种树种的生物学特性、物候期和采用的嫁接方法有密切关系。依据树种习性,选用合适的嫁接方法和嫁接时期是提高嫁接成活率的重要条件。从理论上来讲,只要选用合适的方法,在整个生长季内都可以嫁接。

目前,在园林苗木的生产上,枝接一般在春季 3 月份、4 月份进行（萌芽—展叶期）,芽接一般在夏秋两季 6 月至 9 月进行。芽接的接穗（芽）多采用当年新梢,故应在新梢上叶芽成熟之后。过早,叶芽不成熟;过晚,不易离皮,操作不便。春季可以用带木质部芽接,枝接也可以采用绿枝枝接。只要技术措施到位,可不受季节限制,一年四季都可以枝接或芽接。

6)嫁接方法与技术

嫁接繁殖按接穗利用情况分为芽接和枝接。按嫁接部位分类,以根段为砧木的嫁接方法叫根接;利用中间砧进行两次嫁接的方法叫二重接;在砧木枝条的侧面斜切和插入接穗的嫁接叫腹接;在砧木树冠高部位(一般高度在地面 1 m 以上)嫁接的称高接等。常用的基本嫁接方法是枝接法和芽接法。

(1)枝接法

用枝条作接穗进行嫁接的称为枝接。枝接法的优点是嫁接苗生长较快,尤其在大树更新换种时,可迅速恢复树冠。枝接依据方法又可分为劈接、切接、插皮接、舌接、靠接等。

①切接:切接是枝接中最常用的一种,适用于大部分园林树种,在砧木略粗于接穗时采用(见图 4-16)。切接方法是:选用直径 1~2 cm 的砧木,在距地面 5~10 cm 处剪断。选择较平滑一面,用切接刀在砧木一侧的木质部与皮层之间,稍带一部分木质部垂直切下,深约 3 cm 左右。接穗长 10 cm 左右,上端要保留 2~3 个完整饱满的芽,接穗下端的一侧用刀削成长约 3 cm 的斜面,相对另一侧也削成长约 1 cm 左右斜面(成楔形),然后将长削面向里插入砧木切口中,使双方形成层对准密接,接穗插入的深度以接穗削面上端露出 0.5 cm 左右为宜,俗称"露白",这样有利愈合,随即用塑料条由下向上捆扎紧密。也可在接口处接蜡,达到保湿的目的,提高成活率。

②劈接:劈接适用于大部分落叶树种,通常在砧木较粗、接穗较小时使用(见图 4-17)。选择光滑处将砧木截断,并削平锯(剪)口,用劈接刀从其横断面的中心垂直向下劈开,深度 3~4 cm。接穗削成楔形,削面长 2~3 cm,接穗外侧要比内侧稍厚,削面要光滑,削好后立即插入砧木劈口内(接穗插入时可用劈接刀将劈口撬开),接穗应靠在砧木的一侧,使两者的形成层紧密结合。砧木较粗时可同时插入 2~4 个接穗,随后用塑料条绑扎。为防止接口失水影响嫁接成活,嫁接后涂以接蜡或套袋保湿。

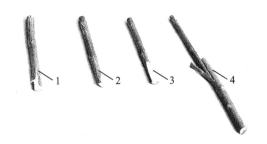

**图 4-16 切接示意图**

1—切开砧木;2—接穗短削面;
3—接穗长削面;4—接合

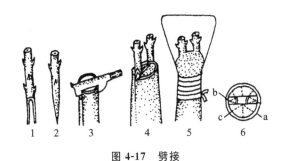

**图 4-17 劈接**

1—接穗长削面;2—接穗侧面;3—切砧木;
4—插入接穗;5—绑扎及套袋;6—俯视图

③皮下接:皮下接是枝接中运用最多、方法简便、成活率较高的一种方法(见图 4-18)。皮下接要求砧木处在生长期离皮的情况下进行,砧木粗度以 2~4 cm 为宜。选砧木光滑处剪断,削平断面。接穗长 10 cm 左右,保留 2~3 个芽,接穗下端削成长 3~4 cm 的斜面,背面削去 0.5~1 cm 小斜面,随后将削好的接穗大削面向着砧木木质部方向插入皮层之间,插入的深度以接穗削面上端露出砧木断面 0.5 cm 左右为宜,最后用塑料条绑缚。此法也常用于高接。

④靠接:靠接主要用于培育用一般嫁接法难以成活的园林花木(见图 4-19)。要求砧木与接穗

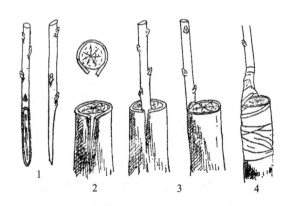

**图 4-18 皮下接**
1—接穗正面及侧面；2—砧木切口；3—插接穗；4—绑扎

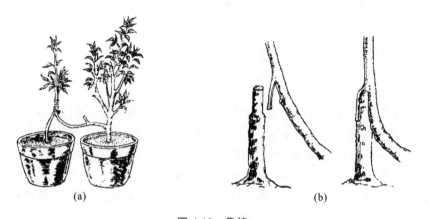

**图 4-19 靠接**
(a)普通靠接；(b)盖头皮靠接

均为自根植株，而且粗度相近，在嫁接前应移植在一起（或采用盆栽，将盆放置一起）。方法是：将砧木和接穗相邻的光滑部位，各削一长 3～5 cm、大小相同、深达木质部的切口，对齐双方形成层后用塑料膜条绑缚严密。待愈合成活后，除去接口上方的砧木和接口下方的接穗部分，即成一株嫁接苗。河南省鄢陵县花农发明了一种实用的靠接方法，即盖头皮靠接法。方法是将砧木剪去上部，两面切削，接穗切开与砧木削面等长，然后将接穗切开的一面盖住砧木（见图 4-19），最后绑扎即可。

（2）芽接法

芽接法是指用芽作接穗进行的嫁接。可分为带木质部芽接和不带木质部芽接两类。芽接法的优点是省接穗，对砧木粗度要求不高，一般一年生（粗度＞0.5 cm）的都可进行芽接。同时芽接不伤害砧木树体，即使嫁接失败影响也不大，可随时补接。但芽接接穗生长慢，一般要在树木皮层能够剥离时方可进行。常用的芽接方法有："T"字形芽接、嵌芽接、套芽接等。

①"T"字形芽接："T"字形芽接是生产中常用的一种方法，常用于 1～2 a 生的实生砧木上。方法是：采取当年生新鲜枝条作接穗，将叶片除去，留一段叶柄，先在芽的上方 0.5 cm 左右处横切一刀，刀口长 0.8～1.0 cm，深达木质部，再从芽下方 1～2 cm 处刀向上斜削入木质部，长度至横切口即可，然后用两指捏住芽片两侧一掰，将其取下，芽片随取随接。选用 1～2 a 生小苗做砧，在砧木距地面 5～10 cm 处光滑无疤的部位横切一刀，深度以切断皮层为准，再在横切口中间向下纵切一个

长 1～2 cm 的切口,使切口呈 T 形。用芽接刀撬开切口皮层,随即把取好的芽片插入,使芽片上部与 T 形横切口对齐,最后用塑料薄膜条将切口自下而上绑扎好(见图 4-20)。

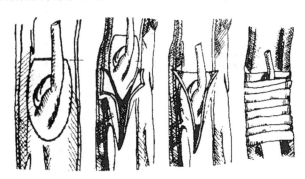

图 4-20 "T"形芽接

②嵌芽接:砧木、接穗不易离皮时或接穗是棱形沟时可选用此法。取芽时先在接穗的芽上方 0.8～1 cm 处向下斜切一刀,长约 1.5 cm,再在芽下方 0.5～0.8 cm 处斜切一刀,至上一刀底部,取下芽片。在砧木上切相应切口,大小略大于芽片,迅速嵌入砧木切口中,进行严密绑扎(见图 4-21)。

(3)根接法

根接法是指用树根做砧木,将接穗直接接在根上。基本方法与枝接法相同,不同的是根接法砧木的嫁接部位不在茎部(枝上)而在根部。常用两种方式:一种是根系较粗的情况,可采用切接、皮下接等;另一种是在接穗较粗、砧木根较细的情况下采用,可采用砧木根的削法相当于接穗的削法,而接穗的削法相当于砧木的削法,将砧木插入接穗内即可(见图 4-22)。

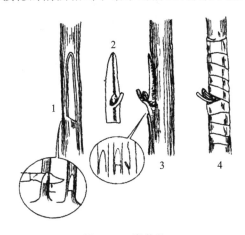

图 4-21 嵌芽接

1—削芽片和切砧木;2—芽片;3—插入芽片;4—绑扎

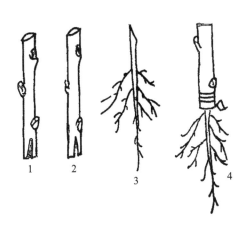

图 4-22 根接

1,2—枝条切削;3—根系;4—插入及绑扎

(4)仙人球的嫁接方法

一般用量天尺作砧木,于量天尺顶端平削一刀,仙人球基部平切一刀,在两切口的汁液未干前,将二者的维管束对准,用线捆成十字形,使两切面紧密接触(见图 4-23)。

(5)蟹爪兰的嫁接方法

以仙人掌、量天尺为砧木,在砧木上开一切口,深至维管束,将蟹爪兰底部切成楔形,插入砧木中,用仙人球的刺插入,使它们紧密接触(见图4-24)。

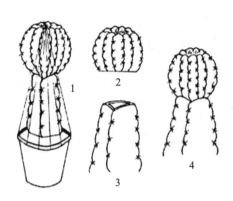

图 4-23 仙人球嫁接
1—嫁接后植株;2—仙人球;3—量天尺;4—两切面相对

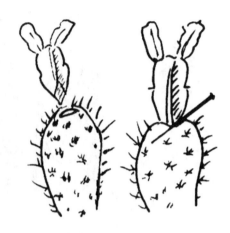

图 4-24 蟹爪兰嫁接

多肉多浆类植物嫁接一般在5月份到10月份之间。

7)嫁接后的管理

(1)检查成活情况与解除绑扎

①芽接后一般10~15 d就应检查成活情况,及时解除绑扎物和进行补接。若接芽新鲜,叶柄用手一触即落,说明其已形成离层,已经成活。如叶柄干枯不落,说明未接活。接芽若不带叶柄的,则需要解除绑扎物进行检查。如果芽片新鲜,说明愈合较好,嫁接成功,把绑扎物重新扎好。

②枝接、根接的嫁接苗在接后20~30 d可检查其成活情况。检查发现接穗上的芽已萌动,或虽未萌动而芽仍保持新鲜、饱满,接口已产生愈伤组织的表示已经成活,反之,接穗干枯或发黑,则表示接穗已死亡,应立即进行补接,枝接成活后可根据砧木生长状况及时解除绑扎物;但若高接或在多风地区可适当晚解除绑扎物,以便保护接穗不被风吹折。

③仙人掌、蟹爪兰的嫁接植株,经过半个月,接穗没有萎蔫,就表示嫁接成活,可以解除绑扎物。

(2)剪砧和除萌

凡嫁接成活已解除包扎物后,要及时将接口以上砧木部分剪去,以促进接穗品种生长,此法称作剪砧。剪砧多为一次剪砧,即在接芽上方留1.5~2 cm剪去砧梢。在多风、干旱地区可采用两次剪砧,即第一次先在接口上方留一段砧木剪去上部,剪留部分因树种、品种、地区具体而定。所留砧木枝梢可作为接穗的支柱,待接穗新梢木质化后,再在接芽上1.5~2 cm处进行第二次剪砧。

嫁接成活后,往往在砧木上还会萌发不少萌蘖,与接穗同时生长,这不仅消耗大量养分,还对接穗生长发育很不利,因此应及时去除砧木上发生的萌蘖,一般至少应除3次以上。

(3)接穗保护

为了确保嫁接的接穗品种能正常生长,还应采取立支柱等保护措施,尤其在春季风大地区。可以在新梢(接穗)边立支柱,将接穗轻轻缚扎住,进行扶持,特别是采用枝接法,更应注意立支柱。若采用的是低位嫁接(距地面5 cm左右),也可在接口部位培土保护接穗新梢。

(4)田间管理

嫁接苗的生长发育需要良好的土、水、肥等田间管理。嫁接苗对水分的需求量并不太大,只要能保证砧木正常的生长即可,一般不能积水,否则会使接口腐烂。追肥应根据苗木需求及时补充。多用速效化肥,在生长初期以氮肥为主,生长旺期结合使用氮、磷、钾肥;并应注意结合防病,加强叶面追肥。此外,及时松土、除草也是一项重要管理措施。一般在浇水或雨后及时松土,遵行"除小、除了"的原则。一般 1 a 应人工除草 5 次以上,可明显促进苗木生长发育。

### 4.2.5　压条繁殖

压条繁殖是利用生长在母树上的枝条压埋于土中或包缚于生根介质中,待不定根产生后切离母体,形成一株完整的新植株。因为它是选择生长健壮的 1~2 a 生枝进行压条,生根后才与母体分离,因而成活可靠。目前,压条繁殖多用于扦插难以生根或稀有珍贵花木的苗木繁育。

1)压条时期

压条繁殖依据物候期,分为休眠期压条和生长期压条两种。

(1)休眠期压条

在秋季落叶后或早春发芽前,利用 1~2 a 生成熟枝条进行压条。

(2)生长期压条

生长期压条指在新梢生长期内进行,北方多在春末至夏初;南方常在春、秋两季,多用当年生的枝条压条。

2)压条方法

(1)普通压条法

普通压条法是最常用的一种压条方法,适用于枝条离地面近,并易于弯曲的树种(见图 4-25(a))。方法是先挖 10~25 cm 深的浅沟,将一年生或二年生枝引入沟内复土压埋,顶梢露出土面,并将埋入土中的枝条刻伤,以促生根。树条弯曲时注意要顺势,不要硬压。如果用枝叉勾住枝条压入土中,效果较好。待其被压部位在土中生根后,再与母株分离。这种压条方法一般多用于母株四周有较大空间的情况。

①单枝压条法:把母株下部较长的枝条下弯,下弯的突出部分刻伤或进行环状剥皮,把它们埋入土内,被压的枝条先端部分应露出土面,使它直立生长(见图 4-26)。春季压条苗,立秋前后剪离母体,入冬前起苗假植或等待翌年起苗移栽。

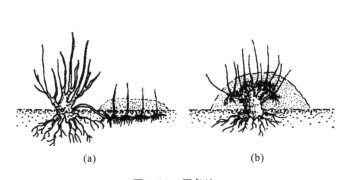

图 4-25　压条法

(a)普通压条;(b)堆土压条

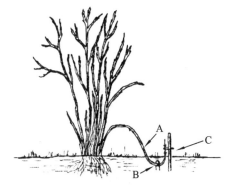

图 4-26　单枝压条法

A—枝条;B—压蔓器将枝条压入土;C—用竹条固定

②连续压条法:在母株的一侧先开挖较长的纵沟,把靠近地面的枝条的节部刻伤,把它们浅埋入土沟内,将枝条先端露出土面。经过一段时间,埋入土沟内的节部可萌发新根,节上长出腋芽,待新植株老熟后,用刀深入土中把各段切开,另处栽培(见图 4-27)。

③波状压条法:对于枝条细长、柔软的树种,可将整个枝条平压土内,使其各个节间都能形成新的植株,如迎春、连翘等常用此法。对于一些蔓生树种,可将枝条平压于地面,在各节上压土成波浪形,可提高繁殖数量(见图 4-28)。

图 4-27　连续压条法

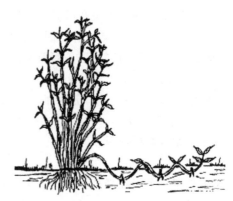

图 4-28　波状压条法

**(2)堆土压条法**

夏初的生长旺季,将枝条的下部距地面 20～30 cm 处进行环割,然后拥起土堆,把整个植株的下半部分埋入土中,保持土壤湿润,经过一段时间,环割后伤口部分长出芽的新根,到来年春将它们剪下栽培。多用于丛生性花卉,如八仙花、杜鹃等。在上年将地上部剪短,促进侧枝萌发,第二年将各侧枝基部刻伤,然后堆土,生根后分别移栽(见图 4-25(b))。

**(3)空中压条法**

空中压条法又称高压法、中国压条法(见图 4-29)。凡是枝条坚硬、树身高、不易产生萌蘖的树种均可采用。在园林育苗中常用此法繁殖一些珍贵树种。方法是:选一条生长健壮的 1～2 a 生枝,于基部光滑处刻伤,然后用对开的竹筒(或厚塑料袋)将其合抱于刻伤处,中间填以沃土扎紧,保持土壤湿润,待枝条刻伤处生根后,与母株分离,取下栽植,成为新的植物。一些观赏花木,如茶花、桂花、玉兰、石榴等常用此法繁殖。

**3)压条后的管理**

压条之后应保持土壤适当湿润,并要经常松土除草,使土壤疏松、透气良好,促使生根。冬季寒冷的北方应覆草或覆土,避免冻害。要经常检查埋入土中的枝条是否露出地面,如已露出则必须重压。留在地上的枝条若生长过旺,可适当剪除顶梢,尽量不动已压入土中的枝条,以免影响生根。

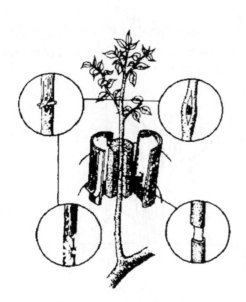

图 4-29　空中压条法

分离母体的时间,以生成良好根系为准。一般于第二年春切离最好,大多数种类埋入土中 30～60 d 即可生根。初分离的新植株应特别注意保护,注意灌水、遮荫等。

### 4.2.6　孢子繁殖

观赏蕨类除可用分株繁殖外,也可用孢子繁殖。

孢子是来自观赏蕨类的孢子囊,即孢子体上叶的背面成群分布的褐色点状物,即孢子囊。当里面的孢子成熟后,孢子囊开裂,孢子从中散出,在适宜的条件下萌发生长为微小的配子体。为了集中繁殖,在孢子囊群变褐时,给孢子叶套袋并连叶片一起剪下,于 20 ℃下干燥,抖动叶子,帮助孢子从囊中散出。然后收集孢子,均匀撒播种于浅盆中,浸盆灌水,20～30 ℃保湿,经 3～4 周发芽并产生原叶体。此时,用镊子夹出一小片原叶体进行培养,待长出初生叶和根的微小孢子体植物时,再次进行移植。如肾蕨属、铁线蕨属、蝙蝠蕨属等,都可采用孢子繁殖。

# 本章思考题

1.播种前应对种子做哪些处理?

2.种子发芽需要哪些条件?

3.如何确定播种期和播种量?

4.播种后的主要管理内容有哪些?

5.无性繁殖的理论依据是什么?

6.无性繁殖材料的选择依据是什么?

7.常用的无性繁殖有哪几类,各有何特点?

8.如何提高绿枝扦插成活率?

9.论述嫁接成活的原理和条件。

10.压条繁殖有哪些类型? 如何进行?

11.如何选择组织培养的外植体?

12.组织培养的程序是什么?

13.如何获得脱毒苗?

# 5  花卉的栽培管理

**【本章提要】**  本章介绍了花卉栽培的地栽和盆栽的过程。地栽的花卉栽培管理有十个重要环节,每个环节都很重要。每种花卉植物的栽培都要经历整地作畦、繁殖、间苗、移植、灌溉、施肥、中耕除草、整形修剪、越冬防寒、轮作等全过程,掌握栽培管理的技术,能提高花卉的产量和质量,提高经济效益。盆栽花卉植物的栽培过程相对比较复杂,栽培基质的好坏与上盆技术的高低等都会影响花卉植物的生长,因此,必须详细了解盆栽的方法。

花卉的生长发育是在各种环境条件的综合作用下进行的,为了使花卉植物健康成长,必须满足其生长发育所需的条件,采用优良的栽培技术措施,以期获得优质高产的产品,满足市场的需求。

## 5.1  露地花卉的栽培管理

### 5.1.1  露地花卉的栽培管理措施

露地花卉栽培是指在完全自然气候条件下,不用任何保护措施的栽培方式。一般情况下,花卉植物的生长周期与露地自然条件的变化周期是一致的,因此,露地栽培具有投入少、设备简单、生产程序简便、管理技术要求高、相对成本较低等优点,以及抗御自然灾害能力差、产量低等缺点,是花卉生产栽培中常用的方式。

1. 整地

(1)选地

露地花卉栽培应选择光照充足、土地肥沃平整、水源方便和排水良好的土地进行整地。

(2)整地的目的

整地是为了创造良好的土壤耕层构造和表面状态,协调水分、养分、空气、热量等因素,提高土壤肥力,为播种和植物生长、田间管理等提供良好条件。整地可以改进土壤物理性质,使水分、空气流通良好,种子发芽顺利,根系易于伸展;土壤松软有利于土壤水分的保持,不易干燥,可以促进土壤风化和有益微生物的活动,有利于可溶性养分含量的增加;可以将土壤病虫害等翻于表层,暴露于空气中,经日光与严寒等灭杀,有预防病虫害的效果。

(3)整地深度

整地深度应该根据花卉的种类及土壤情况来定。一二年生花卉由于生长的时间较短,根系入土不深,宜浅耕,一般 20～30 cm;宿根花卉和球根花卉生长时间长,营养的需求量大,宜深耕,一般 40～50 cm,可在整地同时施入大量有机肥料。对土壤进行深耕可使松软土层加厚,有利于根系生长,使吸收养分的范围扩大,土壤水分易于保持。整地深度应逐年加深,不能一次骤然加深,否则易造成心土和表土相混,对植物生长不利。

砂质土壤宜浅耕,黏质土壤宜深耕;新开垦的土地必须在秋季进行深耕,并施用大量肥料,以改善土壤质量,满足栽培需求。

整地的主要作业包括:浅耕灭茬、翻耕、深松耕、耙地、镇压、平地、起垄等。

①浅耕灭茬:浅耕灭茬是指破碎根茬、疏松表土、清除杂草的作业。

②翻耕:翻耕是指翻转耕层和疏松土壤,并翻埋肥料和残茬、杂草等的作业,是整地作业的中心环节。

③耙地:耙地是指翻耕后用各种耙平整土地的作业。耙深 4～10 cm。用耙破碎土块、疏松表土、保水、提高地温、平整地面、掩埋肥料和根茬、灭草等作用。

④镇压:镇压是指在翻耕、耙地之后用镇压器的重力作用适当压实土壤表层的作业。适度镇压,可使植物恢复毛细管作用,提高根系吸水。

⑤平地:平地是指用平土器进行平整土地表面的作业。平整地面,利于播种和田间管理。对灌溉地区更为重要。结合耙地、镇压等进行复式作业,效果良好。

⑥起垄:起垄是指在田间筑成高于地面的狭窄土垄的作业。能加厚耕层、提高地温、改善通气和光照状况、便于排灌。

整地要在土壤干湿适度时进行。土壤太干土块不易击碎,费工费力;土壤过湿易破坏团粒结构,使物理性质恶化,形成硬块。

土壤如果过于贫瘠,应该将面层 30～40 cm 表土更换,或施有机肥料进行改良。使用多年的土壤,易导致病虫害频繁发生,为减少病虫害的影响,可将土壤上下调整,将新土翻至面层,并施用大量有机肥料,肥沃土壤。

**2. 作畦**

畦是用土埂、沟或走道分隔成的种植小区。花卉植物露地栽培多用畦栽的方式进行。有高畦和低畦两类,制作定植畦的形式主要根据不同栽培地区、栽培季节、栽培方式、植物品种等而异。

高畦多用于南方多雨地区及低湿地,畦面高出地面,便于排水,畦面两侧是排水沟,有扩大与空气的接触面积及促进风化的效果,一般畦高为 20～30 cm;低畦多用于北方干旱地区,畦面两侧有畦埂,以保留雨水及便于灌溉。畦面宽为 100 cm,视植株的大小种植 1～4 行,与畦的长边平行。地势低、排水差的地方,宜用南北畦、窄畦,畦宽 1 m,长 20～35 m;地势高的地方或坡地上,可采用南北畦,畦宽 2 m,长 20～35 m。

**3. 繁殖**

见第 4 章相关内容。

**4. 间苗(又称疏苗)**

间苗的目的:种子播种后,幼苗过于拥挤,予以疏拔,可扩大幼苗的营养面积,即扩大植株的间距,使幼苗空气流通,日照充足,生长苗壮,防病虫害发生。通过间苗,可以对种苗进行选择,选优去劣,拔除病株、弱株、徒长株、畸形株和品种不对的植株,并在间苗的同时进行除草。

间苗在子叶发生后进行,要及时进行,否则,植株生长过密引起徒长,植株瘦弱,无法培育壮苗。间苗必须分次进行,防止后期出现意外,造成种苗的不足。间苗时要细心,尽量不影响周边植株,特别是不要损伤其他植株的根系。间苗一般在雨后或灌溉后进行。最后一次间苗称为定苗,间苗后要浇定根水,让根与土壤紧密抱合,让根系生长良好。

直播的一二年生花卉植物常用间苗方式,以使苗株正常生长。花卉植物中有一类植物是直根系植物,这类植物主根很发达,粗壮;侧根相对细小,分布于主根周围。由于主根入土较深,由于主根不耐移植,移植成活率低,宜在小苗时带土移植,或不进行移植,直接播种后,用间苗方式,使植株健康生长。

**5. 移植**

露地花卉,除了需要直播不宜移植的种类外,大多数种类是先播种后分苗、移植,最后定植在既定的栽培地开花结果,用于展示。

1)移植的主要作用

①移植可以加大株间距离,即扩大幼苗的营养面积,增加日照、流通空气、使幼苗生长强健。

②可以切断主根,促使侧根发生,经过移植的花卉,再行移植时更容易恢复生长,移植成活率高。

③移植可以抑制徒长,使幼苗生长充实、株丛紧密、生长更健康。

2)移植的步骤

(1)起苗

裸根移植的苗,用手铲将苗带土挖起,然后将根系附着的土轻轻抖落,尽量少伤或不伤根,随即进行栽植,若不能及时栽植时必须进行假植,以免细根失水,影响成活。

带土移植的苗,用手铲挖起,尽量保持完整的土球,随即栽植,同样,不能及时栽植的必须假植,以提高成活率。

移植过程中,为保持植物体内的水分平衡,在苗起出后,可剪除一部分叶片以减少蒸腾作用,但叶片删除过多,也影响光合作用,营养合成受影响,造成花卉植物生长不良。

起苗时土壤应该保持湿润状态,土壤过干或过湿,都易伤根。

(2)栽植

栽植方法有两种,一个是沟植法,即按一定行距开沟栽植;另一个是穴植法,即按一定的株距和行距挖穴栽植。裸根苗种植时,要将根舒展在沟或穴中,然后覆土。

种植下去的植株要适度镇压,使植物根系与土壤紧密接触。镇压时一定不要用力压,以免压破土球,压伤根系,影响成活率。

覆土到植株的根颈部,太浅,根外露,根无法生长;太深,压力太大,根无法正常生长,植株不易成活。

栽植后,必须浇定根水,浇透水。浇水后,应该适当遮荫,减少光照,减少水分蒸腾,以利植株恢复生长,提高成活率。

3)移植的方法

①裸根移植:通常用于小苗及一些容易成活的大苗。

②带土移植:多用于大苗,少数根系稀少较难移植的种类一般采用直播的方法,不得已而移植时也可采用此方法。

此外,幼苗栽植后不再移植,称为"定植";栽植后经一定时期的生长,还要再进行移植者,称为"假植"。

4)移植时期

以在幼苗水分蒸发量极低时进行为佳,在无风阴天移植最为理想。若天气炎热移植要在午后或傍晚日照不过于强烈时进行。降雨前移植,成活率更高。移植时土壤不宜过湿或过干。

6.灌溉

灌溉,意思是用水浇地。灌溉原则是灌溉量、灌溉次数和时间要根据花卉植物需水特性、生育阶段、气候、土壤条件而定,要适时、适量和合理灌溉。灌溉是花卉植物栽培过程中重要的环节。

1)灌溉种类

露地花卉灌溉有地面灌溉、地下灌溉、喷灌和滴灌等。

(1)地面灌溉

地面灌溉方式有多种,依据地区的不同、生产规模和生产设备情况而定。灌溉水引入农田后,在重力和毛细管作用下渗入土壤。

①畦灌:在田间筑起田埂,将田块分割成许多狭长地块——畦田,用电力或畜力抽水入畦,或直接从水渠将水放入畦中,畦中水流以薄层水流沿畦沟向前移动,边流边渗,润湿土层。北方地区常用此方法。此法设备费用少,灌水充足,但土壤易板结,且土地不平时灌溉会不均匀。

②小面积灌溉:用橡皮管引自来水灌溉,如花坛、苗床等,大规模生产栽培不适用。

(2)地下灌溉

将灌溉水引入田面以下一定深度,通过土壤毛细管作用,湿润植物根区土壤,以供植物生长需要。这种灌溉方式亦称渗灌,适用于上层土壤具有良好毛细管特性,而下层土壤透水性弱的地区,但不适用于土壤盐碱化的地区。

地下灌溉有暗管灌溉(见图 5-1)和潜水灌溉。暗管灌溉水借设在地下管道的接缝或管壁孔隙流出渗入土壤;潜水灌溉是通过抬高地下水位,使地下水由毛管作用上升到植物根系层。地下灌溉不破坏土壤结构,不占用耕地,便于管理,但表土湿润不足,不利于苗期植物生长。

常用瓦管、砾石混凝土管、塑料管和鼠道(土洞)等作为渗水暗管,其中塑料管容易控制灌水强度,便于埋设施工。灌溉水从管壁的孔眼渗出后,既因土壤毛管吸渗作用向四周扩散,又因重力作用向下流动。管道埋深一般采用 40~50 cm,间距一般控制在 100~150 cm 之间。每条渗水暗管的长度,所用管径大小,供水水头大小等,要根据灌水强度要求和地的坡降而定,以能满足渗水均匀为准。

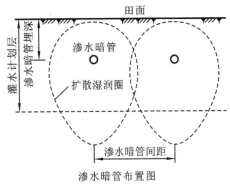

图 5-1　暗管灌溉

暗管渗灌具有减少地面蒸发水量,保持土壤疏松状态,改善土壤通气和养分状况,从而提高产量,节省占地,便于田间作业等优点。但需要埋设很密的管道,工程造价高,易淤塞,表层土不太湿润,不利于苗期植物生长。

(3)喷灌

利用机械力将水压向水管,经喷头把有压水喷洒到空中,形成水滴落到地面和植物表面的灌水方法(见图 5-2)。

图 5-2　喷灌系统

　　喷灌设备由进水管、抽水机、输水管、配水管和喷头(或喷嘴)等部分组成,可以是固定的也可以是移动的。具有节省水量、省工、不占地面、保肥、不破坏土壤结构、防止土壤盐碱化、提高水的利用率,调节地面气候且不受地形限制等优点。在冬季灌溉后的地区,喷灌比畦灌的土温高;在干热的季节,喷灌可显著增加空气湿度,降低温度,改善小气候。但喷灌系统的设备投资较大。

　　(4)滴灌(见图 5-3、图 5-4)

图 5-3　滴灌

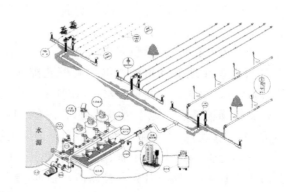

图 5-4　滴灌系统示意图

　　利用低压管道系统,使灌溉水成点滴状,缓慢而经常不断地浸润植株附近的土壤。它是目前干旱缺水地区最有效的一种节水灌溉方式,水的利用率可达 95%。滴灌较喷灌具有更高的节水增产效果,同时可以结合施肥,提高肥效一倍以上。滴灌不破坏土壤结构,土壤内部水、肥、气、热经常保持适宜于植物生长的良好状况,蒸发损失小,不产生地面径流,几乎没有深层渗漏,是一种省水的灌水方式。滴灌的主要特点是灌水量小,灌水器流量为 2~12 L/h,因此,一次灌水延续时间较长,灌水的周期短,可以做到小水勤灌;需要的工作压力低,能够较准确地控制灌水量,可减少无效的株间蒸发,不会造成水的浪费;能自动化管理。滴灌的缺点是易引起堵塞,可能引起盐分积累,可能限制根系的发展;整个系统造价高。

　　滴灌系统主要由首部枢纽、管路和滴头三部分组成。

　　①首部枢纽:包括水泵(及动力机)、化肥罐过滤器、控制与测量仪表等。其作用是抽水、施肥、

过滤,以一定的压力将一定数量的水送入干管。

②管路:包括干管、支管、毛管以及必要的调节设备(如压力表、闸阀、流量调节器等)。其作用是将加压水均匀地输送到滴头。

③滴头:其作用是使水流经过微小的孔道,形成能量损失,减小其压力,使它以点滴的方式滴入土壤中。滴头通常放在土壤表面,也可以浅埋保护。

滴灌系统可分为:固定式滴灌系统和移动式滴灌系统两类。

①固定式滴灌系统是最常见的,在这种系统中,毛管和整个灌水区是不动的。显然毛管和滴头用量很大,因此系统的设备投资较高。

②移动式滴灌系统,它的毛管和滴头可以移动,但需用较大长度的毛管,靠人工或机械移动,劳动强度大,操作不便。

2)灌溉用水

灌溉用水以软水为宜,避免使用硬水,最好用河水,其次是池塘水和湖水,不含碱质的井水也可利用。工业废水有污染会危害植物,不能利用。井水和泉水是冬寒夏热,直接使用不利于植物根系生长,使用时,可先抽进贮水池,待水温接近气温时方能使用。自来水经常含有大量氯气,为避免伤害植物,可以用贮水池贮藏 2～3 d 后再使用,使用自来水费用较高。

目前,厂矿、养殖业的废水经过处理后可用于绿化灌溉,这是循环利用的新举措。城市还建立了屋面雨水集蓄系统、雨水截污与渗透系统、生态小区雨水利用系统等,将雨水收集后用作喷洒路面、灌溉绿地、蓄水冲厕等,雨水利用工程既能有效利用雨水资源,又缓解了局地排涝的压力。

3)灌溉的次数及时间

灌水量及灌水次数,常依季节、土质及花卉种类不同而异。露地播种的幼苗,因苗株小,宜用细孔喷壶喷水,以免被水冲倒;幼苗移植后即灌水 1 次,过 3 d 后第 2 次灌水,再过 5～6 d 第 3 次灌水,每次放水把畦灌满,"灌三水"之后进行松土。3 次水后,即进行正常的灌水。春、夏季干旱季节应多次灌水;一二年生花卉及球根花卉需水量比宿根花卉多,应该多灌水;轻松土质如土及砂质壤土的灌水次数应比黏土多。

灌溉的时间依季节而异。夏季灌溉应在清晨和傍晚时进行;冬季应在中午前后进行,总之,在水温和土温最接近时进行,这样才会不伤根,不影响根的生长。夏季在傍晚灌溉的另一个好处是,因夜间水分下渗到土层中去,可以避免日间水分的迅速蒸发。

## 7.施肥

施肥是指给植物补充营养的农业措施。通过科学的施肥管理,改善土壤的理化性质,提高土壤的肥力,是保证植物健康长寿的有力措施之一。

1)肥料的种类及施用量

(1)肥料种类

见 3.5 营养一节。

(2)施用量

花卉的施肥量因花卉种类、肥料类型、栽培基质的不同而不同。如表 5-1 所示为常见花卉的施肥量标准,引自《花卉学》。有些花卉喜肥,如牡丹、香石竹、一品红、菊花等,应多施肥;有些花卉耐瘠薄,如凤梨、茶花、杜鹃花、兰花等,可少施肥。缓效有机肥可适当多施,速效的无机肥料应该适度,多了易引起肥害。肥沃的土壤,可以少施肥;贫瘠的土壤要多用肥料;若是无肥力的栽培基质,应该配用完全肥料。花卉的施肥不宜施用只含一种肥分的单纯肥料,氮、磷、钾三种营养成分,应配合使用。

表 5-1　花卉的施肥量　　　　　　　　　　　　　　单位:kg/100 m²

| 花卉种类 | N | $P_2O_5$ | $K_2O$ |
|---|---|---|---|
| 草花类 | 0.94～2.26 | 0.75～2.26 | 0.75～1.69 |
| 球根类 | 1.50～2.26 | 1.03～2.26 | 1.88～3.00 |

施肥量的多少,可以通过分析土壤肥力状况和分析植物缺少营养元素的状况来确定,并给予合理的施用。花卉的种类和品种不同,施用量也不同,各类花卉间又有显著差异。施肥量的计算方法为

$$施肥量=\frac{元素植物吸收量-元素土壤供给量}{肥料利用率×肥料含元素率}$$

实际工作中,有机肥的元素含量及利用率较难测算,因而经常是凭经验进行施肥或采用薄肥勤施的方法。

2)施肥的方法

花卉的施肥方法有基肥和追肥两大类。

(1)基肥

基肥也称底肥。在植物栽植前或移植过程中,将肥料施入土壤根系层的操作。一般用厩肥、堆肥、油饼或粪干等有机肥料作基肥,可与无机肥料混合使用,如表 5-2 所示为常见花卉的基肥施用量标准,引自《花卉学》。基肥施入一般在整地时进行,将肥料翻于土壤一定深度;在花卉移栽时,在栽植穴内施入定量肥料或肥土。基肥中的氮、磷、钾的总量,要多于追肥。宿根花卉和球根花卉要求有机肥料较多。

表 5-2　花卉的基肥施用量　　　　　　　　　　　　单位:kg/100 m²

| 花卉种类 | 硝酸铵 | 过磷酸钙 | 氯化钾 |
|---|---|---|---|
| 一年生花卉 | 1.2 | 2.5 | 0.9 |
| 多年生花卉 | 2.2 | 5.0 | 1.8 |

(2)追肥

追肥是指在植物生长过程中加施的肥料的操作。追肥的作用主要是为了供应植物某个时期对养分的大量需要,或者补充基肥施用的不足。追肥施用的特点是比较灵活,要根据植物生长的不同时期所表现出来的营养元素缺乏症,对症追肥。

追肥分为土壤追肥和根外追肥两种。土壤追肥是将肥料埋入土层,可采用环施、沟施、穴施等,也可用液态形式施入。根外追肥又称叶面施肥,是将肥料以水溶液形式喷洒于植物地上部分,肥料通过植物体表面渗入组织,进而被吸收利用。追肥多用速效和短效的无机肥料,对多年生花卉也可用有机肥;叶面追肥均用无机肥,常与灌溉结合进行,省工省时。

一二年生花卉在幼苗时期的追肥,主要目的是促进其茎叶的生长,氮肥成分应多些,在以后的

生长期间,磷钾肥料应逐渐增加。多年生花卉(宿根及球根)追肥次数较少,一般追肥 3~4 次,第一次在春季开始生长后;第二次在开花前;第三次在开花后;秋季叶枯后,应第四次追肥。开花期长的花卉,在开花期间应适当追肥。表 5-3 显示不同种类花卉追肥量,引自《花卉学》。

表 5-3 花卉的追肥施用量 单位:kg/100 m²

| 花卉种类 | 硝酸铵 | 过磷酸钙 | 氯化钾 |
| --- | --- | --- | --- |
| 一年生花卉 | 0.9 | 1.5 | 0.5 |
| 多年生花卉 | 0.5 | 0.8 | 0.3 |

### 8.中耕除草

1)中耕

(1)中耕的目的

中耕是植物生育期中在株行间进行的表土耕作。中耕能疏松表土,减少水分蒸发,增加土温,促使土壤内的空气流通以及土壤中有益微生物的繁殖和活动,从而促进土壤中养分的分解,为花卉根系的生长和养分的吸收创造良好的条件。

(2)中耕的方法

中耕的时间和次数因植物种类、苗情、杂草和土壤状况而异。在植物生育期间,中耕深度应掌握浅—深—浅的原则。即植物苗期宜浅,以免伤根;生育中期应加深,以促进根系发育;生育后期植物封行前则宜浅,以破板结为主。根系分布浅的花卉应浅耕;株行中间应深,近苗株处应浅;中耕深度一般 3~5 cm。

通常在中耕时进行除草,但除草不能代替中耕,因为雨后或灌溉后,没有杂草,也必须中耕,促使表土疏松。

结合中耕向植株基部壅土,或培高成垄的措施,称培土。多用于具有块根、块茎的花卉。以增厚土层,提高地温、覆盖肥料和埋压杂草,有促进花卉地下部分发达和防止倒伏的作用。

2)除草

除草是指通过人工中耕和机械中耕防除杂草的过程。除草有利于保存土壤中的养分及水分,有利于植株的生长发育。

(1)除草的方法

人工中耕除草目标明确,操作方便,不留机械行走的位置,除草效果好,不但可以除掉行间杂草,而且可以除掉株间的杂草,但方法比较落后,工作效率低;机械中耕除草比人工中耕除草先进,工作效率高,但灵活性不高,一般在机械化程度比较高时采用这一方法。

(2)除草的要点

①除草应在杂草发生之初,尽早进行,此时根系较浅,入土不深,易于去除。

②杂草开花结实之前必须除清,否则,难以清除。群众在中耕除草总结出"宁除草芽,勿除草爷",即要求把杂草消灭在萌芽时期。

③应斩草除根。多年生杂草必须将其地下部分全部掘出,否则,地上部分不论如何刈除,地下部分仍能萌发,难以全部清除。

（3）化学除草

化学除草是指利用除草剂代替人力或机械进行消灭杂草的技术。常用除草剂及防除杂草种类见表 5-4。

①用化学药品除草应掌握的要点如下。

a.要求土地平整。高低不平的地面不但操作不便，而且增加喷药面积，浪费药剂。

b.土地面积计算要准确，用药量计算要准确，以免造成药害或达不到预期效果。

c.化学除草在杂草幼苗期使用（最好在杂草 2～3 叶开展时）效果好，可节省成本。

d.化学除草在晴天无风天气进行，尤其是雨后晴天，地面湿润，对大部分药剂更能增进药效；天气久旱，可结合喷灌进行施药。

e.各类除草剂防治杂草范围不同，混合使用，可增加效果，减少用药量，降低成本。

②目前生产上常用的除草剂有：除草醚、灭草灵、2,4-D、西马津、二甲四氯、阿特拉津、五氯酚钠、敌草隆、敌稗等。

化学除草使用除草剂引起杂草死亡的作用机理，是干扰并破坏杂草的正常生理生化活动（如抑制光合作用、破坏呼吸作用、干扰激素作用等）。

除草剂按作用性质分为以下几种。

a.灭生性除草剂：不加选择地杀死各种杂草和作物，这种除草剂称灭生性除草剂，如百草枯、草甘膦等见草就杀。

b.选择性除草剂：有些除草剂能杀死某些杂草，而对另一些杂草则无效，对一些草坪草安全，但对另一些草坪草有伤害，此谓选择性，具有这种特性的除草剂称为选择性除草剂。

除草剂按作用方式分为以下几种。

a.内吸性除草剂：一些除草剂能被杂草根、茎、叶分别或同时吸收，通过输导组织运输到植物体的各部位，破坏它的内部结构和生理平衡，从而造成植株死亡，这种方式称为内吸性，具有这种特性的除草剂叫内吸性除草剂。

b.触杀性除草剂：一些除草剂喷于杂草茎、叶表面后，对该部位的细胞、组织起杀伤作用，只能杀死直接接触到药剂的那部分植物组织，不能内吸传导，具有这种特性的除草剂叫触杀性除草剂。

除草剂按施药对象分为以下几种。

a.土壤处理剂：即把除草剂喷撒于土壤表层或通过混土操作把除草剂拌入一定深度的土壤中，建立起一个除草剂封闭层，以杀死萌发的杂草。

b.茎叶处理剂：即把除草剂稀释在一定量的水或其他惰性填料中，对杂草幼苗进行喷洒处理，利用杂草茎叶吸收和传导来消灭杂草。茎叶处理主要是利用除草剂的生理生化选择性达到灭草的目的。

除草剂按施药时间分为以下几种。

a.苗后封闭处理剂：指在草坪草出苗后对土壤进行封闭处理，通过杂草芽鞘和幼芽吸收杀死即将出土和刚出土的杂草，如草地隆、成坪封等。

b.播后苗前处理剂：即在草坪草播种后出苗前进行土壤处理，此法主要用于杂草芽鞘和幼叶吸收向生长点传导的除草剂，对草坪草幼芽安全。

c.苗后处理剂：指在杂草出苗后，把除草剂直接喷洒到杂草植株上，苗后除草剂一般为茎叶吸收并能向植物体其他部位传导的除草剂，如草禾净、草阔净、暖坪净等。

表 5-4  常用除草剂及防除杂草种类

| 序号 | 除草剂类别 | 品种 | 防除杂草 | 备注 |
|---|---|---|---|---|
| 1 | 苯氧羧酸类 | 2,4-D | 阔叶杂草（禾本科杂草无效） | |
| | | 二甲四氯 | 阔叶杂草（禾本科杂草无效） | |
| 2 | 芳氧苯氧基丙酸酯类（千金、骠马） | 盖草能 | 一年生和多年生禾本科杂草 | 高效盖草能 |
| | | 吡氟禾草类 | 一年生和多年生禾本科杂草 | 精稳杀得 |
| 3 | 二硝基苯胺类 | 二甲戊乐灵 | 禾本科杂草及部分阔叶杂草 | |
| 4 | 三氮苯类（津、净、通） | 莠去津（阿特拉津） | 一年生禾本科杂草及阔叶杂草；对多年生杂草有一定抑制作用 | 阿乙合剂 |
| | | 莠灭净 | 一年生禾本科杂草及阔叶杂草；对多年生杂草有一定抑制作用 | |
| 5 | 酰胺类 | 异丙甲草胺（都尔） | 一年生禾本科杂草及部分小粒种子阔叶杂草 | 安全性最高 |
| | | 丁草胺 | 一年生禾本科杂草及某些阔叶杂草 | |
| | | 乙草胺（禾耐斯） | 一年生禾本科杂草及部分小粒种子阔叶杂草 | 100～133 g/mu |
| | | 丙草胺（扫弗特） | 禾本科杂草 | |
| | | 苯噻酰草胺 | 稗草特效 | |
| 6 | 取代脲类（隆） | 异丙隆 | 一年生禾本科杂草和阔叶杂草 | |
| | | 敌草隆 | 一年生和多年生杂草 | |
| 7 | 二苯醚类 | 乙氧氟草醚（果尔） | 一年生禾本科杂草和部分阔叶杂草 | 安全性差 |
| | | 氟磺胺草醚（虎威） | 阔叶杂草 | 8～33 g/mu |
| | | 乙羧氟草醚 | 阔叶杂草和禾本科杂草 | |
| | | 乳氟禾草灵（克阔乐） | 阔叶杂草 | |
| 8 | 环状亚胺类 | 恶草灵（农思它） | 禾本科杂草及部分阔叶杂草 | |
| | | 苯磺隆（阔叶净） | 阔叶杂草 | |

| 序号 | 除草剂类别 | 品种 | 防除杂草 | 备注 |
|---|---|---|---|---|
| 9 | 磺酰脲类（磺隆） | 苄嘧磺隆 | 阔叶杂草、莎草科杂草、对禾本科杂草效果差 | 一年生 20～50 g/mu；多年生 40～100 g/mu |
| | | 氯嘧磺隆 | 阔叶杂草、莎草科杂草和部分禾本科杂草 | 1～2 g/mu |
| | | 烟嘧磺隆 | 禾本科杂草、阔叶、莎草科杂草 | 3～4 g/mu |
| | | 吡嘧磺隆 | 阔叶、莎草科杂草 | 1.5～2 g/mu |
| | | 胺嘧磺隆 | 阔叶杂草 | |
| | | 砜嘧磺隆 | 阔叶和禾本科杂草 | |
| | | 三氟嘧磺隆钠盐 | | 先正达 |
| 10 | 氨基甲酸酯类 | 草达灭 | 稗草 | |
| | | 杀草丹（禾草丹） | 稗草、三棱草 | |
| 11 | 有机磷类 | 草甘膦 | 灭生性 | 阔叶深根杂草、百合科、豆科植物耐药性稍强 |
| 12 | 腈类 | 溴苯腈 | 阔叶杂草 | |
| 13 | 苯甲酸类 | 麦草畏（百草敌） | 阔叶杂草 | |
| 14 | 联吡啶类 | 百草枯（克无踪） | | |
| | | 敌草快 | | |
| 15 | 环己烯酮类 | 稀禾定（拿捕净） | 禾本科杂草 | |
| | | 烯草酮 | 禾本科杂草 | |
| 16 | 杂环类 | 苯达松 | 阔叶杂草、禾本科杂草 | |
| | | 二氯喹啉酸 | 稗草 | |
| | | 异恶草酮（广灭灵） | 一年生禾本科杂草及阔叶杂草 | |
| | | 氟草烟（使它隆） | 阔叶杂草 | |
| | | 草除灵 | 一年生阔叶杂草 | |

③除草剂安全高效使用应遵循以下几点。

a.严格掌握植物对除草剂的敏感性。不同的植物对除草剂的敏感程度各异，如果不根据植物对除草剂的敏感性选用药剂,即便使用的是对农作物安全的除草剂,有时也易产生药害。

b.严格掌握植物敏感期和施药时期。芽前除草剂只能通过杂草的胚根、芽鞘或下胚轴吸收,而杀死杂草,在杂草出苗后使用,一般无除草效果或除草效果很低。芽后除草剂也要在杂草或植物的某一生育阶段使用才能安全有效。

c.严格选用除草剂的种类,应"因草制宜"选用。

d.严格掌握除草剂的用量和浓度。除草剂的选择性是在一定用药量范围内的选择性,故即使是有选择性的除草剂,超出了规定的用量范围对植物也会产生药害。除草剂的用量是否适当还受到植物种类、土壤质地、气候条件和施药方法等因素的影响。如高浓度使用除草剂时,切不可重喷,否则易造成局部施药浓度过大,而发生局部药害。

e.严格掌握除草剂的使用方法。除草剂的使用方法有茎叶处理法、土壤处理法和杀草膜除草法。使用时只有根据除草剂特点选择使用方法,才能达到充分发挥其效果,规避负面影响。

f.严格遵循除草剂的混用原则。在生产中,有时要灭杀多种杂草时,需将几种除草剂混合使用。

初次使用除草剂时,对于施用种类、使用方法、用量、使用时间等,先小面积试验,在取得经验之后,再进行大面积推广。由于农药残留和环境污染日益严重,对除草剂的要求越来越高,不仅要原料易得,高效价廉,还应有高度安全性,能在动植物体内代谢和土壤中降解。为了减少药剂的漂流、流失以及增加药效的持久性,除草剂的剂型正向粒剂、微粒剂、胶悬剂与缓释剂方向发展。此外,将除草剂与杀虫剂、杀菌剂或化学肥料一同应用于试验,也取得一定的成果。

### 9.整形与修剪

整形是指根据植物生长发育特性和人们观赏与生产的需要,对植物施行一定的技术措施以培养出所需要的结构和形态的一种技术。修剪是指对植物的某些器官(茎、枝、芽、叶、花、果、根)进行部分疏删和剪截的操作。整形是通过修剪技术来完成的,修剪又是在整形的基础上而实行的。

修剪、整形可以调节植物形态结构,创造和保持合理的结构,形成优美的植物形体外貌;控制树体生长、增强景观效果,各种功能不同的景观效果必须通过修剪整形来实现;调控植物开花结果可使植物多开花结果,具有保持丰产,优质的作用。

1)整形的形式

(1)单干式

单干式整形是指只留主干,不留侧枝,顶端留花1朵。为达到此目的,就要从幼苗开始将所有侧蕾和侧枝全部摘掉,使养分集中;也可以一个主杆顶端留出若干侧枝,形成伞状,这也要从小除侧枝,只最后才留部分顶端的侧枝。此方法是大丽花及标本菊常用的整形方式。这种方法为充分表现品种特性,使养分集中于所要培养的花蕾,使花大、形美、色艳。标本菊(见图5-5)是菊花栽培的最常见的一种株型。植株无分枝或有分枝数个(3~5个最佳,最多一般也在10个以下),分枝较长,直立,每个分枝仅保留一朵花(确切说是头状花序)的株型。

独本菊(见图5-6)是标本菊造型的一种形式,是普通的菊花在培育过程中,不断进行摘心和剪除侧枝,只留一个植株,集中养分供给于这株菊花,使其成为一盆一株、一株一花,且茎杆粗壮、花大色艳,底叶不落,富有光泽,能充分表现出品种的特征,具有独特的观赏性的菊花造型。

案头菊(见图5-7)又称为小型独头菊、小型独本菊等,每盆一株一花,也是单干式整形的典型形式,主要特点是植株幼小时,用矮壮素进行处理,使株矮,茎杆健壮挺立,株高一般控制在20 cm以

图 5-5　标本菊

图 5-6　独本菊

内,无分枝,1 株 1 花,花冠直径 15 cm 以上;叶片青秀完整,脚叶不衰;花朵硕大,花色鲜艳,风格独特,十分适宜于厅堂、卧室、办公室等的茶几、案头、办公桌、床头柜、写字台等布置摆设,显得小巧玲珑、优雅美观。

　　(2)多干式

　　多干式整形是指每株留主枝数条,每条留数朵花,使每株开出多朵花。如大立菊(见图 5-9)。是菊花栽培的一种造型形式。为一株有花数百朵乃至数千朵,其花朵大小整齐,花期一致,可以裱扎成半圆球形、馒头形和蘑菇形等的立体造型菊,适于作展览或厅堂、庭园布置用。1994 年 11 月中山市小榄菊花会展出的一株含 5766 朵(39 圈)花的大立菊是我国大立菊之冠。小立菊是针对大立菊而言的,花朵几十朵至数百朵不等,花面直径 100～120 cm。其栽培技术比较容易且观赏效果好,培育过程与大立菊相似。立菊也称多本菊(见图 5-8),是指一株着生数花的盆菊。

　　(3)丛生式(见图 5-10)

　　丛生式整形是指在花卉植物生长期间进行多次摘心,促使植株发生多数枝条,全株成低矮丛生状,开出多数花朵。一二年生花卉及宿根花卉常采用此方法进行整形。

　　(4)悬崖式

　　悬崖式整形的特点是全株枝条向一方伸长下垂,用于小菊品种的整形或部分盆景的造型(见图 5-11、图 5-12)。悬崖菊通常选用单瓣型、分枝多、枝条细软、开花繁密的小花品种,仿效山间野生小菊悬垂的自然姿态,整枝成下垂的悬崖状。栽培的关键是用竹架诱引主干向前及适时摘心。鉴赏的标准是花枝倒垂,主干在中线上,侧枝分布均匀,前窄后宽,花朵丰满,花期一致,并以长取胜。

　　(5)攀援式

　　攀援式整形多用于蔓性花卉,使枝条蔓于一定形式的支架上或屋顶、墙面以及凉廊、棚架、灯柱、园门、围墙、篱壁、桥涵、驳岸等,如风船葛、锦屏藤、西番莲、牵牛花、五爪金龙等,见图 5-13。

图 5-7　案头菊

图 5-8　立菊

图 5-9　大立菊

图 5-10　丛生式(一串红)

(6)匍匐式

匍匐式整形是指利用枝条自然匍匐地面的特性,使其覆盖地面。如草坪及地被植物。如旱金莲、蟛蜞菊、月见草等(见图 5-14、图 5-15)。

2)修剪的方法

花卉植物可以通过修剪来达到整形的目的。修剪主要包括以下技术措施。

(1)摘心

有顶端优势的花卉植物,其主茎的顶端生长快,而侧枝或侧芽的生长会受到限制,生长慢,花着生于枝顶,分枝能力差,分枝少,花也就少,为了达到花枝多、开花多的目的,常采用摘心的措施。摘除顶梢,促进分枝生长,增加枝条数目,以达到枝密花繁的目的。摘心还可以抑制枝条徒长,可用此

图 5-11　悬崖菊

图 5-12　悬崖式盆景

图 5-13　锦屏藤(一帘幽梦)

图 5-14　铺地的旱金莲

方法控制花期。摘心在生长期进行,但次数不宜多。对于一株一花(花序),以及摘心后花朵变小的种类不宜摘心。花卉及植株矮小、分枝性强的,均不宜摘心。

(2)除芽(抹芽)

除芽即将多余的芽全部去除的操作。除芽的目的在于剥去过多的腋芽,限制枝数的增加和过多花朵的发生,使所留的花朵充实而美大。抹芽应尽早于芽开始膨大时进行,以免消耗营养。

芍药、菊花整形时,只留中心一个花朵时,就需要把多余的芽全部抹除。

(3)折梢及捻梢

"折梢"是将新梢折曲,但连而不断;"捻梢"是将枝梢捻转。此措施的目的为抑制新梢的徒长,而促进花芽的形成。将新梢捻转、折曲,可使枝梢基部芽萌发,枝梢上部的叶片经光合作用产生的物质,提供给下部枝芽,此方法可以起到抑制植株徒长的作用,见图 5-16。

(4)屈枝

屈枝是指为使枝条生长均衡,将生长势强的枝条向侧方压曲,弱枝扶直,起到抑强扶弱的效果,见图 5-17。

图 5-15 铺地的蟛蜞菊

图 5-16 折梢(捻梢)

（5）去蕾（摘蕾）

去蕾是指去除侧蕾而留存顶蕾,以使顶蕾花大、美丽,芍药、菊花、大丽花等常用此法。对于球根花卉,若为了生产种球,应该在植株着花时,即将花枝去除,以免消耗养分,促使球根肥大,提高种球质量。

（6）修枝

修枝是指剪除枯枝、病虫害枝、位置不当而扰乱株形的枝、开花后的残枝、多余枝、过密枝、细弱枝等,以改善植株通风透光条件,使枝条分布均匀,减少养分的消耗,使养分集中于所培养的枝条,减少病虫害。

（7）摘叶

摘叶是指摘除过多的叶片,控制营养生长,促进开花结果;改善通风透光条件,使果实见光着色良好,增强组织,防止病虫的滋生。

图 5-17 屈枝

（8）摘果

摘果为使枝条生长充实,避免养分过多消耗,使果实肥大,提高品质,会对植物进行摘果。植物生长过程中,果实过程会造成新梢数量的减少,从而影响下一年的开花结果。正在发育的果实,争夺养分较多,对于营养枝的生长、花芽分化有抑制作用。结果过多,会对植物的长势和花芽分化起到抑制作用,果实中的种子产生的激素可抑制附近枝条的花芽分化。

## 10.越冬防寒

越冬防寒是对耐寒性较差的花卉植物实施保护的措施,以减少低温对植物生长发育的影响,保证其安全越冬。

1)低温对植物影响的类型

植物在生长过程中,如遇到温度的突然变化,会打乱植物生理进程的程序而造成伤害,严重的会造成死亡,低温对植物的伤害有以下几种。

（1）寒害

寒害是指气温在物理 0 ℃以上时使植物受害甚至死亡的现象。会受寒害影响的多为热带、亚热带的植物，如万年青、斜纹亮丝草。寒害最常见的症状是叶色成水渍状，变色、坏死或表面出现斑点；木本花卉还会出现芽枯、顶枯、破皮流胶及落叶等现象。

（2）霜害

霜害是指气温或地表温度下降到 0 ℃时，空气中过饱和的水汽凝结成霜，霜下沉对花卉植物产生伤害的现象，称为霜害。花卉遭受霜害后，受害叶片呈水浸状，解冻后软化萎蔫，不久即脱落。木本花卉幼芽受冻后变为黑色，花器呈水浸状，花瓣变色脱落。二年生草本花卉特别要预防秋季早霜和春季晚霜的危害。

（3）冻害

冻害即 0 ℃以下的低温使植物体内细胞间隙结冰，对植物造成的伤害。冻害常将草本花卉冻死，将一些木本花卉树皮冻裂、枝枯或伤根。

花卉受低温的伤害，除了外界气温的因素外，还取决于花卉品种抵抗低温的能力，同一品种在不同发育阶段，抗低温的能力也不同。休眠期抗性最强，营养生长期居中，生殖阶段抗性最弱。

2）越冬防寒的措施

（1）贯彻适地适栽的原则

充分了解花卉植物的品种特性，选择引进适合当地气候条件的花卉植物，以免除冬季过度低温危害。

（2）加强栽培管理，提高抗寒性

加强栽培管理，特别是生长后期的管理，有利于植物体内营养物质的积累。实践证明，春季加强肥水供应，合理排灌水和施肥等，可以促进植物生长，有利于植物叶面积增大，提高光合效能，增加营养物质的积累，保证花卉植物健康生长。后期控制灌水，及时排涝，适量施用磷钾肥，勤锄深耕，有利于组织充实，延长营养物质的积累，提高抗寒性。

（3）加强树体保护，减少冻害

要加强抗寒、保暖措施。具体防寒措施如下。

①覆盖法：在低温到来之前，在畦面上覆盖干草、落叶、马粪或草席等，直到晚霜过后将畦面清理干净；也可用纸罩、瓦盆、玻璃窗、塑料薄膜和遮阳网等覆盖防寒。覆盖法对防止霜下沉很有效果。

②培土法：冬季地上部分枯萎的宿根花卉和进入休眠花灌木，培土后，地下部分根系可以得到很好的保护，待春季到来后，萌芽前再将培土扒平，不扒平培土，不利于根系生长。

③熏烟法：秋冬季节，二年生花卉植物露地栽培时，为防止霜下沉产生伤害，可采用熏烟法以防霜。熏烟时，烟和水组成的烟雾，能减少土壤热量的散失，防止土温降低，可提高气温，防止霜冻。在晴天夜里当温度降低至接近 0 ℃时即开始熏烟，气温低于 −2 ℃时，此法就无效了。

地面堆草熏烟是简单易行的方法，每亩①可堆放 3～4 个草堆，每堆放柴草 50 kg 左右。一般凌晨 4～5 点时在上风口上开始燃烧，将烟雾送到下风口起到保护作用。

④灌水法：冬灌能减少或防止冻害，春灌有保温、增温效果。灌溉后土壤湿润热容量加大，减缓

---

① 1 亩 = 666.7 m²。

表层土壤温度的降低。

⑤浅耕法:进行浅耕可减少因蒸发水分而发生的冷却作用,同时,耕后表土疏松,有利于太阳热量的导入。再加镇压可更增强土壤对热的传导作用,并减少已吸收热量的散失,保持土壤下层的温度。

⑥密植法:密植可以增加单位面积茎叶的数目,减低地面热的辐射,起到保温作用。

### 11. 轮作

轮作是指在同一块地上,轮流种植不同种类的花卉植物的方式。轮作的目的是最大限度地利用地力和防病虫害。一般一块地 2~3 a 轮作 1 次。

1)均衡利用土壤养分

不同种类的植物在吸收土壤中的营养元素的数量和比例有不同,有些植物需要氮肥较多,对磷肥和钾肥的需求量少,土壤中氮肥多被消耗,磷钾肥多残留,因此,后作的植物就必须选择种植需要氮少,磷钾多的种类,这样,才能让花卉植物都生长良好,还可保证土壤养分的均衡利用,避免其片面消耗。

2)调节土壤肥力

因为很多农作物,有庞大根群;绿肥作物和油料作物,有固氮的作用,因此花卉植物与农作物或多年生牧草轮作,可疏松土壤、改善土壤结构,增加土壤有机质。

3)防治病、虫、草害

植物的很多病虫害都是通过土壤传染的,病菌和虫卵大多在土壤中宿存,若遇到可寄主在植物时,即浸染植物。若将感病的寄主植物与非寄主植物实行轮作,便可灭除或减少病菌和虫子的数量,减轻病虫害。对于土壤的虫害,轮作不感虫的植物后,可使土壤的虫卵减少,减轻危害。

合理的轮作,还可防除杂草。不同植物栽培过程中,所运用的不同农业措施,对田间杂草有不同的抑制和防除作用。水旱轮作可在旱种的情况下抑制,并在淹水情况下使一些旱生型杂草丧失发芽能力。封垄密植可抑制杂草生长。

## 5.1.2 各类花卉的栽培管理

1)一二年生花卉的栽培管理

在露地花卉中,一二年生花卉对管理条件要求比较严格。在花圃中要占用土壤、灌溉和管理条件最优越的地段。

(1)一二年生花卉的播种时期

一二年生花卉多用播种繁殖。一年生花卉为春播花卉,不耐寒,生长过程中要求全光照和温暖气候,它们到秋冬季节遇到霜即枯死,因此,一般在春季晚霜后才播种,南方一般在 2 月下旬到 3 月上旬,北方在 4 月上中旬进行。一年生花卉为了提早开花,经常在温室或冷床中提前播种,待晚霜后再将幼苗移植到露地上。二年生花卉,耐寒力强,秋季播种繁殖后,以幼苗越冬,翌年春,温度转暖适宜生长后,转入营养生长累积有机物,于春夏开花,入夏枯死。二年生花卉南方播种期为 9 月下旬至 10 月上旬,北方播种期为 9 月上中旬。冬季特别冷的地区,如青海、沈阳等,春季播种较合适。在北方地区,一部分二年生花卉露地栽培时,于 11 月下旬进行播种,播种后,使种子在休眠状态下越冬,经过冬春低温时完成春化过程,翌年春夏开花,如锦团石竹、福禄考、月见草等。

（2）播种和播种后的管理

一二年生花卉由于生长时间短，一般在播种前不用施肥。细小的种子用撒播和拌种播种的方法进行播种；中粒种花卉用开沟播种的方法进行播种；大粒种花卉用点播或穴播的方法进行播种。播种后浇水、盖草，保持土壤湿润。幼苗出土后，除去覆盖物；及时间苗，保证阳光充足、空气流通，培养健壮苗株。此期还需要进行中耕除草。当幼苗真叶达3～4片时，即进行移植（直根性花卉植物不行移植）。经过3～4次移植后，植株花蕾着色时，将植株定植于花坛。每次的移植都必须浇定根水，栽培过程中，保持充足水分，每7～10天施肥1次，要求勤施薄施。为使植株丰满、多花，在真叶数量达到5～6片时，可行摘心，促进分枝产生，如一串红、美女樱、凤仙、鸡冠花、百日草等。一二年生花卉主要以播种繁殖为主，因此，开花后，特别注意留种。一二年生花卉多用种子繁殖，但品种退化比较严重，为保持品种的优良性状，要采取正确合理的受粉措施和提供良好的外界环境条件，以获得纯正的和成熟饱满的花卉种子。

2）宿根花卉的栽培管理

宿根花卉为多年生草本花卉，1次种植可以多年开花，宿根花卉生长强健，根系较强大，入土较深，抗性强，在栽培时应深翻土壤，同时施入大量有机肥料作为基肥，以期长期维持良好的土壤结构。宿根花卉在幼苗期喜腐殖质丰富的土壤，成苗后喜欢黏质壤土，满足植物对土壤要求，可使根系发达，多开花结果。宿根花卉在苗期应注意灌水、施肥和中耕除草等。栽培期间，在春季抽芽前施一次氮肥，促进梢的生长；花前和花后各施一次磷、钾肥，促进花芽形成和生长；秋季叶枯前，施一次钾肥，促进枝梢成熟，提高抗寒性。施肥可有机肥和无机肥混合施用。一年多次开花的宿根花卉，花后及时修剪残花，促进新梢产生，使花开繁茂。2～3 a要将植株挖起，进行分株，使植株健康生长。

3）球根花卉的栽培管理

球根花卉是多年生草本花卉，其地下部分具有变态的根和茎。球根花卉对土壤、肥料和水分的要求很高。球根花卉要求砂质壤土，疏松透气的土壤可使地下部分的根或茎营养吸收充分，种球不退化。土壤下层应用炉渣、碎石、瓦砾、卵石等做排水层，以减少球根腐烂。球根花卉对肥料的要求高，种植前施用有机肥（有机肥应充分腐熟）；开花和新种球的形成都需要大量磷肥和钾肥，花前和花后都要根外追肥。球根花卉对水分需求量大，生长期要注意灌水，雨季特别注意排水，以免烂根。

球根花卉除种子繁殖外，还可以用种球繁殖。种植的深度，一般为球高的3～4倍，少数种类需要让种球部分露在土面上。球根栽植的深度因土壤质地、栽植目的及种类不同而异。黏重土壤应浅种；疏松土壤应深种。若以繁殖种球为目的，多生子球，要浅种，每年必须挖起，按大小种球分开收藏；如需让种球开花多且大的，要深种。如晚香玉、葱兰、韭兰等覆土到球根顶部；朱顶红、风信子等覆土到球根的2/3至3/4，让球根的1/3至1/4露于土面；百合、唐菖蒲、小苍兰等，覆土球高的3～4倍。球大或数量少时，点种或穴种；球小或数量多时，可开沟栽植。穴和沟底必须平整，施入基肥，铺上土，植入种球，盖土。

（1）球根花卉栽培管理要点

①球根花卉要求疏松砂质壤土。

②球根花卉栽培需要大量肥料，基肥和根外追肥。

③球根栽植时应将大球和小球分开栽培，以免小球耗去主球的营养。

④球根花卉的多数种类，其吸收根少而脆嫩，碰断后不能再生新根、侧根和须根，故球根一经栽

植,在生长期不可移植,若要移植必须带大量土壤,避免伤根。

⑤球根花卉大多叶片较少或有定数,如唐菖蒲叶片多是5~7片,栽培中应注意保护,避免损伤,否则影响养分的合成,不利于开花和新球的成长,有碍观赏。

⑥切花栽培时,在满足切花长度要求的前提下,剪取时应尽量多保留植株的叶片,有利于后期种球的生长。

⑦花后应及时剪除残花不要结实,以减少养分消耗,有利新球的充实。作为生产球根时,通常见花蕾发生时,即除去,不使开花。对于枝叶稀少的球根花卉,花梗应予保留,合成养分供新球生长。

⑧花后正值地下新球膨大充实之际,要加强水肥管理,促进种球丰满,避免种球退化。

(2)球根花卉的采收与贮藏

球根花卉在停止生长进入休眠后,大部分种类都需采收,处理后贮藏,度过休眠期后再行栽植。生产栽培时都要采收,若非生产栽培的,有些种类可以不采收或2~3 a采收一次。

球根花卉采收的主要原因如下所示。

①球根花卉分为春植和秋植两类。春植球根在寒冷地区为防冬季冻害,需于秋季采收贮藏越冬;秋植球根夏季休眠时,容易腐烂,需采收贮藏;秋植球根有些种类在夏季休眠期花芽分化,挖起后进行催花处理,如水仙花。

②球根采收后,进行分类,大球可以作为商品销售,小球作为种球,至秋季再种植,合理繁殖和培养,可获得大量新种球和合格的商品球。

③新球或子球增殖较多时,如不进行采收、分离,常因拥挤而生长不良,并因养分分散不易开花。

④发育不够充实的球根,在采收后置于干燥通风处,可促使后熟,否则在土壤中容易腐烂死亡。

⑤采收后可将土地翻耕,加施基肥,有利于下一季的栽培。在球根休眠期内种植其他作物,进行轮作,可以减少病虫害并充分利用土壤。

采收应在种球停止生长后、1/2以上茎叶枯黄而尚未脱落时进行,过早采收,种球营养累积不够,球根不够充实;过晚叶片完全枯萎、脱落,不易确定种球的位置,采收时易造成种球损伤,子球易散失。

采收时土壤要求湿润,球根挖起,去除附土和萎缩的旧球根,晾干或晒干后贮藏。有些种类在贮藏前要进行消毒、晾干后再贮藏。唐菖蒲、水仙花、小苍兰晚香玉等可翻晒数日后贮藏;大丽花、美人蕉只要阴干至外皮干燥即可;大多数种类于夏季采收后,不可暴晒。朱顶红、葱兰、韭兰等分球后立即种植。

种球贮藏的方法因种类而不同,对于通风要求不高的,且要求一定湿度的种类,如大丽花、美人蕉、百合等,可采用埋藏或堆藏法,即用沙、锯末等,将种球埋藏其中。对于要求通风、充分干燥的球根,如唐菖蒲、小苍兰、郁金香、鸢尾等,可于室内设架,用苇帘多层立体放置,将种球放于架上贮藏。春植球根,室内贮藏温度0~10 ℃,低于0 ℃或高于10 ℃都不利于种球贮藏,2~7 ℃较为合适;秋植球根的贮藏环境是高燥、凉爽,闷热、潮湿环境,种球会发热、发病腐烂。

有些种类的球根花卉于休眠期花芽分化,因此,贮藏期的环境条件很重要,它将影响将来的开花结实。如水仙花的花芽分化于7月份、8月份休眠时期,要感受高温花芽才能分化。

4)水生花卉的栽培管理

水生花卉指生长于水中或沼泽地的观赏植物,与其他花卉明显不同的习性是对水分的要求和依赖远远大于其他各类。水生花卉主要有四类:挺水型水生花卉、浮叶型水生花卉、漂浮型水生花卉、沉水型水生花卉。

水生花卉一般采用播种法和分株繁殖法。播种繁殖水生花卉一般在水中进行。具体方法是:将种子播于有营养土的盆中,盖以沙或土,然后将盆浸入水中,浸入水后,要慢慢加水,让水由浅到深。刚开始时仅使盆土湿润即可,之后可使水面高出盆沿。水温一般为 18~24 ℃,王莲等原产热带的花卉植物一般保持在 24~32 ℃之间。播种宜在室内进行,室内条件易控制,室外水温难以控制,往往影响其发芽率。大多数水生花卉的种子干燥后即丧失发芽力,需在种子成熟时即播种或贮于水中或湿处,如王莲;少数水生花卉种子可在干燥条件下保持较长的寿命,如荷花、香蒲、水生鸢尾等。水生花卉的分株繁殖是将地下根茎切成数段进行栽植。分根茎时注意每段必须带顶芽及尾根,否则难以成株。分栽时期一般在春秋季节,有些不耐寒者可在春末夏初进行。

栽培水生花卉的要用肥沃的塘泥,要求富含腐殖质的黏重土质。由于水生花卉一旦定植,追肥比较困难,因此,需在栽植前施足基肥。已栽植过水生花卉的池塘一般已有腐殖质的沉积,视其肥沃程度确定施肥与否,新开挖的池塘必须在栽植前加入塘泥并施入大量的有机肥料。

各种水生花卉,因其对温度的要求不同而采取相应的栽植和管理措施。耐寒性水生花卉如千屈菜、水葱、芡实、香蒲等,直接栽植在深浅合适的水边和池中,一般不需特殊保护,对休眠期水位没有特别要求。半耐寒性水生花卉如荷花、睡莲、凤眼莲等可行缸植,放入水池特定位置观赏,秋冬取出,放置于不结冰处即可。也可直接栽于池中,冰冻之前提高水位,使植株周围尤其是根部附近不能结冰。少量栽植时可人工挖掘贮存。王莲等原产热带的水生花卉,在中国大部分地区进行温室栽培。

一些有地下根茎的水生花卉在池塘中栽培时间长了,会四处扩散,因此,可以在池塘中建种植池,避免四处蔓延,影响观赏;漂浮类水生花卉常随风而动,需加拦网固定。

水体常因流动不畅、水温过高等原因,引起水中水华大量繁殖,造成水体浑浊。防治的方法是:小范围内可用硫酸铜除之,即将硫酸铜装布袋悬于水中,用量为 1 kg/m³,大范围内则需利用生物防治,如放养金鱼藻、狸藻等水草或螺蛳、河蚌、鱼类等,以净化水体。

5)蕨类花卉的栽培管理

蕨类花卉是植物中主要的一类,是高等植物中比较低级的一门,也是最原始的维管植物。大都为草本,少数为木本。蕨类植物孢子体发达,有根、茎、叶之分,不具花,以孢子繁殖,世代交替明显,无性世代占优势。蕨类是观叶植物中主要的类型之一。

蕨类植物除了孢子繁殖外,还可用分株、扦插、分栽不定芽、组织培养等方法进行繁殖。

蕨类植物喜肥,要求土壤富含有机质、疏松透水,以微酸性(pH 值 5.5~6.0)最为适宜。基质一般以泥炭土:腐叶土:珍珠岩或粗沙按 2:1:1 配制,或腐熟的堆肥:粗沙或珍珠岩为 1:1 配制。蕨类植物根系柔弱,不易施重肥。栽植时,基质中可加入基肥。生长期内可追施液肥,浓度不超过1%,直接洒施,最多每周 1 次。充足的氮会使植物生长旺盛,不足会使植株老叶呈灰绿并逐渐变黄,叶片细小;过量氮易使植株徒长并降低抵抗性。磷对蕨类植物的根系生长很重要,缺少会使植株矮小,叶子深绿,根系不发达,可对叶面喷磷酸二氢钾、过磷酸钙等补充磷。钾可增强光合作用,促进叶绿素形成,缺乏则老叶出斑点,并逐渐枯黄。蕨类植物的施肥应薄施、勤施,同时根据需要进行叶面喷施或根外追施。

6)岩生花卉的栽培管理

岩生花卉是指生长在岩石缝隙间及岩石上的观赏植物,主要用于假山石的装点。

岩生花卉大多数是室外栽培,因此,要有一定的耐寒性;有些类型对光照要求强,有些种类对光照要求低,较耐阴;它们多耐贫瘠、耐旱。岩生花卉用多年生的宿根花卉较为合适,省工。栽培管理粗放,生长过程中,适当浇水;过度生长时要适时分株、摘心和修剪,控制生长保持株型;需要时适当施肥,补充营养;生长不好时,要更换。

# 5.2　盆栽花卉的栽培管理

花卉植物除了地栽外,还可以盆栽观赏,全部的观赏植物均可以盆栽观赏。中国的花卉盆栽历史悠久,盆栽花卉有可移动性、临时性和选择多样性的特点。可用于点缀几案、阳台、廊亭、建筑物等环境陈设,还可应用于展览、节日庆典活动的摆设。

## 5.2.1　培养土的制造与配制

盆栽花卉盆土有限,要使盆栽花卉生长发育良好,有必要根据花卉对土壤的要求不同,配制相应的培养土进行栽培。

1)培养土的要求

培养土要疏松、空气流通;透水性良好,不会积水;能固定水分和养分,不断提供花卉生长发育的需要;酸碱度要适应花卉的要求;没有有害微生物和其他有害物质。

培养土要有丰富的腐殖质,丰富的腐殖质可使土壤理化性状良好,使土壤结构良好,可使土壤干燥时土面不开裂,潮湿时不紧密成团,灌水后不板结。

2)常用的盆栽用土

盆栽用土除了第3章土壤一节提到的田园土、河沙、塘泥、红山泥、腐叶土、煤烟灰、泥炭土、木屑、树皮、椰糠外,还有堆肥土、草皮土、针叶土、沼泽土等。

(1)堆肥土

堆肥土是指换盆的旧土、落叶残枝、垃圾、青草等堆积发酵腐熟而成的基质,富含腐殖质和矿物质,呈中性或微酸性。

(2)草皮土

草皮土是指草地或牧场的上层表土,厚度 5～8 cm,将草与草根一起掘起,堆积发酵腐熟后利用。草皮土含有丰富的矿物质,呈中性和碱性。

(3)针叶土

针叶土是指由松科、柏科、木麻黄等针叶树的落叶残枝和苔藓类植物堆积腐熟而成的基质。呈酸性,腐殖质含量高,适合栽培酸性土植物。

(4)沼泽土

沼泽土是指沼泽的上层土,厚度 10 cm 左右,主要由水中苔藓、水草与土混合腐熟发酵形成的基质,富含腐殖质,黑色肥沃,呈强酸性,适合栽培酸性土植物。北方的沼泽土又称草炭土,呈中性或微酸性,常作为泥炭土的代替品。

3）培养土的配制

花卉植物在栽培过程中，同一种花卉，不同的生长发育期，对栽培基质的质地和肥沃程度的要求有不同。播种期和幼苗期根系不发达对营养要求不高，必须用轻松透气的土壤，不需要加肥料；大苗及成长的植株，需要较致密的土壤和较多的肥分；球根花卉，由于新形成的种球需要很多的营养，因此，需要疏松透气和肥沃的砂质壤土。盆栽基质，由于盆大小有限，单一的基质种类难以满足栽培植物多方面的要求，可将多种基质混合后作为栽培基质。理想的盆土地，土壤有机质含量占50%、水分占 25%、空气占 25%。一般播种用土为：腐殖土 5 份、园土 3 份、河沙 2 份；假植用土为腐殖土 4 份、园土 4 份、河沙 2 份；定植用土为：腐殖土 4 份、园土 5 份、河沙 1 份。木本花卉盆栽，播种苗或扦插苗育苗期间，可用腐殖土 4 份、田园土 4 份、河沙 2 份，腐殖质使用量可比草本花卉多。

4）培养土的酸碱度

培养土酸碱度与花卉种类有关，适合的酸碱度才能满足花卉植物生长发育的需求。大多数花卉植物要求酸性或弱酸性土壤，花卉的种类不同，对酸碱性的适应性亦不同，如表5-5所示。

表 5-5　部分花卉植物适宜的酸碱度

| 名　　称 | 适宜的 pH 值 | 名　　称 | 适宜的 pH 值 |
|---|---|---|---|
| 蒲包花 | 6.0～6.5 | 蟆叶秋海棠 | 6.3～7.0 |
| 彩叶草 | 4.3～5.2 | 蹄纹天竺葵 | 5.0～7.0 |
| 瓜叶菊 | 6.5～7.5 | 八仙花 | 4.0～4.5 |
| 仙客来 | 5.5～6.5 | 仙人掌 | 5.0～6.0 |
| 大岩桐 | 5.0～6.5 | 兰科花卉 | 4.5～5.0 |
| 天冬草 | 5.0～6.5 | 凤梨花卉 | 4.0 |
| 文竹 | 6.0～7.0 | 棕榈花卉 | 5.0～6.3 |
| 四季报春 | 6.5～7.0 | 蕨类花卉 | 4.5～5.5 |
| 倒挂金钟 | 5.5～6.5 | | |

注：引自北京林业大学园林学院花卉教研室《花卉学》。

中国的地域辽阔，南北方的土壤酸碱性不同，水分的酸碱度也不同，因此，在不适宜的土壤条件下，花卉植物的生长会不良。在需要的时候，对土壤进行改良，满足植物生长的需求。山茶花、杜鹃花、苏铁、白兰花、八仙花等要求酸性土壤，若土壤酸性不够，它们会产生生理病害，出现花叶现象。河南鄢陵地区有用施用"矾肥水"来调节土壤酸性，同时，山茶花的此种生理病害，可以使叶色浓绿，生长健壮，花繁色艳。

## 5.2.2　盆栽的方法

盆栽花卉的栽培过程比较复杂，生长过程中限制因素较多，栽培时应创造最好的栽培环境，降低成本，提高经济效益。

1）选盆

栽培用的花盆有很多种类（此内容见 3.7 节相关内容），根据栽培花卉的植物种类、植株大小、观赏需求，选择适合的盆。如兰花宜选择兰盆；水仙花的栽培宜选用水养护盆；生产用的宜选择瓷盆；

大型的、用于装饰会场的花木,宜选择木桶;短期栽培用于花坛的,宜选用塑料盆。

2)上盆

(1)上盆方法

用碎盆片盖于盆底的排水孔上,将凹面向下;用粗粒的土块、碎石块、碎盆片、卵石填入做一个排水层;填入培养土,在培养土上填入基肥(有机肥),上层再填入培养土,种上苗木,要让根系舒展于土面上,在苗根四周填培养土,用手指均匀地按压,实土面距盆面 2～3 cm 即可,栽植完后,用喷壶充分灌水,置阴凉处缓苗数日,待苗恢复生长后,逐渐放于光照充足处。若为使盆面美观,可以在盆土面上加上白色石米或陶粒或卵石,这样也可以减少浇水时土壤的冲刷。上盆过程见图 5-18。

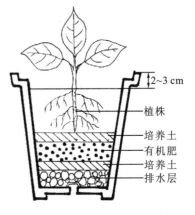

图 5-18  上盆图

(2)换盆

①植物需要换盆的原因:a.盆栽植物由于盆土有限;b.植物种植时间长了之后,根系占满盆;c.植株长大了,盆限制了植株生长;d.营养元素被植物体吸收,土壤变的相对贫瘠。因此,为使植物可以正常生长,开花结果,有必要进行换盆。归结起来,换盆可以有两种情况,一种是苗长大了,盆和盆土都不适合生长了,要从小盆换成大盆;另一种情况是充分成长的植株,根系占满盆,营养不足了,需要修根换新土。

一二年生花卉和宿根花卉盆栽,由小苗到成年苗的过程,需要多次的换盆,换盆次数多,能使植株强健,生长充实,株矮,株形紧凑。由小盆换大盆,应该根据植株的大小选择适合的盆,盆太大,费工费料,水分亦不易调节,植物生长不充实,开花推迟,着花少。一二年生花卉在开花前要换盆 2～4 次,在植株的花开始着色时,定植于花盆中;宿根花卉多为 1 a 换盆 1 次;木本花卉多为 2～3 a 换盆 1 次。

②换盆的时间:一二年生花卉,在生长期内要经过 2～4 次的换盆,从小盆换大盆,分别于春季或秋季进行;宿根花卉和木本花卉多在秋季停止生长时或春季生长开始之前进行,春节空气湿度较大时进行,有利于成活。常绿类在雨季时进行,空气湿度大,水分蒸腾小,有利于根系恢复生长,减少死亡率。

③换盆的方法:换盆时,用左手按住土面,手指夹住植株,右手提起盆,将盆倒置,右手轻扣盆边或将盆轻扣地面,取出土球。一二年生花卉,取出土球后,可直接放入大盆,加土按压,浇水,放阴凉处缓苗,逐渐转入阳光处。宿根花卉,取出植株后,轻抖土壤,露出根系,对植株进行分株,分株后修根,修去老根、枯根、病害根和过多的根,然后上盆,用部分旧土和新土混合后上盆,上盆过程同上述(上盆方法)。球根花卉,取出植株后,将主球周边的小球分割下来,再将主球种回原盆,种植前修根,上盆。木本花卉,取出植株后,轻抖土壤,修掉部分根系,用原土加上新土混合后,重新种植。

④换盆后的管理:换盆后应充分浇水,保持湿润,放在阴凉处,待苗木恢复生长后,逐渐转入光照充足处。

(3)倒盆

为了使室内不同位置的盆花生长均衡一致,要经常对室内的盆花进行倒盆。室内的盆花需要倒盆有两种情况。一种是室内不同方位的温度、光照、通风、湿度等环境因素不同,因此,在不同方位的盆花生长状况亦不同,通过倒盆,将生长旺盛的植株移到条件相对较差的方位去,将较差方位的盆花移到条件较好的地方,以调整他们的生长,使室内的盆花生长均衡。另外一种情况是经过一段时间的生长,盆栽植株间会变得拥挤,为了加大盆间距离,使之通风透光良好,对室内盆花进行倒盆,倒盆可以使植株生长良好,并能减少病虫害和引起徒长。

(4)转盆

室内不同位置的光照有不同,南面光照强,北面光照弱。由于植物的趋光性原因,植株会偏向光强的方向,向南面倾斜,为了防止植物偏向一方生长,影响株型,一般间隔一定时间,必须改变花盆的方向,使植株均匀生长,匀称圆整。转盆还可使盆花穿入地下的根系得以切断,从而,减少盆花移动时对根系的过度伤害。

(5)松盆土

室内盆栽植物,由于光照相对较弱,湿度较大,经常在盆土土面上会形成青苔,青苔影响植株生长,通过松盆土,清除青苔和杂草;通过松盆土,使土壤疏松,透气。松盆土后要浇水,可以结合施肥进行松土和浇水。

(6)施肥

盆花在上盆和换盆时,需要放入基肥,生长期间根据植物的物候期进行施肥,施肥方法同地栽。

(7)浇水

盆花生长的好坏与浇水关系很大。盆花的浇水与花卉的种类、生长发育状况、生长发育阶段、环境条件、培养土状况、花盆大小等因素有关。

①与花卉种类有关:对于耐旱花卉,掌握宁干勿湿的原则;半耐旱花卉,掌握干透浇透的原则;中性花卉,掌握间干间湿的原则;耐湿花卉,掌握宁湿勿干的原则。耐湿性花卉对空气湿度的要求也比较大,生长期必须增加空气湿度。

②与生长时期有关:花卉植物从休眠期转入生长,对水分的需求逐渐增加,生长旺盛期浇水要充足,花芽分化前要适当控制浇水,开花后到盛花期适当增加水分,结实期适当减少水分,可使种子饱满充实。幼苗需水量小,成年苗需水量大。

③与季节有关:春季开始生长后,浇水量要逐渐增加,草木花卉每1～2 d浇水1次;木本花卉每3～4 d浇水1次。夏季天气炎热,空气湿度小,水分蒸腾量大,一般早晚各浇水1次,需要时还必须增加空气湿度。若遇到夏季下雨,必须特别注意盆内排水。秋季温度下降,蒸腾量减少,可2～3 d浇水1次。冬季温度低,应依据花的种类确定浇水情况,多肉多浆植物多进入休眠状态,可以1～2周浇水1次,大多数种类可以4～5 d浇水1次,耐湿植物可以2～3 d浇水1次。

④花盆大小和盆土性质:花盆小或植株大者,要多浇水;盆土含沙量高,保水性不好的,要多浇水。盆大或植株小,可少浇水;盆土较黏者,保水性好,可少浇水。

无污染的水,在水温与气温接近时施用。

## 本章思考题

1.简述花卉栽培地整地的目的。
2.简述整地的方法。
3.简述间苗的作用。
4.简述移植的作用。

5. 简述移植的方法。

6. 简述灌溉的方法和特点。

7. 简述肥料的种类和施肥方法。

8. 简述中耕的目的。

9. 简述除草的方法。

10. 简述整形的方式。

11. 简述整形修剪的方法。

12. 简述各类花卉的栽培方法。

13. 简述盆栽用土的特点。

14. 简述花卉上盆的过程。

# 6 花卉栽培新技术

**【本章提要】** 园林花卉生产与生长环境和生产技术密切相关,此章介绍花卉生产管理中的新技术,包括:无土栽培技术、花期控制技术、花卉育苗和育种新技术,以及鲜切花保鲜技术。本章重点介绍这些新技术的特点、基本原理、方法、步骤及应用等。

我国花卉产业形成于20世纪80年代,发展至今已成为我国农业产业结构中不容忽视的部分,经过30多年的恢复和发展,花卉业已经成为前景广阔的新兴产业。随着经济的发展,市场对花卉的需求量会越来越大,因此,花卉栽培技术的普及和新技术的产生和发展就更显重要,它将有助于花卉产业发展。

花卉产业发展的新技术中,包括:无土栽培技术、花卉组织培养技术、花卉花期控制技术、花卉保鲜新技术、花卉育苗新技术、花卉育种技术等。

## 6.1 组织培养

### 6.1.1 组织培养

组织培养就是从多细胞生物个体上,取其细胞、组织或器官,接种到特制的培养基上,在无菌条件下,利用玻璃容器进行培养,使其形成新个体的技术。

植物组织培养是从20世纪初开始,经过长期科学与技术实践发展形成的一套较为完整的技术体系。它是利用植物细胞的全能性,通过无菌操作,把植物体的器官、组织、细胞甚至原生质体,接种于人工配制的培养基上,在人工控制的环境条件下进行培养,使之生长、繁殖或长成完整植物个体的技术和方法。由于用来培养的材料是离体的,故称培养材料为"外植体",所以植物组织培养又称为植物离体培养,或称植物的细胞与组织培养。与"动物克隆"相对应,又可以称作"植物克隆"。它是许多观赏植物、花卉、蔬菜和果树作物,以及林木和农作物克隆再生的重要手段。

### 6.1.2 组织培养的优越性

与传统繁殖方法相比,组织培养具有以下优点:①用组织培养法能生产高质量且高度一致具有同源母本基因的幼苗;②利用微茎尖组培快繁技术,通过特殊的工艺能有效地生产无病原菌的种苗,为改善观赏植物的生长发育、产量和品质提供了新的途径;③可用此方法保存种质资源;④组织培养法用于扩繁植物,用少量的植物材料,可以繁殖出大量的营养苗,育苗周期短、速度快和繁殖系数高,可用于周年育苗和温室流水线式生产种苗,利用这项育苗技术,1个优良无性系的芽,每年中能繁殖出10多万个优良后代;⑤组织培养法育苗通过芽生芽的技术路线进行快速繁殖,能最大限度地保持名、优、特品种的遗传稳定性;⑥用此法育苗,可以节省土地、劳力和时间。

### 6.1.3　适用组培法生产种苗的花卉种类

20 世纪 70 年代以来,随着种植业尤其是设施园艺业的发展,以及对优良药用植物和绿化树木等高品质种苗需求的日益增加,在众多植物品种中组织培养技术逐步取代了营养繁殖或种子繁殖技术。组织培养技术不仅能实现在人工可控环境下进行种苗的工厂化高效生产,而且还能脱去植物的病原菌和病毒,保持优良种性,因而得到广泛采用。组培快繁的商业性应用始于美国的兰花工业,20 世纪 80 年代被认为是能够带来全球经济利益的产业。目前,组培法已经应用到了从草本植物到木本植物种类包括花卉、林木、药材、果树、蔬菜、薯类、农作物等多种植物的快繁领域。其中,观赏花卉种类已达 60 余科,1000 余种。

我国,目前从事植物组培的人员和实验室面积居世界第一,部分经济植物已开始进行工厂化栽培,如香石竹、兰花、火鹤花、新几内亚凤仙、朱顶红、百合等已形成了快繁生产线,比使用常规方法繁育的花卉种苗生产的鲜切花每 666.7 m² 效益增加 35%～50%,并取得了较明显的社会效益,植物快繁产业化已呈现雏形,试管苗的年产量已经达到 0.5 亿株。在国家"863 计划"支持下,我国观赏花木快繁技术创新取得重要进展,为新品种的规模化生产和产业化开发提供了保证。主要的组培观赏花木种类有:兰花类、观赏植物类、切花切叶类、木本植物类等。其中兰花组培苗数量占植物组培苗总量的 40%,观叶及蕨类植物组培苗量占 11.7%,鲜切花类占 20% 左右。

1)盆花类

与传统育苗相比,更适用组培法生产种苗的盆花类型有如下几种。

(1)种子繁育困难或从播种到开花生育期长的盆花

像鹤望兰等名贵花卉,在国内外很受欢迎。但若用常规的种子繁殖方法繁育,因其种子发芽困难,发芽率低,培养至开花结实需 5 a 左右时间。利用组织培养技术可以缩短成苗时间,达到大量快速繁殖的目的。

(2)不能正常产生种子的盆花

像三倍体的百合、大花惠兰、水仙等花卉,不能正常产生种子,无法用传统的种子繁殖。如采用组织培养法则能够保存品种、扩繁种苗。

(3)因病毒感染而引起种性退化、花型衰败的盆花

一些采用分割鳞茎、球茎进行无性繁殖的花卉种类,如彩色马蹄莲、水仙等存在严重的种性退化现象,此类花卉以脱毒和种性复壮为目的组织培养正在逐渐兴起。

(4)需求量大、需要明显降低种苗生产成本的盆花

目前生产上所用的草本花卉种子绝大多数为一代杂交种,特别是一些优良品种,如各种矮牵牛、三色堇、角堇等的 F₁ 代杂交种,其种子来源于国外,价格昂贵,种苗生产成本较高,这直接制约了这些品种花卉在国内的推广利用。通过组培快繁技术的研究,探索出一套实用的、规模化的种苗繁育流程和技术,可以明显降低种苗生产成本,并大量推广利用。

(5)高度集约型和程序化生产的盆花

像蝴蝶兰、万带兰、石斛兰、大花惠兰等名贵花卉,可以在特定的工厂设施和设备条件下,严格按照预定的生产程序和流水线作业运作。从微型繁殖材料到生根成苗,都是在高度集约化的立体培养架上完成,每平方米的立体培养架,一次可生产试管苗一万株,其单产是常规密植育苗的若干倍。

2)切花类

与传统育苗相比,更适用组培法生产种苗的切花类型有如下几种。

(1)种子繁育困难或从播种到开花生育期长的切花

属于此类型的切花如兰花、芍药、牡丹及一些木本的切花种类。

(2)不能正常产生种子的切花

属于这种类型的切花如百合、大花蕙兰等的三倍体品种,以及满天星等一些重瓣性强的品种。

(3)因病毒感染而引起种性退化的切花

属于此类型的切花如郁金香、百合、水仙等存在严重的种性退化现象,此类花卉可以用组织培养进行脱毒和种性复壮。

(4)需求量大、需要明显降低种苗生产成本的切花

属于此类型的切花如非洲紫罗兰等一代杂交种,通过组培快繁技术进行规模化的种苗繁育,可明显降低种苗生产成本。

(5)高度集约型和程序化生产的切花

属于此类型的切花如蝴蝶兰、大花蕙兰、红掌、百合、文心兰等,市场需求量大,因此可以采用高度集约化和程序化的方式快速大量地生产种苗,迅速占领市场,获得较高的经济效益。

目前,花卉市场上以组培苗生产种苗的重要切花种类有:百合、菊花、月季、香石竹、唐菖蒲、满天星、火鹤花、非洲菊、蝴蝶兰、石斛兰、文心兰等开展较早,组培生产技术相对比较成功。另外,花毛茛、郁金香、马蹄莲及彩色马蹄莲、朱蕉、玉簪、勿忘我、情人草、小苍兰、蛇鞭菊、鹤望兰、朱顶红、六出花、晚香玉、球根鸢尾、洋桔梗、大花萱草、贝壳花、金鱼草等切花的组培苗生产技术也已经成功,并在生产上投入使用。

### 6.1.4　花卉组培快繁体系的建立

1)培养基制作

花卉种苗组培快繁是指在无菌条件下,利用花卉组织器官的一部分在人工控制的营养环境条件下进行快速繁殖的一种方法。只要建立起组织培养快速繁殖体系,花卉繁殖材料将按几何级数增殖。由于组织培养环境条件恒定,因此,可进行周年生产,1 a 内可有 6 个左右的增殖周期,100 $m^2$ 的培养面积生产出来的种苗可以相当于 6.67 $hm^2$ 土地生产的量,加之繁殖条件差异较小,苗木生长具有较好的一致性,而且还具有较好的商品性,运输和出口也比较方便。

培养基是花卉种苗组培快繁的基础,它是小植株生长发育的基质或土壤,其在外植体的去分化、再分化、出芽、增殖、生根及成苗整个过程中都起着重要作用。培养基的选择和配制是组织培养及其试管苗生产中的关键环节之一,只有配制出适宜的培养基,才有可能获得再生植株,并有效地提高繁殖系数。培养基有固体和液体两种,常用的基本培养基有 MS、N6、Nitch、White 等。但是,不论液体培养还是固体培养,大多数植物组织培养中所用的培养基都是由无机营养物、碳源、维生素、生长调节物质和有机附加物等几大类物质组成。

培养基的配制可参考组培手册或其他组培教材,这里不再重述,组培具体操作流程见图 6-1。

2)外植体选择与处理

(1)外植体取材部位的选择

组织培养已经获得成功的花卉几乎包括了植株的各个部位,如茎尖、茎段、髓、皮层及维管组

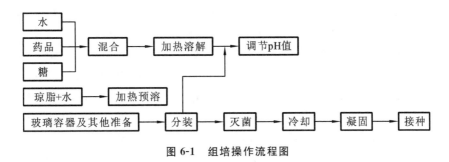

图 6-1　组培操作流程图

织、髓细胞、表皮及亚表皮组织、形成层、薄壁组织、花瓣、根、叶、子叶、鳞茎、胚珠和花药等。但生产实践中,必须根据种类来选取最易表达全能性的部位以提高成功概率,降低生产成本。如薄荷、四季桔等植物用茎段,可解决培养材料不足的困难;罗汉果、秋海棠类、大岩桐、矮牵牛和豆瓣绿等多利用叶片材料作为外植体;观赏凤梨多用侧芽、短缩茎等器官作外植体;一些培养较困难的植物,则往往可以通过子叶或下胚轴的培养而奏效;花药和花粉培养成为育种和得到无病毒苗的重要途径之一;还可根据需要,采用根、花瓣、鳞茎等部位来培养。

（2）外植体取材时期

外植体取材时期因植物种类和取材部位不同而异。对于多数植物,发芽前采取枝条,进行室内催芽,然后接种,污染率较低且启动所需时间短、正常化率很高;在萌芽后直接从田间采萌发芽接种,则以 4 月下旬至 6 月下旬污染率较低。百合以鳞片作外植体,春、秋季取材培养易形成小鳞茎,而夏、冬季取材培养,则难于形成小鳞茎。在拟石莲花叶的培养中,用幼小的叶作培养材料仅产生根,用老叶片培养可以形成芽,而用中等年龄的叶片培养则同时产生根和芽。在木本植物的组织培养中,以幼龄树的春梢较嫩枝段或基部萌条为好;下胚轴与具有 3～4 对真叶的微茎段,生长效果较好,而下胚轴靠近顶芽的一段容易诱导产生芽;茎尖取材部位以顶芽为好,启动快,正常分化率高,有1～2个叶原基的顶端分生组织也较理想,但树龄小的要比树龄大的易获得成功。

（3）外植体大小确定

外植体取材大小需看植物种类和取材部位而定。兰花、香石竹、柑橘等许多植物的茎尖培养中,材料越小,成活率越低,茎尖培养存活的临界大小应为一个茎尖分生组织带1～2个叶原基,大小约为 0.2～0.3 mm。叶片、花瓣等约为 5 mm,茎段则长约 0.5 cm。

（4）外植体消毒

一般而言,组织越大越易污染,夏季比冬季带菌多,甚至不同年份,污染的情况也有区别。不同植物及植物不同部位的组织,对不同种类、不同浓度的消毒剂的敏感反应也不同。所以,必须通过试验研究,以确定最佳的消毒效果。一方面要把材料上的病菌消灭,另一方面又不能损伤或只能轻微损伤组织材料,以免影响其生长。溶液中添加几滴表面活性剂如吐温 80 或 Triton X 等,使药剂更易于浸润至材料表面,提高灭菌效果。

常用消毒剂应为既具良好消毒效果,又易被蒸馏水冲洗掉或能自行分解,且不会损伤外植体材料、影响其生长的物质。常用的消毒剂有次氯酸钙（9%～10% 的滤液）、次氯酸钠溶液（0.5%～10%）、升汞（氯化汞,0.1%～1%）、酒精（70%）、过氧化氢（3%～10%）、84 消毒液（10% 左右）等。

外植体类型不同,其消毒方法也各异。①茎尖、茎段及叶片的消毒:植物的茎、叶多暴露于空气中,有的本身具有较多的茸毛、油脂、蜡质和刺等,在栽培上又受到泥土、肥料及杂菌的污染,所以消毒前要经自来水较长时间的冲洗,特别是一些多年生的木本植物材料更要注意,有的可用肥皂、洗衣粉或吐温等进行洗涤。消毒时要用70%酒精浸泡数秒钟,以无菌水冲洗2～3次,然后按材料的老、嫩、枝条的坚实程度,分别采用2%～10%的次氯酸钠溶液浸泡10～15 min,再用无菌水冲洗3次后方可接种。②果实及种子的消毒:果实和种子根据清洁程度,用自来水冲洗10～20 min,甚至更长的时间,再用纯酒精迅速漂洗一下后,用2%次氯酸钠溶液浸果实10 min,最后用无菌水冲洗2～3次,取出果内的种子或组织进行接种。种子则先要用10%次氯酸钙浸泡20～30 min,甚至几小时,依种皮硬度而定,对难以消毒的还可用0.1%升汞或1%～2%溴水消毒5 min。胚或胚乳培养时,对于种皮太硬的种子,也可预先去掉种皮,再用4%～8%的次氯酸钠溶液浸泡8～10 min,经无菌水冲洗后,即可取出胚或胚乳接种。③花药的消毒:用于培养的花药多未成熟,其外面有花萼、花瓣等保护,通常处于无菌状态,只要将整个花蕾或幼穗消毒即可。用70%酒精浸泡数秒钟后再用无菌水冲洗2～3次,再在漂白粉清液中浸泡10 min,经无菌水冲洗2～3次即可接种。④根及地下部器官的消毒:这类材料生长于土中,消毒较为困难。除预先用自来水洗涤外,还应采用软毛刷刷洗,用刀切去损伤及污染严重部位,经吸水纸吸干后,再用纯酒精洗。采用0.1%～0.2%升汞浸5～10 min或2%次氯酸钠溶液浸10～15 min,然后用无菌水冲洗3次,用无菌滤纸吸干水后方可接种。上述方法仍不见效时,可将材料浸入消毒液中进行抽气减压,以帮助消毒液的渗入,从而达到彻底灭菌的目的。

(5)外植体接种

接种需要无菌环境,一般在超净工作台上进行,如图6-2所示。常用的接种工具有镊子、接种针等,如图6-3所示。

图6-2 超净工作台

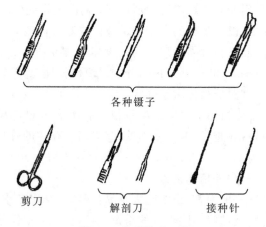

图6-3 各种接种工具

3)启动培养

植物组织培养的成功,首先在于启动培养,又叫初代培养,亦即能否建立起无菌外植体。在生产实践中有些物种似乎很容易解决,而有的物种反复多次也难以成功。启动培养的条件:一是要保证无菌,即要在一个周围严重污染的环境中,千方百计保证培养材料和培养基的无菌状态及培养室的良好清洁环境条件,这也是最基本的前提;二是培养条件要合适。进行某种植物的组织培养之前,查找一下该种植物过去工作所采用的培养部位、培养基、培养条件和培养技术等,再制定自己的步骤,还要注意掌握适宜的培养条件;三是操作技术要过硬,很多组织培养的失败,从材料、培养基和培养条件等方面检查均无问题,只是由于操作技术不熟练而致。如脱毒培养所取茎尖很小,操作时间长、茎尖失水变干,或不慎感染杂菌;在并非绝对无菌的环境中接种,熟练的动作、快速的操作,就可缩短时间、避免或减少污染。接种前 10 min 最好先使工作台处于工作状态,让过滤空气吹拂工作台面和四周台壁,接种人员用 70% 乙醇擦拭双手和台面。培养瓶在火焰附近打开塞子,消毒过的镊子等器具不要接触瓶口。具体的接种操作步骤如图 6-4 所示。

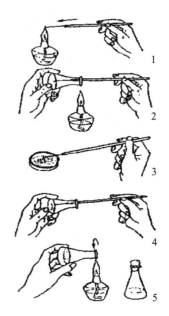

图 6-4　接种操作步骤

4)外植体的褐变与防止

组织培养过程中外植体褐变是影响组织培养成功的重要因素。褐变包括酶促褐变和非酶促褐变,目前认为植物组织培养中褐变以酶促为主。影响褐变的因素复杂,与植物的种类、基因型、外植体部位和生理状态等有关。木本植物、单宁或色素含量高的花卉容易发生褐变。幼龄材料一般比成龄的褐变轻,因前者比后者酚类化合物含量低。在卡特利亚兰的培养中,较短的新生茎中致褐物质含量高,而较长的新生茎中致褐物质含量低。石竹和菊花顶端茎尖比侧生茎尖更易成活。取材时期的不同,褐变程度不同。冬季褐变少,夏秋季褐变最严重,接种后存活率也最低。

为减轻褐变,在切取外植体时,尽可能减少其伤口面积,伤口剪切尽可能平整。酒精消毒效果很好,但对外植体伤害很重。升汞对外植体伤害比较轻。一般外植体消毒时间越长,消毒效果越好,褐变程度也越严重,因而消毒时间应控制在一定范围内才能保证较高的外植体存活率。培养基成分及培养条件也会导致外植体褐变。接种后培养时间过长和未及时转移也会引起材料的褐变,甚至导致全部死亡,这在培养过程中是常见的。

褐变的防止,首先是要选择适宜的外植体。成年植株比实生幼苗褐变程度严重,夏季材料比冬季、早春和秋季的褐变程度重。对较易褐变的外植体进行预处理可减轻酚类物质的毒害作用,如将外植体放置在 5 ℃ 左右的冰箱内低温处理 12～14 h,先接种在只含蔗糖的琼脂培养基中培养 3～7 d,使组织中的酚类物质先部分渗入培养基中,取出外植体用 0.1% 漂白粉溶液浸泡 10 min,再接种到合适的培养基上,可以减少褐变。其次是选择合适的无机盐成分、蔗糖浓度、激素水平、pH 值、培养基状态及其类型等,可降低褐变率。第三是添加褐变抑制剂和吸附剂,如 PVP 是酚类物质的专一性吸附剂,常用作酚类物质和细胞器的保护剂,用于防止褐变。在倒挂金钟茎尖培养中加入 0.01% PVP 能抑制褐变,而将 0.7% PVP、0.28 mol/L 抗坏血酸和 5% 过氧化氢一起加到 0.58 mol/L 蔗糖溶液中振荡 45 min,则能明显抑制褐变。此外,0.1%～0.5% 活性炭对吸附酚类氧化物的效果也很明显。或者,在外植体接种后 1～2 d 立即转移到新鲜培养基中,然后连续转移 5～6 次可基本解决外植体的褐变问题。此方法比较经济,简单易行,应作为克服褐变的首选方法。

5)继代培养及影响因素

组织培养过程中,外植体接种一段时间后,将已经形成愈伤组织或已经分化根、茎、叶、花等的培养物重新切割,转接到新的培养基上,以进一步扩大培养的过程称为继代培养。在此时期,为达到预定的苗株数量,通常需要经过多次的循环繁殖作业。在每次繁殖分化期结束后,必须将已长成的植株切割成带有腋芽的小茎段(或小块芽团),然后插植到新培养容器的继代培养基中,使之再成长为一个新的苗株。该工作过程对环境要求高,需要适宜的温度、湿度及气体浓度等,其中最重要的是要尽量减少病菌的污染,因此,组培苗的切割移植生产一般都在无菌工作间进行。组培苗的切割移植作业需反复进行,工作量大,需要投入大量的人力和时间,是整个组培过程的重要生产环节和劳动聚集点。

继代次数与变异率在一定程度上是成正比的,因此草本花卉经过多次重复继代后就需要更换培养基。但对木本植物,随着继代次数的增加,组培苗的生理性病害会加大,增殖系数会变低。

当试管苗在瓶内长满并挤到瓶塞,或培养基利用完时就要转接,进行继代,以迅速得到大量试管苗,达到一定数量时进行移栽。能否保持试管苗的继代培养,是能否得到大量试管苗和能否用于生产的关键问题。继代外植体的生长与分化主要有两种途径:一是器官发生途径,如兰花、月季、茶花、菊花、百合、秋海棠、紫罗兰、凤尾兰等;二是胚状体发生途径,如矮牵牛、一品红、夜来香、小苍兰、棕榈等。

试管苗由于增殖方式不同,继代增殖培养可以用固体培养和液体培养两种方法。一是液体培养,如兰花增殖后得到的原球茎,分切后进行振荡培养(用旋转、振荡培养,保持 22 ℃恒温,连续光照),即可得到大量原球茎球状体,再切成小块转入固体培养基,即可得到大量兰花小苗。二是固体培养,多数继代方法都用固体培养,其试管苗可进行分株、分割、剪裁(剪成单芽茎段)等转接于新鲜培养基上,容器可以与原来相同,大多用容量更大的三角烧瓶、罐头瓶、大扁瓶等以尽快扩大增殖。

影响继代培养的因素有以下几个方面。①生理原因:有些植物的试管苗能很好地进行继代培养,如非洲紫罗兰等;而另一些则不易继代培养,如杜鹃、瑞香等。这是由于培养过程中逐渐消耗了母体中原有与器官形成有关的特殊物质。一般地,禾本科植物单倍体细胞不易再生,更难保持。②遗传因素:在继代培养中通常出现染色体紊乱,特别是器官发生型,继代培养中分化再生能力丧失与倍性不稳定有关。因此,在进行继代培养时,要尽量利用芽丛增殖成苗的途径,而诱导不定芽发生或胚的发生则有一定的危险性。③外植体类型:不同种类植物、同种植物不同品种、同一植物不同器官和不同部位,其继代繁殖能力也不相同。一般是草本>木本、被子植物>裸子植物、年幼材料>老年材料、刚分离组织>已继代的组织、胚>营养体组织、芽>胚状体>愈伤组织。接种材料以带有 2~3 个芽的芽团最好,可形成群体优势,有利于增殖和有效新梢的增加。但为延缓继代培养中试管苗的衰老,每个培养周期可选生长最健壮的芽取 0.1~1 mm 的茎尖培养,培养量占总培养量的 0.5%,作为更新预备苗。每经 3 个培养周期,继代苗即可更新一次。④培养基及培养条件:培养基及培养条件适当与否对能否继代培养影响颇大,故可改变培养基和培养条件来保持继代培养。在这方面有许多报道,如在水仙鳞片基部再生子球的继代培养中,加活性炭的再生子球比不加的要高出一至数倍。石斛属茎尖或腋芽培养,在固体培养基形成原球茎球状体后,继代培养要用液体培养基进行振荡培养。2~3 周内需及时转入新鲜培养基,否则会随培养基老化而枯死。⑤继代培养时间长短:关于继代培养次数对繁殖率的影响的报道不一。有的材料经长期继代可保持原来的再生能力和增殖率,如月季和倒挂金钟等。有的经过一定时间继代培养后才有分化再生能力。而有的随继代时间加长而分化再生能力降低,如杜鹃茎尖外植体,通过连续继代培养,产生小枝数量开始增加,但在第四或第五代则下降,虽可用光照处理或在培养基中提高生长素浓度,以减慢下降,但无法阻止,因此必须进行材料的更新。一般继代周期以 20~25 d 为宜,增殖倍数 3~8 倍为好。如果继代周期过长,一方面由于需要光照等管理而增加生产成本,另一方面由于培养基陈旧和瓶口封闭不严增加污染率。增殖倍数小于3,生产效率低,生产成本相对提高。但如果增殖倍数大于8,丛生芽过多,则相对可用于生根的壮苗数量减少而且难以获得优质组培苗,也影响生根质量和后期移栽成活率。⑥培养季节:水仙在6月、7月继代培养的鳞茎由于夏季休眠,生长变慢,至8月后生长速度才又加快。百合鳞片分化能力的高低表现为春季>秋季>夏季>冬季。球根类植物组织培养繁殖和胚培养时,就要注意继代培养不能增殖,可能是其进入休眠,这可通过加入激素和低温处理来克服。⑦继代增殖倍数:继代培养时,一般能达到每月继代增殖3~8倍,即可用于大量繁殖。盲目追求过高增殖倍数,一是所产生的苗小而弱,给生根、移栽带来很大困难。二是可能会引起遗传性不稳定,造成灾难性后果。⑧激素种类及水平:非洲紫罗兰幼苗继代增殖中,用MS培养基附加1~2 mg/L KT和0.1~0.5 mg/L NAA时,苗多而弱,无商品价值;而在MS培养基中附加0.05~0.2 mg/L KT和0.05~0.2 mg/L NAA时,苗少且壮,有商品价值。杜鹃茎尖培养中发现,初代培养时KT和BA的效果没有ZT的好,而继代培养后,则KT又优于ZT。继代培养时,还可使用作用较弱的细胞分裂素。

6)继代过程中试管苗玻璃化问题及防止

玻璃化现象是指在继代培养过程中叶片、茎呈水晶透明或半透明状、水渍状,苗矮小肿胀、叶片缩短卷曲、脆弱易碎、失绿组织结构发育畸形等现象,又称过度含水化。"玻璃苗"是植物组织培养过程中特有的一种生理失调或生理病变,其生根困难,移栽后很难成活,因此,很难继续用作继代培养和扩繁材料。目前,玻璃化已成为茎尖脱毒、工厂化育苗和种质材料保存等方面的严重障碍,是进行组培工作的一大难题。目前玻璃化的根本原因尚无定论,有些研究人员认为造成组培苗玻璃化的原因有激素的种类与浓度、琼脂的浓度、外植体的取材部位、不适宜的培养条件等。总之,玻璃苗发生的因素很多,不同植物材料的主导因素往往不同,控制玻璃苗的产生应采取以下几个措施。

(1)选择适当的激素种类和浓度

经试验,使用ZiP 0.1~0.5 mg/L时均不发生玻璃化苗,但成本高,分化率低。6-BA与KT相比,6-BA更易诱导产生玻璃苗。6-BA在有效浓度内,均有玻璃化苗出现,且有随浓度增高而玻璃化苗增加的趋势。因此,在保证增殖率和有效新梢数量的前提下,6-BA浓度以0.5 mg/L为宜。当KT或6-BA与2,4-D或NAA配合使用时,玻璃苗比率迅速增大,突出反映了激素种类对玻璃苗发生的影响。当KT、BA、NAA的浓度加大时,随着浓度的加大,玻璃苗比率急速增加,二者呈正相关关系,表明激素浓度对玻璃苗的发生影响是较大的。试验证明,当玻璃苗刚出现时,马上将其转移至低浓度激素培养基或无激素培养基中,过一段时间,玻璃苗即可恢复为正常苗。若玻璃苗出现后,让其生长一段时间后,再转至上述恢复培养基中,则玻璃苗难以复原。然而,还有研究者却认为,植物生长调节剂如细胞分裂素、生长素等,对玻璃化现象没有影响。

(2)使用适宜的琼脂量

据报道,用占细胞鲜重百分比表示的玻璃苗叶片含水量比正常苗高。不同琼脂浓度对玻璃化苗有重要影响。在恒温条件下,当琼脂浓度达到一定量后玻璃苗比率下降较多,部分玻璃苗可恢复为正常苗,而且恢复时是从植株上部开始逐渐往下恢复,但苗木生长缓慢。琼脂浓度越高,越不容易发生玻璃化。但琼脂浓度过高会提高成本,同时分化率会显著降低。因此,在大批量生产中琼脂浓度以6~8 g/L为宜。

(3)选用不同部位的外植体

在相同条件下,不同部位的外植体,产生的玻璃苗比率差异较大,以中部茎段为最高。这可能是因为中部茎段含有一定浓度的生长素和细胞分裂素。当内外源激素水平相加达到一定值后,玻璃化作用增大。当 BA1.0 mg/L ＋ NAA 0.2 mg/L 时,玻璃苗比率迅速增大。

（4）采用玻璃苗复壮技术

研究表明,把脱毒康乃馨玻璃化苗接种到分别加入 20、40、60、80 万单位青霉素的培养基上进行转绿试验,以不加青霉素的作对照,培养 1 个月后发现,4 种浓度的青霉素均能使玻璃化苗转绿,以 20 万单位青霉素转绿效果最佳,不加青霉素的玻璃化苗没有转绿现象。原因可能是青霉素有促进叶绿素的合成和抑制其降解的作用,但青霉素浓度过高会对幼苗产生一定的抑制作用,而影响叶绿素的合成。

（5）调整组培的环境条件

引起玻璃化的因素之一是温度。特别是转接后 10 d 内的温度至关重要。有研究认为,当温度日变幅在 ±2 ℃ 以内时,玻璃化苗发生率仅为 1%,而且出现时间晚,玻璃化程度极轻;当温度日变幅在 ±4 ℃ 时,玻璃化苗发生率即达 9%,玻璃化程度加重,且出现时间提前;当温度日变幅在 ±6 ℃ 时,玻璃化苗发生率高达 39%,在转接后 3 d 即出现,程度极重。因此,首先要保持培养室温度在 20～25 ℃,尽可能控制温度日变幅在 ±2 ℃ 以内,才可以有效减轻"玻璃苗"的发生,并使植株更健壮。

7）组培苗生根及影响生根的因素

离体繁殖产生大量的芽、嫩梢、原球茎(部分直接生根成苗),需进一步诱导生根,才能得到完整的植株。这是试管繁殖的第 3 个阶段,也是能否进行大量生产和实际应用的又一重要问题,同时也是商品化生产出售产品、取得效益的关键环节。

离体繁殖往往诱导产生大量的丛生芽或丛生茎、原球茎,再转入生根培养基生根或直接栽入基质中,也可以通过诱导出胚状体,进一步长大成苗,如图 6-5 所示。

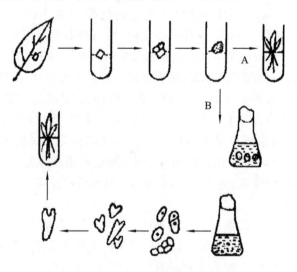

**图 6-5 组培生根成苗类型**
A—愈伤生根成苗;B—胚状体生根成苗

生根有试管内生根和试管外生根两种方式。一般多数采取试管内生根的方式,也有少数采取试管外生根方式。这里仅介绍前者。

影响试管苗生根的因素有以下几种。①植物材料。植物种类、基因型、取材部位和年龄对分化根都有决定性的影响。一般木本植物比草本植物生根难,成年树比幼年树生根难,乔木比灌木生根难。②基本培养基。有研究证明,降低培养基中无机盐浓度,有利于生根,且根多而粗壮,发根也快,如水仙的小鳞茎在 1/2MS 培养基上生根;培养基中大量元素对生根也有一定影响,$NH_4^+$ 多可能不利于发根;生根需要磷和钾元素,但不宜太多;多数报道:$Ca^{2+}$ 有利于根的形成和生长;微量元素中以硼(B)、铁(Fe)对生根有利,基本培养基中加少许铁盐,生根效果会更好;糖的浓度低些,一般在 1%～3% 范围内对生根有利。③激素种类及水平。按激素类型统计,生根单用一种生长素的占51.5%,生长素加 KT 者占 20.1%。IBA、IAA、NAA 激素单独使用时,IBA 效果差异不显著,IAA、NAA 虽能提高生根率,但因愈伤组织太大影响移栽成活率。而 IBA、GA、IAA 结合使用,生根率很高,平均单株生根条数多,高于其他组合,且根系粗壮,愈伤组织较小,有利于移栽成活率的提高。按外植体类型统计,愈伤组织分化根时,使用 NAA 者最多,浓度为 0.02～6.0 mg/L,以 1.0～2.0 mg/L 为多。使用 IAA＋KT 的浓度范围分别为 0.1～4.0 mg/L 和 0.01～1.0 mg/L,而以 1.0～4.0 mg/L 和 0.01～0.02 mg/L 居多数。而以胚轴、茎段、插枝、花梗等材料为外植体,使用 IBA 促其分化根的居首位,浓度为 0.2～1.0 mg/L,以 1.0 mg/L 为多。可见,生根培养多数使用生长素,大都以 IBA、IAA、NAA 单独用或配合使用,或与低浓度 KT 配合使用。生长素都能促进生根,$GA_3$、细胞分裂素、乙烯等通常不利于发根。如与生长素配合,一般浓度均低于生长素浓度。有人认为,ABA 可能有助于发根。近年来为促进试管苗的生根,改变了通常将激素预先添加在培养基中的做法,而是将需生根材料先在一定浓度激素中浸泡或培养一定时间,然后转入无激素培养基中培养,能显著地提高生根率。但是唐菖蒲、草莓等花卉,却很容易在无激素的培养基上生根。④其他物质。有报道培养基中加入一些其他物质(多胺、核黄素等)有利于生根。如在桉树生根培养中加入 IBA 后再加入核黄素,处于散射光下,能促进生根,比无核黄素的根多且好。⑤继代培养周期。许多作者报道,新梢生根能力随继代时间增长而增加。如杜鹃茎尖培养,随着培养次数的增加,小插条生根数量逐渐增加,第四代最高,最后达百分之百生根。一些种和品种在培养初期不易生根,但经过几次继代培养就能生根,或生根率提高。⑥光照、温度、pH 值等。试管苗得到的光照强度、光照时数,在生根培养基上或是试管外时的温度,以及 pH 值对发根均有不同程度的影响。如生根的适宜温度一般在 15～25 ℃,温度过高过低均不利于生根。据报道,草莓继代培养中,芽的再生温度 32 ℃为好,生根 28 ℃最好。⑦生根诱导的时间。生根诱导时间以 20～30 d 为宜,生根率大于70%,每株的发根数在 2 条以上。生根诱导的时间过长,不但易引起培养基污染,而且发根的整齐度较低,从而影响同一批组培苗生长的整齐度,给集中移栽带来困难。如果生根率过低则生产成本极高,且发根数太少,势必会降低移栽成活率,对大规模生产也不利。⑧诱导生根的绿茎与继代增殖芽的比例。继代后形成能诱导生根的绿茎和继代增殖芽的比例应不小于 1/3。每次继代培养后,至少应有 1/3 的芽抽生绿茎供生根诱导。例如,1 瓶接种 5 个芽,增殖系数为 3,在再次继代转移时,15 个芽中应有 5 个芽生长至一定高度可供生根诱导。如果某一品种在初期由于种芽数量少,急需迅速扩大基础芽量时,可考虑适当加大细胞分裂素的浓度,增大增殖系数进行丛芽增殖,以迅速扩大基础芽量。如果某些品种丛芽增殖后必须通过壮苗培养才能获得绿茎诱导生根时,在壮苗培养后应能获得更高比例的可诱导生根的绿茎。

8)组培苗的环境调节

组培苗的环境调节主要包括两个方面的调节。

(1)组培苗生长空间环境控制

空间环境主要包括温度(温度高低、日夜温差及变温)、光照(光强、光周期、光质及照光方向)、热辐射和红外线、气体的组成(二氧化碳、氧气、乙烯)和空气环境(气体流通方式及速度)。一直以来,植物组培的研究多注重于外植体所需的营养条件,特别是激素配比,以期获得理想的繁殖效率,而相对忽视了其他环境条件的影响。但事实上,这些空间环境条件也在一定程度上影响着组培苗的生长。组培苗移栽前的状态又在很大程度上影响到移栽后的生长表现。光照强度对组培苗的生长有一定影响。试验表明,适度提高光照强度可使栀子组培苗结构发育更好地趋向于光合自养,可提高玫瑰组培苗的干重,对地黄组培苗也有促进生长的作用。光周期也影响幼苗的生长,相同的光照强度下,延长照光的时间可提高组培苗的干重。光质对组培苗的生长也有影响。辅助蓝光和红光对香蕉组培苗分化生长均有促进作用。相同光强条件下,比较各种光质对缫丝花试管苗生长发育影响的结果表明:蓝光和红光有利于侧芽的产生;红光有利于提高糖含量,促进叶绿素合成;蓝光有利于蛋白质的增加;其他波长的光处理对幼苗的生长,均有不同程度的抑制作用。白光下小苍兰试管苗叶片数多,生长良好,但愈伤组织诱导率及根分化受到明显的抑制;红光下根的分化速度最快,根分化率及综合培养力最高;蓝光对愈伤组织诱导率、叶绿素含量以及试管苗的干重,生物量有明显的促进;绿光和黑暗对茎尖的分化与生长均有不利影响,易出现玻璃化现象。研究表明,咖啡组培苗的光合能力随着培养容器内二氧化碳浓度的提高而提高。二氧化碳也可显著促进桉树组培苗的生长,反映在干重的增加,根长和生根率的提高上,同时光合速率也得到提高。

(2)组培苗生物学环境控制

组培苗根际环境主要包括物理环境(温度、水势、气体和液体的扩散能力、培养基的耐久性和紧密度)、化学环境(矿质营养浓度、添加的蔗糖多少、植物激素、维生素、凝胶剂及其他、培养基 pH 值、溶解氧及其他气体、离子扩散和消耗、分泌物等)、生物环境(竞争者、微生物污染、共栖微生物和来自培养过程产生的分泌物等)。组培苗生物环境控制,又称菌根生物技术,指通过接种引入有益的微生物建立和谐的根际微环境,克服组培苗逆境胁迫(如水分和养分缺乏)。有益微生物主要是菌根、真菌和细菌。其中,菌根、真菌以其公认的功能恰好能够解决上述问题,并能在移栽或定植后发挥功能,成为人们研究的热点。有人认为,由于组培植株生长在一个完全无菌的环境中,因此接种微生物可能是活体植物随后生长十分需要的。组培过程中有三个阶段(生根阶段、移栽时期、移栽后换盆时)可以接种有益微生物。许多研究已表明:在移栽时期和移栽后换盆时接种丛枝菌根真菌很有好处。采取移栽时接种丛枝菌根真菌的方式可获得很好的植物生长效应。在生根阶段的接种效益可能更高,关键是如何提高接种效率,开发合适的菌剂种类和技术。

目前,多数研究者仍将菌根真菌的介入时间,选择在试管苗生根之后,即是在组培苗的驯化培育阶段接种菌根真菌。带有菌根的菠萝组培苗,虽在驯化期间的生长状况与对照无明显差异,但移栽到大田 6 个月后,其高度明显大于对照;12 个月后,这种差异进一步增大,而且,菌根植株具有相当数量的吸根和吸芽,其叶中积累的 N 与 K 素也较多。龙血树属植物组培苗接种菌根后,可使幼苗的驯化过程缩短。有人指出:尽管菌根真菌的侵染程度很高,但在驯化期间,菌根对微繁植株的生长并无有益的影响。可见,在选择培养基种类、菌剂制作方法、培养条件,以及它们之间的相互配合方面,仍有许多亟待解决的问题。

9)试管苗移栽与管理

离体繁殖得到的试管苗能否大量应用于生产,取决于最后一关,即试管苗能否有高的移栽成活率。试管苗的质量是决定试管苗移栽成活率高低的主要因素,而提高移栽成活率是从组培苗到大田生产的关键所在。试管苗一般在高湿、弱光、恒温下异养培养,出瓶后若不保湿,则极易失水而萎蔫死亡。一般来说,造成试管苗死亡的主要原因有以下几个方面。

(1)根系不良

①无根。一些植物,特别是木本植物,在试管中,材料能不断生长、增殖,但就是不生根或生根率极低,因而无法移栽,只能采用嫁接法解决这一问题。

②根与输导系统不相通。从愈伤组织诱导的一些根与分化芽的输导系统不相通,有的组培苗的根与新枝连接处发育不完善,导致根枝之间水分运输效率低。如杜鹃花的组培苗根系输导系统不畅,移栽成活率较低。

③根无根毛或根毛很少。杜鹃花的组培苗根细小,且无根毛;牡丹组培苗的根长但无根毛或根毛很少;玫瑰的试管苗根系发育不良,根毛极少;而菊花、百合的试管苗在出瓶前,根就生有大量根毛,故它们的试管苗移栽远比杜鹃花、牡丹、玫瑰容易得多。

(2)叶片质量不高

①叶角质层、蜡质层不发达或无。在高湿、弱光和异养条件下分化和生长的叶片,其叶表面保护组织不发达或没有,易于失水萎蔫。试管苗叶表皮缺乏蜡质层,有人认为是高温、高湿和低光造成的,也有人认为是激素影响的结果。

②叶解剖结构稀疏。试管苗叶片未能发育成明显的栅栏组织;上下表皮细胞长度差异不显著;试管苗叶组织间隙大,栅栏组织薄,易失水,加之茎的输导系统发育不完善、供水不足,易造成萎蔫,甚至死亡。未经强光开瓶炼苗的试管苗,茎的维管束被髓线分割成不连续状,导管少,茎表皮排列松散、无角质,厚角组织也少;而经过强光炼苗的茎,则维管束发育良好,角质和厚角组织增多,自身保护作用增强。

因此,要采取以下几个方面的措施以提高移栽成活率。

(1)选择适宜继代次数的组培苗

继代的次数也会影响组培苗的质量,影响移栽后的生活力。百合鳞片作为外植体,通常在 10 d 左右,即可从鳞片处生产新芽,不需要诱导愈伤组织的形成,以免不必要的养分损耗,在此基础上即可进行生根培养,以获得完整的试管苗,继代次数一般为 3~8 次为宜。

(2)培育瓶生壮苗

对健壮苗的要求是根与茎的维管束相联通,根系不是从愈伤组织中间发生,而是从茎木质部上发生。同时不仅要求植株根系粗壮,还要求有较多的须根,以扩大根系的吸收面积,增强根系的吸收功能,提高移栽成活率。根系的长度以不在培养容器内绕弯为好,根尖的颜色应为细胞分裂旺盛的黄白色。在生根培养时,茎部粗壮、生命力强的生根幼苗移栽后成活率高,而丛生状的、细弱的组培苗生根移栽后,由于茎部细弱,失水快,极易萎蔫,成活率大大降低。有试验表明,在培养基中加入 $B_9$、CCC、$PP_{333}$ 等植物生长调节剂,可提高组培瓶苗的品质,提高移栽的成活率。

(3)选择适宜的移栽时间

幼苗长出几条短的白根后就应出瓶种植。根系过长,既延长瓶内时间,成活率也不高。实验发现,幼苗茎部伤口愈合长出根原基,而未待幼根长出即出瓶种植,不会损伤根系,也可缩短瓶内时间,移栽速度快,成活率较高。难生根的植物可选择无根嫩枝扦插技术,先在瓶内诱导根原基,取出后移入疏松透气的基质中,人为控制光照、温度,喷雾以提高空气湿度,使植株形成具有吸收功能的根系。扦插也难生根者,可将组培苗进行瓶外嫁接,利用砧木良好的根系,克服生根困难问题。

(4)选择合适的移栽容器及基质

穴盘移栽是组培苗进入大田的过渡,优点在于每株幼苗处于一个相对独立的空间,一经发生病害,不会快速蔓延引起其他植株死亡。适宜的移栽基质,应是既疏松通气,又有较好的保水性。湿度又不能太大,否则会影响根系的通气性引起烂根。基质选择的原则是疏松透气,具有一定的保水保肥能力,容易灭菌处理,不利于杂菌滋生。此外,小苗移栽基质除物理结构外,对于某些喜酸性的植株应相应的调整栽培基质的 pH 值,以利成活。如宜用树皮和碎石混合作为金钗石斛试管苗移栽基质,其通风透气,排水良好,又能保持湿度,最适合金钗石斛根系的生长要求,成活率高。木屑和石砾混合作为基质疏松透气,能保持一定的湿度,但排水稍差,控制不好很容易烂根。且长期的湿润环境的影响下,木屑容易滋生大量的苔藓,板结而影响到根的正常生长。用营养土和石砾混合作为基质,可以给试管苗提供良好的营养,但通风透气不足,排水性能差,易积水,很易造成烂根,影响移栽成活率。基质中喷施杀菌剂能杀死各种有害杂菌的营养体和孢子,使试管苗在刚移栽的一段时间内,处于一个病原菌相对较少的环境中,能顺利渡过从异养到自养的中间阶段。实验表明,用多菌灵 1000 倍液、甲基托布津 1200 倍液处理基质,可使枇杷试管苗移栽成活率提高 8% 和 13%。

(5)加强炼苗与壮苗训练

移栽前要进行炼苗与壮苗训练以提高组培苗的抗逆能力。应尽量诱导茎叶保护组织的发生和气孔调节功能的恢复。移栽前打开瓶口,逐渐降低湿度,并逐渐增加光照进行驯化,使新叶逐渐形成蜡质,产生表皮毛,降低气孔口开度,逐渐恢复气孔功能,减少水分散失,促进新根发生以适应环境。如百合组培苗培养成完整植株后,室温下不打开瓶盖,自然光照下练苗 1 周后,打开瓶盖练苗 2～3 d 后移栽,成活率较高。练苗应使原有叶片缓慢衰退,新叶逐渐产生。如降低湿度过快、光线增加过大,原有叶片衰退过快,则使得根系萎缩,原有叶片褪绿和灼伤、死亡或缓苗过长而不能成活。利用生长抑制剂和碳源可以矮壮植物的原理,采用不同浓度的 $PP_{333}$ 与蔗糖的处理,能够促进组培苗质量的提高。以往通常在培养室中炼苗,如果改在温棚或弓棚内炼苗,则可使试管苗生长条件更加接近移栽后的环境条件。炼苗时不要一次性揭开培养瓶封口膜,每天揭开一点,让试管苗逐渐适应棚内生态条件,直到试管苗把封口膜顶起时,再拆去封口膜,让试管苗完全暴露在空气中,使温度保持 25 ℃左右,湿度 100%。棚内要减少人员走动,给试管苗创造无菌环境,一旦发现瓶内有病菌滋生应立即移出。炼苗无时间限制,当试管苗的茎叶由浅绿变为深绿、油亮时就可以移栽到基质中。

(6)精心养护管理

①温度和光照。组培苗在种植的过程中温度要适宜,对于喜温的植物如南方观叶植物,应在 25 ℃左右为宜;对于喜凉爽的植物,如菊花、文竹等以 18～20 ℃为宜。温度过高,会使细菌更易滋生,蒸腾加强,不利于组培苗的快速缓苗;温度过低,则生长减弱或停滞,缓苗期加长,成活率降低。移栽要在光照弱的时候进行,光线过强,可用 50% 的遮阳网减弱光照,以免叶片水分损失过快,造成烧叶。

②水分和湿度。在培养瓶中的小苗因湿度大、茎叶表面防止水分散失的角质层等几乎没有,根系也不发达或无根,种植后很难保持水分平衡,某些对湿度要求严格的植物,如山茶、矮牵牛等,移栽幼苗若低于相对湿度 90%,小苗即卷叶萎蔫,如不及时提高湿度,小苗将会在 1 周内死亡。要保持较高湿度必须经常浇水,这又会使根部积水,透气不良而造成根系死亡。所以,只有提高周围的

空气湿度,降低基质中的水分含量,使叶面的蒸腾减少,尽量接近培养瓶中的条件,才能使小苗始终保持挺拔的姿态。定植后为防止土壤干燥应浇足水,并使组培苗的根系与栽培基质充分地接触。

③科学施肥。组培苗首次移栽1周后,可施些稀薄的肥水。视苗子大小,浓度逐渐提高。也应进行追肥,以促进组培苗的生长与成活。尽管很多植物组培已获得成功,但能大量用于生产并产生经济效益的却不多,这主要与试管苗能否有较高的移栽成活率有关。各种病菌对幼苗的侵袭是试管苗移栽后容易死亡的重要原因之一。利用杀菌剂提高植物试管苗移栽成活率是一种常用方法:一是用杀菌剂来处理移栽基质,二是在移栽后喷施杀菌剂,三是在移栽过程中利用杀菌剂处理试管苗根部。

## 6.1.5  花卉脱毒种苗母株的获得

1)花卉脱毒的概念与意义

自然界中,很多植物受病毒类病原菌侵染引起病毒类病害。这类病原菌种类繁多,病症表现也各不相同,但都引起植物的系统性发病表现特有的症状,均可通过嫁接等无性繁殖方式传播,也可由媒介昆虫传播。一般植株发病后多生长不良、器官畸形,轻则减产或使产品质量下降,重则造成毁种无收。无性繁殖的花卉,由于病毒是通过维管束传导的,在利用有维管束的营养体繁殖过程中病毒可通过营养体进行传递,逐代累积,病毒浓度越来越高,危害越来越严重。病毒病害严重影响着大多数植物的生长发育,制约着花卉生产,甚至给花卉生产带来灾害。特别是通过嫁接、扦插、根繁等常规无性繁殖的花卉。

国内外大量的研究和生产实践表明,脱除病毒植株的表现明显优于感病植株,产量可提高10%～15%,植株健壮,个体间整齐一致。国外的许多花卉等作物都已实现无毒化栽培,并由此产生了巨大的经济效益。美国、加拿大、荷兰等国早已将植物脱毒纳入常规良种繁育的一个重要程序,有的还专门建立大规模无病毒种苗生产基地,生产脱毒种苗供应全国生产的需要,甚至还出口到其他国家。

花卉脱毒,即用各种技术和方法如组织培养、物理的热处理等使病毒类病源(包括病毒、类病毒、植原体、螺原体、韧皮部及木质部限制性细菌等)从花卉植株体上脱去的过程。

2)花卉脱毒的方法

植物组织培养脱毒,是利用组织培养的技术与方法,把病毒类病原菌从外植体上全部或部分地去除,从而获得能正常生长的植株的方法。它是目前广泛应用和正在继续发展的主要脱毒方法,包括茎尖脱毒、茎尖微芽嫁接脱毒、愈伤组培培养脱毒、珠心组培培养脱毒,以及其他脱毒方法等。植物组织培养脱毒依据的主要原理是病原物在植物体内的分布不均匀及植物细胞和组织的全能性,采用不含病原物的组织和器官,通过组织培养分化,繁育成无病毒的植株材料。组织培养脱毒也可与作物遗传工程、品种改良和植物的快速繁育、工厂化育苗结合起来,有望成为更加有效和具有广阔应用和开发前景的方法。

(1)茎尖培养脱毒

茎尖培养脱毒是以茎尖为材料,在无菌条件下把茎尖生长点接种在适宜的培养基上进行组织培养,从而获得无病毒植株的方法。1952年,Morel等首先从感染有花叶病毒的大丽花上分离出茎尖分生组织(0.25 mm)培养得到植株,嫁接在大丽花实生砧木上检验为无病毒植株。从此,茎尖培养就成为脱毒的一个有效方法,并相继在菊花、兰花、百合、草莓、矮牵牛、鸢尾等花卉的茎尖培养脱

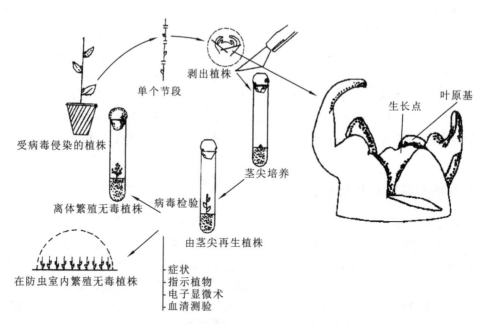

**图 6-6　香石竹茎尖培养无病毒植株示意图**

毒的研究中获得成功。茎尖培养脱毒可脱除多种病毒、类病毒、类菌原体和类立克次体,很多不能通过热处理脱除的病毒可以通过茎尖培养而脱掉(见图 6-6)。茎尖培养脱毒直接从茎尖生长获得植株,很少有遗传变异,能很好地保持品种的特性。

茎尖培养能够脱毒,是由于病毒类病原物主要是通过维管束传导的,其在感病植株内的分布上是不一致的。维管束越发达的部位,病毒类病源菌分布越多,越靠近茎顶端分生区域病原的浓度越低。由于生长点内无组织分化,即尚未分化出维管束,所以通常不存在毒原。病原物只有靠细胞之间的胞间连丝传递,这种移动速度很慢,难以赶上细胞不断分裂的生长速度。另外,分生组织中旺盛分裂的细胞,又有很强的代谢活性,使病毒类病原难以复制。

在进行茎尖培养时,切取的茎尖越小,带病的可能性就越小。但太小不易成活。在大多数研究中,无病毒植物都是通过培养 100～1000 $\mu m$ 长的外植体得到的,即通过培养由顶端分生组织及其下方的 1～3 个幼嫩的叶原基一起构成的茎尖得到的。就不同种类的植物和不同的病毒而言,切取茎尖的大小亦不相同,表 6-1 为几种植物茎尖切取长度的适宜范围。

**表 6-1　带病毒植物脱除病毒时宜采用的茎尖长**

| 植 物 种 类 | | 病 毒 种 类 | 适宜茎尖长/mm | 品种数 |
| --- | --- | --- | --- | --- |
| 大丽花 | D. pinnata | 花叶病毒 | 0.6～1.0 | 1 |
| 康乃馨 | D. caryophyllus | 花叶病毒 | 0.2～0.8 | 5 |
| 百合 | L. brownii | 各种花叶病毒 | 0.2～1.0 | 3 |
| 鸢尾 | I. tectorum | 花叶病毒 | 0.2～0.5 | 1 |
| 矮牵牛 | P. hybrida | 烟草花叶病毒 | 0.1～0.3 | 6 |
| 菊花 | D. × grandiflorum | 花叶病毒 | 0.2～1.0 | 3 |
| 二月兰 | Oxychophragmus violaceus | 芜菁花叶病毒 | 0.5～1.0 | 1 |

茎尖分生组织由于有彼此重叠的叶原基的严密保护,只有仔细解剖,无须表面消毒就可得到无菌的外植体。所以,应把供试植株种在无菌的盆土中,并放在温室中进行栽培。在浇水时,水要直接浇在土壤上,而不要浇在叶片上。此外,还要给植株定期喷施内吸性杀菌剂。对于某些田间种植的材料来说,还可以切取插条。由这些插条的腋芽长成的枝条,比田间植株上直接取来的枝条污染要少得多。尽管茎尖区域是高度无菌的,在切取外植体之前一般仍须对茎尖进行表面消毒。叶片包被紧密的芽,如菊花、菠萝、姜和兰花等,只需要在 75% 乙醇中浸蘸一下;而叶片包被松散的芽,如大蒜、麝香石竹等,则要用 0.1% 的次氯酸钠溶液表面消毒 10 min。这些消毒方法在工作中应灵活运用,以便适应具体的实验体系。

进行脱毒时,大小合乎脱毒需要的理想的外植体实际上是太小了,很难靠肉眼进行制备,因而需要 1 台带有适当光源的解剖镜(8-40X)。解剖时必须注意由于超净台的气流和解剖镜上碘钨灯散发的热而使茎尖变干,因此茎尖暴露时间应当越短越好。使用冷光源灯(荧光灯)或玻璃纤维灯则更为理想,若在衬有无菌湿滤纸的培养皿内进行解剖,也有助于防止这类小外植体变干。

在剥取茎尖时,要把茎芽置于解剖镜下,一只手用细镊子将其按住,另一只手用解剖针将叶片和叶原基剥掉。解剖针要经常蘸入 90% 的乙醇,并用火焰灼烧以进行消毒。当形似一个闪亮半圆球的顶端分生组织充分暴露出来之后,可用一个锋利的长柄刀片将分生组织切下来,上面可以带有叶原基,也可不带,然后再用同一工具将其接到培养基上。应特别注意的是,必须确保所切下来的茎尖外植体不要与芽的较老部分或解剖镜台或持芽的镊子接触,尤其是当芽未曾进行过表面消毒时更需如此。

在茎尖脱毒的过程中,培养基、外植体大小和培养条件等因子,会影响离体茎尖(100~1000 $\mu$m)再生植株的能力。外植体的生理发育时期也与茎尖培养的脱毒效果有关。

通过正确选择培养基,可以显著提高获得完整植株的成功率。培养基主要的是其营养成分、生长调节物质和物理状态(液态、固态)。茎尖分生组织培养脱毒所需的培养基包括多种大量元素和微量元素,现在一般使用的是改进的 MS 培养基。斐荣倍(1988)对传统的培养基做了大胆的改进,减少了微量元素及有机成分等十几种试剂,其繁殖的脱毒效果与 MS 培养基基本相同。简化培养基不仅降低了成本而且节省了时间。

外植体的生理状态也影响脱毒效果。所以,茎尖最好从活跃生长的芽上切取。如麝香石竹和菊花脱毒时,培养顶芽茎尖比培养腋芽茎尖效果好。

外植体剥取的时间也影响脱毒效果。这对于表现周期性生长习性的树木来说更是如此。在温带植物中,植株的生长只限于短暂的春季,此后很长时间茎尖处于休眠状态,直到低温或光打破休眠为止。在这种情况下,茎尖培养应在春季进行,若要在休眠期进行,则必须采用某种适当处理。

在最适合的培养条件下,外植体的大小可以决定茎尖的存活率。外植体越大,产生再生植株的概率也就越高。在木薯中只有 200 $\mu$m 长的植体能够形成完整的植株,再小的茎尖或是形成愈伤组织,或是只能长根。小外植体对茎的生根也不太有利。当然,在考虑外植体的存活率时,应该与脱病毒效率(与外植体的大小成负相关)联系起来。理想的外植体应小到足以能根除病毒,大到能发育成一个完整的植株。

大黄离体顶端分生组织必须带有 2~3 个叶原基才能再生成完整植株。叶原基能向分生组织提供生长和分化所必需的生长素和细胞分裂素。在含有必要的生长调节物质的培养基中,离体顶端分生组织能在组织重建过程中迅速形成双极性轴。理论上讲,不带叶原基的离体顶端分生组织有可能进行无限生长,并发育成完整植株,是可能的外植体,但对于脱毒实践来说,并不可行。正如,Murashige(1980)所说:"如果培养法得当,用较大的茎尖做外植体,其消除病毒的效果并不一定比只用分生组织差。"

一般来说,光照培养的效果通常都比暗培养好。但在进行天竺葵茎尖培养的时候,需要有一个完全黑暗的时期,这可能有助于减少多酚物质的抑制作用。关于离体茎尖培养的温度对植株再生的效应,截至目前还未见报道,培养通常都在标准的培养室温度下(25±2) ℃进行。

茎尖培养的效率除取决于外植体的存活率和茎的发育程度以外,还取决于茎的生根能力及其脱毒程序。在麝香石竹中,虽然冬季培养的茎尖最易生根,但夏季采取的外植体得到无毒植株的频率最高。

(2)茎尖微芽嫁接(MGST)脱毒

茎尖长出来的新茎,常常会在原来的培养基上生根,如若不能生根,则需另外采取措施。偶然情况下,在培养基中长出的茎,无论经过怎样的处理都不生根,如 Morel 和 Martin(1952)在大丽花中就遇到这种情况。在这种情况下,只要把脱毒的茎嫁接到健康的砧木上,就能得到完整的无毒植株。这称为茎尖微芽嫁接脱毒,是组织培养与嫁接相结合,是获得无病毒苗木的一种新技术。方法是将 0.1~0.3 mm 的茎尖作为接穗,嫁接到由试管中培养出来的无毒实生砧木上,继而进行试管培养,愈合成为完整植株的脱毒方法。其基本程序是:试管砧木苗的准备;茎尖嫁接;嫁接苗的培育与管理。

茎尖微芽嫁接脱毒可以解决一些木本观赏植物茎尖培养成苗难,特别是生根困难的问题。有些植物种类或品种,如格瑞弗斯苹果通过茎尖组织培养,可以获得无病毒新梢,但不能生根,只有通过茎尖微芽嫁接才能获得完整植株。

(3)愈伤组织培养脱毒

在许多其他植物的茎尖愈伤组织中也已经再生出无病毒植株。在受病毒全面侵染的愈伤组织中,某些细胞之所以不带病毒,可能是由于:病毒的复制速度赶不上细胞的增殖速度;有些细胞通过突变获得了抗病毒的特性。抗病毒侵染的细胞甚至可能与敏感型细胞存在于母体组织中。Murakishi 和 Carlson(1976)利用病毒在烟草叶片中分布不均匀的特性,通过愈伤组织培养获得了不带 TMV 的植株。在一个受到 TMV 侵染的叶片中,暗绿色的组织或者是不含病毒的,或者是病毒的浓度很低。因此,由这些组织中切取 1 mm 的外植体进行培养,再生植株有50%是无毒的。目前,从愈伤组织分化出无病毒植株的花卉植物主要有草莓、唐菖蒲、老鹳草等花卉。

除以上提到的组培脱毒方法外,还可从花粉、花药、胚及胚珠等外植体组织培养获得无病毒的植株。

花药或花粉培养也可作为一种脱毒方法,这种方法可结合单倍体育种进行,用花药培养进行草莓脱毒,脱毒率可达100%。花药培养获得的无毒材料多为高产优质的类型。

植物的感病组织中不是所有细胞都含有病毒。因此,也有人从感病植株分离原生质体、愈伤细胞或其他细胞,继而培养获得植株,然后通过鉴定病毒从中选择无病的材料。

关于一些植物种胚中不携带病毒的原因有两种观点:一种观点认为病毒不能进入胚中,植物子房中胚与其他母体细胞之间缺少维管束组织和胞间连丝的关系;另一种是认为病毒能进入胚,但进入后为寄主所消灭。有这样一种现象,种子在未成熟时带有病毒,到成熟时,病毒就消失了。这就说明,即使没有胞间连丝,病毒还可以通过其他途径进入胚中,但是有些植物的种子中存在着一种抑制病毒的物质。此外,还有人认为是有些种胚中缺少病毒增殖所需的重要物质,而使病毒不能复制。

此外,温热疗法脱毒,其原理是将植物组织置于高于正常温度的环境中,组织内部的病原体受热后部分或全部钝化失去侵染能力,但寄主植物的组织很少或不受伤害,植物的新生部分不带病毒,取该部分无病毒组织培育从而达到脱毒的目的。香石竹植株38℃下连续处理2个月,可消除茎尖内的所有病毒。香石竹进行脱毒热处理时,相对湿度必须保持在85%~95%之间,准备接受热处理的植株必须具有丰富的碳水化合物储备。

与温热疗法相对的是冷疗法脱毒。菊花植株在5℃条件下经4~7.5个月处理后,切取茎尖进行培养,可以除去菊花矮化病毒(CSV)和菊花褪绿斑驳病毒(CCMV)(见表6-2),未经处理的茎尖培养则无此效果。

表6-2　菊花植株在5℃条件下处理4~7.5个月后茎尖培养脱除病毒效果

| 病毒 | 处理时间/月 | 茎尖培养数/个 | 无病毒植株百分数/(%) |
| --- | --- | --- | --- |
| CSV | 4 | 9 | 67 |
| | 7.5 | 51 | 73 |
| CCMV | 4 | 37 | 22 |
| | 7.5 | 73 | 49 |

有些花卉对高温非常敏感,也可采用冷疗法结合茎尖培养来脱毒。如三叶草的脱毒,将准备切取茎尖的母株在取茎尖之前,放在10℃中经过2~4个月,以代替热处理,可以部分去除病毒。

3)病毒检测

应当指出,所谓无病毒苗只是相对而言,许多植物有多种已知的病毒类病原及尚未知道的该类病原。通过茎尖培养的幼苗,经过鉴定证明已去除主要危害的几种病原,即已达到目的,因此称之为"无特定病原苗"或"检定苗",比泛称"无病毒苗"更合理。但为方便起见,多采用"无病毒苗"名称,这是特指无特定病毒类病原的一类幼苗。

脱毒苗的检测通常是在相关部门和权威机构的参与、指导和监督下进行的。通过以无病毒存在,才是真正的无病毒苗,才能在生产中推广应用。近十年来,人们一直在探索比较简便、快速、准确的检测技术,以满足科研、教学和生产的实际需要。最初人们是通过症状表现来判断的,以后采用组织化学染色技术、荧光染色技术、免疫学技术即免疫荧光、免疫电镜、ELISA及PCR方法。这些技术在不同的时期起到了有效检测作用。

(1)症状和内含体观察法

症状观察法是根据某些病原物对植株的危害所造成的特有症状,如花叶、畸形、斑驳等,在继代培养中组培苗和苗木栽植后的一段时间内是否有这些特有症状的出现,来判断植株是否脱除病原物。如果有典型症状,就说明没有脱除病原。这是一种最简便最直接的方法,但它一般要与其他检测方法结合起来,才能有效说明植株是否脱除了病原物。病毒具有严格的细胞内寄生性,在适宜寄主细胞内能生长、繁殖。有的病毒在寄主细胞内还形成一定形状,在光学显微镜下可以看到的病变结构(即内含体)。因此,可通过观察植物体内是否含有病毒内含体,从而判断植物体内是否存在病毒。

(2)指示植物鉴定法(传染试验)

也称为枯斑和空斑测定法,是利用病毒在其他植物上产生的枯斑来鉴别病毒种类的方法。该方法是美国病毒学家 Holmes 在 1929 年发现的,其做法是用感染 TMV 普通烟叶的汁液与少许金钢砂混合,在健康烟叶上摩擦,22~28 ℃半遮荫条件下 2~3 d 后指示植物叶片上出现了局部坏死斑。这种方法需要专门用来产生局部病斑的寄主即指示植物,并且不能测出病毒的浓度,只能测出病毒的相对感染力。此外,该方法只能用来鉴定靠汁液传染的病毒。为了提高检测的准确性,指示植物应在严格防虫条件下隔离繁殖,以防交叉感染。

(3)抗血清鉴定法

根据沉淀反应的原理,当含有病毒抗体的抗血清与植物病毒相结合时会发生血清反应。不同病毒产生的抗血清都有各自的特异性,即对稳定的病毒发生反应,因此,可用已知病毒的抗血清鉴定未知病毒的种类。这种抗血清是一种高度专化性的试剂,且特异性高,测定速度快,一般几个小时甚至几分钟就可以完成,因此抗血清法成为植物病毒鉴定中有用的方法之一。但是,本方法程序复杂,技术要求高,需要提前做许多工作,不仅需要进行抗原的制备,包括病毒繁殖、病叶研磨和粗汁液澄清、病毒悬浮液提纯、病毒沉淀等过程,还需要进行抗血清的制备,包括动物的选择和饲养、抗原的注射和采血,抗血清的分离和吸收等过程,因而一般单位难以完成。

(4)电子显微镜检查法

植物病毒等病原物很小,不能通过肉眼直接观察到,即便用普通光学显微镜也很难看到,但利用电子显微镜可以容易发现其微粒的存在。利用电子显微镜对病原物进行直接观察,检查出植物体内有无病原物存在,从而确定植物是否脱除了病原物。电镜法与指示植物法和抗血清法不同,它可以直接观察有无病毒粒子,以及观察到病毒粒子的形状、大小、结构和特征,并根据这些特征来鉴定是哪一种病毒。例如,许多学者通过电子显微镜对 MLO 病原进行了观察,在患有丛枝病的泡桐、枣树苗木体内观察到了 MLO 病原的存在。这是一种先进的检测方法,但需要一定的设备和技术,并且成本高,操作复杂,在有条件的单位可以应用。

(5)分光光度法

把病毒的纯品干燥,配成已知浓度的病毒悬浮液,在 260 nm 下测其光密度并折算成消光系数。常见病毒的消光系数都可查出来,根据待测病毒的消光系数就可知道病毒的浓度。本法所测的病毒浓度是指全部核蛋白的浓度,此外本法测某一已知病毒的纯品很方便,但不适合测量未知病毒的样品,最好与血清法结合起来。

(6)组织化学检测法

组织化学检测法是利用迪纳氏染色法反应来判断植株是否带有病原物,即病梢切片经迪纳氏染色后呈阳性,健康枝梢切片呈阴性。其做法是,取待检苗木嫩梢制成徒手切片,厚度约为 100 $\mu$m,用迪纳氏染色液染色 20 min 后,用蒸馏水冲洗干净,放在光学显微镜下检查。切片木质部导管呈亮绿色,病株的韧皮部筛管被染成了天蓝色,健康植株的切片韧皮部筛管则不着色。这种方法简单、迅速,但有时具有非特异性反应,其可行性有待在生产中进一步检验。

(7)荧光染色检测法

荧光染色检测法是根据待检材料染色后,在荧光显微镜发出荧光的情况来判断的。一是以苯胺蓝为染色剂,与病株筛管中积累的胼胝质结合并染色,发出荧光反应。例如,泡桐、枣树丛枝病病原 MLO 检测方法是,取植株幼茎制成厚度为 20~30 $\mu$m 徒手切片,在蒸馏水中煮沸数分钟固定后,用 0.01%苯胺蓝液染色 20 min,用蒸馏水冲洗干净后,放在荧光显微镜下检查。由于植株在正常的生长条件下,筛管的老化、季节的变化和各种逆境都可能导致胼胝质的积累,因此,这种检测方法的精确性也不是很高,只能作为检测 MLO 侵染的一种辅助手段。二是以 DAPI 为染色剂。检测泡桐丛枝病病原 MLO 的做法是,在组培苗幼茎、叶柄等部位切取厚约为 20～30 μm 的切片,用 5％的戊二醛溶液固定 2 h,再用 0.1 M 硫酸缓冲液冲洗 2～3 次后,滴加 1 μg/mL 的 DAPI 液染色约 20 min。然后在荧光显微镜下观察,若在韧皮部或筛管中产生特异性黄绿色荧光反应,则说明组织中有 MLO 存在。

荧光染色法检测 MLO 灵敏度高、特异性强,且荧光强度在一定程度上还可反映出 MLO 的含量,但是,DAPI 也可以使植物细胞内的线粒体、叶绿体等发出荧光,而产生一定的干扰,因此这一方法的应用仍存在一定的局限性。

(8)PCR 检测法

PCR(Polymerase Chain Reaction)检测法,即聚合酶链式反应检测技术,是近年来才开始用于植物 MLO 检测上。自 1990 年 Deng 和 Hiruki 报道用 PCR 检测翠菊黄化病类菌原体之后,PCR 技术广泛应用于植物类菌原体的检测。它是根据植原体的 16SrRNA 基因序列设计并合成引物,以病原核酸为模板通过 PCR 特异扩增来检测植原体的存在与否。泡桐丛枝病 MLO 的 PCR 检测表明,这项技术可以检测植株中 MLO。其主要做法是:先提取待检样品植株的 DNA,再根据 MLO 的 16SrRNA 设计一对核苷酸引物,取样本 DNA 进行 PCR 反应。如果样本含有 MLO 则通过 PCR 反应会扩增出约 1.2 kb 的 DNA 片段,而健康苗则没有 DNA 带出现。这种检测技术灵敏程度高,特异性强,可以检测组培病苗材料稀释 106～107 倍的 DNA,比传统的方法在准确度和灵敏度上有了大幅度提高。

目前生产实践上,植物病毒鉴定常用的方法是:①内含体观察和症状观察鉴定法;②指示植物鉴定法;③抗血清鉴定法;④电子显微镜鉴定法。前两种方法简便易行,成本较低,广为采用。后两种方法鉴定的结果虽然准确而且快速,但要求的条件较高。

(9)病毒检测程序与脱毒种苗质量分级、保存

进行病毒检测鉴定时,首先应对该地区病毒侵染的种类及危害程度有一个比较清楚的了解,这样可以确定脱毒的目标。目标确定后,应对供体植物的染病情况进行检测,然后根据茎尖来源再对培养植株分别进行检验,当诱导植株无目标病毒存在时,才能确认达到脱毒的效果。这种检验一般需要进行 2～3 次,经检验不带毒的植株才能被称为脱毒苗。

根据脱毒种苗的质量可简单地分为四个级别,其标准如下。

①脱毒种苗:即对同一茎尖形成的植株经 2～3 次鉴定,确认脱除了该地区主要病毒的传染,达到了脱毒效果的苗木,使用效果最佳。这是脱毒后在不同要求的隔离条件下,扩繁而成的种苗的统称。

②脱毒试管苗:又称脱毒原原种苗,由茎尖组织脱毒培养的试管苗和试管微繁苗,经 2～3 次特定病毒检测为不带病毒,主要用于繁育脱毒原种苗。

③脱毒原种苗:由脱毒试管苗严格隔离条件下繁育获得,无明显病毒感染症状,病毒感染率低于 10％。本级种苗主要用于繁育生产用种。隔离效果好,病毒感染率低的,可继续留作本级种苗繁育,但一般沿用不超过 3 a。

④生产用种苗:又称少毒苗,简称脱毒苗。由脱毒原种苗在适当隔离区避蚜繁育而获得,病毒症状轻微或可见症状消失,长势加强,可起到防病增产的效果,允许感染率 10％～20％。本级种苗主要用于繁育和供应生产使用。隔离条件好、病毒感染率低的可继续留用本级种苗,但一般以

2～3 a为限。

原原种苗和原种苗的保存需要在无毒网或专门生产的温室内进行。

(10)脱毒种苗的繁育体系

只有采用一定的措施和繁育体系,才能保证4个级别脱毒种苗的质量,确保生产者的利益和顺利推广应用。脱毒种苗的繁育体系分为品种筛选→茎尖组培→病毒检测→脱毒苗快繁→各级种苗生产与供应等环节。这些环节既相对独立,又相互关联,只有协调好各个环节,才能确保生产需求。具体操作程序是:①了解脱毒植物的生活习性、繁殖方法及市场需求状况。调查该植物在当地病毒危害的种类及发病情况,并查阅资料,确定茎尖脱毒的培养方法、取材大小及处理措施。②用解剖镜剥离茎尖直接培养诱导成苗,或经热处理、化学处理等方法直接或间接诱导成苗。③脱毒培养株的鉴定、繁殖与移栽。④原原种在无毒环境中的保存与繁殖。⑤原种的采集及在无毒环境中的保存、繁殖与再鉴定。⑥生产用种的采集与繁殖。

各地在应用无毒苗时要注意土壤消毒或防治蚜虫,以减缓无毒苗再感染的发生。一旦感染病毒,产量、质量下降,应重新采用无毒苗,确保生产的正常进行。

(11)脱毒苗再感染的预防

经过脱毒的植株,也会因重新感染病毒而带病,而自然界中植物往往受多种病毒的传染,因此真正获得全脱毒苗是比较困难的。无病毒苗培育成功后,还需要很好地隔离保存,防止病毒的再感染。通常无病毒原种材料是种植在隔离网室中,隔离网以300目的网纱为好,网眼规格为0.4～0.5 mm,主要是防止蚜虫进入传播病毒。

栽培土壤要严格消毒,并保证材料在与病毒严格隔离的条件下栽培。生产场所应根据病毒侵染途径做好土壤消毒和蚜虫防治等工作。在新种植区、新种植地块,要较长时间才会再度感染;而曾种植过感病植株的重作区在短期内就可感染。有条件的地方要将原种保存在海岛或高岭山地,气候凉爽、虫害少,有利于苗木无病毒性状的保持。

总之,各地应用无病毒苗时,要从当地实际出发,采取相应的措施来防治病毒的再感染,一旦感染,影响生产质量时,就应重新采用无病毒苗,以保证生产的正常进行。

## 6.1.6 组织培养的应用

1)在花卉育种上的应用

(1)胚、胚珠、子房培养(统称胚培养)

采用胚培养,目的是解决种间、属间等远缘杂交中杂种胚停止发育的。目前,用胚珠、子房进行组培比用胚培养的成功率更高。用胚珠培养的花卉植物有凤仙、矮牵牛、葱兰、罂粟等。兰花种子经常在发育过程中,不成熟或成熟种子太小,可以将胚取出在培养基上培养,以获得大量种苗。

(2)试管内受精

在育种工作中,往往由于柱头、花柱的缘故而影响花粉的萌发及花粉管的伸长,致使亲和性减退,试管内受精,可使花粉不经过柱头及花柱而直接进入胚珠内受精,可以克服自花不孕或远缘杂交不亲和现象。上海园林科研所的黄济明用王百合(*Lilium regale*)作母本,大卫百合(*L. davidii*)作父本进行试管内受精,将王百合的花柱切除后进行授粉,从而获得幼胚,并诱导成苗。采用试管内授粉的花卉还有罂粟、矮牵牛。

（3）用花药、花粉培养成单倍体植物

用花药培养成单倍体植物，单倍体植物用秋水仙碱处理使染色加倍，能在短时间内育成遗传变异固定的纯系，有利于缩短花卉育种的年限。

（4）原生质融合产生体细胞杂种

用酶去除细胞壁，单独培养细胞原生质，也可使细胞壁再生。在特定的条件下，裸露的原生质可以与其他原生质融合。融合的原生质还能再形成细胞壁，这种融合细胞进行分裂和增殖后，诱导形成的新植物体就是体细胞杂种。用这种方法可以得到有性生殖不能得到的种间杂种或属间杂种。Melchers（1978）采用此方法，将番茄的叶肉细胞与马铃薯的块茎细胞形成融合细胞育成"*Pomato*"的人工杂种。

（5）其他

将天然或人工产生的嵌合状突变加以分离，繁殖其变异体，在菊花、非洲菊、秋海棠、天竺葵等花卉植物上已经获得成功。

2）无病毒（脱毒）植物体培养

利用植物病毒较少的根尖或茎尖分生组织进行培养，可以培养出无病毒植株。对感染各种病原菌而濒于灭绝的珍贵种质资源，也可采用此方法保存。

3）加速营养繁殖

可以利用植物激素来控制再分化过程及再分化数量，从而提高繁殖系数。

4）营养体冻结贮藏

可将一些花卉的细胞、组织、花药、子房等在－196 ℃液氮进行冻结贮藏，需要繁殖时将它们取出，经过组织培养再生出个体。这种方法可使营养体能够同种子一样较长时期地保存下来。将材料长期保存在非结冰的低温下，每隔一段时间加一些液体培养基，可以长期保存种质资源。

# 6.2 无土栽培

无土栽培是指不用土壤而采用无机化肥溶液，也就是营养液栽培植物的技术。无土栽培是一门古老又新兴的科学技术。早在1699年英国科学家伍德华德（Woodward）就开始研究无土栽培研究，他用雨水、河水和花园土浸出的水来培养薄荷，研究结果表明，花园土浸出的水种植的薄荷生长得最好，因此，得出结论：植物的生长是由土壤中的某些物质决定的。1840年德国化学家李比希（Liebig）提出植物矿质营养学说。1860年，克诺普（Knop）和萨克斯（Sachs）第一次进行无土栽培的精确实验，用无机盐制成的人工营养液栽培植物获得成功，植株在营养液中正常生长并结出种子，标志着营养液技术已经成熟。中国无土栽培始于1941年，俞诚如和陈怀圃著书《无土种植浅说》。1945年美军在南京用无土栽培生产蔬菜。1977年，马太和在沙窝苗圃向技术人员介绍无土栽培。

## 6.2.1 无土栽培的优点

表6-3显示，花卉无土栽培与土壤栽培相比有以下的优缺点。

表 6-3  花卉无土栽培与土壤栽培的优缺点比较

| 指　标 | 无　土　栽　培 | 土　壤　栽　培 |
|---|---|---|
| 产量 | 高 | 低 |
| 质量 | 高 | 低 |
| 异味 | 无 | 有 |
| 带菌 | 无 | 有 |
| 尘土污染 | 无 | 有 |
| 生长调控 | 容易 | 不容易 |
| 搬运 | 轻便 | 沉重不便 |
| 水土限制 | 无、可在太空、屋顶、陆地、戈壁、沙漠、舰艇、海面、地下种植 | 有，必须是在水土条件好的地方种植 |
| 营养限制 | 无，用平衡营养液供应养分 | 有，有的地方还存在严重的土壤化学问题 |
| 劳力及时间 | 节省 | 强度大 |
| 占用地面 | 少 | 多 |
| 专门技术 | 需要 | 不需要 |
| 一次性投资 | 大 | 小 |

注:引自王华芳《花卉无土栽培》。

图 6-7　无土栽培

花卉无土栽培的主要优点:产量高,花大色艳,质量高;安全卫生,无污染;节省水分、养分、劳动力;生产不受季节和土壤限制。立体无土栽培见图 6-7。

### 6.2.2　无土栽培的原理

无土栽培的基本原理,就是不用天然土壤而根据不同植物的生长发育所必需的环境条件,尤其是根系生长所必需的基本条件,包括营养、水分、酸碱度、通气状况及根际温度等,设计满足这些基本条件的装置和栽培方式来进行不需要土壤的植物栽培。因此,要掌握好无土栽培的技术,不仅要了解植物栽培有关知识,而且要掌握营养液的管理技术。由于无土栽培可人工创造良好的根际环境以取代土壤环境,有效防止土壤连作病害及土壤盐分积累造成的生理障碍,充分满足植物对矿质营养、水分、气体等环境条件的需要,栽培用的基本材料又可以循环利用,因此具有明显的优势。

### 6.2.3　无土栽培的方法

无土栽培方法很多,依据所用基质不同可分为以下三类。

1)水培法

(1)一般水培法

用水培槽(见图 6-8)栽培,可用木材、塑料、水泥或砖砌成水培槽,槽宽一般为 1.2 m,深 15～30 cm,槽内刷一层沥青或用塑料薄膜作衬里,水槽上面的种植床深 5～10 cm,底部托一层金属或塑料网,种植床内覆盖约 5 cm 厚的基质,如泥炭、木屑、谷壳、干草等。槽内营养液在播种或移植时,液面稍高,离种植床面 1～3 cm,以不浸湿种植床面为准。待植物的根系逐渐伸长,可随根加长使营养液面下降,以离床面 5～8 cm 为宜。槽内的装置要有出水和进水管,以调整液面高度。

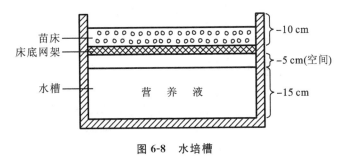

图 6-8　水培槽

(2)营养膜栽培法

使槽内营养液不断流动,植物固定槽中。营养液面较浅,可保证氧气供应,如图 6-9 所示。

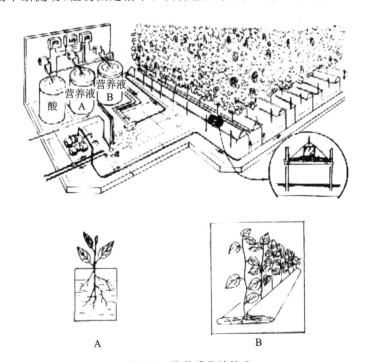

图 6-9　营养膜栽培技术

A—营养袋培养植株;B—营养膜栽培设施纵剖面

(3)地下灌溉法

在栽培槽底中部做一缓坡排水,槽外设营养液槽,槽内贮存的营养液容量不少于栽培槽的一半。然后用离心抽水机将贮有营养液的槽与栽培槽连接。每天按时抽营养液于栽培槽内。营养液可重复使用。

2)基质培法

植物栽培在清洁的各种基质中,如沙、砾、锯末、泥炭、蛭石、珍珠岩、岩棉等。栽培容器:小面积栽培,可用盆或箱;大面积栽培,可用栽培槽,槽宽 1.2 m,深 30 cm。填入基质后,施营养液时,将营养液用铜管或塑料管开小孔漫灌于基质中。基质培养的植物,在生长初期,每周给 1～2 次营养液,如为生长特快的植物,每天供给 1 次,每次用量以饱和为宜,数次后用清水冲洗 1 次。沙培灌溉见图6-10、图 6-11、图 6-12。

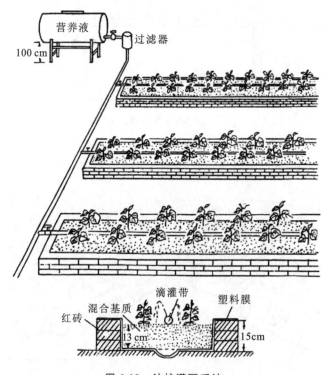

图 6-10 沙培灌溉系统

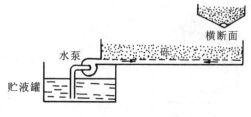

图 6-11 下方灌溉的砾培

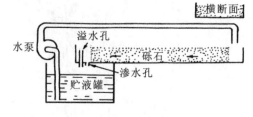

图 6-12 上方灌溉的砾培

3)雾培法

将营养液化作水雾,供根、茎、叶吸收(见图 6-13)。

4)其他

其他无土栽培方法包括筒培、瓶栽。

### 6.2.4　营养液

无土栽培的营养液是栽培植物过程中很重要的内容,不同花卉植物对营养液的要求不同,主要与营养液的配方、浓度和酸碱度等有关。

1)常用的矿质肥料

营养液包括:水、大量元素、微量元素和超微量元素。无土栽培主要采用矿物质营养元素来配制营养液,要使营养液具备植物正常生长所需的元素,又易被植物利用,是配制营养液时首先要考虑的。可用于配制营养液的常用矿质肥料,见2.5节相关内容。

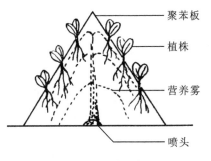

图 6-13　雾培示意图

（图标注：聚苯板、植株、营养雾、喷头）

2)营养液配方

花卉植物不同对营养元素的需求也不同,因此,适用的配方也不同。下列介绍几种常用的营养液配方(见表6-4～表6-9)。

表 6-4　道格拉斯的孟加拉营养液　　　　　　　　　　单位:g/L

| 成　　分 | 化学式 | 营养液（五种配方） | | | | |
|---|---|---|---|---|---|---|
| | | 1 | 2 | 3 | 4 | 5 |
| 硝酸钙 | $Ca(NO_3)_2$ | 0.06 | — | — | 0.16 | 0.31 |
| 硝酸钠 | $NaNO_3$ | — | 0.52 | 1.74 | — | — |
| 硝酸钾 | $KNO_3$ | — | — | — | — | 0.70 |
| 硫酸铵 | $(NH_4)_2SO_4$ | 0.02 | 0.16 | 0.12 | 0.06 | — |
| 过磷酸钙 | $CaSO_4+Ca(H_2PO_4)_2$ | 0.25 | 0.43 | 0.93 | — | 0.46 |
| 磷酸二氢钾 | $KH_2PO_4$ | — | — | — | 0.56 | — |
| 硫酸钾 | $K_2SO_4$ | 0.09 | 0.21 | 0.16 | — | — |
| 碳酸钾 | $K_2CO_3$ | — | — | — | — | — |
| 硫酸镁 | $MgSO_4$ | 0.18 | 0.25 | 0.53 | 0.25 | 0.40 |
| 总计 | | 0.80 | 1.61 | 3.48 | 1.03 | 1.87 |

注:引自北京林业大学园林学院花卉教研室《花卉学》。

表 6-5　格里克基本营养配方表　　　　　　　　　　单位:g

| 化　合　物 | 化　学　式 | 数量 |
|---|---|---|
| 硝酸钾 | $KNO_3$ | 542 |
| 硝酸钙 | $Ca(NO_3)_2$ | 96 |
| 过磷酸钙 | $CaSO_4+Ca(H_2PO_4)_2$ | 135 |
| 硫酸镁 | $MgSO_4$ | 135 |
| 硫酸 | $H_2SO_4$ | 73 |
| 硫酸铁 | $Fe_2(SO_4)_3 \cdot nH_2O$ | 14 |
| 硫酸锰 | $MnSO_4$ | 2 |

续表

| 化 合 物 | 化 学 式 | 数量 |
|---|---|---|
| 硼砂 | $Na_2B_4O_7$ | 1.7 |
| 硫酸锌 | $ZnSO_4$ | 0.8 |
| 硫酸铜 | $CuSO_4$ | 0.6 |
| 加水配成 1000L 的溶液 | | 合计 1000.1 |

注:引自北京林业大学园林学院花卉教研室《花卉学》。

**表 6-6　汉堡营养液配方表**　　　　单位:g/L

| 大量元素 | | | 微量元素 | | |
|---|---|---|---|---|---|
| 硝酸钾 | $KNO_3$ | 0.70 | 硼酸 | $H_3BO_3$ | 0.0006 |
| 硝酸钙 | $Ca(NO_3)_2$ | 0.70 | 硫酸锰 | $MnSO_4$ | 0.0006 |
| 过磷酸钙 | 含 20% $P_2O_5$ | 0.80 | 硫酸锌 | $ZnSO_4$ | 0.0006 |
| 硫酸镁 | $MgSO_4$ | 0.28 | 硫酸铜 | $CuSO_4$ | 0.0006 |
| 硫酸铁 | $Fe_2(SO_4)_3 \cdot nH_2O$ | 0.12 | 钼酸铵 | $(NH_4)_6MO_7O_{24} \cdot 4H_2O$ | 0.0006 |
| 合计 | | 2.28 | 合计 | | 0.003 |

注:引自北京林业大学园林学院花卉教研室《花卉学》。

**表 6-7　凡尔赛营养液配方表**　　　　单位:g

| 大量元素 | | | 微量元素 | | |
|---|---|---|---|---|---|
| 硝酸钾 | $KNO_3$ | 568 | 碘化钾 | KI | 2.84 |
| 硝酸钙 | $Ca(NO_3)_2$ | 710 | 硼酸 | $H_3BO_3$ | 0.56 |
| 磷酸铵 | $NH_4H_2PO_4$ | 142 | 硫酸锌 | $ZnSO_4$ | 0.56 |
| 硫酸镁 | $MgSO_4$ | 284 | 硫酸锰 | $MnSO_4$ | 0.56 |
| 氯化铁 | $FeCl_3$ | 112 | | | |
| 合计 | | 1816 | 合计 | | 4.52 |

注:引自北京林业大学园林学院花卉教研室《花卉学》。

**表 6-8　菊花营养液的配方**　　　　单位:g

| 成 分 | 数量 |
|---|---|
| 硫酸铵 | 42 |
| 硫酸镁 | 140 |
| 硝酸钙 | 301 |
| 硫酸钾 | 112 |
| 磷酸二氢钾 | 91 |
| 柠檬酸铁铵　133<br>硫酸　14<br>蒸馏水　2240 | 28 |
| 水 | 181.61 |

注:引自北京林业大学园林学院花卉教研室《花卉学》。

表 6-9　唐菖蒲营养液的配方　　　　　　　　　单位:g

| 成　　分 | 数　　量 |
|---|---|
| 硫酸铵 | 28 |
| 硫酸镁 | 42 |
| 磷酸钙 | 84 |
| 硝酸钾 | 112 |
| 氯化钾 | 112 |
| 硫酸钙 | 49 |

| 硫酸亚铁 | 77 | | |
|---|---|---|---|
| 硫酸 | 14 | 28 | |
| 蒸馏水 | 2240 | | 水　181.61 |

注:引自北京林业大学园林学院花卉教研室《花卉学》。

3)营养液配制

(1)营养液的浓度

营养液浓度对花卉植物生长的影响很大。矿物质营养元素一般应控制在千分之四以内。浓度太高,易造成根系失水,植株死亡;浓度太低,易导致营养不足,植物生长不良。表 6-10 显示几种花卉所需营养液浓度。

表 6-10　几种花卉所需营养液浓度　　　　　　　　　单位:g/L

| 1 | 1.5~2 | 2 | 2~3 | 3 |
|---|---|---|---|---|
| 杜鹃花 | 仙客来 | 彩叶草 | 文竹 | 天门冬 |
| 秋海棠 | 小苍兰 | 马蹄莲 | 红叶甜菜 | 菊花 |
| 仙人掌 | 非洲菊 | 龟背竹 | 香石竹 | 茉莉 |
| 蕨类植物 | 风信子 | 大丽花 | 天竺葵 | 水芋 |
| | 鸢尾 | 香豌豆 | 一品红 | 荷花 |
| | 百合 | 昙花 | | 千屈菜 |
| | 水仙 | 唐菖蒲 | | 八仙花 |
| | 蔷薇 | | | |
| | 郁金香 | | | |

(2)营养液的酸碱度

营养液的酸碱度(pH 值)是由水中的氢离子和氢氧离子浓度决定的。营养液中氢离子浓度增大时,使 pH 值小于 7,溶液呈酸性;营养液中氢氧离子浓度增大时,使 pH 值大于 7,溶液呈碱性。溶液的 pH 值小于 4.5,为强酸性;溶液的 pH 值为 4.6~5.5,为酸性;pH 值为 5.6~6.5,为微酸性;pH 值为 6.6~7.4,为中性;pH 值为 7.5~8.0,为微碱性;pH 值为 8.1~9.0,为碱性;pH 大于 9.0,为强碱性。

营养液的 pH 值关系到肥料的溶解度和植物细胞原生质膜对营养元素的通透性,直接影响到养分的存在状态、转化和有效性,因而是非常重要的。pH 值对营养液肥效的影响包括:一是直接影响植物吸收离子的能力,二是影响营养元素的有效性,从而导致植物营养的失衡。对于绝大多数植物而言,适宜的 pH 值是 5.5~7.0,为了使营养液的 pH 值处在适合的范围内,营养液配制好后应予以测定和调整其 pH 值。表 6-11 显示不同植物适宜的营养液 pH 值范围。

表 6-11　不同植物适宜的营养液 pH 值范围

| 4.5~5.5 | 5.5~6.5 | 6.5~7.4 | 7.0~8.0 |
|---|---|---|---|
| 蕨类 | 槐树 | 风信子 | 黄杨 |
| 栀子 | 五针松 | 晚香玉 | 迎春 |
| 米兰 | 茉莉 | 玉兰 | 垂柳 |
| 兰科 | 君子兰 | 矮牵牛 | 银桦 |
| 杜鹃花 | 百合 | 桂花 | 桧柏 |
| 绣球花 | 仙客来 | 三色堇 | 葡萄 |
| 山茶花 | 代代 | 牡丹 | 石榴 |
| 彩叶草 | 大岩桐 | 香石竹 | 夹竹桃 |
| 马蹄莲 | 郁金香 | 水仙 | 榆叶梅 |
| 凤梨科 | 蒲苞花 | 文竹 | 向日葵 |
| | 一品红 | 天竺葵 | 仙人掌 |
| | 秋海棠 | 朱顶红 | |
| | 羽衣甘蓝 | 金盏菊 | |
| | 变色鸢尾 | 莕菜 | |
| | 倒挂金钟 | 瓜叶菊 | |
| | 吊钟海棠 | 雪松 | |
| | 四季报春 | 紫罗兰 | |
| | | 雏菊 | |
| | | 金鱼草 | |
| | | 蔷薇 | |
| | | 白兰花 | |
| | | 菊花 | |
| | | 月季 | |

(3)络合物

络合物是一个金属离子与一个有机分子中两个赐予电子的基形成的环状构造化合物。金属离子被螯合剂的有机分子络合后,推动其离子性能,就不再容易发生化学反应而沉淀,但却仍能被植物吸收。微量元素中以铁最易于络合,其次为铜、锌,再次为锰、镁。

4)营养液的管理

①配制营养液应采用易于溶解的盐类,以满足植物的需要。营养液浓度一般应控制在千分之四以内。

②营养液的 pH 值要适当。一般营养液的 pH 值为 6.5 时,植物优先选择硝态氮。营养液的 pH 值在 6.5 以上或为碱性时,则以铵态氮较为适合。

③对于微量元素要严格控制,否则会引起中毒。原则上任何一种元素的浓度不能下降到它原

来在溶液内浓度的 50％以下。

④营养液是个缓冲液,要及时测定和保持其 pH 值。

⑤注意在配制时,往往会发生沉淀或植物不能吸收利用的现象,因此要注意将某些化合物另外存放或更换其他化合物,无法更换时,应在使用时再加入。

# 6.3  花卉的花期控制

花卉的促成和抑制栽培,也称花期控制,即人为地利用各种栽培措施,使花卉在自然花期之外,按照人们的意志定时开放,开花期比自然花期提早者称为促成栽培;比自然花期延迟的称为抑制栽培。

冬季,在我国南方温暖地区尚有露地花卉可供应用外,在北方寒冷地区,由于冬季气温过低,不能在露地生产鲜花。为了满足冬春季节对外汇花的需要,就要采用促成和抑制栽培的方法进行花卉生产。尤其是"十一"、"五一"、元旦、春节等节日用花,需求量大、种类多、要求质量高,还必须准确地应时开花。这样,促成的抑制栽培就成了理想的栽培手段,日益受到园林生产部门的普遍重视,并被纳入正常的花卉生产计划中,成为经常应用的花卉生产技术措施之一。促成和抑制栽培的广泛应用,为花卉的四季均衡生产和节日花卉供应开拓了广阔的前景。

要使花卉植物顺隧人愿地提早或延迟开花,必须深入地掌握各类花卉的生长发育规律和生态习性,以及花芽分化、花芽发育和开花的习性,熟悉各类栽培花卉在不同生长发育阶段对环境条件的要求,人为地创设或控制相应的环境条件,以促进或延迟花卉的生长发育,达到催延花期的目的。

## 6.3.1  花期控制的主要途径

(1)温度处理

温度对打破休眠、春化处理、花芽分化、花芽发育、花茎伸长均有决定性作用,花卉植物栽培中,给予相应的温度处理即可打破休眠,形成花芽并加速花芽发育而提早开花,若不给予相应的温度条件,就可以达到延迟开花的作用。

(2)日照处理

对于对光周期敏感的花卉植物,即长日照花卉植物和短日照花卉植物,可以人为地控制日照时间,以达到花期控制的目的。

(3)药剂处理

用各种的药剂,如激素、营养物质等进行处理,以打破植物的休眠,促进花芽分化,达到控制花期的目的。

(4)栽培措施处理

通过调控播种期和扦插期、修剪整形的措施、栽培措施,如施肥、水分控制等,达到控制花期的目的。

## 6.3.2  处理前的准备工作

花期控制是利用各种措施来控制花卉植物的生长,为保证花期控制可以按照人为的意愿顺利进行,在处理前要先做好各方面的准备工作,以达到控制花期的目的。

（1）花卉种类和品种的选择

在确定用花时间以后，首先要选择适宜的花卉种类和品种。一方面被选花卉应能充分满足花卉应用的要求，另外要选择在确定的用花时间比较容易开花、不需过多复杂处理的花卉种类，以节省处理时间、降低成本。例如唐菖蒲的不同品种，它们从栽培到开花所需要的时间短的 60 d，长的要 90～120 d，为了让唐菖蒲提前开花，一般用早花的品种；若要延迟开花，就要选择晚花的品种。秋菊的大花品种和小花品种的开花时间亦有不同，同时栽培的秋菊，大花品种相对早开花，小花品种相对较晚开花。

（2）球根成熟程度

球根花卉进行促成栽培，要设法使球根提早成熟，球根的成熟程度对促成栽培的效果有很大影响。成熟度低的球根，促成栽培难达到目的，开花质量较差。

（3）植株或球根大小

要选择生长健壮、能够开花的植株或球根。依据商品质量要求，植株和球根必须达到一定的大小，经过处理开花才有较高的商品价值。有很多的花卉植物要达到一定的生长量才能开花，如唐菖蒲球根一般要求球径达到 1 cm 以上才能开花，郁金香鳞茎重量要 12 g 以上才能开花，风信子鳞茎要求周径 8 cm 以上才能开花。若植株或球根未达到开花的条件要求，花期控制达不到所要的目的，或者可以开花但质量差，没有商品价值，也就失去了其真实的意义。只有高质量的植株和球根，才能达到花期控制的目的。

（4）处理设备

处理的设备是花期控制的重要条件，要有完善的处理设备，如温度处理的控温设备；日照处理的遮光和加光设备等，才能实现花期控制。

（5）栽培条件和栽培技术

花期控制是否能成功和植物的质量好坏与栽培技术有很密切的关系，要有良好的栽培设备和熟练的栽培技术，才能使植株生长健壮，提高开花的数量和质量，提高商品价值，并可延长观赏期。

### 6.3.3 花期控制的方法

1）温度处理

（1）温度的主要作用

①打破休眠：有很多种类的花卉植物在生长过程中，有休眠的特性，不但对温度值有要求，而且对感受温度的时间有要求，因此，用人工的温度处理，增加休眠胚或生长点的活性，打破营养芽的自发休眠，使之提早萌发生长。

②春化作用：在花卉生活周期的某一阶段，在一定温度下，通过一定时间，即可完成春化阶段，使花芽分化得以进行。有部分的花卉植物在花芽分化前需要低温作用才能进行下一阶段的花芽分化，对此类花卉植物必须满足其低温要求，才能促成或抑制花芽分化，如二年生的花卉植物，播种繁殖后萌发形成幼苗，幼苗进入低温期休眠，此间花芽分化，待春暖时，再生长开花结实。

③花芽分化：栽培花卉的花芽分化，要求在一定的适宜温度范围内，只有在此温度范围内，花芽分化才能顺利进行。

④花芽发育：有一些花卉植物，花芽分化和花芽发育常需不同的温度条件，在花芽分化完成后，花芽即进入休眠，要进行温度处理才能打破花芽的休眠而发育开花。

⑤影响花茎的伸长:有的花卉花茎的伸长要经过一定时间低温的预先处理,然后在较高的温度下花茎才能伸长;有些花卉春化作用需要的低温,也是花茎伸长所必需的。

我们进行相应的温度处理即可提前打破休眠,形成花芽并加速花芽发育而提早开花。反之,不给相应的温度条件,亦可使之延迟开花。

(2)花卉温度处理要综合考虑的问题

在花卉植物进行温度处理前,必须了解以下几点。

①同种花卉的不同品种感温性常有差异。

②处理温度的高低,多因该种花卉原产地或品种育成地的气候条件而不同,一般温度处理以20 ℃为高温,15～20 ℃为中温,10 ℃为低温。

③处理温度亦因栽培地的气候条件、采收的早晚、距预定开花期时间的长短、球根的大小等因素而不同。

④处理的适宜时间,是在休眠期处理、还是在生长期处理,因花卉种类或品种的特性而不同。

⑤温度处理的效果,因花卉种类和处理日数多少而异。

⑥许多花卉的促成和抑制栽培,常需同时进行温度和日照长度的综合处理或在处理过程中先后采用几种处理措施才能达到预期的效果。

⑦处理中或处理后的栽培管理情况对促成和抑制栽培的效果有极大影响。

(3)温度处理的方法

①休眠期的温度处理。

a.小苍兰:选早花品种进行促成栽培。球茎采收干燥后贮藏。温度处理时,以30 ℃处理40～60 d打破休眠,再在2～10 ℃下,处理40～60 d,湿度保持在90%,目的是满足准备春化作用、花芽分化和花茎伸长的温度要求,然后定植。栽培温度以15～20 ℃温度为宜,定植后20 ℃以上的高温会引起春化作用的解除,花芽分化不良,常出现畸形的花。在2～10 ℃处理温度下,越接近低值,所需要处理的时间越短,温度越高,需要处理的时间越长;若温度值不能满足要求或处理的时间不够,都会造成后期达不到花期控制的目的,或产生畸形花等。

b.唐菖蒲:一般3月中旬放入3～5 ℃的温度下冷藏,抑制球茎萌芽生根,根据用花时间,按时取出,栽培一定时间即可开花。通常早花品种栽植后约75 d开花。

c.百合类:百合类鳞茎的温度处理要注意促成栽培所选用的鳞茎,在发根处理前要进行一段高温后熟处理(30 ℃)。鳞茎需于发根处理后,再行冷藏处理,若不进行发根处理,直接冷藏处理,会有一部分鳞茎不生根,其数量有时可达50%左右。另外,百合是无皮鳞茎,不耐干燥,在百合采收后至种植前,都要保持适当的湿度。

d.郁金香:6月份采收球茎,球茎缓慢自然干燥一段时间后,即进入休眠状态。然后在温度为20 ℃、相对湿度为60%的条件下处理20～25 d,促使花芽分化。其后,用8 ℃的温度处理50～60 d,促使花芽发育。再用10～15 ℃的温度进行发根处理,见根抽出即可栽植,60 d开花。

②生长期的温度处理。在植株营养生长达到一定程度、再行低温处理,能够促进花芽分化。

a.小苍兰:于15～18 ℃下催根,在叶片5～6枚、株高25 cm左右时,给予10～13 ℃的低温处理,可促进花芽分化,并为花茎伸长创造条件,然后放于温室中促使花芽发育而开花。也可采用易地栽培的方式,先在冷凉的地方催根、生长、进行花芽分化和为花茎伸长创造温度条件,然后移到温暖地方或温室中促进花芽发育开花。

b.菊花:在短日照而没有低温的条件下,进入生长活性低下的叶丛莲座状态,茎不伸长。用0 ℃处理30 d或5 ℃以下处理21 d可以改变这种状态。也可用赤霉素处理,补偿低温的不足。其花芽分化所需温度因品种类型而异:温度不敏感的品种,10~27 ℃可分化花芽,15 ℃是花芽发育的适温。高温类品种,低温抑制花芽分化,花芽分化的适温范围在15 ℃以上。低温类品种,高温抑制花芽分化,15 ℃以下为花芽分化的适温范围。

③温度处理后的管理。栽植前的准备:栽植前1个月左右进行土壤消毒,若肥分不足,应施肥。栽植的方法:栽植时球根顶部要与土面相平,郁金香可让鳞茎露出土面1/3左右,小苍兰和百合能深植,并于发芽后添加肥土。栽植后的管理:栽植后要充分灌水,注意给予处理后的适宜温度和日照。

2)光照处理

花卉植物中有部分花卉植物对光照比较敏感,它们有些在长日照条件下开花;有些在短日照条件下开花,对于对日照敏感的花卉,可用光照处理的方法进行花期控制。长日照花卉在日照短的季节,用电灯补充光照能提早开花,如长期给予短日照处理,即抑制开花。短日照花卉,在日照长的季节,进行遮光短日照处理,能促进开花,相反,若长期给予长日照处理,就抑制开花。春天开花的花卉多为长日照性植物,秋天开花的花卉则为短日照性植物。一般短日照性和长日照性花卉,30~50 lx的光照强度就有日照效果,100 lx有完全的日照作用。

在进行电灯光照时,依波长不同效果有差别。以红光最有效,其次是蓝紫光部分。目前,光照处理在秋菊花期控制上应用得较成功。

(1)人工短日照处理(以秋菊的遮光处理为例)

秋菊是典型的短日照花卉,正常情况下,当8月下旬自然光照缩短到13 h,夜间的温度降至15 ℃,昼夜温差在10 ℃左右时,花芽开始分化,到9月中旬,日照缩短到12.5 h时,夜间温度下降到10 ℃时,花蕾开始形成;到10月中旬,花蕾着色,10月底到11月初花盛开。用短日照处理可提前花期。

①品种选择:若使秋菊夏天开放,宜选用早花品种,并应注意因光线和温度引起的花色变化。夏天开放的红黄色、暗橙色菊花,产生生理性淡色现象。红色系花色常变得不鲜艳,而浅色系列的变化小。因此,夏季应选用浅色系品种,少选择深色品种。

②植株高度:作为切花栽培的花卉植物,由于对切花花枝长度有要求,一般花枝长度不小于50 cm,因此,遮光处理前要求植株应有一定高度,若过早进行处理,因营养生长不充分,株矮、开花花瓣(小花)数少。高秆品种要求高度达到24 cm、矮干品种要求36 cm后进行遮光处理,待开花时株高均可到切花应用的标准。

③遮光时间:遮光处理一般是前半月遮光,每天只给予11 h光照,之后每天只给予9 h光照。这样的处理效果较好。

④遮光日数:不同的品种,需要遮光日数不同,通常需要35~50 d的时间。根据预定花期,向前推算,50 d开始遮光处理,处理到花蕾着色为止。

⑤遮光时刻:一般短日照遮光处理多遮去傍晚和早晨的阳光,遮去早晨的阳光,开花偏晚;遮去傍晚的阳光为好。研究表明:遮去中午的光照,对提早花期没效果。

⑥遮光材料:简易的遮光设备,多用黑色塑料薄膜覆盖。最好能用暗室效果较好。由于光照处理的时间正值夏季高温时间,光照处理时,必须注意温度合理,一般不超过30 ℃,太高温度会消除

光照处理的效果,会造成植株的灼伤或被热气烫伤,甚至会不开花或开花不整齐。

⑦遮光处理应注意的事项:要培养没有病虫害的健壮充实植株,加强水肥管理,作为采取插穗的母株,从母株上取芽扦插,当扦插苗有 10 片叶子时定植,要在温度 10～15 ℃条件下进行短日照处理。遮光处理前要进行一次彻底的病虫害防治。在花着色期,为防止红色系品种花色在高温下褪色,可遮去中午前后直射的强光。遮光处理必须连续进行,如有间断,则以前的处理失效。

(2)人工长日照处理(以秋菊的长日照处理为例)

让秋菊晚开花,要求在 12 月到 2 月底开花,可以采用人工长日照处理。

①品种选择:选择晚花品种,低温下花芽分化良好的晚花的秋菊、部分寒菊品种和花瓣(小花)众多的品种,抑制栽培效果好。

②插芽时间依用花时间而定。元旦用花,7 月 10 日插芽;春节用花,7 月 25 日插芽。

③电灯光照时期:晚花秋菊与寒菊皆于 9 月中旬进行花芽分化,应在此之前实行电灯光照。若 12 月开花,电灯光照到 10 月 10 日;春节出售,电灯光照到 10 月 25 日。晚花秋菊电灯光照后 65～70 d 可取切花。2 月以后则要 90 多天。

④电灯光照的方法:处理期间,光照时间需 14.5 h。在日照后再加几小时电灯光照。8 月,加电灯光照 2 h;9 月,加电灯光照 2.5 h;10 月,加电灯光照 3 h;11 月,加电灯光照 4 h;12 月,加电灯光照 5 h。有研究表明:在短日照时期,夜里给以短时间的电灯光照,就有长日照的效果,长日照植物即可进行花芽分化,短日照植物如菊花则能抑制花芽分化。夜间的短时间电灯光照即为"光间断",效果与长时间的光照效果相同,但此方法与品种有关,还与电灯光照时刻有关。

⑤电灯光照的有效范围:用 100 W 白炽灯,加有锡箔的反射罩,有效照明范围为 15.6 m²。

⑥电灯光照后,直到花蕾有豆粒大小,要保持花芽分化和花芽发育的适宜温度。夜间温度低于 15 ℃时,花芽不分化。

(3)光暗倒置处理

植物对光的反应较敏锐,大多数花卉均在白天光照条件下开花,而昙花则喜在黑暗的夜间开放,且开花时间较短,仅 2～3 h。采用光暗颠倒的办法,白天给予遮光,使其处于黑夜状态,夜间给予电灯光照,使其处于白日条件下,即可使之白天开放。昙花的花蕾长到 10 cm 时,白天遮去阳光,晚上用电灯照射,则能在白天开花,并延长开花时间,经过处理,开花时间可以延长到 10 h。

(4)光照与温度组合处理

在花卉的促成和抑制栽培中,有时光线和温度中某一个因子对打破休眠、生长、花芽分化、花芽发育和开花起明显的支配作用。但多以这两个处理因子为主,进行合理地组合以促进或延迟开花。如秋菊光照处理时,必须给予 15 ℃以上的温度,低于此温度,则花芽分化受阻。同时一个处理因子变化,其他因子也要随之变化。

3)药剂处理

在花卉园艺上,为打破休眠、促进茎时生长、促进花芽分化和开花,常应用一些药剂进行处理。常用的药剂有赤霉素、乙醚、萘乙酸(NAA),以及 2,4-D、秋水仙素、吲哚乙酸(IAA)、乙炔、马来酰肼(MH)、脱落酸(ABA)等。

(1)赤霉素的应用

在花卉栽培中,赤霉素的应用比较多,它的主要作用有以下几个方面。

①打破休眠:用 0.02%～0.4%的赤霉素处理,对八仙花、杜鹃、樱花等打破休眠有效。

②茎叶伸长生长:有促进开花的作用,菊花于现蕾前,以 0.01%～0.04% 处理,仙客来现蕾时,以 0.0005%～0.001% 处理,效果良好。

③促进花芽分化:对一些需要低温才能进行春化作用的花卉,可用赤霉素处理,其作用可以是低温的作用相同,可以促进花芽分化。紫罗兰、秋菊,从 9 月下旬起,用 0.005%～0.01% 的赤霉素处理 2～3 次,则可开花。

使用赤霉素应注意浓度过高易引起畸形,药效时间为 2～3 周。应于花卉生长发育的适当阶段,进行适量的处理,可涂抹或点滴施用。若开花时赤霉素仍有药效,则花梗细长、叶色淡绿、株形破坏,进而推迟花期。

(2)植物生长素的应用

一般认为用吲哚乙酸、萘乙酸、2,4-D 等处理,对开花激素的形成有抑制作用。

用 8000 uL/L 的矮壮素浇灌唐菖蒲,分别于种植初与种植后第四周、开花前 25 d 进行,可使花量增多,准时开放。

用丁酰肼喷石楠的叶面,可使幼龄植株分化花芽。用 100 uL/L 的赤霉素喷施花梗部位,能促进花梗伸长,从而加速开花。

用乙烯利滴于叶腋或叶面喷施凤梨,不久就能分化花芽。

药剂或激素处理时,每次都应进行严格实验。

(3)其他药剂的应用

①将碳化钙或含有乙炔气的饱和水溶液注入凤梨科植物筒状的叶丛内,能促进花芽分化。

②2-氯乙醇 40% 的溶液 100 mL,加上 1 L 水配制成溶液,将唐菖蒲球茎在溶液中浸一下,立即取出,贮藏 6 d 后栽植,可促进其发芽;在 5 ℃温度下贮藏 3 周后,用 2-氯化醇溶液处理的球茎,40 d 后有 85% 发芽,50 d 后则 100% 发芽。

③小苍兰的休眠球茎放在乙醚气中,可以促进发芽。方法是把球茎放在密闭的箱中,从箱上小孔将乙醚滴入箱内吊起的容器中,然后将孔密闭,每 100 L 容积,用 30～40 g,24～28 h 后,取出放在室温 17～19 ℃的室内。用这种方法处理者比没有处理的早开花数日乃至数周。郁金香如用上法处理亦有效,但须用 38～42 g 的药量,如用三氯一碳烷 6～9 g 代用,效果更好。

4)栽培措施处理

(1)调节繁殖期和栽植期

①调节播种期:如"五一"用花,一串红应于 8 月下旬播种,冬季温室盆栽,不断摘心,不让其开花,于"五一"前 25～30 d,停止摘心,"五一"时繁花盛开,株幅可达 50 cm。其他花卉,如金盏菊 9 月播种,冬季在低温温室栽培,12 月至翌年 1 月开花。一年生花卉,多用播种繁殖,在 2—5 月,分期分批播种,可以在夏秋间分期观赏花卉植物;二年生花卉,在 9—11 月,分期分批播种,可以在翌年的冬春分期观赏花卉植物。

②调节扦插期:如需"十一"开花,可于 3 月下旬栽植葱兰,5 月上旬栽植荷花(红千叶),7 月中旬栽植唐菖蒲、晚香玉,7 月 25 日栽植美人蕉(上盆,剪除老叶、保护叶及幼芽)。

(2)其他栽培措施处理

①修剪:早菊的晚花品种 7 月 1 日至 5 日,早花品种 7 月 15 日至 20 日修剪,可使它们在"十一"开花。荷兰菊:3 月上盆后,修剪 2～3 次,最后 1 次在"十一"前 20 d 进行,可控制其在"十一"开花。一年多次开花的植物,如扶桑、三角梅、茉莉等,每次花后即修剪,可以使花开不断。

②摘心：一串红于"十一"前 25～30 d 摘心，可控制花在"十一"开放。

③摘叶：榆叶梅于 9 月 8 日至 10 日摘除叶片，则 9 月底至 10 月上旬开花。

④施肥：适当增施磷钾肥，控制氮肥，常常对开花有促进作用。栽培在地上的三角梅可用断根的方法，减少水肥，促进花芽分化，促进开花。

⑤控制水分：人为地控制水分，使植株落叶休眠，再于适当时候给予水分供应，则可解除休眠、发芽、生长、开花。金桔（四季桔）用水分控制方法，控制 7 月的花，让其开花结果，可以在元旦和春节期观赏果实。玉兰、丁香等木本植物，用这种方法可以在"十一"观花。

在花卉催延花期的实际工作中，常采用综合性的技术措施处理，促成和抑制栽培的效果更加显著。

# 6.4　花卉育苗新技术

## 6.4.1　组培育苗

即用组织培养的方法培育种苗的方法。方法和步骤同第一节。

## 6.4.2　水培育苗

水培育苗即不用土壤，在化学溶液中培养植物的技术。

1）水培的特点

水培优点：水培可使植物的产量高、质量好、生长快；水培可不受环境条件限制，任何不适合育苗的地区都可进行水培育苗。

水培缺点：水培要求一定的设备，比普通育苗成本高。

2）水培育苗的设备

场地：水培对场地要求不严，只要阳光能满足生长要求、空气充足、水源方便的地方均可。

容器：可用花盆、木桶、木箱等。大规模栽培，用水培槽，如水平式水培槽、流动式水培槽，如图 6-14 和图 6-15 所示。

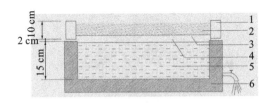

图 6-14　水平式水培槽装置

1—框架；2—苗床（基质）；3—栅栏；
4—空气层；5—营养液；6—防水槽

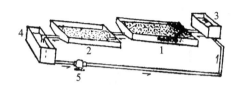

图 6-15　流动式水培槽装置

1,2—苗床（蛭石、砂砾）；3—扬液槽；
4—集液槽；5—扬水泵

3）营养液

植物的不同种类和生长的不同时期，要求的养分是不同的，因此，配营养液时，也必须根据不同的要求进行。

营养液的成分：植物需要的大量元素有氮、磷、钾、钙、镁、硫、铁；微量元素有锰、硼、铜、钼，植物对它们的需要量很少,但不可缺少。必须根据植物需要,将它们进行配制,施用于栽培植物。

营养液浓度:营养液的总浓度不能超过 4‰,浓度过大,会使植物失水而死亡。

营养液的酸度:营养液的酸度以微酸为好,一般 pH 值为 6.5,在 pH 值为 5.5～6.5 范围内生长最好。

营养液用水:营养液用水不能有污染,不能用硬水。一般用饮用水、自来水。

4)基质

基质起着固定、支撑苗木的作用。培养基质要疏松,能保持水分、养分。常用蛭石、珍珠岩、砂、泥炭、刨花、水草、树皮等。

### 6.4.3 容器育苗

容器育苗:利用各种容器装入培养基质培育苗木,称容器育苗。容器苗的根系发育良好,起苗时不伤根,减少了苗木因起苗、运输、假植等作业时对根系的损伤和水分的损失,提高苗木的移植成活率。容器育苗有利于苗木的迅速生长,培育优质壮苗,还便于机械化操作,也不需占用肥力较好的土地。

1)育苗地的选择

容器育苗的圃地应选择地势平坦、排水良好处,切忌选在地势低洼、排水不良、雨季积水和风口处,不选有病虫害的土地,要有充足的水源和电源,便于灌溉和育苗机械化、自动化操作。

2)容器的种类和大小

育苗容器又称营养杯,主要有以下几种。

①容器有外壁,但易腐烂:填入培养土育苗,移栽时不需将苗木取出,连同容器一同栽植。

②容器有外壁,材料不易腐烂:栽植时要将苗木取出,见图 6-16 所示。

③容器无外壁,其本身既是育苗容器又是培养基质:如稻草、泥浆营养杯等,移植时直接将苗与容器同栽,如图 6-17 所示。

容器的大小要根据植物体的大小来定,大小适中,以满足苗木生长。一般幼苗培育所用的多在

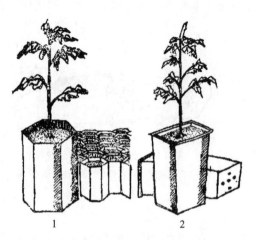

图 6-16 有壁容器育苗

1—蜂窝纸杯;2—塑料容器

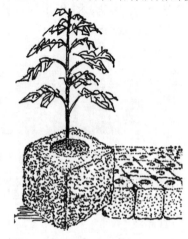

图 6-17 无壁容器育苗(营养钵)

高 8～20 cm,直径 5～15 cm。

3)营养土

(1)营养土应具备的条件

营养土应具有种子发芽和幼苗生长所需要的各种营养物质;经多次浇水,不易出现板结现象;保水性能好,且通气好,排水好;重量轻,便于搬运;基质应经过火烧或高温消毒,以减少病虫的危害。

(2)营养土的材料

容器育苗中常用来配制营养土的材料有林中腐质土、泥炭土、未经耕种的山地土、磨碎的树皮、稻壳、蛭石和珍珠岩。

(3)营养土的配制

泥炭土和蛭石按比例混合 1∶2 或 1∶4 加入适量的石灰石及砂质肥料。树皮粉和蛭石各按1∶2 混合,加入适量的氮肥。

(4)营养土的酸碱度

容器育苗营养土的 pH 值为 4.5～5.5。为避免栽培过程中 pH 值发生变化,可在营养土中加入难溶解的钙盐来控制 pH 值,保持稳定不变。或用氢氧化钠、硫铵或稀硫酸水溶液来调节 pH 值。

4)容器育苗的施肥

①基肥:一般的基肥多用腐熟的堆肥,在配制营养土的同时就施入。

②追肥:苗木生长过程中,多采用追肥来补足肥料的短缺。追肥多与灌水结合进行。

5)容器育苗的管理

①装土:容器中填装营养土不易过满,灌水后的土面一般要低于容器边口中 1～2 cm,防止灌水后水流出容器。

②灌水:在幼苗期水量应足,促进幼苗生根,到速生期后期控制灌水量,促其径的生长,使其矮且壮,抗逆性强。灌水不宜过多,水滴不宜过大,常采用滴灌或喷灌的方法。

## 6.4.4 全光照喷雾育苗

全光照喷雾育苗主要用于种苗的扦插繁殖。在全光照下,不加任何遮荫设备,在苗床上安装间歇喷雾设备,使其按需要自动喷雾,以降低空气温度,保持叶片湿度,有利生根。全光苗床的工作原理是:扦插床上能够自动喷雾关键在于电子叶输送信号,电子叶上有两个电极,当电子叶上的水分挥发,电子叶的两极短路使湿度自控仪的电源接通,电磁阀打开,接通水源,喷头喷雾;当扦插条叶面上喷满水分时,电子叶也形成了水膜,电子叶就中断输送信号,电源截断,停止喷雾。这样反复自动循环,使叶面上的湿度处于饱和状态,降低温度,减少蒸发,有利生根,如图 6-18 所示。

全光苗床使用的基质必须是疏松通气、排水良好,以防止床内积水使枝条腐烂。

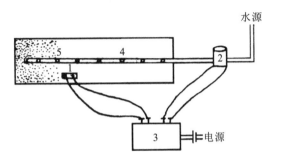

**图 6-18 全光照喷雾苗床平面示意图**
1—电子叶;2—电磁阀;3—湿度自控仪;
4—喷头;5—苗床(基质为蛭石等)

## 6.5 花卉的保鲜

### 6.5.1 鲜切花的保鲜

切花采后处理主要包括花材的采切、贮藏与切花保鲜剂处理等步骤。

#### 1.剪切阶段

适时剪切是保证切花质量的关键。适时剪切包括剪切时间和掌握切花采切度两个方面。一般选晴朗天气早晨或傍晚采切,以保证花材体内有最充足的含水量,最大限度地防止切花过早萎蔫。不同花卉种类的开放度和开放速度不同,因而最佳采切期也不同。蕾期采切的花卉有香石竹、唐菖蒲、晚香玉等,完全开放后再剪切的切花有菊花、郁金香等。剪切花枝的刀剪必须十分锋利,剪切后的花材放在水中或阴凉处。

#### 2.贮藏运输阶段

不同切花种类和品种耐贮性不同。红色月季品种、香石竹等切花在贮藏期花瓣常变蓝或变黑,百合、满天星型菊花、微型唐菖蒲等在贮运中易发生叶片变黄现象,金鱼草、香豌豆、飞燕草等在贮运中易发生切花花芽脱落等现象。有实验表明:唐菖蒲、百合、郁金香和月季等切花贮藏后瓶插于水中,开花发育良好;但香石竹、菊花、金鱼草等切花贮藏后直接插于水中发育和开花不佳,使用催花液或瓶插保持液处理后,开花质量有所提高。切花贮藏方法分为冷藏、气调贮藏和减压贮藏几种。

##### 1)冷藏

冷藏即低温贮藏,低温可使切花呼吸缓慢,能量消耗减少,乙烯的产生也受到抑制,从而延缓其衰老速率。同时,还可避免切花变色、变形及微生物滋生。一般来说,起源于温带的花卉适宜的冷藏温度为-1 ℃;起源于热带和亚热带的花卉适宜的冷藏温度分别为7～15 ℃和4～7 ℃,适宜的湿度为90%～95%。低温贮藏切花时,可采取快速冷却的方法以降低切花体内能量的消耗。在荷兰,采用真空冷却的方法效果好,可以一直冷却到切花的髓部,适宜用此法冷藏的切花有月季、康乃馨、菊花、小苍兰、郁金香、水仙等,虽经长途运输,但温度也不容易很快提高,保鲜效果好。依据贮藏的时间长短不同和切花种类不同,又分干藏和湿藏两种。

（1）湿藏

湿藏是指把切花置于盛有水或保鲜剂溶液的容器中贮藏。通常用于切花的短期(1～4周)贮藏,有些切花种类如康乃馨、百合、非洲菊、金鱼草等在湿藏条件下能保存几个星期。这种贮藏方式不需要包装,切花组织可保持高紧张度,但湿藏需占据冷库较大空间。采切后立即放入盛有温水或温暖保鲜液(38～43 ℃)的容器中,再把容器与切花一起放在冷库(3～4 ℃)中。对易感病的切花,湿藏前先喷布杀菌剂,花梗下部的叶片也应去除,防止在水中或溶液中腐烂。保鲜液可作为切花在整个湿藏期间的保持液,也可作为预处理液在贮前使用,对乙烯高度敏感的切花多用硫代硫酸银(STS)溶液预处理。切花经预处理后,仍置于水中或保持液中。

（2）干藏

干藏是指将切花包装于纸箱、聚乙烯薄膜袋或用铝箔包裹表面的圆筒之中,以减少水分蒸发,降低呼吸速率,有利于延长切花的寿命。干藏通常用于切花的长期贮藏。干藏温度比湿藏温度略低,切花组织内营养物质消耗较慢,花蕾发育和老化过程也慢,因此切花干藏的贮藏期比湿藏长,且花的质量较好,如康乃馨干藏在 $0\sim1℃$ 时,最长贮藏期可达 $16\sim24$ 周。干藏能节省贮库空间,但适于干藏的切花对质量和包装要求高,需花费较多劳力和包装材料。有些切花如大丽花、小苍兰、非洲菊、丝石竹和唐菖蒲等,其湿藏效果比干藏效果好。

2)气调贮藏

在低温的基础上,创造低氧和高二氧化碳含量的气调环境是现代采后技术发展的重要途径。通过气调降低切花呼吸速率,减缓组织中营养物质的消耗,抑制乙烯的产生和作用,达到延长切花寿命的目的。与果蔬产品气调贮藏一样,气调有人工气调和自发气调两种,用塑料薄膜包装和硅橡胶窗气调是两种常见的自发调节方法。二氧化碳含量一般控制在 $0.35\%\sim10\%$,氧的含量控制在 $0.5\%\sim1.0\%$,可达到良好的保鲜效果。气调冷藏库的装备必须密闭,并具备冷藏和控制气体成分的设备,因此,气调贮藏比常规冷藏成本更高。

3)减压贮藏

减压贮藏是根据美国的 S. P. Burg 提出的减压贮藏保鲜原理,把切花材料置于低气压(相对于周围大气正常气压条件)并有连续湿气流供应的低温贮藏室进行贮藏,以此延长贮藏期。把大气压力降到 $5.3\sim8.0$ kPa 可获得较好的效果。在低压条件下,植物组织中氧浓度降低,乙烯释放速度及浓度也低,从而可以延缓贮藏室内切花的衰老速率。

### 3.切花采后保鲜生理与技术

切花种类或品种不同,采后寿命差异很大。花烛的瓶插寿命在 30 d 左右,鹤望兰切花在常温下的货架寿命为 $25\sim35$ d,菊花与兰科植物可达 $2\sim3$ 周,紫罗兰、石竹、金鱼草则可保持 1 周左右,鸢尾仅 $3\sim5$ d。

1)切花采后的生理基础

切花离开母体后,体内的水分与营养、植物激素等含量和成分都发生了很大变化。认识这些物质的变化规律是调控切花采后品质的基础。

(1)水分和碳水化合物

切花中具有一定的含水量是保持切花品质的基本条件。切花离体后,无法再由根部供水,而蒸腾作用的失水仍在进行,这使得原有的体内水分平衡被打乱。要保证切花的鲜活度和品质,细胞和组织必须保持较高含水量和高度膨胀状态,否则,切花就会萎蔫和死亡。故采切后一般要放在水中补充水分。但由于切口的创伤,切口端受伤细胞会释放出单宁和过氧化物酶物质,其氧化产物的钙、镁盐黏滞物会积累在切面的维管束附近,酶作用引起果胶分解产物堵塞输导组织。或切口处常有迅速繁殖的大量微生物菌丝体侵入导管,引起木质部导管堵塞,导致花茎生理性和病理性堵塞,引起水分传导性的降低。因此,切花采收后应采取适当措施,保持其具有一定的含水量对于保鲜是极为重要的。

切花从母体切离后,体内原有的养分源也被切断,以后主要依靠花茎中贮藏的养分进行新陈代谢。随着贮藏养分的逐渐耗尽,切花开始衰竭,衰竭的速度取决于茎内养分的贮藏量。糖作为能源物质可以延缓切花衰老症状的出现,保护细胞线粒体和细胞膜的完整性。

（2）结构物质和细胞膜透性

切花采收后，由于花枝与母体植株之间的联系被切断，花瓣内部的蛋白质、核酸、磷脂等大分子生命物质和结构性物质被逐渐降解而失去原有的功能。细胞内质膜流动性降低，通透性增加，最后导致细胞解体死亡，外观上表现为花瓣枯萎或脱落。切花体内的大多数蛋白质主要起着催化各种代谢反应的酶的作用，其中，相当一部分酶蛋白对维持切花的生命活动十分必需，也有一些酶类（如蛋白酶、过氧化物酶等）在切花采后活性会提高，从而引起切花品质的降低。

切花中的氨基酸除了作为蛋白质的组分构成外，它还有其他的特殊功能，如甲硫氨酸是乙烯合成的前体物质，而乙烯是促进切花衰老的最重要的激素。另外，切花采后蛋白质大量降解往往会引起丝氨酸的含量增加，其又能促进酶蛋白的合成，从而进一步加速蛋白质的水解。关于切花衰老时总的游离氨基酸含量的变化，在香石竹和月季切花上都已有显示，即花瓣衰老时体内的游离氨基酸含量是上升的。

（3）植物内源激素

乙烯是切花衰老过程中极为重要的植物激素，切花衰老的最初反应之一便是自动催化而产生乙烯物质。切花衰老时产生乙烯，乙烯又反过来促进衰老，用乙烯抑制剂或颉颃剂来抑制乙烯产生或干扰其作用，可延缓切花衰老。各种花卉对乙烯均有一定程度的敏感性，其受影响程度和响应剂量（乙烯浓度）因种类而异。乙烯敏感型切花有康乃馨、兰花、小苍兰、仙客来、百合、金鱼草和石蒜属等，非乙烯敏感型切花有菊花、郁金香、唐菖蒲和蔷薇类等。其他激素如激动素（CTK）可延缓香石竹、月季、鸢尾、郁金香和菊花等切花的衰老。赤霉素（GA）能延迟离体香石竹花瓣衰老，并延长百合的瓶插寿命。吲哚乙酸（IAA）对切花衰老的影响因种类而异，如吲哚乙酸能延迟一品红的衰老，却促进香石竹的衰老。

（4）钙信使与钙调素

切花在衰老过程中，细胞膜透性增加，而且类脂化合物中磷脂成分减少，膜的流动性减弱，这种生理变化可能与组织中钙元素的分布有关。当区隔化破坏后导致胞内游离的 $Ca^{2+}$ 浓度迅速增加，$Ca^{2+}$ 作为第二信使使细胞对胞外信号做出生理响应，$Ca^{2+}$ 与植物钙调素（CaM）结合，激活 CaM，使磷脂酶 $A_2$ 活化，导致膜上磷脂水解，最终产生 MDA 等代谢物，对膜造成伤害，从而加速衰老。此外，$Ca^{2+}$ 的代谢与乙烯的作用具有一定的关联性，在康乃馨衰老过程中，CaM 的增加与乙烯生成呈正相关。

（5）活性氧代谢与生物自由基

正常情况下，植物体内自由基和保护性酶促系统处于平衡状态，当切花衰老时，这种平衡被打破。过剩的自由基会对构成组织细胞的生物大分子化学结构造成破坏，当损伤程度超过修复程度或使其代偿能力丧失时，组织器官的机能逐步发生紊乱和阻碍。这种紊乱突出表现为脂质过氧化，结果是膜结构破坏，膜渗漏而启动了衰老，切花逐渐趋于衰败。切花保鲜剂中常加入苯甲酸钠、水杨酸等自由基清除剂，以维持切花体内保护酶系统如 SOD、CAT 等的平衡，从而延缓切花衰老。另外，其他物质如脂类、有机酸、挥发性物质、矿质元素和维生素等在采后也都发生各种不同的变化。

2）切花保鲜剂种类与成分

（1）切花保鲜剂类别

在采后处理的各个环节中，切花或切叶经保鲜剂处理后，可延长瓶插寿命。切花保鲜剂分为预处理液、开花液和保持液三种。

①预处理液：在切花采切分级以后，在贮藏运输或瓶插前使用预处理液，以减少贮运过程中乙烯对切花的伤害作用。通常用高浓度蔗糖和杀菌剂溶液（又叫脉冲液）脉冲处理数小时或 2 d，脉冲液中蔗糖浓度比一般瓶插保鲜液蔗糖浓度高出数倍（2%～5%），甚至高达 20%。也可用一定浓度的硝酸银溶液或硫代硫酸银溶液对一些乙烯敏感性切花进行脉冲处理，如香石竹、香豌豆、兰花等。处理时，先配制好硫代硫酸银溶液（0.2 mmol/L），然后把切花茎端插入溶液浸 5～10 min，处理时间根据切花种类、品种和计划贮藏期而定。

②开花液：又称催花液，是促使蕾期采收的切花如康乃馨、郁金香和鸢尾等开放所用的保鲜液。其成分与预处理液相似，主要是糖和杀菌剂。由于催花所需的时间较长（一般需数天），一般选用的蔗糖质量分数要低些，蔗糖质量分数为 1.5%～2.0%，杀菌剂（如硝酸银）浓度为 200 mg/L，有机酸浓度为 70～100 mg/L。适宜浓度的开花液既可促进开花，又能促使花蕾膨大。

③保持液：切花在瓶插观赏期所用的保鲜液，主要功能除提供糖和防止导管堵塞外，还可起到酸化溶液、抑制细菌滋生、防止切花萎蔫的作用。瓶插液的配方成分、浓度种类繁多复杂，随切花种类而异，主要有糖、有机酸和杀菌剂。

（2）切花保鲜剂的主要成分

切花保鲜剂的成分主要包括水、营养物质、杀菌剂、乙烯抑制剂和颉颃剂、植物生长调节物质和pH 值调节剂等，可根据切花种类和实际条件选配。

①水：水是切花保鲜剂中必不可少的成分。水质对切花的影响主要取决于水的含盐量、特殊离子的存在比例和溶液 pH 值及其相互作用。一般来说，自来水对切花有不利影响，使用蒸馏水或去离子水可以延长切花的采后寿命。因为去离子水不含污染物，保鲜剂中的化学成分不会与污染物发生反应而产生沉淀，有利于完全溶解保鲜剂中各种化学成分。溶于去离子水中的花卉保鲜剂活性较稳定。如果没有去离子水，也可用自来水，但使用前应先将自来水煮沸，冷却后把沉淀物过滤掉。

②营养物质：碳水化合物被花枝吸收后先在叶片中积累，后转运到基部参与代谢。碳水化合物能提供切花呼吸基质，补充能量，改善切花营养状况，促进生命活动，保护细胞中线粒体结构和功能；调节蒸腾作用和细胞渗透压，促进水分平衡，增加水分摄入；保持生物膜的完整性，并维持和改善植株体内激素的含量。蔗糖是切花保鲜剂中使用最广泛的碳水化合物之一，在一些配方中还采用葡萄糖和果糖。另外，有人发现糖能抑制康乃馨花瓣中乙烯形成酶的活性。一些盐类，如钾盐、钙盐、镍盐、铜盐、锌盐和硼盐等常用于切花保鲜剂中，可增加溶液的渗透压和切花花瓣细胞的膨压，保持切花的水分平衡，防止花茎变软及"弯颈"现象发生。

③杀菌剂：在切花保鲜剂中添加杀菌剂是为了控制微生物生长繁衍，降低微生物对切花的危害作用。各种切花保鲜剂配方中一般至少含有一种杀菌剂，如 8-羟基喹啉及其盐类、银盐和硫代硫酸银、硫酸铝、缓释氯化合物等，其他一些杀菌剂如次氯酸钠、硫酸铜、醋酸锌、硝酸铝等也常用于切花保鲜液中。

④乙烯抑制剂和颉颃剂：切花在老化过程中，随着花朵的凋谢，由植物呼吸作用所产生的乙烯量也急剧增大，释放出的乙烯会促使切花的凋谢。因此，控制乙烯的产生是控制许多切花老化的关键。目前普遍使用的乙烯抑制剂和颉颃剂有：硝酸银、硫代硫酸银、氨基乙烯基甘氨酸（AVG）、氨氧乙酸（AOA）、乙醇、二硝基苯酚（DNP）等，它们可以抑制乙烯的产生或干扰乙烯的产生，从而使乙烯的伤害程度减小。

另外,在切花保鲜上还有生长调节物质和有机酸的应用。生长调节物质如细胞分裂素类、赤霉素类、生长素类、B₉和矮壮素、青鲜素及多胺、油菜素内酯、三十烷醇等。有机酸类能降低保鲜液的pH值,抑制微生物滋生,阻止花茎维管束的堵塞,促进花枝吸水。目前,常用于切花保鲜液中的有机酸及其盐主要有柠檬酸及其盐、苯酚、山梨酸、水杨酸、阿司匹林、苯甲酸、异抗坏血酸、酒石酸及其钠盐以及一些长链脂肪酸(如硬脂酸)和植酸等。

### 6.5.2 盆栽花的保鲜

盆栽花卉通常包括盆栽观叶植物和盆栽观花植物。与一般植物的生理过程类似,盆栽植物的采后生理是其采前生理的延续,但是大部分盆栽植物由产地经长途运输到达销售地,在运输过程中光照强度、温度、湿度等常与正常的生长环境条件有区别,从而导致盆栽的质量和品质发生变化,主要表现为高低温、光照不足、水分不充分及机械损伤而出现的一些引起观赏品质和商业价值下降的症状,表现为过早开花、叶片黄化和脱落、落果、花瓣萎蔫与脱落,以及植株衰老和萎蔫等,这些症状加上盆栽植物自身受环境胁迫或机械损伤会加速植物的衰老与器官脱落。

**1. 贮运过程中影响盆花品质的因素**

**1)光照**

室内光照强度是决定植物生长能力的最重要因子。当光照强度过低时,植株新梢生长过长,柔弱和畸形,并发生落叶。盆栽植物在长途贮运过程中,植株处在断光情况下,断光严重影响了植物的正常生长发育,影响了盆栽植物的观赏品质。研究表明:人参榕在贮藏14 d后,其叶绿素a、叶绿素b含量和叶绿素c值均开始下降,丙二醛(MDA)含量迅速增加,膜透性急剧变大,表明光合膜受损加剧,由于膜的损伤,促使活性氧$O_3$生成,从而加剧了光合色素的降解及光合膜的损伤。

**2)温度**

温度会直接影响盆栽植物的生长状况。在相对较低的温度下贮藏对保持盆栽植物的品质有很重要的作用,在贮藏前,要先进行遮光驯化,此时用低温处理可以减少温度聚变给植物带来不利的影响。在植物栽培的后期,亦可以降低温度,对贮藏过程和后期保持盆栽植物的色泽和品质都有促进作用。人参榕在13 ℃条件下,落叶较少,质量保持较好。

**3)湿度**

湿度过高易助长病原菌的滋生,因此,贮藏过程中,湿度不能太高,但太低,会导致蒸腾量大,也不利植物生长。

**4)水分**

在贮运前进行遮光驯化,适当控制灌水量。研究表明:人参榕在高湿条件下,根系易腐烂,呼吸会加强,从而导致乙烯累积,不利于品质的保持。

**5)施肥**

贮运的盆栽植物,施肥过多会使其品质下降,基质含盐量一般不超过1200 mg/L,少氮多磷、钾。

**2. 盆栽花卉的贮运**

**1)贮藏**

在实践中,大部分生长于人工控制的环境条件下的盆栽花卉,我们可以准确预测其开花时间。对于特定节假日需要的盆花,有时会提前开花,可以通过贮藏来延迟花期,调节市场。盆栽花卉的贮藏理想条件与运输条件相类似。表 6-12 显示一些盆花贮藏所需条件和贮藏时间。

表 6-12　一些盆花建议的贮藏温度、相对湿度和贮藏周期表

| 植物名称 | 贮藏温度/℃ | 相对湿度/(%) | 贮藏周期/d |
|---|---|---|---|
| 非洲堇 | 21～24 | | |
| 广东万年青 | 16～21 | 65～85 | 10 |
| 天门冬 | 18～21 | | |
| 杜鹃花 | 16 | | 3 |
| 秋海棠 | 16～21 | | |
| 观赏凤梨 | 21～27 | | |
| 菊花 | 2 | 80～90 | 5 |
| 仙客来 | 10 | 80～90 | 4 |
| 花叶万年青 | 16～21 | | 5 |
| 龙血树 | 16～24 | | 7 |
| 东方百合 | 0～3 | | 14 |
| 蕨类 | 16～24 | 75～85 | 7 |
| 榕树 | 13～21 | 65～85 | 7 |
| 大岩桐 | 16 | 70～90 | 4 |
| 木槿 | 18～24 | | 4 |
| 伽蓝菜 | 16 | | 10 |
| 棕榈 | 10～21 | 65～75 | |
| 草胡椒 | 16～24 | 65～85 | 7 |
| 一品红 | 10～12 | | 4 |
| 石柑子 | 1～3 | | 5 |
| 月季 | 1～3 | | 5 |
| 鹅掌柴 | 13～18 | | 7 |

注:本表引自高俊平《观赏植物采后生理与技术》。

2)运输

需要长途运输的盆花,在运输前应该要先选择,要求生长发育良好、质量高、无机械损伤和病虫害的,运输前应进行预处理,运输环境应适合盆栽花卉。

(1)运输温度

大部分经过遮光驯化的盆栽观叶植物宜采用 16～18 ℃的运输温度,对低温不太敏感的一些种类可在 13 ℃条件下运输。有研究表明:在 13 ℃条件下运输人参榕,对品质影响最小。表 6-13 显示部分盆栽观叶植物运输所需温度条件。

运输过程中的最适温度与运输时间长短有关,运输时间短,适宜的温度幅度大;长时间运输其

适宜幅度相对较小。

表 6-13　部分已驯化的盆栽观叶植物的运输温度

| 植物名称 | 1～15 d 运输温度/℃ | 16～30 d 运输温度/℃ |
|---|---|---|
| 广东万年青'Fransher' | 13～16 | 16～18 |
| 广东万年青'Silver Queen' | 16～18 | 16～18 |
| 朱砂根 | 10～13 | — |
| 蜘蛛抱蛋 | 10～13 | — |
| 袖珍椰子 | 13～16 | — |
| 雪佛里椰子 | 13～16 | — |
| 散尾葵 | 13～18 | 16～18 |
| 变叶木 | 16～18 | 16～18 |
| 朱蕉 | 16～18 | — |
| 花叶万年青 | 16～18 | — |
| 野龙血树 | 16～18 | — |
| 香龙血树 | 16～18 | — |
| 红边龙血树 | 13～18 | 16～18 |
| 垂叶榕 | 13～16 | 13～16 |
| 亮叶榕 | 13～16 | — |
| 郝尾棕 | 10～18 | 10～18 |
| 剑叶氏 | 16～18 | — |
| 双色豆瓣绿 | 16～18 | — |
| 鞍叶喜林芋 | 13～16 | — |
| 心叶喜林芋 | 16～18 | — |
| 软叶刺葵 | 10～13 | — |
| 马来千年木 | 16～18 | — |
| 棕竹 | 10～13 | — |
| 鹅掌柴 | 10～13 | 10～13 |
| 绿萝 | 16～18 | — |
| 苞叶芋'Manna Loa' | 10～13 | 13～16 |
| 丝兰 | 10～13 | 10～13 |
| 鹦掌柴 | 10～13 | 10～13 |

注：本表引自高俊平《观赏植物采后生理与技术》。

（2）湿度

运输前 24 h 给盆栽浇透水，集装箱里面保持相对湿度 80%～90%。

（3）光照

有些植物不适合长途运输，仅仅几天时间，就会造成盆栽质量下降；有些植物适合长途运输，可忍耐长达 30 d 的黑暗运输。

3）盆花的包装与运输——以现代一品红为例

（1）一品红的包装

一品红的包装包括运输用包装箱、专用套袋和卡板。产品的规格化是品牌包装的前提。

因为包装箱的规格是不变的，因此，其高度、冠幅的大小要做到统一才不会因浪费空间而增加运输成本。

包装箱规格纸板要有足够抗颠簸及抗压的硬度。包装箱的净高度以植株连盆高度再加上 4～6 cm 为宜。内箱的长和宽以盆径的倍数来计，但以一个人能方便搬运的尺寸、重量为宜。由于一品红的冠幅较大，苞片易受损，建议包装箱以侧面开口为佳。

一品红专用套袋的材料应选用质地柔软的包装纸或塑料，直径应大于盆径 3～4 cm，长度应比植株叶片和苞片大 3～5 cm。

卡板的设计方法：卡板的作用是固定花盆，卡板的两边有脚，脚的高度最好离盆口 3～4 cm。卡板中每盆卡孔的直径以比花盆在卡板高度位置的直径小 0.5 cm 左右为宜。

（2）运输方式

运输一般选用公路运输和铁路运输两种方式。

（3）运输要求

①温度：在 12～18 ℃最适合，超过 18 ℃，会使叶片苞片下垂现象加剧。若长时间在 2～10 ℃的条件下运输会出现寒害现象，包括叶片苞片萎蔫、掉叶，苞片颜色发蓝等症状。

②水分：一般装车前一天应淋透水，土壤中等湿润时套袋、装箱。

③肥料：运输前切勿施肥，以防根部烧伤和叶片苞片受害。

④装车：要求包装箱与车厢之间的空隙应尽量小，空隙大的地方要尽量用泡沫或其他材料塞紧。

⑤到货处理：到达后须立即除去包装，将植株放入明亮、温度为 18～23 ℃的环境中。一品红在袋中的时间就越长，恢复所需的时间越多，如果时间太长就可能无法恢复。因此运输时间要尽可能短，最好不超过 3 d。

# 本章思考题

1.简述组织培养的优越性。

2.简述适合组织培养方法生产种苗的盆花类型。

3.简述适合组织培养方法生产种苗的切花类型。

4.简述组织培养的过程。

5.简述影响组织培养继代培养的因素。

6.简述组织培养继代过程中试管苗玻璃化的问题及防止玻璃化的措施。

7.简述提高组织培养种苗移植成活的措施。

8.简述通过组织培养进行花卉脱毒的方法。

9.简述检测花卉种苗脱毒的方法。

10.简述组织培养在花卉上的应用。

11. 简述无土栽培的优点。

12. 简述无土栽培的基本原理。

13. 简述无土栽培的方法。

14. 简述无土栽培使用的营养液管理方法。

15. 何为花期控制？花期控制有哪些方法？

16. 简述花期控制中温度的主要作用。

17. 简述花期控制前要做的准备工作。

18. 简述花期控制的各种处理方法。

19. 简述温度处理前必须了解的问题。

20. 以秋菊为例简述花卉长日照处理的方法。

21. 以秋菊为例简述花卉短日照处理的方法。

22. 简述花卉育苗的新技术。

23. 简述花卉贮藏的方法。

24. 简述切花保鲜剂的种类和成分。

25. 简述切花保鲜过程中的生理变化。

26. 简述贮运过程中影响盆花品质的因素。

27. 简述现代一品红贮藏及运输方法。

# 7 园林花卉的装饰和应用

**【本章提要】** 了解园林植物的目的是进行植物栽培与应用于园林装饰。本章主要介绍：花卉植物的室内与室外应用方式和方法；各类应用方式对园林花卉的要求；如何选择园林花卉，以实现美化环境的目的等。

园林花卉的装饰与应用是指用园林花卉布置成花坛、花境、花丛、花群、花台、花钵，或用盆花、切花等制作成各种装饰品，去装点建筑物周围、广场、室内环境、服饰及用具等，借以烘托气氛、突出主题，或借以放松身心、消除紧张情绪、解除疲劳、清新环境、增进身心健康，或用于社交、礼仪、馈赠以交流感情，表达友谊等。

## 7.1 花卉的室外装饰

园林花卉直接露地栽培于园林植物中，采用的形式多样，可布置成花坛、花境、花丛等，也可采用盆栽的方法进行盆栽组摆或作花钵，用于点缀、装饰建筑物周围、广场等重点部位，形成园林景观。

### 7.1.1 花坛

1）花坛的概念

花坛，是花卉应用的一种传统形式，源于古代罗马时代的文人园林。16世纪在意大利园林中被广泛应用，17世纪在法国凡尔赛宫中的应用达到鼎盛时期。

花坛是指按照设计意图在一定形体范围内栽植园林花卉，借以表现花卉群体的华丽图案和鲜艳色彩的设施。这是花卉应用的重要形式之一，类型丰富多样，应用位置灵活。在园林中，花坛不仅具有美化和装饰环境的作用，还能有效地增加节日的欢乐气氛，并在特定的环境及活动中能够很好地起到对环境设计立意的点题、标志和宣传作用。广义的花坛还包括盆栽花卉摆设成的各种形式的盆花组合。

花坛通常具有几何形的栽植床，边缘轮廓常用镶边，花坛种植轮廓界限明确，几何形种植床边缘用石头或砖头镶嵌，形成花坛的周界。花坛主要展示花卉组成的平面图案纹样或华丽的色彩。常用季节性花卉为主体材料，随着季节变化更换材料，以保证最佳的景观效果。

随着时代的变化，现代园林中花坛应用规模在不断扩大，并注入文化等元素以体现时代特征。在构成形式上，突破了以往的平面俯视及近赏特点，出现了在斜面、立面、三维空间设置的立体花坛，观赏角度出现了多方位的仰视与远望，给视觉以多层次的立体感。同时，出现了由静态的构图发展到连续的动态构图，并在材质、形式、理念上都有了创新。

2）花坛的分类

（1）按花坛的空间形态分

花坛按空间形态不同可分为立体花坛、斜面花坛和平面花坛三类。

①立体花坛向空间伸展，具有竖向景观，是一种超出花坛原有含义的布置形式，以四面观赏为主，也可以将花卉与雕塑相结合，形成生动活泼的立体景观。

②斜面花坛主要设置在斜坡或阶地上，也可布置在建筑的台阶两旁或台阶上，花坛表面为斜面，是主要的观赏面。

③平面花坛的表面与地面平行，主要观赏花坛的平面效果。平面花坛又可按构图形式分为规则式、自然式和混合式三种。规则式是将花坛布置成规则几何图形的形式，自然式是相对于规则式而言，混合式是规则式和自然式二者的结合。

（2）按观赏季节分

花坛按观赏季节分可分为春季花坛（如郁金香和风信子组成的花坛）、夏季花坛（如孔雀草和万寿菊组成的花坛）、秋季花坛（如鸡冠花和地被菊组成的花坛）和冬季花坛（如羽衣甘蓝组成的花坛）。

（3）按栽植材料分

花坛按栽植材料分可分为一二年生草花花坛（如一串红花坛）、球根花坛（如郁金香花坛）、水生花坛（如水生鸢尾花坛、睡莲花坛）、专类花坛（如菊花花坛、翠菊花坛）、常绿灌木花坛（如假连翘、南天竹花坛）等。

（4）按表现形式分

花坛按表现形式不同可分为花丛花坛、模纹花坛和现代花坛等。

①花丛花坛：花丛花坛用中央高、边缘低的花丛组成色块图案，以表现花卉的色彩美，又称盛花花坛。一般要求花卉的高度为 20～40 cm，品种高度一致，花朵覆盖叶丛，花色纯正鲜艳，花期一致，长达 3～4 个月为好。设计要简约而不可过繁。根据花丛花坛的单体平面种植轮廓的长和宽的比例不同还可分为单体花丛花坛（1∶1～1∶3）、带状花丛花坛（花坛宽度超过 1 m，且长、短轴的比例超过 3～4，又可称花带）和花缘（花坛宽度不超过 1 m，且长、短轴的比例超过 4）。单体花丛花坛常作为主景，带状花丛花坛和花缘常作为配景。

②模纹花坛：模纹花坛又叫绣花式花坛，以花纹图案取胜，通常是以矮小的、具有色彩的观叶植物为主要材料，不受花期的限制，耐修剪且修剪后发新叶快，分枝多，观赏期特别长，并适当搭配些花朵小而密集的矮生草花。模纹花坛主要展现和让人欣赏由观叶或花叶兼美的花卉所组成的精致、复杂的图案纹样。根据纹样和内部材料不同又可分为毛毡花坛、彩结花坛和浮雕花坛等。毛毡花坛主要是用低矮的观叶花卉组成精美、复杂的装饰图案；彩结花坛主要是用锦熟黄杨和多年生花卉按一定图案纹样种植，模拟绸带编成彩结式样，图案线条粗细相等，线条间可用草坪作底色或用彩色砂石填铺，或用时令花草填铺；浮雕花坛是通过修剪或配植高度不同的植物材料，形成表面纹样凹凸分明的浮雕效果的花坛，见图 7-1。

③现代花坛常见是将上述两类花坛类型相结合布置成的花坛及反映现代科技或社会发展的主题花坛、标志花坛、标牌花坛、标语花坛等。

（5）按运用方式分

花坛按运用方式可分为单体花坛、连续花坛和组群花坛。

**图 7-1　浮雕花坛**

①单体花坛，即独立的单个花坛，可以是花丛花坛、模纹花坛等。常布置于建筑广场中央、街道或道路的交叉口、公园的进出口广场、建筑物的正前方等位置。

②连续花坛：由多个独立花坛连续应用排成直线或组织成一个有节奏规律的不可分割的构思整体。常布置于道路的两侧，或宽阔道路的中央以及纵长的铺装的广场上，也可布置在草地上。整个花坛呈连续构图状，有起点、高潮和结尾。在起点、高潮和结尾处常用水池、喷泉或雕塑来强调。

③组群花坛：由相同或不同形式的多个单体花坛组合而成，在构图及景观上具有统一性。花坛之间为铺装场地或草坪以供游人活动和拉近距离欣赏，一般排列成对称或规则的形式。

现代，又出现了移动花坛，即由许多盆花组成的花坛，适用于铺装地面，也适合装饰室内。

（6）按功能分

花坛按功能不同可分为观赏花坛（包括模纹花坛、饰物花坛、水景花坛等）、主题花坛、标记花坛（标志、标牌及标语等）及基础装饰花坛（包括雕塑、建筑及墙基装饰）。

3）花坛的功能

花坛多设于广场和道路的中央分车带、两侧以及公园、机关单位、学校、办公教育场所等观赏休憩地段、风景区视线的焦点及草坪上。其主要目的是为了美化环境，组织交通，渲染环境气氛，烘托节日气氛，以及弥补风景园林植物景色的不足，在功能上既可作为环境的主景，也可作为配景应用。主要采取规则式布置，也可采取单独或连续带状及成群组合等类型。

4）花坛的设计

为了达到完美的装饰效果，需要对花坛进行以下几个方面的设计。

（1）花坛的外形和布置图案

花坛的外形和布置图案要与环境相统一才显得协调。不管是作为主景还是作为配景，花坛应与周围环境达到完美的协调和对比，包括空间构图上的对比与协调。如在广场上布置花坛，水平方向上展开，其大小应不超过广场面积的1/3，不小于广场面积的1/5。花坛内由花卉植物组成的图案要清晰可赏。同时，要与广场上的装饰物、植物等相协调，色彩上要相互搭配。作为主景时，花坛本身的轴线应与构图整体的轴线相一致，平面轮廓与广场的平面轮廓相一致，风格和装饰纹样与周围建筑的性质、风格等相协调。如作配景，花坛的风格应简约大方，不应喧宾夺主。

（2）花坛的平面设计

作为主景时，花坛外形应是对称的，平面轮廓与广场一致，但不应单调，可在细节上作适当变化。如在人流集散量大的广场及道路交叉口，为保证功能，花坛外形可不与广场一致。作为配景时，其个体本身最好不对称。

在种植花卉之前，要绘制花坛平面图，并写出设计说明书，以便进行施工操作。

花坛平面图要求用手工或电脑绘制，标出花坛所在环境的道路、建筑边界线，并绘出花坛平面轮廓，按面积大小选用适宜的比例，如1：10或1：100等。现举一圆形花坛的例子，见图7-2(a)和图7-2(c)。

（3）花坛的立面设计

为了方便排水和突出主体，以及避免游人踩踏，花坛的种植床应高出地面7～10 cm，中央拱起，保持

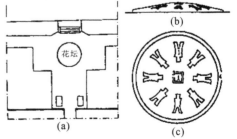

**图 7-2 圆形花坛**
(a)花坛位置；(b)花坛立面；(c)花坛平面

4%～10%的排水坡度。花坛四周应设有边缘石起保护作用,亦具有装饰花坛的作用。其高度为10～15 cm,大型花坛最高不超过 30 cm。根据种植床形状,花坛的立面造型设计有以下几种。①平面式:设于较开阔之场地,整个图案一览无余,给人以安静平整之感觉。②龟背式:多为圆形或多边形,四周低,中间高,中间高度大于花坛半径的 1/5～1/4,为 1～2 m。观赏面虽是花坛的半面,但是能给人完整的感觉。③阶梯式:多设于低处,面积较大,各个不同阶层组成不同形状,形成一个完整图案。④斜面式:是供单面观赏的前低后高式的一种花坛设计形式。⑤立体式:指内有立体造型,如雕塑、喷泉、景石、园灯等具有优美艺术造型的建筑小品,基部用花坛作陪衬。另有一种是用五色草创造立体造型的花坛,如图 7-1 所示。

花坛立面效果图用来展示及说明花坛布置好以后的效果及景观,如图 7-2(b)所示。

完成花坛设计之后,要撰写设计说明书。设计说明书的主要内容是简述设计的主题、构思及创意,并说明在设计图中难以表现出来的内容,以及对花卉材料的选用标准和数量等。要求文字简练、表达清楚。花坛用苗数量的计算公式为

$$A 种花卉用株数 = 栽植面积/(株距 \times 行距)$$
$$= 1 \ m^2/(株距 \times 行距) \times A 种花卉所占花坛面积$$
$$= 1 \ m^2 所栽株数 \times A 种花卉所占花坛面积$$

式中,株行距以花卉冠幅大小为依据,以不露地面为准。实际用苗量($a$)计算出来后,还要考虑施工等因素造成的 5%～15%的损耗量,总用苗量为 $[(a+a \times (5\%～15\%))]+[(b+b \times (5\%～15\%))]+\cdots$

5)花坛花卉的选择

花坛内部所组成的纹样是由花卉组成的,一般多采用对称的图案,并要保持鲜艳的色彩和整齐的轮廓。

(1)平面盛花花坛花卉的选择

平面盛花花坛花卉常选用一二年生花卉作为主要材料。一般应选用植株低矮、生长整齐、花期集中、株形紧密、花朵或叶片观赏价值高的花卉种类。球根花卉要选择栽后开花期长、开放时间一致、花色明亮鲜艳、有丰富的色彩幅度变化的花卉种类。纯色搭配及组合花卉较复色混植更为理想,更能体现花坛色彩之美。同时,也要求花的质感相协调。此外,所选花卉要容易移植,缓苗期短。如果是独立盛花坛,构图中心常用株形圆整、花叶美丽、姿态优美的常绿或落叶灌木,如棕榈、蒲葵、散尾葵、棕竹、苏铁、花叶榕、大叶黄杨、含笑、南天竹、阔叶十大功劳、石榴、牡丹、怪柳等。

花卉植株的高度与形状,对花坛纹样与图案的表现效果有密切关系。如低矮而株丛较小的花卉,适合于表现平面图案的变化,可以显示出较细致的花纹,故可用于毛毡状模纹花坛的布置形式,如五色苋类、三色堇、雏菊、半支莲等。花丛花坛以表现开花时的整体效果为目的,展示不同花卉或品种的群体及其相互配合所形成的绚丽色彩与优美外貌,因此要做到图样简洁、轮廓鲜明才能获得良好的效果。选用的花卉以花朵繁茂、色彩鲜艳的种类为主,如金盏菊、金鱼草、三色堇、矮牵牛、万寿菊、孔雀草、鸡冠花、一串红、百日草、石竹、福禄考、菊花、水仙、郁金香、风信子等。

在配置时,应注意陪衬的花卉种类要单一,花色要协调,每种花色相同的花卉布置在一起,不能混种。花坛中心主要选用较高大而整齐的花卉种类,如美人蕉、扫帚草、毛地黄、金鱼草等。

花坛的边缘,要求用低矮、株丛紧密、开花繁茂、枝叶美丽可赏的花卉种类,其枝叶稍微匍匐或下垂更佳,以保证花坛的整体性和美观。常用矮小的灌木绿篱或常绿草本作镶边栽植,如雀舌黄杨、紫叶小檗、沿阶草、土麦冬、垂盆草、天门冬、香雪球、荷兰菊等,也可用草坪作镶边材料。

（2）平面模纹花坛花卉的选择

平面模纹花坛花卉要以生长缓慢的多年生花卉为主，如苋科的小叶红草、绿草、黑草、大叶红草和景天科的佛甲草（白草），共称为五色草，以及一二年生的孔雀草、矮生一串红、四季秋海棠的扦插苗，香雪球、雏菊、半支莲、三色堇的播种苗等。平面模纹花坛有时还配有草坪，以突出五色草的观赏效果。

6）花坛的施工

（1）平面花坛的施工

首先是整理种植床。为了保证花坛的观赏效果和花卉的良好生长，要求花坛土壤具有良好的理化性质和营养，故需要施入有机肥。其次是按设计要求整理成平面或一定坡度的曲面或斜面。土层厚度的要求是：一二年生花卉要求 20～25 cm，多年生花卉及灌木要求 40 cm 以上。第三，平整土壤后，按设计图样及比例在种植床上画线放大，勾出图案轮廓。第四是砌边，按照花坛外形轮廓和设计边缘的材料、质地、高低和宽窄进行花坛砌边。第五是栽苗，选择阴天或傍晚进行栽植。按图案纹样，先里后外，先上后下，先中心后边缘进行栽种。株行距的设计：小型苗如半支莲、佛甲草等为 8～12 cm，中型苗如雏菊、金盏菊、黑心菊等为 15～25 cm，大型苗如紫茉莉等为 30～50 cm。栽后充分灌水一次。第六是栽后管理。为保持花坛的良好观赏效果，要根据季节进行灌水和施肥及植株管理。一般每周浇一次水，半个月或一个月中耕除草一次，根据生长情况施肥或喷肥，并注意病虫害的防治。同时，一旦发现枯萎植株要及时更换。

（2）立体花坛的施工

首先根据构图进行造型设计。先用石膏或泥土做成小样，找好比例关系，制作出模型。然后依据模型比例，放大成设计要求的造型骨架。如果骨架过大或过重，为施工运输方便，可制作成拼合式，然后现场组装，或搭脚手架进行组装。造型完成后，糊上 5～10 cm 的泥和稻草，再用蒲草或麻包包于外部，用铁丝扎牢固，再用竹片打孔，栽植五色草苗。栽后充分灌水一次，7～10 d 内生根前，要每天喷水 2～3 次，之后保持适宜浇水，并根据具体情况采取管理措施。栽后第一次修剪不宜重，只将草压平即可。第二次修剪宜重些，在两种草交界处各向草体中心斜向修剪，交界处呈凹状易产生立体感。以后每隔 20 d 左右修剪一次，每次修剪高度要高于前次。

## 7.1.2　花镜

1）花境的概念

花境是由多种花卉组成的带状自然式布置，这是根据自然风景中花卉自然生长的规律，加以艺术提炼而应用于园林设计中的形式。花境中花卉种类多，色彩丰富，具有山林野趣，观赏效果十分显著。欧美国家特别是英国园林中对于花境的应用十分普遍，我国目前花境应用也在逐渐增多。

花境种植床两边的边缘是连续不断的、平行的直线或是有几何轨迹可循的曲线，是沿长轴方向演进的动态连续构图。边缘可以有边缘石，也可无，但要求有低矮的镶边植物材料。单面观赏的花境有背景，如装饰围墙、绿篱、树墙、格子篱等。花境内部的植物配置自然式的块式混交，基本构成单位是一组组花丛，每组花丛由 5～10 种花卉组成，每种花卉集中栽种。同时，植物配置要有季相变化，每季有 3～4 种开花花卉为主基调，形成季相景观。

2）花境的分类

从花境的观赏形式可以分为单面观赏花境和双面观赏花境。单面观赏花境多以树丛、树群、绿篱或建筑物的墙体为背景,植物配置前低后高以利于观赏。双面花境多设置于草坪或树丛间,两边都有步道,供两面观赏,植物配置采取中间高两边低的方法,各种花卉呈自然块状混交。

花镜还可根据所选择使用的花卉材料分类。一是宿根花卉花境,内部全由可露地越冬的宿根花卉组成植物景观。二是混合式花境,内部种植的花卉种类以耐寒能力强的宿根花卉为主,再配置少量的花灌木、球根花卉或一二年生草本花卉。这样的配置,可使花境季相分明、色彩丰富、景观效果较好。三是专类花境,是由同一属不同种类或同一种不同品种的花卉材料组成的花境。要求花期、株形、花色等有比较丰富的变化,以体现花境的特点,如百合类花境、郁金香类花境、鸢尾类花境、菊花类花境、芳香类花草花境等。

3)花境的功能

花境的位置多设于公园、风景区、街心绿地、家庭花园及林荫路旁。因其多呈带状布置,故可在小环境中充分利用边角、条带等地段,是林缘、墙基、草坪边界、路边坡地、挡土墙等的常见装饰方式,可以营造出较大的空间氛围,并起到分隔空间、引导浏览路线的功能。在不同的环境和场合,布置花境时要满足不同的要求。

(1)建筑物和道路之间的带状空地

在建筑物和道路之间的带状空地上布置花境作基础装饰,可使建筑与地面的强烈对比得到缓和,以柔化规则式建筑物的硬角,增加环境的曲线美和色彩美。但是,若建筑物过高,则不宜用花境来装饰,因为比例过大会显得很不相称。作为建筑物基础栽植的花境,应采用单面观赏的形式。

(2)道路上布置花境

一是在道路中央布置的两面观赏花境。可以是简单的草地和行道树,也可以是简单的植篱和行道树。二是在道路两侧,每边布置一列单面观赏的花境。这两列花境,必须成为一个整体构图。三是在道路中央布置一列双面观赏的花境,道路两侧应布置单面观赏花境。

(3)规则式园林中的绿篱前方

绿篱前方布置花境最为动人,可以装饰绿篱单调的基部。同时,绿篱又是花境的背景,二者交相辉映。花境前宜配置园路,以供游人欣赏。配置在绿篱前的花境均为单面的观赏花境。

(4)游廊、花架旁边

沿着游廊和花架台基的立面前方可以布置花境,花境外布置园路。这样游廊内的游人可欣赏两侧的花境,园路上的人又可欣赏到有花境装饰的花架和台基,能够大大提高园林风景的观赏效果。

(5)挡土墙、围墙、厕所等处

在挡土墙、围墙、厕所等处布置单面观赏的花境,以墙为花境的背景,可以起遮挡作用或使背景变得更加美观。

(6)大片绿地前

可在大面积的空旷绿地前布置花镜,烘托氛围,供游人休息之余欣赏。

(7)特定环境中

水边、河畔一带常是充满田园诗意的地方,特别是在夏天。在这些特定的环境中可以布置花镜。水边环境能够滋生许多在其他地方不能繁茂生长的植物,水岸边翩翩起舞的香蒲,长着细长茎的鸢尾植物和灯心草等都提供了很好的衬托。在沼泽地、湿地,也可根据环境选择一些观叶植物与花卉搭配。在旱地,则可以选择直茎飘扬的狗尾草、针茅等。

4）花境的设计

花境的形式应因地制宜。两面观赏的花境不需要背景，只有单面观赏的花境需要有背景，背景可以是装饰性的围墙，也可以是格子篱。色彩可以是绿色，也可以是白色。最理想的是修剪好的常绿的绿篱或树墙。花境与背景之间可以有一定的距离，也可以没有距离。在一些旅游景点，常依游人视线的方向设立单面观赏的花境，以树丛、绿篱、墙垣或建筑物为背景，靠近游人一侧应低矮一些。

花境的种植床形状可以是规则的，也可以是不规则的。花境的边缘可以是直线的，也可以是某种

图 7-3  花境

几何轨迹的曲线，线条是连续不断的，但两边的边线必须是平行的。种植床应高于地面 7～10 cm，土壤厚度为 30～50 cm，并施有底肥；排水坡度一般为 2%～4%。单面观赏的花境宽度以 4 m 为宜，最少 3 m，两面观赏的花境宽度多为 4～8 m。

绘制花境的位置图、平面图和立面效果图，编制说明书等，其要求同花坛。图 7-3 为某一花境的实际布置图。

5）花卉的选择

花卉选择的原则是：以能在当地露地越冬的多年生花卉为主，少量选用一二年生花卉；要求花卉植物的抗逆性强，管理粗放，容易成活；最好选用花期长、观赏价值高的品种。

选择花卉植物时，首先要排除有毒的植物，它们的浆果和种子吸引游人的同时也会给人们带来伤害，如瑞香、龙葵、鼠李等。近几年患有过敏症的患者也增多，所以在设计时，我们还要避免使用会引起花粉症、呼吸道疾病和皮炎的植物，如天竺葵、康乃馨、夜来香等。要多利用香草植物，那样在嗅觉上可以提升整个花境的欣赏价值。宜少用容易吸引害虫的植物，多选用吸引益虫的植物，如向日葵、艾菊、甘菊。特别注意，绝对不可以选用自身繁衍迅速而破坏其他植物生长的植物，如一支黄花等。

6）花卉的配置

花境中各种花卉在配置时既要考虑到同一季节中彼此的色彩、姿态、体型、数量的调和与对比，花境的整体构图也必须是完整的，同时还要求在一年之中随着季节的变换而显现不同的季相特征。可使用宿根、球根花卉，还可采用一些生长低矮、色彩艳丽的花灌木或观叶植物。其中既有观花的，也有观叶的，甚至还有观果的。特别是宿根和球根花卉能较好地满足花境的要求，并且维护管理比较省工。由于花境布置后可多年生长，因此不需经常更换。若想获得理想的四季景观，必须在种植规划时深入了解和掌握各种花卉的生态习性、外观表现及花期、花色等，对所选用的植物材料具有较强的感性认识，并能预见配置后产生的景观效果，只有这样才能合理安排、巧妙配置，体现出花境的景观效果。

为使花境美丽漂亮、观赏期长，配置花卉时要注意以下几个原则。

①植物不是单株而是由 3～5 株组成团块，每种组成一不规则团块。

②每个团块相接，相互支持、依赖并作为前者的背景。

③花朵之外叶片及全株的形态都有集体美可赏。

④植株开花后凋萎或死亡,旁边的枝叶会长过来掩遮地面。

⑤背景要连续而隽永,用一种植物当背景会形成完整统一性,但前面的植物应该选许多种,在花境中许可呈不规则的重复出现,相互混合,使花期不断,十分自然。

⑥花境前面的边缘应该选用最矮的装缘植物,并且自春至秋都有花可赏。

⑦花境的长度不限,根据环境情况 10～100 m 均可。

郁金香、风信子、荷包牡丹及耧斗菜类仅在上半年生长,在炎热的夏季即进入休眠,花境中应用这些花卉时,就需要在株丛间配植一些夏花产生时序感。适应布置花境的植物材料有很多,既包括一年生的,也包括秋季生长茂盛而春至夏初又不影响其生长与观赏的其他花卉,这样整个花境就不至于出现衰败的景象。花境的边缘即花境种植的界限,不仅确定了花境的种植范围也便于周围草坪的修剪和周边的整理清扫。依据花境所处的环境不同,边缘可以是自然曲线,也可以采用直线。高床的边缘可用石头、砖头等垒砌而成,平床多用低矮致密的植物镶边,也可用草坪带镶边。常用镶边花卉有矮生金鱼草、四季海棠、过路黄、垫状香草、中国石竹、观赏辣椒、三色堇、赛亚麻、马齿苋、何氏凤仙、美女樱等。

7)花境的养护

春季,土地解冻后及时去除花镜上的覆盖物,如覆盖物中含有腐烂的树叶或肥料,要将其翻入土中;对冬季被严霜拔离地表的植株要重新种植。为抑制杂草生长,必要时可铺设覆盖物。生长期应保持土壤湿润、空气凉爽,保证植株正常生长。有些过高的植株应提供支撑,有的种类花后要及时摘除残花,并适当施肥。冬季,霜冻前应增加花镜的覆盖物以保暖,防止植株冻死。

### 7.1.3 花丛和花群

应用花丛和花群是指将自然风景中散生于草坡的景观应用于城市园林,从而增加园林绿化的趣味性和观赏性。花丛和花群布置简单、应用灵活,株少为丛,丛连成群,繁简均宜。花卉选择高矮不限,但以茎干挺直、不易倒伏、花朵繁密、株形丰满整齐者为佳。花丛和花群常常布置于开阔的草坪周围,使林缘、树丛、树群与草坪之间有一个联系的纽带和过渡的桥梁,也可以布置在道路的转折处,或点缀于院落之中,均能产生较好的观赏效果。同时,花丛和花群还可布置于河边、山坡、石旁,以体现野趣。

### 7.1.4 花台

将花卉栽植于高出地面的台座上,类似花坛但面积较小,我国古典园林中这种应用方式较多。现在多应用于庭院,其上种植草花作整形式布置。由于面积狭小,一个花台内常只布置一种花卉。因花台高出地面,故选用的花卉株形较矮、繁密匍匐或茎叶下垂于台壁,如玉簪、芍药、鸢尾、兰花、沿阶草等。

### 7.1.5 花钵

花钵可以说是活动的花坛,它是随着现代化城市的发展,由花卉种植施工手段逐步完善而推出的花卉应用形式。花卉的种植钵造型美观大方,纹饰以简洁的灰、白色调为宜。从造型上看,有圆形、方形、高脚杯形,以及由数个种植钵拼组成六角形、八角形、菱形等图案,也有木制的种植箱、花车等形式,造型新颖别致、丰富多彩,钵内放置营养土用于花卉栽植。这种种植钵移动方便,里面的花卉可以随季节变换,使用方便灵活、装饰效果好,是深受欢迎的新型花卉种植形式。主要摆放于广场、街道及建筑物前进行装饰,施工简单,能够迅速形成景观,符合现代化城市发展的需求。

适于花钵的花卉种类十分广泛,如一二年生花卉、球根花卉、宿根花卉及蔓生性植物都可应用。选用应时的花卉作为种植材料,如春季用石竹、金盏菊、雏菊、郁金香、水仙、风信子等,夏季用虞美人、美女樱、百日草、花菱草等,秋季用矮牵牛、一串红、鸡冠花、菊花等。所用花卉的形态和质感要与钵体的造型相协调,色彩上有所对比。如白色的种植钵与红、橙等暖色系花搭配会产生艳丽、欢快的气氛,与蓝、紫等冷色系花搭配会给人宁静素雅的感觉。

### 7.1.6 花卉园艺塔

花卉园艺塔是由自下而上半径递减的圆形种植槽组合而成的。底层有底面,其他各层皆通透,形成立体塔形结构。种植槽内装入足够的基质以保证花卉获得充足的养分。植物材料可以选择一二年生的花卉、宿根花卉、球根花卉及各种观花、观叶的灌木与垂蔓植物。

# 7.2 花卉的室内装饰

## 7.2.1 盆花装饰

1)盆花的分类

盆花是盆栽花卉的简称,是在特定条件下如花圃、温室栽培成型后达到适于观赏的阶段上盆而成,用于需要装饰的场所。

根据花盆中花卉植物的多少分为独本盆花、多本盆花和多类混栽。独本盆花是指一盆一花,要求此花具有特定观赏姿态,如独本菊,常单独摆放装饰或组合成线状花带。多本盆花,是指一个盆器内栽植多株同一种类的花卉,可形成群体美,如多本菊、鹤望兰、文竹、棕竹等。多类混栽,是指将几种不同种类的花卉栽于同一个花盆容器中,模拟自然群落的景观,可成为缩小的"室内花园"。多类混栽时要注意不同花卉对光照、空气湿度、土壤等的要求。

根据花盆中花卉植物姿态及造型可分为直立式盆花、散射式盆花、垂吊式盆花、图腾柱式盆花、攀援式盆花等。直立式盆花要求花卉及观赏植物本身姿态修长、高耸,或有明显的主干,可形成直立式线条。此类盆花常用作装饰组合中的背景或视觉中心,以增强装饰布局的气势,如盆栽南洋杉、龙血树等。散射式盆花要求花卉植株枝叶开散,占用的空间宽大,适于室内单独摆放。垂吊式盆花要求花卉植株的茎叶细软、下垂、弯曲,可摆放于几架高处,或嵌放在街道建筑和房子的墙面,也可栽于吊篮中悬挂窗前或檐下。垂吊式盆花姿态潇洒、装饰性强。图腾柱式盆花适于一些攀援性和具有气生根的花卉,如绿萝、合果芋、喜林芋等。攀援式盆花是指利用蔓性和攀援性花卉盆栽后牵引,附于室内窗前墙面,或阳台栏杆上,增加室内生气。

2)盆花装饰的特点

盆花装饰,是指将盆花运送到被装饰的场所摆放,经策划布置达到装饰的效果,在失去最佳观赏效果或完成装饰任务后即移走的活动。

盆花装饰的特点明显。一是大多只作短期的装饰,但通过轮换可达相对长期的效果;二是适于装饰的地点或场所不受限制,既可室内,也可室外;三是可供选择的花卉种类范围较宽,可以根据不同摆放地点、不同摆放观赏的部位要求,尤其是在不适观赏花期需要摆放观花时,可以体现促成或抑制栽培的技术成果;四是便于精细管理,达到特殊造型上的美学要求等。

3)室内盆花装饰的基本原则

(1)生态适应原则

不同的花卉对于光照和温度的要求都不同。对于喜光的花卉要尽量摆放在室内光线最好的位置,如南边的窗户下面。对于喜高温的花卉要摆放在朝南、较小、只有一个出入口的房间。

(2)空间协调原则

空间协调原则是指室内盆花装饰应与建筑式样、室内布置整体风格、情调及家具的色彩、式样等相协调。不同的房间,既有形状、面积、高度的不同,又有装修、布置带来的色彩、质感的差别,采用盆花进行装饰时应注意气氛的统一、协调。如中国式建筑和家具陈设环境,室内盆花装饰可用松、竹、梅、兰、牡丹、南天竹、万年青等,再配以几架,就显得十分相称。若是现代化建筑和家具陈设环境,常配以棕竹、散尾葵、朱蕉、绿萝、垂吊花卉等,更感高雅、舒适。

(3)综合功能原则

盆花在室内的摆放除具有美化、装饰的效果外,还能进行空间的分割,如用高大的盆花或吊盆将大厅划分为客厅和餐厅两个功能区;也能进行私密空间的营造、不良视野的遮挡。

图 7-4　厨房中的盆花

(4)主要功能原则

不同的房间有着各自的功能,如客厅是会客和一家人交流、活动最多的场所,盆花装饰可略显热烈、豪华。厨房中摆放盆花,主要是为了实用,其次是为了装饰。图 7-4 为放在厨房中的盆花。

(5)空间美学原则

经过整形加工的花卉植株,配以素雅的墙面,可自成一景;布置窗台,可以形成框景;装饰墙角,可以软化建筑线条;利用体形大小,以透视角度摆放,可以控制景观,加强景深,显示优美的远景;利用色彩可调和室内的气氛,增加艺术魅力。

(6)气氛一致性原则

在隆重的会场要求严肃庄重的气氛,宜选用形态端庄而整齐、体量较大的盆花组成规则线作为主体,不宜色彩太繁杂。一般居室要创造舒适、轻松、宁静的气氛,摆花不宜过多,色彩宜淡雅。在体量和数量上,要与环境成比例才协调。在色彩上,深色家具或较暗的室内需用明亮的花盆和花色;反之,浅色家具和明亮的室内可用色彩稍深、鲜艳的盆花。

(7)激发情感的原则

盆花的自然美配合室内装饰与家具的人工美及二者的对比,使各自的特点更加突出,促使人们与自然保持联系,享受自然界的色、味之乐趣,唤起人们热爱生活、发奋学习和工作的信念。

(8)实用性原则

除了科学性、艺术性之外,室内盆花装饰还应兼顾到实用性。火热夏季里摆放可以利用枝蔓布满阳台的盆花,能够减缓阳光直射导致的增温,达到消暑、降温、增湿的目的,使人感到清心凉爽。厨房阳台摆放的香草,既可香化环境,也能用于芳香料理,增加生活的馨香。

4)室内盆花的选择原则

根据室内绿化装饰场所的光照特点选择耐阴性程度与之相适应的植物。如光线较强的明厅、大堂、卧室等,可选择等喜阳植物;光线稍差的走廊、中庭可选择较耐阴的植物;光线较差的包房或会议室,可选择耐阴性强的植物;在大堂内入口处,选择大中型有气派的植物;在会议室选择有明快、简洁效果的植物。晚上有人的地方可选放仙人掌类植物。此外,还可选择对人体有益的植物等。

根据装饰场所及家具的颜色特点选择盆花。浅色家具和墙壁宜选择叶色较深的植物,如橡皮树、龟背竹、绿巨人等;深色家具和墙壁宜配上色彩明快的植物,如花叶万年青、虎尾兰等。中式家具宜选择具有中国传统特色的植物,如梅、兰、竹、菊等,西式家具应选择色彩鲜艳、姿态潇洒的植物,如散尾葵、君子兰、变叶木等。

根据不同室内场所类型选择盆花。如老人卧室宜突出清新、淡雅的特点;儿童、青少年卧室宜突出活泼、亮丽的特点等;书房宜突出幽静、清新的特点等。

5)不同室内环境中盆花装饰的应用

经过精心设计的室内装饰花卉,可以从色彩、质地和形态方面与室内的墙壁、家具陈设形成对比,以其自然来增添环境的表现力。具体装饰时,要根据室内空间大小、功能、结构等的不同,以及主人的不同需要,选用不同的装饰花卉,体现用盆花装饰的快乐。

(1)办公室

办公室应突出轻松优雅、安宁、美观朴素的特点,以调节工作人员的情绪,使室内呆板的气氛显得生动亲切。选用的花卉种类不宜太多,且应选用管理简单、维持时间长的花卉,如各种绿叶类植物及干花等,也可摆放山水或树木盆景,尽量少用观花植物。常用的花卉有绿萝、龙血树、橡皮树、袖珍椰子、文竹、万年青等。面积较大的办公室,可用大型花卉来装饰,如在墙角或沙发边摆上一盆较大型的观叶植物,能使室内富有生机且显得具有较高品位。如果办公室面积较小,可充分利用窗台、墙角以及办公家具等空间点缀少量花卉,如在墙角摆放变叶木,在窗前放绿萝,在办公桌前点缀袖珍椰子、小型盆景等。

随着科技的发展,各行各业对办公室灵活布置的要求越来越高,出现了很多大空间办公室。在这些大空间办公室中,可利用植物来进行空间划分,将大房间分割成不同功能的办公区域,使办公室成为名副其实的风景化办公室。这不仅可美化环境,而且可以调节工作人员的情绪,提高工作效率。

(2)会议室

会议室整体布局风格一般是庄重、严肃。选用的花卉植物也应突出此特点,且种类和数量均不宜过多。大型的会议室,常在主会议桌上依次摆放几盆小型观花盆花,如一品红、四季海棠等,高度以不阻挡视线为好。如为圆形的会议桌,则圆形中间常会流出空地,可布置3~4盆中、大型观叶植物或观花植物,如菊花、巴西木、橡皮树等,以充实空间,成为全屋装饰的重点。在会议室外围的沙发或座椅后可摆放花叶常春藤、巴西木等植物。中小型会议室,其装饰重点在桌面,可用一品红、四季海棠、仙客来、水仙、花叶芋、万年青等装饰,要注意与桌布的颜色相协调。

(3)客厅

客厅面积大时,可摆放鲜艳、花朵较大的花卉,给人以热情、温暖、丰富多彩之感,如常见的欧式装饰的客厅,以矮小观叶植物为主,少用鲜艳的花卉,但在角落或局部也可选用大型植物,或选用仙客来、水仙等观花植物,显得热情、好客。客厅面积较小时,选用一、二盆植物,将其置于角落等不影响活动的地方,让小空间也能流动着绿意。

客厅盆花装饰的方式有落地式、几架式、悬吊式及桌饰(迷你盆栽)等,不同的位置应采用不同的盆花装饰方式并放置不同的植物。如直立生长的或者植株较高的,宜放在低处,对一些枝叶悬垂的或扩展性的盆花,则应放置在较高的地方,这样就会产生立体美。

在具体布置时,在墙隅、沙发旁等角落可用大中型盆花,如发财树、橡皮树、鱼尾葵、巴西铁树、垂榕、散尾葵、南洋杉、龟背竹、鹅掌柴及酒瓶兰等。这样,沙发质地柔软,尺度较大又趋低矮,能与高大茂盛的枝叶形成强烈对比,统一而和谐,成为一个富有变化的空间,整个室内呈现出淡雅自然的格调。也可使用3~4种观叶植物(不同的叶质、叶色、叶形)组成组合式盆栽装饰,但切忌将过多植物进行拥挤摆放。客厅连着餐厅的,还可用盆花植物作间隔,如上面可悬挂绿萝、常春藤、吊兰等,地上可摆放龙血树和印度橡皮树,这样就形成一个绿色垂帘,显得自然、美观、幽雅。也可用透空的架橱或博古架做隔断,其上选用小型盆栽如仙人球、虎刺梅、景天等较耐阴又耐旱的花卉来装饰。

(4)卧室

卧室不应选用太多花卉,因为夜间花卉会与人争夺空气中的氧气。最好选用有利于睡眠的植物和夜晚能吸收二氧化碳的植物。可选用具调和色或色调淡雅的植物,给人以清闲安逸之感。忌冷色和强烈的对比色。衣柜上可放悬垂的花木,如吊兰、常春藤等,离床头较远的地方可放置香型小盆花。窗旁可摆放一盆浅绿色叶片的蕨类植物,使卧室增添几分柔和、温馨。此外,卧室的花卉布置还应针对不同的人群来进行,不仅要依据个人喜好,重要的是要考虑健康及舒适的要求。

(5)儿童居室

布置儿童间时首先要考虑到孩子的个性、喜好,还要考虑实用性、安全性、启发性。选用儿童喜爱的具有鲜艳色彩的特殊形状的花卉,如彩叶草、三色堇、蒲包花、生石花、佛肚树等姿态奇特的植物,以利于培养儿童热爱大自然的情趣,启发儿童的思维。同时,由于儿童活泼好动,因此要注意尽量不用悬吊植物,以确保安全。严禁使用多刺的、有特殊气味及有毒的花卉,如天竺葵、一品红、黄杜鹃、水仙花、马蹄莲、冬珊瑚、虎刺梅、石蒜等。

(6)老人的卧室

老人的卧室应突出清新淡雅的特点。植物种类应选择观赏价值较高、管理简便、较耐旱的品种,植株也不宜过大。室内装饰的植物以常绿植物为好,如仙人掌、兰花、龟背竹、小型苏铁等。郁郁葱葱,象征老人健康长寿,平平安安。避免摆放垂吊植物,摆放的植物也应尽量靠边,不要影响老人的行动。

(7)夫妇卧室

夫妇卧室应突出以香为主的特点。应选择蝴蝶兰、茉莉花、满天星等带香味的植物。窗台上可摆放一些阳性植物,如米兰、杜鹃、一品红等,在角落处也可装饰一些观叶植物,如绿萝、彩叶芋、鹅掌楸、巴西木等。

总之,利用盆花装饰室内,在装饰布局与选材上,通过增加艺术构思与意境,可使装饰效果达到更高层次。无论是写实或抽象、大型或小型、规则或自然的艺术方式,都可用盆花的选材与布局来体现。

### 7.2.2 插花

1)插花的概念

插花(flower arrangement)起源于佛教中的供花。所以,插花是一门艺术,同雕塑、盆景、造园、建筑等一样,均属于造型艺术的范畴。简单而言,插花就是指将剪切下来的植物之枝、叶、花、果等器官作为素材,经过一定的技术(修剪、整枝、弯曲等)和艺术(构思、造型设色等)加工,重新配置成一件精致美丽、富有诗情画意、能再现大自然美和生活美的花卉艺术品,故称其为插花艺术。然而,插花看似简单容易,但是要真正完成一件佳好的插花作品却并非易事。因为它既不是单纯的各种花材的组合,也不是简单的造型,而是要求以形传神,形神兼备,以情动人,是一种将生活、知识、艺术融合为一体的艺术创作活动。插花界人士普遍认为,插花就是用心来创作花型,用花型来表达心态的一门造型艺术。

2)插花的特点

插花是一门艺术,具有独特的特点。

(1)时间性强

由于插花所用的花材均是离体植株的一部分,自身吸收水分和养分受到限制,故水养时间较短。所以,插花作品供创作和欣赏的时间有限,属于快捷型的临时性艺术欣赏活动。

(2)自然性强

插花作品独具自然绚丽的色彩、婀娜的姿容,以及芬芳而清新的大自然气息,是最接近生活、最易为人接受的一种美化形式、艺术形式和文化娱乐活动。

(3)随意性强

插花的随意性主要体现为在花材、花器的选择上具有很强的随意性和广泛性,档次可高也可低,常随场合和需要而定。同时,插花的构思、造型常因不同场景的需要及创作者的心境而变化,因此,插花作品在选材、创作、形式、陈设、更换等方面具有较强的灵活随意性。

(4)装饰性强

插花作品可谓集百花之美于一身,造型更具自然美与艺术美,随环境而陈设,艺术感染力特别强,美化效果最快速,常具有画龙点睛和立竿见影的效果。

3)插花的类型

(1)根据用途分

插花根据用途可分为礼仪插花和艺术插花两类。

①礼仪插花:是指用于社交礼仪、喜庆婚丧、开业庆典等场合,具有特定用途的插花。其形式较为固定和简单,花材的种类和色彩搭配有些是约定俗成的用法。但要注意一些国家或地区的用花习俗和禁忌,以免引起误解。礼仪插花要求造型整齐、花色艳丽,通常形体较大、花材较多,插作比较繁密。常见种类有花束、花篮、花钵、花圈、花环、新娘捧花等。

②艺术插花:是指既具备社交礼仪插花的使用功能,又可供艺术欣赏和美化装饰之用的一类插花。形式灵活多样,选材极其广泛,作品造型简洁,注重的是创造丰富的意境,表达较深的思想内涵。一般常用作插花展示供人欣赏,或装饰美化家庭、橱窗。常见种类有瓶插、盆插、篮插等。

(2)根据所用花材分

插花根据所用花材可分为鲜花插花、干花插花、人造花插花及混合式插花等。

①鲜花插花:就是用新鲜的切花花材制作插花作品。重点体现在时效性,具有新鲜感。

②干花插花:是指用经过已经干燥好的自然花材制作插花作品。与鲜花插花相比,花材使用时间长,管理方便,但没有新鲜花材的鲜活清新感。

③人造花插花:是指用人造的花材进行插花制作,与干花插花相似,但比干花更耐用而持久。

④混合式插花:是指采用以上几种类型的花材混合制作的插花。

(3)根据艺术风格分

插花根据艺术风格可分为东方式插花、西方式插花、现代自由式插花。

①东方式插花:以中国和日本为代表。其特点是:重视意境和思想内涵的表达,体现东方绘画"意在笔先,画尽在意"的构思特点,使插花作品不仅具有装饰的效果,而且可达"形神兼备"的艺术意境。造型上以线条为主,追求线条美。充分利用了花材的自然姿态,因材取势,抒发情感,表达意境。构图上崇尚自然,多用不对称构图法,讲究画意。布局上要求主次分明,虚实相间,俯仰相应,顾盼相呼。色彩上以清淡、素雅、单纯为主,提倡轻描淡写。也有重视华丽色彩的,这主要用于宫廷插花。表现手法上,多以 3 个主枝为骨架,高、低、俯、仰构成各种形式,如直立、倾斜、下垂等。注重花材的人格化意义,赋予作品深刻的思想内涵,用自然的花材来表达作者的精神境界。

②西方式插花:以传统的欧洲插花为代表。其特点是:重视装饰效果及插制过程的怡情悦性心理,不过分强调思想内涵。讲究插花作品的几何图案造型,追求群体的表现力。构图上多采用均衡、对称的手法,表达稳定、规整,体现人为力量之美,使花材表现出强烈的装饰效果。插花作品追求丰富、艳丽的色彩,着意渲染浓郁的气氛。表现手法上,注重花材与花器的协调,强调作品与环境的协调。

③现代自由式插花:随着现代东西方文化交流的增多,东西方插花艺术也在不断整合,两者都各自吸收了对方的一些表达手法,因而极大地丰富和完善了各自的艺术风格,给人们不同的艺术享受,这样,现代自由式插花就应运而生了。

4)插花的基本技法

(1)花材类型

用作插花的材料是一件插花作品的主体,是表现作品主题、意境及发挥装饰效果的主要体现者,因此,选择合适的插花材料是插花创作的关键。

花卉种类繁多,有木本、草本和藤本三类,各类花卉的根、茎、叶、花、果及种子等,只要具备观赏价值,且能持久保持水分,或本身较干燥,不需要水养也能观赏较长时间,都可以剪切下来用于插花。如年代久远的枯根,可表达苍劲的效果;带芽的银芽柳枝条,代表春天的勃勃生机;累累的葡萄果穗,代表丰收的秋季。每日三餐不离的蔬菜如辣椒、茄子、芹菜等,应时瓜果如苹果、梨、山楂等,也可与鲜花一起用于插花,是当今世界插花的热门花材。

按照花材的形状,可分为以下几类。

①线状花材:指外形呈长条状或线状的花材,如银芽柳、南天竹、杏、梅花、唐菖蒲等。此类花材可以确立插花作品的大小比例、外形轮廓及构图形式。

②块状花材:指外形比较整齐的圆团状花材,花形或叶形固定而厚实,能形成独立的色块效果。这是插花构图的主要花材,对插花作品的重心及均衡起着重要作用,如牡丹、月季、菊花、香石竹、非洲菊、百合等。

③特形花材:指花形虽然不规整,但是结构很别致的花枝,如鹤望兰、红鹤芋、马蹄莲、蝴蝶兰

等。这些花材,本身具有很强的吸引力,因而常被用作焦点花。一般插花作品的立意、主题都是通过这些特形花材来表现。

④填充花材:又被称作散状花材,指由枝条纤细的许多小花组成星点状蓬松的花材,如霞草类、珍珠梅、补血草类等。此类花材可起到填充空间、遮挡花泥、衬托和突出主体花材的作用,同时可增加作品的层次感,赋予作品一种柔和、朦胧美的效果。

图 7-5 为花材形状示意图。

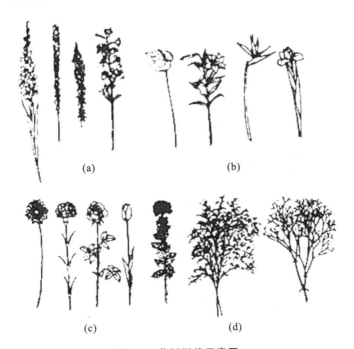

**图 7-5  花材形状示意图**
(a)线状花材;(b)特形花材;(c)块状花材;(d)填充花材

(2)花材修整

花材修整指在插花之前对选择的花材进行的一些加工处理。以下是常见的花材整理方法。

①枝条的剪切和造型:一是根据窗口的大小和作品的体量确定枝条的高度和长度;二是分清枝条的阴阳面以确定枝条的主视面;三是剪除病虫害枝、过密的枝杈、不必要的平行枝条等。

②花朵的造型与加固:为了便于插作,一是要弯曲花葶,如花葶粗壮的马蹄莲、郁金香之类的花,握于掌心通过慢慢拉动,即可将花葶弯成一定的弧度;二是要加固花葶,如对花材大而花葶和花枝纤细或失水就变软不能保持应有的姿态,从而影响构图的花朵可采用铁丝进行加固。用铁丝穿透花心,作为托以支撑花朵从而保持花材的自然状态。加固后用绿胶带缠绕花茎,防止铁丝暴露在外。图 7-6 为花葶的加固方法。

③叶片的造型与加工:对于过大的叶片要剪小;对于过厚的叶片则要镂空。通过撕裂、卷曲、打结、钉扎等方法造型,并可用铁丝做托以调整角度,见图 7-7。

(3)花材固定

插花时根据构图要求将各花材按一定的姿态和位置固定在插花容器中,称为花材固定。通常用花插或花泥来达到固定的目的。

图 7-6 花葶的加固

图 7-7 叶片的造型与加工

①花插又称剑山,用铅或铝合金制成,上面有直立朝上的尖针,以便花材插入。浅盘和低身阔口的容器用花插固定花材。固定花材前要在容器中加水,水位高于花插的针座,以便花材插上后即可吸水。

②花泥是指一种化学合成的专门用于插花的泡沫材料,多为绿色、长方体的砖形。礼仪插花中常用的花钵之类的直径较小的浅盘及制作花篮、壁挂等作品常用花泥固定。使用时可根据容器口径的大小切割花泥。在花材插入前,要将花泥充分吸水,以便花泥既可以固定花材,又可为花材提供水分。由于花泥使用一次后,插孔不能恢复,故花泥是一次性的消耗材料。

（4）插花构图的基本类型

插花的构图是由各国插花工作者不断实践和创造出来的。东西方文化背景和喜好不同,因此插花的构图种类繁多,风格各异。现根据插花作品是否具有明显的集合中轴线及外形的轮廓,将插花构图分为两类。一是对称式构图,又称为整齐式构图。插花作品外形轮廓整齐而对称,为各种规则式的几何图形。这样,插花作品显得端庄丰满,表现出雍容华贵或温馨浪漫的气氛,适合陈设于厅堂、会议室、餐桌等处。常见的图形有三角形、倒 T 形和 L 形（见图 7-8（a））、水平形和半球形等构图。二是不对

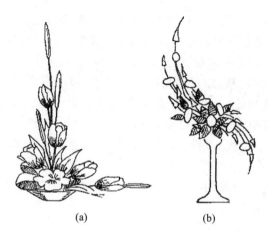

(a)　　　(b)

图 7-8 对称式插花

(a)L 形;(b)S 形

称式构图。外形没有明显的中轴线,长短参差,高低错落。插花作品重在表现每一花材的自然姿态美和深远的意境。常见的图形有直立形、倾斜形、弯月形、S形(见图7-8(b))、下垂形和直上形等。

(5)插花色彩的设计

一件插花作品,给人的第一印象应该是插花作品的色彩。因此,如果色彩设计成功,即使其他方面略有欠缺,仍然会引人注目。色彩直接影响远近感、进退感、兴奋与宁静感、豪华与朴素感等。因此,每件艺术插花作品都要注意自身与环境及器具的色彩配置,这也关系到插花作品的成败。插花色彩不宜过杂,通常是两三种,即使有多种色彩,也要有一个主色调,在丰富中求统一。

插花的色彩设计涉及色彩学方面的知识,可以参考相关的专业书籍。这里仅介绍插花作品中色彩的搭配及要考虑的因素。

插花作品中色彩的搭配常见有单色组合、对比组合和层次配色等。单色组合是指使用同一种色相的不同明暗、深浅的变化或色相环中色相相邻的颜色来搭配。如红色系中的深红、大红和粉红的搭配,红、橙、黄相配,黄、黄绿、绿之间的搭配。对比组合是指采用互补色之间的搭配,重在表现变化、生动、活泼、丰富的效果,但可能会产生刺激、冲突之感,依次配色时各种颜色不能等量出现,应层次分明。层次配色的搭配是指按一定次序和方向进行色相搭配,这样配色效果整体统一,并有一种节律和方向性。搭配时,可以色相环变化来配色,也可以根据创作要求来配色。

插花作品中色彩搭配时要考虑以下几个方面的因素。一是要考虑陈设处室内的颜色。插花作品只有与陈设的背景相适合,才能充分表现出美来。插花作品最宜摆放在素色的背景前,以充分衬托出优美的花姿和色彩。二是要考虑陈设处室内的光线和灯光。蓝色、紫色等深色的花枝宜放在明亮的光线下,光线不佳的地方需要选择亮度较高的浅色调花材。此外,不同的光源,对于花材的颜色有不同的作用。三是要考虑季节。由于花材具有时令性,通过花材和颜色的组合表现一年四季的不同景观。但也可反季节而行,为室内创造一种舒适的气氛。如在火热的夏季,用几种浓淡不同的绿叶搭配插制一幅作品,并配上白色和冷色调的花,则会立即令室内顿觉凉爽。隆冬季节,使用暖色调的花材,则可营造一个温暖、温馨的世界。四是要考虑容器的颜色。进行插花色彩设计时,一定要把容器和花材作为整体来考虑。追求协调时,不使靠近容器的花材与容器的颜色太接近;追求对比时,切忌强烈而刺激,应以花材为主,容器为配。

5)插花作品的创作

一般而言,插花创作要掌握"六法",即高低错落、疏落有致、虚实结合、俯仰呼应、上轻下重、上散下聚。具体创作需注意,画面的韵律变化要自然,并与周围环境达到色彩气氛的吻合;有主有从,既稳定,又要保持动态平衡;对比与统一,花枝色彩的浓淡、数量的多寡、质地的厚薄、花朵的大小等,都应统筹安排。具体创作步骤如下。

①确定插花用途:即要明确所要创作的插花作品是干什么用的,是用作社交礼仪还是结婚庆典等;再就是要把插花作品陈设或摆放在什么位置,是会议室,还是家里的客厅等。这样,插花制作人才能根据用途进行设计和创作。

②确定插花作品尺度:即要明确插花作品的体量大小,从而确定选用花材的数量和大小等。大空间,需要大尺度的插花作品,反之则宜用小体量的作品。具体而言,花材与花器的比例要求是:插花的高度(即第一主枝高)不要超过插花容器高度的1.5~2倍。容器高度的计算是瓶口直径加本身高度。第一主枝高度确定后,第二主枝高度为第一主枝高度的2/3,第三主枝高度为第二主枝高度的1/2。这在具体创作过程中创作者凭经验目测就可以了。第二、第三主枝起着构图上的均衡作

用,数量不限定,但大小、比例要协调。自然式插花花材与花器之间的比例的配合必须恰当,做到错落有致,疏密相间,避免露脚、缩头、蓬乱。规则式插花和抽象式插花最好按黄金分割比例处理,也就是说瓶高为3,花材高为5,总高为8。比例3∶5∶8。花束也可按这个比例包扎。

③进行立意和构思:即创作者根据用途和空间大小,以及使用者的具体要求等,在脑子里进行思考与构思的过程。这是一个脑力活动过程,对作品的成功与否起着决定性的作用。因此,这需要创作者平时对生活、大自然的悉心观察和积累,要求较高的艺术造诣和对自然美及生活美的高度概括能力。创作者常在充分掌握插花的基本理论知识后,进行自主创作,也可用笔将构思勾画出来,以便不断修改和完善。

④选择花材与器具:确定构图之后,就是要根据构图要求,将经过思维构想的艺术形象用容器和花材表现出来。在实际的插制过程中,根据需要不断地修改和完善原有的构思。这个过程需要创作者充分利用插花理论与技术,选择适宜的花材和花器。选择的原则是:花材体量、数量、色彩等与花器相配,与环境相协调,与使用目的相符合。如盛大集会商厦、酒楼开业,以及宴会厅等隆重场合的喜庆用花,花材色彩要鲜艳夺目,花形硕大,以表示热闹、有气派;反之,哀悼场面用花宜淡雅、素净,如白色、黄色花材,借以寄托哀思。应用插花来烘托气氛、渲染环境,能起到画龙点睛的作用。花器质地、色彩、形态不同,效果也就各异。陶瓷器具和玻璃花瓶色彩素雅、样式新颖,很受人们喜爱。

⑤设定插花作品中各主枝长度与高度:各主枝的长度与高度,决定着插花作品的体量与尺度,也影响着作品的质量,所以,一定要按照构图要求进行设定。

⑥花材整理、修剪与造型:就是按照设计构图要求进行花材的整理与修剪、造型与固定,并进行插制,完成作品。

⑦摆设:将插制好的作品摆放于需要的地点,渲染气氛,激发情感。任何一件艺术作品都要有一个与之相协调的环境,插花作品与环境的配合也十分重要。插花装饰需依环境及场合的性质而定,不同场合和对象要用不同的花材。

以上只是插花创作的一般步骤。初学者可以遵循这样一个过程进行练习,加以提高。但是实际情况中,也可以选择某一步骤作为起点进行。有时是先有花材和花器,再进行构思创作。有时是先给定主题,再围绕主题进行构思、选材和配器。插花创作者应能随机应变,不可拘于形式。

值得说明的是,一件成功的插花作品,并非一定要选用名贵的花材、昂贵的花器。一片看起来并不起眼的绿叶,一个花蕾,甚至路边的一朵野花或一棵野草,常见的水果、蔬菜,都能搭配出一件令人赏心悦目的优秀作品来。使观赏者在心灵上产生共鸣是创作者唯一的目的。如果不能产生共鸣,那么这件作品也就失去了观赏价值。具体地说,即插花作品首先要在视觉上立即引起一种感观和情感上的自然反应,如果未能立刻引起反应,那么摆在眼前的这些花材将无法吸引观赏者的目光。

在插花作品中引起观赏者产生情感反应的要素有三点:一是创意(或称立意),指的是表达什么主题,应选什么花材;二是构思(或称构图),指的是这些花材要怎样地巧妙配置造型,在作品中充分展现出各自的美;三是插器,指的是与创意相配合的插花器皿。三者有机配合,作品便会给人以美的享受。

## 本章思考题

1. 花坛按表现形式可分为几类？
2. 试述盛花花坛的植物选择和设计施工步骤。
3. 试述花境的植物选择和设计施工步骤。
4. 哪些植物材料适合布置花丛和花群？
5. 试述室内盆花装饰和选择的原则。
6. 试述插花的基本技法。
7. 试述插花作品创作的步骤。

# 8 一二年生园林花卉

【本章提要】 本章介绍了一二年生花卉的概念、主要栽培特性和观赏特色。重点介绍了30种常见一二年生园林花卉的生态习性、繁殖方法和栽培管理方法。

## 8.1 一二年生园林花卉概述

### 8.1.1 一二年生园林花卉的概念

一二年生花卉是指整个生活史在一年内完成的草本植物,它包括:一年生花卉,多年生作一二年生栽培的花卉和二年生花卉。

1)一年生花卉(annuals)

(1)一年生花卉

一年生花卉是指在一个生长季节内完成生活史的花卉。这类花卉从播种、生长、开花到结实、死亡在一个生长季节内完成。一般春天播种,夏秋开花,入冬前死亡,又称为春播花卉,如百日草、鸡冠花、翠菊、万寿菊、凤仙花、半支莲、牵牛花等。

(2)多年生作一年生栽培的花卉

在露地环境中进行多年生栽培时,这些花卉对当地的气候条件不适应,不能适应冬季的严寒,出现生长不良或两年后生长状况变差。由于它们具有容易结实、当年播种就可以开花的特点,故作为一年生花卉在当地应用,如美女樱、藿香蓟、紫茉莉、一串红等。

2)二年生花卉(biennials)

(1)二年生花卉

二年生花卉是指在两个生长季节内完成生活史的花卉。这类花卉从播种、生长、开花到结实、死亡跨越两个年头。一般秋天播种,种子发芽后进行营养生长,第二年的春天或初夏开花、结实,在炎夏到来时死亡,如金盏菊、石竹、紫罗兰、毛地黄等。

(2)多年生作二年生栽培的花卉

园林中的二年生花卉,大多数种类是多年生花卉中喜冷凉的种类,因为它们在露地环境中多年栽培时怕热,多数出现生长不良或两年后生长状况变差的现象。因为它们具有易结实的特点,故作为二年生花卉在当地应用。如金鱼草、石竹等。

3)温室一二年生花卉

一些原来需要在温室内栽培的一二年生花卉通过采用提前播种、温室育苗等栽培技术也可以在室外应用,如瓜叶菊、报春、四季海棠、蒲包花、旱金莲等。

## 8.1.2 一二年生园林花卉的分类

1)一年生花卉

一年生花卉包括一串红、鸡冠花、凤仙花、翠菊、半枝莲、百日草、万寿菊、紫茉莉、茑萝、麦秆菊、牵牛花、波斯菊、银边翠、地肤、三色苋、千日红、风船葛、五色椒、福禄考、送春花、长春花、旱金莲、矮牵牛、半枝莲、裂叶花葵、羽扇豆、藿香蓟、美女樱、硫华菊、醉蝶花、含羞草、水飞蓟、花烟草、红花、重瓣矮向日葵等。

2)二年生花卉

二年生花卉包括金盏菊、金鱼草、毛地黄、雏菊、三色堇、紫罗兰、石竹、飞燕草、风铃草、矢车菊、虞美人、花菱草、香雪球、锦葵、桂竹香、二月兰、霞草、花环菊、蜂室花、赛亚麻等。

## 8.1.3 一二年生园林花卉的栽培特点

一年生花卉的原产地多为热带、亚热带地区,这些花卉喜温暖,怕冷凉,不耐寒。其中凤仙花、半枝莲耐热能力最强。

二年生花卉原产温带和暖温带,喜冷凉,怕炎热。幼苗要求低温春化期。其中金盏菊的耐寒性较强,开花较早。

总之,一二年生花卉都具有如下特点。

①浅根性,根系多分布在 10~20 cm 的表层土壤中。

②喜光照充足。

③植株低矮,花期整齐,花色艳丽。

④种子产量大。

⑤部分花卉具有自播繁衍能力(如波斯菊、虞美人、凤仙花、鸡冠花、金盏菊等)。

## 8.1.4 一二年生园林花卉的观赏特色

①一二年生花卉色彩鲜艳,花期集中,在园林中应用美化装饰速度快,可以起到画龙点睛的作用。由于种子形成量大,出苗率高,繁殖容易,故大量应用于城市花坛。

②一二年生花卉既有花大色艳的种类,也有繁花似锦的类型;既可丛植,也可布置成地被景观,还可植于窗台花池、门廊栽培箱、吊篮、铺装岩石间以及岩石园中,还适于盆栽。

③一二年生花卉与球根花卉与观赏草搭配还可以做花境和缀花草坪。

④一二年生花卉物美价廉,有的种类还可以用作切花,如观赏向日葵、紫罗兰、鸡冠花、翠菊、金盏菊、金鱼草、石竹梅、红花、大花飞燕草、银边翠、千日红等。

# 8.2 一年生花卉

1)鸡冠花(*Celosia cristata*)

**别名:**芦花鸡冠、笔鸡冠、大头鸡冠、鸡公花

**科属:**苋科青葙属

**形态特征:**一年生草本花卉,见图 8-1。植株高 25~90 cm,稀分枝。茎光滑,有棱线或沟。叶互

**图 8-1　鸡冠花**

生,有柄,长卵形或卵状披针形,全缘,基部渐狭。叶色与花色有相关性。穗状花序大,顶生,肉质,中下部集生小花,花被膜质,5 片,上部花退化。花色有紫红、红、白、玫红、橙黄等色,花期 8—10 月,果熟期 9—10 月。种子为黑色,可自播繁衍,种子活力 4～5 a。

鸡冠花因花序形态不同,可分为扫帚鸡冠、面鸡冠、子母鸡冠、鸳鸯鸡冠、璎珞鸡冠等。

**产地:**原产非洲、美洲热带和印度,世界各地广为栽培。

**生态习性:**喜干热气候,阳光充足。要求疏松肥沃、排水良好的土壤。喜肥,不耐瘠薄,怕霜冻,霜期来临,植株立即枯死。

**繁殖:**鸡冠花采用播种繁殖,4—5 月气温在 20～25 ℃时进行。播种前,可在苗床中施一些饼肥、厩肥或堆肥作基肥。播种时应在种子中掺入一些细土进行撒播,因鸡冠花种子细小,覆土 2～3 mm 即可,不宜过深。播种前要使苗床中土壤保持湿润,播种后可用细眼喷壶稍许喷水,再给苗床遮荫,两周内不要浇水。一般 7～10 d 可出苗,待苗长出 3～4 片真叶时进行 1 次间苗,拔除弱苗、过密苗,到苗高 5～6 cm 时即可带土移栽定植。鸡冠花属高大品种且生长期长,如果播种过晚,常因秋凉而导致结实效果差。

**栽培管理:**小苗 5～6 片真叶时进行移栽。矮生品种定植时及早摘心,促使多发侧枝。直立生长的高性种千万不能摘心,以防侧枝花序太小影响观赏。由于鸡冠花前期生长速度快,生长量大,因此需要较多的水分,应注意及时灌水。种子成熟阶段少浇水、施肥,可以促进种子成熟,同时可保持较长时间的浓艳花色。在栽培中如果管理养护不当,往往开花稀少、花色暗淡,影响鸡冠花的观赏价值。要使鸡冠花花大色艳,在栽培养护中应注意以下几点。

①种植在地势高燥、向阳、肥沃、排水良好的砂质壤土中。

②生长期浇水不能过多,开花后控制浇水,天气干旱时适当浇水,阴雨天及时排水。

③除子母鸡冠需要留腋芽外,其他类型从苗期开始摘除全部腋芽。

④等到鸡冠形成后,每隔 10 d 施 1 次稀薄的复合液肥,连续 2～3 次。

鸡冠花的盆栽可在春季幼苗长出 2～4 片真叶时栽植上盆。盆土用肥沃壤土和熟厩肥各一半混合而成。栽时应略深植,仅留子叶在土面上,并稍微干燥盆土,诱使花序早日出现。在花序发生后,换 16 cm 盆。翻盆前应浇透水,如要得到特大花头,可再换 23 cm 盆,同时注意花盆配套。小盆栽矮生种,大盆栽凤尾鸡冠等高生种。矮生多分枝的品种,在定植后应进行摘心,以促进分枝;而直立、可分枝品种不必摘心。生长期要给以充足的光照,每天至少保证有 4 h 光照。在生长期间必须适当浇水,防止徒长不开花或迟开花。生长后期加施磷肥,并多见阳光,可促使生长健壮和花序硕大。在种子成熟阶段宜少浇肥水,以利种子成熟,并使其较长时间保持花色浓艳。

鸡冠花为异花授粉植物,品种之间极易天然杂交,留种植株应注意隔离,以防止品种混杂。由于花序中下部的种子较早成熟,比较饱满,采收时应采花序中下部的种子。鸡冠花在幼苗期易发生根腐病,可用生石灰大田撒播。生长期易发生小造桥虫,使用稀释的洗涤剂、乐果或菊酯类农药叶面喷洒,可起防治作用。

园林用途:矮生、中生的鸡冠花可以大量用于花坛和盆栽观赏,在节日花坛布置中,鸡冠花多用于组字或组成图案。高鸡冠可以切花。子母鸡冠、凤尾鸡冠适合花境、花丛及花群。鸡冠花用于制作干花,经久不凋。花及种子可以作药用。茎叶可作蔬菜食用。

2)一串红(*Salvia splendens*)

**别名**:墙下红、草象牙红、西洋红、撒尔维亚

**科属**:唇形科鼠尾草属

**形态特征**:多年生亚灌木花卉作一年生栽培。茎直立,光滑有四棱,高 50~80 cm。叶对生,卵形至心脏形,叶柄长 6~12 cm,顶端尖,边缘具牙齿状锯齿。顶生总状花序,有时分枝达 5~8 cm 长;花 2~6 朵轮生;苞片红色,萼钟状,当花瓣衰落后其花萼宿存,鲜红色;花冠唇形,筒状伸出萼外,长达 5 cm;花有鲜红、粉、紫、白等色。花期 7—10月。种子生于萼筒基部,成熟种子为卵形,浅褐色。见图 8-2。

图 8-2 一串红

**产地**:原产巴西,世界各地广为栽培。

**生态习性**:喜温暖和阳光充足环境。不耐寒,耐半荫,忌霜雪和高温,喜疏松肥沃的土壤,怕积水和碱性土壤。适宜生长于 pH 值为 5.5~6.0 的土壤。一串红对温度反应比较敏感,种子发芽适宜温度为 21~23 ℃,温度低于 15 ℃很难发芽,20 ℃以下发芽不整齐。生育适宜温度为 24 ℃,当温度为 14 ℃时茎的伸长、生长缓慢。一串红原为短日照植物,经人工培育选出中日照和长日照品种。

**繁殖**:一串红一般以播种繁殖为主,可于晚霜后播于苗床,或提早播于温室中,播种温度 20~22 ℃,经 10~14 d 发芽,温度低于 10 ℃不发芽。扦插可在春、秋两季进行,以 5—8 月为好。选择粗壮充实枝条,长 10 cm,插入消毒的腐叶土中,土壤温度保持在 20 ℃,插后 10 d 可生根,20 d 可移栽。

**栽培管理**:幼苗长出真叶后,进行第一次分苗。苗期易得猝倒病,应注意防治。当幼苗长到 5~6 片真叶时,进行第二次分苗,也可直接上营养小钵。在温室中进行管理,也可以在 4 月下旬移入温床或大棚中管理。如需要盆栽,可在 5 月上旬将一串红的大苗移植到 17~20 cm 的花盆中。北方一般在 5 月下旬,将一串红定植到露地。一串红从播种到开花大约需 150 d,为了使植株长成丛生状,可对其进行摘心处理,但摘心将推迟花期,所以摘心时应注意时期。在一串红的生长季节,可在花前、花后追施磷肥,可使花大色艳。一串红花期较长,从夏天一直开到第一次下霜。南方可在花后距地面 10~20 cm 处剪除花枝,加强肥水管理还可再度开花。一串红种子易散落,在早霜前应及时采收,在花序中部小花花萼失色时,剪取整个花序晾干脱粒。一串红种子在北方不易成熟,如果进行良种繁育,可提前播种。春播者 9—10 月间盛花,温室越冬的老株在 5—6 月间也有花,但不及夏秋繁多。炎夏枝叶虽生长旺盛,但花稀少。一串红花期较迟,如为采收种子,应在 3 月初播于温室或温床,稍能提早花期,有助于结实良好。一串红在 15 ℃以上的温床,任何时期都可扦插,插条约 10~20 d 生根,30 d 就可分栽。扦插苗至开花期较实生苗快,植株高矮也易于控制。晚插者植株矮小,生长势虽弱,但对花期影响不大,开花仍繁茂,更便于布置。以采种为目的者,最好用实生苗。国庆要使用的一串红,于 7 月上旬扦插,此时天气炎热,应注意遮荫,多雨时要注意防雨排涝。

花坛应用时定植距离 40 cm 左右,以肥沃、疏松富含腐殖质的壤土或砂质土为宜。在生长旺季,可追施含磷液肥 1~2 次,促使开花茂盛。一串红平时不喜大水,否则易发生黄叶、落叶现象,造成株大而稀疏、花少的情况。生长期间,应经常摘心整形以控制植株高度及分枝,促使花序长而肥大,开花整齐,并于枝端已显花色时移至花坛。如在花前追施磷肥,开花尤佳。一串红花萼日久褪色而不落,供观赏布置时,应随时清除残花,可保持花繁色艳。

一串红每月管理日历如下所示。

一月　温室盆栽株过冬,注意保温、保湿。

二月　温室盆栽株摘心。

三月　露地栽培可进行播种繁殖,为露地布置"五·一"花坛用。播种适宜温度 20~25 ℃。幼苗具有 2 片真叶时摘心,并进行移植。

四月　可继续播种。定植距离 30 cm 左右。中耕除草,每半月追肥一次。

五月　温室盆栽植株开花。又可取健壮枝条进行扦插繁殖,15 d 左右生根,一个月后开花。注意中耕除草、浇水施肥等管理。

六月　继续扦插繁殖,直至 9 月皆可进行。

七月　摘心整形,控制植株高度及分枝数,注意中耕除草、浇水施肥和病虫防治。

八月　开过的花序及时剪去,可延长花期。下旬摘心可使其在国庆开花。

九月　浇水施肥等管理。

十月　种子成熟变黑后会自行脱落,因此应在花冠开始褪色时把整串花枝剪下,放入箩筐晾晒,坚果通过后熟可由白变黑。

十一月　盆栽植株进行重剪后移入温室过冬。

十二月　过冬植株水肥管理。

矮化处理技术。用高杆一串红秧苗盆栽时,为了矮化,可采取以下措施进行矮化处理。

①用扦插苗。

②摘心,春季播种育苗时,在 5~6 对真叶时,留 2 对叶,摘心,再长出 5~6 对真叶时再摘心,共重复摘心 4~5 次。

③激素处理,播种后苗长出 4~5 对真叶时摘心一次,上盆后用 3000 mg/L 的 B9 溶液喷叶。

**园林应用:**一串红花色艳丽,是布置花坛的重要材料,也可作花带、花台等应用,还可以上盆作为盆花摆放。

**同属其他花卉:**

常见栽培的还有同属的一串紫(*Salvia horrrtinunt* L),直立一年生草本,全株具长软毛,株高 30~50 cm。具长穗状花序,花小,长约 1.2 cm,有紫、堇、雪青等色。有多数变种,花色美丽。原产南欧。一串蓝(*Salvia farinacea* Benth),原产美洲热带,为多年生草本,常作一二年生栽培。全株被细毛,花萼蓝色,株高 30~60 cm,花穗长,分枝多而密,轮伞状花序,多花密集。自然花期 7—9 月。耐寒性强,要求全日照条件,耐热耐旱,抗逆性强,少病虫害。上盆、花坛效果极佳。

3)凤仙花(*Impatiens balsamina*)

**别名:**指甲草、透骨草、金凤花、小桃红、洒金花

**科属:**凤仙花科凤仙花属

**形态特征:**一年生花卉。花茎高 40~100 cm,肉质,粗壮,直立,下部节常膨大。上部分枝,有柔

毛或近于光滑。叶互生,阔或狭披针形,长达
10 cm左右,顶端渐尖,边缘有锐齿,基部楔形;叶
柄附近有几对腺体。花单生或 2～3 朵簇生于叶
腋,无总花梗,花梗长 2～2.5 cm,密被柔毛;苞片
线形,位于花梗的基部;花形似蝴蝶,花色有粉红、
大红、紫、白黄、洒金等。善变异,有的品种同一株
上能开数种颜色的花朵。凤仙花多单瓣,重瓣的为
凤球花。古花谱记载,凤仙花有 200 多个品种,不
少品种现已失传。凤仙花的花期为 6—8 月,结蒴
果,蒴果呈纺锤形,种子多数,球形,黑色,状似桃
形,成熟时外壳自行爆裂,将种子弹出,自播繁殖,
故采种须及时。见图 8-3。

图 8-3　凤仙花

**产地:**中国、印度和马来西亚。

**生态习性:**凤仙花性喜阳光,怕湿,耐热不耐寒,适合生长于疏松、肥沃、微酸性土壤中,但也耐
瘠薄。凤仙花适应性较强,移植易成活,生长迅速。

**繁殖:**种子繁殖。3—9 月播种,以 4 月播种最为适宜,种子播入盆中后一般一个星期左右即发
芽长叶。

**栽培管理:**幼苗生长快,应及时进行间苗,经 1 次移植后,于 6 月初定植园地。定植后应及时灌
水。生长期要注意浇水,经常保持盆土湿润,特别是夏季要多浇水,但不能积水,不易使土壤长期过
湿。如果雨水较多应注意排水防涝,否则根、茎容易腐烂。夏季切忌在烈日下给萎蔫的植株浇水。
特别是在开花期不能受旱,否则易落花。定植后施肥要勤,每 15～20 d 追肥 1 次。如果要使花期推
迟,可在 7 月初播种。也可采用摘心的方法,同时摘除早开的花朵及花蕾,使植株不断扩大。9 月以
后形成更多的花蕾,使它们在国庆节开花。花坛用地栽植株亦可依照此法处理。

**园林用途:**凤仙花可作花坛、花境材料,为篱边庭前常栽草花,矮性品种亦可进行盆栽。

**同属其他花卉:**

①何氏凤仙(*I. holstii*)。何氏凤仙别名玻璃翠,多年生常绿草本,花瓣平展。株高 20～40 cm,
茎稍多汁;叶翠绿色,花大,直径可达 4～5 cm,只要温度适宜可全年开花。花色有白、粉红、洋红、玫
瑰红、紫红、朱红及复色等。

②洋凤仙(*I. walleriana*)。洋凤仙属多年生草本,常用作一年生栽培。喜温暖湿润环境,不耐
干旱和低温。多数品种以播种为主,扦插的植株分枝少而株形分散,开花也较散。

③新几内亚凤仙(*I. linearifolia*)。新几内亚凤仙属多年生草本。原产于非洲热带山地。株高
25～30 cm,茎肉质,光滑,呈青绿色或红褐色,茎节突出,易折断。叶多轮生,披针形,叶缘具锐锯
齿,叶色黄绿至深绿色,叶脉及茎的颜色常与花的颜色有相关性。花单生叶腋(偶有两朵花并生于
叶腋的现象),基部花瓣衍生成矩,花色极为丰富,有洋红色、雪青色、白色、紫色、橙色等。

4)矮牵牛(*Petunia hybrida*)

**别名:**草牡丹、碧冬茄

**科属:**茄科矮牵牛属

**形态特征:**多年生草本,常作一二年生栽培。株高 15～80 cm,也有丛生和匍匐类型;茎直立,全

图 8-4　矮牵牛

株上下都有黏毛。株型紧凑,分枝能力强。叶互生,嫩叶略对生,卵状,全缘,几无柄。多花,色彩鲜艳,大花。花单生于叶腋或顶生,花萼五裂,花冠漏斗状,有单瓣、重瓣、瓣缘皱褶或呈不规则锯齿等。花色繁多,有红、紫红、粉红、橙红、紫、蓝、白及复色等。自然花期长,花期 4—11 月,冬季入室,如能保持 15 ℃以上的室温,则全年开花。蒴果,种子极小,千粒重约 0.1 g。见图 8-4。

园艺品种极多,按植株性状分为高性种、矮性种、丛生种、匍匐种、直立种;按花型分为大花(10～15 cm 以上)、小花、波状、锯齿状、重瓣、单瓣;按花色分为紫红、鲜红、桃红、纯白、肉色及多种带条纹品种(红底白条纹、淡蓝底红脉纹、桃红底白斑条等)。商业上常根据花的大小以及重瓣性将矮牵牛分为大花单瓣类、丰花单瓣类、多花单瓣类、大花重瓣类、重瓣丰花类、重瓣多花类和其他类型。

**产地:**原产阿根廷,现世界各地广泛栽培。

**生态习性:**喜温暖和阳光充足的环境。不耐霜冻,怕雨涝。生长适温为 13～18 ℃,冬季适温为 4～10 ℃,如低于 4 ℃,则植株停止生长。夏季能耐 35 ℃以上的高温。盆栽若长期积水,则烂根死亡。

**繁殖:**矮牵牛一般用播种法繁殖,春播者夏秋始花,秋播者冬春始花。播种适温 20～25 ℃。播种期要注意保持土壤湿润,同时要避免土壤积水(尤其在炎热的夏季),因种粒细小,播种时可用细沙拌种,不覆土或覆薄土,播种后约经一周发芽,待真叶发至 4～5 枚、苗高 2 cm 时移栽 1 次。

摘心的枝头可作插穗扦插繁殖。先用筷子在土中打个洞,将插穗插入压实,置半荫处,经常喷水保湿。春秋季 10～15 d 可生根,生根后过 10～15 d 就可上盆定植。

**栽培管理:**播种苗真叶长至 10 枚以上、苗高 8 cm 左右时定植,并摘心促其发分枝。以后再摘心两三次,使植株低矮、分枝多、着花多。浇水适度防旱涝,肥多磷钾少用氮。矮牵牛喜湿润,怕旱亦怕涝,春夏秋三季要常浇水,见盆土干即浇,常保持稍偏湿润为好,但决不可渍水,过湿易烂根,过干叶易黄。冬季盆土不干微润即可。北方浇水时宜常在水中加点硫酸亚铁(500∶1),以防长期用碱性水浇施,盆土碱化,叶黄生长不良。矮牵牛喜肥,亦耐贫瘠,如施肥过多过勤,易徒长而花少。定植或翻盆换土时,可在培养土中加点骨粉或氮磷钾复合肥作基肥。幼苗期 10 d 左右施一次稀薄的氮肥,蕾期、花期不可再施氮肥,否则易徒长倒伏。叶多花少,宜施氮磷钾复合肥,15 d 左右施肥 1次,每月叶面喷一次 0.2%的磷酸二氢钾溶液,促其多孕蕾,花多而艳丽。冬季入室不施肥。

矮牵牛在市场调节和运输过程中,要防止风吹,以免造成茎叶脱水、花朵吹裂,影响盆花质量。集装箱运输时,会产生花朵萎蔫,在装箱前除盆内浇足水外,在上市前 15 d 喷洒 0.2～0.5 mmol/L硫代硫酸银,可抑制盆栽植物产生乙烯,避免花朵脱落。

**园林用途:**既可地栽布置花坛,又宜盆植、盆栽、吊植美化阳台居室,也可用于花槽配置、景点摆放、窗台点缀。重瓣品种还可进行切花观赏。

5)瓜叶菊(*Senecio cruentus*)

**别名:**千日莲、瓜叶莲、千里光

　　**科属:**菊科瓜叶菊属

　　**形态特征:**多年生草本,常作一二年生栽培。分为高生种和矮生种,株高 20~90 cm 不等。全株被微毛,叶片大,绿色光亮,形似葫芦科的瓜类叶片,故名瓜叶菊。花顶生,头状花序多数聚合成伞房花序,花序密集覆盖于枝顶,常呈一锅底形。矮生品种 25 cm 左右,全株密生柔毛,叶具长柄,心状卵形至心状三角形,叶缘具有波状或多角齿。有时背面带紫红色,叶表面浓绿色,叶柄较长。花有蓝、紫、红、粉、白或镶色,为异花授粉植物。花期为 12 月至翌年 4 月,盛花期 3—4 月,见图 8-5。

图 8-5　瓜叶菊

　　园艺品种极多。大致可分为大花型、星形、中间型和多花型四类,不同类型中又有不同重瓣和高度不一的品种。

　　**产地:**原产西班牙加那利群岛。

　　**生态习性:**性喜冷寒,不耐高温和霜冻。喜疏松、肥沃、排水良好的土壤。可在低温温室或冷床栽培,以夜温不低于 5 ℃、昼温不高于 20 ℃为最适宜。生长适温为 10~15 ℃,温度过高时易徒长。忌干旱,怕积水,适宜中性和微酸性土壤。

　　**繁殖:**以播种为主。对于重瓣品种,为防止自然杂交或品质退化,也可采用扦插或分株法繁殖。播种一般在 7 月下旬进行,至春节就可开花,从播种到开花约半年时间。也可根据用花的时间确定播种时间,如元旦用花,可选择在 6 月中下旬播种。瓜叶菊在日照较长时,可提早长出花蕾,但茎细长,植株较小,影响整体观赏效果。早播种则植株繁茂花形大,所以播种期不宜延迟至 8 月以后。

　　播种盆土由园土 1 份、腐叶土 2 份、砻糠灰 2 份,加少量腐熟基肥和过磷酸钙混合配成。播种可用浅盆或播种木箱。将种子与少量细沙混合均匀后播在浅盆中,注意撒播均匀。播后覆盖一层细土,以不见种子为度。播后不能用喷壶喷水,以避免种子暴露出来,可以选择浸盆法或喷雾法使盆土完全湿润。盆上加盖玻璃保持湿润,但一边应稍留空隙,通风换气。然后将播种盆置于荫棚下,或放置于冷床或冷室阴面,注意通风和维持较低温度。发芽的最适温度为 21 ℃,约 1 周左右发芽出苗。出苗后逐步撤去遮荫物,移开玻璃,使幼苗逐渐接受阳光照射,但中午必须遮荫,两周后可进行全光照。为延长花期,可每隔 10 d 左右盆播 1 次。

　　扦插或分株,重瓣品种不易结实,可用扦插方法繁殖。瓜叶菊开花后,5—6 月间常于基部叶腋间生出侧芽,可将侧芽除去,在清洁的河沙中扦插。扦插时可适当疏除叶片,以减少蒸腾,插后浇足水并遮荫防晒。若母株没有侧芽长出,可将茎高 10 cm 以上部分全部剪去,以促使侧芽发生。1—6 月,剪取根部萌芽或花后的腋芽作插穗,插于沙中。约 20~30 d 可生根,培育 5—6 个月即可开花。亦可用根部嫩芽分株繁殖。

　　**栽培管理:**播种后将播种盆置于凉爽通风的环境,约经 20 d,幼苗可长出 2~3 片真叶,此时应进行第一次移植,即假植。可选用阔口瓦盆移植。盆土用腐叶土 3 份、壤土 2 份、沙土 1 份配合而成,将幼苗自播种浅盆移入此盆,株行距 3 cm×3 cm,根部多带宿土以利于成活。移栽后用细孔喷水壶浇透水,浇水时不能冲倒幼苗或将幼苗根部的泥土冲走。浇水后将幼苗置于阴凉处,保持土壤湿润,经过一周缓苗后再放在阳光下。瓜叶菊缓苗后每 1~2 周可施豆饼汁或牛粪汁 1 次,浓度逐次增加。幼苗时应保持凉爽条件,室温以 7~8 ℃ 为好,以利于蹲苗,若室温超过 15 ℃ 则瓜叶菊会徒长而影响开花。幼苗真叶长至 5~7 片时,要进行最后定植。瓜叶菊喜肥,定植时要施足基肥,盆土以腐叶土和园土加饼肥屑配置为佳。选直径为 12~17 cm 的盆,盆土用腐叶土 2 份、壤土 3 份、沙土 1 份配合而成,并适当施以豆饼、骨粉或过磷酸钙作基肥。定植时要注意将植株栽于花盆正中央,保持植株端正,浇足水置于阴凉处,成活后给予全光照。瓜叶菊在生长期内喜阳光,不宜遮荫。要定期转动花盆,使枝叶受光均匀,株形端正不偏斜。每半月施液肥 1 次,在花芽分化前 2 周停止施肥,减少灌水,在稍干燥的情况下着花率较高。开花期最适宜的温度为 10~15 ℃,越冬温度 8 ℃ 以上。花朵萎谢后植株仍需适度光照,以适应种子发育。瓜叶菊在春、夏、秋三季宜摆放在阴凉、通风处养护,夏季还应采取喷水降温措施等,控制温度条件使之适合瓜叶菊的生长发育。1 月份是瓜叶菊的育蕾期。若要求瓜叶菊在春节期间开花,从 1 月份起,白天温度控制在 10~15 ℃,最高不得超过20 ℃,夜间不低于 5 ℃。每天光照时间不少于 3 h。瓜叶菊喜阳光,在育蕾期如每天光照少于 3 h,就不能正常育蕾开花。这期间,需水量和需肥量都增加。如供水、供肥不足,则会造成蕾小,花色也不好。始花前适当增加浇水量,稍干即浇透水。每盆花浅埋磷酸二氢铵 5 g。如叶片较薄,可叶面喷 0.2% 磷酸二氢钾 1~2 次。

温室瓜叶菊易患白粉病。进入 1 月份,可在植株上喷布多菌灵 1500 倍液防治。如发现蚜虫等虫害,可喷布 40% 乐果乳剂 2000 倍液杀灭。瓜叶菊在 3—4 月间种子容易成熟,一般每个头状花序的种子由外向内分批成熟。留种植株在炎热的中午要适度遮荫,否则会结实不良。种子成熟后于晴天采下晾干,贮藏备用。种子贮藏要做好品种标记,以免混杂。瓜叶菊早花品种从播种育苗到开花需 3~4 个月,中花品种需 6~7 个月,晚花品种需要长达 8 个月以上。瓜叶菊虫害主要有潜叶蝇,可用氧化乐果 1500 倍液防治。病害主要有菌核病及灰霉病,防治方法是:通风降湿,合理施肥,培养健壮植株,及时摘除病叶病株,并用速克灵防治。

**园林用途**:瓜叶菊是冬春时节主要的观花植物,可作花坛栽植或盆栽布置于庭廊过道。盆栽可陈设于室内矮几架上,也可用多盆成行组成图案布置于宾馆内庭或会场、剧院前庭。通常单盆观赏期可超过 40 d。

6)翠菊(*Callistephus chinensis*)

**别名**:江西腊、七月菊、蓝菊、小蓝菊

**科属**:菊科翠菊属

**形态特征**:一年生草本浅根性植物。全株疏生短毛。茎直立,上部多分枝,高 40~100 cm。叶互生,叶片卵形至长椭圆形,有粗钝锯齿,下部叶有柄,上部叶无柄。头状花序单生枝顶,总苞片多层,苞片叶状,外层草质,内层膜质;栽培品种花色丰富,有红、蓝、紫、白、黄等深浅各色。瘦果楔形,浅褐色。春播花期 7—10 月,秋播花期 5—6 月,见图 8-6。

翠菊栽培品种繁多,有重瓣、半重瓣,花型有彗星型、驼羽型、管瓣型、松针型、菊花型等,按植株高度又分为高秆种 45~75 cm,中秆种 30~45 cm,矮秆种 15~30 cm。常见品种如下所示。

①小行星系列:株高 25 cm,菊花型,花径 10 cm,花色有深蓝、鲜红、白、玫瑰红、淡蓝等,从播种至开花 120 d。

②矮皇后系列:株高 20 cm,重瓣,花径 6 cm,花色有鲜红、深蓝、玫瑰粉、浅蓝、血红等,从播种至开花需 130 d。

③迷你小姐系列:株高 15 cm,球状型,花色有玫瑰红、白、蓝等,从播种至开花约 120 d。

④波特·佩蒂奥系列:株高 10～15 cm,重瓣,花径 6～7 cm,花色有蓝、粉、红、白等,从播种至开花只需 90 d。

⑤矮沃尔德西:株高 20 cm,花朵紧凑,花色有深黄、纯白、中蓝、粉红等。

⑥地毯球:株高 20 cm,球状型,花色有白、红、紫、粉、紫红等。

⑦彗星系列:株高 25 cm,花大,重瓣,似万寿菊,花径 10～12 cm,花色有 7 种。

⑧夫人:株高 20 cm,耐寒、抗枯萎病品种。

⑨莫拉凯塔:株高 20 cm,花色为米黄,耐风雨。

⑩普鲁霍尼塞:株高 25 cm,舌状花稍开展,似蓬头,花径 3 cm。

**图 8-6　翠菊**

⑪木偶:株高 15～20 cm,多花型,花似小菊,花色多。

⑫仕女系列:分枝性强,重瓣,花大,花径 7 cm。

**产地:**原产于中国。

**生态习性:**喜温暖、湿润和阳光充足环境。怕高温、多湿和通风不良。翠菊的生长适温为15～25 ℃,冬季温度不低于 3 ℃,0 ℃以下茎叶易受冻害。相反,夏季温度超过 30 ℃,容易开花延迟或开花不良。喜肥沃湿润和排水良好的壤土、砂壤土,积水时易烂根死亡。

**繁殖:**翠菊常用播种繁殖。由品种和应用时间要求决定播种时间。以盆栽品种小行星系列为例:可以从 11 月至次年 4 月播种,开花时间可以从 4 月到 8 月。翠菊每克种子 420～430 粒,发芽适温为 18～21 ℃,播后 7～21 d 发芽。一般多春播,也可夏播和秋播,播后 2～3 个月就能开花。

**栽培管理:**出苗后应及时进行间苗。经一次移栽后,苗高 10 cm 时定植。夏季干旱时,应经常灌溉。秋播切花用的翠菊,必须半夜增加光照 1～2 h,以促进花茎的伸长和开花。翠菊一般不需要摘心,为使主枝上的花序充分表现出品种特征,应适当疏剪一部分侧枝,每株保留花枝 5～7 个。促进的花期调控主要采用控制播种期的方法,3—4 月播种,7—8 月开花;8—9 月播种,年底开花。高型品种春夏皆可播种,均于秋季开花,但以初夏播种为宜,早播种开花时株高叶老,下部叶枯黄。翠菊出苗后 15～20 d 移栽 1 次,生长 40～45 d 后定植于盆内,常用 10～12 cm 盆。生长期每旬施肥 1 次。盆栽后 45～80 d 增施磷钾肥 1 次。翠菊为常异交植物,重瓣品种天然杂交率很低,容易保持品种的优良性状。重瓣程度较低的品种,天然杂交率很高,留种时必须隔离。

翠菊常见的病害有锈病、枯萎病和根腐病等危害,可用 10% 抗菌剂 401 醋酸溶液 1000 倍液喷洒防治。虫害有红蜘蛛和蚜虫等危害,用 40% 乐果乳油 1500 倍液喷杀。

**园林用途:**翠菊在我国主要用于盆栽和庭园观赏。现已成为重要的盆栽花卉之一。国际上将矮生种用于盆栽、花坛观赏,中型和高型品种用于各种园林布置。高型品种还常作背景花卉,是良好的切花材料。

7)百日草(*Zinnia elegans*)

**别名:**百日菊、步步高、节节高

**图 8-7　百日草**

**科属:**菊科百日草属

**形态特征:**一年生草本。茎直立,高30～100 cm,被糙毛或长硬毛。叶宽卵圆形或长圆状椭圆形,基部心形抱茎,两面粗糙,下面被密的短糙毛,基出三脉。头状花序,径约10 cm,单生枝端,具中空肥厚的花序梗。花深红色、玫瑰色、紫堇色或白色,管状花黄色或橙色,瘦果倒卵状楔形,被疏毛,顶端有短齿。花期6—9月,果期7—10月,见图8-7。

百日草品种类型很多,一般分为:大花高茎类型,株高90～120 cm,分枝少;中花中茎类型,株高50～60 cm,分枝较多;小花丛生类型,株高仅40 cm,分枝多。按花型常分为大花重瓣型、纽扣型、鸵羽型、大丽花型、斑纹型、低矮型等。

**产地:**原产墨西哥,我国各地广泛栽培。

**生态习性:**喜温暖,不耐寒,怕酷暑,性强健,耐干旱、瘠薄,忌连作。生长期适温15～30 ℃,适合在北方栽培。

**繁殖:**以种子繁殖为主,发芽适温20～25 ℃,7～10 d萌发,播后约70 d左右开花。华北地区多于4月中、下旬播种于露地,大约一周后发芽。播种前,土壤和种子要经过严格的消毒处理,以防生长期出现病虫害。种子消毒用1%高锰酸钾液浸种30 min。基质用腐叶土2份、河沙1份、泥炭2份、珍珠岩2份混合配制而成。播前基质湿润后点播,百日草为嫌光性花种,播种后应覆盖一层蛭石。发芽后苗床保持50%～60%的含水量,不能太湿,以免烂根或发生猝倒病。

扦插繁殖一般在6—7月进行。利用百日草侧枝,剪取长10 cm,插入沙床,插后15～20 d生根,25 d后可盆栽。由于扦插苗生长不整齐,操作麻烦,实际不广泛应用。

**栽培管理:**2～3片真叶时移植或间苗,田间栽植株行距因品种高矮而定,在15～40 cm范围,盆栽时应待摘心后再移植到盆中,可倒盆1次,矮茎种盆栽要反复摘心,促生侧枝,形成丰满丛株。第一次在6叶时,留4片叶,摘心,重复摘心2～3次,每次摘心后施磷酸二氢钾,特别是现蕾到开花期,每5～7 d要喷1次0.2%的磷酸二氢钾。植株生长稳定后,应保持土壤湿润,夏季早晚各浇1次水,幼苗期每隔5～7 d施1次0.2%的氮肥和有机液肥,施2～3次后改用复合肥,盛夏季节宜施用薄肥,以肥代水。开花前多追肥(化肥、腐熟有机肥等),一般5～7 d 1次,直至开花。花后及时将残花从花茎基部(留2对叶)剪去,修剪后追肥2～3次,保证植株生长所需的水肥,以延长整体花期。百日草不耐酷暑,进入8月会出现开花稀少、花朵较小的现象,应加强灌溉,防治红蜘蛛虫害。如此至9月可正常开花、结实。留种要在外轮花瓣开始干枯、中轮花瓣开始失色时进行,剪下花头,晒干去杂、贮存。百日草花期长,后期植株会长势衰退,茎叶杂乱,花变小。所以秋季花坛用花应在夏季重新播种,并摘心1～2次。

**园林用途:**百日草适宜于布置花坛、花境。矮生种可盆栽,也是优良的切花材料。

**同属其他花卉:**同属约有20种,小百日菊(*Zinnia baageana*),叶披针形或狭披针形,头状花序径1.5～2 cm,小花全部橙黄色,托片有黑褐色全缘的尖附片。原产墨西哥,我国各地也常栽培。

8）万寿菊（*Tagetes erecta*）

**别名**：臭芙蓉、臭菊

**科属**：菊科万寿菊属

**形态特征**：一年生草本花卉。株高 20～90 cm，茎粗壮直立，具纵细条棱，分枝向上平展。叶对生或互生，羽状全裂，裂片披针形，有油腺。头状花序顶生，舌状花具长爪，边缘皱曲，花序梗上部膨大。栽培品种极多，有矮生种和高生种，目前所用大多为进口的 F1 代种子。花色为黄、橙黄、橙。花期 6—10 月。瘦果黑色，有光泽，见图 8-8（a）、图 8-8（b）。

(a)

(b)

图 8-8　万寿菊

**产地**：原产墨西哥。

**生态习性**：喜温暖、阳光充足环境，亦稍耐早霜和半荫，较耐干旱，在多湿、酷暑下生长不良。对土壤要求不严，耐移植，生长快。能自播繁殖。

**繁殖**：以种子繁殖为主，大花重瓣或多倍体品种则需要进行扦插繁殖。万寿菊采取春播，3 月下旬至 4 月上旬在露地苗床播种。由于种子嫌光，播后要覆土、浇水。种子发芽的适温为 20～25 ℃，播后 1 周出苗，发芽率约 50%。夏播出苗后 60 d 可以开花。万寿菊在夏季进行扦插，容易发根，成苗快。从母株剪取 8～12 cm 嫩枝做插穗，去掉下部叶片，插入盆土中，每盆插 3 株，插后浇足水，略加遮荫，2 周后可生根。

**栽培管理**：万寿菊在 5～6 片真叶时定植。苗期生长迅速，对水肥要求不严，在干旱时应适当灌水。植株生长后期易倒伏，应设支柱，并随时剪除残花枯叶。施以追肥，促其继续开花。留种植株应隔离，炎夏后结实饱满。

**园林用途**：万寿菊适宜于布置花坛、花境、林缘或作切花，矮生品种可作盆栽。

**同属其他花卉**：

①孔雀草（*T. patula*）。孔雀草是目前栽培数量仅次于万寿菊的种类，品种繁多。头状花序顶生，单瓣或重瓣。花色有红褐、黄褐、淡黄、紫红色斑点等。花形与万寿菊相似，但花朵较小而繁多。

②细叶万寿菊（*T. tenuifolia*）。细叶万寿菊亦称金星菊，小藤菊，一年生草本。株高 30～60 cm，叶羽裂，线形到长圆形，头状花序顶生，径约 5.5 cm，舌状花淡黄色或橙黄色，基部色深或有赤色条斑。

③香叶万寿菊(*T. lucida*)。香叶万寿菊多年生草本,茎高 30~50 cm。叶长圆披针形,有尖细锯齿,具芳香。头状花序,直径 1.5 cm,顶端簇生,花金黄色或橙黄色。

9)长春花(*Catharanthus roseus*)

**别名**:日日春、日日草、四时春、时钟花

**科属**:夹竹桃科长春花属

**形态特征**:长春花为多年生草本。茎直立,多分枝。叶对生,长椭圆状,叶柄短,全缘,两面光滑无毛,主脉白色明显。聚伞花序顶生。

花有红、紫、粉、白、黄等多种颜色,花冠呈高脚蝶状,5 裂,花朵中心有深色洞眼。长春花的嫩枝顶端,每长出一片叶,叶腋间即冒出两朵花,因此它的花朵特别多,见图 8-9(a)、图 8-9(b)。

(a)

(b)

**图 8-9 长春花**

**产地**:原产地中海沿岸、印度、热带美洲。

**生态习性**:长春花喜温暖、稍干燥和阳光充足环境,忌湿怕涝。生长适温,3—7 月为 18~24 ℃,9 月至翌年 3 月为 13~18 ℃,冬季温度不低于 10 ℃。宜肥沃和排水良好的土壤,耐瘠薄土壤,但切忌偏碱性。

**繁殖**:长春花是多年生草本植物,在条件适合的情况下,一年四季均可开花。但在长江流域以北地区因气候太冷,常作一年生栽培。播种时间主要集中在 1—4 月。播种宜采用较疏松的人工介质,可床播、箱播育苗,有条件的可采用穴盘育苗。播种后保持介质温度 22~25 ℃左右。长春花的扦插时间一般是春天,尽量剪较嫩的枝条作为插穗,可以是新枝上的嫩条,也可以是老枝上新生的嫩条,顶端带两三片叶子,然后将枝条底部插入湿沙中。扦插期间温度控制在 20~25 ℃之间,浇完水之后可以在盆土和插穗上覆盖一层薄膜来保湿,并将花盆放在通风阴凉处 20 d 即可生根。

**栽培管理**:养护管理要求不高,生长适温 18~20 ℃。6—7 月定植于园地或花坛,定植株距20 cm.喜薄肥,每月施肥 1 次,生长期适当灌水,但不能积水,雨季及时排涝。主根发达,侧根、须根较少,应在植株较小时带土团移植,大苗移栽恢复生长较慢,甚至不易成活。及时剪除残花,花期适当追肥,可延长花期。

长春花除正常的肥水管理外,重点要把握的是摘心和雨季茎叶腐烂病的防治。摘心的目的是促进分枝和控制花期。一般 4~6 片真叶时(8~10 cm)开始摘心,等新梢再长出 4~6 片叶时(第一次摘心后 15~20 d)进行第二次摘心,摘心最好不超过 3 次。长春花最后一次摘心直接影响开花期,

一般秋季(国庆节用花)最后一次摘心距初花期 25 d,夏季最后一次摘心比秋季提前 3～5 d。长春花茎叶腐烂病主要发生在雨季,其病原菌为疫霉。发病严重时导致长春花大量死亡,严重影响批量生产。化学药剂防治方法:雨前用 65% 好生灵 600～800 倍或 1% 等量式波尔多液保护。每星期喷施 1 次防治效果较佳。

**园林用途:**长春花姿态优美、花期长,适合布置花坛、花境,也可作盆栽观赏。

10)半支莲(*Portulaca grandiflora*)

**别名:**龙须牡丹、太阳花、松叶牡丹

**科属:**马齿苋科马齿苋属

**形态特征:**一年生肉质草本花卉。株高 20～30 cm,茎下垂或匍匐生长。叶圆柱形,互生,长 2.5 cm,有时成对或簇生。花单生或数朵簇生枝顶,花径 3 cm 以上,单瓣或重瓣,花色丰富,有白、淡黄、黄、橙、粉红、紫红或具斑状嵌合色。花期 6—10 月。蒴果盖裂,种子细小,多数,见图 8-10。

**生态习性:**喜温暖向阳环境,耐干旱,不择土壤,但以疏松排水良好者为佳,不需太多水肥,以保持湿润为宜。单花花期短,整株花期长。

**繁殖:**半支莲以播种繁殖为主,种子发芽适温为 21～22 ℃,约 10 d 发芽。露地栽培晚霜后播种,覆土宜薄。也可以在生长期进行扦插繁殖。

**图 8-10　半支莲**

**栽培管理:**半支莲较耐移植,开花时也可进行,但忌阴湿。在 18～19 ℃ 条件下,约经 1 个月可开花。半支莲只需进行一般水肥管理,栽培较容易,保持土壤湿润。移植时可不带土,雨季防积水。果实成熟时开裂,种子极易散落,应及时采收。

**园林应用:**半支莲适宜布置花坛、花境,可植于路边、岸边、岩石园、窗台花池、门厅走廊,还可盆栽或植于吊篮中。也多与草坪组合形成模纹效果。

11)四季秋海棠(*Begonia semperflorens*)

**别名:**秋海棠、虎耳海棠、瓜子海棠、玻璃海棠

**科属:**秋海棠科秋海棠属

**形态特征:**多年生常绿草本,茎直立,稍肉质,高 25～40 cm,有发达的须根;叶卵圆至广卵圆形,基部斜生,绿色或紫红色;雌雄同株异花,聚伞花序腋生,花色有白、粉红、玫红、橙红和洋红等,单瓣或重瓣,品种甚多。见图 8-11。

**产地:**原产巴西,我国常见栽培。

**生态习性:**四季海棠性喜阳光,稍耐阴,怕寒冷,喜温暖,喜稍阴湿的环境和湿润的土壤,但怕热及水涝,夏天应注意遮荫,通风排水。一般为春、秋两季栽培。

**繁殖:**以种子繁殖为主,扦插繁殖为辅。种子细小,可先撒播于盘中,发芽后再移入穴盘中,或用包衣种子直播于穴盘中。扦插繁殖在 8—12 月进行。8 月扦插,约 20 d 左右可生根。

**栽培管理:**小苗移栽 1 次后,约 40 d 后定植。一般每 10 d 施 1 次稀薄液肥,浇水要充足,保持土壤湿润。如果想使株丛较大、开花繁茂,则应多次摘心,一般留两个节,把新梢摘去,促进分枝而开

**图 8-11　四季秋海棠**

花多。盆栽的 6 月下旬就要开始遮荫避暑,并防止盆内积水,否则易烂根死亡。浇水工作的要求是"二多二少",即春、秋季节是生长开花期,水分要适当多一些,盆土稍微湿润一些;在夏季和冬季是四季秋海棠的半休眠或休眠期,水分可以少些,盆土稍干些,特别是冬季更要少浇水,盆土要始终保持稍干状态。浇水的时间在不同的季节也要注意,冬季浇水在中午前后阳光下进行,夏季浇水要在早晨或傍晚进行为好,这样气温和盆土的温差较小,对植株的生长有利。浇水的原则为"不干不浇,干则浇透"。四季秋海棠在生长期每隔 10~15 d 施 1 次腐熟发酵过的 20% 豆饼水、菜籽饼水,鸡、鸽粪水或人粪尿液肥即可。施肥时,要掌握"薄肥多施"的原则。如果肥液过浓或施以未完全发酵的生肥,会造成肥害,轻者叶片发焦,重则植株枯死。施肥后要用喷壶在植株上喷水,以防止肥液粘在叶片上而引起黄叶。生长缓慢的夏季和冬季,少施或停止施肥,可避免因茎叶发嫩和减弱抗热及抗寒能力而发生腐烂病症。

**园林用途:**四季秋海棠既适应于庭园、花坛等室外栽培,又是室内家庭书桌、茶几、案头和商店橱窗等装饰的佳品。

**同属其他花卉:**

①银星秋海棠(*B. argentea-guttata*)。银星秋海棠又名斑叶秋海棠、麻叶秋海棠等。株高 60 cm 或更高,亚灌木,茎红褐色,多分枝。叶卵状三角形,偏斜,有多数银白色斑点,叶背紫红色。花白色有红晕,光照充足时为橙红色。盛花期 7—9 月。

②斑叶竹节秋海棠(*B. naculata*)。斑叶竹节秋海棠原产巴西,茎直立,须根性,高 90~150 cm,茎基木质化,茎上部有分枝,全株无毛。叶椭圆状卵形,偏斜,叶绿色,具银灰色小斑点。花淡红或白色,花梗先端下垂。花期春季至秋季。

③红花竹节秋海棠(*B. coccinea*)。红花竹节秋海棠又名绯红秋海棠、珊瑚秋海棠。株高约 100 cm,亚灌木,全株无毛。叶绿色,花大,绯红色,越冬温度 5 ℃以上。花期以春、夏季为主。

④玻璃秋海棠(*B. margaritae*)。玻璃秋海棠又名撒金秋海棠、珍珠秋海棠,是杂交育成并经改良后的品种。须根性,株高约 60 cm,茎紫色,全株密生白色绵毛。叶片小,长卵形,表面暗绿,背面淡绿色。花大、粉红色,夏季开花。

⑤铁十字秋海棠(*B. masoniana*)。铁十字秋海棠又名刺毛秋海棠,原产我国南部。1952 年由英国人 L. Maurice Mason 引入英国,之后在世界各地广为栽培。叶缘有细毛,叶脉紫褐色,呈十字形,叶背灰绿色,叶柄密生白色细毛。花茎长 30 cm,花小而密集,黄色,初夏开花。越冬温度 4~5 ℃以上,稍耐空气干燥。

⑥枫叶秋海棠(*B. heracleifolia*)。枫叶秋海棠原产墨西哥。叶柄长 20~40 cm,有棱,紫红色,上有绿色小斑点。叶掌状深裂,浓绿,边缘暗绿,背面边缘紫红色,叶柄、叶脉、叶绿均有毛状突起。花小而多,呈白色或粉红色。花期春季至初夏。

⑦莲叶秋海棠(*B. nelumbifolia*)。莲叶秋海棠原产墨西哥。叶柄长 20~40 cm,直伸,褐色具

浅色斑,有茸毛。叶大,绿色,盾形至卵圆形,似荷叶。花小而多,呈白色至粉红色。花期夏季。

⑧蟆叶秋海棠(*B. rex*)。蟆叶秋海棠又名毛叶秋海棠,原产巴西、印度等热带地区。叶基生,卵形,偏斜,叶面有凹凸泡状突起,有与叶缘平行的银白色斑纹,叶面暗绿色,叶背红色,带金属光泽,叶背面、叶脉及叶柄上有粗毛。花梗直立,聚伞花序,花大而少,粉红色。花期为秋、冬季。本种经与非洲种、南美种杂交后形成了大量杂种后代,统称蟆叶秋海棠,其中大部分具有根茎。

12)五色苋(*Alternanthera bettzikiana*)

**别名**:红绿草、五色草、模样苋、法国苋

**科属**:苋科莲子草属

**形态特征**:多年生草本,作一二年生栽培。茎直立斜生,多分枝,节膨大,高 10～20 cm。单叶对生,叶柄极短,叶小,椭圆状披针形,红色、黄色或紫褐色,或绿色中具彩色斑。花腋生或顶生,花小,白色。胞果,常不发育。见图 8-12(a)、图 8-12(b)。

(a)　　　　　　　　　　　　　　(b)

**图 8-12　五色苋**

**产地**:原产巴西,我国各地普遍栽培。

**生态习性**:喜光,略耐阴。喜温暖湿润环境,不耐热,也不耐旱,极不耐寒,冬季宜在 15 ℃温室中越冬。

**繁殖**:扦插繁殖。摘取具 2 节的枝作插穗,以 3 cm 株距插入沙、珍珠岩或土壤中,插床适温 22～25 ℃,1 周可生根,2 周即可移栽。

**栽培管理**:盆土以富含腐殖质、疏松肥沃、高燥的砂质壤土为宜,忌黏质壤土。盆栽时,一般每盆种 3～8 株。生长季节适量浇水,保持土壤湿润。一般不需施肥,为促其生长,也可追施 0.2%的磷酸铵。

通常用五色苋布置模纹花坛和立体雕塑式花坛、组字构图等,要求带土定植,几天内就可成型。生长期要常修剪,抑制生长,以免扰乱设计图形。天旱及时浇水,每月向叶面喷施 2%氮肥 1 次,以使植株生长良好,提高观赏效果。

**园林用途**:可用作花坛、地被、盆栽等,常常用于模纹花坛、园林图案布置或组字。也可在节日期间用不同颜色的盆栽植株组合成主题图案,以增添节日的气氛。盆栽适合阳台、窗台和花槽观赏。

**同属其他花卉：**

①黄叶五色草(*Alternanthera bettzikiana* cv. *Aurea*)，叶黄色而有光泽。

②花叶五色草(*Alternanthera bettzikiana* cv. *Tricolor*)，叶具各色斑纹。

13)紫茉莉(*Mirabilis jalapa*)

**别名：**草茉莉、地雷花、胭脂花

**科属：**紫茉莉科紫茉莉属

**形态特征：**多年生草本花卉作一年生栽培。植株开展多分枝，近光滑，主茎直立，侧枝散生。地下有小块根，株高30～100 cm。单叶对生，卵形或卵状三角形，先端尖。花数朵集生枝端，花冠高脚杯状，先端5裂，有白、黄、红、粉、紫、红黄相间等色。花具香味，傍晚至次日早晨开放，于中午前凋谢。果实圆形，成熟后呈黑色，表面皱缩，形似地雷。花期6—9月。见图8-13。

**产地：**原产于美洲热带地区。

**生态习性：**紫茉莉喜温暖、湿润的气候条件，不耐寒，冬季地上部分枯死，在中国南方冬季温暖地区，地下根系可安全越冬；耐炎热，在稍蔽荫处生长良好；不择土壤，喜土层深厚肥沃之地。边开花边结籽，可自播繁衍。

**繁殖：**播种、扦插或分生繁殖。以播种为主。直根性，春季直播，因种皮较厚，播前浸种可加快出苗。春、秋季剪取成熟的枝条扦插，易生根。

**栽培管理：**性强健，幼苗生长迅速，管理粗放。定植株距40～50 cm。也可将块根于秋季挖出，贮于3～5 ℃冷室中，翌年再栽植。

**园林应用：**紫茉莉可用于林缘周围或房前屋后、路边大片自然丛植。

图 8-13　紫茉莉

图 8-14　千日红

14)千日红(*Gomphrena globosa*)

**别名：**百日红、千金红、千年红、吕宋菊、滚水花、千日草

**科属：**苋科千日红属

**形态特征：**为一年生直立草本，高约20～60 cm，全株被白色硬毛。叶对生，纸质，长圆形，长5～10 cm，顶端钝或近短尖，基部渐狭；叶柄短或上部叶近无柄。花夏、秋季开放，紫红色、粉红色、乳白色或白色等，干后不凋，色泽不褪。胞果不开裂，种子外附着白色棉花状纤维。花期7—9月。见图8-14。

**产地:**原产热带美洲的巴西、巴拿马和危地马拉。中国长江以南普遍种植,亦有逸为半野生。

**生态习性:**喜温暖、阳光,性强健,适生于疏松肥沃、排水良好的土壤中。

**繁殖:**3—4月播于露地苗床,播种前要先进行浸种处理,方法是先把种子浸入冷水中1~2 d,捞出将水挤干,拌以草木灰或细沙,然后搓开种子再播种,在气温20~25 ℃条件下,播后两周内即可出苗。

**栽培管理:**对肥水、土壤要求不严,管理简便,一般苗期施1~2次淡液肥,生长期间不宜过多浇水、施肥,否则会引起茎叶徒长,开花稀少。千日红生长在温热的季节,施肥不宜多。一般8~10 d施1次薄肥,与浇水同时进行。植株进入生长后期可以增加磷和钾的施用量,生长期间要适时灌水及中耕,以保持土壤湿润。雨季应及时排涝。花期再追施富含磷、钾的液肥2~3次。残花谢后,不让它结籽,可进行整形修剪,仍能萌发新枝,于晚秋再次开花。盆栽千日红上盆后要保持湿润,并注意遮荫。生长期结合浇水进行追肥。

**园林用途:**适用于布置花坛、花境。可作切花和干花,还可制作花茶。

15)牵牛花(*Ipomoea nil*)

**别名:**喇叭花、牵牛、朝颜花

**科属:**旋花科牵牛属

**形态特征:**一年生或多年生草本植物。茎缠绕,叶互生,叶大柄长,具三裂,中央裂片较大,叶上易长出不规则的黄白斑块。花为1朵至3朵腋生,总梗短于叶柄,花大型、筒状,花径可达10 cm或更大,花色丰富,有红、紫、蓝、白、橙红褐、灰以及带色纹和镶白边等深淡各色,有平瓣、皱瓣、裂瓣、重瓣等类型,品种繁多。花通常清晨开放,不到中午即萎缩凋谢,花期5—10月。蒴果球形,成熟后胞背开裂,种子粒大,黑色或黄白色,寿命很长。见图8-15。

图8-15　牵牛花

**产地:**原产热带美洲,我国各地普遍栽培,供观赏。

**生态习性:**牵牛花性强健,喜气候温和、光照充足、通风适度环境,对土壤适应性强,较耐干旱盐碱,不怕高温酷暑,属深根性植物,地栽土壤宜深厚。

**繁殖:**最好直播或尽早移苗。播种期为春、夏季,发芽适温20~25 ℃。先将种子浸入温水4~6 h或用硫酸处理,播种后覆土约1 cm,保持土壤温湿,5~6 d后发芽,生长适温22~34 ℃。盆栽宜在4月初,用普通培养土与素面沙土各半,装二号筒盆(内径13 cm),每盆点播4~5粒种子。因种皮较厚、发芽慢,可用小刀在种脐上部刻破一点种皮。播种后保持25 ℃,7 d左右发芽。

**栽培管理:**真叶2片时可移植,株距30 cm,选择排水良好的培养土,给予充分日照和通风良好的环境,生育期土表面略干时应灌水,半个月施稀液肥1次,施氮肥不宜太多,以免茎叶过于茂盛。露地移植牵牛,绝不能碰伤主根,移苗宜小、宜早,土坨越大越好。当小苗长出6~7片叶即将伸蔓时,整坨脱出,换上坯子盆(内径24 cm)定植,盆土要用加肥培养土,并施50 g蹄片做底肥。栽后浇透水。待盆土落实,在盆中心直插一根1 m长的细竹竿。再用3 m左右长的铅丝,一端齐土面缠在竹竿上,然后自盆口盘旋向上,形成下大上小匀称的塔形盘旋架。铁丝上端固定在竹竿顶尖。牵牛花为左旋植物,铅丝的盘旋方向必须符合牵牛花向左缠绕的习性,当主蔓沿着铅丝爬到竿顶时,摘去顶尖。侧蔓每长到6～7片叶时掐尖,这样可使花朵大,可不断发蔓开花。盆栽大花牵牛还可使它不爬蔓,养成矮化丛生、丰美的株型。当小苗长出5～6片叶时,栽到二缸筒盆(内径23 cm)中。随即掐尖促发2～3个侧芽,其余抹掉。侧芽展叶伸蔓时,再留2～3片叶去尖。这样一次可开花10朵左右。花谢后当即摘掉,促其侧枝再发新芽,酌留几个,多余抹去,仍照前法掐尖。如此可保持株丛始终丰满,花开不断。

**园林用途:**牵牛花不仅是篱垣栅架垂直绿化的良好材料,也适宜盆栽观赏,摆设于庭院阳台。

**同属其他花卉:**牵牛花约有60多种。常见的有以下几种。

①裂叶牵牛(*I. hederacea*):叶具深三裂,花中型,1朵至3朵腋生,花色有莹蓝、白或玫红。

②圆叶牵牛(*I. purpurea*):叶阔心脏形,全缘,花型小,有白、玫红、莹蓝等色。

16)八宝景天(*Sedum spectabile*)

**别名:**蝎子草、华丽景天、长药景天、大叶景天、景天

**科属:**景天科景天属

图8-16 八宝景天

**形态特征:**一年生草本,高达1 m。茎直立,具条棱,伏生糙硬毛及螫毛。叶互生,托叶合生。三角状锥形,早落;叶柄细弱,叶片卵圆形,基部圆形或近截形,先端渐尖或尾状尖,边缘具缺刻状大齿牙,表面深绿色。花单性,雌雄同株,花序腋生,单一或分枝。花粉色,花期7—8月,果期8—9月,见图8-16。

**产地:**原产中国东北地区以及河北、河南、安徽、山东等地;日本也有分布。

**生态习性:**耐旱植物。性喜强光、干燥、通风良好的环境,能耐—20 ℃的低温;喜排水良好的土壤,耐贫瘠和干旱,忌雨涝积水。植株强健,管理粗放。

**繁殖:**扦插可在4—9月份进行,剪取2～5 cm长的插穗,剪口晾干2～5 d,再插入繁殖砂床中,保持阴蔽环境,生根后即可移栽。叶片较大时,也可用叶插,但也应将剪口晾干后再进行扦插。

分株繁殖除冬季外均可进行,直接分离母株根际发出的蘖枝,切口稍干燥后,栽植于合适的盆中,在荫蔽处养护一段时间,便可转入正常栽培管理。

播种繁殖应用较少,宜在春季进行。种子覆以薄土,保持15～18 ℃的条件,3～5周即可发芽。待长出1～2片真叶后,再移植上盆。

**栽培管理:**景天类虽对土壤要求不严,但一般盆土宜用园土、粗砂和腐殖土混合配制,保证土壤的透气性。盆栽可置于光照充足处,保持叶色浓绿。生长季节浇水不可过多,掌握"间干间湿"和"宁干勿湿"的原则。宜在盆土表层完全干燥后再浇水,忌盆内积水,否则易引发根腐烂和病害;空气湿度大的雨季(7—8月),应严格控制浇水。一般不予以追肥,但在生长期内可适当施以液肥,保持植株旺盛生长。冬季在棚内越冬即可。在栽培过程中,注意通风,防止病虫害发生。盆栽可2～3 a换盆1次。

**园林用途:**园林中常用八宝景天布置花坛、花境和点缀草坪、岩石园,也可以用作地被植物。部分品种冬季仍然有观赏效果。

# 8.3　二年生花卉

1)金盏菊(*Calendula officinalis*)

**别名:**金盏花、黄金盏、长生菊、醒酒花、常春花、金盏

**科属:**菊科金盏花属

**形态特征:**二年生草本植物,株高 30~60 cm,全株被白色茸毛。单叶互生,椭圆形或椭圆状倒卵形,全缘,基生叶有柄,上部叶基抱茎。头状花序单生茎顶,形大,4~6 cm,舌状花一轮或多轮平展,黄、橙、橙红、白等色,筒状花黄色或褐色。也有重瓣(实为舌状花多层)、卷瓣和绿心、深紫色花心等栽培品种。花期 12 月至翌年 6 月,盛花期 3—6月。瘦果,呈船形、爪形,果熟期 5—7 月,见图8-17。

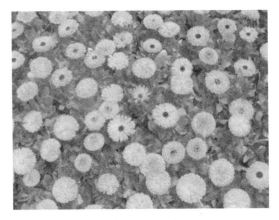

**图 8-17　金盏菊**

常见品种如下所示。

①邦·邦:株高 30 cm,花朵紧凑,花茎 5~7 cm,花色有黄、杏黄、橙等。

②吉坦纳节日:株高 25~30 cm,早花种,花重瓣,花径 5 cm,花色有黄、橙和双色等。

③卡布劳纳系列:株高 50 cm,大花种,花色有金黄、橙、柠檬黄、杏黄等,具有深色花心。其中1998 年出现新品种米柠檬卡布劳纳,米色舌状花,花心柠檬黄色。

④红顶:株高 40~45 cm,花重瓣,花径 6 cm,花色有红、黄和双色,每朵舌状花顶端呈红色。

⑤宝石系列:株高 30 cm,花重瓣,花径 6~7 cm,花色有柠檬黄、金黄。其中矮宝石更为著名。

**产地:**金盏菊原产欧洲南部,现世界各地都有栽培。英国的汤普森·摩根公司和以色列的丹齐杰花卉公司在金盏菊的育种和生产方面很有名。

**生态习性:**喜阳光充足,适宜疏松、肥沃、微酸性土壤,能自播繁衍。较耐寒,能耐−9 ℃低温。耐瘠薄干旱土壤及阴凉环境。

**繁殖:**金盏菊主要用播种繁殖。常以秋播或早春温室播种,每克种子 100~125 粒,发芽适温为20~22 ℃,盆播土壤需要消毒,播后覆土 3 mm,约 7~10 d 发芽。种子发芽率在 80%~85%,种子发芽有效期为 2~3 a。

扦插繁殖,可以结合摘心工作进行,把摘下来的粗壮、无病虫害的顶梢作为插穗,基质选用干净河沙,在 18~25 ℃条件下,20 d 左右即可成苗。

**栽培管理:**幼苗 3 片真叶时移苗 1 次,待苗 5~6 片真叶时定植,小苗装盆时,先在盆底放入 2~3 cm 厚的粗粒基质或者陶粒来作为滤水层,其上撒上一层充分腐熟的有机肥料作为基肥,再盖一层基质,放入植株,把肥料与根系分开,避免烧根。上盆用的基质可以选用菜园土:炉渣=3:1;园土:中粗河沙:锯末(菇渣)=4:1:2;水稻土、塘泥、腐叶土中的一种。上完盆后浇一次透水,并放在略

荫环境养护一周。在开花之前一般进行两次摘心,以促使萌发更多的开花枝条。金盏菊对肥水要求较多,但要求遵循"薄肥勤施、量少次多、营养齐全"的原则,生长期每半月施肥 1 次,肥料充足,金盏菊开花多而大,反之肥料不足,花朵明显变小退化。施肥过后,晚上要保持叶片和花朵干燥。每两个月修剪掉 1 次枝条上的老叶和黄叶。只要温度适宜,可四季开花。花期不留种,将凋谢花朵剪除,有利于花枝萌发,多开花,延长观花期。留种要选择花大色艳、品种纯正的植株,应在晴天采种,防止脱落。

金盏菊的开花期可以通过改变栽培措施加以调节,调节的措施主要有以下几种。

①早春正常开花之后,及时剪除残花梗,促使其重发新枝;加强水肥管理,到 9—10 月可再次开花。

②8 月下旬秋播花盆内,秋、冬季移入温室养护,即可冬季开花。

③3 月底或 4 月初直播于庭院,苗出齐后适当间苗或移植,给予合理的肥水条件,6 月初即可开花。因金盏菊成花需要较长的低温阶段,故春播植株比秋播植株生长弱,花朵小。

④8 月下旬露地秋播,待最低气温升到 0 ℃时应立即除去草帘。此时适当浇水保持土壤湿润,每隔 15 d 左右追加 1 次稀薄饼肥水,这样到了"五·一"节,金盏菊便可鲜花怒放。

⑤将金盏菊种子放在 0 ℃冰箱内数日进行低温处理,然后于 8 月上旬播种于露地,9 月下旬也能开花。

**园林用途:**金盏菊大量应用于春季花坛,可定植于花坛或组成彩带,也可盆栽或作切花使用。

2)三色堇(*Viola tricolor*)

**别名:**蝴蝶花、人面花、猫脸花、鬼脸花

**科属:**堇菜科堇菜属

**形态特征:**二年生或多年生草本,高 10~40 cm。地上茎较粗,直立或稍倾斜,有棱,单一或多分枝,基生叶叶片长卵形或披针形,具长柄;茎生叶叶片卵形、长圆状圆形或长圆状披针形,先端圆或钝,基部圆,边缘具稀疏的圆齿或钝锯齿;上部叶叶柄较长,下部则较短;托叶大型,叶状,羽状深裂。花大,直径约 3.5~6 cm,每个茎上有 2~10 朵,通常每花有紫、白、黄三色;花梗稍粗,单生叶腋;上方花瓣为深紫堇色,侧方及下方花瓣均为三色,有紫色条纹,侧方花瓣里面基部密被须毛;近代培育的三色堇花色极为丰富,有单色和复色品种。花色有红、粉、紫、蓝、黄等,还有蓝/白、红/黄双色品种。蒴果椭圆形。花期 4—7 月,果期 5—8 月,见图 8-18。

**图 8-18 三色堇**

**产地:**三色堇原产欧洲。现世界各地广为栽培。

**生态习性:**较耐寒,喜凉爽,喜肥沃、排水良好、富含有机质的中性壤土或黏壤土。生长适温 15~25 ℃,昼温若连续在 30 ℃以上,则花芽消失,或不形成花瓣。日照长短比光照强度对开花的影响大,日照不良,开花不佳。

**繁殖:**三色堇主要用种子繁殖,一般秋播,在 8 月下旬播种,发芽适温 19 ℃,约 10 d 萌发。在初

夏时行扦插或压条繁殖,扦插 3—7 月均可进行,以初夏为最好。一般剪取植株中心根茎处萌发的短枝作插穗,开花枝条不能作插穗。扦插后约 2～3 个星期即可生根,成活率很高。压条繁殖,也很容易成活。分株繁殖常在花后进行,将带不定根的侧枝或根茎处萌发的带根新枝剪下,可直接盆栽,并放半荫处恢复。

**栽培管理**:三色堇出苗后进行 2 次分苗,就可移植到阳畦或营养钵中。在北方 4 月上中旬就可定植于露地,若栽种过晚,则影响开花。三色堇喜肥沃的土壤,种植地应多施基肥,最好是氮、磷、钾全肥。一般在 5—6 月开花的三色堇,种子在 6 月末就可成熟,而且早春的种子质量较高。7 月以后,由于天气炎热,高温多湿,三色堇开花不良也难结种子。种子应及时采收,否则果实开裂,种子脱落。三色堇良种退化非常严重,应注意良种的引种和筛选。

三色堇花期延长的方法主要有以下两种。

①采用不同的播种时间:三色堇一般在播种后 2 个月左右开花,因此在春季播种,6—9 月份开花;夏季播种,9—10 月份开花;秋季播种,12 月份开花;11 月份播种,翌年 2—3 月开花。

②加强管理:必须经常保持土壤的微湿,在开花前施 3 次稀薄的复合液肥,孕蕾期加施 2 次 0.2% 的磷酸二氢钾溶液。秋播的植株进入冬季后,必须搬入室内阳光充足的地方养护,白天温度不超过 12 ℃,晚上温度不低于 7 ℃,在晴天时必须在中午开窗通风换气。

**园林用途**:三色堇色彩丰富,开花早,宜植于花坛、花境、花池、岩石园、野趣园。也可以盆栽,作为冬季或早春摆花之用。

3)金鱼草(*Antirrhinum majus*)

**别名**:龙头花、龙口花、狮子花、洋彩雀

**科属**:玄参科金鱼草属

**形态特征**:多年生作一二年生栽培。株高 15～120 cm。茎直立微有茸毛,基部木质化。叶对生,上部螺旋状互生,披针形或短圆披针形,全缘。总状花序顶生,长 25 cm 以上。小花具短梗,花冠筒状唇形,外被茸毛。花色有紫、红、粉、黄、橙、栗、白等,或具复色。花色与茎色具有相关性,茎酒红晕者花为红、紫色,茎绿色者花为其他颜色。花期为 5—7 月,蒴果卵形,孔裂,含多数细小种子。见图 8-19。

**产地**:原产地中海一带。

**生态习性**:较耐寒,不耐热,喜阳光,也耐半荫。喜肥沃、疏松和排水良好的微酸性砂质壤土。生长适温白天 15～18 ℃,夜间 10 ℃左右。高温对金鱼草生长发育不利。

**繁殖**:主要是播种繁殖,但也可扦插。对一些不易结实的优良品种或重瓣品种,常用扦插繁殖。

金鱼草种子细小,灰黑色,每克约 8000 粒,发芽率 60%。在 13～15 ℃播种,1～2 周出苗。插种时应混沙撒播。栽培切花预期 12 月上旬开花,可于 7 月下旬播种,通过摘心培养 3～4 个枝;不摘心而培养独本的可在 8 月中下旬播种。扦插一般在 6—7 月进行。

**图 8-19　金鱼草**

**栽培管理:**

(1)露地栽培

金鱼草喜阳,种植时宜选择阳光充足,土壤疏松、肥沃、排水良好的地方。金鱼草对水分比较敏感,盆土必须保持湿润,但盆土排水性要好,不能积水,否则根系腐烂,茎叶枯黄凋萎。金鱼草喜肥,幼苗生长缓慢,定植后要浇1次透水,以后视天气情况而定,防止土壤过干与过湿。施肥,在生长期施2次以氮肥为主的稀薄饼肥水或液肥,促使枝叶生长。孕蕾期施1～2次磷、钾为主的稀薄液肥,有利于花色鲜艳。雨后要注意排涝,花后可齐地剪去地上部分浇1次透水。夏天适当遮荫降温,这样秋天又能开花。为了增加分枝,在栽培中应及时摘心,尤其对中高型品种更为重要,一般在苗高12 cm左右时摘心,植株长到20 cm时再摘心1次,这样可促使侧枝生长,植株矮化。但随着花枝生长要及时用细竹绑扎,使其挺直。金鱼草能自播繁衍。6—7月果实成熟时,要及时采收,可连同花梗一起剪下晾干,抖出种子贮藏于干燥处。金鱼草品种极易混杂,故作为采种母株需隔离种植,以免产生杂种。

(2)盆花栽培

盆栽的金鱼草宜选择植株低矮、花繁叶茂的品种,以提高盆栽的观赏价值。盆栽容器宜用盆径为15 cm左右的泥盆或塑料盆,但透气性要好。栽培基质应选择疏松、肥沃、排水良好的培养土或用腐叶土、泥炭、食粮草木灰均匀混合。种植前施些干畜粪或饼肥末,加骨粉或过磷酸钙作为基肥。种植后浇透水,之后盆土见干即浇。在生长期间每10 d施1次以氮、钾肥为主的稀薄液肥,孕蕾期喷施0.1%磷酸二氢钾,使花色艳丽。平时要防止盆土积水并经常松土。开花后,可齐土剪去地上部分,浇1次透水,约经一周后便可萌发新枝,然后每隔10 d左右施1次稀薄液肥至花蕾形成。平时应注意适量浇水,夏天要适当遮荫降温,这样秋天又可再次开花。

(3)切花栽培

在真叶开始长出时进行移植,以3 cm×3 cm的间距进行第1次移植;在苗高5～6 cm时,再以10 cm×10 cm的间距进行第2次移植;苗高10～12 cm时为定植适期。7月中下旬播种,9月中旬定植;8月中旬播种,10月中旬定植。在栽培室用宽1 m的地床,不摘心培养独本,株行距为9 cm见方定植;摘心培养4～5本,株行距为15～18 cm见方定植。定植2周后摘心,留下基部长出的4～5枝粗壮侧枝,株高25 cm时,及早摘除从基部发出的侧枝。待苗长高到25～30 cm时,可张网一层或两层。金鱼草的花期,可利用温室,加之不同的播种期、栽培法以及不同的品种来调节。露地栽培于8月下旬或9月播种,翌年4—5月开花。早春冷床育苗或春夏播种,可在6—7月或9—10月开花,但不及秋播生长良好,而且花期较短。秋天播种,则翌年开花,短剪后,可至晚秋开花不绝。冬季作切花用者,常于夏末播种,露地培育,秋凉移入温室,秋冬两季白天保持22 ℃,夜间保持10 ℃以上,12月份可陆续开花。切花不耐挤压,但采切过早花蕾又不易开放,因此在花序基部有2～3朵花开放、上部花蕾初绽时采切为宜。采切后,根据花色、株高、花穗长度分级,10～20枝为一束。

**园林用途:**种植于花坛、窗外或者放在室内作盆景,也可作切花栽培。

4)石竹(*Dianthus chinensis*)

**别名:**中国石竹、十样景花、洛阳花、洛阳石竹

**科属:**石竹科石竹属

**形态特征:**多年生草本植物,但一般作一二年生栽培。北方秋播,翌年春天开花;南方春播,夏秋季节开花。株高30～40 cm,直立簇生。茎直立,有节,多分枝,叶对生,条形或线状披针形。花萼

筒圆形,花单朵或数朵簇生于茎顶,形成聚伞花序,花径 2～3 cm,花色有紫红、大红、粉红、纯白、杂色等。单瓣 5 枚花瓣或重瓣,先端锯齿状,微具香气。花期 4—10 月,集中于 4—5 月。蒴果矩圆形或长圆形,种子扁圆形,黑褐色,见图 8-20。

**图 8-20　石竹**

**产地:**原产中国东北、华北、长江流域与东南地区,分布很广。除华南较热地区外,几乎全国各地均有分布。

**生态习性:**喜阳光充足、干燥、通风及凉爽湿润气候。要求肥沃、疏松、排水良好及含石灰质的壤土或砂质壤土,忌水涝,好肥。耐寒、耐干旱,不耐酷暑,夏季多生长不良或枯萎,栽培时应注意遮荫降温。

**繁殖:**常用播种、扦插和分株繁殖。种子发芽适温 21～22 ℃。播种在 9 月进行。露地苗床播后保持土壤湿润,5 d 即可出芽,10 d 左右出苗,苗期生长适温 10～20 ℃。当苗长出 4～5 片叶时可移植,翌春开花。也可于 9 月露地直播或 11—12 月冷室盆播,翌年 4 月定植于露地。扦插繁殖在 10 月至翌年 2 月下旬到 3 月进行,枝叶茂盛期剪取嫩枝 5～6 cm 长作插条,插后 15～20 d 生根。分株繁殖多在花后利用老株分株,可在秋季或早春进行。

**栽培管理:**地栽石竹在 8 月施足底肥,深耕细耙,平整打畦。当播种苗长出 1～2 片真叶时间苗,长出 3～4 片真叶时移栽。株距 15 cm,行距 20 cm。11—12 月浇防冻水,翌年春天浇返青水。整个生长期要追肥 2～3 次腐熟的人粪尿或饼肥。盆栽石竹要求施足基肥,每盆种 2～3 株。苗长至 15 cm 高摘除顶芽,促其分枝,以后注意适当摘除腋芽,使养分集中,可促使花大而色艳。盆栽养护时生长期间宜放置在向阳、通风良好处养护,保持盆土湿润,约每隔 10 d 左右施 1 次腐熟的稀薄液肥。夏季雨水过多,注意排水、松土。石竹易杂交,留种者应隔离栽植。开花前应及时去掉一些叶腋花蕾,主要是保证顶花蕾开花。冬季宜少浇水,如温度保持在 5～8 ℃条件下,则冬、春季不断开花。

**园林用途:**可用于布置花坛、花境、花台或盆栽,也可用于布置岩石园和草坪边缘点缀。大面积成片栽植时可作景观地被材料。

**同属其他花卉:**石竹花种类较多,同属植物 300 余种,常见栽培的品种如下所示。

①须苞石竹:又名美国石竹、五彩石竹。花色丰富,花小而多,聚伞花序,花期在春、夏两季。

②锦团石竹:又名繁花石竹,矮生,花大,有重瓣。

③常夏石竹:花顶生 2～3 朵,气味芳香。

④瞿麦:花顶生呈疏圆锥花序,淡粉色,气味芳香。

5)雏菊(*Bellis perennis*)

**别名:**春菊、延命菊、幸福花

**科属:**菊科雏菊属

**形态特征:**多年生草本,常作一二年生栽培。株丛矮小,高度 15～20 cm。叶基部簇生,长匙形或倒卵形,边缘具皱齿。花茎自叶丛中央抽出,头状花序单生于茎顶,花序直径 3～5 cm,舌状花多轮紧密排列于花序盘周围,花色有白、粉、蓝、红、粉红、深红或紫,花序中央为黄色筒状花。盛花期 4～6 月。见图 8-21。

图 8-21　雏菊

产地:原产于欧洲,现我国各地均有应用。

生态习性:雏菊喜冷凉、湿润和阳光充足的环境。较耐寒,对土壤要求不严,在肥沃、富含有机质、湿润、排水良好的砂质壤土上生长良好,不耐水湿。地表温度不低于 3～4 ℃条件下可露地越冬,但重瓣大花品种的耐寒力较差。

繁殖:播种繁殖。一般采用撒播法,南方多在秋季 8—9 月播种,10 月下旬移入阳畦越冬。翌年 4 月下旬定植,株行距 12 cm×15 cm。北方多在春季播种,但往往夏季生长不良。北方也可秋播,但冬季花苗需移入温室进行栽培。

栽培管理:雏菊播种后长出 2～3 片真叶时移栽 1 次,可促发大量侧根,防止徒长,5 片真叶时定植。在生长季节要给予充足肥水,花前每隔 15 d 追一次肥,使开花茂盛,花期也可延长。夏季炎热往往生长不良,甚至枯死。花后瘦果陆续成熟且易脱落,当舌状花大部分开谢而失色蜷缩,位于盘边的舌状花冠一触即落时,即应采收。

园林用途:布置花坛、花带、花境,或用来装点岩石园。也可种植于草地边缘或盆栽装饰台案、窗几、居室。

6)紫罗兰(*Matthiola incana*)

别名:草桂花、四桃克、草紫罗兰

科属:十字花科紫罗兰属

形态特征:一二年生草本,高达 60 cm,全株密被灰白色具柄的分枝柔毛。茎直立,多分枝,基部稍木质化。叶互生,长圆形至倒披针形或匙形,全缘或呈微波状,基部渐狭成柄。总状花序顶生,有粗壮的花梗;花色白、淡黄、雪青、紫红、玫瑰红、桃红等,具香气。长角果圆柱形,果梗粗壮。种子近圆形,扁平,深褐色,边缘具有白色膜质的翅。花期 4—5 月。见图 8-22。

产地:原产于欧洲地中海沿岸。

图 8-22　紫罗兰

生态习性:喜冷凉,忌燥热。对土壤要求不严,但在排水良好、中性偏碱的土壤中生长较好,忌酸性土壤。喜通风良好的环境,冬季喜温和气候,但也能耐短暂的 -5 ℃的低温。紫罗兰耐寒不耐阴,怕渍水,适生于位置较高、接触阳光、通风及排水良好的环境中。

繁殖:主要是播种繁殖。播种适期因开花的时期、生产方式和栽培形式不同而异。适宜时期在 8 月上旬到 9 月上旬。种子发芽出土最适温度约 16～20 ℃,一般采用撒播,播种床土过细筛,育苗基质要松软、透气性好,用喷壶浇透底水,然后播干种子,每平方米苗床播种量 5 g 左右,上面覆细土 0.5 cm。如用育苗盘播种,则苗盘应放在遮荫防雨处,如果床土保水性较差,应在覆土后上面盖地膜或玻璃。播后约 4～6 d 出苗。在白天气温 20～25 ℃、夜间不低于 5 ℃的情况下,秋天播种到开花约需120～150 d。在北方寒地于8月份播种,其他地区于9月份播种,这样可在春节前后开花。为布置春季花坛,北方寒地应在12月至翌年1月播种,这样可减少育苗天数,降低育苗成本。切花用苗直接定植于保护地栽培床内;温暖地区秋播用于春季花坛的移入冷床越冬。高生种在苗期摘心,且播种时间应排开,如7月上旬播种,可在10月中旬始花。

**栽培管理:**紫罗兰为直根性植物,不耐移植,因此为保证成活,移植时要多带宿土,不可散坨,尽量不要伤根。一旦伤根则易烂不易恢复。在真叶展叶前应分苗移植,一般小苗经过1次分苗后,就可定植。不可栽培过密,否则会通风不良,易感染病虫害。栽培期间要注意施肥,施肥时1次不要太多量,要薄肥勤施,否则易造成植株的徒长,且影响开花。紫罗兰的叶片质厚,对干旱有一定的抵抗力,因而淋水不宜过多,土壤保持湿润即可,水分过多会烂根。若是作为花坛布置,春季应适当控制水分,并进行中耕保墒,以便植株低矮紧密,获得更好的观赏效果。若作为切花栽培,就应保证水分的供应,以促使花序伸长。若花后及时剪去花枝,施以追肥,加强管理,可再次萌发侧枝,再次开花。夏季会高温、高湿,应注意病虫害的防治。如养护得当,4月中旬即可开花。开花后需要剪花枝,并施1～2次追肥,这样能再抽枝,到6—7月可第2次开花。采种应选择良好的母株,留种植株要远离其他十字花科的种类,以防止种间杂交。

**园林用途:**春季花坛的主要花卉,也是重要的切花。矮生品种可用于盆栽观赏。

7)矢车菊(*Centaurea cyanus*)

**别名:**蓝芙蓉、翠兰

**科属:**菊科矢车菊属

**形态特征:**一二年生草本植物,有高生种及矮生种,株高30～90 cm。枝细长,多分枝。叶线形,全缘,基生叶及下部茎叶长椭圆状倒披针形或披针形,不分裂,边缘全缘无锯齿或边缘疏锯齿,中部茎叶线形、宽线形或线状披针形。茎叶两面异色或近异色,上面绿色或灰绿色,被稀疏蛛丝毛或脱毛,下面灰白色,被薄绒毛。头状花序顶生,总梗细长。舌状花较大,偏漏斗形,花色有蓝、紫、粉红或白,花期4—8月,见图8-23。

**产地:**原产欧洲东南部。

**生态习性:**喜冷凉,忌炎热。喜肥沃、疏松和排水良好的砂质土壤。喜欢阳光充足,较耐寒,不耐阴湿,应种植在阳光充足、排水良好的地方,否则常因阴湿而导致死亡。

图8-23　矢车菊

**繁殖:**播种繁殖。秋播为提早开花,可于冷床越冬,春末就可开花。不耐移栽,定植时应带土球,否则不易缓苗。为了延长矢车菊的观花期,除秋播外,还可采用春播和夏播。如果4—5月播种,7—10月便可开花。7月份用当年成熟的种子播种,一般于9月份以后即可开花,露地栽培的可持续到霜降。10月中下旬将地栽的植株移栽入花盆内入室过冬,或8月份在盆内直接播种,入冬前入室。这种分期分批的播种方法,可以有效地延长矢车菊的观花期。

**栽培管理:**栽植前应施基肥。生长期间适量浇水,防止烂根,每月追施1次液肥可促进生长。其茎秆纤弱,在苗期打顶摘心,促进多分侧枝及植株矮化。栽植成活后每隔 10 d 或 15 d 施 5 倍水的腐熟人粪尿液 1 次,到翌年 3 月停止施肥以待开花。盆栽用土要疏松肥沃,最好用园土加腐叶土、草木灰等配制混合土,当苗具 6~7 片叶时,进行第 1 次移植;以后在生长过程中至少换到 3 次盆,因矢车菊为直根系,大苗不耐移栽。冬季可连续埋在土中过冬,到翌年 3 月上旬取出,施肥要勤,至花蕾出现时停止施肥。冬季只要室温保持在 8~15 ℃,适量浇水与施少量稀薄复合肥,放置在阳光充足处,也能使矢车菊开花。由于矢车菊耐寒力强,在华东地区可露地栽植,华北地区要覆盖才能越冬。作切花栽培时,通常利用温室催花:8 月播种,9 月定植,翌年 2 月即可产花。一般多在 8—9 月播种,露地覆盖越冬,翌年早春定植,初夏开花。东北地区在温室春播。由于矢车菊的根为直根性,侧根很少,故移栽要在小苗时带土移植,苗大则不易成活。矢车菊也可以自播繁衍,喜密植,稀植生长不良。

**园林用途:**高型种适合作切花,也可用于布置花坛、花境。矮型株高仅 20 cm,可用于布置花坛、草地镶边或盆花观赏,可大片自然丛植。

8)羽衣甘蓝(*Brassica Oleracea*)

**别名:**叶牡丹、牡丹菜、花包菜

**科属:**十字花科甘蓝属

**图 8-24 羽衣甘蓝**

**形态特征:**二年生草本花卉。株高可达 30~60 cm。叶平滑无毛,呈宽大匙形,且被有白粉,外部叶片呈粉蓝绿色,边缘呈细波状皱褶,内叶的叶色极为丰富,通常有白、粉红、紫红、乳黄、黄绿等色。叶柄比较粗壮,且有翼。花葶较长,有时可高达 160 cm,有小花 20~40 朵。花期为 4 月。长角果细圆柱形,种子球形。种子成熟期为 6 月。见图8-24。

**产地:**原产地中海沿岸至小亚细亚一带,现我们各地广泛栽培。

**生态习性:**羽衣甘蓝喜冷凉温和气候,耐寒性很强,经锻炼,良好的幼苗能耐−12 ℃的短时间低温,成株在我国北方地区冬季露地栽培能经受短时多次霜冻而不枯萎,但不能长期经受连续严寒,采种株在 2~10 ℃温度下、30 d 以上才能通过春化抽薹开花。种子发芽适温为 18~25 ℃,植株生长适温为 20~25 ℃。羽衣甘蓝较耐阴,但不耐涝。对土壤适应性较强,而以腐殖质丰富肥沃砂质壤土或黏质壤土最宜。在钙质丰富、pH 值为 5.5~6.8 的土壤中生长最旺盛。

**繁殖:**羽衣甘蓝常播种繁殖。北方一般于早春 1—4 月在温室播种育苗,南方在秋季 8 月播于露地苗床。由于羽衣甘蓝的种子比较小,因此覆土要薄,以盖没种子为度。留种母株应低温贮藏或低温处理,使其度过春化阶段。因其易于与其他十字花科的植物间自然杂交,故要进行属、种间隔离。

**栽培管理:**栽培用地要选择向阳且排水良好的、疏松肥沃的土壤。播种苗一般在长出 4~5 片真叶时进行移植,定植前通常进行 2~3 次移植,南方于 11 月中下旬进行定植,北方于 5 月中旬定植。羽衣甘蓝极喜肥,因此在生长期间要多追肥,以保证肥料的供应。若在第 1 次移植时,对其进行低温刺激(零下 1~2 ℃),则可以防止早熟抽薹。若不想留种,则应将刚抽出的花薹及时剪去,以减少生殖生长的营养消耗,可以达到延长观叶期的目的。生长期间易受蚜虫为害,要及时喷药防治。

**园林用途:**羽衣甘蓝耐寒性较强,且叶色鲜艳,是南方早春和冬季重要的观叶植物,亦可作为花坛、花境的布置材料及盆栽观赏。

9)诸葛菜(*Orychophragmus violaceus*)

**别名:**菜子花、二月兰、紫金草

**科属:**十字花科诸葛菜属

**形态特征:**一二年生草本。株高 20～70 cm,茎直立且仅有单一茎。基生叶和下部茎生叶羽状深裂,叶基心形,叶缘有钝齿;上部茎生叶长圆形或窄卵形,叶基抱茎呈耳状,叶缘有不整齐的锯齿状结构。总状花序顶生,着生 5～20 朵,花瓣中有幼细的脉纹,花多为蓝紫色或淡红色,随着花期的延续,花色逐渐转淡,最终变为白色。花期 4—5 月,果期 5—6 月。果实为长角果圆柱形,长 6～9 cm,角果的顶端有细长的喙,果实具有四条棱,内有大量细小的黑褐色种子,种子卵形圆形,果实成熟后会自然开裂,弹出种子。见图 8-25。

图 8-25 诸葛菜

**产地:**我国东北、华北及华东地区均有分布。

**生态习性:**耐寒性强,耐阴,适应性强。对土壤要求不严。冬季如遇重霜及下雪天气,有些叶片会受冻,但早春仍能萌发新叶、开花和结实。

**繁殖:**诸葛菜以种子繁殖为主,再生能力强,植株枯黄后很快会有新落下的种子发芽长出新的小苗,在不经翻耕的土壤上,人工撒播的种子也能成苗,并具较强的抗杂草能力。

**栽培管理:**相对其他花卉而言,诸葛菜栽培比较粗放,不需要多加养护。由于它的耐寒性、耐阴性都较强,因此有一定散射光即能正常生长、开花、结实。对土壤要求不严,最好选择疏松肥沃且排水良好的砂质壤土。盆土用园土、珍珠岩、草木灰混合拌匀,比例为 6∶2∶1,上盆时要施足基肥,待缓苗后将盆搬到有阳光的地方进行常规的肥水管理。只要及时浇水、施肥,稍加管理即可健壮生长。一年施肥 4 次,分别是早春的花芽肥、花谢后的健壮肥、坐果后的壮果肥、入冬前的壮苗肥。如果在花蕾期和幼果期叶面喷施 0.2%磷酸二氢钾溶液,则花色更艳丽,果实将更饱满。冬季若遇重霜,则要加强防霜措施。

**园林用途:**栽于林下、林缘、住宅小区、高架桥下、山坡下或草地边缘,既可独立成片种植,也可与各种灌木混栽,形成春景特色。还可在公园、林缘、城市街道、高速公路或铁路两侧的绿化带大量应用。可用喷播方式进行高速公路边坡绿化。诸葛菜自播繁衍的种子在 6 月中下旬能在上一代植株刚枯萎时就长出新幼苗,所以,也就基本不会出现土地裸露现象,是一种极其良好的高速公路边坡材料。作为花坛花卉,诸葛菜的中高性状、适应性强和早春开花等特性可用作早春花坛。

10)虞美人(*Papaver rhoea*)

**别名:**丽春花、田野罂粟、小种罂粟花、赛牡丹、满园春、仙女蒿、虞美人草

**科属:**罂粟科罂粟属

**形态特征:**一二年生草本花卉,具白色乳汁,全株被糙毛。茎直立,高达 80 cm。叶互生,羽状分

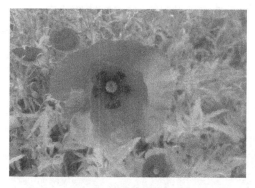

**图 8-26　虞美人**

裂,裂片线状披针形,缘具牙齿状缺刻,顶端尖锐,有柄。花单生于茎顶,蕾长椭圆形,开放前向下弯垂,开时直立。萼片 2 枚,绿色,花开即落。花瓣 4 枚,近圆形。长约 3.5 cm,薄而有光泽,有白、粉红、红、紫红及复色品种。花瓣基部常具黑斑。花期 4—7 月,果熟期 6—8 月。蒴果无毛,倒卵形,长约 2 cm,顶孔裂,种子细小而极多,见图 8-26。

**产地:**欧洲中部及亚洲东北部,世界各地多有栽培。

**生态习性:**虞美人喜阳光充足的凉爽气候,要求干燥、通风,喜排水良好、肥沃的砂质壤土。

**繁殖:**只能播种繁殖,不耐移植。一般直播。常于 9—10 月间播种,因种子细小,宜拌细沙,覆土宜薄。虞美人易自播繁衍,栽培 1 次 2～3 a 都可观赏。

**栽培管理:**虞美人也可在营养钵、小纸盒中育苗,连同容器一并定植。苗床播种出苗后要及时间苗,定植株行距为 30 cm 左右,待长到 5～6 片叶时,择阴天先浇透水后再移植;移时注意勿伤根,并带土,栽时将土压紧。平时浇水不必过多,经常保持湿润即可。生长期进行一般水肥管理,施肥不宜过多,忌连作与积水。非留种株在开花期要及时剪去凋萎花朵,使其余的花开得更好。蒴果成熟期不一致,应分批采收留种。

**园林用途:**虞美人适用于布置花坛、花境栽植,也可盆栽或作切花用。在公园中成片栽植,景色非常宜人。

11)毛地黄(*Digitalis purpurea*)

**别名:**洋地黄、指顶花、金钟、心脏草、毒药草、紫花洋地黄、吊钟花

**科属:**玄参科毛地黄属

**形态特征:**毛地黄为二年生或多年生草本植物。茎直立,少分枝,全株被灰白色短柔毛和腺毛。株高 60～120 cm,叶片卵圆形或卵状披针形,叶粗糙、皱缩、叶基生呈莲座状,叶缘有圆锯齿,叶柄具狭翅,叶形由下至上渐小。顶生总状花序长 50～80 cm,花冠钟状长约 7.5 cm,花冠蜡紫红色,内面有浅白斑点。蒴果卵形,花期 6—8 月,果熟期 8—10 月,种子极小,见图 8-27。

**产地:**原产欧洲西部,中国各地均有栽培。

**生态习性:**喜温暖、湿润和阳光充足环境,耐寒,生长适温为 13～15 ℃。怕多雨、积水和高温环境,耐半荫、干旱。

**繁殖:**常用播种繁殖。以 9 月秋播为主,播后不覆土,轻压即可,发芽适温为 15～18 ℃。约 10 d 发芽。基质的湿度要达到一定的标准。发芽过程中要有光照。也可春播。老株可分株繁殖,分株在早春进行易活。

**栽培管理:**幼苗长至 10 cm 左右移植露地,秋凉后生长快,冬季适当保温,6—8 月开花,至夏秋多因湿热枯死。如环境适宜其有多年生习性,冬季防寒越冬后可再度开花。冬季注意幼苗越冬保护,早春有 5～6 片真叶时可移栽定植或盆栽,栽植时少伤须根,稍带土壤。梅雨季节注意排水,防止积水受涝而烂根。生长期每半月施肥 1 次,注意肥液不沾污叶片,抽薹时增施 1 次磷、钾肥。在开花之前,洋地黄需要长出 8～12 片叶子。

**园林用途**:适于盆栽,若在温室中促成栽培,可在早春开花。因其高大、花序花形优美,可在花境、花坛、岩石园中应用。可作自然式花卉布置。

图 8-27 毛地黄

图 8-28 羽扇豆

12)羽扇豆(*Lupinus polyphyllus*)

**别名**:鲁冰花

**科属**:豆科羽扇豆属

**形态特征**:多年生草本,掌状复叶,多为基部着生,小叶 10～17 枚,披针型至倒披针型,叶质厚,叶面平滑,背面具粗毛。总状花序顶生,高度 40～60 cm,尖塔型,花色丰富艳丽,常见红、黄、蓝、粉等色,小花萼片 2 枚,唇形,侧直立,边缘背卷;龙骨瓣弯曲。荚果长 3～4 cm,种子较大,褐色有光泽,形状扁圆。园艺栽培品种较多,见图 8-28。

**产地**:原产美国加利福尼亚州。

**生态习性**:性喜凉爽、阳光充足,忌炎热,稍耐阴。需肥沃、排水良好的砂质土壤。较耐寒,可忍受 0 ℃的气温,但温度低于-4 ℃时容易冻死,夏季酷热会抑制生长。

**繁殖**:播种繁殖于秋季进行,在 21～30 ℃高温下发芽整齐。3 月春播,但春播后生长期正值夏季,受高温炎热影响,可导致部分品种不开花或开花植株比例低,花穗短,观赏效果差。自然条件下秋播较春播开花早且长势好,9—10 月中旬播种,花期为翌年 4—6 月。72 孔或 128 孔穴盘点播、覆盖。育苗土宜疏松均匀、透气保水,专用育苗土或是草炭土与珍珠岩混合使用为好。种子较大,普通或包衣处理,约 40 粒/g。发芽适温 25 ℃左右,保证介质湿润,7～10 d 种子出土发芽,发芽率高。

扦插繁殖在春季,剪取根茎处萌发枝条 8～10 cm 作插穗,最好略带一些根茎,扦插于冷床。夏季炎热多雨地区,羽扇豆常不能越夏而死亡,故可作二年生栽培。

**栽培管理**:羽扇豆属深根性植物,少有根瘤,苗期 30～35 d,待真叶完全展开后移苗分栽。移苗时保留原土,以利于缓苗。在定植以前视长势情况应进行 1～2 次的换盆,盆钵的选用最好为高桶盆,以满足直根性根系的生长需求,确定合理的种植摆放密度。针对秋播种植,越冬时应做相应的防寒措施,温度宜在 5 ℃以上,避免叶片受冻害,影响前期的营养生长和观赏效果。

　　**园林用途:**适宜布置花坛、花境或在草坡中丛植,亦可盆栽或作切花。

　　其他常见一二年生花卉种类如表 8-1 所示。

表 8-1　其他常见一二年生花卉种类

| 名称 | 学名 | 科属 | 花 | | 株高 | 繁殖 | 生态习性 | 应用 |
|---|---|---|---|---|---|---|---|---|
| | | | 花色 | 花期 | | | | |
| 茑萝 | *Quamoclit pennata* | 旋花科茑萝属 | 猩红、白、粉红 | 7—10 月 | 6 m | 播种 | 喜阳光充足、温暖气候和疏松土壤,不耐寒 | 篱垣、花墙、棚架、盆栽或地被 |
| 麦秆菊 | *Helichrysum bracteatum* | 菊科蜡菊属 | 白、黄、橙、褐、粉红、暗红 | 夏、秋季 | 30～90 cm | 播种 | 不耐寒、怕暑热。喜肥沃、湿润而排水良好的土壤。喜阳光,施肥不宜过多以免花色不艳 | 花坛、花境、丛植、干花 |
| 藿香蓟 | *Ageratum conyzoides* | 菊科藿香蓟属 | 蓝、粉白堇紫 | 7 月至霜降 | 30～60 cm | 播种、扦插、压条 | 适应性强,不择土壤,喜光,耐修剪,不耐寒 | 花坛、花境、花带、岩石园、地被 |
| 醉蝶花 | *Cleome spinosa* | 白花菜科醉蝶花属 | 白变红紫 | 夏、秋季 | 1 m | 播种 | 喜温暖,喜光,土壤要求不严,较耐旱,中肥 | 花坛、丛植、盆栽、切花 |
| 香豌豆 | *Lathyrus odoratus* | 豆科香豌豆属 | 各种颜色 | 冬、春、夏季 | 3 m | 播种 | 喜高温、不耐寒,喜光,土壤要求不严,需水量中等,中肥 | 花坛、盆栽、切花、干花 |
| 地肤 | *Kochia scoparia* | 藜科地肤属 | 秋叶紫红 | 秋季 | 1～1.5 m | 播种 | 喜温暖,喜光,较耐碱性土壤,耐旱,中肥 | 花坛、花境,花丛,花群,边缘种植 |
| 福禄考 | *Phlox drummondii* | 花葱科福禄考属 | 白、黄、粉红、红紫 | 6—9 月 | 15～40 cm | 播种 | 喜温和气候,怕暑热,喜光,要求排水良好和疏松肥沃土壤,忌盐碱和水涝 | 花丛、花坛、庭院栽培、盆栽 |

续表

| 名称 | 学名 | 科属 | 花 | | 株高 | 繁殖 | 生态习性 | 应用 |
|---|---|---|---|---|---|---|---|---|
| | | | 花色 | 花期 | | | | |
| 飞燕草 | *Delphinium grandiflorum* | 毛茛科翠雀属 | 蓝紫、白 | 春、夏季 | 50～100 cm | 播种、扦插 | 喜冷凉气候,全光或稍遮荫,要求土壤排水良好,需水量中等,中肥 | 花坛、花境、切花 |
| 桂竹香 | *Cheiranthus cheiri* | 十字花科桂竹香属 | 橙黄、黄褐 | 4—6月 | 35～70 cm | 播种、扦插 | 耐寒、喜冷凉干燥的气候,喜光,要求排水良好、疏松肥沃的土壤 | 花坛、花境、盆栽、切花 |
| 含羞草 | *Mimosa pudica* | 豆科含羞草属 | 粉红 | 夏、秋季 | 30～50 cm | 播种 | 喜高温,喜光,土壤要求不严,需水量中等,中肥 | 盆栽、地被 |
| 矮生向日葵 | *Helianthus annuus* | 菊科向日葵属 | 金黄 | 7—10月 | 60 cm | 播种 | 喜温暖,喜光,土壤要求不严,需水量中等,中肥 | 花境、盆栽、切花 |
| 硫华菊 | *Cosmos sulphureus* | 菊科秋英属 | 黄、金黄或橘黄 | 夏、秋季 | 30 cm | 播种 | 不耐寒,忌酷热,喜光照和湿润、排水良好的土壤 | 花境、庭院栽培、切花 |
| 风铃草 | *Campanula medium* | 桔梗科风铃草属 | 白、粉、蓝、董紫 | 5—6月 | 簇生,高60～120 cm | 播种、分株 | 较耐寒,全光或稍遮荫,要求排水良好、富含有机质的土壤,需水量中等,重肥 | 花坛、花境、盆栽、切花 |
| 银边翠 | *Euphorbia marginata* | 大戟科大戟属 | 银白(观叶) | 7—11月 | 高30～90 cm | 播种、分株 | 不耐寒,喜光,壤土,需水量中等,中肥 | 花境、岩石园 |

续表

| 名称 | 学名 | 科属 | 花 | | 株高 | 繁殖 | 生态习性 | 应用 |
|---|---|---|---|---|---|---|---|---|
| | | | 花色 | 花期 | | | | |
| 风船葛 | *Cardiospermum halicacabum* | 无患子科 风船葛属 | 绿（观果） | 夏、秋季 | 攀缘，达 3 m | 播种 | 喜温暖，喜光，壤土，需水量中等，中肥 | 篱垣、盆栽 |
| 蛇目菊 | *Coreopsis tinctoria* | 菊科 金鸡菊属 | 黄、红褐 双色 | 5—7 月 | 直立，高 50～80 cm | 播种 | 稍耐寒，喜光，砂壤土，需水量中等，中肥 | 花坛、花境、盆栽 |
| 花菱草 | *Eschscholzia californica* | 罂粟科 花菱草属 | 黄、橙、红、粉、玫红、白 | 4—7 月 | 高 30～60 cm | 播种 | 较耐寒，忌高温，喜光，砂壤土，需水量中等，较耐旱，中肥 | 花坛、花境、盆栽 |
| 霞草 | *Gypsophila elegans* | 石竹科 丝石竹属 | 白、粉 | 春、夏季 | 直立，多分枝，高 30～60 cm | 播种、扦插 | 喜温暖，忌炎热，喜光，石灰质土，需水量中等，中肥 | 花坛、岩石园、切花 |
| 勿忘草 | *Myosotis sylvatica* | 紫草科 勿忘草属 | 白、蓝、粉 | 春、夏季 | 直立，高 30～45 cm | 播种 | 半耐寒，喜稍荫，砂壤土，保湿，重肥 | 花境、岩石园 |
| 黑心菊 | *Rudbeckia hybrida* | 菊科 金光菊属 | 金黄 | 5—9 月 | 直立，丛生 | 播种、分株 | 耐寒，喜光，砂壤土，耐旱，中肥 | 丛植、切花 |
| 高雪轮 | *Silene armeria* | 石竹科 蝇子草属 | 粉、白、雪青 | 夏季 | 直立，高 60 cm | 播种 | 喜温暖，喜光，土壤要求不严，需水量中等，中肥 | 花坛、花境、岩石园 |
| 旱金莲 | *Tropaeolum majus* | 旱金莲科 旱金莲属 | 紫红、橘红、黄 | 2—3 月 | 草质藤本 | 播种 | 喜凉爽气候，喜光，壤土，需水量大，中肥 | 盆栽 |
| 蛾蝶花 | *Schizanthus pinnatus* | 茄科 蛾蝶花属 | 堇紫 | 4—6 月 | 直立，高 60～100 cm | 播种 | 喜冬暖夏凉气候，半耐阴，壤土，需水量中等，重肥 | 花坛、盆栽、切花 |

## 本章思考题

1. 什么是一二年生花卉？一年生花卉与二年生花卉有何区别？
2. 一二年生花卉有哪些类型？
3. 一二年生花卉有哪些观赏特性？
4. 一二年生花卉有哪些栽培特点？

# 9  宿根园林花卉

**【本章提要】**  宿根花卉为多年生草本花卉,地下部分不发生变态,在温度不适宜的情况下,会进入休眠或半休眠状态。本章重点介绍宿根花卉的栽培特点和观赏特点,以及常见的宿根花卉的形态特征和栽培管理。

## 9.1  宿根园林花卉概述

### 9.1.1  宿根园林花卉的概念

宿根花卉(perennials)是指在露地栽培环境条件下,植株地上部分当年生长、开花后枯死,地下部分宿存越冬,到下一个生长季节来临时植株重新萌芽、生长、开花;或者在温暖条件下每年都能生长、开花的一类多年生草本观赏植物。

宿根花卉具有可存活多年的地下部分。多数种类具有不同程度的粗壮主根、侧根和须根,其中主根、侧根可存活多年,由根颈部的芽每年萌发形成新的地上部分,经过生长可以开花、结实,如芍药、菊花、火炬花、玉簪等。也有不少种类地下根部能存活多年,并继续横向延伸形成根状茎,根茎上着生须根和芽,每年由新芽形成地上部,经过生长可以开花、结实,如荷包牡丹、鸢尾、玉竹、费菜、肥皂草等。

宿根花卉种类很多,但其中适宜在水生环境生存的种类单列为水生花卉;适应室内环境以观叶为主的种类单列为室内观叶植物;多年生作一二年生栽培的种类划归一二年生花卉;兰科、蕨类植物也分别单列成章。本章所述均为典型的宿根花卉类群。

### 9.1.2  宿根园林花卉的分类

(1)耐寒性宿根花卉

秋、冬季节地上的茎、叶等全部枯死,地下部分进入休眠,春季来临之后,地下部分着生的芽或根蘖再萌芽生长、开花,如菊花、芍药、鸢尾、萱草、荷兰菊、蜀葵、荷包牡丹等。

(2)不耐寒性宿根花卉

原产于温带地区以及热带、亚热带地区,耐寒力弱,在寒冷地区几乎不能正常栽培,特别是冬季,温度过低时植株死亡。如鹤望兰、红掌、君子兰、非洲菊、吊兰、万年青等。

### 9.1.3  宿根园林花卉的栽培特点

①应用范围广,可以在园林景观、庭院、路边、河边、边坡等地方绿化中广泛应用。

②一次种植可多处观赏,且方便、经济,可以节省大量人力、物力。

③大多数品种对环境条件要求不严,可粗放管理。

④品种繁多,株型高矮、花期、花色变化较大,时间长,色彩丰富、鲜艳。

⑤许多品种有较强的净化环境与抗污染的能力及药用价值。

⑥部分品种是作切花、盆花及干花的好材料。

### 9.1.4 宿根园林花卉的观赏特色

不同类型的绿地,因其性质和功能不同,对宿根花卉的要求也不同。因此,要根据宿根花卉的生态习性合理配置,才能展示最佳的景观效果。

(1)花坛

花坛一般多设于广场和道路的中央、两侧及周围等处,要求经常保持鲜艳的色彩和整齐的轮廓。盛花花坛可选用的宿根花卉较多,如早小菊、蜀葵、紫菀、荷兰菊、黑心菊、落新妇、金鸡菊类、宿根福禄考、风铃草类等。一些小菊品种,苋科的小叶红、小叶黑、景天类的白草等宿根花卉,可以用模拟的手法表现精美的图案。

(2)花境

花境的各种花卉配置一般是自然斑状混交,不但要考虑到同一季节中彼此的色彩协调,还要考虑各种花卉的姿态、体型及数量的调和与对比。花境的设计要巧妙利用色彩来创造空间或景观效果。宿根花卉是色彩丰富的植物,在花境中加上一些宿根花卉,就能更好地发挥花境特色。花境常用的宿根花卉有:鸢尾、蜀葵、芍药、萱草、羽扇豆、火炬花、玉簪、耧斗菜、荷包牡丹等。

(3)岩石园

宿根花卉中一些低矮、耐旱、耐热、耐寒的种类,如石竹属的高山石竹、常夏石竹,蓍草属、龙胆科、景天科、堇菜科、蔷薇科、虎耳草科等的宿根矮生种类,都可以用作岩石园的理想材料。

(4)草坪

宿根花卉中的一些种类,如萱草、鸢尾、火炬花等,可与草坪草混合使用,用作草坪周围的镶边,可以按照宿根花卉的花期在草坪中进行点缀。

(5)地被

鸢尾、金鸡菊、荷包牡丹、玉簪、紫萼、萱草、景天类等宿根花卉,都可用作地被,起覆盖裸露地面的作用,其中有些种类又能自播繁衍,如金鸡菊常成片逸生。

(6)水体绿化

水生鸢尾类的燕子花、马蔺、溪荪,芦竹属的花叶芦竹、台湾芦竹、千屈菜等,皆可在水边栽植,以丰富水景。

(7)基础栽植

在建筑物周围与道路之间所形成的狭长地带栽植宿根花卉,可以丰富建筑物立面,美化周围环境,还可以调节室内视线。墙基处栽植宿根花卉,可以缓冲墙基、墙角与地面之间生硬的感觉,单色面的墙基种植宿根花卉,可使墙面具有如纸张作画的效果。

(8)园路镶边

白草、垂盆草等景天类宿根花卉,以及垫状石竹、麦冬、紫露草等宿根花卉,可以用来进行园路镶边,有装饰园路景观的作用,还兼有保护路基、防止水土流失等作用。

# 9.2 常绿宿根花卉

1) 鹤望兰(*Strelitzia reginae*)

**别名**:天堂鸟,极乐鸟花

**科属**:旅人蕉科鹤望兰属

**图 9-1 鹤望兰**

**形态特征**:常绿宿根草本。高达 1～2 m,根粗壮肉质,茎不明显。叶对生,两侧排列,革质,叶色深,质地较硬,具直出平行脉,叶长椭圆形或长椭圆状卵形,长约 40 cm,宽 15 cm。叶柄比叶片长 2～3 倍,中央有纵槽沟。花梗与叶近等长。花序外有总佛焰苞片,长约 15 cm,绿色,边缘晕红,着花 6～8 朵,顺次开放。外花被片 3 个,橙黄色,内花被片 3 个、舌状、天蓝色。花形奇特,色彩夺目,宛如仙鹤翘首远望。秋、冬开花,花期长达 100 d 以上。见图 9-1。

**产地**:原产非洲南部,是美国洛杉矶市的市花。

**生态习性**:性喜温暖、湿润的气候,要求阳光充足,不耐寒,怕霜雪,喜富含有机质的黏质土壤。生长适温 18～24 ℃,越冬温度不低于 5 ℃,夏季应放置在荫棚下。

**繁殖**:鹤望兰繁殖有播种、分株、组织培养等方法。

鹤望兰的种子发芽适宜温度为 25～30 ℃。成熟的种子最好及时播种,出苗快而整齐。播种应选用素砂土或在素砂土中加入 1/3 的草炭土。将盆土用水浸透,待土面无水时,以 2 cm 左右的距离把种子均匀地点播在浅盆内,然后覆土,覆土厚度以不超过种子的 2 倍为原则。将播种盆置于潮湿的半荫处,为保持土壤湿润,盆面可加盖玻璃片或塑料薄膜。温度以 25 ℃ 为宜,一般 30 d 左右即可出芽。幼苗出土后,将盆移至有光处,同时撒去覆盖物,以便幼苗接受光照,健壮生长。当苗长到 5～7 cm 时,应进行分苗,以 5 cm 的株行距移栽到另一个盆内,植株长到 10～15 cm 时,要一盆一株定植。一般播种苗栽培得法,3 a 就能开花。

分株多于早春换盆时进行,将植株从盆内脱出,用利刀从根茎空隙处劈开,伤口涂以草木灰以防腐烂。用于盆栽的每丛分株不少于 8～10 枚叶片。用于大棚或温室栽培,每丛分株不少于 5～6 枚叶片,栽后放半荫处养护,当年秋、冬季就能开花。

采用组织培养法繁殖鹤望兰,外植体用叶柄、顶芽或短缩茎,用 70% 酒精漂洗 5 min,然后用 0.3% 氯化汞消毒 15 min,最后用蒸馏水漂洗。培养基用 MS 培养基,添加吲哚丁酸 2.5 mg/L、萘乙酸 1.0 mg/L、激动素 5 mg/L、2,4-D 0.5 mg/L。

**栽培管理**:鹤望兰因其肉质根发达且长势快,所以培养土的配制非常重要,必须通透性良好,否则易烂根。培养土的配制可按如下方法:园土:泥炭土(或腐叶土):粗沙=2:1:1 混匀,或者园土:泥炭土:堆肥土:粗砂=1:2:3:1 混匀。幼苗期宜每年换盆 1 次,开花成株视生长情况可 2～3 a 换盆 1 次。所处位置宜通风良好,否则易滋生介壳虫。霜降前后,移入温室,室温宜控制在 10～25 ℃。8 ℃ 以下鹤望兰停止生长,温度降至 4 ℃ 以下,短期内植株虽也能忍耐,但所形成的花苞易枯死。由于鹤望兰根部贮有一定量的水分,浇水量一般随季节的变化和生长发育的需要及土壤墒情等因素决定。秋、冬、春季鹤望兰需要充足的光照,而夏季则需要遮荫。栽培土壤要有良好的通透性和排水及保水性能,在生长期每 15 d 施 1 次肥,以有机液肥为主,同时辅以复合肥或 0.2% 磷酸二氢钾,至花蕾出现为止,花期停止施肥。

鹤望兰在大棚或室内栽培时,如空气不畅通,易发生介壳虫危害,可用 40% 乐果乳油 1000 倍液喷杀。夏季高温,鹤望兰叶片边缘常出现枯黄现象,大多数是由于空气干燥原因所引起的生理性病害,少数是叶斑病危害,用 65% 代森锌可湿性粉剂 600 倍液喷洒防治。鹤望兰易罹患根腐病,要注意土壤消毒和控制浇水,发病后应及时清除烂根并烧毁,在穴内撒上石灰消毒。

鹤望兰切花栽培时应选择光照充足、土壤排水透气性好、土层深厚、有机质含量高、pH 值 6~7 的砂质壤土栽植。定植时间一般在 4—5 月或 9—10 月,植前挖好穴,下足基肥,株间距 1 cm×1 m,植后浇足定根水。成活恢复期间植株适当遮荫。

鹤望兰大苗肉质根系粗壮,有较强的储存及调节植株水分供需功能,因而不必每天浇水,夏季一般每周 3~4 次,冬季每周 2~3 次。每次浇水应以浇透为准。鹤望兰大苗一年四季均可生长、开花,需肥量较大,应多施饼肥、畜禽粪等有机肥料。化肥施用应根据土壤的速效氮、磷、钾含量进行科学配方,根据产花淡旺季调整施肥量。叶面喷施硼酸、磷酸二氢钾对提高切花质量有一定效果。

**园林用途**:盆栽鹤望兰摆放在宾馆、接待大厅和大型会场,具有清新、高雅之感。在南方可丛植院角,点缀花坛中心。可作为重要切花进行规模化栽培。

**同属其他花卉**:常见同属观赏品种有以下几种。

①白花天堂鸟(*S. nicolai*),大型盆栽植物,丛生状,叶大,叶柄长 1.5 m,叶片长 1 m、基部心脏形,6—7 月开花,花大,花萼白色,花瓣淡蓝色。

②无叶鹤望兰(*S. parvifolia*),株高 1 m 左右,叶呈棒状,花大,花萼橙红色,花瓣紫色。

③邱园鹤望兰(*S. kewensis*),是白色鹤望兰与鹤望兰的杂交种,株高 1.5 m,叶大、柄长,春、夏季开花,花大,花萼和花瓣均为淡黄色,具淡紫红色斑点。

④考德塔鹤望兰(*S. candata*),萼片粉红,花瓣白色。

⑤金色鹤望兰(*S. golden*),是 1989 年新发现的珍贵品种,株高 1.8 m,花大,花萼、花瓣均为黄色。

2)红掌(*Anthurium andraeanum*)

**别名**:花烛、安祖花、火鹤花

**科属**:天南星科花烛属

**形态特征**:多年生常绿草本花卉。株高一般为 50~80 cm,因品种而异。具肉质根,无茎,叶从根茎抽出,具长柄;叶单生,心形,鲜绿色,叶脉凹陷。花腋生,佛焰苞蜡质,正圆形至卵圆形,鲜红色、粉红色、红绿复色、橙红色、肉色、绿色、白色等,肉穗花序圆柱状,直立。四季开花,见图 9-2。

**产地**:原产于南美洲哥斯达黎加、哥伦比亚等国。我国盆栽红掌生产用苗主要从荷兰进口,如安祖公司、AVO 公司、瑞恩公司都是荷兰著名的红掌

**图 9-2 红掌**

种苗生产供应商。

**生态习性:**喜温暖、潮湿、半荫的环境,忌阳光直射。适宜生长温度为 20~32 ℃。可忍受的最高温度为 35 ℃,可忍受的最低温度为 14 ℃。光强以 16000~20000 lx 为宜,空气相对湿度以 70%~80% 为佳。

**繁殖:**红掌主要采用分株、扦插、播种和组织培养进行繁殖。分株结合春季换盆进行,将有气生根的侧枝切下种植,形成单株,分出的子株至少保留 3~4 片叶。扦插繁殖是将老枝条剪下,去叶片,每 1~2 节为一插条,插于 25~35 ℃ 的插床中,几周后即可萌芽发根。播种繁殖采用人工授粉的种子,在成熟后立即播种,温度 25~30 ℃,两周后发芽。生产上大量应用的红掌种苗,多采用组织培养进行繁育。

**栽培管理:**红掌盆栽常见的有 4 种幼苗:组培苗、切株苗、穴盘苗和盆栽苗。越小的植株,栽培难度越大。如果栽培条件比较好,又有一定的栽培管理经验,可选择株高 10~15 cm 的盆栽苗,这种苗能直接种在最后的盆里,比较安全。当你有足够的经验时,可选用株高 6~10 cm 的穴盘苗,这种苗比较便宜。

盆栽土宜选用泥炭土加 1/4 珍珠岩,另加少量骨粉或腐熟饼肥粉混匀配制;盆底应垫上粗沙等物,以利排水。生长旺季浇水应充足,盆土干湿相间;深秋及早春应适当控制浇水量,盆土切忌积水。每月需施 2~3 次复合液肥。夏季中午前后要注意遮荫,早、晚多见阳光;冬季应给予充足的光照。生长期适温为 20~25 ℃,越冬室温不能低于 16 ℃。高温季节需每天向叶面上喷水和向地面洒水 2~3 次,以利降温增湿。每隔 1~2 a 在早春要换盆 1 次,换盆时将老根及枯根剪去,并应增施基肥,添加新的培养土。

**切花栽培:**要求具有加温、通风降温、遮光条件的温室,多进行无土栽培。栽培基质以 1/3 的蛭石、1/3 的珍珠岩和 1/3 的草炭混合为宜。通常 1—5 月定植,苗株栽培以生长到 6~7 片叶、高约 30 cm 时进行,起垄 30 cm,垄上栽植,株行距 30 cm×40 cm,采用滴灌,每周浇施 2 次营养液。生长期间注意温度、湿度、光照调节。适温 27~28 ℃,夏季高温期喷水、通风降温,冬季保持夜温 15 ℃。光照调节至 20000~25000 lx,过强时遮光处理。夏季强光、高温易引起叶片灼伤。浇水过多或排水不畅易烂根。切花采收的适宜期是当肉穗花序黄色部分占 1/4~1/3 时为宜,自花梗基部剪下。目前,国内从荷兰进口的种苗都是采用无土栽培的形式,使用花泥做基质,营养液浇灌。温室选用现代化全自动温室,冬季用暖气或温水加温,夏季用风机、水帘降温。

养护中常见的问题如下所示。

(1)红掌黄叶现象

红掌黄叶现象主要是由于温度过低而导致烂根引起的;浇水过量也会使红掌的叶片发黄影响观赏;光照过足会使红掌的叶片变黄并失去光泽,还会导致红掌生长缓慢、叶柄短、叶片小、卷曲不展。

(2)不开花现象

因为肥料施用过多使红掌的新陈代谢产生障碍,因此红掌长势旺盛但不开花;放置地点过于阴暗以及氮肥过多也会导致不开花。

**园林用途:**红掌及其同属的花卉是国内外新兴的切花和盆花材料。盆花多在室内的茶几、案头作装饰花卉。

**同属其他花卉:**红掌同属植物约有 200 多种,其中有观赏价值的约有 20 多种。常见的如水晶花烛(*A. crystallinum*)、剑叶花烛(*A. warocqueanum*)等。

### 3)非洲菊(*Gerbera jamesonii*)

**别名**:扶郎花、灯盏花、秋英、波斯花、千日菊

**科属**:菊科大丁草属

**形态特征**:多年生草本。全株被毛。根状茎短,为残存的叶柄所围裹,具较粗的须根。叶基生,莲座状,叶片长椭圆形至长圆形,长 10～14 cm,宽 5～6 cm,顶端短尖或略钝,基部渐狭,边缘不规则羽状浅裂或深裂,叶柄长 7～15 cm,具粗纵棱。花葶单生,或稀有数个丛生,长 25～60 cm,头状花序单生。切花型又可分为单瓣型、半重瓣型、重瓣型;根据颜色可分为鲜红色系、粉色系、纯黄色系、橙黄色系、紫色系、纯白色系等。花期 11 月至翌年 4 月,见图 9-3。

**图 9-3 非洲菊**

**产地**:非洲菊原产南非。随着国内温室技术的进步及国外新型温室技术的引进,在中国的栽培量也明显增加,华南、华东、华中、华北等地区皆有栽培。非洲菊的品种可分为矮生盆栽型和切花型。

**生态习性**:喜温暖、阳光充足和空气流通的环境。生长适温 20～25 ℃,冬季适温 12～15 ℃,低于 10 ℃时则停止生长,属半耐寒性花卉,可忍受短期的 0 ℃低温。非洲菊喜肥沃疏松、排水良好、富含腐殖质的砂质壤土,忌黏重土壤,宜微酸性土壤,pH 值要求在 6～6.5 之间,在中性和微酸性土壤中也能生长,但在碱性土中,叶片易产生缺素症状。

**繁殖**:非洲菊大量栽培的种苗多采用组织培养进行快速繁殖。采用分株法繁殖,每个母株可分5～6 小株;一般在 4—5 月进行。将老株掘起切分,每个新株应带 4～5 片叶,另行栽植。栽时不可过深,以根颈部略露出土面为宜。播种繁殖多用于矮生盆栽类型。

**栽培管理**:应选择至少具有 25 cm 以上深厚土层的壤土进行定植。定植前应施足基肥,一般每亩施堆肥 5000 kg,鸡粪 600 kg,过磷酸钙 100 kg,草木灰 300 kg,有机肥要充分腐熟。所有肥料要和定植床的土壤充分混匀翻耕,做成一垄一沟形式,垄宽 40 cm,沟宽 30 cm,植株定植于垄上,双行交错栽植。株距 25 cm。栽植时应注意将根茎部位略显露于土壤,防止根基腐烂。定植后在沟内灌水。选择苗高 11～15 cm、4～5 片真叶的种苗定植。优质种苗标准:种苗健壮,叶片油绿,根系发达、须根多、色白,叶片无病斑、虫咬伤缺口和机械损伤。定植后苗期应保持适当湿润并蹲苗,促进根系发育,迅速成苗。定植后 3—4 个月左右即进入花期。设施栽培时,应尽量满足非洲菊苗期、生长期和开花期对温度的要求,以利正常生长和开花。在夏季,棚顶应覆盖遮荫网,并掀开大棚两侧塑料薄膜降温。冬季外界夜温接近 0 ℃时,封紧塑料薄膜,当棚内温度进一步降低时应在棚内增盖一层塑料薄膜。非洲菊为喜光花卉,冬季应给予全光照,但夏季应注意适当遮荫,并加强通风,以降低温度,防止高温引起休眠。生长旺盛期应保持供水充足,夏季每 3～4 d 浇 1 次,冬季约半个月浇 1 次。花期灌水要注意不能使叶丛中心沾水,防止花芽腐烂。露地栽培要注意防涝。另外,灌水时可结合施肥。非洲菊为喜肥宿根花卉,对肥料需求量大,施用氮、磷、钾的比例为 15∶18∶25。追肥时应特别注意补充钾肥。一般每亩施硝酸钾 2.5 kg,硝酸铵或磷酸铵 1.2 kg,春、秋季每 5～6 d 追施 1 次,冬、夏季 10 d/次。若高温或偏低温引起植株出现半休眠状态,则停止施肥。个别品种对 Fe 肥有特

殊需求,在开花期要增施硫酸亚铁。

非洲菊基生叶丛下部叶片易枯黄衰老,要及时清除,既有利于新叶与新花芽的萌生,又有利于通风,增强植株长势。一般非洲菊一叶一花,过多的叶片会影响花的生长,可适当除去一些。一般每小株留4~5片功能叶。当外轮花的花粉开始散出时采收。采收时要求植株生长旺盛,花葶直立,花朵开展。切花质量的优劣极大地影响切花的瓶插寿命,切忌在植株萎蔫或夜间花朵半闭合状态时剪取花枝。采后进行分级、保鲜处理,包装上市。

**园林用途**:非洲菊盆栽常用来装饰门庭、厅室,也可用于布置花坛、花境。切花用于瓶插、插花,点缀案头、橱窗、客厅。

4)君子兰(*Clivia miniata*)

**别名**:大花君子兰、大叶石蒜、剑叶石蒜、达木兰

**科属**:石蒜科君子兰属

**图9-4 大花君子兰**

**形态特征**:多年生宿根花卉,株高30~80 cm。根系肉质粗大,少分枝,圆柱形。茎短粗,鳞茎状部分系由叶的基部扩大而成假鳞茎,一般高度仅有4~10 cm,整个茎干被叶鞘包裹。叶宽带状,革质,全缘,有光泽,常年翠绿。花为伞状花序,花茎直立扁平,高出叶面。着花数朵至数十朵;花形如漏斗状或钟状;花色为橙黄、橙红或橘红;多数单花聚生于花梗顶端,形成一个美丽的花球,非常艳丽。果实浆果球形,成熟时紫红。果内含球形种子1~6粒,种子千粒重800~900 g。花期12月到翌年3月,30~40 d,见图9-4。

大花君子兰通过人工杂交,选育出不少名贵品种。我国在20世纪40年代有胜利、和尚、染厂和油匠等栽培品种。到20世纪80年代有花脸和尚、圆头、春城短叶、黄技师等栽培品种。君子兰的栽培品种根据其株型大小、叶片长短、长宽比例、叶尖形状、叶脉隐显和花色、果型等区分。总的来说,叶片以短而宽、厚而硬、叶面鲜艳而有光泽、挺拔而整齐、叶端浑圆、脉纹凸起为良种,花朵大而呈黄色者为精品。在日本,君子兰的观叶种比观花种更受重视,而美国、欧洲则着重于花色的改良。

**产地**:君子兰原产于非洲南部,我国东北地区大量栽培。

**生态习性**:喜冬季温暖、夏季凉爽环境,适宜的生长温度为15~25 ℃。冬季温度低于2 ℃,生长就会受到抑制;室内温度过高,会引起徒长。要求明亮散射光,忌强光直射,夏季应适当遮荫。君子兰喜湿润,由于肉质根能贮藏水分,故略耐旱,但忌积水。适于疏松、肥沃、腐殖质含量丰富的土壤,忌盐碱。

**繁殖**:君子兰通常用播种繁殖和分株繁殖。在20~25 ℃的温度下春、秋、冬三季都可播种。播种前,将种子放入30~35 ℃的温水中浸泡半小时后取出晾干,即可播入培养土。播种后的花盆置于室温20~25 ℃、湿度90%左右的环境中,大约1~2星期即萌发出胚根。

分株时,先将君子兰母株从盆中取出,去掉宿土,找出可以分株的腋芽。如果子株生在母株外沿,株体较小,可以一手握住鳞茎部分,另一手捏住子株基部把子株掰离母体;如果子株粗壮,用锋

利的小刀割下子株,千万不可强掰,以免损伤幼株。子株割下后,应立即用干木炭粉涂抹伤口,以吸干流液,防止腐烂。种植深度以埋住子株基部的假鳞茎为度,靠苗株的部位要使其略高一些,并盖上经过消毒的沙土。种好后随即浇1次透水,2周后伤口愈合时,再加盖一层培养土。经1—2个月生出新根,1～2 a开花。用分株法繁殖的君子兰,遗传性比较稳定,可以保持原种的各种特征。

**栽培管理:**君子兰栽培较简易,适宜用含腐殖质丰富的土壤,这种土壤透气性能、渗水性能好,土质肥沃,具微酸性(pH值为6.5)。在腐殖土中掺入20%左右砂粒,有利于养根。也可选择松树树冠下的表层松针土,加入20%的河沙。换盆可在春、秋两季进行。君子兰具有较发达的肉质根,根内蓄存着一定的水分,比较耐旱。但不可缺水,尤其在夏季高温加上空气干燥的情况下要及时浇水,否则根、叶都会受到损伤,导致新叶萌发不出,原来的叶片焦枯,不仅影响开花,甚至会引起植株死亡。浇水过多又会烂根。保持盆土润而不潮,恰到好处。冬季盆栽君子兰可放置于室内近窗处。君子兰喜肥,每隔2～3 a在春、秋季换盆1次,盆土内加入腐熟的饼肥。每年在生长期前施腐熟饼肥5～40 g于盆面土下,生长期施液肥1次。管理中要经常转盆,防止叶片偏于一侧,如有偏侧应及时扶正。气温25～30 ℃时,易引起叶片徒长,使叶片狭长而影响观赏效果,故栽培君子兰一定要注意调节室温。

君子兰一般需要经过4 a左右的培养,达到12片叶子以上才会开花。如果未达到开花年龄,无论如何精心养护也不能开花。如果冬季室温太高,君子兰得不到休眠或施氮肥过多而又缺乏磷肥,以及浇水过多或过少,夏季受到强光直射,土壤碱性等都会影响正常开花。如果开过1次花后翌年就不再开花,则主要原因是缺乏营养,也存在其他原因。开过花的君子兰,已消耗了大量养分,盆内原来的营养物质已所剩无几,如果再不施肥或添加新的培养土,就很难继续长叶、开花。

君子兰在养护过程中容易夹箭,主要原因有如下几点。

(1)温度不适

君子兰生长适温为15～25 ℃,低于15 ℃会导致生长不良。尤其是在出葶前,如果达不到15 ℃以上,花葶就难以抽出。在君子兰开花前,应经常观察盆株鳞茎有无凸起痕迹,一旦发现有,说明有射箭的可能,要及时调节温度,以利花葶抽出。

(2)温差不够

君子兰喜昼夜温差大。若昼夜温差小,则抽葶困难。在花芽分化后与窜箭前,温度差控制在10 ℃左右,射箭就较易,否则会出现夹箭现象。

(3)施肥不足

秋季植株处于生殖生长期,需肥量越来越大,这时肥力不足,很可能影响抽葶。君子兰养3 a之后,一到秋季就需要增加施肥次数。最好施含磷量较多的液肥,并以氮、磷、钾交替施用为佳,必要时可增施0.2%磷酸二氢钾叶面肥,促使花芽形成,提早开花。

(4)浇水不当

君子兰出箭时,若缺水也会使花葶生长受阻而导致夹箭。一般抽箭时应加大浇水量,保持盆土湿润,而不能干透再浇,否则,鳞茎和叶片会缺水,使得植株的生理活动受阻,以致夹箭而影响开花。

(5)鳞茎压力过大

当植株转入生殖生长时,要常注意观察鳞茎的变化。若发现鳞茎凸起,一侧肥大,说明花箭在发育,这时应停肥2周,否则会造成叶鞘和鳞茎更硬,压力更大。如因鳞茎压力过大引起夹箭,可用利刀把夹住箭葶的叶鞘割开1.5 cm,以减少叶鞘基部对箭葶的压力,促使抽葶。

园林用途:君子兰在华南地区可布置花坛或作切花,在华北及东北地区可作室内盆栽、观叶观花。

**同属其他花卉:**

①垂笑君子兰(*C. Nobilis*),叶非常硬,粗糙,呈条带状,长 30~80 cm,宽 2.5~5 cm。叶端非常钝。花序上一般有 20~60 朵小花,下垂状。花多为暗橘色,花瓣尖端为绿色。但也有粉黄到暗红之间色彩的花。从一粒种子到开花,需要 8~10 a 的时间,甚至更长。

②窄叶君子兰(*C. gardenii*),植株高度一般 8~13 cm。叶片呈鲜绿色,长 35~90 cm,宽 2.5~6 cm,非常狭长,叶端尖。花期长,从深秋到冬季。花色一般为橘红,花瓣尖端有非常明显的绿色。花朵呈弧状下垂。

③斑叶君子兰(*C. Miniata* cv. *Variegata*),具有白色斑纹和黄色斑纹,是日本选育的。

④有茎君子兰(*C. caulescens*),花深橙红色。有茎君子兰的高度为 50~150 cm。成兰有地上茎,长度达 1 m,特殊情况下也有达 3 m 长的。软平而尖的叶片呈弓状,深绿色,长 30~60 cm,宽 3.5~7 cm。一般春、夏季开花,花朵下垂如垂笑,花色为橘红,瓣尖为绿色。

⑤奇异君子兰(*C. mirabibis*),叶片中央有一白色条纹,它的种子只需经历 5 个月即可成熟。

⑥沼泽君子兰(*C. Robust*),是最大的一种君子兰,能长到 1.8 m 高,在沼泽区,极个别根系能长达 4.5 m,沼泽君子兰的叶片柔韧且有着平滑的边缘,其叶尖为圆形,叶片中央有淡白色条纹。叶片的长度往往在 30~120 cm 之间,宽度往往在 3~9 cm 之间,叶基往往是无色素的。沼泽君子兰一般在 3—8 月(南非的秋、冬季节)开花,花序中有 15~40 朵橘红色的绿色瓣尖的垂管状的小花朵,花梗由红到绿,果实成熟期达 12 个月。

5)万年青(*Rohdea japonica*)

**别名:**开喉剑、九节莲、冬不凋、铁扁担、乌木毒、斩蛇剑

**科属:**百合科万年青属

图 9-5 万年青

**形态特征:**多年生常绿草本植物,无地上茎。根状茎粗短,黄白色,有节,节上生多数细长须根。叶自根状茎丛生,3~6 枚,质厚,披针形或带形,长 15~50 cm,宽 2.5~7 cm,先端急尖,基部稍狭,绿色,纵脉明显浮凸;鞘叶披针形,长 5~12 cm。春、夏季从叶丛中生出花葶,花葶短于叶,穗状花序,上具几十朵密集的花;苞片卵形,膜质,短于花;花被淡黄色,裂片厚,花药卵形。浆果熟时红色。花期 5—6 月,果期 9—11 月,见图 9-5。

**产地:**万年青原产于中国和日本。在我国分布较广,华东、华中及西南地区均有栽培与应用。

**生态习性:**性喜半荫、温暖、湿润、通风良好的环境,不耐旱,稍耐寒;忌阳光直射、忌积水。但以富含腐殖质、疏松透水性好的微酸性砂质壤土最好。

**繁殖:**播种、分株繁殖均可。万年青浆果 12 月成熟,成熟后即可随采随播于细沙与腐叶土各半拌和的盆土内,盆上盖玻璃或扎上塑料薄膜,以保持盆土湿度、温度和光照。

若温度控制在 20 ℃,20～30 d 即可发芽。待幼苗长至 3～4 片叶子即可分盆栽植。也可在 3—4 月间进行播种。

万年青地下茎萌芽率强,可于春、秋季用利刀将根茎处新萌芽连带部分侧根切下,伤口涂以草木灰,栽入盆中,略浇水,放置荫处,1～2 d 后浇透水即可。亦可将整个植株从盆中倒出,视植株大小,用利刀分割为几部分,待伤口晾干 1 d 或涂以草木灰,上盆后正常管理即可。

**栽培管理:**盆栽万年青,宜用含腐殖质丰富的砂壤土作培养土。对土壤要求不严,但怕积水,地栽或盆栽时忌硬的黏土和碱土。南方可盆栽或露地栽培,北方应温室栽培。每年换 1 次土,2 a 换盆 1 次,并补充新的肥土。冬季,万年青需移入室内过冬,放在阳光充足、通风良好的地方,温度保持在 6～18 ℃,如室温过高,则易引起叶片徒长,消耗大量养分,以致翌年植株生长衰弱,影响正常的开花结果。万年青若在冬季出现叶尖黄焦、甚至整株枯萎的现象,则主要原因是根须吸收不到水分,影响生长而导致的。所以冬季也要保持空气湿润和盆土略潮润,一般每周浇 1～2 次水为宜。此外,每周还需用温水喷洗叶片 1 次,防止叶片受烟尘污染,以保持茎叶色调鲜绿,四季青翠。长江流域可露地越冬,叶子虽然有冻害,但翌年仍可重新萌发新叶。生长季节每隔 10～15 d 追施 1 次液肥。夏季要加强通风,防暑降温,并充分供水,经常保持盆土湿润和周围环境的空气湿度。夏季每天要浇水 1～2次。冬季减少浇水,停止施肥。为保持植株的良好造型,提高观赏价值,应及时修剪株下部的黄叶、残叶及部分老叶。家庭盆养时可用软布蘸啤酒擦拭叶片,既可去掉尘土,又给叶片增加了营养,使叶片亮绿、干净。

**园林用途:**因万年青叶片宽大苍绿,浆果殷红圆润,因此是一种观叶、观果兼用的花卉。叶姿高雅秀丽,常置于书斋、厅堂的条案上或书、画长幅之下,秋冬配以红果更增添色彩。因其名称和果色(红)吉利,古代常作为富有、吉祥、太平、长寿的象征,深受人们喜爱。

6)天竺葵(*Pelargonium hortorum*)

**别名:**洋绣球、入腊红、石蜡红、洋葵、驱蚊草、洋蝴蝶

**科属:**牻牛儿苗科天竺葵属

**形态特征:**株高 30～60 cm,全株被细毛和腺毛,具异味,茎肉质。叶互生,圆形至肾形,通常叶缘内有马蹄纹。伞形花序顶生,总梗长,有直立和悬垂 2 种,花色有红、桃红、橙红、玫瑰、白或混合色。有单瓣、半重瓣、重瓣和四倍体品种。还有叶面具白、黄、紫色斑纹的彩叶品种,花期 5—6 月,见图 9-6。

常见的品种有真爱(True Love),花单瓣,红色。幻想曲(Fantasia),大花型,花半重瓣,红色。口香糖(Bubble Gum),双色种,花深红色,花心粉红。紫球 2·佩巴尔(Purpur ball 2 Penbal),花半重瓣,紫红色。探戈紫(Tango Violet),大花种,花纯紫色。美洛多(Meloda),大花种,花半重瓣,鲜红色。贾纳(Jana),大花、双色种,花深粉红,花心洋红。萨姆巴(Samba),大花种,花深红色。阿拉瓦(Arava),花半重瓣,淡橙红色。葡萄设计师(Designer Grape),花半重瓣,紫红色,具白眼。迷途白(Maverick White),花纯白色。

**图 9-6 天竺葵**

**产地**:原产非洲南部。

**生态习性**:喜冷凉,不耐寒。忌高温,喜阳光充足和排水良好的肥沃壤土;不耐水湿,湿度过大易徒长,稍耐干旱。生长适温为白天 15 ℃左右,夜间不低于 5 ℃。夏季休眠或半休眠。

**繁殖**:常用播种和扦插繁殖。播种繁殖春、秋季均可进行,以春季室内盆播为好。发芽适温为 20~25 ℃。天竺葵种子不大,播后覆土不宜深,约 2~5 d 发芽。秋播,翌年夏季能开花。经播种繁殖的实生苗,可选育出优良的中间型品种。除 6—7 月植株处于半休眠状态外,均可扦插。以春、秋季为好。夏季高温,插条易发黑腐烂。选用插条长 10 cm,以植株顶部作插条最好,生长势旺,生根快。剪取插条后,让切口干燥数日,形成薄膜后再插于沙床或珍珠岩和泥炭的混合基质中,注意勿伤插条茎皮,否则伤口易腐烂。插后放半荫处,保持室温 13~18 ℃,14~21 d 生根,根长 3~4 cm 时可盆栽。扦插过程中用 0.01% 吲哚丁酸液浸泡插条基部 2 s,可提高扦插成活率和生根率。一般扦插苗培育 6 个月开花,即 1 月扦插,6 月开花;10 月扦插,翌年 2—3 月开花。

天竺葵也可用组织培养法繁殖。采用 MS 培养基作为基本培养基,加入 0.001% 吲哚乙酸和激动素促使外植体产生愈伤组织和不定芽,用 0.01% 吲哚乙酸促进生根。

**栽培管理**:当天竺葵苗高 12~15 cm 时进行摘心,促使产生侧枝。茎叶生长期,每半月施肥 1 次,但氮肥不宜施用太多。若要使天竺葵连续开花,则需要供给充足的养分,一般应每隔 10 d 左右追施稀薄液肥 1 次,可用豆饼、蹄片、鱼腥水混合配制,待发酵后加水使用,也可使用花店出售的复合化肥,每次只用 3~5 片。花芽形成期每 2 周加施 1 次磷肥。茎叶过于繁茂时应停止施肥,并适当摘去部分叶片,有利于开花。为控制植株高度,达到花大色艳的目的,除选择矮生天竺葵品种以外,生长调节物质的应用十分重要。天竺葵定植后 2 周,可用 0.15% 矮壮素或比久喷洒叶面,每周 1 次,每次喷洒 2 遍,每天光照 14~18 h,这样可以有效地控制天竺葵的高度,栽培出优质的天竺葵。天竺葵喜旱怕湿,故日常浇水要适量,保持盆土偏干略见湿即可。浇水过多会引起叶片发黄脱落,甚至造成烂根而导致死亡。不过,经常用清水喷洒叶面,保持叶面清洁,有利于光合作用的进行。天竺葵分枝较多,为促进其多开花,要对植株进行多次摘心,促其多分枝,多孕蕾。花谢后要及时剪去残花,剪掉过密或细弱的枝条,以免消耗养分。一般盆栽 3~4 a 老株需要重新进行更新。秋季进行翻盆换土,先将枝条剪短,仅留各分枝基部 10 cm 左右,使重发新芽更换新枝。在北方地区养天竺葵,应在霜降到来时把盆株移至室内,放在向阳的窗前,使其充分接受光照。若光照不足,则植株容易徒长,影响花芽的形成,甚至已形成的花蕾也会因光照不足而枯萎。如果在南方,也应在立冬过后将盆株移到避风保暖向阳处,既便于盆花多晒太阳,又便于躲避风寒。室内温度应保持日温 15~20 ℃,夜间不低于 10 ℃。在温度过低的环境里植株长势弱,不利于花芽分化,开花少,甚至不开花,但温度高于 25 ℃对其生长、开花也不利。隆冬时节,不宜重剪。夏季气温高,植株进入休眠,应控制浇水,停止施肥。天竺葵的花色可随土壤 pH 值而改变。若在酸性土壤中种植(pH 值小于 7),花为蓝色;若在中性土壤中种植(pH 值约等于 7),花为乳白色;若在碱性土壤中种植(pH 值大于 7),花为红色或紫色。

**园林用途**:盆栽宜作室内外装饰;也可作春季花坛用花。

**同属其他花卉**:

①蔓生天竺葵(*P. peltatum*),也叫盾叶天竺葵或藤本天竺葵。其品种有紫晶(Amethyst),花紫红色;兰巴达 98(Lambada98),花粉红色;香恩(Shany),花半重瓣,深红色;彭维(Penve),花半重瓣,粉红色;龙卷风(Tomado),花单瓣,白色。另外有四倍体天竺葵的雀斑(Freckles),花粉红色;四倍

红(TetraScarlet),大花种,花鲜红。

②香叶天竺葵(*P. graveolens*),也叫香天竺葵,商品名叫驱蚊草。

③马蹄纹天竺葵(*P. zonale*)。

④家天竺葵(*P. domesticum*)。

⑤盾叶天竺葵(*P. peltatum*)。

7)天鹅绒竹芋(*Calathea zebrina*)

**别名:**斑马竹芋、绒叶肖竹芋

**科属:**竹芋科肖竹芋属

**形态特征:**多年生常绿草本植物。株高40～60 cm,具地下茎。叶基生,根出叶,叶大型,长椭圆状披针形,叶面淡黄绿色至灰绿色,中脉两侧有长方形浓绿色斑马纹,并具天鹅绒光泽。叶背浅灰绿色,老时淡紫红色。头状花序,苞片排列紧密。6—8月开花,蓝紫色或白色,见图9-7。

图9-7 天鹅绒竹芋

**产地与分布:**原产巴西,我国各地均有栽培。

**生态习性:**不耐寒,喜温暖、湿润的环境。喜中等强度的光照,在半荫环境下叶色油润而富有光泽。生长适温18～25 ℃,越冬温度不低于13 ℃。

**繁殖:**分株繁殖。生长旺盛的植株每1～2 a可分株1次。春季结合换盆将植株脱盆后,用利刀沿根茎处按照每5片叶一株切开,分栽上盆。大规模生产采用组织培养法,用嫩茎或未展叶的叶柄作外植体。经常规消毒后,在无菌的条件下切成3 mm的小段,接种在5 mg/L 6-BA和0.02 mg/L NAA的MS培养基上,诱导愈伤组织和不定芽形成,在0.5 mg/L NAA的MS培养基上分化不定芽,生根苗移栽在泥炭和珍珠岩各半的基质中,保持较高的湿度,成活率在95％以上。

**栽培管理:**盆栽天鹅绒竹芋不可栽植过深,将根全部栽入土中即可,否则影响新芽生长。盆栽土壤采用疏松肥沃的腐叶土或泥炭土加1/3珍珠岩和少量基肥配制。生长旺盛时期,每1～2周施1次液体肥料。生长季节给予充足的水分和较高的空气湿度,经常向叶面及植株四周喷水增加空气湿度。经常保持土壤湿润,冬季温度低,控制浇水次数和浇水量,防止积水引起烂根。天鹅绒竹芋最忌阳光直射,短时间暴晒会出现叶片卷缩、变黄,影响生长。春、夏、秋三季应遮去70％～80％的阳光,冬季应遮去30％～50％的光照。每年春季换盆时,可剪去大部分老叶,让其重新长出新叶,提高观赏价值。

**园林应用:**盆栽天鹅绒竹芋是家庭和公共场所的良好装饰植物。天鹅绒般墨绿色叶片更增添华贵气质。

**同属其他花卉:**

①银心竹芋(*C. picturata*),别名花纹竹芋,株高10～30 cm,矮丛生状,叶卵圆形,叶面墨绿色,主脉两侧及近叶缘两边从叶基至叶端有3条银灰色带,似西瓜皮斑纹,叶背紫红色。

②玫瑰竹芋(*C. roseopicta*),叶稍厚带革质,卵圆形。叶面青绿色,叶脉两侧排列着墨绿色条纹,叶脉和沿叶缘呈黄色条纹,犹如披上金链;近叶缘处有一圈玫瑰色或银白色环形斑纹,如同一条彩虹,又称彩虹竹芋。叶背有紫红斑块,远看像是盛开的玫瑰。

8)非洲紫罗兰(*Saintpaulia ionantha*)

**别名**:非洲堇、非洲苦苣苔

**科属**:苦苣苔科非洲紫苣苔属

**图9-8 非洲紫罗兰**

**形态特征**:无茎,全株被毛。叶基部簇生,稍肉质,叶片圆形或卵圆形,背面带紫色,有长柄。花1~6朵簇生在有长柄的聚伞花序上;花有短筒,花冠2唇,裂片不相等,花色有紫红、白、蓝、粉红和双色等。蒴果,种子极细小,见图9-8。

常见品种有大花、单瓣、半重瓣、重瓣、斑叶等,花色有紫红、白、蓝、粉红和双色等。常见的栽培品种有:单瓣种雪太子(Snow Prince),花白色;粉奇迹(Pink Miracle),花粉红色,边缘玫瑰红色;皱纹皇后(Ruffled Queen),花紫红色,边缘皱褶;波科恩(Pocone),大花种,花径5 cm,花淡紫红色;狄安娜(Diana),花深蓝色。半重瓣种有吊钟红(Fuchsia Red),花紫红色。重瓣种科林纳(Corinne),花白色;闪光(Flash),花红色;蓝峰(Blue Peak),花蓝色,边缘白色;极乐(Double De light),花蓝色;蓝色随想曲(Blue Caprice),花淡蓝色;羞愧的新娘(Blushing Bride),花粉红色。观叶种露面皇后(Show Queen),花蓝色,边缘皱褶,叶面有黄白色斑纹;雪中蓝童(Blue Boy in the Snow),花淡紫色,叶有白色条块纹。

**产地**:原产于非洲东部。

**生态习性**:喜温暖、湿润和半荫环境。不耐寒,也不耐高温。夏季怕强光和高温。生长适温为16~24 ℃,夏季白天温度不超过30 ℃,冬季夜间温度不低于10 ℃。

**繁殖**:常用播种、扦插和组培法繁殖。播种春、秋季均可进行。温室栽培以9—10月秋播为好,发芽率高,幼苗生长健壮,翌年春季开花棵大花多。2月播种,8月开花,但生长势稍差,开花少。非洲紫罗兰种子细小,播种盆土应细,播后不覆土,压平即行。发芽适温18~24 ℃,播后15~20 d发芽,2—3个月移苗。幼苗期注意盆土不宜过湿。一般从播种至开花需6~8个月。

扦插非洲紫罗兰主要用叶插。花后选用健壮充实叶片,叶柄留2 cm,其余剪下,稍晾干,插入沙床,保持较高的空气湿度,室温为18~24 ℃,插后3周生根,2—3个月将产生幼苗,移入6 cm盆。从扦插至开花需要4~6个月。若用大的蘖枝扦插,效果也好,一般6—7月扦插,10—11月开花,如9—10月扦插,则翌年3—4月开花。

组织培养法繁殖非洲紫罗兰较为普遍。以叶片、叶柄、表皮组织为外植体。用MS培养基加1 mg/L 6-苄基腺嘌呤和1 mg/L萘乙酸。接种后4周长出不定芽,3个月后生根小植株可栽植。小植株移植于腐叶土和泥炭苔藓土各半的基质中,成活率100%。美国、荷兰、以色列等国均有非洲紫罗兰试管苗生产。

**栽培管理**:幼苗3~4片叶时移栽6 cm盆,待7~8片叶定植于10 cm盆。水分对非洲紫罗兰十分重要,早春低温,浇水不宜过多,否则茎叶容易腐烂,影响开花。夏季高温、干燥,应多浇水,并喷水增加空气湿度,否则花梗会下垂,花期缩短。但喷水时叶片溅污过多水分,也会引起叶片腐烂。

秋冬,气温下降,浇水应适当减少。非洲紫罗兰属半荫性植物,每天以8h光照最为合适。若雨雪天光线不足,应添加人工光照。如光线不足,则叶柄伸长,开花延迟,花色暗淡。盛夏光线太强,会使幼嫩叶片灼伤或变白,应遮荫防护。要求晚间温度高于白天,晚间24℃,白天16℃,茎叶生长繁茂,花大而多。生长过程中,肥沃、疏松的腐叶土最为理想,每半月施肥1次,花期增施磷、钾肥2次,如肥料不足,则开花减少,花朵变小。花后应随时摘去残花,防止残花霉烂。一般在光源充足的情况下,只需追加少许的肥料便能维持植株正常生长,施肥过多反而会引起生长障碍。留种植株需要人工授粉。结实率高,种子饱满。

**园林用途:**非洲紫罗兰植株矮小,四季开花,盆栽可布置窗台、客厅、案几。

9)一叶兰(*Aspidistra elatior*)

**别名:**蜘蛛抱蛋

**科属:**百合科蜘蛛抱蛋属

**形态特征:**多年生常绿草本。根状茎近圆柱形,直径5～10 mm,具节和鳞片。叶单生,彼此相距1～3 cm,矩圆状披针形、披针形至近椭圆形,长22～46 cm,宽8～11 cm,先端渐尖,基部楔形,边缘多皱波状,花多单生,顶生,1～2朵,大而艳丽,粉红色、淡紫色至深紫色,花瓣与萼片相似,见图9-9(a)。花期为3—5月。蒴果纺锤形,黑褐色;种子细小,量多。见图9-9(b)。

(a)花

(b)植株

**图9-9 一叶兰**

**产地:**原产中国南方各省区,现各地均有栽培,利用较为广泛。

**生态习性:**喜温暖湿润、半荫环境,较耐寒,极耐阴。生长适温为10～25℃,越冬温度为0～3℃。

**繁殖:**一叶兰主要采用分株繁殖。可在春季气温回升、新芽尚未萌发之前,结合换盆进行分株。将地下根茎连同叶片分切为数丛,使每丛带3～5片叶,然后分别上盆种植,置于半荫环境下养护。

**栽培管理:**盆栽用腐叶土、泥炭土和园土等量混合作为基质。生长季要充分浇水,经常保持盆土湿润,并定期向叶面喷水增湿,以利萌芽抽长新叶;秋末后可适当减少浇水量。春、夏季生长旺盛期每月施液肥1～2次,以保证叶片清秀明亮。一叶兰可以常年在明亮的室内栽培,但无论在室内或室外,都不能放在阳光下直射;短时间的阳光曝晒也可能造成叶片灼伤,降低观赏价值。一叶兰极耐阴,即使在阴暗室内也可供观赏数月之久,但长期过于阴暗不利于新叶的萌发和生长,尤其在新叶萌发至新叶生长成熟这段时间不能放在过于阴暗处。

**园林用途:**一叶兰是室内绿化装饰的优良喜阴观叶植物。它适于家庭及办公室布置摆放。可单独观赏,也可以和其他观花植物配合布置,它还是现代插花中极佳的配叶材料。

**同属其他花卉:**

斑叶一叶兰(*Aspidistra elatior* var. *punctata*),别名洒金蜘蛛抱蛋、斑叶蜘蛛抱蛋、星点蜘蛛抱蛋。为一叶兰的栽培品种。绿色叶面上有乳白色或浅黄色斑点。

10)吊兰(*Chlorophytum comosum*)

**别名:**倒吊兰、土洋参、八叶兰、挂兰、纸鹤兰

**科属:**百合科吊兰属

**图 9-10　吊兰**

**形态特征:**多年生常绿草本。地下须根的尖端膨大呈肉质块状,但比较瘦小。地下茎极短。叶基生,狭条带形至线状披针形,长 15~30 cm,宽 0.7~1.5 cm。先端渐尖,中脉明显并下凹,叶肉纸质,绿色,略有光泽。自叶丛中抽生走茎,上着生花序,小花白色,四季开花,春、夏季花多。先端着生幼苗,叶丛簇生带根,形如纸鹤,又名纸鹤兰,见图 9-10。

**产地与分布:**原产南非,我国各地常见栽培。

**生态习性:**喜温暖、湿润的半荫环境。生长适宜温度为 15~20 ℃,冬季温度不低于 5 ℃。要求疏松肥沃、排水良好的土壤。适应性强,可以忍耐较低的空气湿度。不耐盐碱和干旱,怕水渍。

**繁殖:**在温室内分株繁殖四季均可进行,常于春季结合换盆进行。将 2~3 a 生的植株分成数丛,分别上盆,先放在荫处缓苗,待恢复生长后再进行正常管理。也可将走茎剪下来,直接上盆栽植。

**栽培管理:**生长势较强,栽培容易。生长季节置于半荫处养护,忌阳光直射,以避免叶片焦枯。长期光照不足,不长走茎。盆土最好使用保肥力强的腐叶土,每年翻盆换土 1 次,以免肉质根生长过多造成盆土营养缺乏。盆土应经常保持湿润,但不能积水,经常松土为根系生长创造适合的环境条件。经常向叶面喷水,以防焦边。斑叶品种施肥不可偏施氮肥,防止叶片斑纹消失。冬季应停止追肥并注意提高空气湿度。

**园林应用:**中小型盆栽或吊盆栽植,株态秀雅,叶色浓绿,走茎拱垂,是优良的室内观赏花卉。也可室内水培,栽于玻璃容器中以卵石固定,既可观赏花叶的姿容,同时又可赏根。

**同属其他花卉:**

常见栽培的园艺品种有以下几种。

①中斑吊兰(*C. capense* cv. *Mediopictum*),叶片中央为黄绿色纵条纹。栽培普遍。

②镶边吊兰(*C. comosum* cv. *Variegatum*),叶面、叶缘有白色条纹。

③黄斑吊兰(*C. comosum* cv. *Vittatum*),叶面、叶缘有黄色条纹。

11）彩叶凤梨（*Neoregelia carolinae*）

**别名**：五彩凤梨，羞凤梨

**科属**：凤梨科彩叶凤梨属

**形态特征**：株高约 20 cm，叶片平展，约 15～25 片，形成开展的莲座状叶丛，直径可达 60 cm。叶片绿色，长 30 cm，宽 3 cm，线形。叶尖宽阔，叶边缘具密刺。开花时中心叶片变为红色、黄色、紫色等。观赏期 3～4 个月，见图 9-11。

**产地与分布**：原产巴西。

**生态习性**：喜温暖、潮湿、散射光充足的环境。要求疏松透气的栽培基质。

**繁殖**：采用分蘗繁殖。最好在春季和结合换盆时进行。花后老株枯萎，将侧生蘗芽分开，上盆后放置在温暖潮湿处，生根后正常管理。商品性栽培多采用组织培养法繁殖。

图 9-11　彩叶凤梨

**栽培管理**：栽培用土可以采用腐叶土加泥炭土，也可以使用苔藓、蕨根、树皮块作栽培基质。没有明显的休眠期，只要环境适合全年均可以生长。春、夏、秋三季每 1～2 周施 1 次稀薄的液肥，也可以进行叶面追肥。应经常保持盆土湿润，但不可积水或过湿。经常向叶面喷水和向叶筒中灌水。叶片的色彩在阳光较强时比较艳丽，散射光充足时可以长期栽培和观赏。

**园林用途**：彩叶凤梨是优良的室内盆栽花卉，适于室内、窗边或吊盆栽植。

**同属其他花卉**：

①细颈彩叶凤梨（*N. ampullacea*），植株下部呈细颈瓶状，上部叶片散开。叶片数量少，绿色、较细长，叶背有红棕色大斑点或条纹。开花时中心叶片不变色。小花白色。单株细弱，通过匍匐茎可以长成茂盛的一丛。

②同心彩叶凤梨（*N. concentrica*），是非常美丽的大型种。植株呈宽而平展的漏斗状，直径可达70～90 cm。叶片宽带状，深绿色，有淡紫色大斑点，叶背被灰色鳞片，花期时中心叶片变成淡紫色。花序呈现密集的头状，小花淡蓝色。

③迷你彩叶凤梨（*N. lilliputiana*），株型小巧，株高 7 cm 左右，直径为 8～9 cm。具有匍匐茎，在茎端生长小植株。叶片少而短小，绿色，上有红色小斑点，边缘刺少而小。整个植株俯看像一朵盛开的玫瑰，精致美丽。

12）香石竹（*Dianthus caryophyllus*）

**别名**：康乃馨、麝香石竹、大花石竹

**科属**：石竹科石竹属

**形态特征**：为多年生草本植物。株高 30～90 cm。多分枝，被蜡状白粉，呈灰蓝绿色。茎圆筒形，节部明显膨大。叶对生，线形至广披针形，质厚，先端常向背微弯或反折。花单生或 2～6 朵聚生枝顶，有短柄，芳香。萼筒绿色，五裂；花瓣不规则，边缘有齿，单瓣或重瓣，原种花深桃红色，花径2.5～6 cm。花有白、桃红、玫瑰红、大红、深红至紫、乳黄至黄、橙色等并有多种间色镶边的变化。

**图 9-12 香石竹**

花期 4—9 月,保护地栽培四季开花,见图 9-12。

**产地:**原产地中海沿岸。世界各地广泛栽培。

**生态习性:**喜阴凉干燥、阳光充足与通风良好的生态环境。耐寒性好,耐热性较差,最适生长温度为 14～21 ℃,温度超过 27 ℃或低于 14 ℃时,植株生长缓慢。宜栽植于富含腐殖质、排水良好的石灰质土壤。喜肥,喜凉爽和阳光充足环境,不耐炎热、干燥和低温。

**繁殖:**以扦插为主。除炎夏外,其他时间都可进行扦插繁殖,尤以 1 月下旬至 2 月上旬扦插效果最好。插穗可选择枝条中部叶腋间生出的长 7～10 cm 的侧枝,采插穗时要用"掰芽法",即手拿侧枝顺主枝向下掰取,使插穗基部带有节痕,这样更易成活。采后即扦插或在插前将插穗用水淋湿亦可。扦插土为一般园土掺入 1/3 砻糠灰,或砂质土。插后经常浇水保持湿度和遮荫,室温 10～15 ℃,20 d 左右可生根,一个月后可以移栽定植。压条在 8—9 月进行。选取长枝,在接触地面部分用刀割开皮部,将土压上。经 5～6 周后,可以生根成活。

**栽培管理:**香石竹生长强健,较耐干旱。多雨过湿地区,土壤易板结,根系因通风不良而发育不正常,所以雨季要注意松土排水。除生长开花旺季要及时浇水外,平时可少浇水,以维持土壤湿润为宜。空气湿润度以保持在 75% 左右为宜,花前适当喷水调湿,可防止花苞提前开裂。香石竹喜肥,在栽植前施以足量的基肥及骨粉,生长期内还要不断追施液肥,一般每隔 10 d 左右施 1 次腐熟的稀薄肥水,采花后施 1 次追肥。为促使香石竹多枝多开花,应从幼苗期开始进行多次摘心:当幼苗长出 8～9 对叶片时,进行第 1 次摘心,保留 4～6 对叶片;待侧枝长出 4 对以上叶时,第 2 次摘心,每侧枝保留 3～4 对叶片,最后使整个植株有 12～15 个侧枝为好。孕蕾时每侧枝只留顶端一个花蕾,顶部以下叶腋萌发的小花蕾和侧枝要及时摘除。第 1 次开花后及时剪去花梗,每枝只留基部两个芽。经过这样反复摘心,可使香石竹株形优美,花繁色艳。

盆栽香石竹,应选内径较大的高筒盆,盆底先施足含钾、钙、氮、磷的基肥。移植后,晴天每天浇水 1 次,保持盆土潮润。生长期间每隔半个月交替施 1 次稀尿素水或麻酱渣液肥。每天保证光照 6～8 h。盛夏时应避免烈日曝晒。盆土忌积水,否则易烂根。为促其分枝,在株高 15～20 cm 时去顶。一般保留下部侧芽 6～7 个,以后再进行 1 次摘心,最后使植株有 12～14 个侧枝。孕蕾时每枝只留顶端一个蕾,要把下部腋生侧蕾和侧芽全部摘去。第 2 次摘去必须在 8 月中旬以前进行。经过上述处理后,可使香石竹株形优美、花繁色艳。一般移栽后,如果水肥合适、温度适宜、光照充足、在 3 个月内即可开花。

**园林用途:**为世界四大切花之首,可盆栽观赏,也可作花坛、花境的栽培应用。

## 9.3 落叶宿根花卉

1)菊花(*Dendranthema morifolium*)

**别名**:菊华、秋菊、九华、黄花、帝女花

**科属**:菊科菊属

**形态特征**:多年生草本植物。株高 20~200 cm,茎色嫩绿或褐色,基部半木质化。单叶互生,有柄,卵圆至长圆形。边缘有缺刻及锯齿,基部楔形,托叶有或无,依品种不同,其叶形变化较大。头状花序单生或数个聚生茎顶,微香。花序直径 2~30 cm;舌状花为雌花,有白、粉红、雪青、玫红、紫红、墨红、黄、棕色、淡绿及复色等鲜明颜色,管状花两性、可结实、多为黄绿色。种子(实为瘦果)褐色而细小。花期 10—12 月,也有夏季、冬季及四季开花等不同生态型。种子成熟期 12 月下旬至翌年 2 月,根据花径大小进行品种分类,花径在 10 cm 以上的称大菊,花径在 6~10

**图 9-13 菊花**

cm 的为中菊,花径在 6 cm 以下的为小菊。根据瓣型可分为平瓣、匙瓣、管瓣、桂瓣、畸瓣五类十多个类型,见图 9-13。

**产地**:菊属有 30 余种,中国原产 17 种。菊花是中国十大名花之一,在中国有三千多年的栽培历史。中国菊花约在明末清初传入欧洲。

**生态习性**:喜凉爽、较耐寒,生长适温为 18~21 ℃,地下根茎耐旱,最忌积涝,喜地势高、土层深厚、富含腐殖质、疏松肥沃、排水良好的壤土。在微酸性至微碱性土壤中皆能生长。而以 pH 值为 6.2~6.7 最好。为典型的短日照植物,在每天 14.5 h 的长日照下进行营养生长,每天 12 h 以上的黑暗与 10 ℃的夜温适于花芽发育。

**繁殖**:以扦插、嫁接为主,分株、压条为辅。正如农谚所说,"3 月分株,4 月插,5 月嫁接,6 月压"。

分株是指将植株的根部全部挖出,按其萌发的蘖芽多少,根据需要以 1~3 个芽为一窝分开,栽植在整好的花畦里或花盆中,浇足水,遮荫,5~10 d 天即可成活。用这种方法繁殖的种苗健壮,生长发育快,不改变种性。

扦插分为芽插、枝插两种。在菊花母株根旁,经常萌发出脚芽来,当叶片初出尚未展开时,将脚芽掰下作为插穗进行芽插,极易生根成活,且同分株法一样,幼苗生命力强,不易退化。枝插一般在 4—5 月期间,在母株上剪取有 5~7 个叶片、约 10 cm 长的枝条作插条。将插条下部的叶子去掉,只留上部的 2~3 片叶,下端削平,扦插时用细木棍或竹签扎好洞,然后再小心将插条插进去,以免损伤切口处或外皮。插条的入土深度约为 1/3 或 1/2。插好后压实培土,浇透水,在 15~20 ℃的湿润条件下,15~20 d 可生根成活。待幼苗长至 3~5 片叶时,即可移栽到苗圃或花盆里。

嫁接多用根系发达、生长健壮的青蒿、白蒿、黄蒿为砧木,把需要繁殖的菊花嫩茎作接穗,用劈接法嫁接。利用嫁接繁殖可培育大立菊、什锦菊和塔菊。

在菊花枝条稍为老化时可采取压条繁殖。

**栽培管理：**

（1）盆栽菊的栽培管理

在我国，因为地域不同，盆栽菊花的栽培方法各异，大致可归纳为三种方式。

①一段根系栽培法。长江、珠江流域及西南地区多用此法。即5月扦插，6月上盆，8月上旬停止摘心，9月加强肥水管理，促其生长，10—11月开花。各地盆栽菊的方法不同，主要有以下五种。

a. 扦插后即上盆，此法优点为根部损伤少，花色正，花期长，但较费工。

b. 瓦筒地植上盆，扦插苗植于三片瓦围成的瓦筒中栽培，待花蕾上色时挖起上盆。此法较前者省工，但挖苗时易伤根，花期与花的品质不如前者。

c. 地植套盆法，扦插苗定植于高畦上，7月初套上大孔盆，使苗从盆孔伸出，分次加土，现色时铲断地下根部。

d. 盆中嫁接法，3月播种育蒿苗，5月在蒿苗上嫁接菊花，以后管理同扦插上盆法，用此法繁殖的植株健壮、花大且开花较早，但较费工。

e. 地植嫁接套盆法，3月将育好的青蒿苗栽于畦中，5月嫁接，花蕾现色时移入盆中。这种方法管理方便，植株强健，花亦大。缺点是伤根较重。

②二段根系栽培法。东北地区常用此法，在江西、湖南等地也有应用。5—6月扦插，幼苗成活后上盆，加土至盆深的1/3～1/2。7月下旬至8月上旬停止摘心。待侧枝长出盆沿后，用盘枝法调整植株的高度，并将枝条加以固定，使其分布均匀并覆土，不久盘压的枝上即生出根来。当枝条长到一定高度时，还可再盘枝调整1次，然后加足肥土。应用此法，菊花外形整齐美观，植株较矮，叶片丰满，枝条健壮，花大花期长。因盘枝上又生根，故称为二段根系栽培法。

③三段根系栽培法。三段根系栽培法也称独本菊栽培法，华北地区常用。概括为八个字"冬存、春种、夏定、秋养"。从冬季扦插至翌年11月开花，需时1 a。北京艺菊名家总结出以下4个阶段，即"冬存"，秋末冬初选健壮脚芽扦插养苗；"春种"，4月中旬分苗上盆，用普通腐叶土，不加肥料；"夏定"，利用摘心促进脚芽生长，至7月中旬出土脚芽长至10 cm左右时，选发育健全、芽头丰满的苗进行换盆定植；"秋养"，7月上中旬将选好的壮苗移入直径20～24 cm的盆中，盆土用普通培养土加0.5％过磷酸钙。将小盆中的菊苗连土坨倒出，以新芽为中心栽植，并剪除多余蘖芽，加土至原苗深度压实。换盆后，新株与母株同时生长，待新株发育苗壮后，将老株齐土面剪去。剪除母本后松土，填入普通培养土，并加20％～30％的腐熟堆肥。这时盆中已有8成满的肥土，1周后第三段新根生出，新、老三段形成强大根系。以后每半月施1次有机液肥，由稀薄渐加浓，或施0.1％～0.2％尿素，加0.2％磷酸二氢钾，直至花蕾吐色。生长期随时摘除侧芽及侧蕾，仅留主蕾开花。苗高10～15 cm时应立支柱，防倾斜。整个栽培过程，换盆1次，填土2次，植株三度发根。

（2）造型菊的栽培管理

①悬崖菊。选用小菊品种，将竹片一端插入盆中，另一端固定于架上，使植株沿竹片生长，与地面呈45°角。每2～3节绑扎1次。主枝任其生长，侧枝反复摘心，至9月下旬停止摘心。现蕾后进行几次剥蕾，移入大盆养护。悬崖菊一般主枝长约1.5 m，置于石旁水畔及假山上，枝垂花繁，颇具特色。如制作大悬崖菊，须提前于7—8月间扦插，并于8月至翌年3月每日加光至14 h以上，以抑制当年出现花蕾。来年正常栽培，仍然不断摘心，至秋季现蕾后剥除多余侧蕾，直至开花，见图9-14。

②大立菊。选用分枝性强、枝条柔软的大花品种,精心培育 1~2 a,每株可开数十至数千朵花,适于展览会及厅堂用,见图 9-15。大立菊种苗采用扦插繁殖,特大立菊则常用青蒿嫁接,并用长日照处理培养 2 a。扦插多于 9 月挖 5~10 cm 长的健壮脚芽插于浅盆中,生根后移于直径 12 cm 的盆中,放于室内越冬。翌年 1 月移入大盆。当苗生 7~9 片叶时,留 6~7 片叶摘心。上部留 3~4 个侧枝,以后每侧枝留 4~5 片叶反复摘心。春暖后定植,以后约每 20 d 摘心 1 次,8 月上旬停止。植株根部插 1 根细竹,固定主干,四周再插 4~5 根竹竿,引绑侧枝。至 9 月上旬移入大盆。立秋后加强水肥管理,经常除芽、剥蕾。当花蕾直径达 1~1.5 cm 时,用竹片制成平顶形或半球形的竹圈套在植株上,并与各支柱连接绑牢,然后用细铅丝将花朵均匀地系于竹圈上继续养护。这样培养的大立菊,一株可开花数百朵。

图 9-14  悬崖菊

图 9-15  大立菊

③塔菊(什锦菊)。将各种不同花型、花色的菊花嫁接在一株 3~5 m 高的黄蒿上,砧木主枝不截顶,让其生长,在侧枝上分层嫁接,呈塔形。各色花朵同时开花,五彩缤纷,非常壮观。在选用接穗品种时,要注意花型、花色、花朵大小等的协调和花期的相近,以使全株表现和谐一致。广东省中山市的小榄镇在嫁接菊的培育上别具特色,多选用花型大小一致的各色菊花品种嫁接到青蒿上,用细竹将菊花的枝茎绑扎成圆球形,每个花朵都绑到细竹的尖端,开花时形成百色菊球,在第十届中国菊花展览会上展出的什锦菊同时开出 400 多朵品种不同的菊花。

④地被菊。地被菊是陈俊愉院士等几位专家利用我国优良野生种质资源,经过多年的努力而育成的适于园林应用的菊花新品种群。它植株低矮、株型紧凑,花色丰富、花朵繁多,而且具有抗性强——抗寒(可在"三北"各地露地越冬)、抗旱、耐盐碱(可耐 8‰)、耐半荫、抗污染、抗病虫害、耐粗放管理等优点的菊花新品种群。由于地被菊适应性强,观赏价值高,美化效果良好,因而深受人们喜爱,被誉为"骆驼式"的花卉。在我国北京、天津及"三北"地区大量应用,西至乌鲁木齐、哈密,北达大庆、黑河等地均可露地越冬。现有'落金钱''盏黄''美矮黄''金不换''玉玲珑''新红''醉西施''梦幻'等 20 多个优良品种,最适合在广场、街道、公园等各类园林绿地中作地被植物用,组成大

色块。花团锦簇、姹紫嫣红,发挥宏观群体之美。

⑤案头菊。案头菊是一种使用激素培植的菊花,高不过 20 cm,花盆直径不超过 15 cm,很适合摆设在书桌案头,故名案头菊。七月底八月初进行扦插。在母株上部选苗壮顶枝为插穗,长度在 7 cm 左右,切面为绿色肉质实心。苗盆或插箱内装稍粗一些的沙土,插后浇透水放在湿润通风处,每天喷水 2～3 次,保持环境湿润,约两周后生根。生根后分栽在 10～12 cm 口径的深筒盆中。开始可装半盆土,以后再加 1 次土,用砂质培养土(腐叶土 3 份、粗砂 1 份),浇透水。一周后即可开始施肥促其生长,开始用氮肥促使长叶,用 0.2% 的尿素溶液隔天浇水 1 次,以后在尿素溶液内加 0.1% 磷酸二氢钾,或用复合肥。在现蕾的前后可用肥水比例为 1∶10 的有机肥水与化肥交替施用。控制植株增高和促使叶面积扩大可采用激素处理,矮壮素(CCC)和 $B_9$ 都有抑制菊花植株长高的作用,而以 $B_9$ 效果较好。使用矮壮素时,稍有不慎就会导致药害,因此喷雾要匀,不能使得药液集存于叶面上。$B_9$ 用 200 倍液较为理想。在整个栽培过程中要均匀喷药 5～6 次,小苗期可着重喷生长点。第 1 次喷药在扦插一周后,第 2 次在上盆一周后,以后每 10～15 d 喷 1 次,直到现蕾为止。现蕾后高秆品种可把药涂在秆上,抑制植株长高。为了防止药害,喷药应在日落后进行,遇雨要补喷。在菊花生长过程中,过 15 d 不喷药菊花就会恢复常态生长,见图 9-16。

**图 9-16 案头菊**

⑥菊花盆景。菊花盆景是指菊花与山石等素材经过艺术加工,在盆中塑造出的活的艺术品。菊花盆景通常以小菊为主,选用枝条坚韧、叶小、节密、花朵稀疏、花色淡雅的品种为宜。亦有留养上年的老株,加强管理,使越冬后继续培养复壮。这样的盆景老茎苍劲,欣赏价值较高。

**园林用途:**菊花为园林应用中的重要花卉之一,广泛用于布置花坛、地被、盆花和切花等。是北京市、山西太原市、山东德州市、安徽芜湖市、广东中山市、湖南湘潭市、河南开封市、江苏南通市、山东潍坊市、台湾彰化市的市花。菊花除具有观赏价值外,还可以作食用菊、茶用菊和药用菊等应用。

**同属其他花卉:**

菊花同属其他花卉有 30 余种,中国原产 17 种,分布如下所示。

①野黄菊(*D. indicum*),全国均有分布。

②紫野菊(*D. Zawadskii*),分布在华东、华北及东北地区。

③毛华菊(*D. Vestitum*),分布在华中地区。

④甘菊(*D. lavendulifolium*),多分布于东北及华北地区。

⑤小红菊(*D. chanetii*),多分布于华北及东北地区。

⑥菊花脑(*D. Nankingense*),产于南京。

菊花现有栽培品种 7000 多种,是著名的观赏花卉、食用花卉与药用花卉。

2)芍药(*Paeonia lactiflora*)

**别名:**将离、离草、婪尾春、余容、犁食、没骨花

**科属:**毛茛科芍药属

**形态特征**：多年生宿根草本植物。

有肉质的粗大主根，茎丛生，茎和叶梗有紫红色和绿色两种。叶互生，二回三出羽状复叶，小叶三裂。花蕾单生于分枝顶端，立夏前后开花。芍药花色鲜艳，形似牡丹，花大略香，花色有白、粉、红、紫、黄、绿、黑和复色等，有单瓣和重瓣之分，通常栽培供观赏的为重瓣品种。蓇葖果，2～8枚离生，由单心皮构成，子房1室，内含黑色或黑褐色种子5～7粒，见图9-17。

芍药在中国的栽培历史超过4900年，是中国栽培最早的一种花卉。目前我国芍药有500多个品种。

**产地**：原产于欧亚大陆温带地区。

图9-17 芍药

**生态习性**：芍药性耐寒，喜肥怕涝，喜土壤湿润，但也耐旱，喜阳光，夏季喜凉爽气候。盆栽芍药在盛夏烈日下易焦叶，应注意遮荫。芍药为肉质根，根系较长，故应栽植在肥沃疏松、排水良好的砂质壤土中，栽于黏土和低洼积水的地方易烂根。

**繁殖**：芍药繁殖有分株法、播种法、扦插法三种。

分株时间最好在9月下旬至10月上旬，这时芍药地上部分已停止生长，根茎养分最充足，分株栽植后，根系尚有一段恢复生长的时间，对来年全株生长有利。农谚"春分分芍药，到老不开花"指的是春天分株养分消耗较多，对开花有较大影响。分株时先将母株的根掘出，振落附土，晾一天，再顺着芍药的自然分离处将根分开，用利刀切分，每丛根带有4～5个芽。根部切口最好涂以硫黄粉，以防病菌侵入，再晾1～2d即可分别栽植。露地栽植的芍药，株距50cm，行距70cm，盆栽芍药，花盆口径与深度均为40cm较适宜。以观花为主的芍药，应5～6a分株1次，以采药为主的芍药，应3～5a分株1次。

在8月份芍药种子成熟时，果实开裂，应随采随播种。播后覆细沙土，厚度为种子直径的1～2倍，经常保持土壤湿润，必要时上面可盖上一层玉米秸或稻草。秋季播种的当年即可生根，但幼芽在翌年春暖后始能出土。播种苗需3～4a开花。

扦插可用根插或茎插。秋季分株时可收集断根，切成5～10cm一段，埋插在10～15cm深的土中。茎插法在开花前两周左右，取茎的中间部分由两节构成插穗，插于温床沙土中约一寸半深，要求遮荫并经常浇水，一个半月至两个月后即能发根，并形成休眠芽。

**栽培管理**：

(1)观赏栽培

不论播种苗还是分株苗，定植时间在菏泽为8月下旬(处暑)至9月下旬(秋分)，在扬州为9月下旬(秋分)至11月上旬(立冬)。一般都结合分株进行。芍药定植后不能经常移栽，否则会损伤根部，影响生长和开花，为使芍药良好生长，每年应进行合理施肥。第一次在3月份出芽时施用；第二次在4月份现花蕾时施用；第三次在5月下旬花谢后施用；第四次在8月下旬处暑以后，植株孕育翌年花芽时施用；第五次在11月份，在植株周围开沟施冬肥。每次施肥后，都要浇足水，并应立即松土，以减少水分蒸发。雨季应经常中耕除草。盆栽芍药，霜降后剪去枯萎枝叶，以防滋生病虫。越冬期间无需移入室内，放置在阳台上或房檐下阳光充足处，盆土不要过干即可。芍药开花前，侧蕾出现后，可及时摘除，以便养分集中，促使顶蕾花大花美。花谢后，如不打算播种繁殖，应随时剪去花梗,以免结籽,消耗养分。危害芍药的害虫有蛴螬、红蜘蛛和蚜虫。为防蛴螬咬食芍药根,每年初春可用 1000 倍 50％辛硫磷稀释液灌根防治。对红蜘蛛和蚜虫可用乐果喷杀。芍药的病害主要有褐斑病,其症状是:夏季芍药叶片上出现褐色斑点,到秋季后,叶片逐渐枯萎,甚至全株死亡。防治方法是:从 4 月份起至秋后止,每月喷波尔多液 1～2 次。

(2)促成栽培

芍药花芽分化始期较牡丹晚;其早花品种在 8 月底开始花芽分化,晚花品种则迟至 9 月中下旬。多数品种从 11 月中旬起形成花瓣原基,并停止发育,以此状态越冬。待第二年春天萌芽生长,花芽继续发育,以至开花。为使芍药的切花和盆花做到周年供应,常采用促成和抑制栽培相结合的方法来调控花期。

①促成栽培。一般选择早花品种,可绪缩短促成开花的时间,如'巧玲''墨紫楼''银荷''粉绒莲''大富贵''凤羽落金池''美菊'等。为使芍药在自然花期之前开花,要选三四年生的健壮植株进行冷藏处理。在冷藏室内,用埋土冷藏法,芽微露即可,冷藏期间每半月检查 1 次土壤湿度,若用砂壤土,以手握刚好成团为宜。过干对催花不利,过湿则易发霉烂根。冷藏室温度保持 3 ℃为宜。不同的品种,其处理湿度和处理时间有一定差异。如在 9 月上旬冷藏植株,然后定植,在 15 ℃条件下,则 60～70 d 开花,即 12 月可以上市;若需翌年 1～2 月开花,则 10—11 月进行冷藏即可。经冷藏处理的植株需用营养土栽植,并定期喷施或灌施营养液,辅以激素管理,并特别要注意后期喷肥。营养土可用腐熟的腐叶土:园土:砂土＝2:3:1 的比例配制,另加适量饼肥和磷钾肥,氮肥则在上盆后追施。植株从冷库取出后要先放阴凉处适应一下室温。上盆时覆土高出芽 1 cm,浇水后芽微露。催花植株进入湿室后,逐渐加温,芍药最适生长温度为 20～25 ℃,高于 30 ℃即对生长不利。可采用以下控温方法:前期 15～20 ℃,约 10 d;中期 15～25 ℃,约 15 d;后期 20～25 ℃,约 20～25 d。高温不要超过 28 ℃,低温不可低于 12 ℃,并避免剧烈的温度变化。空气相对湿度应保持在 70％～80％,可通过浇水、喷水、通气等加以调节。芍药喜温好光,在冬、春季促成栽培时,正值短日照季节,补充光照尤为重要。光照时数应增加至每天 13～15 h,以使花蕾充分发育。一般使用赤霉素(GA₃)对芍药进行处理,在上盆后浇水时,可使用 2000 mg/L GA₃ 处理,以进一步打破芽体休眠。当花蕾直径为 0.4 cm 时和 0.8 cm 时,用 600 mg/L GA₃ 涂抹花蕾 2 次;花蕾直径为 1.2 cm 时,再用 1000 mg/LGA₃ 涂 1 次。当芍药萌芽长到 5～10 cm 时,除去无蕾芽,以免徒耗养分。以后注意去除侧生花蕾,每株留 6～8 朵花。当花蕾含苞待放时,应控制浇水,开花后不要往花上浇水,放于 15～20 ℃的室内,花期可达 20～30 d。花谢后,放回温室,待温度适宜后栽回露地。如用作切花,按常规采收后,继续精心管理,养根促芽,以备以后再用。

②抑制栽培。选用晚花品种,如'杨妃出浴''玲珑玉''冰青''赵园粉''砚池漾波''红雁飞箱''花红重楼''银针绣红袍'等。为使芍药开花比自然花期晚,可采用休眠期冷藏在早春挖起尚未萌芽的植株,在 0 ℃的冷库中冷藏备用,保持植株的湿润状态。根据用花的时间,季节可提前 30～45 d 出库,进行正常栽培,到时即可开花。也可在花蕾将近开放时冷藏,冷藏温度要高些,为 3～5 ℃,到用花前 2～3 d,再出库常规栽培。

**园林应用:**园林中常成片种植,是近代公园中或花坛里的主要花卉。可进行带形栽植或以芍药构成专类园,也可切花观赏。古人评花:牡丹第一,芍药第二,谓牡丹为花王,芍药为花相,因为它开花较迟,故又称为"殿春"。观赏芍药胜地有洛阳国家牡丹园、王城公园、扬州芍药园、沈阳市植物园的牡丹芍药园、曹州百花园、北京景山公园、北京植物园、甘肃牡丹芍药园等。

3）蜀葵（*Althaea rosea*）

**别名**：一丈红、熟季花、秫秸花、端午锦

**科属**：锦葵科蜀葵属

**形态特征**：多年生宿根大草本植物，植株高可达 2～3 m，茎直立挺拔，丛生，不分枝，全株被星状毛和刚毛。叶片近圆心形或长圆形，长 6～18 cm，宽 5～20 cm，基生叶片较大，叶片粗糙，两面均被星状毛。花单生或近簇生于叶腋，有时成总状花序排列，花径 6～12 cm，花色艳丽，有紫、紫红、粉红、淡红、紫黑、黄、白等色，还有边缘不同色的复色种，单瓣或重瓣，花期 5—9 月。果实为蒴果，扁圆形，种子肾形，千粒重 9.2 g 左右，见图 9-18。

**产地**：原产中国，华东、华中、华北、华南地区均有栽培。

**生态习性**：蜀葵耐寒，喜阳，耐半荫，忌涝。耐盐碱能力强，在含盐 0.6% 的土壤中仍能生长。耐寒力强，在华北地区可以安全露地越冬。在疏松肥沃，排水良好，富含有机质的砂质土壤中生长良好。

图 9-18 蜀葵

**繁殖**：通常采用播种繁殖，分株、扦插多用于优良品种的繁殖。蜀葵春播、秋播均可。依种子多少而定，可播于露地苗床，再育苗移栽，也可露地直播，不再移栽。南方常采用秋播，通常宜在 9 月份秋播于露地苗床，发芽整齐。而北方常以春播为主。正常情况下种子约 7 d 就可以萌发。蜀葵种子的发芽力可保持 4 a，但播种苗 2～3 a 后就出现生长衰退现象。

蜀葵的分株在秋季进行，适时挖出多年生蜀葵的丛生根，用快刀切割成数小丛，使每小丛都有两三个芽，然后分栽定植即可。

扦插可在花后至冬季进行。取蜀葵老干基部萌发的侧枝作为插穗，长约 8 cm，插于沙床或盆内均可。插后用塑料薄膜覆盖进行保湿，并置于遮荫处直至生根。

**栽培管理**：蜀葵栽培管理较为简易，幼苗长出 2～3 片真叶时，应移植 1 次，加大株行距。移植后应适时浇水，开花前结合中耕除草施追肥 1～2 次，追肥以磷、钾肥为好。播种苗经 1 次移栽后，可于 11 月定植。幼苗生长期，施 2～3 次液肥，以氮肥为主。同时经常松土、除草，以利于植株生长健壮。当蜀葵叶腋形成花芽后，追施 1 次磷、钾肥。为延长花期，应保持充足的水分。花后及时将地上部分剪掉，还可萌发新芽。盆栽时，应在早春上盆，保留独本开花。因蜀葵种子成熟后易散落，应及时采收。栽植 3～4 a 后，植株易衰老，因此应及时更新。另外，蜀葵易杂交，为保持品种的纯度，不同品种应保持一定的距离间隔。蜀葵易受卷叶虫、蚜虫、红蜘蛛等危害，老株及干旱天气易生锈病，应及时防治。

**园林用途**：一年栽植可连年开花，适宜院落、路侧、场地等处布置花境，可组成繁花似锦的绿篱、花墙，美化园林环境。宜于种植在建筑物旁、假山旁或点缀花坛、草坪，成列或成丛种植。矮生品种可作盆花栽培，陈列于门前，不宜久置室内。也可剪取作切花，供瓶插或作花篮、花束等用。

4)鸢尾(*Iris tectorum*)

**别名**:紫蝴蝶、蓝蝴蝶、扁竹花

**科属**:鸢尾科鸢尾属

**图 9-19　鸢尾**

**形态特征**:多年生宿根草本,高约 30～50 cm。根状茎匍匐多节,粗而节间短,浅黄色。叶为渐尖状剑形,长 30～45 cm,宽 2～4 cm,质薄,淡绿色,呈二纵列交互排列,基部互相包叠。春至初夏开花,总状花序 1～2 枝,每枝有花 2～3 朵;花蝶形,高出叶丛,有蓝、紫、黄、白、淡红等色,径约 10 cm,花被片外 3 枚较大,圆形下垂;内 3 枚较小,倒圆形;花期 4—6 月,果期 6—8 月。蒴果长椭圆形,有 6 棱,见图 9-19。

**产地**:原产于中国中部地区和日本。

**生态习性**:耐寒性较强,性喜阳光,可耐半荫,要求适度湿润,排水良好,富含腐殖质、略带碱性的黏性土壤。

**繁殖**:多采用分株、播种法。分株在春季花后或秋季均可进行,一般种植 2～4 a 后分栽 1 次。分割根茎时,注意每块应具有 2～3 个不定芽。分株若太细,则会影响翌年开花。种子成熟后应立即播种,刚成熟的种子发芽率较高,由于鸢尾的种子种皮比较致密,放置一段时间后发芽率会降低。播种实生苗需要 2～3 a 才能开花。

**栽培管理**:栽植前应施入腐熟的堆肥,亦可用油粕、草木灰等为基肥。在排水良好的疏松土壤上植株的栽植深度一般是根茎顶部低于地面 5 cm,在黏土上根茎顶部则要略高于地面,以利于植株生长。栽植距离 45～60 cm。每年秋季施肥 1 次,生长期可追施化肥。浇水视情况而定,生长期间每周浇水 1 次,随着气温的降低浇水量逐渐减少。冬季较寒冷的地区,株丛上应覆盖厩肥或树叶等防寒。

**园林用途**:鸢尾是庭园中的重要花卉之一,也是优美的盆花、切花和花坛用花。可用作地被植物,有些种类为优良的切花材料。

**同属其他花卉**:

①花菖蒲:(*I. ensata* Var. *hortensis*)原产中国东北、日本和朝鲜半岛。

②髯毛鸢尾:(*I. barata*)包括德国鸢尾的多个杂交品种。外花被片基部有细密髯毛状附属物。

③路州鸢尾:(*I. fulva*)主要以铜红鸢尾等为主要亲本杂交而成的品种。

④道氏鸢尾:(*I. douglasiana*)原产美国加利福尼亚州。

5)萱草(*Hemerocallis fulva*)

**别名**:金针、黄花菜、忘忧草、宜男草、鹿箭

**科属**:百合科萱草属

**形态特征**:萱草为多年生宿根草本。具有短的根状茎和粗壮的纺锤形肉质根。叶基生、宽线形、对排成两列,宽 2～3 cm,长可达 50 cm 以上,背面有龙骨突起,嫩绿色。花葶细长坚挺,高约 60～100 cm,花 6～10 朵,呈顶生聚伞花序。初夏清晨开花,颜色以橘黄色为主,有时可见紫红色,花大,漏斗形,内部颜色较深,直径 10 cm 左右,花被裂片长圆形,下部合成花被筒,上部开展而反卷,边

缘波状,橘红色。杂交品种花色有淡黄、橙红、淡雪青、玫红等。花期从 6 月上旬至 7 月中旬,每花仅开放 1 d。蒴果,背裂,内有亮黑色种子数粒。果实很少能发育,制种时常需人工授粉,见图 9-20。

**图 9-20　大花萱草**

**产地**:原产于中国、西伯利亚、日本和东南亚各地。

**生态习性**:性强健,耐寒,华北可露地越冬。适应性强,喜湿润也耐旱,喜阳光又耐半荫。对土壤选择性不强,但以富含腐殖质、排水良好的湿润土壤为宜。

**繁殖**:春秋以分株繁殖为主,每丛带 2～3 个芽,若春季分株,夏季就可开花,通常 5～8 a 分株 1 次。

播种繁殖春秋均可。春播时,头一年秋季将种子砂藏,播后发芽迅速而整齐。秋播时,9—10 月露地播种,立春发芽。实生苗一般 2 a 开花。多倍体萱草需经人工授粉才能结种子,采种后立即播于浅盆中,遮荫、保持一定湿度,40～60 d 出芽,出芽率可达 60%～80%。

**栽培管理**:萱草生长强健,适应性强,耐寒。在干旱、潮湿、贫瘠土壤均能生长,但在干旱环境下生长发育不良,开花小而少。因此,生育期(生长开始至开花前)如遇干旱应适当灌水,雨涝则注意排水。早春萌发前进行穴栽,先施基肥,上盖薄土,再将根栽入,株行距 30～40 cm,栽后浇透水,生长期中每 2～3 周施追肥 1 次,入冬前施 1 次腐熟有机肥。

**园林用途**:园林中萱草多丛植或用于花境、路旁栽植。也可作疏林地被植物。

**同属其他花卉**:

①黄花萱草(*H. Flava*),别名金针菜,原产中国。叶片深绿色带状,长 30～60 cm,宽 0.5～1.5 cm。拱形弯曲。花 6～9 朵,花柠檬黄色,浅漏斗形,花草高约 125 cm,花径约 9 cm。

②黄花菜(*H. Citrina*),叶较宽,深绿色,长 75 cm,宽 1.5～2.5 cm,花序上着花多达 30 朵左右,花序下苞片呈狭三角形;全国各地都有分布,湖南省祁东县官家嘴镇是国家黄花菜原产地。

③大苞萱草(*H. Middendo*),叶长 30～45 cm,花序着花 2～4 朵,黄色,有芳香,花瓣长 8～10 cm,花梗极短,花朵紧密,具大形三角形苞片,花期 7 月。

④童氏萱草(*H. Thunbergh*),叶长 74 cm,花葶高 120 cm,顶端分枝着花 12～24 朵,杏黄色,喉部较深,短漏斗形,具芳香。

⑤小黄花菜(*H. minor*),高 30～60 cm。叶绿色,长约 50 cm,宽 6 cm。着花 2～6 朵,黄色,外有褐晕,长 5～10 cm,有香气,傍晚开花。花期 6—9 月,花蕾可食用。

6)荷兰菊(*Aster novi-belgii*)

**别名**:纽约紫菀

**科属**:菊科紫菀属

**形态特征**:须根较多,有地下走茎,茎丛生、多分枝,高 60～100 cm,叶呈线状披针形,光滑,幼嫩时呈微紫色,在枝顶形成伞状花序,花色有蓝、紫、红、白等,花期为 10 月,见图 9-21。

**产地**:美国。

**生态习性**:荷兰菊性喜阳光充足和通风的环境,适应性强,喜湿润但耐干旱、耐寒、耐瘠薄,对土壤要求不严,适宜在肥沃和疏松的砂质土壤中生长。

**图 9-21 荷兰菊**

**繁殖：**播种、分株和扦插均可，播种期在 3 月上旬。在温室内温暖向阳处盆播或畦播。在室温不低于 15 ℃条件下，7 d 左右可出齐苗。待苗高 5 cm 时及时进行第 1 次分栽，以免徒长。

荷兰菊分蘖能力很强，分蘖植株可单独割离分栽。分栽时间一般选择在初春土壤解冻，母株刚长出丛生叶片后进行。挖出越冬的地下根，用刀将原坨割成几块，分别栽植，其分蘖苗成活率极高。可利用此法将多年生植株大量繁殖。

植株在开春后长出大量分蘖苗，可用刀将幼小的分蘖苗切取下来进行扦插。用素沙土或珍珠岩、蛭石作基质，温度保持在 20 ℃以上，遮荫或采用全光照喷雾装置保持空气湿度，半个月左右即可生根。

**栽培管理：**选择向阳和通风场所栽植，定植或盆栽苗高 1 cm 时，可进行摘心，促使多分枝。生长季节 10～15 d 追施稀薄肥料 1 次，并注意及时浇水。入冬前浇冻水 1 次，即可安全越冬，翌年由根部重新萌芽，长成新株。每 2～3 a 应分栽 1 次，剪除老根，将每株分为数丛，重新栽植。经常修剪，控制花期和植株高度。秋季天气干燥，注意浇水。冬季地上部枯萎后，适当培土保苗。

盆栽应用肥沃的培养土，将分株或扦插的小苗上盆，注意浇水，及时追肥，多用人粪尿、豆饼水、马粪水等。小苗用肥少，可 7～10 d 追肥 1 次，秋后肥料加浓，花蕾形成后应 4～5 d 施肥 1 次。生长期按需要及时修剪。花后剪去地上部分，将盆放置在冷室越冬。如在暖房中，可将植株从盆中扣出，栽到 30 cm 深的池内，挤在一起，上面覆土或盖草越冬。

**园林用途：**荷兰菊适于盆栽室内观赏和布置花坛、花境等。更适合作花篮、插花的配花。

7）荷包牡丹（*Dicentra spectabilis*）

**别名：**兔儿牡丹、铃儿草、璎珞牡丹、荷包花、活血草、锦囊花

**科属：**荷包牡丹科荷包牡丹属

**形态特征：**多年生宿根草本花卉。茎直立，稍向外开张，株高 30～60 cm。肉质根状茎，叶对生，2 回 3 出羽状复叶，状似牡丹叶，叶具白粉，有长柄，裂片倒卵状。总状花序顶生呈拱状。小花 10 余朵，生于细长总梗的一侧，鲜桃红色，有白花变种；花瓣外面 2 枚基部囊状，内部 2 枚近白色，形似荷包。花期 4—6 月，花后结细长的圆形蒴果，种子细小，先端有冠毛，见图 9-22。

**产地：**原产中国、俄罗斯西伯利亚和日本。

**生态习性：**喜光，可耐半荫。性强健，耐寒而不耐夏季高温，喜湿润，不耐干旱。以富含有机质的壤土为宜，在沙土及黏土中生长不良。

**繁殖：**常用分株、播种或根插繁殖。早春 2 月当新芽萌动而新叶未展出之前，将植株从盆中脱出，抖掉根部泥土，用利刀将根部周围蘖生的嫩茎带须根切下，两三株植于一盆，覆土高于原来的根茎处，浇透水，置阴处，待长出新叶后按常规管理，当年可开花。

扦插可在花谢后，剪去花序，等 7～10 d 后剪取下

**图 9-22 荷包牡丹**

部有腋芽的健壮枝条 10～15 cm,切口蘸硫黄粉或草木灰,插于素土中,浇水后置阴处,常向插穗喷水,但要节制盆土浇水,微润不干即可,一个月左右即可生根,翌春带土上盆定植,管理得当,当年可开花。

种子成熟后,可随采随播,但实生苗要 3 a 才开花,家庭繁殖一般不用,园林部门为大量繁殖或是培育杂交新品种才采用。

**栽培管理:**荷包牡丹既可地栽,也宜盆植,家庭种植一般以盆栽为主,以选用稍深大、通透性较好的土陶盆种植为佳。如用塑料盆、瓷盆,可在盆底垫层碎木炭块或碎硬塑料泡沫块,增强透气排水能力。用腐叶土与菜园表土等量混合作培养土,在沙土和黏土中均生长不良。荷包牡丹为肉质根,稍耐旱,怕积水,因此要根据天气、盆土的墒情和植株的生长情况等因素适量浇水,坚持“不干不浇,见干即浇,浇必浇透,不可渍水”的原则,春秋和夏初生长期的晴天,每日或间日浇 1 次,阴天 3～5 d 浇 1 次,常保持盆土半墒,对其生长有利,过湿易烂根,过干会生长不良、叶黄。雨季要注意排水,阴雨天要把花盆放倒,防止盆中积水。盛夏和冬季为休眠期,盆土要相对干一些,微润即可。荷包牡丹喜肥,上盆定植或翻盆换土时,宜在培养土中加点骨粉或腐熟的有机肥或氮磷钾复合肥,生长期 10～15 d 施 1 次稀薄的氮磷钾液肥,使其叶茂花繁,花蕾显色后停止施肥,休眠期不施肥。为改善荷包牡丹的通风透光条件,使养分集中,秋、冬季落叶后,要进行整形修剪。剪去过密的枝条,如并生枝、交叉枝、内向枝及病虫害枝等,使植株保持美丽的造型。秋末冬初,可将盆栽荷包牡丹埋入土中,枝条露在土外,上边用草或壅土加以保护越冬。也有的将花盆直接放入地窖中越冬,第二年开春去掉覆盖物,搬出放置通风向阳处,加强肥水管理,令其自然开花。也有的放在温室或塑料大棚内根据节日需要促使其提前开花。

**园林用途:**荷包牡丹叶丛美丽,花朵玲珑,形似荷包,是盆栽和切花的好材料,也适宜于布置花境或丛植在树丛、草地边缘湿润处。

**同属其他花卉:**

①日本荷包牡丹(*D. spectabilis*),茎高约 60 cm,弓形下垂,悬挂着玫瑰红色或白色的心形小花。

②东方荷包牡丹(*D. eximia*),较矮,在北美东部的阿利根尼山区从 4—9 月长出有粉红色小花的花枝。

③太平洋荷包牡丹(*D. formosa*),从加利福尼亚至不列颠哥伦比亚山地森林分布着太平洋荷包牡丹。也称作‘金心’,粉红色花卉,柠檬黄绿色的叶子。

8)玉簪(*Hosta plantaginea*)

**别名:**玉春棒、白鹤花、玉泡花、白玉簪

**科属:**百合科玉簪属

**形态特征:**宿根草本。株高 30～50 cm。叶基生成丛,卵形至心状卵形,基部心形,叶脉呈弧状。总状花序顶生,高于叶丛,花为白色,管状漏斗形,浓香。花期 6—8 月,见图 9-23。

**产地:**原产中国、日本。

**生态习性:**性健壮,耐寒、耐阴,忌强烈日光照射,在浓荫通风处生长繁茂;喜土层深厚、肥沃湿润、排水良好的砂质壤土。

**繁殖:**把母株从花盆内取出,抖掉多余的盆土,把盘结在一起的根系尽可能地分开,用锋利的小刀把它剖开成两株或两株以上,分出来的每一株都要带有相当的根系,并对其叶片进行适当修剪,以利于成活。分株后另行栽植,一般当年即可开花。玉簪的母株隔 2～3 a 一定要进行分株,否则影

**图 9-23 玉簪**

响生长。

播种繁殖可在 9 月份于室内盆播,在 20 ℃条件下约 30 d 可发芽出苗,春季将小苗移栽露地,培养 2～3 a 就可开花。也可将种子晾干贮存于干燥、冷凉处,翌年 3—4 月份播种。

**栽培管理:**上盆时先在盆底放入 2～3 cm 厚的粗基质作为滤水层,再放入植株。上盆用的基质可以选用草炭:珍珠岩:陶粒＝2:2:1,草炭:蛭石＝1:1,园土:中粗河沙:锯末(菇渣)＝4:1:2,或者水稻土、塘泥、腐叶土等。上完盆后浇 1 次透水,并放在遮荫环境养护。

玉簪喜欢略微湿润的气候环境,要求生长环境的空气相对湿度在 50%～70%。夏季高温、闷热(35 ℃以上,空气相对湿度在 80%以上)的环境不利于其生长;对冬季温度要求很严,当环境温度在 10 ℃以下即停止生长,在霜冻出现时不能安全越冬。在夏季的高温时节(白天温度在 35 ℃以上),如果将玉簪放在直射阳光下养护,就会生长十分缓慢或进入半休眠状态,并且叶片也会受到灼伤而慢慢地变黄、脱落。因此,在炎热的夏季应遮掉大约 50%的阳光。

在春、秋、冬三季,由于温度不高,应给予玉簪直射光射,以利于光合作用的进行和形成花芽、开花、结实。放在室内养护时,应尽量放在有明亮光线的地方,如采光良好的客厅、卧室、书房等场所。

与其他花草一样,玉簪对肥水要求较多,但最怕乱施肥、施浓肥和偏施氮肥,要求遵循"淡肥勤施、量少次多、营养齐全"的施肥原则和"间干间湿,干要干透,不干不浇,浇就浇透"的浇水原则,并且在施肥后的晚上要保持叶片和花朵干燥。

**园林用途:**玉簪叶色苍翠,夏天能开出美丽的花序,且有香味,宜成片种植于林下,是良好的观叶赏花地被植物。也可植于岩石园或建筑物北侧,或者作盆栽观赏或作切花应用。也可三两成丛点缀于花境中,还可以盆栽布置于室内及廊下。

**同属其他花卉:**

①狭叶玉簪(*H. lancifolia*),原产于日本。别名日本紫萼、水紫萼、狭叶紫萼,为同属常见种。叶披针形,花淡紫色。

②紫萼(*H. ventricosa*),原产于中国、日本和俄罗斯西伯利亚。别名紫玉簪。为同属常见种。叶丛生,卵圆形。叶柄边缘常下延呈翅状。花紫色,较小。花期 7～9 月。

③白萼(*H. undulata*),为日本杂交种。别名波叶玉簪、紫叶玉簪、间道玉簪。为同属常见种。叶边缘呈波曲状,叶片上常有乳黄色或白色纵斑纹。花淡紫色,较小。

9)耧斗菜(*Aquilegia vulgaris*)

**别名:**血见愁、耧斗花、西洋耧斗菜、猫爪花

**科属:**毛茛科耧斗菜属

**形态特征:**多年生草本。株高 40～60 cm,茎直立,二回三出复叶,具长柄,裂片浅而微圆,小叶菱状倒卵形或宽菱形,边缘有圆齿;上面无毛,下面疏被短柔毛。花下垂,全白、黄、红、蓝或紫色,直径约 5 cm,距较短;萼片紫色或与花瓣同色。蓇葖果,种子黑色,光滑。花期 5～7 月,见图 9-24。

**产地:**耧斗菜原产于欧洲,世界各地多有引种栽培。

**生态习性**：耐寒、生长势强健,喜湿润而排水良好的砂质壤土。在半荫处生长更好。对高温、高湿抗性较弱。华北地区作宿根花卉栽培。

**繁殖**：每年的9月播种,播种苗需要2 a后才能开花;也可在秋季落叶后或早春发芽前进行分株繁殖,栽培周期通常为3 a。

**栽培管理**：栽种前需施足基肥,北方有春旱,每月应浇水2～3次,并应及时进行中耕保墒。夏季需适当遮荫,或种植在半遮荫处,有利于生长。忌积水,雨后应及时排水。严防倒伏,同时应加强修剪,以利通风透光。及时控制病虫害,注意合理施肥,生长旺季每4周需要施1次液肥,生长期以施氮肥为主,花芽形成以后以施磷、钾肥为主。

**园林用途**：宜成片栽植于草坪、疏林下,也宜在洼地、溪边等潮湿处作地被覆盖。适于布置花坛、花境等,花枝可供切花。

图 9-24 耧斗菜

**同属其他花卉**：

①蓝花耧斗菜(A. caerulea)和黄色耧斗菜(A. chysantha)均原产于落基山脉,有许多具长距的白、黄、红、蓝色花的园艺杂种。

②加拿大耧斗菜(A. canadensis)在北美野生于树林中,高30～90 cm,花红带黄色。

③华北耧斗菜(A. yabeana)在河南太行山野生分布。

10)火炬花 (Kniphofia uvaria)

**别名**：红火棒、火把莲

**科属**：百合科火把莲属

**形态特征**：多年生草本植物。株高80～120 cm,茎直立。总状花序着生数百朵筒状小花,呈火炬形,花色有黄、橙红、红等,花期6—7月,见图9-25。

**产地**：原产于南非海拔1800～3000 m的高山及沿海岸浸润线的岩石泥炭层上,各地庭园广泛栽培。长江中下游地区露地能越冬。

**生态习性**：火炬花喜温暖、湿润、阳光充足环境,较耐寒,也耐半荫。要求土层深厚、肥沃及排水良好的砂质壤土。

**繁殖**：火炬花可采取播种和分株繁殖。播种宜在春、秋季进行,以早春播种效果最好。可先播于苗箱内,覆土深为0.5 cm,发芽最适温度为25 ℃左右,一般播后2～3周便可出芽。

分株繁殖可用4～5 a生的株丛,春、秋两季皆可分株,一般在花后进行,以9月上旬为最适期。分株时从根茎处切开,每株需有2～3个芽,并附着一些须根,

图 9-25 火炬花

分别栽种。

**栽培管理:**栽植前应施适量基肥和磷、钾肥。苗高 10 cm 左右定植,株行距 30 cm×40 cm,幼苗移植或分株后,应浇透水 2~3 次,及时中耕除草并保持土壤湿润,约 2 周后恢复生长。播种苗或分株苗翌年即可开花。当花葶出现时,施 2~3 次 0.1%磷酸二氢钾根外追肥,每次间隔 7~10 d,或用 1%~2%过磷酸钙追肥 1 次,以增强花葶的坚挺度,防止弯曲。花期前要增加灌水,花谢后停止浇水。火炬花属浅根性花卉,根系略肉质,根毛少,栽植时间过久根系密集丛生,根毛数量减少,吸收能力下降,因此,每隔 2~3 a 须重新分栽 1 次,以促进新根的生长,提高根系吸收能力。分栽时间以 9 月下旬至 10 月上旬为最好。火炬花耐寒性较强,冬季越冬要注意浇足越冬水,堆土或覆盖落叶植株。

**园林用途:**火炬花是优良庭园花卉,可丛植于草坪之中或种植于假山石旁用作配景,花枝可供切花。

11)随意草(*Physostegia virginiana*)

**别名:**芝麻花、假龙头、囊萼花、棉铃花

**科属:**唇形科随意草属

**图 9-26 随意草**

**形态特征:**多年生宿根草本,株高 40~80 cm。长圆形叶对生。具匍匐茎。穗状花序聚成圆锥花序状。小花密集。如将小花推向一边,不会复位,因而得名。花期 7—9 月。小花玫瑰紫色,有白、深桃红、玫红、雪青等色变种。果熟期 8—10 月,见图 9-26。

**产地:**原产北美洲。

**生态习性:**性喜温暖,生长适温 18~28 ℃。喜光,耐寒,耐热,耐半荫。以排水良好的肥沃砂质壤土栽培最佳。

**繁殖:**可播种,春季播种。春、秋季为分株适期,只要切取成株长出的幼株或地下根茎另植即可。亦可在秋季剪取健壮新芽,扦插于排水良好的砂床,待发根后再移植。

**栽培管理:**整地时预先混合腐熟堆肥作基肥,定植成活后摘心 1 次,促使多分枝。栽培处要求日光照射良好,荫蔽处植株易徒长,开花不良。切花栽培株距为 30 cm,追肥以氮、磷、钾每月施用 1 次,磷、钾肥比例稍多可促进开花。栽培地宜保持足够的湿度,切勿任其干旱影响生育和开花。老株冬或早春整枝 1 次,3 a 生以上宜再更新栽培。盆栽宜使用大盆,每 8 寸盆植 2~3 株,盆土多有利根部伸展,1~2 a 后应强制分株换盆。高大的植株易引起倒伏,切花栽培必要时应设立支柱或采用尼龙网固定枝条。

**园林用途:**可用于秋季花坛,亦可用于布置花境或作切花。也可用于盆栽。

12)紫松果菊(*Echinacea purpurea*)

**别名:**松果菊

**科属:**菊科紫松果菊属

**形态特征:**多年生宿根草本。全株具粗毛,茎直立,株高 80~120 cm。叶卵形或披针形,缘具疏浅锯齿,基生叶,基部下延,柄长约 30 cm,茎生叶,叶柄基部略抱茎。头状花序单生或数朵集生,花

茎8～10 cm,舌状花一轮,玫瑰红或紫红色,稍下垂,中心管状花具光泽,呈深褐色,盛开时呈橙黄色。花期7—9月,见图9-27。

**图 9-27 紫松果菊**

**产地:**北美洲。

**生态习性:**耐寒,耐热,喜光照及深厚、肥沃的壤土,能自播繁殖。

**繁殖:**采用播种及分株繁殖。早春4月露地直播,常规管理,7—8月开花。也可以在温室大棚中播种育苗经1～2次移植后即可定植。春、秋季可分株繁殖。

**栽培管理:**在栽培上,如生产穴盘苗,应在1—5月播种,若要对幼苗进行春化处理,则应提前至前一年的8—10月。'普莱姆多纳'种子可以不进行春化处理,但经过春化处理的种子可提前开花,且花的整齐度也会有所提高。播种后10～14 d即可发芽,在此期间要保持充足的光照,温度稳定在20～22 ℃间,基质要保持湿润,但不能发生水浸现象。此后栽培温度要下调到15～18 ℃,每周施用浓度为0.005%～0.01%的氮肥。第三对真叶长出时,应进行移栽,此后温度要降至10～12 ℃,以促进根系生长。此时,每周使用浓度为0.01%～0.02%的硝酸钙溶液。由穴盘苗移栽后一般经4～5个月即可开花。

**园林用途:**紫松果菊是很好的花境、花坛材料,也可丛植于花园、篱边、山前或湖岸边。水养持久,是良好的切花材料。

其他常见的宿根花卉见表9-1。

**表 9-1 其他常见的宿根花卉**

| 名称 | 学名 | 科属 | 花期 | 花色 | 繁殖 | 特性及应用 |
|---|---|---|---|---|---|---|
| 紫菀 | *Aster tataricus* | 菊科紫菀属 | 7—9月 | 紫、红、蓝、白 | 播种、分株、扦插 | 耐寒,喜光,株高40～150cm,宜布置花坛、花境及盆栽 |
| 落新妇 | *Astilbe chinensis* | 虎耳草科落新妇属 | 6—7月 | 白、粉、紫、红 | 播种 | 耐寒,喜光,喜半荫,株高50～80cm,宜布置花境及作切花 |
| 白头翁 | *Pulsatilla chinensis* | 毛茛科白头翁属 | 3—5月 | 紫、粉 | 播种 | 耐寒,耐旱,喜凉爽,喜光,耐半荫,株高40～70cm,宜布置花坛、花境或作地被 |
| 一枝黄花 | *Solidago decurrens* | 菊科一枝黄花属 | 7—9月 | 黄 | 播种、分株、扦插 | 耐严寒,喜凉爽也耐热,株高1～2m,宜丛植或作背景材料,亦可作切花 |
| 金莲花 | *Trollius chinensis* | 毛茛科金莲花属 | 6—7月 | 金黄 | 播种、分株 | 耐寒,喜光,喜冷凉,忌炎热,株高40～90 cm,宜布置花坛、花境及作切花 |
| 大花飞燕草 | *Delphinium grandiflorum* | 毛茛科翠雀属 | 5—6月 | 蓝、白、紫、粉 | 播种、分株、扦插 | 耐寒,忌炎热,喜光,耐半荫,株高40～80 cm,宜布置花坛、花境及作切花 |
| 紫萼 | *Hosta ventricosa* | 百合科玉簪属 | 6—8月 | 淡黄 | 播种、分株 | 耐寒,喜阴,宜林下栽植或作切花、切叶 |

续表

| 名称 | 学名 | 科属 | 花期 | 花色 | 繁殖 | 特性及应用 |
|---|---|---|---|---|---|---|
| 剪秋罗（剪夏罗） | *Lychnis senno* L. coronata | 石竹科 剪秋罗属 | 5—7月 | 红、橙红 | 播种、分株 | 耐寒，喜冷凉，喜光，耐半荫，株高40～80 cm，宜布置花坛、花境或作切花 |
| 东方罂粟 | *Papaver orientale* | 罂粟科 罂粟属 | 6—7月 | 橙、粉红 | 播种、分株 | 株高60～1000cm，宜布置花境 |
| 桔梗 | *Platycodon grandiflorum* | 桔梗科 桔梗属 | 6—9月 | 蓝、白 | 播种、分株 | 耐寒，喜湿润，耐半荫，株高30～100 cm，宜布置花坛、花境岩石园或作切花 |
| 乌头 | *Aconitum chinensis* | 毛茛科 乌头属 | 夏季 | 淡蓝 | 播种、分株 | 耐寒，耐半荫，株高1m，可作花境、林下栽植，亦可作切花 |
| 沙参 | *Adenophora terraphylla* | 桔梗科 沙参属 | 6—8月 | 蓝、白 | 播种、分株 | 耐寒，耐旱，喜半荫，株高30～150cm，宜布置花坛、花境林缘栽种 |
| 春黄菊 | *Anthemis tinctoria* | 菊科 春黄菊属 | 6—9月 | 白、黄 | 播种、分株 | 耐寒，喜凉爽，喜光，高30～60cm，宜布置花境或作切花 |
| 金鸡菊 | *Coreopsis basalis* | 菊科 金鸡菊属 | 5—10月 | 黄 | 播种、分株 | 耐寒，喜凉爽，株高30～60cm，宜布置花境、地被 |

# 本章思考题

1. 何为宿根花卉？其栽培特点是什么？
2. 简述宿根花卉的分类。
3. 简述宿根花卉的园林应用。
4. 简述红掌的切花栽培方法。
5. 简述红掌栽培中常见问题及解决方法。
6. 简述君子兰养护过程中容易夹箭的原因及解决办法。
7. 简述盆栽菊的栽培管理方法。
8. 简述造型菊的栽培管理方法。
9. 简述芍药的促成和抑制栽培方法。

# 10　球根园林花卉

**【本章提要】**　球根花卉属多年生草本花卉,其地下部分发生变态的根或茎是贮藏营养的器官,可用于繁殖。本章介绍了球根花卉的分类、栽培特点、观赏特点和园林应用等,重点介绍了部分常见的球根花卉的形态特征、栽培管理等,以及主要的常见球根花卉,如郁金香、水仙、风信子、唐菖蒲、小苍兰、百合、大丽花、仙客来等。

## 10.1　概述

### 10.1.1　概念与类型

#### 1. 概念

球根花卉为多年生草本花卉,其地下器官变态肥大,其根或茎在地下形成球状物或块状物,这类花卉统称为"球根花卉"。球根花卉都具有地下贮存器官,这些器官可以存活多年,有的每年更新球体,有的只是每年生长点移动来完成新老球体的交替。

#### 2. 类型

1)依地下变态器官的结构划分

球根花卉依地下变态器官的结构不同可分为球茎、鳞茎、块根、块茎、根茎五类。

(1)球茎类

由茎的地下部分膨大形成,外形似球,内为实心,外部有数层鳞片包裹,是养分的贮藏器官。球茎下部生根,上部常被老叶的基部遮盖。每当球茎生长发育长成植株,并开花之后,原有的球茎所贮藏的养分消耗殆尽,干瘪萎缩,在原球茎之上长出一个与原球茎大小相仿的新球,并于新球周围形成多数小的球茎,称之为子球,可用于扩大繁殖。将子球与新球分离后单独种植,2~3 a之后,便可形成能够开花的球茎。属于球茎类的花卉有唐菖蒲、小苍兰、慈姑、番红花。

(2)鳞茎类

由茎的地下部分变态而成,茎呈短缩的扁盘状(称为茎盘),其上生有多数肥厚的鳞片,鳞片由叶片变态而成,故亦称鳞叶,由于鳞茎的外形不同,又分为"有皮鳞茎"和"无皮鳞茎"。前者,肥厚的鳞片外部有一层褐色的膜状物包裹,如水仙、郁金香、风信子等;后者,鳞片相互重叠而生,而且外部无膜状物包裹,如百合。

(3)块根类

块根由根变态而成,是贮藏养分的器官。块根上并无发芽点,发芽点位于老植株的茎基部。所以用块根繁殖,必须注意老茎上的发芽点,由此处萌发新芽。分切块根繁殖时,每块材料必须带有老茎上的芽点和部分块根。属于块根类花卉的有大丽花、非洲百合。

（4）块茎类

短而肥大的地下茎为块状，其外形不规整，有的呈扁圆形，如球根海棠等；有的呈不规则的球形，如白头翁等；有的呈串形结节状，如花毛茛等。所有块茎的顶端通常带有几个发芽点，这些发芽点于翌年即可萌发长成植株，属于此类的花卉有大岩桐、晚香玉、花叶芋等。

（5）根茎类

其地下茎肥大粗长，往往具有蔓性，通常向水平方向伸展，为营养贮藏器官。根茎上有明显的节和节间，每一节上均可发生侧芽，尤以根茎顶端各节为胜，节部可生出须根。由侧芽可抽生新叶和花茎。根茎类花卉亦可分为两种，一种为肥大根茎，如荷花等；另一种为弱小根茎，如剪股颖等。属于此类花卉的还有美人蕉、姜花、鸢尾、睡莲等。

2）依适宜的栽植时间划分

大多数球根花卉都有休眠期，依原产地的气候条件，主要是因雨季不同而异。有少数原产于热带的球根花卉没有休眠期，但在其他地方栽培，有强迫休眠现象，如美人蕉、晚香玉等。

（1）春植类球根花卉

春植类球根花卉原产南非一带，此地夏季多雨、冬季干旱。于春天栽植，夏季或秋初开花，秋季休眠，直至翌年春季。花芽分化一般在夏季生长期进行。夏季开花的有球根海棠、花叶芋、美人蕉、唐菖蒲、百合、姜花、晚香玉、睡莲、荷花等；秋季开花的有仙客来、石蒜、大丽花、秋水仙等。

（2）秋植类球根花卉

秋植类球根花卉原产地中海沿岸一带，此地冬季多雨、夏季干旱。此类花卉于8月中旬至10月初种植，冬季前生出根系，幼芽开始萌动，但一般不出土，冬季经受低温锻炼，通过春化阶段，翌春温度回升后，迅速生长、抽薹、开花，夏初地上部茎叶枯黄凋萎，进入休眠。花芽分化一般在夏季休眠期进行。在球根花卉中占的种类较多，如水仙、郁金香、风信子、花毛茛等。也有少数种类花芽分化在生长期进行，如百合类。

另外，一切球根花卉，稍做人工促进或控制即可于冬季开花，保证新年或春节的供应。秋季开花者延后栽培，春季开花者提前促进栽培，均可达此目的。如仙客来、球根秋海棠、石蒜可延后栽培，水仙、风信子、郁金香可提前栽培等。

## 10.1.2 栽培特点

球根花卉有一个共同的特点，即在球根形成的过程中，积累了很丰富的营养物质，这些营养物质供给下一代发芽、生长、开花和形成新的球根。特别是生长初期，植物生长发育所需的养分主要来自种球，可以说付出大于积累；到生长后期，叶片进行光合作用制造的营养，主要运往新的球根内贮藏，以积累为主。球根花卉一般开花前的生长发育较为迅速，花朵较大，花色艳丽。从栽培方面考虑，正是因为生长迅速，在较短的时间内需要耗费大量营养，所以前期必须加强水肥管理，及时给予足够的补充，才能充分发挥球根花卉特点，开出绚丽的花朵。

植物生长的后期，是积累养分的阶段，所以开花后仍不能放松水肥管理，盆栽和花坛种植的球根花卉，花谢后应及时剪除残花，避免籽实发育造成的消耗，保证营养集中运往贮藏器官；作为切花栽培的球根花卉，在剪切鲜花时，要在不影响切花质量的前提下，使植株上尽可能多保留叶片，以增加光合面积，制造更多的营养物质。

### 10.1.3　观赏特性与园林应用特点

（1）观赏特性

大多数球根花卉花朵大、色彩鲜艳,是园林绿化中不可缺少的种类之一。其品种繁多,群体效果好,观花的色彩丰富,观叶的姿态各异。不同种类在不同时期开花,季相景观不断变化,给人耳目一新之感,符合人们的欣赏要求。

球根花卉与种子花卉不同的是,这些球根花卉种植后,在很短的时期内能开花,且体积小、重量轻,贮藏运输方便,经济、方便。此外,在日常管理中方便,球根花卉便于在园林中灵活布置,适应性强,无论是在人工管理精细的景点、游园,还是在偏僻的墙角、水边,都能生长,比较耐旱、耐寒、耐瘠薄,病虫害少。球根花卉容易繁殖,管理简单。球根花卉分子球,对水肥无特殊要求,只进行正常管理即可,许多球根花卉可以在本地区露地栽培,在园林养护中一般 3～4 a 挖 1 次,重新种植即可,省工、省时。

（2）园林应用特点

球根花卉是园艺化程度极高的一类花卉。种类不多的球根花卉,品种却极为丰富,每种花卉都有几十至上千个品种。球根花卉有如下几个应用特点。

①可供选择的花卉品种多,易形成丰富的景观。但大多数种类对环境中土壤、水分要求较严格。

②球根花卉的大多数种类色彩艳丽丰富、观赏价值高,是园林中色彩的重要来源。

③球根花卉仅开一季,而后就进入休眠而不被注意,方便使用。

④球根花卉花期易控制,整齐一致,只要球大小一致,栽植条件、时间、方法一致,即可同时开花。

⑤球根花卉是春季的重要花卉。

⑥球根花卉是各种花卉应用形式的优良材料,尤其是花坛、花丛、花群、缀花草坪的优秀材料;还可用于混合花境、种植钵、花台、花带等多种形式;有许多种类是重要的切花、盆花生产花卉;有些种类有染料、香料等价值。

⑦许多种类可以水养栽培,适于室内绿化和不适宜土壤栽培的环境使用。

## 10.2　秋植球根花卉

1）郁金香（*Tulipa gesneriana*）

**别名:**洋荷花、草麝香

**科属:**百合科郁金香属

**产地:**原产地中海沿岸和亚洲中部与西部。欧洲广泛栽培,以荷兰最盛。我国各地均有栽培,主要以新疆、广东、云南、上海、北京为主。

**形态特征:**多年生草本,地下鳞茎偏圆锥形,直径约 3 cm,被淡黄色至褐色皮膜。株高 40～60 cm。茎叶光滑、被白粉。叶 2 型,基叶 2～3 枚,卵状宽披针形;茎生叶 1～2 枚,披针形,均无柄。花单生茎顶,直立,花被 6,抱合呈杯状、碗状、百合花状等。雄蕊 6,子房上位。花期 4—5 月,呈红、橙、黄、紫、黑、白或复色,有时具有条纹和斑点,或为重瓣。蒴果,种子扁平,见图 10-1。

**图 10-1　郁金香**

**生态习性**:喜光,喜冬暖夏凉的气候。耐寒力强,冬季球根能耐-35 ℃的低温;生根需在 5 ℃以上。要求疏松、富含腐殖质、排水良好的土壤。最适 pH 值为6.5~7.5。

**繁殖**:用分球和播种繁殖,主要以分球繁殖为主。9—10 月进行分球栽植,发育成熟的大球翌春即能开花。小鳞茎需培育 3~4 a 形成大球之后才能开花。用种子播种育苗,初生苗经 4~5 a 的培育,地下部才能发育成大球,通常用于杂交育种。

**栽培管理**:一般秋季地栽,早春茎叶出土,不久进入花期,初夏休眠。园地必须向阳避风、土层深厚、疏松,施足基肥。秋季将种球植入园地,覆土厚度为球高的 2 倍,株行距 15~20 cm,适当灌水。当种球长出 2 枚叶片时,追施 1 次磷钾液肥;花后剪去残花,减少养分消耗,利于新球、子球的形成。地下形成新球 1~3 个和 4~6 个子球。约 6 月茎叶黄枯后,掘出鳞茎,贮于阴凉通风处;此时充实的新球进入花芽分化。花芽分化的适宜气温为 20~23 ℃。秋季将种球定植于园地。由于每株只长 1 朵花,适当密植,才能形成景观。若在秋季提前用低温处理郁金香鳞茎,可使其提早开花。

**园林用途**:郁金香植株矮小,花型美丽,色泽娇艳,是世界著名的观赏花卉,主要用作切花;也可用于布置花坛、花境,美化庭院。郁金香花期早,花色艳丽,在世界各地广为栽培。宜作花境丛植及带状布置,或点缀多种植物花坛之中。高型品种是作切花的好材料。

**同属其他花卉**:常见栽培的品种有克氏郁金香(*T. clusiana*),福氏郁金香(*T. fosteriana*),香郁金香(*T. Suaveons*),格里郁金香(*T. grezgzt*),考夫曼郁金香(*T. kaufmanniana*),老鸦瓣[*T. edulis* (Miq.)Baker.]等。

2)风信子(*Hyacinthus orientalis* L.)

**别名**:洋水仙、五色水仙

**科属**:百合科风信子属

**产地**:原产于南欧地中海东部沿岸及小亚细亚半岛一带,栽培品种极多,现在世界上荷兰分布最多,中国各地均有栽培。

**形态特征**:鳞茎球形或扁球形,外被有光泽的皮膜,其色与花色有关,有紫蓝、淡绿、粉或白色。株高 20~50 cm,叶基生,4~8 枚,带状披针形,端圆钝,质肥厚,有光泽。花序高 15~45 cm,中空,总状花序密生其上部,着花 6~12 朵或 10~20 朵;小花具小苞,斜伸或下垂,钟状,基部膨大,裂片端部向外反卷;花色原为蓝紫色,有白、粉、红、黄、蓝、堇等色深浅不一,单瓣或重瓣,多数园艺品种有香气。花期 4—5 月。蒴果球形,果实成熟后背裂,种子黑色,每果种子 8~12 粒,见图 10-2。

**生态习性**:喜阳光充足和比较湿润的环境,要求排水良好和肥沃的砂质壤土。较耐寒,在冬季比较温暖的

**图 10-2　风信子**

地区秋季生根,早春新芽出土,3月开花,5月下旬果熟,6月上旬地上部分枯萎进入休眠期。

**繁殖:** 以分球繁殖为主,育种时用种子繁殖,也可用花芽、嫩叶作外植体,繁殖风信子鳞茎。母球栽植 1 a 后分生 1~2 个子球,也有些品种可分生 10 个以上子球。可用于分球繁殖,子球繁殖需要 3 a 开花。种子繁殖,秋播,翌年 2 月才发芽,实生苗培养 4~5 a 后开花。

**栽培管理:** 风信子应选择排水良好、不太干燥的砂质壤土为宜,中性至微碱性,种植前要施足基肥,大田栽培,忌连作。栽培方法有露地栽培,盆栽,水培和促成栽培。

(1)露地栽培

露地栽培宜于 10—11 月进行,排水良好的土壤是最为重要的条件。种植前施足基肥,上面加一层薄沙,然后将鳞茎排好,株距 15~18 cm,覆土 5~8 cm,并覆草以保持土壤疏松和湿润。一般开花前不作其他管理,花后如不拟收种子,则应将花茎剪去,以促进球根发育,剪除位置应尽量在花茎的最上部。6 月上旬即可将球根挖出,摊开、分级贮藏于冷库内,夏季温度不宜超过 28 ℃。

(2)盆栽

用壤土、腐叶土、细沙等混合作营养土,一般 10 cm 口径盆栽 1 球,15 cm 口径盆栽 2~3 球,然后将盆埋入土中,其上覆土 10~15 cm,经 7~8 周,芽长到 10 cm 长时,去其覆土使阳光照射。一般 10—11 月栽植,3 月开花。

(3)水培

风信子水培的关键是选好鳞茎,以大者为上,其外被膜须完好有光泽,被膜的颜色与花色有关,优良的种球应表皮纵脉清晰且距离较宽,内部鳞片包裹紧密,指压坚实有弹性,顶芽饱满外露,基部的鳞茎盘宽厚,用手掂量有沉重感。荷兰进口的种球是经促成栽培处理的,即在 25.5 ℃下促进花芽分化,又在 13 ℃下放置 2.5 个月,促进花茎发育,然后才可在 22 ℃左右温度下进行水培。

(4)促成栽培

7 月下旬以后,将球根用 8 ℃的低温处理 70~75 d,然后 10 月上旬盆栽,于温室中栽培,即可令其年末开花。由于栽培品种其促成的感度相差很大,因此在行促成栽培时应选用适于促成用的品种。

**园林用途:** 风信子姿态娇美,花色艳丽多彩,清香宜人,花色有花卉中少见的蓝色,是早春开花的著名球根花卉,为欧美各国流行甚广的名花之一。适于布置花坛、花境和花槽,也可作切花、盆栽水植。

**同属其他花卉:** 西班牙风信子(*H. amethystinus*),罗马风信子(*H. romanus*)等。

3)水仙(*Narcissus tazetta* var. *chinensis Roem*)

**别名:** 冰仙、天葱、雅蒜、玲珑花

**科属:** 石蒜科水仙花属

**产地:** 水仙原产中国,在中欧、地中海沿岸和北非地区亦有分布,中国水仙是多花水仙的一个变种。

**形态特征:** 多年生草本植物。鳞茎卵状至广卵状球形,直径 3.2~5.8 cm,由多数肉质鳞片组成,外被棕褐色皮膜。叶狭长带状,长 30~80 cm,宽 1.5~4 cm,全缘,面上有白粉。花葶自叶丛中抽出,高于叶面;一般开花的多为 4~5 枚叶的叶丛,每球抽花 1~7 支,多者可达 10 支以上;伞形花序着花 4~6 朵,多者达 10 余朵;花白色,芳香;花期 1—3 月,见图 10-3。

**生态习性:** 性喜温暖、湿润的气候,忌炎热高温,喜水湿,较耐寒。水仙为秋植球根花卉,具有秋

**图 10-3　中国水仙**

冬生长、早春开花并贮藏养分、夏季休眠的习性,休眠期在鳞茎生长部分进行花芽分化。

**繁殖:**可以采用播种、分球、分切鳞茎、组织培养等方法繁殖。分切鳞茎:将母球纵切成 8～16 块,将其进一步切成 60～100 个双鳞片,把双鳞片放置在湿润的基质上,覆盖湿润的蛭石,保持温度 20 ℃,大约 90 d 形成子球,子球开花大约需要 3～4 a;自然分球,将子球从母球上分离下来,在 4 a 期间,大约形成 3～4 个开花球。种子繁殖一般在培育新品种时采用。

**栽培管理:**水仙栽培有水培法和露地栽培法两种方法。

(1)水培法

水培法即用浅盆水浸法培养。将经催芽处理后的水仙直立放入水仙浅盆中,加水淹没鳞茎三分之一为宜。盆中可用石英砂、鹅卵石等将鳞茎固定。白天水仙盆要放置在阳光充足的地方,晚上移入室内,并将盆内的水倒掉,以控制叶片徒长。次日早晨再加入清水,注意不要移动鳞茎的方向。刚上盆时,水仙可以每日换 1 次水,以后每 2～3 d 换 1 次,花苞形成后,每周换 1 次水。水仙在 10～15 ℃环境下生长良好,约 45 d 即可开花,花期可保持月余。

(2)露地栽培法

露地栽培是指每年挖球之后,把可以上市出售的大球挑出来,余下的小侧球可立即种植。也可留待 9—10 月种植。一般认为种得早,发根好,长得好。种植时,选较大的球用点播法,单行或宽行种植。单行种植的用 6 cm×25 cm 的株行距,宽行种植的用 6 cm×15 cm 株行距,连续种 3～4 行后,留出 35～40 cm 的行距,再反复连续下去。旱地栽培的,养护较粗放,除施 2～3 次水肥外,不常浇水。单行种植的常与农作物间作。

**园林用途:**水仙类株丛低矮清秀,花形奇特,花色淡雅、清香,自古以来为人们所喜爱。既适宜室内案头、窗台摆设,又适宜园林中布置花坛、花境;也适宜疏林下、草坪上成丛成片种植。水仙类花朵水养持久,为良好的切花材料。

**同属其他花卉:**喇叭水仙(*N. pseudo*-narcissus),花单生,大型,花黄或淡黄色,极耐寒,花期 3—4 月;明星水仙(*N. incomparabilis*),花单生,大型,花黄或白色,花期 4 月;丁香水仙(*N. jonquilla*),花 2～6 朵聚生,侧向开放,花黄或橙黄色,花期 4 月;红口水仙(*N. poeticus*),花单生,少数 1 茎 2 花,花被片纯白色,花期 4—5 月。

4)番红花(*Crocus sativus* L.)

**别名:**西红花

**科属:**鸢尾科番红花属

**产地:**主要分布在欧洲、地中海和中亚等地,明朝时传入中国,现为中国各地常见栽培。

**形态特征:**多年生草本植物。地下具扁圆形或圆形的球茎,肉质。球茎外围有纤维质或膜质外皮包裹。栽植后,球茎顶部有数个芽萌发,形成 3～6 个分蘖。分蘖的顶芽部位营养条件良好,可抽出单生花茎,每一分蘖有花 1～2 朵,每朵花期 2～3 d。花形呈酒杯状,昼开夜合,上午 10 时左右开花最盛。花具花被 6 枚,花径 4～6 cm,有细长的花筒,花柱细长,伸出花筒外,柱头有 3 深裂,花柱与柱头是主要的药用部分。花色有白、黄、雪青、紫红、深紫等。春花种主要花期在 3—4 月,秋花种一般在 10—11 月开花,早花品种在 8—9 月即开花,见图 10-4。

**生态习性**:喜冷凉湿润和半荫环境,较耐寒,宜排水良好、腐殖质丰富的砂质壤土。pH 值要求 5.5～6.5。雨涝积水,球茎易腐烂。球茎夏季休眠,秋季发根、萌叶。

**繁殖**:主要采用子球进行无性繁殖。每年在老球的顶端形成一个新球,并从外伸的侧芽上产生数个子球,成为繁殖种球最主要的材料,也可以种子繁殖,从播种到开花,大约需要 3～4 a。

**图 10-4　番红花**

**栽培管理**:采用排水良好、可溶性盐分低的基质,在基质中不能加入黏土;基质 pH 值要求为 6.0～7.0。选用周径在 9 cm 以上的种球,10 cm 花盆中通常种植 5～6 粒种球,12.5 cm 的花盆中种植 7～9 粒种球。

**园林用途**:番红花植株矮小,叶丛纤细,花朵娇柔幽雅,开放甚早,是早春庭院点缀花坛或边缘栽植的好材料。可按花色不同组成模纹花坛,也可三五成丛点缀岩石园或自然布置于草坪上。还可盆栽或水养供室内观赏。

**同属其他花卉**:常见栽培的有高加索番红花(*C. susianus*)、番黄花(*C. maesiacus*)、番紫花(*C. vernus*)、美丽番红花(*C. speciosus*)等。

5)铃兰(*Convallaria majalis*)

**别名**:草玉铃、君影草

**科属**:百合科铃兰属

**产地**:原产于北半球温带,欧洲、亚洲与北美洲和中国的东北、华北地区海拔 850～2500 m 处均有野生分布。

**形态特征**:地下部分具平展而多分枝的根茎。叶基生,常 2 枚,具弧形脉,基部有数枚套叠状叶鞘。花茎从叶旁边伸出;总状花序,花小白色,铃状下垂,有浓郁的香气。浆果球形,红色,见图 10-5。

**生态习性**:性喜凉爽湿润和半荫的环境,在温度较低的条件下,阳光直射也可繁育开花。极耐寒,忌炎热干燥,气温 30 ℃以上时植株叶片会过早枯黄,在南方须栽植在较高海拔、无酷暑的地方。喜富含腐殖质、湿润而排水良好的砂质壤土,忌干旱。喜微酸性土壤,在中性和微碱性土壤中也能正常生长。夏季休眠。

**繁殖**:繁殖一般都用分株法,其根茎上有大小不等的幼芽,在秋季地上部枯萎后将株丛掘起,每个顶芽带一段根茎剪切下来栽植,就能成一新株。

**栽培管理**:种植宜浅,稍覆薄土即可。夏季炎热则进入休眠。定植株距 5～8 cm。华北地区可露地栽培,似宿根,不必年年采收。每 3～4 a 分株更新。不宜在同

**图 10-5　铃兰**

一地段长久栽培。

**园林用途**:铃兰植株矮小,花芳香怡人,优雅美丽,开花后绿荫可掬,入秋时红果娇艳,是传统的园林花卉,宜植于稀疏的树荫下,如与鸢尾、紫萼等耐阴花卉相配,更能收到良好效果。铃兰不但素雅,而且性较强健,可点缀于花境、草坪、坡地以及自然山石旁和岩石园中,悠悠清香弥漫在空气中,能营造祥和宁静的气氛。铃兰还可以作切花或盆栽欣赏。

**同属其他花卉**:常见栽培的有大花铃兰(var. *fortunei* Bailey),粉红铃兰(var. *rosea* Hort),重瓣铃兰(var. *prolificans* Wittm),花叶铃兰(var. *variegata* Hort)等。

6)花毛茛(*Ranunculus asiaticus* L.)

**别名**:芹菜花、波斯毛茛

**科属**:毛茛科毛茛属

**产地**:原产于热带或南亚热带的凉爽山区。对土壤要求不严,全国各地都适宜栽培。

**形态特征**:多年生球根草本花卉。株高 20～40 cm,块根纺锤形,常数个聚生于根颈部;茎单生,或少数分枝,有毛;基生叶阔卵形,具长柄,茎生叶无柄,为 2 回 3 出羽状复叶;花单生或数朵顶生,花径 3～4 cm;花期 4—5 月。地下具纺锤状小块根,长约 2 cm,直径 1 cm。地上株丛高约 30 cm,茎长纤细而直立,分枝少,具刚毛。根生叶具长柄,椭圆形,多为三出叶,有粗钝锯齿。茎生叶近无柄,羽状细裂,裂片 5～6 枚,叶缘也有钝锯齿。单花着生枝顶,或自叶腋间抽生出很长的花梗,花冠丰圆,花瓣平展,每轮 8 枚,错落叠层,花径 3～4 cm 或更大,常数个聚生于根颈部。春季抽生地上茎,单生或少数分枝。茎生叶无叶柄,基生叶有长柄,形似芹菜。每一花莛有花 1～4 朵,有重瓣、半重瓣,花色丰富,有白、黄、红、水红、大红、橙、紫和褐色等多种颜色,见图 10-6。

**图 10-6　花毛茛**

**生态习性**:喜凉爽及半荫环境,忌炎热,适宜的生长温度为白天 20 ℃左右,夜间 7～10 ℃,既怕湿又怕旱,宜种植于排水良好、肥沃疏松的中性或偏碱性土壤。6 月块根进入休眠期。花毛茛原产于以土耳其为中心的亚洲西部和欧洲东南部,喜气候温和、空气清新湿润、生长环境疏荫,不耐严寒冷冻,更怕酷暑烈日。在中国大部分地区夏季进入休眠状态。盆栽要求富含腐殖质、疏松肥沃、通透性能强的砂质培养土。

**繁殖**:分株繁殖,9—10 月间将块根带根茎掰开,以 3～4 根为一株栽植,挖取地栽或脱盆母株,轻轻抖去泥土,覆土不宜过深,埋入块根即可。于秋季露地播种,温度不宜超过 20 ℃,在 10 ℃左右约 20 d 便可发芽。小苗移栽后,转至冷床或塑料大棚内培养,翌年初春即能开花。花毛茛也可播种繁殖,但变异性较大。

**栽培管理**:盆栽用土要求疏松肥沃、透气性好、富含有机质的砂质土壤。配制这样的培养土,可用森林腐叶土 3 份、山泥土 2 份、肥塘泥 3 份、堆积的干杂肥或厩肥 2 份配制。这些基质要提早收集,长期堆积发酵腐热。夏季阳光强烈时挖开曝晒数日,然后整细过筛备用。

花毛茛性强健,长势繁茂,在整个生长过程中,要适时适量追施肥料。花毛茛性喜土壤疏松、湿润,盆土不宜过干,生长季节可每隔 2～3 d 浇水 1 次。花毛茛怕水涝,下雨后要及时倒掉盆内积水。

开花以后,结合施肥,土壤要保持湿润,一般见到盆土表面发白时要及时浇水,使土壤疏松、湿润、透气,促进植株旺盛生长。

**园林用途:**花毛茛品种繁多,花大色艳,宜作切花或盆栽,也可用于布置花坛、花境或林缘、草坪四周。

7)白头翁(*Pulsatilla chinensis*)

**别名:**老公花、毛骨朵花、耗子花、奈何草、老翁花

**科属:**毛茛科白头翁属

**产地:**原产中国。华北、东北、江苏、浙江等地均有野生。

**形态特征:**根圆锥形,有纵纹,全株密被白色长柔毛,株高 10～40 cm,通常 20～30 cm。基生叶 4～5 片,三全裂,有时为三出复叶。花单朵顶生,径约 3～4 cm,萼片花瓣状,6 片排成 2 轮,蓝紫色,外被白色柔毛;雄蕊多数,鲜黄色;花期 4—6 月。瘦果,密集成头状,花柱宿存,银丝状,形似白头老翁,故得名白头翁或老公花,见图 10-7。

**图 10-7　白头翁**

**生态习性:**喜凉爽气候,耐寒性较强,忌暑热。在微阴下生长良好,喜排水良好的砂质壤土,不耐盐碱和低湿地。

**繁殖:**播种或分割块茎繁殖。可在秋末掘起地下块茎,用湿沙堆积于室内,翌年 3 月上旬在冷床内栽植催芽,萌芽后将块茎用刀切开,每块都应带有萌发的顶芽,栽于露地或盆内。

**栽培管理:**栽培管理简单,华北地区可露地过冬,似宿根类栽培。

**园林用途:**白头翁在园林中可作自然栽植,用于布置花坛、道路两旁,或点缀于林间空地。花期早,植株矮小,是理想的地被植物品种,果期羽毛状花柱宿存,形如头状,极为别致。

**同属其他花卉:**日本白头翁(*P. cernua*),花暗紫红色;欧洲白头翁(*P. vulgaris*),全株被长毛,花蓝色或深紫色。

8)葡萄风信子(*Muscari botryoides*)

**别名:**蓝壶花、葡萄百合、葡萄水仙

**科属:**百合科蓝壶花属

**产地:**原产地中海沿岸和亚洲西南部。

**形态特征:**多年生草本。鳞茎卵圆形,皮膜白色;球茎 1～2 cm。叶基生,线形,稍肉质,暗绿色,边缘常内卷,长约 20 cm。花茎自叶丛中抽出,1～3 支,花茎高 15～25 cm,总状花序,小花多数密生而下垂,花冠小坛状顶端紧缩,花篮色或顶端白色,并有白色、肉色、淡蓝色和重瓣品种,见图 10-8。

**图 10-8　葡萄风信子**

**生态习性:**性强健,适应性较强。耐寒,在中国华北地区可露地越冬,不耐炎热,夏季地上部分枯死。耐半

荫,喜深厚、肥沃和排水良好的砂质壤土。

**繁殖:**分球繁殖,将母株周围自然分生的小球分开,秋季另行种植,培养 1～2 a 即能开花。

**栽培管理:**秋植,定植株距 10 cm。栽培管理简单,但要注意栽前施足基肥,生长期适当追肥,有利于开花。华北地区可露地越冬,栽培似宿根类,不必年年取出。

**园林用途:**葡萄风信子株丛低矮,花色明丽,花朵繁茂,花期早且长达 2 个月,宜作林下地被花卉。丛植在以黄色为主基调的花境中,十分醒目。可与红色郁金香配置,是早春园林中美丽的景观。在草坪边缘或灌木丛旁形成花带也非常美丽。性强健,种植在岩石园中,可以体现其旺盛的生命力,给人以蓬勃向上的感觉。此外,它还是切花和盆栽促成的优良材料。

**同属其他花卉:**常见栽培的有天蓝葡萄风信子(*M. azureum*),大蓝壶花(*M. cornosum*)等。

9)石蒜(*Lycoris radiata*)

**别名:**蟑螂花、老鸦蒜、一枝箭

**科属:**石蒜科石蒜属

**图 10-9 石蒜**

**产地:**广泛分布于长江中下游我国西南部分地区,在越南、马来西亚、日本也有分布,我国在宋代就有关于其的记载,还被称作"无义草""龙爪花"。

**形态特征:**多年生草本植物。鳞茎椭圆形或球形,被褐色薄膜,直径 2～4 cm。叶线性,基生,晚秋自鳞茎抽生,至翌年春季枯萎。入秋抽出花茎,高 30～50 cm,伞形花序顶生,着花 5～10 朵,花有红、黄、粉、白等色,花被 6 裂,瓣呈窄狭的倒披针形,向背方反卷,花茎 6～7 cm,见图 10-9。

**生态习性:**性喜阳光,也耐曝晒。喜高温多湿,也较耐旱和耐寒,要求排水良好的砂质壤土,花期 8 月下旬。

**繁殖:**用分球、播种、鳞块基底切割和组织培养等方法繁殖,以分球法为主。

**栽培管理:**春、秋两季均可栽培,一般温暖地区多秋植,较寒冷地区则宜春植。栽植不宜过深,以球顶刚埋入土面为宜。栽植后不宜每年挖采,一般 4～5 a 挖出分栽 1 次。栽培管理简便。采收后贮存在干燥通风处。

**园林用途:**石蒜冬季叶色深绿,覆盖庭院,打破了冬日的枯寂气氛。夏末秋初莩莩花茎破土而出,花朵明亮秀丽,雄蕊及花柱突出甚长,非常美丽。园林中可作林下地被花卉,也可花境丛植或山石间自然式栽植。因其开花时光叶,所以与其他较耐阴的草本植物搭配为好。除此之外,也可供盆栽、水养、切花等用。

**同属其他花卉:**中国石蒜(*L. aurea*),花大,花黄色;鹿葱(*L. squamigera*),花茎高 60～70 cm,着花 4～8 朵,花粉红色具莲青色或水红色晕;长筒石蒜(*L. longituba*),花冠筒长,约 4～6 cm,着花 5～17 朵,花大,花白色,略带淡红色条纹。

10)百合(*Lilium brownie* var. *viridulum*)

**别名:**强瞿、番韭、百合蒜

**科属:**百合科百合属

**产地:**主要分布在亚洲东部、欧洲、北美洲等北半球温带地区。全球已发现有一百多个品种,中国是其最主要的起源地,原产五十多种,是百合属植物自然分布中心。

**形态特征**:多年生球根草本花卉,株高 40～60 cm,
还有高达 1 m 以上的。茎直立,不分枝,草绿色,茎秆
基部带红色或紫褐色斑点。地下具鳞茎,鳞茎呈阔卵
形或披针形,白色或淡黄色,直径由 6～8 cm 的肉质
鳞片抱合成球形,外有膜质层。多数须根生于球基
部。单叶,互生,狭线形,无叶柄,直接包生于茎秆上,
叶脉平行。有的品种在叶腋间生出紫色或绿色颗粒
状珠芽,其株芽可繁殖成小植株。花着生于茎秆顶
端,呈总状花序,簇生或单生,花冠较大,花筒较长,呈

图 10-10  百合(香水百合)

漏斗形喇叭状,六裂无萼片,因茎秆纤细,花朵大,开
放时常下垂或平伸;花色因品种不同而色彩多样,多为黄色、白色、粉红色、橙红色,有的具紫色或黑
色斑点,也有一朵花具多种颜色的,极美丽。花瓣有平展的,有向外翻卷的,故有"卷丹"美名。有的
花味浓香,故有"麝香百合"之称。花落结长椭圆形蒴果,见图 10-10。

**生态习性**:性喜湿润、光照,要求肥沃、富含腐殖质、土层深厚、排水性极为良好的砂质壤土,最
忌硬黏土;多数品种宜在微酸性至中性土壤中生长,土壤 pH 值为 5.5～6.5。百合喜凉爽潮湿环
境,日光充足的地方、略荫蔽的环境对百合更为适合。忌干旱、忌酷暑,它的耐寒性稍差些。百合生
长、开花温度为 16～24 ℃,低于 5 ℃或高于 30 ℃生长几乎停止,10 ℃以上植株才正常生长,超过 25
℃时生长又停滞,如果冬季夜间温度持续 5～7 d 低于 5 ℃,花芽分化、花蕾发育会受到严重影响,会
推迟开花甚至导致盲花、花裂。

**繁殖**:百合的繁殖方法有播种、分小鳞茎、鳞片扦插和分珠芽等四种方法。

(1)播种法

播种属有性繁殖,主要在育种上应用。方法是,秋季采收种子,贮藏到翌年春天播种。播后约
20～30 d 发芽。幼苗期要适当遮阳。入秋时,地下部分已形成小鳞茎,即可挖出分栽。播种实生苗
因种类的不同,有的 3 a 开花,也有的需培养多年才能开花。因此,此法不宜家庭栽培采用。

(2)分小鳞茎法

如果需要繁殖 1 株或几株,可采用分小鳞茎法。通常在老鳞茎的茎盘外围长有一些小鳞茎。在
9—10 月收获百合时,可把这些小鳞茎分离下来,贮藏在室内的砂土中越冬。翌年春季上盆栽种。
培养到第三年 9—10 月,即可长成大鳞茎而培育成大植株。此法繁殖量小,只适宜家庭盆栽繁殖。

(3)鳞片扦插法

鳞片扦插法可用于中等数量的繁殖。秋天挖出鳞茎,将老鳞上充实、肥厚的鳞片逐个分瓣下
来,每个鳞片的基部应带有一小部分茎盘,稍阴干,然后扦插于盛好河沙(或蛭石)的花盆或浅木箱
中,让鳞片的 2/3 插入基质,保持基质一定湿度,在 20 ℃左右条件下,约 1 个半月,鳞片伤口处即生
根。冬季湿度宜保持 18 ℃左右,河沙不要过湿。培养到翌年春季,鳞片即可长出小鳞茎,将它们分
上来,栽入盆中,加以精心管理,培养 3 a 左右即可开花。

(4)分珠芽法

分珠芽法繁殖仅适用于少数种类,如卷丹、黄铁炮等种类的百合,多用此法。做法是将地上茎
叶腋处形成的小鳞茎(又称"珠芽",在夏季珠芽已充分长大,但尚未脱落时)取下来培养。从长成大

鳞茎至开花,通常需要2~4 a的时间。为促使多生小珠芽供繁殖用,可在植株开花后,将地上茎压倒并浅埋土,将地上茎分成每段带3~4片叶的小段,浅埋茎节于湿沙中,则叶腋间均可长出小珠芽。

**栽培管理:**露地栽培的种植时间以8—9月为宜。种前一个月施足基肥,并深翻土壤,可用堆肥和草木灰作基肥。栽种宜较深(一般深度为鳞茎直径的3~4倍),以利根茎吸收养分。北方如栽种太浅,冬季易受冻害,并会影响根须和小鳞茎的生长。生长期间不宜中耕除草,以免损伤根茎。若有条件,可在种植地面撒一些碎木屑作土壤覆盖。这样,既可防止杂草生长,又可保墒和降低土壤湿度,以利鳞茎发育。盆栽宜在9—10月进行。培养土宜用腐叶土:砂土:园土以1:1:1的比例混合配制,盆底施足充分腐熟的堆肥和少量骨粉作基肥。栽种深度一般约为鳞茎直径的2~3倍。百合对肥料要求不是很高,通常在春季生长开始及开花初期酌施肥料即可。

**园林用途:**百合适宜于大片纯植或丛植疏林下、草坪边、亭台畔以及用于建筑基础栽植。亦可作花坛、花境及岩石园材料或盆栽观赏。由于百合花花姿优美、清香晶莹、气度不凡,加上关于百合的许多美好的传说和寓意,使得百合极受人们欢迎。可作切花用,属于名贵切花。

**同属其他花卉:**同属常见栽培的有王百合(*L. regale*),麝香百合(*L. longi-florum*),渥丹(*L. concolor*),毛百合(*L. dauricum*),卷丹(*L. lancifolium*),药百合(*L. spectosum* var. *gloriosoides*),湖北百合(*L. henryi*),山丹(*L. pumilum*),川百合(*L. davidii*)。

11)虎眼万年青(*Ornithogalum caudatum*)

**别名:**海葱、鸟乳花

**科属:**百合科虎眼万年青属

**产地:**原产非洲南部,华北地区常见盆栽。

**形态特征:**多年生草本植物。鳞茎呈卵状球形,绿色,有膜质外皮,栽植时鳞茎全露于土面之上。叶常绿,5~6枚,带状,端部尾状长尖,叶长30~60 cm,宽3~5 cm。花莛粗壮,高可达1 m;总状花序边开花边延长,长20~30 cm;花多而密,常达50~60朵,花梗2 cm,花被片6枚,分离,白色,中间有绿脊,花径2~2.5 cm。花期冬、春季。蒴果倒卵状球形,种子小,黑色,见图10-11。

**生态习性:**喜阳光,亦耐半荫,耐寒,夏季怕阳光直射,好湿润环境,冬季重霜后叶丛仍保持苍绿色。鳞茎有夏季休眠习性;鳞茎分生力强,繁殖系数高。

**繁殖:**常用自然分球和播种繁殖。自然分球繁殖,8—9月掘起鳞茎,按大小分级栽种,1次栽种后经数年待鳞茎拥挤时再行分球。播种繁殖,实生苗需培育3~4 a才能开花。

**栽培管理:**生长健壮,栽培容易,耐粗放管理。夏季应置荫棚下养护,冬季应温室越冬。生长季节要求土壤湿润,但要排水良好。每半月施肥1次。花后应去掉残花梗。

**园林用途:**虎眼万年青常年嫩绿,质如玛瑙,具透明感,置于室内观赏,清心悦目。它的叶片颇具特色,基部至顶部突细如针,弯曲下垂,披在盆边四周,随风摇曳,独有神韵。虎眼万年青4月中旬至5月上旬开花,花有白色、橙色和重瓣种。春季星状白花闪烁,幽雅朴素,是布置自然式园林和岩石园的优良材料,也适用于切花和盆栽观赏。

图 10-11　虎眼万年青

**同属其他花卉:**常见栽培的有阿拉伯鸟乳花(*O. arabicum*),好望角鸟乳花(*O. thyrsoides*),伞形鸟乳花(*O. um-bellatum*)等。

12)球根鸢尾(*Iris lxiolirion* tataricum)

**别名**:艾丽斯、荷兰鸢尾

**科属**:鸢尾科鸢尾属

**产地**:野生种的分布地点主要在北非、西班牙、葡萄牙、高加索地区、黎巴嫩和以色列等。

**形态特征**:多年生草本。球茎长卵圆形,外有褐色皮膜,直径 1.5~3 cm。叶线形,具深沟,长 20~40 cm。花亭直立,高 45~60 cm,着花 1~2 朵,有花梗。扁圆形球茎外有褐色网状膜。叶片线状剑形,基部有抱茎叶鞘。复圆锥花序具多数花,花冠漏斗形,筒部稍弯曲,橙红色。花期初夏至秋季,见图 10-12。

**图 10-12　球根鸢尾**

**生态习性**:性喜阳光充足而凉爽的环境,也耐寒及半荫,在我国长江流域可以露地越冬,但在华北地区需覆盖或风障保护越冬。喜砂质壤土,但也可用其他疏松肥沃土壤栽培,要求排水良好。

**繁殖**:通常分球繁殖。夏季采收鳞茎后,不宜把子球和根系分离或除去,以免伤口腐烂,应将鳞茎放于通风干燥和冷凉的地方,秋季栽植时再将子球分离并另行种植。

**栽培管理**:球根鸢尾栽植时选择向阳、干燥的地方。适宜温度为土温 15 ℃,变化可在 5~20 ℃之间,低温则会使开花延迟,花茎变短,生长适温为 17~20 ℃。球根鸢尾生长健壮,管理可略粗放,在施足基肥后,一般要求生长情况适当追肥即可。对盐类敏感,施用化肥过多,盐离子浓度过高的土壤要用水淋洗。不要连作,少施或不施过磷酸钙。

**园林用途**:花姿优美,花茎挺拔,常大量用于切花;也可作早春花坛、花境及花丛材料,但在华北地区冬季需覆盖防寒,比较麻烦,不宜大面积栽植。

**同属其他花卉**:同属常见栽培的还有西班牙鸢尾(*I. Xiphium*)、英国鸢尾(*I. xiphioides*)等。

13)小苍兰(*Freesia refracta* Klatt)

**别名**:香雪兰、洋晚香玉

**科属**:鸢尾科香雪兰属

**图 10-13　小苍兰**

**产地**:原产南非,喜暖怕寒又怕热,夏季炎热即进入休眠。

**形态特征**:多年生草本植物。地下球茎圆锥形或卵圆形,直径 1~2 cm,白色,外有黄褐色薄膜。球茎下面长根,根为一年生。叶基生,互生,剑形或线形,长 15~30 cm,宽 1~1.5 cm,绿色,全缘。茎细长、柔软,有分枝,高 40 cm,绿色。茎顶端着生穗状花序,弯曲,小花 5~10 朵,疏生于一侧,花朵直立,具芳香。蒴果扁圆或近圆形,种子褐黑色。花期 1—4 月,见图 10-13。

**生态习性**:性喜温暖湿润环境,要求阳光充足,但不能在强光、高温下生长。适生温度 15～25 ℃,宜于疏松、肥沃、砂质壤土生长,喜凉爽湿润和阳光充足环境,秋凉生长,春季开花,入夏休眠。不耐寒,不能露地越冬。

**繁殖**:采用子球繁殖和播种繁殖。播种前将种子在水中浸泡 24h,播种后用蛭石覆盖,维持 15～25 ℃,从播种到开花大约需要 9 个月。

**栽培管理**:小苍兰根较细,对土壤要求较高,应选择富含有机质而疏松的土壤种植。种植前要早施有机堆肥或粗颗粒有机肥,以提高土壤肥力、土壤疏松度和通气性能。种植深度以球根顶部距地表 1～2 cm 为宜,为防止植株倒伏,在生育过程中再逐渐覆土,如为节省劳力和方便起见,生长过程中不再覆土,则开始种植时的深度以 3～4 cm 为宜。种植后要浇透水,以后只要注意适当浇水,防止土壤干燥即可。

**园林用途**:体态清秀,花色艳丽,花香馥郁,花期较长,是优美的盆花和著名的切花。盆花用于点缀会议室、客厅、书房,置于案头、博古架,装饰效果极佳。切花瓶插,或作花圈、花篮,也娇艳非凡。在温暖地区,可用于布置花坛或花境边缘,或作自然式布置。

**同属其他花卉**:常见栽培的有红花小苍兰(*F. armstrongii*),株高可达 50 cm,叶与花均大于小苍兰,花有红、紫红等色,4—5 月开花。

其他秋植球根花卉见表 10-1。

表 10-1　其他秋植球根花卉

| 植物名称 | 科属 | 拉丁名 | 生态习性 | 繁殖方法 | 园林用途 |
|---|---|---|---|---|---|
| 雪滴花 | 石蒜科雪滴花属 | *L. vernum* | 喜凉爽、湿润的环境,好肥沃而富含腐殖质的土壤,半荫下均可生长良好 | 分球繁殖 | 株丛低矮,花叶繁茂,姿容清秀、雅致,最宜植林下、坡地及草坪上;又宜布置花丛、花境及假山石旁或岩石园;亦可供盆栽或切花用 |
| 夏雪滴花 | | *L. aetivum* | | | |
| 秋雪滴花 | | *L. autamnale* | | | |
| 雪钟花 | 石蒜科雪钟花属 | *Galanthus nivalis* | 喜凉爽、湿润的环境,好肥沃而富含腐殖质的土壤,半荫下均可生长良好,早春要求阳光充足,春末夏初宜半荫,耐寒力更强,华北地区可露地越冬 | 分球繁殖 | 株丛低矮,花叶繁茂,姿容清秀、雅致,最宜植林下、坡地及草坪上;又宜布置花丛、花境及假山石旁或岩石园;亦可供盆栽或切花用 |
| 大雪钟花 | | *Galanthus elwesii* | | | |
| 波斯葱 | 百合科葱属 | *A. albopilosum* | 性耐寒,喜阳光充足。适应性强,不择土壤,能耐瘠薄干旱土壤,但也喜肥。宜黏质壤土,能自播繁衍 | 播种或分鳞茎法繁殖 | 植株长势强健,适应性强,多数为良好的地被花卉,也可供花坛、花境布置或盆栽观赏,高大种类常作切花材料,矮生种类宜作岩石园布置 |
| 紫花葱 | | *A. albopilosum* | | | |
| 大花葱 | | *A. giganteum* | | | |
| 南欧葱 | | *A. neapolitanum* | | | |

续表

| 植物名称 | 科属 | 拉丁名 | 生态习性 | 繁殖方法 | 园林用途 |
|---|---|---|---|---|---|
| 冠状银莲花 | 毛茛科银莲花属 | *A. coronaria* | 球根类银莲花多属秋植球根,喜凉爽,忌炎热。要求日光充足及富含腐殖质的稍带黏性的壤土 | 播种或分球繁殖 | 茎叶优美,花大色艳,花形丰富,为春季花坛和切花材料;也可用于盆栽或花境、林缘、草坪灯丛植 |
| 红银莲花 | | *A. fulgens* | | | |
| 花贝母 | 百合科贝母属 | *Fritillaria imperialis* | 喜光,夏季宜半荫凉爽环境。喜凉爽、湿润气候,忌炎热,有一定的耐寒性。要求腐殖质丰富、土层深厚肥沃、排水良好而湿润的砂质壤土,以微酸性至中性土为宜 | 播种或分球繁殖 | 植株高大,花大而艳丽,是花境展览馆优良独特的花材,也可丛植 |

# 10.3  春植球根花卉

1)唐菖蒲(*Gladiolus hybridus*)

**别名**:菖兰、十样锦、马兰花、扁竹莲

**科属**:鸢尾科唐菖蒲属

**产地**:原产非洲热带与地中海地区。现在在北美、西欧、日本和中国都有广泛栽培。

**形态特征**:多年生草本植物。茎基部扁圆形球茎,株高90~150 cm,茎粗壮直立,无分枝或少有分枝,叶硬质剑形,7~8片叶嵌叠状排列。叶长达35~40 cm,宽4~5 cm,有多数显著平行脉。花茎高出叶上,穗状花序着花12~24朵排成两列,侧向一边,花冠筒呈膨大的漏斗形,稍向上弯,花径12~16 cm,花色有红、黄、白、紫、蓝等深浅不同或具复色品种,花期夏秋季,蒴果3室,背裂,内含种子15~70粒。种子深褐色,扁平有翅,见图10-14。

**图 10-14  唐菖蒲**

**生态习性**:喜光性长日照植物,喜凉爽的气候条件,畏酷暑和严寒。要求肥沃、疏松、湿润、排水良好的土壤。

**繁殖**:唐菖蒲的繁殖以分球繁殖为主,新球翌年开花,为加速繁殖,亦可将球茎分切,每块必须具芽及发根部位,切口涂以草木灰,略干燥后栽种,培育新品种时,多用播种繁殖,秋季采下种子即播,发芽率高;冬季实生苗转入温室培养,翌年春季仔细分栽于露地,加强管理,秋季可有部分苗开花。

**栽培管理**:唐菖蒲性喜温暖湿润,喜阳光照射,不耐寒,忌高温。夏季着花率不高,温带北部地

区的生长发育比南部地区要好,一般情况下,唐菖蒲的球茎在 5 ℃时便可萌发,但是,它生长发育的最佳温度为 20~25 ℃。唐菖蒲是典型的长日照花卉,它必须在 14h 以上的光照条件下才能进行花芽分化、孕蕾开花。

**园林用途:**唐菖蒲为世界著名切花之一,其品种繁多,花色艳丽丰富,花期长,花容极富装饰性,为世界各国广泛应用。除作切花外,还适合盆栽、布置花坛等。球茎入药,对大气污染具有较强抗性,是工矿绿化及城市美化的良好材料。

2)晚香玉(*Polianthes tuberose*)

**别名:**夜来香、月下香、玉簪花

**科属:**石蒜科晚香玉属

**产地:**原产于墨西哥和南美,我国很早就引进栽培,现各地均有栽培。

**图 10-15　晚香玉**

**形态特征:**多年生鳞茎草花。球根鳞块茎状(上半部呈鳞茎状,下半部呈块茎状),基生叶条形,茎生叶短小。花葶直立,高 40~90 cm;花呈对生、白色,排成较长的穗状花序,顶生,每穗着花 12~32 朵,花白色漏斗状具浓香,至夜晚香气更浓。花被筒细长,裂片6,短于花被筒;露地栽植通常花期为 7 月上旬至 11 月上旬,而盛花期为 8—9 月,果为蒴果,一般栽培下不结实,见图 10-15。

**生态习性:**喜温暖且阳光充足环境,不耐霜冻,最适宜生长温度为白天 25~30 ℃、夜间 20~22 ℃。好肥喜湿而忌涝,于低湿而不积水处生长良好。对土壤要求不严,以肥沃黏壤土为宜。自花授粉而雄蕊先熟,故自然结实率很低。晚香玉在气温适宜的情况下则终年生长,四季开花,但以夏季最盛;而在我国作露地栽培时,因大部分地区冬季严寒,故只能作春植球根栽培:春季萌芽生长,夏秋开花,冬季休眠(强迫休眠)。

**繁殖:**多采用分球繁殖,于 11 月下旬地上部枯萎后挖出地下茎,除去萎缩老球,一般每丛可分出 5~6 个成熟球和 10~30 个子球,晾干后贮藏于室内干燥处。种植时将大、小子球分别种植,通常子球培养 1 a 后可以开花。

**栽培管理:**春季栽植,种球事先在 25~30 ℃下经过 10~15 d 的湿处理后再栽植。应将大、小球及去年开过花的老球(俗称"老残")分开栽植。大球株行距 20~25 cm,小球 10~20 cm 或更密;一般栽大球以芽顶稍露出地面为宜,栽小球和"老残"时,芽顶应低于或与土面齐平为宜。出苗缓慢,需 1 个多月,但出苗后生长较快。因此种植前期因苗小、叶少,灌水不必过多;待花茎即将抽出和开花前期,应充分灌水并经常保持土壤湿润。晚香玉喜肥,应经常施追肥,一般栽植 1 个月后施 1 次、开花前施 1 次,以后每一个半月或 2 个月施 1 次,雨季注意排水和花茎倒伏。秋末霜冻前将球根挖出,略以晾晒,除去泥土及须根,并将球的底部切去薄薄的一层,以显露白色为宜;继续晾晒至干,然后将残留叶丛编成辫子吊挂在温暖干燥处贮藏过冬。忌连作,最好 2 a 换一个地方栽植。

**园林用途:**晚香玉是美丽的夏季观赏植物。花序长,着花疏而优雅,是花境中的优良竖线条花卉。花期长而自然,宜丛植或散植于石旁、路旁、草坪周围、花灌丛间,柔和视觉效果,渲染宁静的气氛。也可用于布置岩石园。花浓香,是夜间花园的好材料。

3）大丽花（*Dahlia pinnata* Cav.）

**别名：**大理花、天竺牡丹、西番莲、地瓜花、红薯花

**科属：**菊科大丽花属

**产地：**原产于墨西哥高原地区海拔 1500 m 的地方，那里气候温凉，有一段低温时期进行休眠。既不耐寒，又畏酷暑。大丽花在我国辽宁、吉林等地生长良好。

**形态特征：**多年生草本，地下部分具粗大纺锤状肉质块根，簇生，株高 40～150 cm 不等。茎中空，直立或横卧；叶对生，1～2 回羽状分裂，裂片近长卵形，

图 10-16　大丽花

边缘具粗钝锯齿，总柄略带小翅；头状花具长梗，顶生或腋生，其大小、色彩及形状因品种不同而富于变化；外周为舌状花，一般为中性或雌性，中央为筒状花，两性；总苞两轮，内轮薄膜质，鳞片状，外轮小，多呈叶状；总花托扁平状，具颖苞；花期夏季至秋季。瘦果黑色，压扁状的长椭圆形，见图10-16。

**生态习性：**性喜湿润清爽、昼夜温差大、通风良好的环境。适宜生长温度为 15～25 ℃，夏季高于 30 ℃，则生长不正常，开花少。冬季低于 0 ℃，易发生冻害。块茎贮藏以 3～5 ℃为宜。喜柔和充足光照，10～12 h 日照为宜。

**繁殖：**

①分根繁殖：是大丽花繁殖最常用的方法。因大丽花仅根颈部能发芽，在分割时必须带有部分根颈，否则不能萌发新株。为了便于识别，常采用预先埋根法进行催芽，待根颈上的不定芽萌发后再分割栽植。分根法简便易行，成活率高，苗壮，但繁殖株数有限。

②扦插繁殖：扦插用全株各部位的顶芽、腋芽、脚芽均可，但以脚芽为最好。扦插时间从早春到夏季、秋季均可，以 3—4 月成活率最高。扦插约 2 个星期可生根。为提高扦插成活率，插前将根丛放于温室催芽，保持 15 ℃以上温度，在嫩芽 6～10 cm，即脚芽长 2 片真叶时切取扦插。扦插法繁殖数量较大。

③种子繁殖：种子繁殖仅限于花坛品种和育种时应用。夏季多因湿热而结实不良，故种子多采自秋凉后成熟者。垂瓣品种不易获得种子，需要进行人工辅助授粉。播种一般于播种箱内进行，20 ℃左右，4～5 d 即萌芽出土，待真叶长出后再分植，1～2 a 后开花。

**栽培管理：**大丽花的茎部脆嫩，经不住大风侵袭，又怕水涝，地栽时要选择地势高燥、排水良好、阳光充足而又背风的地方，并做成高畦。一般品种株行距为 1 m 左右，矮生品种株行距为 40～50 cm。大丽花花茎多汁柔嫩，要设立支柱，以防风折。浇水要掌握干透再浇的原则，夏季连续阴天后突然暴晴，应及时向地面和叶片喷洒清水降温，否则叶片将会焦边和枯黄。伏天无雨时，除每天浇水外，也应喷水降温。显蕾后每隔 10 d 施 1 次液肥，直到花蕾透色为止。霜冻前留 10～15 cm 根颈，剪去枝叶，掘起块根，就地晾 1～2 d，即可堆放室内以干沙贮藏。贮藏室温 5 ℃左右。

盆栽大丽花以采用多次换盆为好。选用口面大的浅盆，同时把盆底的排水孔尽量凿大，下面垫上一层碎瓦片作排水层。培养土必须含有一半的沙土。最后一次换盆需施入足够的基肥，以供应充足的营养，其他管理同地栽。切花用大丽菊，栽培要点同地栽，株行距为 50～100 cm，生长旺季半月追肥 1 次液肥，适当摘心，多保留侧枝。

**园林用途**：大丽花为国内习见花卉，因花期长而受人们欢迎。从夏季到秋季，连续开花，每朵花可延续开放 1 个月，花期持续半年。花色艳丽，花型多变，有红、黄、橙、紫、淡红和白色等单色，还有多种更为绚丽的色彩。品种极其丰富，应用范围广，宜用作花坛、花境及庭前丛栽；矮生品种最宜盆栽观赏，高型品种宜作切花，是花篮、花圈和花束的理想材料。

4）仙客来（*Cyclamen persicurn* Mil L.）

**别名**：兔子花、萝卜海棠、兔耳花

**科属**：报春花科仙客来属

**产地**：原产于欧洲南部的希腊等地中海地区，现世界各地广为栽培。

**图 10-17 仙客来**

**形态特征**：多年生球根花卉。具有球星肉质块茎，块茎扁圆球形或球形。叶片由块茎顶部生出，心形、卵形或肾形，叶缘有细锯齿，叶面绿色，具有白色或灰色晕斑，叶背绿色或暗红色，叶柄较长，红褐色，肉质。花单生于花茎顶部，花朵下垂，花瓣向上反卷，犹如兔耳；花有白、粉、玫红、大红、紫红、雪青等色，基部常具深红色斑；花瓣边缘多样，有全缘、缺刻、皱褶和波浪等形。蒴果球形，种子褐色，形如老鼠屎，见图 10-17。

**生态习性**：喜凉、怕热、喜润、怕雨，即喜欢冬季温暖多雨多湿、夏季气候温和、阳光充足、冷凉湿润的气候，不耐寒冷，怕高温，28 ℃以上植株就会枯死。

**繁殖**：一般分播种繁殖和球根繁殖。播种繁殖一般在秋天，种子不但要大粒，还要饱满，先将种子洗净，再用磷酸钠溶液浸泡 10 min 消毒，或者用温水浸泡 1 d 作催芽处理。种子浸泡之后不要忙着种植，在常温下放 2 d 再种入疏松肥沃的沙土里比较好，之后注意保湿、保温，一般播种完一个月就可以发芽。分株的时间一般选在仙客来开花以后，春天凉爽的天气不会使分株的伤口腐烂，我们先小心取出仙客来的球状根茎，按照芽眼的分布进行切割，保证每个分株都有一个芽眼，然后在切割处抹一些草木灰再移栽到其他盆土中压实，分株后浇水要浇足，然后放在阴凉处即可。

**栽培管理**：选择基质疏松、透气、富含有机质的腐叶土。仙客来为喜光花卉，但不需强光和直射光，更怕曝晒，冬季栽培一定要有良好的光照，夏季遮光率以 60%～70%为好。幼苗生长适温为白天 20 ℃左右，夜间 10 ℃左右，进入成苗期，7～15 片叶子时，适温为白天 20～25 ℃、夜间 13 ℃。长出 30 片左右叶子后开始进入高温期，自然温度为白天 25～37 ℃，夜间 20～25 ℃。仙客来对低温忍受能力有限，切不可逆温，否则易造成生长不良和不明原因的死亡。

**园林用途**：花形别致，娇艳夺目，烂漫多姿，有的品种有香气，观赏价值很高，深受人们喜爱。是冬、春季名贵盆花，也是世界花卉市场上最重要的盆栽花卉之一。仙客来花期长，长达 5 个月，花期适逢圣诞节、元旦、春节等传统节日，常用于室内花卉布置，摆放窗台、案头、花架，装饰会议室、客厅均宜；并适宜作切花，水养持久。

**同属其他花卉**：常见栽培的品种还有非洲仙客来（*C. africanum*）、小花仙客来（*C. coum*）、地中海仙客来（*C. neapolitanum*）和欧洲仙客来（*C. europaeum*）等。

5）美人蕉（*Canna indica*）

**别名:**红艳蕉、大花美人蕉

**科属:**美人蕉科美人蕉属

**产地:**分布于印度和中国大陆的南北各地,生长于海拔800m的地区,已由人工引种栽培。

图10-18 美人蕉(黄花)

**形态特征:**多年生球根草本花卉。株高可达100～150 cm,根茎肥大;地上茎肉质,不分枝。茎叶具白粉,叶互生,宽大,长椭圆状披针形,全缘。总状花序自茎顶抽出,花茎可达20 cm,花瓣直伸,具四枚瓣化雄蕊。花色有乳白、鲜黄、橙黄、橘红、粉红、大红、紫红、复色斑点等50多个品种。花期为北方6—10月,南方全年,见图10-18。

**生态习性:**喜温暖和充足的阳光,不耐寒。对土壤要求不严,在疏松肥沃、排水良好的砂质壤土中生长最佳,也适应于肥沃黏质土壤生长。北方须在下霜前将地下块茎挖起,贮藏在温度为5 ℃左右的环境中。江南可在防风处露地越冬。

**繁殖:**分根茎或播种繁殖。南方全年可分生,北方在5月份分生。将根茎切离,每丛保留2～3个芽就可栽植(切口处最好涂以草木灰或石灰)。为培育新品种,可用播种繁殖。种皮坚硬,播种前应将种皮刻伤或开水浸泡。发芽温度在25 ℃以上,2～3周即可发芽,定植后当年便可开花。

**栽培管理:**春植球根,株距30～40 cm。水分充足,生长极旺盛。在肥沃的土壤上发育较好。可每隔1～2个月追肥1次。喜高温多湿环境,生长期适温24～30 ℃,可耐短期水涝。不起球时,冬季齐地重剪,由于地下生长快,最少每2～3 a分生1次。采收后在潮湿沙中贮存,也可干燥贮存。

**园林用途:**花大色艳,茎叶繁茂,花期长,开花时正值炎热少花的季节,在园林中应用极为普遍。叶丛高大、浓绿,花色艳丽,宜作花境背景或于花坛中心栽植,也可丛植于草坪边缘或绿篱前,展现其群体美。还可用于基础栽植,遮挡建筑死角,柔化刚硬的建筑线条。它还是净化空气的好材料,对有害气体的抗性较强,可用于工矿区的绿化。

**同属其他花卉:**水生美人蕉(*C. flaccida*)、紫叶美人蕉(*C. warscewiczii*)、双色鸳鸯美人蕉(*C. generalis*)等。

6）白芨（*Bletilla striata*）

**别名:**凉姜、紫兰、朱兰

**科属:**兰科白芨属

**产地:**原产于我国,广泛分布于长江流域各省。朝鲜、日本也有分布。

**形态特征:**地下具块根状假鳞茎,黄白色。叶3～6枚,基部下延呈鞘状抱茎而互生,平行叶脉明显而突起,使叶片皱褶。总状花序顶生,着花3～7朵,花淡红色,花被片6,不整齐,唇瓣3深裂,中裂片具波状齿。花期4—5月,见图10-19。

**生态习性:**喜温暖而又凉爽湿润的气候,不耐寒,华东地区可露地越冬。宜半荫环境,忌阳光直射。华北各地在温室栽培。在排水良好、富含腐殖质的砂质壤土中生长良好。

**繁殖:**分生繁殖。可在早春或秋末掘起根部,将假鳞茎分割数块,每块带1～2个芽,每穴1株,覆土3 cm。栽后稍填压再浇水。种子发育不全,用组培方法播种。

图 10-19　白芨

栽培管理：宜栽培在排水良好、含腐殖质多的砂质壤土上。地栽前翻耕土壤，施足基肥，3 月初种植，栽植深度 3 cm。生长期应保持土壤湿润，适时喷施药材根大灵，使叶面光合作用产物（营养）向根系输送，提高营养转换率和松土能力，使根茎快速膨大，药用含量大大提高。注意除草松土，每 2 周施肥 1 次。一般栽后 2 个月开花。花后至 8 月中旬施 1 次磷肥，可使块根生长充实。长江流域可露地越冬，栽培似宿根，可不年年取出。北方冬季采收后，在潮湿沙中贮存，保持 5～10 ℃。

园林用途：耐阴湿观花观叶植物，适合布置花境前景，或片植于疏林下及林缘作地被。花叶清雅，也可与山石配植或植于岩石园中，丛植于花境两边，蜿蜒向前，引导人的视线。

同属其他花卉：常见栽培的还有黄花白芨（*B. ochracea* Schltr.）、小白芨（*B. formosana*（Hayata）Schltr.）等。

7）朱顶红（*Hippeastrum rutilum* Herb.）

别名：百枝莲、孤挺花、株顶兰、华胄兰

科属：石蒜科孤挺花属

产地：原产秘鲁和巴西一带，现各国均广泛栽培。

形态特征：多年生草本植物，鳞茎肥大，近球形，直径 5～10 cm，外皮淡绿色或黄褐色。叶片两侧对生，带状，先端渐尖，2～8 枚，叶片多于花后生出，长 15～60 cm。总花梗中空，被有白粉，顶端着花 2～4 朵，花喇叭形，花期由冬季至春季，甚至更晚。现代栽培的多为杂交种，花朵硕大，花色艳丽，有大红、玫红、橙红、淡红、白等色，见图 10-20。

生态习性：喜温暖湿润气候，生长适温为 18～25 ℃，忌酷热，阳光不宜过于强烈，应置荫棚下养护。怕水涝。冬季休眠期要求冷凉的气候，以 10～12 ℃为宜，不得低于 5 ℃。喜富含腐殖质、排水良好的砂质壤土。

图 10-20　朱顶红

繁殖：用分球、分割鳞茎、播种或组织培养法繁殖。分球繁殖于 3—4 月进行，将母球周围的小球取下另行栽植，栽植时覆土不宜过多，以小鳞茎顶端略露出土面为宜。分割鳞茎法繁殖一般于 7—8 月份进行。

栽培管理：盆栽朱顶红宜选用大而充实的鳞茎，栽植于 18～20 cm 口径的花盆中，4 月盆栽，6 月可开花；9 月盆栽，置于温暖的室内，翌年春季三、四月可开花。用含腐殖质肥沃壤土混合细沙作盆栽土最为合适，盆底要铺沙砾，以利排水。鳞茎栽植时，顶部要稍露出土面。将盆栽植株置于半荫处，避免阳光直射。生长和开花期间，宜追施 2～3 次肥水。鳞茎休眠期，浇水量减少到维持鳞茎不枯萎为宜。若浇水过多,温度又高,则茎叶徒长,妨碍休眠,影响正常开花。

庭院栽种朱顶红,宜选排水良好的场地。露地栽种,于春天 3—4 月植球,应浅植,时鳞茎顶部稍露出土面即可,5 月下旬至 6 月初开花。冬季休眠,地上叶丛枯死,10 月上旬挖出鳞茎,置于不上冻的地方,待第二年栽种。

**园林用途**:朱顶红顶生漏斗状花朵,花大似百合,花色艳丽,适宜地栽,形成群落景观,增添园林景色。盆栽用于室内、窗前装饰,也可作切花。

**同属其他花卉**:同属常见栽培的有孤挺花(*H. paniceum*)、网纹孤挺花(*H. reticula-tum*)、王孤挺花(*H. reginae*)等。

8) 球根秋海棠(*Begonia tuberhybrida*)

**别名**:球根海棠、茶花海棠

**科属**:秋海棠科秋海棠属

**产地**:由多种原产南美山区的几个秋海棠亲本培育出的园艺杂交种。

**形态特征**:株高约 30 cm,块茎呈不规则扁球形。叶为不规则心形,先端锐尖,基部偏斜,绿色,叶缘有粗齿及纤毛。腋生聚伞花序,花大而美丽,花径 5～10 cm。品种极多。花色有红、白、粉红、复色等。花期在春季,见图 10-21。

**生态习性**:性喜温暖、湿润的半荫环境。不耐高温,超过 32 ℃ 则茎叶枯萎脱落甚至块茎腐烂。生长适宜温度为 16～21 ℃,亦不耐寒。属长日照植物,长日照条件下开花,短日照条件下休眠,光照不足,叶片瘦弱纤细;光照过强,则植株矮小,叶片变厚,叶色变紫,花紧缩不易开放。土壤以疏松、肥沃和微酸性为宜。

图 10-21 球根秋海棠(金正日花)

**繁殖**:常用播种和扦插繁殖。播种常于 1—2 月在温室进行,种子细小,操作必须谨慎,播后 10～15 d 发芽。扦插于 6—7 月选择健壮带顶芽的枝茎,长 10 cm,插后 3 周愈合生根,当年即可开花。

**栽培管理**:属浅根性花卉,盆栽土壤要排水好,有利于根系发育。萌芽期少浇水,保持盆土干燥,生长期每周浇水 3～4 次,并向叶面喷水。7—10 月开花季节,浇水应适当减少。切忌浇水过多和大雨冲淋,造成植株倒伏。11 月地上茎叶逐渐枯黄脱落,可挖出块茎稍干燥后放入 10 ℃ 室内贮藏。

**园林用途**:球根秋海棠花大色艳,兼具茶花、牡丹、月季、香石竹等名贵花卉的姿、色、香,是世界著名的盆栽花卉,可用来点缀客厅、橱窗;亦可用于布置花坛、花径和入口处;吊篮悬挂厅堂、阳台和走廊,色翠欲滴,鲜明艳丽。

9) 花叶芋(*Caladium hortulanum*)

**别名**:彩叶芋、二色芋

**科属**:天南星科花叶芋属

**产地**:原产南美热带地区,在巴西和亚马逊河流域分布最广。

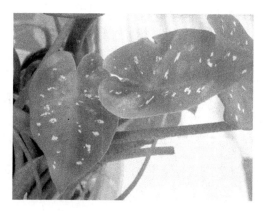

图 10-22　花叶芋

**形态特征**：多年生草本。具块茎，扁球形，有膜质鳞叶，株高 15～40 cm。叶基生，叶片心形至卵状三角形。叶长 8～20 cm，宽 5～10 cm，叶面有红色、白色或黄色等各种透明或不透明的斑点；主脉三叉状，侧脉网状；叶柄纤细，圆柱形，基部扩展成鞘状，有褐色小斑点。不仅叶片硕大，而且叶色鲜亮，观赏价值高。佛焰状花序基出，花序柄长 10～13 cm；佛焰苞下部管状，长约 3 cm，外面绿色，内面绿白色，基部青紫色；花单性，无花被；雌花生于花序下部，雄花生于花序上部，中部为不育中性花所分隔；中性花具退化雄蕊，浆果白色；花期 4—5 个月，见图 10-22。

**生态习性**：喜光，但不宜过分强烈。喜水湿，春、夏两季需要大量浇水。不耐寒，生长适温为 25～30 ℃，最低不可低于 15 ℃，气温 22 ℃时块茎抽芽长叶，降至 12 ℃时，叶片枯黄。要求土壤疏松、肥沃、排水良好。

**繁殖**：常用分株繁殖。4—5 月在块茎萌芽前，将块茎周围的小块茎剥下，若块茎有伤，则用草木灰或硫黄粉涂抹，晾干数日待伤口干燥后盆栽。块茎较大、芽点较多的母球也可进行分割繁殖。用刀切割带芽块茎，待切面干燥愈合后再盆栽。无论是分割繁殖还是分株繁殖，室温都应保持在20 ℃以上，否则栽植块茎易受潮而难以发芽，反而造成腐烂死亡。

**栽培管理**：土壤要求肥沃疏松和排水良好的腐叶土或泥炭土。花叶芋生长期为 4—10 月，每半个月施用 1 次稀薄肥水，如豆饼、腐熟酱渣浸泡液，也可施用少量复合肥，施肥后要立即浇水、喷水，否则肥料容易烧伤根系和叶片，立秋后应停止施肥。花叶芋喜散射光，忌强光直射，要求光照强度较其他耐阴植物要强些。叶子逐渐长大时，可移至温暖、半荫处培养，但切忌阳光直射，应经常给叶面上喷水，以保持湿润，可使叶子观赏期延长。

**园林用途**：花叶芋是生性喜阴的地被植物，可用于耐阴观赏植物。由于花叶芋喜高温，因此，在气候温暖地区，也可在室外栽培观赏；但在冬季寒冷地区，只能夏季应用于园林中。花叶芋的叶常常嵌有彩色斑点或彩色叶脉，是以观叶为主的地被植物。

**同属其他花卉**：同属植物有 15 种，常见栽培者只此 1 种，按叶脉颜色可分绿脉、白脉、红脉三大品种类型。

10）大岩桐（*Sinningia speciosa*）

**别名**：六雪尼，落雪泥

**科属**：苦苣苔科苦苣苔属

**产地**：原产巴西，现世界各地广泛栽培，一般作温室培养。

**形态特征**：多年生草本，块茎扁球形，地上茎极短，株高 15～25 cm，全株密被白色绒毛。叶对生，肥厚而大，卵圆形或长椭圆形，有锯齿；叶脉间隆起，自叶间长出花梗。花顶生或腋生，花冠钟状，先端浑圆，5～6 浅裂色彩丰富，有粉红、红、紫蓝、白、复色等色，大而美丽。蒴果，花后 1 个月种子成熟；种子褐色，细小而多，见图 10-23。

**生态习性**：生长期喜温暖、潮湿环境，忌阳光直射，有一定的抗炎热能力，但夏季宜保持凉爽，23 ℃左右有利于开花，1—10 月温度保持在 18～23 ℃；10 月至翌年 1 月（休眠期）需要温度 10～12

℃,块茎在5℃左右的温度中也可以安全过冬。生长期要求空气湿度大,不喜大水,避免雨水侵入;冬季休眠期则需保持干燥,如湿度过大或温度过低,则块茎易腐烂。喜肥沃疏松的微酸性土壤。

**繁殖**:可用播种、叶插、枝插和分球茎等方法来进行繁殖。

**栽培管理**:盆栽大岩桐,常用腐叶土、粗沙和蛭石的混合基质。大岩桐生长适温为1—10月18~22℃,10月至翌年1月10~12℃。冬季休眠期盆土宜保持稍干燥些,若温度低于8℃,空气湿度又大,会引起块茎腐烂。大岩桐为半阳性植物,喜半荫环境。故生长期间要注意避免强烈的日光照射,环境也不可

图 10-23 大岩桐

过于干燥。夏季高温多湿,对植株生长不利,需适当遮荫,要放置在荫棚下有散射光且通风良好的地方养护,否则极易引起叶片枯萎。供水应根据花盆干湿程度每天浇1~2次水。大岩桐较喜肥,要求肥沃、疏松而排水良好的富含腐殖质的土壤,从叶片伸展后到开花前,每隔10~15 d应施稀薄的饼肥水1次。当花芽形成时,需增施1次骨粉或过磷酸钙。花期应注意避免雨淋,温度不宜过高,可延长观花期。开花后,若培养土肥沃且管理得当,它会抽出第二批蕾。花谢后如不留种,宜剪去花茎,有利继续开花和块茎生长发育。大岩桐叶面上生有许多丝绒般的绒毛,因此,施肥时不可沾污叶面,否则,易引起叶片腐烂。大岩桐不耐寒,在冬季,植株的叶片会逐渐枯死而进入休眠期,此时可把地下块茎挖出,贮藏于阴凉(温度不低于8℃)干燥的沙中越冬。待到翌年春暖时,再用新土栽植。块茎可连续栽培7~8 a,每年开花2次。老块茎应淘汰更新。

**园林用途**:花大色艳,花期长,一株大岩桐可开花几十朵,花期4—11月,花期持续数月之久,是节日点缀和装饰室内及窗台的理想盆花。用它摆放会议桌、橱窗、茶室,更添节日欢乐的气氛。

**同属其他花卉**:常见栽培的还有喉毛大岩桐(*S. barbata*)、王大岩桐(*S. regina*)等。

11)姜花(*Hedychium coronarium*)

**别名**:蝴蝶花、姜兰花

**科属**:姜科姜花属

**产地**:原产亚洲热带。分布于中国南部、西南部。越南、印度、马来西亚和澳大利亚也有分布。

**形态特征**:多年生草本植物。花期5—11月,株高2m左右,地下茎块状横生而具芳香,形若姜。叶长椭圆状披针形,长40~50 cm,宽7~12 cm,上表面光滑,下表面具长毛,没有叶柄、叶脉平行。花序顶生,密穗状,有大型的苞片保护,每1花序通常会绽开10~15朵花,花色有白、黄、红与橙等色。蒴果,种子红棕色,其上有红色假种皮,果实椭圆,见图10-24。

图 10-24 姜花

**生态习性**:不耐寒,喜冬季温暖、夏季湿润环境,抗旱能力差,生长初期宜半荫,生长旺盛期需充足阳光。土壤

宜肥沃、保湿力强。

**繁殖：**以分株繁殖为主，春季切取根茎繁殖，可直接盆栽或地栽，当年夏季可以开花。一般隔 3～4 a 分株 1 次。即把带芽的根茎切出，每十多厘米为一段，每隔 30 cm 种一段，在种植前，尽量多施基肥，种后淋足水分，经过 20～30 d 就可发芽生长。

**栽培管理：**栽培土质以肥沃疏松、排水良好的壤土或砂质壤土最为适宜，但土壤应经常保持湿润或靠近水源，则生长更旺盛。生长期内施追肥 2～3 次，要经常浇水，保持土壤湿润。冬季休眠期应保持干燥。越冬温度不得低于 10 ℃。

**园林用途：**花形美丽，花色白，是盆栽和切花的好材料，也可配植于小庭院内，十分幽雅耐看。

**同属其他花卉：**常见栽培的还有圆瓣姜花（*H. forrestii*）、红丝姜花（*H. gardneranum*）等。

其他春植球根花卉见表 10-2。

**表 10-2　其他春植球根花卉**

| 植物名称 | 科属 | 学名 | 生态习性 | 繁殖方法 | 园林用途 |
|---|---|---|---|---|---|
| 网球花 | 石蒜科 网球花属 | *H. multiflorus* | 喜温暖、湿润环境，喜疏松、肥沃而排水良好的微酸性砂质壤土 | 播种和分球繁殖 | 花色艳丽，繁花密集形成绚丽多彩的大花球，醒目而别致，且叶色鲜绿、叶形秀美，是常见的室内盆栽观赏花卉。南方室外丛植成片布置，花期景观别具一格 |
| 蜘蛛兰 | 石蒜科 水鬼蕉属 | *H. littoralis* | 喜温暖、湿润环境。全光、半荫、微荫都可生长。性强健，耐旱也耐湿。宜富含腐殖质的砂质壤土或黏质壤土 | 分球繁殖 | 花瓣细长，花奇特素雅、芳香。可用于布置花境、盆栽。温暖地区可在林缘、草地边带植、丛植 |
| 美丽蜘蛛兰 | | *H. speciosa* | | | |
| 蓝花蜘蛛兰 | | *H. calathina* | | | |
| 文殊兰 | 石蒜科 文殊兰属 | *Crinum asiaticum* | 喜温暖、湿润，略耐阴。耐盐碱。不耐寒，夏季需置于荫棚下，生长期需大肥、大水，特别是在开花前后以及开花期更需充足的肥水 | 分株或播种繁殖 | 植株洁净美观，常年翠绿色。花生于粗壮的花茎上，花瓣细裂反卷，秀丽脱俗，开花时芳香馥郁，花色淡雅。宜盆栽，或布置厅堂、会场。在南方及西南诸省可露地栽培，在花境中作独特花型花卉。可丛植于建筑物附近及路旁 |
| 红花文殊兰 | | *C. amabile* | | | |

续表

| 植物名称 | 科属 | 学名 | 生态习性 | 繁殖方法 | 园林用途 |
|---|---|---|---|---|---|
| 蛇鞭菊 | 菊科 蛇鞭菊属 | *Liatris spicata* | 喜冷凉气候,忌酷热,夏季生长十分缓慢;不耐霜寒,当温度降到5℃以下时会进入休眠。最适宜的生长温度为15~28℃。对土壤选择性不强,但以疏松、肥沃、排水良好的土壤为宜 | 以春天分株繁殖为宜。块根上应带有新芽一起分株 | 茎秆挺拔,花穗挺拔,花小巧而繁茂,花色雅洁,盛开时竖向效果鲜明,景观宜人,适宜配合其他色彩花卉布置,作为花境的背景材料或丛植点缀于山石、林缘,是花境中的优秀花材,也可用作切花 |

# 本章思考题

1. 简述球根花卉依据变态器官的结构进行分类,以及各种类的特点。
2. 简述球根花卉的栽培特点。
3. 简述球根花卉的观赏特点。
4. 简述球根花卉的园林应用特点。
5. 简述郁金香的各类栽培管理方法。
6. 简述风信子的各类栽培管理方法。
7. 简述百合花的繁殖方法。
8. 简述大丽花的繁殖方法和栽培管理过程。

# 11 兰科花卉

**【本章提要】** 本章介绍了兰花的分类、基本形态特征、主要的繁殖方法；分别介绍了国兰和洋兰的生态习性和栽培管理方法；介绍了国兰的选购和欣赏品评标准；选择介绍了有代表性的国兰和洋兰常见品种的形态特征。要求读者了解兰科植物的分类，了解它们的生态习性和栽培管理方法，以及品评标准。

兰科花卉是兰科(Orchidaceae)植物中可用于观赏的栽培种类。兰科是单子叶植物中最大的科，全世界约有800个属，3万～3.5万个原生种，广泛分布于全球，主要产于热带、亚热带地区。我国有166个属，1019个种，主要产于云南、台湾和海南岛。兰科植物中可供观赏的有2000种以上。

兰花是中国十大传统名花之一。兰花的叶终年常绿，多而不乱，仰俯自如，姿态端秀，别具神韵；兰花的花清雅脱俗，是一种姿态优美、芳香馥郁(王者之香)的珍贵花卉。

兰科植物在自然界中分布极广，主要分布在热带和亚热带地区。该科植物中有许多观赏价值高的种类，目前，被开发利用栽培和观赏的仅是其中的一小部分，还有许多有价值的野生兰花有待开发利用。

## 11.1 概述

### 11.1.1 兰花的分类

(1)根据自然分布和生态环境要求分

根据自然分布和生态环境要求，兰花可分为中国兰花和洋兰。

①中国兰花：通常是指兰属(Cymbidium)植物中一部分地生种，如春兰、建兰、蕙兰、墨兰、寒兰等，这些品种的兰花，其花小，色彩素雅，姿态优美，叶花相配，是中国传统名花，长期以来，人们爱兰、养兰、咏兰、画兰，并将它们作为有价值的艺术品珍藏。

②洋兰是相对于国兰而言的，它兴起于西方，受西洋人喜爱，现世界各地都有栽培观赏。洋兰花大色艳，如卡特兰、石斛兰、兜兰、蝴蝶兰、指甲兰等，洋兰大多没有香味，在原产地多附生于树干或岩石上，主要以观花为主。

(2)根据生态习性分

根据生态习性，兰花可分为地生兰、附生兰和腐生兰。

①地生兰：生长在土壤里，靠吸收土壤中的养分和水分生长，有些根与根菌共生，靠菌根提供营养物质生长，此类花多直立或斜上生长。

②附生兰：生长在树干或岩石上，靠吸收空气中的养分和水分生长，此类花序多弯曲或下垂。有一些品种的兰花，在幼苗时期像地生兰，生长在森林的土壤中，而后则发展成为附生兰，生长在树干上。

③腐生兰:植株只有发达的根状茎而无绿叶,是靠与真菌共生而获取养分的兰,如中药材天麻(*Gastrodia elata*)。园林中很少栽培。

## 11.1.2 兰花的形态特征

兰花的花部形态及名称,如图11-1所示。

(1)根

大多数兰花的根是肉质根,灰白色,肥大粗壮,常呈线形,分枝或不分枝。根群具有吸收和贮存水分与养分的功能。根组织内和根际周边常有真菌,称为兰菌,与根共生,这些菌可以固定空气中的养分,提供兰花需要的养分和水分。

(2)茎

兰花的茎是长叶、生花和生根的重要器官,它可以贮存水和养分。兰花的茎有三种类型,即直立茎、根状茎和假鳞茎。

直立茎:即茎直立向上或稍斜向上生长,顶端新叶不断抽生,下部老叶逐步枯萎脱落,叶片着生茎干两侧,下部茎节上有气生根,见图11-2。

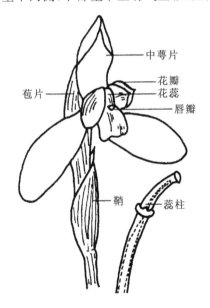

图11-1 兰花的花部形态及名称

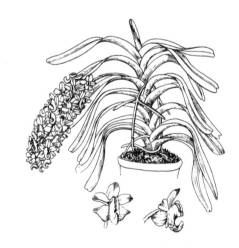

图11-2 指甲兰的直立茎

根状茎:即在此茎上生长着芽和根,新芽经过生长后可以发育成假鳞茎,可以切断根状茎进行繁殖,见图11-3。

假鳞茎:从根状茎发展来的一种变态茎,假鳞茎顶端或茎节上长叶片和花芽,是养分和水分的贮存器官,形态各异,有大有小,可用于繁殖,见图11-4。

(3)叶

国兰的叶片多为线形、带形或剑形;热带兰叶多肥厚、革质,为带状或长椭圆形。兰花的叶片变化很大,有大有小,形态各异,叶片也是很重要的观赏部位,如叶艺类品种,其叶片变异具有很高的价值。

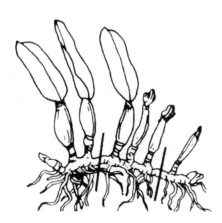

图 11-3　卡特兰的根状茎

图 11-4　石斛兰的假鳞茎

（4）花

兰花植物的花左右对称，都是由 7 个主要部分构成，其中有萼片 3 枚，包括 1 个中萼片，2 个侧萼片，萼片形似花瓣；有花瓣 3 枚，包括 2 个花瓣，1 个唇瓣，多数唇瓣特化，是花中最华丽的部分；有蕊柱 1 枚，蕊柱上有雌雄两部分性器官，是合生一体的繁殖器官，称合蕊柱。

（5）果实和种子

兰花植物的果实为蒴果，每个蒴果里有万粒种子，细如尘粒，可以随风飘扬，散落到富含腐殖土的地方，可以自然繁殖，在自然环境下，若有兰菌存在，提供养分给兰花种子的胚，可以促进胚成熟，让其发芽生长，有利于种子萌芽。兰花种子的胚多发育不完全，胚不成熟，因此，促进胚成熟，可促进种子萌发。

### 11.1.3　兰花的繁殖

兰花是多年生的草本植物，其繁殖方法很多，可以有性繁殖即种子播种繁殖，也可以无性繁殖，如分株繁殖、扦插繁殖、组织培养等。

1）播种繁殖（有性繁殖）

兰花开花后，经授粉、受精、结实，形成蒴果，蒴果里包含有大量极细的种子，蒴果成熟开裂，种子散发，此时的种子在形态和生理上均未成熟，种子内无胚乳或胚未分化发育或胚不成熟，像这样的种子落地后，在原生地里，能与兰菌共生，由兰菌提供养分和水分给它，可以促进胚成熟，少量种子可以萌发，形成植株，但数量极少，因此，兰花的有性繁殖应用比较少。在育种时，结合组织培养技术，用种子在无菌的条件下，在培养基上可以获得生长发育正常的幼苗。用无菌组织培养的方法播种，种子经过处理后至少有 1/2～2/3 的种胚可以萌发成根状茎，即所谓的"龙"根，龙根可以萌发出多数的芽，最后形成发育正常的试管苗，试管苗经过 3～4 a 的培育，可以培养成开花的商品植株。种子组培是积极提倡和推广的方法，这样可以减少大量采挖野生兰花，保护野生资源和生态环境，促进我国兰花产业的发展。

2）无性繁殖

（1）分株繁殖

兰花是多年生草本植物，在生长过程中会产生萌蘗，分割这些萌蘗并独立栽培可以获得新的植株。

兰花分株繁殖的特点是方法简单、容易掌握、成活率高、可以保持原母本性状，但繁殖植株数量有限。一般2～3 a盆栽植株，结合换盆分株1次。分株适宜的时间为3—4月新芽萌发前或9—10月停止生长后。分株还应该根据兰花开花的时间而定，早春开花的种类，应该在开过花之后进行；夏、秋季开花的种类，可以在早春分株。

在兰花分株前应适当干燥盆土，使根发白、微有凋缩，将植株从盆中倒出，轻抖植株，抖落土壤，修叶、修根，用刀或剪将植株切开，在切口处涂抹草木灰或硫黄粉消毒，一般每一丛植株都要有3个假鳞茎，为使植株当年可以开花，每丛都要有新芽。分株后按总论部分的上盆方式，把切下的植株上盆，浇定根水，在荫凉避光处回苗1周后，正常栽培管理。

（2）扦插繁殖

兰花的假鳞茎是重要的繁殖器官，取假鳞茎切成每2～3节一段，直立插于透气基质中，在半荫环境下，保持较高的空气湿度和较高的温度，1～2个月后，待新芽生出2～3条根系后，将它连同老茎一起移植到新盆中，培育成新植株，见图11-5。

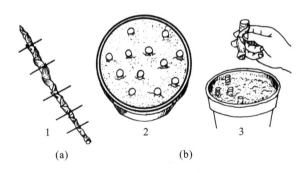

（a）　　　　　　　（b）

**图11-5　兰花的扦插繁殖**

（a）茎段切取；（b）扦插

1—切茎段；2,3—茎段扦插

将兰花的根状茎切断后插于透气基质中，可以使其生长出不定根和不定芽，培养成完整的植株。

（3）组织培养

组织培养目前在兰花的繁殖方面应用很多，特别是热带兰的繁殖，很多种类用组织培养方法进行，如蝴蝶兰、万带兰等。

兰花用组织培养技术进行繁殖，具有可以保持原母体的优良性状、可以用少量材料快速繁殖得到大量幼苗、可以培育无病毒的植株、种苗生长整齐等优点。

组织培养的外植体取自植物体的组织和器官，如茎尖、侧芽、叶片、花等。常用的是茎尖。

兰花组织培养的详细过程，见本书6.1组织培养部分。

## 11.2 中国兰花

### 11.2.1 中国兰花的栽培历史

我国兰花的栽培历史悠久。1993年8月《中国兰花信息》第38期上,鲁水良、俞宗英等人发表了《盆栽兰起源于河姆渡的考证》一文,他们从河姆渡遗址博物馆的两块出土于距今7000年前的第四文化层中的刻画陶器残片中看出:陶块上的植物为箬兰,通过河姆渡文物考古,可以认为:我们的祖先河姆渡人,7000年前就已经开始栽培兰花了,中国兰花盆栽的发源地就在中华民族文明的发源地——浙江余姚河姆渡。《诗经》《离骚》《左传》《越书》等古籍都有关于兰蕙的记载,距今已有2000多年的历史。宋代赵时庚的《金漳兰谱》是最早的兰谱专著,记载有紫兰16种、白兰19种。紫兰主要指现今的墨兰,白兰即素心建兰,书中论及品评兰花和栽培养护管理等。其后的《王氏兰谱》论述更为详细。元代的孔氏《至正直记》中,记述了广东、福建的兰花,亦提到江西、浙江一带的兰花。至明代,有关兰花的记载就更多了,如李时珍《本草纲目》、王象晋《群芳谱》、王世懋《学圃杂疏》等都有兰蕙记载,专门的著作有:高濂的《兰谱》、张应文的《罗篱斋兰谱》、李晴江的《种兰诀》、冯京第的《兰易》及《兰史》等。至清代,有关兰花的著作有陈淏子的《花镜》、汪灏的《广群芳谱》、鲍薇省的《艺兰戏记》、许霁楼的《兰蕙同心录》、杨子明的《艺兰说》。民国期间,有吴恩元的《兰蕙小史》。新中国成立后,关于兰花的著作有:诸友仁的《我的艺兰生活》、姚毓璆和诸友仁的《兰花》、严楚江的《厦门兰谱》、吴应祥的《兰花》、沈渊如和沈荫椿的《兰花》等。随着我国人民生活质量的提高,兰花的栽培从早期的私家栽培与收藏、苗圃和公园的少量观赏栽培,发展到现在的商品化生产,人们对兰花的观赏需求越来越大,兰花产业的发展也方兴未艾。

### 11.2.2 中国兰花的主要种类和品种

中国兰花通常是指兰科中的兰属(*Cymbidium*)植物中的一部分地生兰,如春兰、蕙兰、建兰、墨兰、寒兰等,国兰花虽小但花气芳香馥郁,花形素雅优美,深受中国、日本、朝鲜等国人民的喜爱,在日本有人称其为"东洋兰"。

兰属植物全世界有50~70种,我国云南地区有记载的有33个种或变种,基本上包括了国产兰属的所有种和变种。

1)春兰(*C. goeringii*)

**别名**:草兰、山兰

**分布**:除了我国华北和东北地区外,各地产兰区均有分布,江浙一带是我国春兰开发最早、栽培历史最悠久的地区。

**形态特征**:肉质根系,白色,较细,假鳞茎呈球形,较小。叶片狭带形,薄革质,4~6片集生,长20~40 cm,宽0.6~1.1 cm,叶色黄绿或深绿,有光泽,叶斜立或弯垂,叶端渐尖,叶缘有锯齿。其叶有别于春剑、豆瓣兰的是叶柄处有明显的叶柄环。花期为12月至翌年3月,常开花1朵,少数2~3朵,花色丰富,花气清香,见图11-6。

春兰是我国兰属植物中分布最广、最常见、最受人们喜欢、栽培历史最久的一种兰花。在园艺上通常把它分为:梅瓣、荷瓣、水仙瓣、奇种、素心、色花、艺兰、雪兰和线叶春兰等类型。

①梅瓣中主要的品种有:宋梅、天兴梅、逸品、万字、方字、绿英、集圆等。宋梅、集圆、龙字和万字是春兰的四大名花,日本则称它们为"四大天王"。

②荷瓣中主要的品种有:郑同荷、绿云、翠盖荷、张荷素、圆圆、高荷。此类在春兰中属于大花品种,常被视为富贵的象征,这种瓣型的兰花品种通常也是兰中的极品。

③水仙瓣中主要的品种有:龙字、汪字、翠一品、春一品、宜春仙、蔡仙素等。萼片比梅瓣狭长,呈三角形,形似水仙花的花瓣。

④奇种中主要的品种有:余蝴蝶、四喜蝴蝶、素蝶等。花朵形状特殊,花瓣和萼片在数目和形状上均产生巨大的变异,是不同于一般兰花花形的兰花,此类兰花品种通常都有极高的观赏价值。

图 11-6　春兰(宋梅)

⑤素心中主要的品种有:杨氏素、老文团素、文团素、云荷素、天童素、酒氏素、各尚素等。此类品种的主要特征为花朵颜色纯,无其他颜色的条纹或斑点,自古为珍品。素心的品种比较多,从形态上看更接近于一般原生种。

⑥色花中主要的品种有:紫云岭、朱瞬醉、红露峰、天可晃、红龙字等。此类品种是花中具鲜艳色彩的品种,在古代人们喜爱养翡翠绿色的品种;到了近代,人们则越来越多地喜爱花色鲜艳的品种,此类兰花会逐渐被越来越多的人所喜爱。

⑦艺兰(花叶)中主要的品种有:富春水、军旗。此类品种欣赏的主要是兰花的叶片,除了形态漂亮的叶片外,还选择叶片上有白、黄斑纹的品种,或叶片出现各种扭曲的品种。

⑧雪兰:雪兰是春兰的一个变种,又称"白草",与春兰相似。分布于四川、贵州等地。雪兰花多开 2 朵(这一点与春兰有较大的差别,春兰多开 1 朵,少有开 2 朵的),色嫩绿带纸白色,花被披针状长圆形,唇瓣长,反卷,有 2 条紫红色条纹。

图 11-7　春剑(隆昌素)

⑨线叶春兰:线叶春兰是春兰的一个变种。分布于云南、四川、贵州、陕西和甘肃南部等地区。叶片显著较春兰细,花朵较多,花大,花瓣明显较春兰厚,无香味或香味不浓,花被深绿色。

2)春剑(*C. longibracteatum*)

**别名**:草剑、剑草兰

**分布**:产于四川、贵州、云南、重庆、湖北等地。

**形态特征**:春剑假鳞茎较小,呈椭圆球形,集生成丛。根粗短,肉质。叶片丛生,直立性强,薄革质,狭带形,深绿色,叶片中脉后凸,横切面呈"V"形,这是春剑区别于春兰、豆瓣兰的明显特征,春剑开花 3~5 朵,花箭挺拔。花期为 1—3 月,见图 11-7。

春剑花被浅白色者称为"素心",视为上品,如春剑素、绿猗、西山春、剑素。

3）蕙兰（C. faberi）

**别名**：九子兰、九节兰、夏兰、一茎九死

**分布**：主要产于浙江、江苏、四川、湖北、贵州、云南、广西等地，江浙一带栽培历史悠久。

**形态特征**：蕙兰假鳞茎小，密生成丛，根系乳白或淡黄，无分叉。株叶直立或斜立生长，叶狭带形，薄革质，叶色黄绿或深绿，其叶面粗糙，叶质硬挺、叶缘锐齿，叶面横切呈"V"字形，叶面黄亮、白筋明显，这是蕙兰区别于其他兰的显著特征。其花期4—5月，开花8～10朵，多的可达20朵，花香浓郁。花色橙黄、黄绿居多，花瓣较萼片短，萼片呈披针形，舌常缀有紫红色斑点，舌缘多乳突状绒毛。下挂或反卷，它的舌瓣是区别于其他兰的明显特征，见图11-8。

蕙兰是比较耐寒的兰花之一。它是我国栽培历史最久和最普及的兰花品种之一。常见的蕙兰名品有：程梅、崔梅、上海梅、端梅、解佩梅、龙鼎梅、板桥梅、丁小荷、元字、大一品等。蕙兰中的传统素心品种有：金岙素、温州素、翠定荷素、江山素。

图 11-8　蕙兰

图 11-9　建兰

4）建兰（C. ensifolium）

**别名**：四季兰、雄兰、骏河兰、秋蕙、秋红、夏蕙、夏兰

**分布**：产于福建、广东、广西、云南、贵州、四川、江西、湖南、重庆、浙江、台湾等地。其中以福建产的建兰为佳，福建被誉为"建兰的故乡"。

**形态特征**：假鳞茎较大，呈椭圆形或球形，肉质根，粗圆而长，根无分叉，叶带形，叶中部较宽，叶尖钝圆，叶面平展，有光泽，中脉向叶背突出，叶缘有细齿，叶多斜立。花期在7—10月，有些类型四季开花。建兰开花4～6朵，有些可达10朵以上，花色多彩，花箭直立，花朵常高出叶面或与叶面等高，花香浓郁，见图11-9。

建兰分成彩心建兰和素心建兰两类型，主要的品种有：永福素、永安素、大凤尾素、龙岩素、铁骨素、荷花素、银边大贡、银边建兰、十八学士等。

5)墨兰(*C. sinense*)

**别名:**报岁兰、拜岁兰、丰岁兰

**分布:**产于福建、台湾、海南、广东、广西、云南、江西、湖南、四川等地。

**形态特征:**假鳞茎较大,呈椭圆形,根系粗长,无分叉,叶片呈剑形,叶幅阔大厚糯,叶面有光泽,全缘,叶尖钝圆。其花期12月至翌年2月,少数秋季开花。花甜香,花色多样,花箭挺拔,花常开7～19朵,个别品种开花可达30朵以上,见图11-10。

墨兰栽培历史悠久,珍品、名品、新品种很多,主要品种有:小墨、徽州墨、凤尾报岁兰、金边墨兰、银边墨兰、黄花报岁、文山佳龙、达摩、达摩冠、金鸟、桃姬、玉兰冠、国香牡丹,还有万代福、泗港水、大石门等墨兰线艺品种。

**图11-10 墨兰**

**图11-11 寒兰**

6)寒兰(*C. kanran*)

**别名:**芓兰

**分布:**产于福建、浙江、广东、广西、湖南、湖北、云南、四川、贵州、台湾等地。

**形态特征:**假鳞茎较小,集生成丛,呈圆柱形,肉质根,有分叉。植株较高,叶直立或斜立,叶狭带形,薄革质,叶基狭小,有叶柄环,叶面有光泽,叶脉明显,中脉两侧有明显的龙骨节状的隐性绿色斑纹,花期11月至翌年2月,也有9月开花的。开花时间因产地不同而不同,见图11-11。

由于受传统影响,目前我国对寒兰不够重视,栽培利用的时间较短,寒兰的优良品种较少,近年来,寒兰爱好者选育出一些珍品、新品,如盛典寒兰、珍品荷、神州第一梅、寒星、蕊蝶等。寒兰素花的以绿素为珍,红素为奇,金素为贵。

7)套叶兰(*C. cyperifolium*)

**别名:**莎叶兰

**分布:**产于广东、海南、广西、贵州、云南、四川等地。

**形态特征:**假鳞茎不明显,叶呈两列,茎侧面可以长出一至多枚新芽,叶片长40～50 cm,宽1.5 cm,近基部一段有宽约2mm的膜质边缘,花茎高约40 cm,直立或半弯曲,较粗,有花5～9朵,黄绿色,有紫红的斑纹,花气芳香。花期为9—11月,见图11-12。

**图11-12 套叶兰**

套叶兰作为中国兰的育种原始种,是比较理想的亲本,它的花期与其他种显著不同。目前从野生植株中选出的叶片变异成金边和银边的植株,以及花产生变异的植株,是值得重视的类型。

8)莲瓣兰(*C. lianpan*)

**别名**:小雪兰、卑亚兰

**分布**:产于云南和四川的邛崃山脉。

**形态特征**:假鳞茎较小,呈圆球形,根系肉质,粗壮,无分叉。植株较高,叶面有光泽,叶缘有锯齿,叶片基部横切面呈"V"形,叶斜立弯垂,叶脉明显。花期1—3月,有花2~4朵,花香清幽,花色艳丽、多样,它与线叶春兰不同处:莲瓣兰每枝花茎上的花朵数目较多,萼片和花瓣均较宽而稍短,萼片上有纵纹7条,见图11-13。

云南栽培莲瓣兰的历史悠久,主要品种有:黄金海岸、剑阳蝶、滇梅、苍山奇蝶、奇花素等。

图 11-13　莲瓣兰

图 11-14　豆瓣兰

9)豆瓣兰(*C. goeringii serratum*)

**别名**:鹦哥绿、豆瓣绿、翠绿、线兰、线叶兰

**分布**:产于四川、云南、贵州等地。

**形态特征**:假鳞茎较小,呈椭球形,密生成丛。肉质根细长,无分叉。叶片窄细,线形,叶直立或斜生,叶质地粗糙,叶缘有锐齿,叶脉明亮现白筋,是区别春兰、春剑的明显特征。花期1—3月,一般1箭1花,少有2朵,花色以翠绿居多,花瓣厚实,花无香气,是区别于春兰和春剑的显著特征,见图11-14。

豆瓣兰由于花少香或无香,因此,不受爱兰者喜爱,主要品种有:金黄豆瓣、豆瓣蝶花、豆瓣红素、豆瓣雄狮、豆瓣麒麟、香豆瓣、抱阳红等。

### 11.2.3　中国兰花的生态习性

兰花喜温暖湿润气候,大多数种类可在长江南北生长,主要分布于福建、广东、广西、云南、台湾等省份,有些种类可在华中地区栽培,冬季稍作保护可以安全越冬。兰花多野生于湿润山谷的疏林下腐殖质丰富的酸性土壤中。在半荫的环境下生长繁茂、花多;在阳光稍充足干燥处,叶黄但花多。兰花根系与兰菌共生。

### 11.2.4　中国兰花的栽培管理

各种地生兰应该根据生态习性不同进行不同的栽培处理。

1）栽培场所

地生兰一般野生于湿润山谷的疏林下,原产地的环境条件是:湿润、适当蔽荫、空气洁净、通风。因此,兰花栽培地要设置荫棚,荫棚设置在树群中,满足疏荫环境,有喷雾条件。人工兰室温度一般控制在15～25 ℃间,室内设置通风调节设施,并能遮荫和喷雾。

2）盆栽基质

兰花的根系是肉质根,又与兰菌共生,因此,对基质要求较严格,要求疏松、通气、排水良好,还必须含有足够的营养成分,偏中性或酸性,常用于栽培的基质有:腐叶土、泥炭土、土壤加苔藓或蕨根茎或树皮或椰糠等。

3）兰盆

栽培兰花用的花盆多为素烧盆或无釉陶盆,此类盆美观大方,通风透气,盆壁有孔洞,利于根系生长。

4）上盆

在盆底应设置排水层,用碎瓦片、木炭块、卵石、石砾等,填入基质,适当加少量含纤维的晒干的牛粪,栽培的深度以假鳞茎上端与土面相齐有度。上盆后,放阴凉处经十多天后逐渐移到疏荫下。

5）浇水

地生兰对空气湿度和土壤水分的要求都较严格,夏季是生长旺盛期,除保持土壤湿润外,还必须增加空气湿度,相对空气湿度保持在65％左右,早晚各浇1次水;雨季应控制水分,以减少病害,秋季之后,介质盆土不干燥即可。浇水掌握"夏秋不可干,冬春不可湿"的原则。

6）施肥

兰花生长过程中对肥料要求不高,兰花的基质和肥料的调节,都应该是围绕根菌和兰根间的合理平衡来实施的,根菌过少,兰根养分不足,影响植株生长;根菌过多,会破坏兰根细胞。

一般每1～2 a要换盆和换土1次,结合换土,在盆土中增加营养成分,栽培过程中可以不施肥,养分足够满足植物生长需求。生长期间施用腐熟的有机肥,每5～10 d施用1次肥料,遵循"勤施薄施"的原则。夏冬不施肥,开花期间不施肥。

7）通风管理

适宜的通风条件,是栽培好兰花的重要条件。

8）病虫害防治

在兰花的病虫害防治中,必须以"预防为主,综合防治"为原则。严格检验检疫制度,控制病虫源头,改善栽培环境条件,提高栽培管理技术水平,增强植物的抵抗能力。病虫害发生后,要及时治疗,采用综合整治措施,做到有效防治。

（1）兰花的主要虫害

①介壳虫(*scale insect*):介壳虫属于盾蚧科(Diaspididae)的昆虫,用刺吸式口器吸取汁液,主要生长在兰花的叶和茎上,其分泌物易引起煤污病,常见的种类有:盾蚧、条斑粉蚧、兰蚧、糠片盾蚧、桑白盾蚧等。介壳虫多发生在高温高湿的环境下,温度22～28 ℃和高于15％的湿度有益于虫子的生长发育。防治方法:严格检验检疫,防止传播蔓延;加强园地管理,及时中耕松土、施肥和灌水,满足植物对水肥的需要,可增强树势,提高树体抗虫能力,并结合整形修剪,把带虫的枝条集中烧毁,可大大减少虫口数量;用天敌,如寄生蜂、寄生菌和瓢虫来防治和控制介壳虫种群数量,达到防治的目的;及时采取拔株、剪枝、刮树皮或刷除等措施或采用枝干涂黏虫胶或其他阻隔方法,阻止扩散,

消灭绝大部分介壳虫,可收到显著的效果;可用 40％氧化乐果 1000 倍液,或 50％马拉硫磷 1500 倍液,或 25％亚胺硫磷 1000 倍液,或 50％敌敌畏 1000 倍液,或 2.5％溴氰菊酯 3000 倍液,进行喷雾,每 5～7 d 喷 1 次,连续喷 3 次以上。

②红蜘蛛(*Tetranychus cinnbarinus*):学名叶螨,是叶螨科(Tetranychidae)的昆虫。用刺吸式口器吸取汁液,主要危害植物的叶、茎、花等,刺吸植物的茎叶,使受害部位水分减少,表现为茎叶失绿变白,叶表面呈现密集苍白的小斑点,卷曲发黄。严重时植株发生黄叶、焦叶、卷叶、落叶和死亡等现象。常见的种类有:山楂叶螨、全爪螨、朱砂叶螨、果苔螨、针叶小爪螨、短须螨等。大多数红蜘蛛均属于高温活动型,温度的高低决定了红蜘蛛各虫态的发育周期、繁殖速度和产量大小,干旱炎热的气候条件往往会导致其大范围发生。防治方法:早春进行翻地,清除地面杂草,保持越冬卵孵化期间田间没有杂草,使红蜘蛛因找不到食物而死亡;害虫的自然天敌种类和数量很多,主要有深点食螨瓢虫、束管食螨瓢虫、异色瓢虫、大草蛉、小草蛉、小花蝽、植绥螨等,它们对控制害虫种群数量起到积极作用;应用无毒不干黏虫胶在树干中涂一闭合粘胶环,环宽约 1 cm,2 个月左右涂 1 次,即可阻止红蜘蛛向树上转移;应用螨危 4000～5000 倍(每瓶 100 mL 兑水 400～500 kg)均匀喷雾,40％三氯杀螨醇乳油 1000～1500 倍液,20％螨死净可湿性粉剂 2000 倍液,15％哒螨灵乳油 2000 倍液,1.8％齐螨素乳油 6000～8000 倍等均可达到理想的防治效果。

③蚜虫:蚜科(Aphididae)昆虫。为刺吸式口器的害虫,常群集于叶片、嫩茎、花蕾、顶芽等部位,刺吸汁液,使叶片皱缩、卷曲、畸形,严重时会引起枝叶枯萎甚至整株死亡。蚜虫分泌的蜜露会引起煤污病、BYMV、CYVV、CMV 等病毒病等,并招来蚂蚁危害。常见的种类有:桃蚜、棉蚜。蚜虫在相对高温干旱的条件下,繁殖快、危害重。防治方法有:清除越冬场所;加强检验检疫;结合修剪,将蚜虫栖居或虫卵潜伏过的残花、病枯枝叶彻底清除、集中烧毁;蚜虫的天敌有瓢虫、食蚜蝇、寄生蜂、食蚜瘿蚊、蟹蛛、草蛉以及昆虫病原真菌等,可用天敌进行防治;用物理防治,温室、大棚窗口、进入口等处装有窗纱或采用黄板涂胶,诱杀飞进的蚜虫;用药剂治蚜,用 10％氧化乐果乳剂 1000 倍液或马拉硫黄乳剂 1000～1500 倍液或敌敌畏乳油 1000 倍液或高搏(70％吡虫啉)水分散粒剂 15000～20000 倍液喷洒。

④粉虱:粉虱科(Aleyrodidae)吸汁昆虫的统称。危害叶片角质层,吸取组织汁液,使叶片枯黄,在伤口部位易发生褐腐病,甚至整株死亡。常见的种类有:白粉虱、黑刺粉虱、橘绿粉虱、橘黑粉虱等。该虫喜温暖、低湿环境。防治方法:栽培管理上应合理修剪疏枝,净除杂草。兰棚、兰室内虫多时,每立方米用 80％敌敌畏乳剂 1～3 mL,加水 150 倍,均匀洒在盆间地面,关闭门窗,杀死成虫。或用菊黄色塑料条或板,涂上无色黏虫剂,放稍高于兰株的空间诱杀。化学防治:喷施 80％敌敌畏乳油 1000 倍液,或 40％氧化乐果乳油 1000 倍液,或 2.5％溴氰菊酯乳油 2000 倍液,或 10％二氯苯醚菊酯 2000 倍液。

⑤蜗牛及蛞蝓:在潮湿阴暗的环境下,容易产生这两种软体动物。多危害兰花幼叶、幼根和花等。防治方法:清洁田园经常铲除田间、地头、垄沟旁边的杂草,及时中耕松土、排除积水等,均能破坏蜗牛栖息和产卵场所;撒施石灰,蜗牛沾上生石灰后会失水死亡,用此法保苗效果良好。人工诱捕:利用蜗牛昼伏夜出,黄昏为害的特性。在田间或保护地中(温室或大棚)设置瓦块、菜叶、树叶、杂草,或扎成把的树枝,白天蜗牛常躲在其中,可集中捕杀。化学防治:用蜗牛敌配制成含 2.5％～6％有效成分的豆饼(磨碎)或玉米粉等毒饵,在傍晚时,均匀撒施在垄上进行诱杀;用 8％灭蛭灵颗粒剂或 10％多聚乙醛颗粒剂,每 666.7 m² 用 2 kg,均匀撒于田间进行防治;当清晨蜗牛未潜入土中

时,可用灭蛭灵 800～1000 倍液喷洒,隔 7～10 d 喷 1 次,连喷 2～3 次。

（2）兰花的主要病害

①炭疽病:国兰最常见的病害,为真菌病害,病原菌为兰刺盘孢。主要危害兰花的叶片,病斑近圆形,中心部分呈淡褐色或灰白色,边缘呈紫褐色或暗褐色。主要危害蕙兰、墨兰、建兰、春兰。适温为 22～28 ℃,空气相对湿度为 95％以上,不通风透气环境易引起病菌发生。防治方法:剪除病叶,及时烧毁;减少湿度,通风透光;用 50％多菌灵或 50％托布律 500～600 倍预防或治疗。

②白绢病:真菌病害,半知菌亚门真菌。发病始自兰株近地茎部,初呈黄色至淡褐色的流水病斑,后变褐至黑褐色腐烂,并在根际土壤表面及茎基部蔓延,破坏茎部并感染幼叶和根部,叶鞘、根群产生白色菌丝,被害部位呈水渍状,腐烂变软,发黑,直至叶片枯萎。主要危害报岁兰、四季兰、寒兰、一叶兰等。土壤偏酸,高温多湿,春末秋初易发生。防治方法:在土壤中加草木灰,改变土壤酸度。当病害发生时,剪去病叶,改善通风条件,用医用氯霉素针剂 2000 倍水溶液,淋施病株,每日 1次,连浇 3 次。发病后喷 50％苯来特可湿性粉剂 1000 倍,或 50％多菌灵可湿性粉剂 500 倍,或 50％托布津可湿性粉剂 500 倍液或 70％百菌清可湿性粉剂 800 倍液,每 7～10 d 喷 1 次,连喷 2～3 次,防治效果良好。

③茎腐病:半知菌亚门的立枯丝核菌真菌侵染所致的病害。兰花茎腐的病害多从植株基部叶柄或根茎处开始发生,最初呈水渍状黄褐色斑,逐渐向上扩展蔓延至整个叶柄,直到叶梢,或从兰花的外叶向内层叶扩展,外叶叶缘形成灰白色或浅褐色的较大病斑,短期内可致使整株兰花叶片枯黄,兰茎腐烂。病菌在 12～40 ℃均能发育,以 25 ℃左右最为适宜。湿度高,通风不好,兰花植株生长不良病害容易侵入,盆土水分过多,病害发生的几率大。防治方法:兰盆彻底消毒,干净无污染;加强通风,兰花要保持一定的间距,密度不要过大;发现病株,应及早移除,带到棚外烧毁或深埋。化学防治:发病初期可选用 70％的甲基托布津可湿性粉剂 600 倍液,或 45％特克多悬浮剂 1000 倍液,或 70％代森锰锌可湿性粉剂 500 倍液,或 80％大生可湿性粉剂 700 倍液,或 80％喷克可湿性粉剂 700 倍液,重点喷洒兰花植株的基部,7～10 d 喷施 1 次,视病情防治 2～3 次。

④兰花病毒病:病毒由核酸和蛋白质两部分组成,寄生于中国兰花植株上的病毒所含核酸绝大多数为核糖核酸(RNA)。发生病毒病叶片出现深绿与浅绿相间的花叶症状,茎间缩短,植株矮化,生长点异常分化,叶片的局部细胞变形,腿绿等症状。即使是新发生的幼叶、幼芽也都带有病毒。主要危害建兰、墨兰、春兰、寒兰等。病毒的来源有:由母株带来、使用工具未消毒、昆虫传播、雨水浇水传播等几种方式。防治方法:该病主要靠预防控制,分株繁育时应一盆一消毒(工具和手);发现有症状的病株立即销毁,可疑植株隔离种植;有病盆钵、栽培基质用 2％的福尔马林溶液消毒;发病普遍时可用 72％丛毒灵可湿性粉剂 100 倍液,或 10％宝力丰病毒立灭水剂(1 支药剂兑 10～15 kg 水),或 5％菌毒清可湿性粉剂 400 倍液等处理。

9）兰花的选购

①芦头:兰花的假鳞茎称芦头。芦头形状各异,大小不同,选择时尽量选浑圆、饱满、粗壮、厚实、硕大、色泽青绿、无病虫害的。

②根:兰花的根是肉质的,选择新根白色、老根黄色的。

③叶甲:叶甲边缘齿越粗糙,其花香越浓烈;叶甲上有鲜明黄白色,或银灰色细小线条直透到叶尖,可能是叶艺兰;叶甲细长,硬如铁针,甲壳有粗筋纹的,可能是梅瓣或水仙瓣花;叶甲顶部有白头,晶莹如玉钩者,且扭曲歪离中心叶脉,形状连峰状,可能出奇花。

④叶尖:叶尖钝圆呈倒钩状,或叶尖向中心部扣紧者,可能是荷瓣花或荷形花。

⑤叶片:叶片宽,有直龙或横龙者为好。

⑥叶脉:叶背中脉或两侧叶脉明显透明,并出现大小不一的银丝群或黄白粉状者,可能是叶艺兰;如果叶面有双主脉或多侧脉,甚至中心脉向左右偏离,则可能是出奇花。

⑦叶齿:叶齿为锐利锯齿的,为芳香品种。

10)国兰的欣赏和品评

①香:以清而不浊者为上品。

②姿:花叶协调、姿态匀称、造型优美者为上品。

③色:以淡绿色的为上品,素心者为名品,深绿者次之,初开时为红色、以后转为绿色的再次之,其他颜色的均为下品。

④肩:即两片副花瓣。两片副花瓣向上翻的"飞肩"为名品;左右横向平伸成"一字肩"为优品;副花瓣稍下垂的"渐落肩"为中品;副花瓣全部下垂的"大落肩"为次品。中国兰花的肩型图见图11-15。

⑤瓣:瓣型以梅瓣、荷瓣为上,水仙瓣为中,竹叶瓣为下,奇蝶瓣为奇属珍品。

⑥捧:以光洁、质厚而内凹成兜的为良种。

⑦鼻:它指的是花中的蕊柱,以鼻小、捧心不开张者有风度。

⑧舌:指的是花中特化的唇瓣,以形态端正、短圆而大者为好,舌的颜色叫苔,以绿苔和白苔为好,黄苔次之,舌上常有红线或块状红斑,以颜色鲜明的为好。

⑨梗:花梗长度与花、叶相衬,以细长超出叶面、青色的为好。

⑩叶:以基部细、质地柔软、微向下垂、叶缘光滑、正绿色而有光泽的为上品。

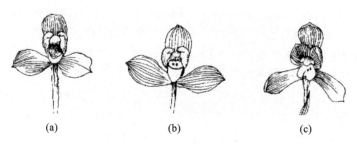

(a)　　　　　　(b)　　　　　　(c)

**图 11-15　中国兰花肩型图**

(a)一字肩型;(b)飞肩型;(c)落肩型

# 11.3　洋兰

洋兰是相对于国兰而言的,兴起于西方,是受西方国家喜爱的兰花,现世界各地均有栽培。

## 11.3.1　洋兰的主要种类和品种

洋兰常见的栽培种类分为附生兰和地生兰两大类。

附生兰:石斛、蝴蝶兰、万带兰、卡特兰、虎头兰、齿瓣兰、指甲兰。

地生兰:虾脊兰、白芨、兜兰、鹤顶兰。

1）蝴蝶兰（*Phalaenopsis marmouset*）

**别名**：蝶兰

**分布**：分布于亚洲热带和亚热带，大洋洲的澳大利亚，以及我国的云南、台湾、海南等地。

**形态特征**：根系十分发达，呈丛生状，粗壮，圆形或扁圆形，无假鳞茎；叶厚，卵形或长卵形，抱茎着生于短茎上。花序从叶腋间抽生，着生小花数朵至数十朵，花色艳丽，果为蒴果，内含种子数十万粒，见图 11-16。

蝴蝶兰目前是兰科植物中栽培最广泛、最普及的种类之一，由于花大、花期长、花色艳丽而色彩丰富，因此深受人们的喜爱。蝴蝶兰由于种间和属间杂交的缘故，目前栽培的种群十分复杂。常见的栽培品种有：蝴蝶兰、雷氏蝴蝶兰、桃红蝴蝶兰、褐斑蝴蝶兰、斯氏蝴蝶兰、大白花蝴蝶兰、爱神蝴蝶兰、席氏蝴蝶兰等。

图 11-16　蝴蝶兰

图 11-17　虎头兰

2）虎头兰（*Cymbidium hookerianum*）

**别名**：青蝉兰、大花蕙兰

**分布**：主要分布在中国西南部（云南、贵州、四川、西藏），以及印度、缅甸、泰国、越南等，我国海南、广东等地有少量分布。

**形态特征**：大型附生兰类。根肉质，假鳞茎大，常集生成丛，假鳞茎生带状叶 7～11 枚，叶革质，披散下垂；总状花序自假鳞茎侧面基部抽生，斜长或向下弯垂，着花多数；花大型，花色丰富，具淡香，花期 11 月至翌年 4 月间，花期长，一枝花可开 2 个月以上，见图 11-17。

虎头兰是深受人们喜爱的洋兰品种之一。其花大、花期长、花形规整丰满，色泽鲜艳，花茎直立，栽培容易，观赏效果好，是年销花。常见的品种有：独占春、黄蝉兰、碧玉兰、西藏虎头兰、冬凤兰、象牙白花兰、长叶兰、多花兰、美花兰、兔耳兰。

3）石斛（*Dendrobium nobile*）

**别名**：林兰，禁生，杜兰，金钗花，千年润，黄草，吊兰草

**分布**：分布于亚洲的热带、太平洋岛屿的东亚与东南亚和澳大利亚等地区，我国北自秦岭、淮河以南，南至海南岛南部，云南、广西、贵州和台湾等地均有分布。

**形态特征**：茎直立，丛生，细长，节部略粗；叶片革质，总状花序着生于上部节处，花数朵至数十朵，上外花被片与内花被片近相同，侧外花被片与蕊柱合生，形成短囊或长距，唇瓣形状多变化，基部有鸡冠状突起。花色鲜艳，花期长，春、秋季开花，见图 11-18。

石斛由于花形、花姿优美,花色艳丽多彩,种类繁多,花期长,许多品种有香气,很受人们喜爱,在国际市场上有重要的地位。常见栽培品种有:细茎石斛、石斛、美花石斛、密花石斛、流苏石斛、报春石斛、蝴蝶石斛、毛药石斛、美丽石斛等。

图 11-18　石斛

图 11-19　卡特兰

4)卡特兰(*Cattleya labiata*)

**别名:**嘉德丽亚兰、卡特利亚兰

**分布:**原产于美洲热带和亚热带,从墨西哥到巴西都有分布,其中以哥伦比亚和巴西野生最多。

**形态特征:**假鳞茎粗大,着生厚革质叶1~2枚;花大,顶生,各瓣离生,特化唇瓣大,其侧裂片包围蕊柱;蕊柱长而粗,先端宽;花期秋、冬季,见图 11-19。

卡特兰是洋兰的代表种类,它的花形优美、色彩艳丽,具有特殊芳香,一年四季均有不同品种开放,花朵寿命长,生性强健,抗逆性强,易栽培,是珍贵的盆栽类型。常见栽培品种有:两色卡特兰、橙黄卡特兰、大花卡特兰、卡特兰、蕾丽卡特兰、绿克拉等。

图 11-20　兜兰

5)兜兰(*Paphiopedilum insigne*)

**别名:**拖鞋兰

**分布:**分布于喜马拉雅山延伸至亚洲的西部和印度尼西亚到新几内亚的广大地区,我国的西南和华南地区有分布。

**形态特征:**植物体无茎,根茎稍匍匐性;叶革质,表面有沟,叶间抽生花枝,通常每枝一花,外花被片的背部1片直立;唇瓣成囊状;蕊柱短。花期11月至翌年 3月。兜兰多为地生兰,见图 11-20。

兜兰以盆栽为主,是世界上栽培最早和最普遍的洋兰之一。兜兰的花雅致,色彩较庄重,但唇瓣和背萼是观赏的重要部位,常见的栽培品种有:卷萼兜兰、杏黄兜兰、黄花兜兰、紫点兜兰、硬叶兜兰、海南兜兰等。

6)万带兰(*Vanda*)

**别名:**梵兰

**分布:**东半球的热带和亚热带地区。

**形态特征:**附生兰种类。茎无假鳞茎,植株较大,叶片在茎的两侧排成两列,叶革质,抱茎着生,植株呈扁平龙骨状、圆柱状或半圆柱状;总状花序自叶腋间抽生,着生花10~20朵;花较大,花萼与花瓣相似,通常具有爪,唇瓣与蕊柱基部粘连,有距,3裂,侧裂片直立,中裂片前伸;蕊柱短,圆柱形;花期长,见图11-21。

万带兰是热带庭院中栽种比较多而管理十分省事的花卉,可盆栽观赏也可作切花。常见的栽培品种有:棒叶万带兰、大花万带兰、散氏万带兰、白柱万带兰、鸡冠万带兰、雅美万带兰等。

7)文心兰(*Oncidium Oncidium*)

**别名**:跳舞兰、舞女兰、金蝶兰、瘤瓣兰

**分布**:原生于美洲热带地区,分布较多的有巴西、美国、哥伦比亚、厄瓜多尔和秘鲁等国家,我国中部和南部地区分布较多。

图11-21 万带兰

**形态特征**:文心兰属植物。假鳞茎扁卵圆形,较肥大;假鳞茎上着生叶片1~3枚,有薄叶种、厚叶种和剑叶种;每个假鳞茎中只产生1个花茎,少量产生2个花茎,花茎上着生两朵至数十朵花,花色多,花相对较小,花的萼片极特殊,其萼片大小相等,花瓣与背萼也几乎相等或稍大;花的唇瓣通常三裂,或大或小,呈提琴状,在中裂片基部有一脊状凸起物,脊上又凸起小斑点,颇为奇特,见图11-22。

文心兰是一类极为美丽而又有巨大经济价值的兰花,其植株轻巧、滞洒,花茎轻盈下垂,花朵奇异可爱,形似飞翔的金蝶,极富动感,是重要的盆栽和切花种类之一。常见的栽培品种:大文心兰、皱状文心兰、同色文心兰、大花文心兰、金蝶兰、豹斑文心兰、华彩文心兰、小金蝶兰等。

8)鹤顶兰(*Phaius tankevilliae*)

**别名**:红鹤顶兰、红鹤兰、大白芨、拐子叶

**分布**:日本,中国,印度,泰国,马来西亚,印度尼西亚爪哇和澳大利亚等。

**形态特征**:植株大型,假鳞茎圆锥形,粗壮肥厚、肉质,被鞘;着生叶2~6枚,互生,叶片阔长圆状披针形,纸质,具有纵向折扇状脉;总状花序从假鳞茎基部或叶腋中抽生,粗壮直立,着花10~30朵,花大而美丽,唇瓣管状,有特色,花期为春、夏季,见图11-23。

图11-22 文心兰

图11-23 鹤顶兰

鹤顶兰多为地生兰,少数为附生兰,全属有30～50种,目前市场上的鹤顶兰栽培品种已经十分丰富,加上它花期长、有香味,早已成为人们喜爱的盆栽花卉之一。常见的栽培品种有:鹤顶兰、马来鹤顶兰、黄花鹤顶兰、斑叶鹤顶兰。

### 11.3.2 洋兰的生态习性

洋兰多原产于热带和亚热带的森林或疏林下,常依附于树干或岩壁间生长,春、夏季是它们的生长季节,生长期间要求高温和高湿环境,秋、冬季时生长相对缓慢,要求温暖湿润、半荫的环境,靠吸取空气中的水分和养分而生存。

### 11.3.3 洋兰的栽培管理

洋兰多为附生兰,少数是地生兰,它们的生态习性和栽培方式均不同于国兰。

(1)栽培场所

洋兰的栽培场所应该用荫棚或温室,由于各种洋兰产地不同,因此所需的温度也不一样,有的全年需要较高的温度;有的在生长期需要高温,而在休眠期则需要较低的温度;有一部分产自温带或高山地带的洋兰,则需要低温或中温下才能正常生长和开花。一年四季气候变化多端,温度亦随之而变,所以利用人工调节温度就成为必要。调节方法:当温度降低时,可用塑料薄膜加以覆盖或紧闭门窗进行保温,必要时还需用人工加热来提高温度;当温度过高时再将覆盖物掀开使其通风并洒水来降低温度。洋兰属于半喜阴植物,在栽培中要遮荫,遮荫度视品种不同而不同,一般以遮去60%～70%的阳光,才能生长较快。

(2)栽培基质

洋兰的栽培基质应用疏松通气的物质为植料。附生兰可用椰壳、木炭、碎砖、树皮、水苔、陶粒作为栽培的基质,用桫椤蕨根(又称蛇木)的碎屑混合种植最好,这些植料较为持久,不会积水烂根。地生兰可用少量土壤与上述基质混合作为植料。

(3)栽培盆

洋兰栽培所用的盆具要求盆身和盆底都要多孔,能够通风透气,如素烧的瓦盆、木框、胶篮等,或用树蕨板和木段等。

(4)浇水

洋兰栽培时应适当增加植株空间湿度。多数洋兰所需的湿度以70%～80%为宜,要求注意适当喷水,以增加空间湿度,保持茎叶和根部的活力。由于洋兰叶片较厚且有蜡质,保水能力较强,因此盆内不宜淋水过多,除了夏、秋季干燥天气时,每隔2 d淋水1次。洋兰还要求水质清洁干净,绝不可淋施污水。

(5)施肥

洋兰的合理施肥可使幼苗生长迅速,成年植株健康,花色更鲜艳。施肥时按兰株不同的生长发育时期合理施用不同成分的肥料,一般小苗或新芽萌发期应以氮肥为主,钾肥为辅;花芽形成和发育期要侧重施用磷肥,以促成花序的形成和花蕾的发育;假鳞茎或茎叶形成的时候,钾肥施用量要相对增加。农家肥或有机肥应充分腐熟后施用,适合用于地生兰。施用肥料除用氮、磷、钾三要素外,还应配合喷洒一些带微量元素的花肥,如花宝、多木、再生素、佳兰宝、魔肥等。用尿素或硫酸铵或磷酸二氢钾等化肥,各稀释为1000倍水溶液,用喷壶每隔7～10 d喷施1次。市场上卖有一些兰花专用肥料,片状、棒状或球形的固体肥料,通常含有氮、磷、钾及多种微量元素,可在远离新芽的地方放入这些固体肥料,浇水后肥料慢慢分解,供植株吸收,每个生长季节施用2~3次。

(6)病虫害防治

多数洋兰对病虫害的抗性较强,但若栽培管理不当,就会发生叶斑病、炭疽病、茎腐病等,害虫有介壳虫、红蜘蛛、潜叶虫等。可参照国兰病虫害的防治方法。

## 11.4 养兰常见问题

(1)焦叶

兰花的焦叶现象经常见到,这里可能有两个方面的原因:一个是生理性病害,如日灼、水涝、冻伤、肥害等;另一个是病理性病害,如真菌病、细菌性病害或病毒性病害等。

防治方法如下所示。

①焦叶由日灼引起:加大遮阳度,待叶片好转后,再进入正常的栽培管理。

②焦叶由水涝引起:控制浇水,保持盆土七分干、三分湿;若病情严重,则应将植株倒出盆,修去烂根,根系消毒后,换上新土,重新上盆。

③焦叶由冻伤引起:用塑料薄膜保温或用加温设备提高栽培环境的温度。

④焦叶由肥害引起:肥害会引起根变黑腐烂,应该将植株倒出,修去烂根后,进行根系消毒,换新土,重新上盆。

⑤如果是发生了病理性的病害,可参考前述的兰花病虫害防治方法。

(2)花芽僵化

①浇水不当引起:在花芽萌动期,减少浇水,保持基质润中偏干;此时浇水过多,会引起烂根,造成花芽僵化,出现此种情况,应该将植株倒出盆,修根后消毒,重新换土栽培。

②缺乏营养引起:在花芽萌动期,缺乏营养元素,导致花芽僵化,应通过施肥补充营养元素或增施促花的生物菌肥。

③氮肥过多引起:在花芽萌动期,因施用太多氮肥,导致花芽僵化,应采用调整氮、磷、钾的比例,减少氮肥的量来控制僵化现象的发生。

④气温过高引起:在花芽萌动期,温度过高,使植株未进入低温春化,导致花芽僵化。在花芽萌动时,应降低温度,促进花芽分化,预防花芽僵化。

(3)不开花

①光照不足引起:由于阴养时间太长,可能导致不开花,应该让兰株多接受柔和阳光照射,增加光合作用,促进花芽分化开花。

②氮肥过多引起:在花芽分化前,施用氮肥过多,引起营养生长,难以开花,应该减少氮肥施用量,多施用磷钾肥,以促进花芽形成。

③营养不足引起:苗生长太弱小,营养不良,因缺乏营养引起不开花,应加强栽培管理,调节水分和肥料。

(4)不发芽

兰草根壮,就可多发芽。应使用好的基质栽培,疏松透气的基质可促进根系的健康生长。适当增加光照,让植物体多积累营养,可促进发芽。生长期间多增加营养,加大水分供给量,可使根生长良好,促进植物发芽。

(5)假鳞茎无根叶

由于栽培不当,经常会造成兰花的根和叶腐烂,只剩下假鳞茎,若假鳞茎还是青绿新鲜,就可以用于培养新植株。将连生的假鳞茎分开,用0.5%的高锰酸钾溶液浸泡30 min,拿出晾干,再放入"兰菌王"稀释液中浸泡30 min,拿出晾干后备用。将假鳞茎重新上盆,用"兰菌王"水溶液作定根水浇灌,之后进行正常的栽培管理,就可以获得健康的兰苗。

常见兰科植物见表11-1。

表11-1 常见兰科植物

| 属　　名 | 常见品种 | 属　　名 | 常见品种 |
|---|---|---|---|
| 兰属<br>(Cymbidium) | 国兰中的一部分地生兰:春兰、建兰、寒兰、蕙兰、墨兰等 | 兜兰(拖鞋兰)属<br>(Paphiopedilum) | 卷萼兜兰、杏黄兜兰、紫毛兜兰、硬叶兜兰等 |
| 卡特兰属<br>(Cattleya) | 两色卡特兰、橙黄卡特兰、大花卡特兰、卡特兰、蕾丽卡特兰、绿克拉等 | 万带兰属<br>(Vanda) | 棒叶万带兰、大花万带兰、散氏万带兰、白柱万带兰、鸡冠万带兰、雅美万带兰等 |
| 蝴蝶兰属<br>(Phalaenopsis) | 蝴蝶兰、雷氏蝴蝶兰、桃红蝴蝶兰、褐斑蝴蝶兰、斯氏蝴蝶兰、大白花蝴蝶兰、爱神蝴蝶兰、席氏蝴蝶兰等 | 瘤瓣兰(文心兰)属<br>(Oncidium) | 大文心兰、皱状文心兰、同色文心兰、大花文心兰、金蝶兰、豹斑文心兰、华彩文心兰、小金蝶兰等 |
| 石斛属<br>(Dendrobium) | 细茎石斛、石斛、美花石斛、密花石斛、流苏石斛、报春石斛、蝴蝶石斛、毛药石斛、美丽石斛等 | 脆兰属(Acampe) | 万带脆兰、长叶脆兰、多花脆兰 |
| | | 坛花兰属<br>(Acanthephippium) | 二色坛花兰、爪哇坛花兰、坛花兰、条斑坛花兰 |
| 鹤顶兰属<br>(Phaius) | 鹤顶兰、马来鹤顶兰、黄花鹤顶兰、斑叶鹤顶兰 | 葡萄兰属<br>(Acineta) | 黄花葡萄兰、密花葡萄兰、葡萄兰 |
| 爱达兰属<br>(Ada) | 金黄爱达兰、黎氏爱达兰 | 船形兰属<br>(Aerangis) | 有节船形兰、二裂船形兰、橙黄船形兰 |
| 指甲兰属<br>(Aerides) | 厚叶指甲兰、皱叶指甲兰、日本指甲兰、多花指甲兰、指甲兰、万带指甲兰 | 武夷兰(风兰)属<br>(Angraecum) | 风节兰、二列风兰、象牙白风兰、镰叶风兰、长距风兰 |
| 安顾兰属<br>(Anguloa) | 克劳氏安顾兰、汝氏安顾兰、单花安顾兰 | 安兰属(Ania) | 埃米尔氏安兰、香港安兰、绿花安兰 |
| 开唇兰属<br>(Anoectochilus) | 白线开唇兰、花叶开唇兰、王开唇兰 | 无耳兰(安诺兰)属<br>(Anota) | 密花无耳兰、无耳兰(安诺兰) |
| 豹斑兰<br>(安塞丽亚兰)属<br>(Ansellia) | 豹斑兰 | 牛齿兰属<br>(Appendicula) | 牛齿兰、小花牛齿兰 |

续表

| 属　名 | 常见品种 | 属　名 | 常见品种 |
|---|---|---|---|
| 蜘蛛兰属<br>(*Arachnis*) | 蜘蛛兰、指甲兰蜘蛛兰、香花蜘蛛兰、窄唇蜘蛛兰、麦氏蜘蛛兰 | 阿芒多兰属<br>(*Armodorum*) | 蔓生阿芒多兰 |
| | | 竹叶兰属<br>(*Arundina*) | 禾叶竹叶兰 |
| 鸟舌兰属<br>(*Ascocentrum*) | 鸟舌兰、弯叶鸟舌兰、朱红鸟舌兰、美花鸟舌兰 | 阿斯考兰属<br>(*Ascoglossum*) | 阿斯考兰 |
| | | 阿斯葩兰属<br>(*Aspasia*) | 阿斯葩兰 |
| 巴克兰属<br>(*Barkeria*) | 美丽巴克兰、巴克兰 | 巴特兰属<br>(*Batemannia*) | 巴特兰 |
| 比佛兰属<br>(*Bifrenaria*) | 比佛兰 | 宝丽兰属<br>(*Bollea*) | 宝丽兰、拉氏宝丽兰 |
| 巴索拉兰属<br>(*Brassavola*) | 钩巴索拉兰、迪氏巴索拉兰、香巴索拉兰、苍绿巴索拉兰、多节巴索拉兰 | 长萼兰属<br>(*Brassia*) | 尾状长萼兰、基氏长萼兰、罗氏长萼兰、极长长萼兰、疣斑长萼兰 |
| 石豆兰属<br>(*Bulbophyllum*) | 毛唇石豆兰、柏氏石豆兰、卢氏石豆兰、广东石豆兰 | 虾脊兰属<br>(*Calanthe*) | 虾脊兰、长距虾脊兰、三褶虾脊兰、毛茎虾脊兰 |
| 龙须兰(飘唇兰)属<br>(*Catasetum*) | 流苏龙须兰、大果龙须兰、委内瑞拉龙须兰 | 卡特丽奥兰属<br>(*Cattleyopsis*) | 林氏卡特丽奥兰 |
| 独花兰属<br>(*Changnienia*) | 独花兰 | 长足兰(吉西兰)属<br>(*Chysis*) | 金黄长足兰、无毛长足兰 |
| 卷瓣兰属<br>(*Cirrhopetalum*) | 细卷瓣兰、美发卷瓣兰、伞花卷瓣兰、美花卷瓣兰 | 隔距兰属<br>(*Cleisostoma*) | 红花隔距兰、大序隔距兰、短茎隔距兰、大叶隔距兰 |
| 考丽兰属<br>(*Cochleanthes*) | 两色考丽兰 | 考丽达兰属<br>(*Cochlioda*) | 诺氏考丽达兰、粉红考丽达兰、火山考丽达兰 |
| 贝母兰(芋慈姑兰)属<br>(*Coelogyne*) | 粗糙贝母兰、毛唇贝母兰、流苏贝母兰、栗鳞贝母兰、绿花贝母兰 | 吻兰属<br>(*Collabium*) | 吻兰(中国吻兰)、台湾吻兰 |
| 小茎兰属<br>(*Comparettia*) | 绯红小茎兰、镰状小茎兰 | 肉唇兰(鹅颈兰)属<br>(*Cycnoches*) | 绿肉唇兰、埃氏肉唇兰 |
| 足柱兰属<br>(*Dendrochilum*) | 丝状足柱兰、颖状足柱兰 | 杓兰属<br>(*Cypripedium*) | 杓兰、黄花杓兰、大花杓兰、西藏杓兰 |

| 属　　名 | 常见品种 | 属　　名 | 常见品种 |
|---|---|---|---|
| 蛇舌兰属<br>（*Diploprora*） | 蛇舌兰 | 迪萨兰属<br>（*Disa*） | 单花迪萨兰 |
| 五唇兰属<br>（*Doritis*） | 五唇兰 | 厚唇兰属<br>（*Epigeneium*） | 单叶厚唇兰、双叶厚唇兰 |
| 柱瓣兰（树兰）属<br>（*Epidendrum*） | 紫花柱瓣兰、蚌壳柱瓣兰、芳香柱瓣兰、芦叶柱瓣兰、玛丽柱瓣兰、瓶茎柱瓣兰、蛋黄柱瓣兰 | 毛兰属<br>（*Eria*） | 足茎毛兰、多花毛兰、禾叶毛兰、海南毛兰、红瓣毛兰、穗花毛兰 |
| | | 美冠兰（芋兰）属<br>（*Eulophia*） | 阿泰美冠兰、黄花美冠兰、美冠兰、长苞美冠兰 |
| 盆距兰属<br>（*Gastrochilus*） | 盆距兰、无茎盆距兰、列叶盆距兰、大距盆距兰 | 爪唇兰属<br>（*Gongora*） | 杏黄爪唇兰、紫花爪唇兰 |
| 斑叶兰属<br>（*Goodyera*） | 大花斑叶兰、小斑叶兰、大斑叶兰、绒叶斑叶兰 | 巨兰属<br>（*Grammatophyllum*） | 米氏巨兰、多花巨兰、巨兰 |
| 玉凤花属<br>（*Habenaria*） | 厚瓣玉凤花、粉叶玉凤花、橙黄玉凤花等 | 海西兰属<br>（*Helcia*） | 血红海西兰 |
| 洪特丽亚兰属<br>（*Huntleya*） | 洪特丽亚兰 | 蕉米兰属<br>（*Jumellea*） | 箭叶蕉米兰 |
| 蕾丽兰属<br>（*Laelia*） | 白花蕾丽兰、扁平蕾丽兰、秋花蕾丽兰、朱红蕾丽兰、狄氏蕾丽兰、金黄蕾丽兰、镰叶蕾丽兰、紫脉蕾丽兰 | 羊耳蒜属（*Liparis*） | 云南羊耳蒜、紫花羊耳蒜 |
| | | 血叶兰属（*Ludisia*） | 血叶兰 |
| | | 钗子股兰属<br>（*Luisia*） | 纤叶钗子股兰、钗子股兰 |
| 薄叶兰（捧心兰）属<br>（*Lycasta*） | 芳香薄叶兰、巴氏薄叶兰、迪氏薄叶兰、洁白薄叶兰 | 细瓣兰（三尖兰）属<br>（*Masdervallia*） | 美丽细瓣兰、细瓣兰、杂色细瓣兰、绯红细瓣兰、棒叶细瓣 |
| 鳃兰（腋唇兰）属<br>（*Maxillaria*） | 白花鳃兰、卡氏鳃兰、大花鳃兰、黄白鳃兰、斑点鳃兰、薄叶鳃兰 | 米尔顿兰（堇色花兰）属<br>（*Miltonia*） | 扁平米尔顿兰、白花米尔顿兰、瑞氏米尔顿兰、美花米尔顿兰、旗瓣米尔顿兰 |
| 旋柱兰属<br>（*Mormodes*） | 布氏旋柱兰、巨大旋柱兰 | 新型兰属（*Neogyne*） | 新型兰 |
| | | 凤兰属（*Neofinetia*） | 凤兰 |
| 耳唇兰属<br>（*Otochilus*） | 宽叶耳唇兰、狭叶耳唇兰 | 齿瓣兰（齿舌兰）属<br>（*Odontoglossum*） | 龙骨齿瓣兰、皱波齿瓣兰、大齿瓣兰、哈氏齿瓣兰、黄紫齿瓣兰 |

| 属　名 | 常见品种 | 属　名 | 常见品种 |
|---|---|---|---|
| 曲唇兰属<br>（*Panisea*） | 曲唇兰、单叶曲唇兰 | 石仙桃属<br>（*Pholaenopsis*） | 细叶石仙桃、石仙桃 |
| 独蒜兰（一叶兰）属<br>（*Pleione*） | 白花独蒜兰、耳瓣独蒜兰、独蒜兰、芳香独蒜兰、黄花独蒜兰、台湾独蒜兰、大花独蒜兰、四川独蒜兰、秋花独蒜兰、美丽独蒜兰、岩生独蒜兰、云南独蒜兰 | 肋枝兰属<br>（*Pleurothallis*） | 黑氏肋枝兰 |
| | | 多穗兰属<br>（*Polystachya*） | 多穗兰 |
| | | 火焰兰（肾药兰）属<br>（*Renanthera*） | 火焰兰、艾姆氏火焰兰 |
| | | 钻喙兰属<br>（*Rhynchostylis*） | 大钻喙兰、钻喙兰 |
| 寄树兰（陆宾兰）属<br>（*Robiquetia*） | 大叶寄树兰、小叶寄树兰 | 凹萼兰属<br>（*Rodriguezia*） | 巴氏凹萼兰、凹萼兰 |
| 折叶兰（箬叶兰）属<br>（*Sobralia*） | 美丽折叶兰、二歧折叶兰、大花折叶兰 | 丑角兰（朱色兰）属<br>（*Sophronitis*） | 俯垂丑角兰、粉红丑角兰 |
| 苞舌兰属<br>（*Spathoglottis*） | 折扇苞舌兰、苞舌兰 | 老虎兰（奇唇兰、倒挂兰）属<br>（*Stanhopea*） | 德文郡老虎兰、象牙老虎兰、大花老虎兰、浓香老虎兰 |
| 船唇兰属<br>（*Stauropsis*） | 船唇兰 | 微花兰属<br>（*Stelis*） | 双齿微花兰、尹氏微花兰 |
| 金佛山兰属<br>（*Tangtsinia*） | 金佛山兰 | 矮柱兰属<br>（*Thelasis*） | 矮柱兰 |
| 笋兰（岩笋、石笋、通兰）属<br>（*Thunia*） | 笋兰、班氏笋兰、玛氏笋兰 | 石兰属<br>（*Trichogottis*） | 分枝石兰、达氏石兰 |
| 假万带兰属<br>（*Vandopsis*） | 假万带兰、菲律宾假万带兰、帕瑞氏假万带兰 | 香果兰（香荚兰）属<br>（*Vanilla*） | 扁叶香果兰、香果兰、大花香果兰 |
| 蟹爪兰（接瓣兰、轭瓣兰）属<br>（*Zygopetalum*） | 中间型蟹爪兰、玛氏蟹爪兰 | | |

## 本章思考题

1. 兰花植物根据自然分布和生态环境要求分类,各自的特点是什么?
2. 兰花根据生态习性如何分类? 它们有何区别?
3. 简述国兰的栽培方法。
4. 简述兰花的形态特征。
5. 简述国兰的品评标准。

# 12　室内观叶植物

【本章提要】　室内观叶植物主要以观叶为主,也兼观赏花、茎、果等,主要用于室内摆放观赏。本章介绍了常见的室内观叶植物的分类、观赏特点和栽培特点等,介绍了常见的室内观叶植物的栽培方法等。

## 12.1　概述

### 12.1.1　概念

在室内条件下,经过精心养护,能长时间或较长时间正常生长发育,用于室内装饰与造景的植物,以赏叶为主,同时也兼赏茎、花、果的一个形态各异的植物群,称为室内观叶植物(Indoor foliage plants)。室内观叶植物是目前世界上最流行的观赏门类之一。

### 12.1.2　分类

1.依据室内植物对光照的要求不同分类

1)极耐阴类
极耐阴类植物要求室内光线极弱,一般摆放在离窗户较远的区域,如蕨类、一叶兰、八角金盘、虎耳草等。

2)半耐阴类
半耐阴类植物的耐阴性较强,应远离直射光,如凤梨类、喜林芋类、竹芋类、千年木类、文竹、吊兰、常春藤等。

3)中性类
中性类植物要求室内光线明亮,每天给予一定时间的直射光照射,如鸭跖草类、鹅掌柴、彩叶草、花叶芋、棕竹、榕属等。

4)阳性类
阳性类植物要求室内光线充足,一般可放置于向阳的阳台,不适宜摆放在室内,如变叶木、短穗鱼尾葵等。

2.依据室内植物对温度的要求不同分类

1)耐寒类
耐寒类植物能忍耐的冬季夜间室温为 3～10 ℃,如八仙花、酒瓶兰、吊兰、常春藤、沿阶草等。

2)半耐寒类
半耐寒类植物能忍耐冬季夜间室温 10～16 ℃,如朱蕉、喜林芋、龙舌兰、君子兰等。

3）不耐寒类

不耐寒类植物冬季夜间室温保持在 16～20 ℃ 之间才能正常生长,如富贵竹、变叶木、一品红等。

### 3.依据室内植物对水分的要求分类

1）耐旱类

耐旱类植物对水分要求低,能够抵抗干旱环境,对室内空气湿度要求也低,如龙舌兰、生石花、仙人掌等。

2）半耐旱类

半耐旱类植物能忍耐短时间的干旱,长时间的干旱会导致叶片萎蔫,如文竹、天门冬、吊兰等。

3）中性类

中性类植物要求在生长期给予充足的水分,保持土壤含水量在 60% 左右。干旱导致中性类植物叶片萎蔫,严重的会导致叶片凋萎、脱落,如马西铁、棕竹、散尾葵等。

4）耐湿类

耐湿类植物生长期要求较多水分,耐湿性强,要求较高的空气湿度,如网纹草、巢蕨、铁线蕨等。

### 12.1.3 栽培特点

室内观叶植物种类繁多,品种极其丰富且形态各异,所以,它们对环境条件的要求有所不同。由于受原产地气象条件及生态遗传性的影响,在系统生长发育过程中,室内观叶植物形成了基本的生态习性,即要求较高的温度、湿度,不耐强光。

#### 1.栽培基质

室内观叶植物在栽培时要求有类似原产地的生长环境。选择栽培基质时,不仅应考虑其固有的养分含量,而且要考虑它保持和供给植物养分的能力。所以,栽培基质必须具备以下两个基本条件:①物理性质好,即必须具有疏松、透气与保水、排水的性能。基质疏松、透气好才能有利于根系的生长,保水好可保证经常有充足的水分供植物生长发育使用,排水好则不会因积水导致根系腐烂。此外,基质疏松,质地轻,可便于运输和管理。②化学性质好,即要求有足够的养分,持肥、保肥能力强,以供植物不断吸收利用。

#### 2.栽培容器

栽培室内观叶植物主要供室内观赏之用,栽培时主要选用花盆种植,因此,在选择花盆时,不仅要考虑花盆的大小,还要考虑花与盆的协调性,以及各种盆具的质地、性能及其用途。常用的栽培容器有:塑料盆、陶盆、玻璃钢盆等。

#### 3.肥水管理

肥与水是观叶植物赖以生存和生长的物质基础。合理的肥水管理不仅可以使其快速生长,同时可以获得更高的观赏价值。室内观叶植物总体上虽然喜湿,但不同类型的植物形态各异,需水状况不同,因此,浇水时给水量及给水方式应不同。此外,室内观叶植物的生长发育对气候的变化比较敏感,尤其是温度变化会影响其生长与生存。一般情况下,春、夏、秋季是室内观叶植物的生长期,必须适时补充水分;冬天大多数室内观叶植物正处于相对休眠期,可以 5～7 d 或更长时间浇水 1 次。

室内观叶植物在种植时须施足基肥,基肥多采用经过发酵的有机肥料;生长期进行追肥,追肥可采用速效的有机肥或无机肥料。室内观叶植物是以赏叶为主要目的,所以特别需要氮肥,如果氮肥缺乏,叶绿素形成慢,正常的光合作用不旺盛,叶面就会失去光泽。但是施用氮肥过多,也会引起植株徒长、生长衰弱,而且不利于一些斑叶性状的稳定,所以施用氮肥必须适量。磷钾肥也是室内观叶植物必不可少的,必须配合施用。

### 12.1.4 观赏特色

#### 1. 观叶形、叶色

这类室内观叶植物包括观叶形和观叶色两类,一类是室内观叶植物的叶形较为奇特、可爱,作为观赏对象,如龟背竹、琴叶榕、鹅掌柴、猪笼草等;另一类是室内观叶植物的叶色鲜艳、秀美,如花叶芋、变叶木、网纹草、竹芋类等。

#### 2. 观叶赏花

这类室内观叶植物在生长期可以赏其叶,开花期可以赏其花,如观赏凤梨、白掌、玉荷包等。

#### 3. 观叶赏果

这类室内观叶植物除了赏叶外,因果实具有鲜艳的颜色或形状奇特,所以果实也可作为观赏对象,如朱砂根、代代、乳茄等。

#### 4. 观叶赏姿

室内观叶植物的茎干自然或经过人工修剪后具有较为独特的形状,在室内装饰时,不仅可以观赏叶形或叶色,还可以观赏美丽的茎干部分,如酒瓶兰、巴西铁、发财树等。

## 12.2 常见室内观叶植物

### 12.2.1 蕨类植物

1)肾蕨(*Nephrolepis auriculata*)

**别名**:蜈蚣草、圆羊齿、篦子草、石黄皮

**科属**:骨碎补科肾蕨属

**形态特征**:多年生草本,附生或地生。地下根状茎包括直立茎、匍匐茎和块茎 3 类,直立茎的主轴向四周伸长形成匍匐茎,匍匐茎的短枝上形成块茎,块茎上着生钻形鳞片。无真正的根系,具有从主轴和根状茎上长出的不定根。叶初生呈抱拳状,具有银白色茸毛,成熟叶展开,密集簇生,草质,光滑,无毛,直立,具叶片披针形,长 30～70 cm,宽 3～5 cm,一回羽状,羽片无柄,叶轴着生于关节处,边缘有疏浅钝齿,基部不对称。叶主脉明显而居中,侧脉对称地伸向两侧,见图 12-1。孢子囊群生于小叶背面侧脉的上侧小脉顶端,囊群盖肾形。

**产地**:原产热带和亚热带地区,我国主要分布于长江以南的地区。

**生态习性：** 肾蕨喜温暖、潮润和半荫环境。喜明亮的散射光，忌阳光直射。最适生长温度为16～24 ℃，能耐短时间 0 ℃以下低温，也能忍耐 30 ℃以上高温。喜湿润土壤和较高的空气湿度。

**繁殖：** 常用分株繁殖，宜在春季进行，常结合换盆进行。也可用孢子繁殖，将成熟的孢子均匀撒入含有腐叶土或泥炭土加砖屑或水苔为基质的播种容器内，保持土面湿润，置半荫处，播后 50～60 d 长出孢子体。

**栽培管理：** 要求疏松、肥沃、透气的中性或微酸性土壤，盆栽要用疏松、透气的基质，常用腐叶土或泥炭土、培养土或粗沙的混合基质。生长期间要多浇水或多喷水以保持较高的空气湿度，每月施肥 1～2 次，宜薄肥勤施。夏季高温时，要置于半荫处，注意通风；冬季处于休眠期，要控水控肥，忌霜冻。若光照过强，则叶片易发黄，光照过弱会造成叶片生长弱，易落叶。

**园林用途：** 肾蕨叶片碧绿，可盆栽点缀书桌、茶几、窗台和阳台，或吊盆悬挂于客室和书房。在园林中可作阴性地被植物或布置在墙角、假山和水池边。叶片可作为插花的补花材料。

**同属其他花卉：** 波士顿蕨（*N. exaltata*），分布于热带及亚热带地区，多年生常绿草本，直立根茎，叶丛生，细长复叶下垂，二回羽状深裂，叶基部呈耳状偏斜，半圆形孢子囊群着生于叶背近叶缘处，见图 12-2。

图 12-1　肾蕨

图 12-2　波士顿蕨

**2）铁线蕨（*Adiantum capillus-veneris*）**

**别名：** 铁丝草、铁线草、水猪毛

**科属：** 铁线蕨科铁线蕨属

**形态特征：** 多年生草本，株高 15～40 cm。根状茎横走，密被棕色披针形鳞片。叶近生，薄草质，无毛；叶柄栗黑色，纤细，有光泽，仅基部有鳞片；叶片呈卵状三角形，长 10～25 cm，宽 8～16 cm，基部楔形，中部以下二回羽状，以上为一回奇数羽状；羽片互生，对称或不对称的斜扇形或斜方形，外缘浅裂至深裂，裂片狭，不育裂片顶端钝圆并有阔三角形的细锯齿或具啮蚀状的小齿，能育裂片顶端截形，具有啮蚀状的小齿，两侧全缘，有纤细栗黑色的短柄。叶脉扇状分叉，见图 12-3。孢子囊群生于变质裂片顶部反折的囊群盖下面，囊群盖圆肾形至矩圆形，全缘。

**产地：** 分布于非洲、美洲、欧洲、大洋洲和亚洲温暖地区，我国主要分布在长江以南各省区。

**生态习性：** 喜温暖、湿润和半荫环境，耐寒。喜明亮的散射光，忌阳光直射。喜疏松、肥沃和含石灰质的砂质壤土，是钙质土的指示物。生长适温为 15～25 ℃，冬季温度不低于 5 ℃。

**繁殖：** 常采用分株繁殖，分株宜在春季新芽尚未萌发前结合换盆进行。将植株的根状茎切断，

图 12-3 铁线蕨

分成二至数丛,分别盆栽即可成新植株。也可采用孢子繁殖,孢子成熟后散落在温暖湿润环境中自行繁殖生长。

**栽培管理**:要求疏松透水、肥沃的石灰质砂壤土,盆栽时可用壤土、腐叶土和河砂等量混合配制成培养土。生长期充分浇水,以保持盆土湿润和较高的空气湿度,忌盆土时干时湿,易导致叶片变黄。避免阳光直射,夏季应遮荫,否则易造成叶片枯黄。

**园林用途**:铁线蕨茎叶秀丽多姿,形态优美,株型小巧,适合室内常年盆栽观赏或点缀山石盆景。叶片是良好的切叶及干花材料。

**同属其他花卉**:①蜀铁线蕨(*A. refractum* Christ.),分布于西南地区和湖北省,与本种相近,但根状茎斜升,叶片三回羽状,叶轴和羽轴强度曲折,裂片宽而囊群盖长。②鞭叶铁线蕨(*A. caudayum*),又称刚毛铁线蕨,叶长约 10~25 cm,顶端鞭状,一回羽状或二回撕裂,上缘和外缘常深裂成窄的裂片,下缘直而全缘。

3)巢蕨(*Neottopteris nidus*)

**别名**:鸟巢蕨、山苏花

**科属**:铁角蕨科巢蕨属

**形态特征**:常绿附生草本,株高 100~120 cm。根状茎顶部密生条形鳞片。叶辐射状丛生于根状茎顶部,中空如鸟巢;叶柄淡禾秆色,两侧无翅,基部有鳞片,向上光滑;叶片阔披针形,革质,长 95~115 cm,中部宽 9~15 cm,两面滑润,锐尖头或渐尖头,向基部渐狭而长下延,全缘,有软骨质的边,干后略反卷。叶脉两面稍隆起,侧脉顶端和 1 条波状的边脉相连,见图 12-4。狭条形孢子囊群生于侧脉上侧,向叶边伸达 1/2;囊群盖条形,厚膜质,全缘,向上开裂。

**产地**:分布于我国台湾、广东、广西和云南,亚洲热带其他地区。

图 12-4 巢蕨

**生态习性**:喜温暖阴湿环境,不耐寒。

　　**繁殖**:采用分株繁殖和孢子繁殖。

　　**栽培管理**:巢蕨对水分的要求较严格,因此,生长期要经常浇水保持盆土潮润,并应每日数次向叶片及周围喷水,保持相对湿度 80%以上,但不能积水。生长适温在 20～30 ℃,冬季应放置于室内向阳的地方。

　　**园林用途**:巢蕨株型丰满、叶色密集,葱绿光亮,为著名的附生性观叶植物,常制作成吊盆(篮),也常栽于附生林下或岩石上,丰富景观。

　　**同属其他花卉**:尖头巢蕨(*N. salwinensis* Ching.),根状茎深棕色,先端密被鳞片;鳞片线形,向上部卷曲,先端呈纤维状,边缘有几条卷曲的长纤毛,蓬松,膜质,深棕色,有光泽。叶簇生,叶柄暗褐色,木质,干后下面为半圆形隆起,上面有阔纵沟,表面平滑不皱缩,两侧无翅,基部密被线形的深棕色鳞片,向上光滑;叶片阔披针形,先端圆形并有一短尖尾,叶缘全缘并有软骨质的狭边,干后平坦。主脉下面全部隆起为半圆形,上面下部有阔纵沟,向上部隆起,表面平滑不皱缩,禾秆棕色,光滑;小脉两面均隆起,斜展,分叉或单一,密集,平行。叶厚纸质至薄革质,干后褐棕色,两面均无毛。孢子囊群线形,生于小脉的上侧,自小脉基部外行达 2/3(或稍远),彼此密集,叶片下部通常不育;囊群盖线形,浅棕色,厚膜质,全缘,宿存。

　　4)鹿角蕨(*Platycerium wallichii* Hook.)

　　**别名**:麋角蕨、蝙蝠蕨、鹿角羊齿

　　**科属**:鹿角蕨科鹿角蕨属

**图 12-5　鹿角蕨**

　　**形态特征**:多年生附生草本,肉质根状茎,有淡棕色鳞片。叶 2 列,二型;基生叶厚革质,直立或下垂,无柄,长 25～35 cm,宽 15～18 cm,先端不整齐叉裂,裂片近等长,全缘,两面疏被星状毛,初时绿色后枯萎为褐色,宿存;能育叶,形似鹿角,对生,下垂,灰绿色,长 25～70 cm,分裂成不等大的 3 枚主裂片,基部楔形,下延,内侧裂片最大,中裂片较小,两者均能育,外侧裂片最小,不育,裂片全缘,通体被灰白色星状毛,叶脉粗突,见图 12-5。孢子囊散生于主裂片第一次分叉的凹缺处以下,不到基部,初时绿色,后变黄色,密被灰白色星状毛,成熟孢子绿色。

　　**产地**:原产澳大利亚东部波利尼西亚等热带地区,我国各地温室均有栽培。

　　**生态习性**:喜温暖阴湿环境,忌强光直射,以散射光为好;生长适温为 20～25 ℃,冬季室温不能低于 5 ℃;土壤以疏松的腐叶土为宜。具世代交替现象,孢子体和配子体均行独立生活。

　　**繁殖**:分株繁殖宜在早春进行。亦可用孢子繁殖。

　　**栽培管理**:生长期对肥水要求多,夏季多浇水,注意通风,保持较高的空气湿度;每月施薄肥 1次。喜明亮的散射光,可放置在半荫处养护,室内应尽量放在光线明亮的地方。

　　**园林用途**:叶形奇特,别致可爱,是室内立体绿化的好材料,可将鹿角蕨贴生于古老朽木或装饰于吊盆中,点缀书房、客室和窗台,独有情趣。

　　**同属其他花卉**:二叉鹿角蕨(*P. bifurcatum*),株高 40～50 cm。叶丛生,下垂,顶端分叉呈凹状深裂,形如"鹿角"。叶有 2 型,不育叶圆形而凸出,边缘波状,新叶绿白色,老叶棕色;育叶丛生,灰绿色。分叉成窄裂片。孢子囊在凹处下开始上延至裂片的顶端。

## 12.2.2 翠云草(*Selaginella uncinata*)

**别名**:蓝地柏、绿绒草、龙须

**科属**:卷柏科卷柏属

**形态特征**:主茎蔓生,长 30～60 cm,禾秆色,有棱,叶卵形,短尖头,二列疏生;侧枝疏生,多回分叉;营养叶二形,背腹各二列,腹叶长卵形,渐尖头,全缘,交互疏生,背叶矩圆形,短尖头,全缘,向两侧平展,见图 12-6。孢子囊穗四棱形;孢子叶卵状三角形,全缘,四列,覆瓦状排列,孢子囊卵形。

**图 12-6 翠云草**

**产地**:分布于浙江、福建、台湾、广东、广西、贵州、云南、四川和湖南。

**生态习性**:喜温暖湿润的半荫环境;喜疏松透水且富含腐殖质的土壤。

**繁殖**:分株繁殖。春季翻盆时进行分株,将母株分成数丛,植于盆中,放在阴湿环境中易于成活。

**栽培管理**:盆栽时可用等量的腐叶土或泥炭、壤土和素沙混合配制而成。生长期要经常喷水,保持较高的空气湿度。生长适温为 15～25 ℃,冬季要注意保温,温度不能低于 5 ℃。避免阳光直射,地栽夏季要注意遮荫,光线强会使其蓝绿色消失而影响观赏性。每月施 1～2 次液肥。

**园林用途**:翠云草羽叶细密,阳光下发出蓝宝石般的光泽,可盆栽作室内装饰,点缀书桌。其茎枝具有匍匐性,亦可栽于吊盆展现其柔软悬垂的美感。也可种于水景边湿地。

**同属其他花卉**:小翠云(*S. kraussiana*),主茎呈不规则的羽状分枝,不呈"之"字形,具关节,禾秆色;叶交互排列,二型,草质,表面光滑,边缘非全缘,不具白边。

## 12.2.3 棕竹(*Rhapis excelsa*)

**别名**:观音竹、筋头竹、棕榈竹、矮棕竹

**图 12-7 棕竹**

**科属**:棕榈科棕竹属

**形态特征**:常绿丛生灌木,高 2～3 m。茎有节,具有褐色网状纤维的叶鞘。叶掌状,深裂,裂片条状披针形,长达 30 cm,宽 2～5 cm,边缘和主脉上有褐色小锐齿,横脉多而明显,叶柄细长(见图 12-7)。肉穗花序腋生,花小,淡黄色,雌雄异株。花期 4—5 月。果期 10—12 月,浆果球形,种子球形。

**产地**:原产我国东南部至西南部,日本也有分布。

**生态习性**:棕竹喜温暖、湿润、通风良好的半荫环境,不耐积水,极耐阴。要求疏松、肥沃的酸性土壤,不耐瘠薄和盐碱,要求较高的土壤湿度和空气温度。

**繁殖**:播种繁殖和分株繁殖,以分株繁殖为主。分株繁殖一般常在春季结合换盆时进行,用利刀将原来萌蘖多的植丛分切为数丛,每丛 8～10 株以上,分株后即可上盆。

**栽培管理**:生长适宜温度 10～30 ℃,气温高于34 ℃时,叶片常会焦边,因此夏季应适当遮荫,冬季要防寒,越冬温度不低于 5 ℃。土壤要求湿润、排水良好、富含腐殖质的壤土,微酸性最合适,对水肥要求不十分严格,但夏、秋生长季节,需要适当增加肥水管理,土壤要保持湿润,忌积水和干旱。

**园林用途**:棕竹株形紧密秀丽、株丛挺拔、叶形清秀、叶色浓绿而有光泽,是我国传统的优良盆栽观叶植物。可配植于窗前、路旁、花坛、廊隅处,也可盆栽装饰室内或制作盆景。

**同属其他花卉**:①细叶棕竹(R. humilis),掌状深裂,裂片长约 15 cm,宽约 2.5 cm,边缘及肋脉具细齿,先端急尖、具齿,叶柄纤维褐色。②细棕竹(R. gracilis),掌状深裂,裂片边缘和脉上有小锯齿,叶柄顶端有浑圆的小戟突,宿存的花冠管变成实心的柱状体。

### 12.2.4　袖珍椰子(*Chamaedorea elegans*)

**别名**:矮生椰子、袖珍棕、矮棕

**科属**:棕榈科袖珍椰子属

**图 12-8　袖珍椰子**

**形态特征**:常绿小灌木。茎干直立,深绿色,不规则花纹。叶羽状全裂,裂片披针形,互生,深绿色,有光泽,长 14～22 cm,宽 2～3 cm,顶端两片羽叶的基部常合生为鱼尾状,墨绿色,表面有光泽,见图 12-8。肉穗花序腋生,花黄色,雌雄异株,浆果橙黄色。花期春季。

**产地**:原产于墨西哥和危地马拉,主要分布在中美洲热带地区。

**生态习性**:喜高温、高湿的半荫环境。

**繁殖**:播种繁殖,亦可用分株繁殖。

**栽培管理**:栽培基质以排水良好、湿润、肥沃壤土为佳,盆栽时可用腐叶土、泥炭土与 1/4 河沙和少量基肥配制作为基质。喜水,生长期要保持土壤湿润,但对肥料要求不高,每月施 1～2 次液肥,秋末和冬季稍施肥或不施肥。夏、秋季要经常向植株喷水,以提高环境的空气湿度;冬季适当减少浇水量,以利于越冬。避免阳光直射。

**园林用途**:植株小巧玲珑,株形优美,姿态秀雅,叶色浓绿光亮,是优良的室内中小型盆栽观叶植物。叶片平展,成龄株如伞形,小株宜用小盆栽植置于案头桌面,亦宜悬吊室内,装饰空间;大株可供厅堂、会议室、候机室等处陈列,为美化室内的重要观叶植物。

### 12.2.5　亮丝草(*Aglaonema modestum*)

**别名**:粗肋草

**科属**:天南星科亮丝草属

**形态特征**:多年生草本。茎直立,不分支;叶卵状椭圆形至卵状矩圆形,长 10～20 cm,顶端渐尖至尾状渐尖,第一级侧脉 4～7 对,叶柄长达 30 cm,近中部以下具鞘,见图12-9。总花梗长 7～10

cm;佛焰苞长 5～7 cm,顶端渐尖,早落;肉穗花序圆柱形,雌雄同株异花。浆果鲜红色。

**产地:**原产我国云南、广西、广东三省南部和马来西亚、菲律宾等地。

**生态习性:**喜高温,不耐寒;忌阳光曝晒;耐干旱。

**繁殖:**分株或扦插法繁殖,春至秋季为适期。

**栽培管理:**亮丝草喜温暖气候,生长适温 20～30 ℃。最低越冬温度在 12 ℃以上,夏季高温高湿,要加强遮荫、通风、降温,秋、冬季温度较低,注意加温,以防受冻叶片黄萎或顶芽坏死。忌阳光直射,光照太强叶片黄绿,太弱造成徒长、倒伏,光照强度一般控制在 15～27 klx。

**园林用途:**亮丝草四季常青,是优良的室内观叶植物。

**同属其他花卉:**明脉亮丝草(*A. siamense* Engl.),叶的第一级侧脉 7～11 对,下面较明显,佛焰苞长 3.5～4.5 cm,产广西、云南,东南亚一带也有分布。

**图 12-9　亮丝草**

## 12.2.6　白鹤芋(*Spathiphyllum floribundum*)

**别名:**巨苞白鹤芋、一帆风顺、白掌

**科属:**天南星科白鹤芋属

**形态特征:**多年生草本。具短根茎。叶长椭圆状披针形,两端渐尖,叶脉明显,叶柄长,基部呈鞘状(见图 12-10)。花葶直立,高出叶丛,佛焰苞直立向上,稍卷,白色,肉穗花序圆柱状,白色。

**产地:**原产热带美洲。

**生态习性:**喜高温、多湿、半荫的环境。

**繁殖:**采用分株繁殖、播种繁殖和组培繁殖。

**栽培管理:**以肥沃、含腐殖质丰富的壤土为好,盆栽用土以腐叶土、泥炭土和粗沙的混合土,加少量过磷酸钙为宜。生长适温为 22～28 ℃,冬季温度不低于 14 ℃,当温度低于 10 ℃时,植株生长受阻,叶片易受冻害。白鹤芋对湿度比较敏感。生长期间应经常保持盆土湿润,但要避免浇水过多,否则易引起烂根和植株枯黄。夏季和干旱季节应经常用细眼喷雾器往叶面上喷水,并向植株周围地面上洒水,保证空气湿度在 50%以上,有利于叶片生长。高温干燥时,叶片容易卷曲,叶片变小、枯萎脱落,花期缩短。气候干燥,空气湿度低,新生叶片会变小发黄,严重时枯黄脱落。冬季要控制浇水,以盆土微湿为宜。生长旺季每周施 1 次稀薄的复合肥或腐熟饼肥水,忌强光曝晒,夏季应遮荫 60%～80%,但若长期光照不足,则不易开花,以 500lx 为宜。白鹤芋萌蘖力较强,每年换盆时,注意修根和剪除枯萎叶片。

**图 12-10　白鹤芋**

**园林用途**:鹤芋花茎挺拔秀美,清新悦目,盆栽作为室内装饰;群植或丛植配置在小庭园、池畔、墙角处或者丛植、列植在花台、庭园的荫蔽地点,也可在石组或水池边缘绿化。花与叶是花篮和插花的装饰材料。

**同属其他花卉**:①状白鹤芋(*S. cochlearispathum*),株高 60~90 cm,叶片大。②佩蒂尼白鹤芋(*S. patina*),株高 30 cm,叶深绿色,花白或淡绿色。

## 12.2.7 花叶万年青(*Dieffenbachia picta*)

**别名**:黛粉叶

**科属**:天南星科花叶万年青属

图 12-11 花叶万年青

**形态特征**:多年生,茎木质,高达 1 m。叶聚生顶端,矩圆形至矩圆状披针形,长 15~30 cm,有白色或淡黄色不规则的斑块;叶柄近中部以下具鞘。总花梗由叶鞘中抽出,短于叶柄;佛焰苞矩圆状披针形,下部成筒状;肉穗花序稍短于佛焰苞,下部具雌花,上部具雄花,顶端无附属体;雌花具雌蕊和 4~5 棒状退化雄蕊,子房具 2 裂柱头,无花柱;雄花具 4~5 合生雄蕊,顶面观 6 角形;退化雄花具 4~5 退化雄蕊,见图 12-11。

**产地**:原产南美洲等热带地区。

**生态习性**:喜高温、高湿、半荫或蔽荫环境。不耐寒,忌强光直射,要求疏松、肥沃、排水良好的砂质壤土。

**繁殖**:以扦插繁殖为主,春季 4—5 月将植株基部发出的小株切下后插入基质中,约 1 个月可生根上盆。也可采用播种繁殖。

**栽培管理**:花叶万年青适应性强,以疏松、透气性好、微酸性壤土最为适宜;盆栽用 2:1:1 腐叶土、园土、河沙加少量腐熟基肥作培养土。生长季节保持盆土湿润,夏季多浇水,宁湿勿干,同时辅以叶面喷水;秋季控制水分,间干间湿;冬季减少浇水,盆土干燥;花期不可淋雨。一般每月施肥 1 次。忌曝晒,室内应放置于通风处并给予间接光照。每年春季换盆 1 次。冬季越冬温度不能低于 10 ℃。

**园林用途**:花叶万年青叶片宽大、叶色为黄绿色,色彩明亮强烈,优美高雅,观赏价值高,是目前备受推崇的室内观叶植物之一,可用幼株小盆栽、成株中型盆栽作为室内装饰,令室内充满自然生机。

**同属其他花卉**:①大王黛粉叶(*D. amoena*),又名大王万年青、巨花叶万年青,多年生常绿草本。茎粗壮,直立,高达 2m。叶片大,长椭圆形,深绿色,有光泽,沿中脉两侧有乳白色条纹和斑点。②暑白黛粉叶(*D. amoena* cv. *Tropic* Snow.),浓绿色叶面中心乳黄绿色,叶缘及主脉深绿色,沿侧脉有乳白色斑条及斑块。

## 12.2.8 绿萝(*Scindapsus aureun*)

**别名**:魔鬼藤、石柑子、竹叶禾子、黄金葛、黄金藤

**科属**:天南星科藤芋属

**形态特征**:多年生常绿藤本。缠绕茎,节间有气生根。单叶互生,幼叶卵心形,全缘,成熟叶长卵形,叶缘有时羽裂状、绿色而有光泽,叶面上有不规则的黄色斑块或条纹,叶基心形,先端短渐尖,见图 12-12。佛焰状花序腋生,具有粗壮花序柄,佛焰苞卵状阔披针形。

**产地**:原产印度尼西亚所罗门群岛的热带雨林。

**生态习性**:性喜温暖、潮湿环境,要求土壤疏松、肥沃、排水良好,喜散射光,忌阳光直射,较耐阴。

**繁殖**:扦插繁殖,选取健壮的绿萝藤,剪成含气生根的两节一段,插入基质内,扦插深度为插穗的 1/3,放置于荫蔽处,每天向叶面喷水或覆盖塑料薄膜保湿即可成活。

**栽培管理**:盆栽绿萝应选用肥沃、疏松、排水性好的腐叶土,以偏酸性为好。绿萝对温度反应敏感,生长温度为 15~28 ℃,冬季越冬温度不低于 10 ℃ 可以安全越冬。夏季忌阳光直射,强光照射叶片枯黄而脱落,冬季在室内明亮的散射光下能生长良好,茎节粗壮,叶色绚丽。生长期对水分要求较高,除了保持盆土湿润外,还要经常向叶面喷水以

**图 12-12　绿萝**

提高空气湿度利于气生根的生长,同时,可以每隔 2 周施一次氮磷钾复合肥或每周喷施 0.2% 的磷酸二氢钾溶液,有利于保持叶片翠绿,斑纹鲜艳。

**园林用途**:叶色碧绿或带有斑块,茎柔韧,气生根发达,可盆栽或吊盆作室内装饰,展现其长枝披垂、摇曳生姿的特色。此外,绿萝是绿色净化器,吸收甲醛、尼古丁以及由复印机、打印机排放出的苯等有害气体。

**同属其他花卉**:白金葛(cv. *Marble* Queen.),叶片上具有明显的银白色斑块。

## 12.2.9　春羽(*Philodenron selloum* Koch)

**别名**:春芋、羽裂喜林芋、喜树蕉、小天使蔓绿绒、羽裂蔓绿绒

**科属**:天南星科喜林芋属

**形态特征**:多年生草本。茎粗壮直立,具有明显叶痕及气生根。叶着于茎顶,叶柄长 40~50 cm,鲜浓有光泽,卵状,羽状深裂,革质,见图 12-13。

**产地**:原产巴西、巴拉圭等地。

**生态习性**:多年生常绿草本植物,较耐阴。较耐寒,生长适温为 18~25 ℃,冬季能耐 2 ℃ 低温,但以 5 ℃ 以上为好,要求砂质壤土。

**繁殖**:分株繁殖、扦插繁殖、播种繁殖。扦插繁殖以 5—9 月为宜,剪取生长健壮且枝干较长的茎干,直接插入干净的河沙中置于半荫处,保持较高的空气湿度,温度为 25 ℃ 左右,20~25 d 即可生根。分株繁殖可结合换土换盆进行,将老株基部着生的小植株小心分离后栽植,尽量不伤老株、不伤根。

**栽培管理**:对土壤的要求不严,以疏松肥沃、排水良好的微酸性土壤为最佳。对光线的要求不严,但长期处于荫蔽环境,叶色变浅,叶柄变长,叶片下垂而观赏性降低;避免阳光直射,否则叶片极

**图 12-13　春羽**

易出现叶尖干枯、叶缘焦边、叶色白化并失去光泽。对水分的要求较高,生长期空气湿度保持在 50％ 左右,并保持盆土湿润,尤其是在夏季高温季节不能缺水,要增加喷水的次数以提高空气的相对湿度。生长期施用稀薄的氮肥,冬季应停止施肥。

**园林用途**:植株繁盛、株形优美,叶片大而奇特,叶色翠绿而有光泽,耐阴性比较强,是目前应用最普遍的室内观叶类植物之一。

**同属其他花卉**:①红宝石喜林芋(*P. erubescens* var. *red emerald*),藤本植物,茎粗壮,新梢红色,后变为灰绿色,节上有气根,叶柄紫红色,叶长心形,长 20～30 cm,宽 10～15 cm,深绿色,有紫色光泽,全缘。嫩叶的叶鞘为玫瑰红色,不久脱落。花序由佛焰苞和白色的肉穗组成。②绿宝石喜林芋(*P. erubescens* var. *green emerald*),株形、叶型与红宝石喜林芋基本相同,只是绿宝石喜林芋叶片为绿色,无紫色光泽,茎和叶柄为绿色,嫩梢、叶鞘也是绿色。

## 12.2.10　海芋(*Alocasia macrorrhiza*)

**别名**:痕芋头、狼毒(广东)、野芋头、山芋头、大根芋、大虫芋、天芋、天蒙、滴水观音

**科属**:天南星科海芋属

**形态特征**:植株高达 3m,茎粗壮,茶褐色,多黏液。叶聚生茎顶,盾状着生,卵状戟形,基部 2 裂片分离或稍合生(见图 12-14)。佛焰苞下部筒状,上部稍弯曲呈舟形;肉穗花序稍短于佛焰苞,下部为雌花部分,上部为雄花部分;雌花仅具雌蕊,子房 1 室,具数个基生胚珠;雄花具 4 个聚药雄蕊。果直径约为 4mm,具 1 颗种子。

**产地**:原产南美洲。我国主要分布在四川、贵州、湖南、江西、广西、广东等地。

**生态习性**:喜高温、潮湿的环境,耐阴。

**繁殖**:分株繁殖、扦插繁殖、播种繁殖、分球繁殖。

**栽培管理**:海芋栽培土壤以疏松、肥沃为佳,栽培前施足基肥,以长效有机肥为主,如腐熟栏肥、鸡粪肥、饼肥,并添加复合肥;盆栽用腐叶土、泥炭土或细沙土均可。生长季节,每周追施 1 次液体肥料,以氮肥为主;多浇水,宁湿勿干,夏季高温应经常浇水或叶面洒水,增加空气湿度;生长适温在 25～30 ℃,越冬温度不低于 0 ℃。避免阳光直射,7—9 月要用遮阳网遮去 50％～70％ 的太阳光。由于海芋生长快,每 8～12 d 长出 1 片叶子,所以每月要将老黄叶、病叶和多余的叶剪去,留 3～4 片叶子即可,以利于通风透光,减少水分

**图 12-14　海芋**

蒸发。

**园林用途**：叶形奇特，酷似大象的耳朵，色彩碧绿，可以林荫下片植或群植，也可作为室内装饰。

**同属其他花卉**：箭叶海芋（*A. longiloba*），多年生草本；根茎圆柱形，下部生细圆柱形须根，上部被宿存叶柄鞘。叶柄绿色，基部强烈扩大成鞘状，向上渐狭；叶片绿色或幼时表面淡蓝绿色；成年植株叶片长箭形，长 25～45 cm，宽 9～19 cm，前裂片长圆状三角形，长 15～27 cm，先端渐尖，侧脉 4～7 对，斜伸；后裂片长圆状三角形，长 10～18 cm，基部联合 2～3.5 cm，弯缺锐三角形，基脉相交成 60°～80° 的锐角。花序柄长 18～25 cm。佛焰苞淡绿色，卵形至纺锤形。肉穗花序。浆果近球形，淡绿色。花期 8—10 月。

## 12.2.11　合果芋（*Syngonium podophyllum*）

**别名**：柄合果芋、紫梗芋、剪叶芋、丝素藤、白蝴蝶、箭叶

**科属**：天南星科合果芋属

**形态特征**：多年生蔓性常绿草本植物。茎节具气生根。叶片呈两型性，幼叶为单叶，箭形或戟形；老叶成 5～9 裂的掌状叶，中间一片叶大型，叶基裂片两侧常着生小型耳状叶片。初生叶色淡，老叶呈深绿色，且叶质加厚，见图 12-15。佛焰苞浅绿或黄色。花期夏、秋季。

**产地**：原产中美、南美热带地区。

**生态习性**：适应性强，喜高温多湿和半荫环境。不耐寒，怕干旱和强光曝晒。

**繁殖**：分株繁殖，扦插繁殖在 5—9 月生长期均可进行扦插，取 3 节茎扦于砂或蛭石中，10 d 左右就能生根。

**图 12-15　合果芋**

**栽培管理**：喜高温多湿、疏松肥沃、排水良好的微酸性土壤，盆栽土以腐叶土、泥炭土和粗沙配制成混合土。对光照的适应性较强，适宜生长光照为 1.5 万～3.0 万 lx，即夏季需遮荫 70%～80%，冬季遮荫 40%～50%，若长时间处于低光照环境，则茎干和叶柄伸长，株形松散，叶片变小，色浓暗，而强光处茎叶略呈淡紫色，叶片较大，色浅。生长适温为 22～30 ℃，温度低于 10 ℃ 茎叶停止生长，越冬温度在 5 ℃ 以下叶片出现冻害。合果芋喜湿怕干，在夏季生长旺盛期，需充分浇水，保持盆土湿润，以利于茎叶快速生长，并每天增加叶面喷水，保持较高的空气湿度，以利于叶片生长健壮、充实。

**园林用途**：合果芋美丽多姿，形态多变，不仅适合盆栽，也适宜盆景制作，是具有代表性的室内观叶植物，可悬垂、吊挂及水养，又可作壁挂装饰。也是阴地植物之一，种于荫蔽处的墙篱或花坛边缘观赏。叶片不仅是插花的配叶材料，而且可提高空气湿度，并吸收大量的甲醛和氨气。

**同属其他花卉**：白蝶合果芋（*S. podophyllum* cv. *albolineatum*），叶丛生，盾形，呈蝶翅状，叶表多为黄白色，边缘具绿色斑块及条纹，叶柄较长，茎节较短。

### 12.2.12 金钱树(*Zamioculcas zamiifolia*)

**别名:**金币树、雪铁芋、泽米叶天南星、龙凤木
**科属:**天南星科雪芋属

**图 12-16 金钱树**

**形态特征:**地上部无主茎,不定芽从块茎萌发形成大型复叶,小叶肉质具短小叶柄,坚挺浓绿;地下部分为肥大的块茎。羽状复叶自块茎顶端抽生,叶轴面壮,小叶在叶轴上呈对生或近对生。叶柄基部膨大,木质化;每枚复叶有小叶6~10 对,见图 12-16。

**产地:**原产热带非洲。

**生态习性:**喜暖热略干、半荫及年均温度变化小的环境,比较耐干旱,但畏寒冷,忌强光曝晒,怕土壤黏重和盆土内积水。要求土壤疏松肥沃、排水良好、富含有机质、呈酸性至微酸性。萌芽力强,剪去粗大的羽状复叶后,其块茎顶端会很快抽生出新叶。

**繁殖:**分株繁殖、扦插繁殖。

**栽培管理:**栽培基质用泥炭、粗沙或冲洗过的煤渣与少量园土混合配置成 pH 值为 6~6.5 的微酸性状态,基质中加入腐熟的饼肥或多元缓释复合肥。生长适温为 20~32 ℃,栽培时宜在可控温的大棚内,当气温达 35 ℃以上时,通过加盖遮荫网遮光和喷水等措施来降温,越冬温度保持在 8~10 ℃之间,不能低于 5 ℃,否则易导致植株受寒害。避免强光直射,从春末到中秋都应将其放置在遮光 50%~70%的荫棚下,而冬季应给予补充光照。具有较强的耐旱性,保持盆土微湿偏干,当室温达 33 ℃以上时,每天给植株喷水 1 次,使相对空气湿度达到 50%以上,冬季盆土不能过分潮湿,以偏干为好,盆土过湿容易导致植株根系腐烂,甚至全株死亡。比较喜肥,生长期每月浇施 2~3 次 0.2%的尿素与 0.1%的磷酸二氢钾混合液,10—11 月份应停施氮肥,追施 2~3 次 0.3%的磷酸二氢钾液,但是当气温降到 15 ℃以下时,应停止追肥,以免造成低温条件下的肥害伤根。

**园林用途:**叶轴基部硕壮,仿佛是挺起的佛肚,2 枚羽状复叶,故名为"龙凤木",小叶质地厚实,叶色浓绿,是一种株形优美、规整的新一代室内观叶植物。

### 12.2.13 艳凤梨(*Ananas comosus*)

**别名:**菠萝、露兜子
**科属:**凤梨科凤梨属

**形态特征:**草本,茎短。叶旋叠状簇生,剑状长条形,边缘常有锐齿,上部的叶极退化而常呈红色,见图 12-17。球果状的穗状花序顶生,紫红色,生于苞腋内;苞片三角状卵形至长椭圆状卵形,淡红色;外轮花被片 3,萼片状,卵形,肉质,长约 1 cm;内轮花被片 3,花瓣状,倒披针形,长约 2 cm,青紫色,基部有舌状小鳞片 2;雄蕊 6,子房下位,藏于肉质的中轴内。果球果状,由增厚肉质的中轴,肉质的苞片和螺旋排列不发育的子房连合成一个多汁的聚花果,顶常冠有退化、旋叠状的叶丛。

产地:原产美洲,我国东南部和南部也有分布。

生态习性:适应性强,喜温暖、阳光充足的环境。

繁殖:采用分生繁殖。

栽培管理:喜温暖,生长适宜温度为24～27 ℃,越冬温度在15 ℃以上,温度低于5 ℃或高于43 ℃便会停止生长。耐旱,生长季节应经常浇水以保持盆土湿润,还必须经常往叶筒内浇水,使叶筒内贮有充足的水分。较耐阴,但若给予充足的光照可使植株生长良好、糖含量高、品质佳。对土壤适应性广,喜疏松、排水良好、富含有机质、pH 值为5～5.5的砂质壤土或山地红壤。施肥一般在12月至翌年2月抽蕾前施

图 12-17　艳凤梨

促蕾肥,7—8月施壮芽肥;在促蕾肥、壮芽肥之间施壮果催芽肥;每年4—9月用1%尿素施叶面肥或进行追肥;采果后施基肥。生长期要适当地除芽和留芽,有利于果实的生长发育;为促花要进行催花;为提高果实重量和品质要喷果,即小花全部谢花后,用50 mg/L赤霉素加0.5%尿素液喷果;果实发育到七成熟时,用300 mg/L乙烯利喷果催熟。

园林用途:为著名热带水果,叶纤维为编织和造纸的原料。

## 12.2.14　铁兰(*Tillandsia cyanea*)

别名:铁兰、紫花凤梨、细叶凤梨

科属:凤梨科铁兰属

形态特征:多年附生常绿草本。株高约30 cm,叶丛莲座状,中部下凹,先斜出后横生,弓状。叶色淡绿色至绿色,基部酱褐色,叶背绿褐色,见图12-18。总苞呈扇状,粉红色,自下而上开紫红色花。花径约3 cm。苞片观赏期可达4个月。

产地:原产于厄瓜多尔、美洲热带及亚热带地区。

生态习性:喜明亮光线,喜高温、高湿的环境,忌阳光直射,较耐干燥和寒冷。

繁殖:分栽基生芽繁殖,也可播种繁殖。

栽培管理:盆栽基质需要腐殖质土和粗纤维;需要较高的空气湿度,要求经常向植株或其周围喷水,但叶缝间不能积水,否则叶片腐烂,空气湿度过低,叶尖干枯,叶子皱缩卷曲。生长适温为20～30 ℃,越冬最低温为10 ℃,因此,夏季应注意降温,可以通过遮荫降温,而冬季放置室内阳光充足处,并控制水分。每2周用液肥喷洒叶片1次,氮、磷、钾的用量比例为30∶10∶10。在栽培过程中,花败后应立即摘除残花。

园林用途:适于盆栽装饰室内,可摆放于阳台、窗台、书桌等,也可悬挂在客厅、茶室;还可作插花陪衬材料。此外,还具有很强的净化空气能力。

同属其他花卉:①淡紫花凤梨(*T. ionantha*),又名章鱼花凤梨,植株矮小,茎部肥厚,叶先端尖而长,叶色

图 12-18　铁兰

灰绿色,开花前内层叶片变为红色,花为淡紫色,花蕊呈深黄色。②银叶花凤梨(*T. argentea*),无茎,叶片长针状,叶色为灰绿色,基部为黄白色,花序较长且弯曲,花为黄色或者蓝色,排列比较松散。③老人须(*T. usneoides*),附生,无根,植株分枝,叶细小,花不明显。④蛇叶凤梨(*T. eaput medusae*),根部不发达,叶细长、肥且弯曲,叶先端渐细,叶片呈莲座状排列在茎基部,叶表被白粉,花紫色。⑤雷葆花凤梨(*T. leiboldiana*),株高为 30～60 cm,叶片绿色,漏斗形莲座,穗状花序具有略带卷曲的苞片,苞片周围为管状的蓝色花朵。

## 12.2.15　姬凤梨(*Cryptanthus acaulis* Beer. )

**别名:**蟹叶姬凤梨、紫锦凤梨
**科属:**凤梨科姬凤梨属

**图 12-19　姬凤梨**

**形态特征:**多年生常绿草本植物。地下部分具有块状根茎,地上部分几乎无茎。叶从根茎上密集丛生,叶子水平伸展呈莲座状,叶片坚硬,边缘呈波状,具有软刺,条带形,先端渐尖,叶背有白色磷状物,叶肉肥厚革质,表面绿褐色,见图 12-19。花两性,白色,雌雄同株,花葶自叶丛中抽出,呈短柱状,花序莲座状,4 枚总苞片三角形,白色,革质。

**产地:**原产于南美热带地区,主要分布在巴西的原始森林中。

**生态习性:**喜高温、高湿、半荫的环境,怕阳光直射,怕积水,不耐旱,要求疏松、肥沃、腐殖质丰富、通气良好的砂质壤土。

**繁殖:**播种繁殖、扦插繁殖和分株繁殖。播种自 4 月下旬至 5 月中旬进行,该繁殖方法时间久,小苗需要 3 a 才能成为成株。分株繁殖在 2—3 月,结合春季换盆进行,分离母株叶间的萌蘖,带根茎切割后栽植,易成活。

**栽培管理:**盆栽以腐叶土∶砂按 1∶1 比例混合,上盆时加入少量骨粉或复合肥作基肥。浇水要掌握间干间湿、宁干勿湿的原则,保持较好的透气性;冬季保持土壤稍湿即可;空气干燥时,向周围喷水,提高空气湿度。在生长期时,要每月施 1～2 次以氮为主的肥料。生长适温在 25～30 ℃左右,12 ℃以上能安全越冬,冬季可接受全日照,其他季节应遮荫,给予 40%～50% 的透光率。姬凤梨在栽培 3～5 a 后,要不断进行淘汰更新,以保持其生长活力。

**园林用途:**株形规则,色彩绚丽,适宜作桌面、窗台等处的观赏装饰,是优良的室内观叶植物。也可作为旱生盆景、瓶栽植物的一部分。亦可栽植于室外架上、假山石上等,是较好的绿化、美化材料。

**同属其他花卉:**斑纹凤梨(*C. bivittatus*),株形矮小,叶自茎基部生出,莲座管状,叶片表面有斑纹,叶缘有锯齿,波浪状,花小,白色,隐藏在叶丛中。

## 12.2.16　虎纹凤梨(*Vriesea splendens*)

**别名:**红剑、丽穗凤梨

科属：凤梨科丽穗凤梨属

**形态特征**：多年生常绿草本。叶丛莲座状，深绿色，两面具紫黑的横向带斑（见图 12-20）。花序直立，呈烛状，略扁，苞片互叠、鲜红色，小花黄色。

**产地**：原产于南美圭亚那。

**生态习性**：喜温热、湿润和阳光充足环境。耐干旱，对光照比较敏感。

**繁殖**：分株、播种和组培繁殖。

**栽培管理**：土壤以肥沃、疏松、透气和排水良好的砂质壤土为宜。盆栽土壤用培养土、腐叶土和蛭石的混合基质。生长适温为 16～27 ℃，冬季温度不低于 5 ℃，否

图 12-20　虎纹凤梨

则叶片边缘易遭受冻害，出现枯萎现象。对光照比较敏感，要求充足阳光，夏季强光需遮荫 30%～40%，光线弱，虎纹凤梨叶色和花色不能充分展现，同时蘖芽的发育也受影响。对水分的适应性较强，生长期浇水应适量，盆土不宜过湿，经常向叶面喷水；在莲座状叶筒中要灌水，切忌干燥；冬季低温时，少浇水，盆土保持不干即可；在盆土湿润、空气湿度为 50%～60% 和叶筒中有水的情况下，莲座状叶片生长迅速。每月施肥 1 次或用盆花专用肥。每隔 2～3 a 于春季换盆 1 次。

**园林用途**：虎纹凤梨苞片鲜红，小花黄色，观赏期长，适合盆栽观赏，也可作室内装饰，摆放于客室、书房和办公室，新鲜雅致，十分耐看。也是理想的插花和装饰材料。

**同属其他花卉**：①莺歌凤梨(*V. carinata*)，叶带状、下垂、鲜绿色，穗状花序有分枝，苞片扁平、鲜红色、先端黄色，小花黄色。②斑叶莺歌凤梨(*V. carinata cv. Variegata*)，叶具纵向白色条斑。③红羽凤梨(*V. erecta*)，穗状花序不分枝、扁平、椭圆形，苞片密生、鲜红色、先端分离，小花黄色。④鹤蕉凤梨(*V. heliconioides*)，穗状分序不分枝，苞片大、船形、鲜红色、顶端黄色、形似鹤蕉，小花米色。⑤彩苞凤梨(*V. poelmannii*)，叶绿色，穗状花序多分枝，苞片叠生、鲜红色，小花黄色。⑥大凤梨(*V. glgantea*)，大型种，叶宽阔，长 75 cm，淡蓝绿色，苞片绿色，小花黄色。⑦网状凤梨(*V. fenestralis*)，叶绿色，具黄绿色斑点。

## 12.2.17　文竹(*Asparagus setaceus*)

**别名**：云片松、刺天冬、云竹

**科属**：百合科天门冬属

**形态特征**：叶状枝纤细而丛生，呈三角形水平展开羽毛状；叶状枝每片有 6～13 枚小枝，绿色；叶退化成鳞片状，淡褐色，着生于叶状枝的基部（见图 12-21）。主茎上的鳞片刺状。花小，两性，白绿色，1～3 朵着生于短柄上，花期春季。浆果球形，成熟后紫黑色，有种子 1～3 粒。

**产地**：原产于南非，目前在我国广泛栽培。

**生态习性**：性喜温暖、湿润和半荫环境，不耐严寒，不耐干旱，忌阳光直射。

**繁殖**：播种繁殖和分株繁殖。

**栽培管理**：适生于排水良好、富含腐殖质的砂质壤土。盆栽常用 1∶2∶1 腐叶土、园土、河沙混合作为基质，施加少量腐熟畜粪作基肥。生长期间要充分灌水，或者采取大小水交替进行，即经 3～

图 12-21　文竹

5 次小水后,浇 1 次透水,使盆土上、下保持湿润而含水不多,浇水过勤、过多,枝叶容易发黄,生长不良,易引起烂根。夏季经常向叶面喷水,以提高空气湿度,入冬后可适当减少浇水量。施肥宜薄肥勤施,忌用浓肥,每 15～20 d 施腐熟的有机液肥 1 次,如腐熟的饼肥水,施肥时可适当施一些矾肥水,以改善土壤酸碱度。生长适温为 15～25 ℃,越冬温度为 5 ℃。室内越冬,冬季室温应保持 10 ℃左右,并给予充足的光照,翌年 4 月即可移至室外养护。地栽文竹新蔓生长迅速,需要及时搭架,以利于通风透光。当植株定型后,适量修剪整形,要减少施肥量,以免徒长而影响株形美观,对于枯枝老蔓适当修剪,促使萌发新蔓。开花前增施 1 次骨粉或过磷酸钙,提高结实率。

**园林用途:**文竹叶片轻柔,常年翠绿,枝干有节似竹,叶片纤细秀丽,密生如羽毛状,翠云层层,株形优雅,姿态文雅潇洒,独具风韵,是著名的室内观叶花卉。

**同属其他花卉:**天门冬(*A. cochinchinensis*),攀援植物,根稍肉质,在中部或近末端呈纺锤状膨大,膨大部分长 3～5 cm,粗 1～2 cm。茎长可达 1～2 m,分枝具棱或狭翅。叶状枝通常每 3 枚成簇,扁平,或由于中脉龙骨状而略呈锐三棱形,镰刀状;叶鳞片状,基部具硬刺;刺在分枝上较短或不明显。花通常每 2 朵腋生,单性,雌雄异株,淡绿色;花被片 6;雄蕊稍短于花被;花丝不贴生于花被片上;花药卵形;雌花与雄花大小相似,具 6 枚退化雄蕊。浆果球形,直径为 6～7 mm,成熟时红色,具 1 粒种子。

### 12.2.18　朱蕉(*Cordyline fruticosa*)

**别名:**铁树、千年木、红竹

**科属:**龙舌兰科朱蕉属

**形态特征:**灌木,高可达 3m。茎通常不分枝。叶在茎顶呈 2 列状旋转聚生,绿色或带紫红色,披针状椭圆形至长矩圆形,中脉明显,侧脉羽状平行,顶端渐尖,基部渐狭;叶柄长 10～15 cm,腹面宽槽状,基部扩大,抱茎(见图 12-22)。圆锥花序生于上部叶腋,长 30～60 cm,多分枝;花序主轴上的苞片条状披针形,下部的可长达 10 cm,分枝上花基部的苞片小,卵形;花淡红色至紫色,稀为淡黄色,近无梗,花被片条形,长 1～1.3 cm,宽约 2mm,约 1/2 互相靠合成花被管;花丝略比花被片短,约 1/2 合生并与花被管贴生;子房椭圆形,连同花柱略短于花被。花期 11 月至翌年 3 月。

**产地:**原产亚洲热带和太平洋各岛屿;我国分布于南方热带地区;印度东部向东直到太平洋诸群岛均有分布。

**生态习性:**喜高温、多湿环境,冬季低温临界线为

图 12-22　朱蕉

10 ℃,夏季要求半荫。忌碱性土壤。

**繁殖：**扦插繁殖、压条繁殖、分根繁殖、播种繁殖。可用茎叶易生不定芽进行繁殖；早春用成熟枝，去除叶片，剪成长 5～10 cm 的切段，平放于温床内，温床保持 25～30 ℃和较湿润的空气，约 1 个月可生根；老株剪去顶芽后，枝干基部将萌发很多分蘖，1 a 后即可作繁殖材料；较大的老龄植株，可采到种子，春季播种发芽容易。

**栽培管理：**栽培管理较简易。土壤以肥沃、疏松和排水良好的砂质壤土为宜，不耐盐碱和酸性土。盆栽常用腐叶土或泥炭土和培养土、粗沙的混合土壤。生长适温为 20～25 ℃，冬季温度不能低于 4 ℃，个别品种能耐 0 ℃低温。生长期对水分的反应比较敏感，叶片经常喷水，盆土必须保持湿润，以空气湿度 50％～60％较为适宜。缺水易引起落叶，但水分太多或盆内积水易引起落叶或叶尖黄化现象。每月施肥 1～2 次。在栽培过程中，及时去除主茎基部枯、黄叶，通过短截促其多萌发侧枝。每 2～3 a 换盆 1 次。室内养护注意室内通风，减少病虫危害。

**园林用途：**朱蕉主茎挺拔，姿态婆娑，披散的叶丛，形如伞状；叶色斑斓，极为美丽，是最常见的室内观叶植物，适于在厅房中装饰陈设，或单株摆放，或组成花坛，供赏其常青不凋的翠叶和斑彩的叶色。

**同属其他花卉：**剑叶朱蕉(*C. stricta*)，干细，株高 1.5～3m，单干或叉状分枝，叶剑形，绿色，无柄，先端尖，长约 30～60 cm，叶缘有不明显的齿牙，花淡蓝紫色，顶生或侧生总状花序。

## 12.2.19  香龙血树(*Dracaena angustifolia*)

**别名：**马骡蔗树、狭叶龙血树、长花龙血树、不才树

**科属：**龙舌兰科龙血树属

**形态特征：**常绿小灌木，高可达 4m，皮灰色。叶无柄，密生于茎顶部，厚纸质，宽条形或倒披针形，长 10～35 cm，宽 1～5.5 cm，基部扩大抱茎，近基部较狭窄，中脉背面下部明显，呈肋状，顶生大型圆锥花序，长达 60 cm，1～3 朵簇生(见图 12-23)。花白色、芳香。浆果呈球形黄色。

**产地：**主要分布于中国南部和亚洲热带地区。

**生态习性：**喜高温、多湿的环境，喜光照充足，怕烈日曝晒，不耐寒。

**繁殖：**压条繁殖、扦插繁殖。

**栽培管理：**喜疏松、排水良好、含腐殖质丰富的土壤；盆栽宜用 1:1:1 腐殖土、泥炭土、河沙混合作基质，在遮光 70％～80％的条件下栽培。生长期每月施复合肥 1～2 次，保持土壤湿润，夏季叶面喷水，提高空气湿度，叶质会更肥厚，叶色亮丽，不易干尖，冬季休眠期要停止施肥，控制浇水，每隔 10～15 d 浇水 1 次，维持盆土略为湿润即可。生长温度为 20～28 ℃。冬季处于休眠期或半休眠期，注意防寒，室内温度保持 8 ℃以上，盆土减少淋水，但可以经常淋湿地板，增加湿度。

**图 12-23  香龙血树**

**园林用途：**香龙血树株形优美规整，叶形、叶色多姿多

彩,为现代室内装饰的优良观叶植物,中、小型盆花可点缀书房、客厅和卧室,大、中型植株可美化、布置厅堂。

**同属其他花卉**:富贵竹(*D. sanderiana*),又名万寿竹、距花万寿竹、开运竹、富贵塔、竹塔、塔竹。多年生常绿小乔木观叶植物。株高 1 m 以上,植株细长,直立上部有分枝。根状茎横走,结节状。叶互生或近对生,纸质,叶长披针形,有明显 3~7 条主脉,具短柄,浓绿色。伞形花序有花 3~10 朵生于叶腋或与上部叶对花,花被 6,花冠钟状,紫色。浆果近球形,黑色。富贵竹茎干直立,株态玲珑,叶色浓绿,冬、夏长青,多用于家庭瓶插或盆栽养护。

### 12.2.20 虎尾兰(*Sansevieria tritasciata*)

**别名**:虎皮兰、锦兰
**科属**:百合科虎尾兰属

**图 12-24 虎尾兰**

**形态特征**:草本,具匍匐的根状茎。叶 1~6 枚簇生,挺直,质厚实,条状倒披针形至倒披针形,长 30~120 cm,宽 2.5~8 cm,顶端对褶成尖头,基部渐狭成有槽的叶柄,从基部到顶端两面具白色和深绿色相间的横带状斑纹(见图 12-24)。花葶连同花序高 30~80 cm;花 3~8 朵一束,1~3 束为一簇稀疏地散生在花序轴上;花梗长 6~8 mm,近中部具节;花被片 6 片,白色至淡绿色,长 16~20 mm,下部合生成筒;裂片条形,长 10~12 mm;花被筒长 6~8 mm;雄蕊与花被近等长;花柱伸出花被。

**产地**:原产于非洲西部。

**生态习性**:适应性强,性喜温暖湿润,耐干旱,喜光又耐阴。

**繁殖**:分株繁殖和扦插繁殖。

**栽培管理**:对土壤要求不严,以排水性较好的砂质壤土为最佳。生长适温为 20~30 ℃,越冬温度为 10 ℃,冬季长时间处于 10 ℃以下,植株基部会发生腐烂,造成整株死亡。要求散射光,室内养护需要每隔一段时间给予散射光照射,避免直接阳光照射,否则导致叶子灼伤。虎尾兰为沙漠植物,对水分的要求适中,不可过湿。浇水太勤,叶片变白,斑纹色泽也变淡。生长期充分浇水,冬季休眠期要控制浇水,保持土壤干燥。浇水时避免浇入叶簇内,忌积水。每月可施 1~2 次复合肥,施肥量要少。若长期只施用氮肥,则叶片斑纹暗淡,故一般使用复合肥。每两年在春季进行换盆,换盆时可以使用标准的堆肥。

**园林用途**:适合庭园美化或盆栽,为高级的室内植物。

**同属其他花卉**:石笔虎尾兰(*S. stuckyi*),多年生肉质草本,茎短,具粗大根茎。叶丛生,长约 1~1.5 m,圆筒形或稍扁,叶筒直径 3 cm 左右,上下粗细基本一样,叶端尖细而硬,叶面有纵向浅凹沟纹,叶面绿色。叶基部左右瓦相重叠,叶升位于同一平面,呈扇骨状伸展,形态特殊。总状花序,小花白色。

## 12.2.21　孔雀竹芋(*Calathea makoyana*)

**别名**:蓝花蕉、五色葛郁金

**科属**:竹芋科肖竹芋属

**形态特征**:多年生常绿草本。高 30~60 cm,叶长 15~20 cm,宽 5~10 cm,卵状椭圆形,叶薄,革质,叶柄紫红色。绿色叶面上隐约呈现金属光泽,且明亮艳丽,沿中脉两侧分布着羽状、暗绿色、长椭圆形的绒状斑块,左右交互排列。叶背紫红色,见图 12-25。

**产地**:原产于热带美洲和印度洋的岛域中。

**生态习性**:喜温暖、湿润、半荫的环境,不耐阳光直射。

**繁殖**:分株繁殖。在春末夏初结合换盆换土进行,分株时将母株从盆内扣出,除去宿土,用利刀沿地下根茎生长方向将生长茂密的植株分切,使每丛有

**图 12-25　孔雀竹芋**

2~3 个萌芽和健壮根;分切后立即上盆充分浇水,置于阴凉处,一周后逐渐移至光线较好处,待发新根后才充分浇水。

**栽培管理**:盆栽宜用疏松、肥沃、排水良好、富含腐殖质的微酸性壤土,如将 3 份腐叶土、1 份泥炭或锯末、1 份沙混合,并加少量豆饼作基肥,忌用黏重的园土。生长适温为 18~25 ℃,冬季越冬温度不宜低于 15 ℃,否则叶色暗,叶片卷缩,叶尖发黄。生长季要置于荫蔽或半荫处,保持 40%~60% 的透光率,避免烈日直射,光照过强,则叶缘叶尖枯焦、叶面斑纹暗淡无光;但光线太弱,如长时期放在阴暗室内,温度低、光照不足,也会导致长势衰弱,不利叶色形成,失去叶面特有的金属光泽。生长期要给予充足的水分,经常保持盆土湿润和叶面喷水;要求 70%~80% 的空气湿度。每 20 d 施稀薄液肥 1 次,氮磷钾比例应为 2:1:1。

**园林用途**:孔雀竹芋株形规整,叶面富有美妙精致的斑纹、独特的金属光泽,褐色的斑块犹如孔雀开屏,色彩清新,因此,既可以供单株欣赏,也可成行栽植作地被植物,展现群体美。还可作为中、小盆栽观赏,用于装饰、布置书房、卧室、客厅等,作室内装饰用。

**同属其他花卉**:①玫瑰竹芋(*C. roseopicta*),植株矮生,约 20 cm,叶长 15~20 cm,叶片橄榄绿色,叶片上的玫瑰色斑纹与叶脉平行,叶背、叶柄暗紫色。②斑纹竹芋(*C. zebrina*):株高约 60 cm,叶片较大,长圆形,具天鹅绒光泽,其上有浅绿和深绿交织的阔羽状条纹。叶背由灰绿色变为红色,花紫色。③紫背肖竹芋(*C. insignis*),株高 30~100 cm,叶线状披针形,长 8~55 cm,稍波状,叶表淡黄绿色,有深绿色羽状斑,叶背深紫红色,穗状花序长 10~15 cm,花黄色。

## 12.2.22　酒瓶兰(*Beaucarnea recurvata*)

**别名**:象腿树

**科属**:龙舌兰科酒瓶兰属

**形态特征**:地下根肉质,茎干直立,下部肥大,状似酒瓶;膨大茎干具有厚木栓层的树皮,呈灰白色或褐色。叶着生于茎的顶端,细长线状,革质而下垂,叶缘具细锯齿。老株表皮会龟裂,状似龟

**图 12-26 酒瓶兰**

甲,颇具特色。叶线形,全缘或细齿缘,软垂状,见图 12-26花白色。

**产地**:原产于热带雨林地区。

**生态习性**:喜温暖湿润及光照充足环境,较耐旱、耐寒。

**繁殖**:播种繁殖、扦插繁殖。

**栽培管理**:喜肥沃土壤,在排水通气良好、富含腐殖质的砂质壤土上生长较好。喜充足的阳光,夏季要遮荫50%以上,室内养护尽量放在光线明亮处。生长适温为16~28 ℃,越冬温度为 0 ℃,不耐寒,霜降前入室,室温以 10 ℃左右为宜,越冬温度不能低于 5 ℃,注意冻害。

生长期浇水不宜过多,否则易烂根,一般掌握春、秋季见干见湿,夏季保持湿润,冬季见土干时再浇水,保持70%~80%空气相对湿度。每月施 1~2 次稀薄液肥或复合肥,并增施磷钾肥。

**园林用途**:酒瓶兰可以作为室内观茎赏叶花卉,用小盆栽布置客厅、书室,用中、大盆栽装饰宾馆、会场。

### 12.2.23 马拉巴栗(*Pachira macrocarpa*)

**别名**:发财树、瓜栗、中美木棉、鹅掌钱

**科属**:木棉科瓜栗属

**形态特征**:常绿乔木,树高 8~15 m,树冠较松散,幼枝栗褐色,无毛。掌状复叶,枝条多轮生,小叶 5~7 枚,具短柄或近无柄,长圆形至倒卵状长圆形,渐尖,基部楔形,全缘,上面无毛,背面及叶柄被锈色星状茸毛(见图 12-27)。花单生枝顶叶腋;花梗粗壮,长 2 cm,被黄色星状茸毛,脱落;萼杯状,近革质,疏被星状柔毛,内面无毛,具 3~6 枚不明显的浅齿,宿存,基部有 2~3 枚圆形腺体;花瓣淡黄绿色,花期 4—5 月。蒴果近梨形,浅褐色。

**产地**:原产于墨西哥的哥斯达黎加。

**生态习性**:喜高温、高湿的环境;具耐寒性;喜阳稍耐阴;较耐水湿,也稍耐旱。

**繁殖**:扦插繁殖、播种繁殖。

**栽培管理**:地栽可以选用肥沃疏松、透气保水的砂壤土或酸性土,忌碱性土或黏重土壤;盆土要求严格,要排水良好、含腐殖质的酸性砂壤土。对水分适应性较强,浇水要遵循间干间湿的原则,气温超过 35 ℃时,要浇充足水,但忌盆内积水;对新长出的新叶,注意喷水,以保持较高的环境湿度。由于马拉巴栗喜肥,所以生长季节每月施 2 次腐熟的液肥或混合型育花肥。室内养护需要放置在室内阳光充足处,6—9 月要进行遮荫,保持 60%~70%的透光率或放置在有明亮散射光处。盆栽的发财树1~2 a 就应换 1 次盆,于春季进行,肥土的比例可占 1/3,甚至更多,基质可用阔叶树落叶

**图 12-27 马拉巴栗**

腐殖土,加少许田园土和杂骨末、豆饼渣混合配制,并对黄叶及细弱枝等做必要修剪,促其萌发新梢。

**园林用途**:庭院和行道树、盆栽。

## 12.2.24 菜豆树(*Radermachera sinica*)

**别名**:幸福树、蛇树、豆角树、接骨凉伞、牛尾树

**科属**:紫葳科菜豆树属

**形态特征**:落叶乔木,高达 15m,树皮浅灰色,深纵裂。2 回至 3 回羽状复叶,叶轴长约 30 cm,无毛。中叶对生,呈卵形或卵状披针形,长 4~7 cm,先端尾尖,全缘,两面无毛,叶柄无毛(见图 12-28)。花夜开性。花序直立,顶生,长 25~35 cm,径 30 cm,苞片线状披针形、早落。萼齿卵状披针形,长约 1.2 cm。花冠钟状漏斗形,白色或淡黄色,长 6~8 cm,裂片圆形,具皱纹,长约 2.5 cm。蒴果革质,呈圆柱状长条形似菜豆,稍弯曲、多沟纹。花期 5—9 月,果期 10—12 月。

**图 12-28 菜豆树**

**产地**:原产于台湾、广东、海南、广西、贵州、云南等地,多分布于海拔 300~850m、1100~1700m 的山谷、平地疏林中。

**生态习性**:喜高温多湿、阳光充足的环境。耐高温,畏寒冷,宜湿润,忌干燥。

**繁殖**:播种繁殖、扦插繁殖、压条繁殖。

**栽培管理**:盆栽选用疏松肥沃、排水透气良好、富含有机质的壤土或砂质壤土,也可用园土 5 份、腐叶土 3 份、腐熟有机肥 1 份、河沙 1 份混合配制。生长季节每月进行 1 次松土。幼苗比较耐阴,夏季要搭棚遮光。盆栽植株,室内应搁放于光照充足处;长时间处于光线暗淡的地方,易造成落叶。生长适温为 20~30 ℃,当环境温度达 30 ℃以上时,要适当给予搭棚遮荫,增加环境和叶面喷水,或将其搬放到有疏荫的通风凉爽处过夏;当环境温度降至 10 ℃左右时,应及时搬放到室内。越冬期间温度不能低于 8 ℃,以免出现冷害伤叶或落叶现象。育苗期要保持苗床湿润。盆栽菜豆树,在春季抽生新梢时,要适当控制浇水,维持盆土比较湿润即可。而对于盆株,保持盆土湿润,高温季节每天要喷水 2~3 次;冬季植株进入休眠状态,不可浇水太多,以免烂根,可每隔 2~3 d 用稍温的清水喷洒植株 1 次。盆栽菜豆树,培养土中加入适量的腐熟饼肥和 3% 的多元复合肥,生长期还应不间断给予追肥,每月浇施 1 次速效液肥,如腐熟的饼肥水,或定期埋施少量多元缓释复合肥颗粒对,也可用 0.2% 的尿素加 0.1% 的磷酸二氢钾混合液浇施。

**园林用途**:盆栽作室内装饰,庭院绿化树种。

**同属其他花卉**:海南菜豆树(*R. hainanensis* Merr.),别名绿宝树,树皮浅灰色,深纵裂。1~2 回羽状复叶,小叶纸质,长圆状卵形,先端渐尖,基部阔楔形。花两性,总状花序或圆锥花序,花萼淡红色,筒状不整齐,3~5 浅裂。花冠淡黄色,钟状,长 3.5~5 cm。蒴果长 40 cm,粗约 5mm;隔膜扁圆形。种子卵圆形,连翅长 12mm,薄膜质。花期 4 月。

### 12.2.25　心叶毬兰（*Hoya carnosa*）

**别名**：蜡兰、樱兰、石南藤
**科属**：萝摩科毬兰属

图 12-29　心叶毬兰

**形态特征**：常绿肉质藤木。茎蔓可伸展到 2m 以上，黄灰色，节上生气根，攀附于树或石上。叶柄粗壮，有 3～5 个近轴腺体；叶全缘，对生，具短柄，肥厚肉质，有光泽，卵状椭圆形或卵状心形，近轴无毛，远轴中脉饱满，基部近心形，先端渐尖，初生叶带红色，老叶转绿。聚伞花序，小花数十朵密生于花序上呈球形，花冠蜡质、白色、心部淡红色；裂片钝三角形；副花冠外角锐（见图 12-29）。花期 5—9 月，花香久长。

**产地**：分布于中国南部、东南亚和大洋洲。

**生态习性**：喜高温多湿的半荫环境及稍干土壤，忌阳光曝晒。喜肥沃、透气、排水性良好的土壤。

**繁殖**：用扦插或压条繁殖。晚春进行扦插繁殖，切取一段约 10 cm 的茎端，在切口处沾上生根剂，然后插入土中进行扦插，温度保持在 20 ℃ 以上约 8～10 周即可生根。除未展叶的新蔓外，均可作插穗。

**栽培管理**：心叶毬兰适宜室内栽培。盆栽土壤可用 2∶2∶1 的园土、腐叶土、沙混合作为培养基质。室内养护需要放置在光照充足处，避免阳光直接照射，虽然在无直射阳光处也能生长，但每天需要 3～4h 充足阳光才能开花。夏季需要移至遮荫处，防止强光直射，否则叶色易变黄，光照不足则叶色变淡、花少而不艳。生长适温为 18～28 ℃；越冬最低温度为 7 ℃，若低于 5 ℃ 易受寒害，引起落叶，甚至整株死亡。生长期间要求充足水分，但忌过湿。

**园林用途**：心叶毬兰在可以露地栽培的地区常作篱架，附石及攀爬墙垣材料。盆栽可供悬吊栽培或置几架作盆饰。

**同属其他花卉**：台湾毬兰（*H. formosana* Yamazaki.），茎很短，压扁状圆柱形，具多数二列的叶。叶革质，带状，先端钝并且不等侧 2 裂，基部有鞘。花序腋生，不分枝；花序密生许多近似伞形的花；花苞片宽三角形；花棕黄色，肉质，萼片相似，具 2 条红褐色的横带，近长圆形，先端钝，基部收狭；花瓣近基部具红褐色斑块，镰状长圆形，先端钝，基部收狭；唇瓣 3 裂；侧裂片棕黄色，小，直立，三角形，宽约 1 mm；中裂片白色，宽三角形或半圆形，前部反折，先端近锐尖基部具 2 条龙骨突起；距棕黄色，囊状，背腹压扁，长 4mm，宽 3mm，内面背壁上具 1 枚先端不规则缺刻的片状附属物；蕊柱长约 2mm，药帽前端为喙状。花期 3—4 月。

### 12.2.26　常春藤（*Hedera nepalensis*）

**别名**：爬树藤、爬墙虎
**科属**：五加科常春藤属
**形态特征**：常绿藤本，长 3～20m；茎上有附生根；嫩枝有锈色鳞片。叶二型，不育枝上的叶为三角状卵形或戟形，长 5～12 cm，宽 3～10 cm，全缘或三裂；花枝上的叶椭圆状披针形、长椭圆状卵形或披针形,稀卵形或圆卵形,全缘;叶柄细长,有锈色鳞片(见图 12-30)。伞形花序单生或 2～7 顶生;花淡黄白色或淡绿白色,芳香;萼几全缘,有棕色鳞片;花瓣 5;雄蕊 5;子房下位,5 室,花柱合生成柱状。果球形,熟时呈红色或黄色,直径约为 1 cm。

**产地:**原产于中国,分布于华中、华南、西南地区和甘肃、陕西等省。同时也分布于亚洲、欧洲和美洲北部。

**生态习性:**喜温暖、荫蔽的环境,忌阳光直射,喜光线充足,较耐寒,抗性强,对土壤和水分的要求不严,以中性和微酸性为最好。

**图 12-30 常春藤**

**繁殖:**采用扦插法、分株法和压条法进行繁殖。除冬季外,其余季节都可以进行。扦插繁殖的适宜时期是 4—5 月和 9—10 月,切下具有气生根的半成熟枝条作插穗,其上要有一至数个节,3～4 周即可生根,扦插后要注意遮荫、保湿、增加空气湿度。

**栽培管理:**管理简单粗放,一般栽植在土壤湿润、空气流通的地方,盆土宜选腐叶或炭土加 1/4 河沙和少量骨粉混合配成的培养土。生长适温为 20～25 ℃,怕炎热,不耐寒。在室内养护时,夏季要注意通风降温,冬季室温最好能保持在 10 ℃以上,最低不能低于 5 ℃。光照要适量,室内宜放在光线明亮处培养,放在半光条件下培养则节间较短,叶形一致,叶色鲜明,但要注意防止强光直射,否则易引起日灼病。生长季节浇水要见干见湿,不能让盆土过分潮湿,否则易引起烂根落叶。冬季室温低,尤其要控制浇水,保持盆土微湿即可。每 2～3 周施 1 次稀薄饼肥水。一般夏季和冬季不要施肥。氮、磷、钾三者的比例以 1∶1∶1 为宜。也可向叶片喷施 1～2 次 0.2% 磷酸二氢钾液。施肥时忌偏施氮肥,否则,花叶品种叶面上的花纹、斑块等就余褪为绿色;注意施液肥时应避免沾污叶片,以免引起叶片枯焦。栽培时要及时修剪,当小苗定植后,要及时摘心,促使其多分枝,株形显得丰满。

**园林用途:**常春藤叶色和叶形变化多端,四季常青,是优美的攀缘植物,可以用作棚架或墙壁的垂直绿化,如攀缘于假山、岩石、建筑阴面。又适合于室内盆栽培养,是较好的室内观叶植物,可作盆栽、吊篮、图腾、整形植物等。常春藤也是切花的配置材料。此外,与其他植物配合种植,是很好的地被材料。

**同属其他花卉:**①西洋常春藤(*H. helix*),常绿藤本,茎长可达 30m,叶长 10 cm,常 3～5 裂,花枝叶全缘。叶表深绿色,叶背淡绿色,花梗和嫩茎上有灰白色星状毛,果实黑色。②加拿列常春藤(*H. canariensis*),常绿藤本。茎向高处攀缘,具星状毛。叶卵形,基部心脏形,长 5～25 cm,宽 10～15 cm,全缘,浅绿色,下部叶 3～7 裂,总状或圆锥花序,果黑色。③革叶常春藤(*H. colchica*),常绿灌木。叶长 10～12 cm,宽 10 cm,阔卵形,全缘,革质,绿色,有光泽。④日本常春藤(*H. rhombea*),常绿藤本。叶柄长 2～5 cm。叶深绿色,有光泽,嫩叶 3～5 裂,花枝叶圆形至披针形。顶生伞形花序,黄绿色。

## 12.2.27 西瓜皮椒草(*Peperomia sandersii*)

**别名:**豆瓣绿、椒草
**科属:**胡椒科草胡椒属

**图 12-31　西瓜皮椒草**

**形态特征：**簇生型植株，短茎上丛生西瓜皮状盾形叶。株高约 15～20 cm。叶卵形，长 3～5 cm，宽 2～4 cm。叶柄红褐色，长 10～15 cm。叶脉由中央向四周呈辐射状；主脉 11 条，浓绿色，脉间银灰色，如同西瓜皮状。茎短，具暗红色的叶柄。叶密集，肉质，盾形或宽卵形，长 2～5 cm，叶面绿色，叶背为红色。叶脉绿色，叶面间以银白色的规则色带，形似西瓜的斑纹（见图 12-31）。穗状花序，花小，白色。

**产地：**原产南美洲和热带地区。

**生态习性：**喜高温、湿润、半荫及空气湿度较大的环境。即不耐寒，又忌酷暑，生长适温为 20～28 ℃，超过 30 ℃和低于 15 ℃则生长缓慢。耐寒力较差，冬季要求室内最低温度不得低于 10 ℃，否则易受冻害。

**繁殖：**分株繁殖，可于春、秋两季进行，挑选母株根基处生长的带有新芽的植株，结合翻盆换土取出植株，用利刀根据新芽的位置，切取新芽盆栽。注意不要伤害母株和新芽的根系。也可在植株长满盆时，将植株倒出分成数盆栽植。扦插繁殖可以采用枝插和叶插。枝插可在春、夏季进行，选取健壮的枝条，剪取 5～8 cm 的接穗，去除下部叶片，晾干剪口，然后插入湿润沙床中。在半荫条件下，保持 18～25 ℃的温度，即可生根；叶插多在 5—10 月进行，选择健壮充实的叶片，将带有叶柄的充实叶片全部摘下，带 2～3 cm 的叶柄，待伤口稍干后，斜插于沙床或盆中，约 4～5 周即可生出不定根和不定芽，2 个月左右即可长成小苗。

**栽培管理：**盆栽宜选用以腐叶土为主的培养土，如 2：1：1 腐叶土、园土、河沙混合。生长适温为 20～28 ℃，超过 30 ℃和低于 15 ℃则生长缓慢。耐寒力较差，冬季要求室内最低温度不得低于 10 ℃，否则易受冻害。喜充足的散射光，光线太强对生长不利；太弱易导致徒长，失去美丽的斑纹，降低观赏效果。室内养护可放在明亮散射光处培养，切忌强光直射。由于其枝叶近肉质，能贮藏水分，所以具有一定的抗旱能力，忌浇水过多，盆土过湿会造成植株烂根死亡。生长期保持盆土湿润，但盆内不能积水，否则易烂根落叶，甚至整株死亡，用微温的无钙软水浇或喷淋植株效果较好，水太冷也会引起植株腐烂。入冬后更应控制浇水量，水温不能低于室温。每月施 1 次稀薄腐熟饼肥水，施肥忌施用浓肥，并避免沾污叶片。若施肥过多，尤其是施氮肥过多，且缺乏磷肥，易引起叶面斑纹消失，降低观赏价值。也可用 0.1%～0.2% 的尿素做根外追肥。对空气湿度要求较高，夏季和干旱季节宜每天向叶面喷水 1～2 次，并向花盆四周地面洒水，以保持较高的空气湿度，促使叶片斑纹的形成。在春、秋季节移至室外通风良好而又略见阳光处，养护一段时间再搬入室内，促使植株生长健壮。1～2 a 换盆 1 次。

**园林用途：**西瓜皮椒草株形矮小，生长繁茂，不论作为盆栽摆设，还是吊挂欣赏都极适宜，其叶色条纹似西瓜，适于盆栽或吊挂式栽培。应用豆瓣绿叶片肥厚，光亮碧翠，四季常青，是常见的小型观叶植物。适合盆栽和吊篮栽植，常作室内装饰观赏。

**同属其他花卉**:①皱叶椒草(*P. Caperata*),又称四棱椒草。茎极短,株高约20 cm。呈小型丛生状。叶片心形多皱,叶长3～5 cm、宽2～2.5 cm;叶面暗褐绿色,带有天鹅绒光泽,叶背灰绿色。肉穗花序,白绿色细长。②花叶椒草(*P. tithymaloides*),又称花叶豆瓣绿、乳纹椒草。原产巴西。为蔓生草木。茎茶褐色,肉质。叶宽卵形,长5～12 cm、宽3～5 cm;叶绿色,带黄色的花斑。

## 12.2.28　南洋森(*Polyscias fruticosa*(L.)Harms.)

**别名**:福禄桐、南洋参

**科属**:五加科南洋参属

**形态特征**:常绿灌木,多分枝,枝条细软,茎枝表面密布明显的皮孔。叶多为1～3回奇数羽状复叶,小叶5～7枚,小叶卵圆至圆形,有柄,有疏齿,边缘有白纹,托叶与叶柄基部合生,叶色嫩绿、光亮,叶缘有波状、锯齿状或浅至深裂(见图12-32)。伞形花序圆锥状,花小且多。果实为浆果状。

**产地**:原产热带地区,主要分布于南太平洋和亚洲东南部的群岛上。

**生态习性**:喜温暖、潮湿、半荫或光线充足的环境。喜疏松、湿润而肥沃的土壤。

**繁殖**:扦插繁殖。可在早春剪取8～10 cm的1～2 a生枝条作为插穗(要在节下1 cm处剪取),去掉枝条下部大部分叶片,将插穗插于泥炭土、粗沙或珍珠岩等量混合后培养成的插床上,保持较高的空气湿度和基质湿润。温度控制在20～25 ℃,3～4周左右即可生根,枝叶逐渐开始生长,到初夏便可移植上盆。

**图 12-32　南洋森**

**栽培管理**:南洋森对土壤要求不高,但以疏松、富含腐殖质的砂质壤土为佳;盆栽时可用等量园土和腐叶土、少量河沙及基肥混合作为基质。南洋森耐寒力较差,生长适温为22～28 ℃,越冬温度为10 ℃,冬季温度低于10 ℃易落叶,甚至死亡,冬季要注意保温防寒。生长期要求较明亮的光照,但忌阳光直射;光照不足,枝叶易徒长,叶色暗淡无光,从而影响观赏价值。一般夏、秋季掌握50%的遮荫度。生长期喜湿润,保持间干间湿,但忌浇水过多及积水,生长旺盛期要给予充足的水分,但在秋末至冬季要控制浇水量,以利其抗寒越冬。每月施淡薄液肥2次,冬季则停止施肥。

**园林用途**:南洋森枝条细软,叶色斑驳多彩、株形柔和优美,是较理想的室内观叶植物。

**同属其他花卉**:①蕨叶南洋森(*P. filicifolia*),叶亮绿,呈羽状复叶,小叶窄而尖,细长,似蕨类植物的叶片,耐寒性差。②南洋森(*P. guilfoylei*),一回羽状复叶,小叶3～4对,叶色嫩绿光亮。③圆叶福禄桐(*P. balfouriana*),又名圆叶南洋森,一回羽状复叶,多呈三出复叶,小叶阔圆肾形,直径约为10 cm,叶缘稍带白色,有钝齿,薄肉质。

常见室内观叶植物见表12-1。

表 12-1　常见室内观叶植物

| 植物名称(科属) | 学　名 | 生态习性 | 繁殖方法 | 园林用途 |
|---|---|---|---|---|
| 凤尾蕨<br>(凤尾蕨科凤尾蕨属) | *Pteris multifida* | 适应性强,喜温暖、阴湿环境,喜阳光充足,忌曝晒,生长适温 20～26 ℃,忌积水 | 孢子、分株 | 盆栽室内观赏、地被植物 |
| 散尾葵<br>(棕榈科散尾葵属) | *Chryaslidocarpus lutesens* | 喜温暖、湿润、半荫的环境,生长适温 20～27 ℃,不耐寒,喜肥 | 播种 | 盆栽室内观赏、群植或丛植作庭院绿化 |
| 变叶木<br>(大戟科变叶木属) | *Codiaeum variegatum* var. *pictum* | 喜高温湿润的气候,喜强光,生长适温 20～30 ℃ | 扦插 | 插花材料 |
| 一品红<br>(大戟科大戟属) | *Euphorbia pulcherrima* | 喜温暖、湿润的环境,喜光,不耐寒,生长适温 25～30 ℃,对土壤的要求不严 | 扦插 | 盆栽室内观赏、群植或丛植作庭院绿化 |
| 果子蔓<br>(凤梨科果子蔓属) | *Guzmania lingulata* | 喜温暖、湿润、半荫的环境,忌曝晒,生长适温 15～25 ℃,不耐寒 | 分株 | 盆栽室内观赏或组合盆栽、切花 |
| 美叶光萼荷<br>(凤梨科光萼荷属) | *Aechmea fasciate* | 喜温暖、湿润的环境,喜散射光,忌曝晒,耐旱 | 分株 | 盆栽室内观赏 |
| 花叶竹芋<br>(竹芋科竹芋属) | *Maranta bicolor* | 喜温暖、湿润和较暗的环境,忌强光直照,生长适温 20～35 ℃ | 分株、扦插 | 室内装饰、地被植物 |
| 豆瓣绿<br>(胡椒科草胡椒属) | *Peperomia tetraphylla* | 喜温暖湿润的半荫环境。生长适温 20～27 ℃,不耐高温,要求较高的空气湿度,忌阳光直射 | 分株、扦插 | 盆栽装饰 |
| 胡椒木<br>(芸香科花椒属) | *Zanthoxylum beecheyanum* | 喜欢温暖、湿润的环境,喜光,生长适温 20～30 ℃ | 扦插 | 盆栽装饰、庭院绿化、绿篱 |
| 吊竹梅<br>(鸭跖草科吊竹梅属) | *Zebrina pendula* | 喜温暖、湿润气候,较耐阴,不耐寒,耐水湿,生长适温 10～25 ℃ | 扦插 | 盆栽装饰、地被植物 |
| 冷水花<br>(荨麻科冷水花属) | *Pilea cadierei* | 喜温暖、湿润的气候,忌阳光曝晒,耐水湿,不耐旱 | 扦插、分株 | 盆栽装饰、地被植物 |
| 虎耳草<br>(虎耳草科虎耳草属) | *Saxifraga stolonifera* | 喜温暖、湿润、半荫的环境,生长适温为 15～25 ℃ | 扦插 | 盆栽装饰、地被植物 |

续表

| 植物名称(科属) | 学　名 | 生态习性 | 繁殖方法 | 园林用途 |
|---|---|---|---|---|
| 网纹草<br>(爵床科网纹草属) | *Fittonia<br>verschaffeltii* | 喜高温、高湿及半荫的环境,生长适宜为 20～28 ℃,畏冷、怕旱,怕渍水、忌干燥 | 扦插、分株 | 盆栽装饰 |
| 麒麟叶<br>(天南星科麒麟叶) | *Epipremnum pinnatum* | 喜温暖、湿润、荫蔽的环境,不耐寒,较耐旱,忌阳光直射 | 扦插 | 盆栽装饰、攀缘植物 |
| 金鱼花<br>(苦苣苔科金鱼花属) | *Columnea gloriosa* | 喜温暖、潮湿及高空气湿度的环境,生长适温为 16～26 ℃,越冬温度为 10 ℃ | 播种、扦插、分株 | 盆栽装饰 |
| 紫鹅绒<br>(菊科三七属) | *Gynura aurantiana* | 喜温暖、半荫及通风环境,生长适温为 18～25 ℃ | 扦插 | 盆栽室内装饰 |
| 荷兰铁<br>(百合科丝兰属) | *Yucca elephantipes* | 喜阳也耐阴,耐旱,耐寒力强。生长适温为 15～25 ℃,越冬温度为 0 ℃,对土壤要求不严 | 扦插 | 盆栽装饰 |
| 花叶艳山姜<br>(姜科山姜属) | *Alpinia zerumbet* | 喜高温、高湿的环境,喜阳光充足,耐半荫,生长适温为 15～30 ℃,越冬温度为 5 ℃左右 | 扦插、分株 | 盆栽装饰、地被植物 |
| 龟背竹<br>(天南星科龟背竹属) | *Monstera deliciosa* | 喜温暖、湿润环境,忌强光曝晒和干燥,生长适温为 20～25 ℃ | 扦插、播种、分株 | 盆栽装饰、地被植物 |
| 朱砂根<br>(紫金牛科紫金牛属) | *Ardisia<br>crenata* Sim | 喜湿润、干燥的环境,喜光,要求较高的空气湿度,生长适温为 17～30 ℃,越冬温度为 8 ℃左右 | 扦插、播种、压条 | 盆栽装饰 |
| 白粉藤<br>(葡萄科白粉藤属) | *Cissus modecoides*<br>Planch | 喜温暖、湿润、阳光充足的环境,要求排水良好的土壤,越冬温度为 15 ℃ | 扦插、播种 | 盆栽装饰 |

# 本章思考题

1.何为室内观叶植物? 简述室内观叶植物的各种分类方法。
2.简述室内观叶植物的栽培特点。
3.简述室内观叶植物的观赏特色。

# 13　水生花卉

【本章提要】　本章介绍了园林绿化中水生花卉的概念与分类、生态习性、繁殖与栽培技术要点、园林观赏特色与园林应用等方面的内容,并重点介绍了 19 种常用园林水生花卉的形态特征、产地与分布、生态习性、繁殖栽培技术、观赏特性、造景与应用等。

## 13.1　概述

### 13.1.1　水生花卉概念

在植物生境的进化过程中,水生植物沿着沉水→浮水→挺水→湿生→陆生的进化方向演化,这和湖泊水体的沼泽化进程相吻合。这些水生植物在生态环境中相互竞争、相互依存,构成了多姿多彩的水生王国。

水生花卉,是指常年生活在水中,或在其生命周期内有一段时间生活在水中的观赏植物。通常这些植物的体内细胞间隙较大,通气组织比较发达,种子能在水中或沼泽地萌发,在枯水时期它们比任何一种陆生植物更易死亡。水生花卉,集观赏价值、经济价值、环境效益于一体,在现代城市园林环境建设中发挥着积极的促进作用。随着我国园林花卉事业的迅速发展,水生花卉越来越受到人们的重视。

中国湖泊、江河、水库等大小各异的水生生态星罗棋布,是许多水生花卉的故乡,也是世界水生花卉种类资源较为丰富的国家之一。据统计,水生花卉有 60 余科,100 余属,约 300 多种。它们不仅具有较高的观赏价值,其中不少种类还兼有食用、药用之功能。如荷花、睡莲、王莲、鸢尾、千屈菜、萍蓬等,都是人们耳熟能详且非常喜爱的名花,并广泛应用于园林水景中;芡实、菱角、莼菜、香蒲、慈姑等,除了可以绿化、美化水体环境外,还是十分著名的食用蔬菜,且具有药效和保健作用;而红柳、大柳、鹿角苔、皇冠草、红心芋等观赏水草则成为美化现代家居环境的新宠儿。目前,对上述水生花卉营养成分组成、生理活性及其加工等都有广泛的研究和报道。

与陆生花卉相比,水生花卉在形态特征、生长习性及生理机能等方面有着明显的差异。主要表现在以下几个方面:一是具有发达的通气组织,可使进入体内的空气顺利地到达植株的各个部分,以满足位于水下器官各部分呼吸和生理活动的需要;二是植株机械组织退化,木质化程度较低,植株体比较柔软,水上部分抗风力较差;三是根系不特别发达,大多缺乏根毛,并逐渐退化;四是具有发达的排水系统,依靠体内的管道细胞、空腔及叶缘水孔等把多余的水分排出,从而维持正常的生理活动;五是营养器官明显变化,以适应不同的生态环境;六是花粉传粉存在特有的适应性变异,如沉水花卉具有特殊的有性生殖器官以适应水为传粉媒介的环境;七是营养繁殖普遍较强,有的利用地下茎、根茎、块茎、球茎等进行繁殖,有的利用分枝繁殖等;八是种子或幼苗要始终保持湿润,否则会失水干枯死亡。

### 13.1.2  水生花卉类型

1)按观赏部位分

水生花卉按其观赏部位可分为观叶与观花两类,但有些种类茎叶形状奇特,花朵又五彩缤纷,既可观叶,又可赏花。

2)按生长习性分

按其生长习性,水生花卉可分为一年生草本和多年生的宿根和球根草本。一年生草本主要有芡实、水芹、黄花蔺、雨久花、泽泻、苦草等。多年生宿根类主要有旱伞草、灯心草、睡莲、莼菜、荇菜等。多年生球根类主要有慈姑、芋属等。

3)按生活方式与形态及对水分要求的不同分

按其生活方式与形态及对水分要求的不同,水生花卉又可分为挺水型、浮水(叶)型、漂浮型与沉水型。

(1)挺水型

挺水型水生花卉的植株一般较高大,绝大多数有明显的茎叶之分,茎直立挺拔,仅下部或基部根状茎沉于水中,根扎入泥中生长,上面大部分植株挺出水面。花开时挺出水面,甚为美丽,是主要的观赏类型。有些种类具有根状茎,或有发达的通气组织,生长在靠近岸边的浅水处,一般水深1~2 m,少数至沼泽地。最具代表性的即为大家非常熟悉的荷花、黄菖蒲、水葱、慈姑、千屈菜、菖蒲、香蒲、梭鱼草、再力花等,常用于布置水景园水池、岸边浅水处。此外,挺水型水生花卉生活在湿地常见的还有广东万年青、花叶万年青、海芋、莎草、刺芋、泽芹、泽泻等。

(2)浮水型

浮水型又称浮叶型。茎细弱不能直立,有的无明显的地上茎,但其根状茎发达,并具有发达的通气组织,体内贮藏有大量的气体,生长于水体较深的地方,多为2~3 m。花开时近水面,花大而美丽。叶片或植株能平稳地漂浮于水面上。多用于水面景观的布置,如王莲、睡莲、芡实等。其中王莲、睡莲是此类水生花卉的代表种。浮叶型水生花卉常见的种类还有田字萍、荇菜、莼菜、萍蓬草、菱、浮叶眼子菜、水薤等。

(3)漂浮型

漂浮型的水生花卉较少,植株的根没有固定于泥中,整株漂浮在水面上,在水面的位置不易控制。漂浮型水生花卉多数以观叶为主,多用于水面景观的布置。最具代表性的种类是凤眼莲、槐叶萍、满江红、水鳖、大漂、浮萍等。

(4)沉水型

沉水型的水生花卉种类较多,但大多不为花卉爱好者所熟悉。沉水型水生花卉的根或根状茎生于泥中。植物体生于水下,不露出水面,它们的花较小,花期短,生长于水中,无根或根系不发达,通气组织特别发达,气腔大而多,这有利于在水中空气极为缺乏的环境中进行气体交换。叶多为狭长或细裂成丝状,呈墨绿色和褐色。植株各部分均能吸收水体中的养分。沉水花卉在水中弱光的条件下能生长,但对水质有一定要求,水质的好坏会影响其对弱光的利用。有的生长于水体较中心的地带,有的是人工栽植,通常用于水族箱内装饰。其代表种类是金鱼藻、狸藻、苦草、茨藻、黑藻、眼子菜、菹草、皇冠草、网草等。

4)国外对水生花卉的分类方法

国外对水生花卉的分类方法与国内不同,通常有两种分类方法。一种是将水生花卉分为浅水、浮叶、浮水、沉水四类;另一种是将荷花、睡莲单独归类,即荷花、睡莲,浅水、沼生、浮水、沉水(生氧植物)。

丰富的水生花卉种类为水面景观的营造提供了大量的素材。如最近下述10种新优水生花卉在水面布景方面发挥了重要作用,它们是花叶芦竹、花叶菖蒲、金叶黄菖蒲、花叶水葱、花叶香蒲、花叶鱼腥草、再力花、红莲子草、水生美人蕉、东方泽泻。

### 13.1.3 水生花卉习性

(1)对光照的要求

绝大多数水生花卉,特别是挺水型和浮水型,都喜欢光照充足、通风良好的环境,弱光环境下会生长不良,出现黄化或落叶现象。但也有耐半荫者,如菖蒲、石菖蒲等。

(2)对温度的要求

水生花卉因原产地不同,对温度的要求有很大的差别。一般挺水型、浮叶型和漂浮型对水温表现敏感,0 ℃以下处于休眠状态,25～28 ℃适宜生长,35 ℃以上则停止生长。越冬的方式主要有种子越冬,根状茎、块茎或球茎泥土中越冬,冬芽水中越冬等。有些则需要在温室中越冬。沉水型由于长期生活在水中,受水温变化影响相对较小。

(3)对水分的要求

水生花卉虽然生活在水中,但其生长发育所需要的水分是一定的,水的质量、深浅、流动性等对其生长和景观效果有一定的影响。挺水型、浮叶型和漂浮型一般要求生活在60～100 cm的水中,少数要求2～3 m,近沼泽习性的水生花卉一般生活在20～30 cm的水中为宜,湿生花卉只适宜种植在岸边潮湿地中。有些水生花卉对水的深浅很敏感,如荷花和千屈菜,在1.2 m以下的水域生长良好,超过此限则不能生存。菖蒲、芦苇、莎草等也有类似的生活习性。水的流动可增加水中的氧气含量,并具有净化作用,完全静止的水面并不适合水生花卉的生长。

(4)对土壤的要求

水生花卉喜欢富含丰富腐殖质的酸性和弱酸性土壤,土壤pH值要求在5～7之间。

### 13.1.4 水生花卉的繁殖特点

(1)有性繁殖

大多数水生花卉的种子干燥后即会丧失发芽力,需要在种子成熟后立即播种或贮藏于水中或湿润的环境下。少数种类的水生花卉如荷花、香蒲等的种子,可在干燥条件下保持较长时间的生活力。播种繁殖可在室内或室外进行,室内可以控制环境条件,能够提高发芽率和出苗率。室外则不易控制环境条件,往往影响发芽率。播种一般在水中进行,可以盆播,也可直接播种于栽培环境中。盆播时可以将种子播种于培养土中,然后浸入水池或水槽中。浸入水中过程应由浅到深逐步进行,开始仅使盆土湿润,然后使水面高出盆沿,保持0.5 cm水层。水温保持18～24 ℃,原产热带的水生花卉水温应稍高,但不超过32 ℃。种子发芽速度因种类不同而异,耐寒性水生花卉发芽较慢,需要3个月到一年,不耐寒水生花卉发芽较快,播种后约10 d左右即可发芽。之后随着种子萌发进程而渐渐增加水深,出苗后再分苗、定植。直接播种多在夏季高温季节进行,把种子裹上泥土沉入水中,条件适应时则可萌发生长。

（2）无性繁殖

水生花卉大多数植株成丛或具有地下根茎、块茎或球茎等，故一般采用分株或分球法进行无性繁殖，即分割新株或分切根茎、块茎、球茎等进行栽植。注意分根茎时要使每段都带有顶芽及尾根，否则难以成株。宜在春季植株开始萌芽前进行分栽，一些适应性强的种类亦可在初夏进行分栽。

### 13.1.5　水生花卉的栽培要点

（1）对土壤的要求

栽培水生花卉的土壤宜肥沃，富含腐殖质，土质黏重为好。盆栽或水池、水槽栽培可以用塘泥。地栽时，要注意在栽植前施足基肥。因为，水生花卉一旦定植，追肥相对会比较困难。尤其是新开挖的栽植地，栽植前必须加入塘泥和大量有机肥料，以满足水生花卉生长发育的需要。

（2）对水位的要求

因种类不同种植深度也各异，水生花卉对水位的要求在不断变化。同一种水生花卉要随着生长要求不断加深水位，在旺盛生长期达到要求的最深水位。

（3）对水温的要求

由于不同水生花卉对温度的要求不同，因此要采取相应的栽植和管理措施。原产热带的水生花卉，如王莲等在我国大部分地区需要在温室内栽培。其他一些不耐寒者，多用盆栽，成苗后用于布置景观，天冷时移入贮藏处越冬。也可直接栽植，秋季掘出贮藏越冬。耐寒性种类如千屈菜、水葱、芡实、香蒲等，一般不需要特殊保护，对休眠期水位没有特别要求。

（4）注意限定生长范围

有地下根茎的水生花卉，栽培时间一长就会四处游走扩散。为了防止四处扩散，避免与设计意图相悖，最好在栽培地设立种植池，防止水生花卉蔓延到其他的地方而影响景观效果。特别是漂浮型，它会随着风向游动，更应根据需要布置栽培范围，并加设拦截网，防止其四处扩散，避免造成环境污染。

（5）水生花卉的净水能力

水生花卉具有净化水体的能力，但这种净化能力是有限的。当栽培时间过长，特别是在水体不流动的水环境中，水温增高，常会引起藻类大量繁殖，造成水质浑浊，此时应注意防治。在小范围内可用硫酸铜，分小袋悬置于水中，用量为 $1\text{kg/m}^3$。在大范围内则需要利用生物防治，可放养金鱼藻、狸藻等水草或螺蛳、河蚌等软体动物。水生花卉秋冬枯死后，要注意及时清除枯枝和残叶，这样才能既不影响景观，也不影响水质。

### 13.1.6　水生花卉的观赏特点

水生花卉是现代城市园林水景造景中必不可少的材料，在吸收水中污染物、净化水体的同时，又发挥着较高的观赏价值。世界上两个著名的也是最大的水景园分别是法国的凡尔赛宫苑和中国的颐和园昆明湖。水生花卉在水景园中布置，能够给人一种清新、舒畅的感觉，不仅可以观叶、品姿、赏花，还能欣赏映照在水中的倒影，虚实对比，正倒相接，令人浮想联翩。另外，水生花卉也是营造野趣的上好材料。在河岸密植芦苇林、香蒲、慈姑、水葱、浮萍，能使水景野趣盎然，如苏州拙政园池塘浅水处片植芦苇，对前面的荷花及后面的假山，都起到了较好的衬托和协调作用，景观十分可人。又如,英国剑桥郡米尔顿乡间公园,原是一片废墟,当地政府投巨额资金建立风景区,布置大量芦苇,深秋时的风景优雅宜人,呈现出"枫叶荻花秋瑟瑟"的意境。水生花卉造景最好以自然水体为载体或与自然水体相连,因为流动的水体有利于水质更新,减少藻类繁殖,加快净化,不宜在人工湖、人工河等不流动的水体中作大量布置。种植时宜根据植物的生态习性设置深水、中水、浅水栽植区,分别种植不同的植物。通常深水区在中央,渐至岸边分别栽植中水、浅水和沼生、湿生植物。考虑到很多水生花卉在北方不易越冬和管理的不便,最好在水中设置种植槽,不仅有利于管理,还可以有计划地更新布置。

### 13.1.7　水生花卉的园林应用

早在20世纪70年代,园林学家就注意到水生花卉在净化水体方面的作用,并开始巧妙地应用于园林以治理污水。近30年来,我国对东湖、巢湖、滇池、太湖、洪湖、白洋淀等浅水湖泊的富营养化控制和人工湿地生态恢复的大量研究证明,水生花卉可以吸附水中的营养物质及其他元素,增加水体中的氧气含量,抑制有害藻类大量繁殖,遏制底泥营养盐向水中的再释放,以利于水体的生态平衡。近年来兴起的人工湿地系统,在净化城市水体方面表现突出,正是水生花卉生态价值的最好体现,人工湿地景观已成为城市中极富自然情趣的景观。据报道,1hm² 风眼莲,24 h内可从污水中吸附 34 kg 钠、22 kg 钙、17 kg 磷、4 kg 锰、2.1 kg 酚、89 g 汞、104 g 铝、297 g 镍等。此外,荷花、睡莲、纸莎草、水葱、浮萍、金鱼藻、芦苇、香蒲、慈姑等,也都有较强的净化污水的能力,可去除石油、废水、有机污染物。由此,在园林绿化中,特别是在水体绿化方面,要合理设计,科学栽植,以充分发挥其生态效能。

水生花卉的栽植设计形式有两种,一种是单一种植式,另一种是混合种植式。单一种植式,一般多结合生产进行,如在较大的水面种植荷花或芦苇等。混合种植式,指两种或两种以上的花卉种植于水面,此时既要考虑生态要求,又要考虑美化效果上的主次关系,形成绿化特色。如香蒲与慈姑配在一起比香蒲与荷花种在一起更相宜,观赏效果较好。因为香蒲与荷花高矮差不多,配在一起互相干扰,显得凌乱,而香蒲与慈姑配在一起,有高有低,搭配适宜,富于变化。

设计上要因地制宜,根据水面的大小、深浅及水生花卉的特点,合理搭配,选择集观赏、经济、水质改良为一体的水生花卉。如大的湖泊种植荷花和芡实很合适,小的水面则以种植叶形较小的睡莲更为合适;沼泽和低湿的地带宜种植千屈菜、香蒲、石菖蒲等;静水状态的池、塘等宜种植睡莲、王莲;水深1 m左右、水流缓慢的地方宜种植荷花,水深超过1 m的湖塘可多种植浮萍、风眼莲等。

### 13.1.8　水生花卉在园林应用中应注意的问题

第一,要注意种植水生花卉的季节要求。夏季是种植和引进各种热带水生花卉的最佳季节。每年秋季是花卉种植的淡季,在天气变冷前,必须建好温室大棚,把夏天从南方引进的热带水生花卉全部搬进大棚里。

第二,要因地制宜,依山畔湖种植水生花卉。水生花卉在水面布置中,要考虑到水面的大小、水体的深浅,选用适宜种类,并注意种植比例,与周围环境协调。栽植的方法有疏有密,多株、成片或三五成丛,或孤植,形式自然。种植面积宜占水面的30%～50%为好,不可满湖、塘、池种植,影响园林景观。种类又要多样化,应在水下修筑图案各异、大小不等、疏密相间、高低不等及适宜水生花卉生长的定植池,以防止各类植物相互混杂而影响植物的生长发育。

第三,水生花卉配置的原则是根据水面绿化布景的角度与要求,首先选择观赏价值高、有一定经济价值的水生花卉配置水面,使其形成水天一色、四季分明、静中有动的景观。

第四,水景中水生花卉的种植,应"以少胜多",留出较多的水面才更有佳趣。"少"指种类少与数量少两个方面。种类多、数量少,则显得杂乱无章;种类少、数量多,则有单调乏味之感。所以,栽植水生花卉时,不要把池面种满,最多60%～70%的水面浮满叶子或花就足够了。否则,满池花卉使水面看不到倒影,失去扩大空间和美化作用。大池可以成片种植任其蔓延,小池只能点缀角隅。直立的水生花卉如香蒲、芦苇、灯心草等,作屏障充为背景为好,多在池角种植,并与浮水的花卉形成对比才显得有野趣。如秋季蒲棒褐黄、芦花风荡则尽显秋意。

总之,水生花卉作为观赏植物,在园林建设、环境美化、经济开发等领域有其独特的作用,是整个园艺业和园林业不可或缺的一部分。尤其是睡莲、荷花作为水生花卉的主角,其观赏、茶用、药用等价值的研究开发由来已久,成果斐然。纵观国内外水生花卉的发展不难发现,目前水生花卉已形成了产品种类丰富、质量稳定、销售价格适宜、协会组织健全、信息传播快速等健康而稳定的发展局面,并将以长盛不衰的态势实现水生花卉产业的经济全球化和贸易自由化。

# 13.2　常见种类

## 13.2.1　挺水花卉

1)荷花(*Nelumbo nucifera* Gaertn. )

**别名**:藕、莲花、莲、荷、中国莲,古称荷华、芙蕖、扶蕖、水芝、水华、水芸、水旦、泽芝、芙蓉、水芙蓉、草芙蓉、菡萏

**科属**:睡莲科莲属

**形态特征**:多年生挺水水生花卉,植株高大,见图13-1。地下部分具有肥大多节的根状茎(藕),横生于水底泥中。藕的顶端具顶芽,由多层鳞片包裹,萌发后抽出白嫩细长具节的藕鞭,上生不定根并着生叶芽和花芽。鞭的末端长出新藕,称为主藕。主藕节上分生的支藕叫"子藕",只有2～3节。较大的"子藕"节处再长出的小藕俗称"孙藕",仅1节。藕的节间内有多数孔眼,节部缢缩,生有鳞片及不定根,并由此抽生叶、花梗及侧芽。荷叶,古称蕸,因远离地下茎而得名。叶形状为盾状圆形,表面深绿色,被蜡质白粉背面灰绿色,全缘并呈波状。叶有三种:由种藕顶芽和侧芽最初长出的,形小柄细,浮于水面,称钱叶;最早从藕鞭节长出的大于钱叶的几片叶,也浮于水面,称浮叶;继而长大挺出水面,为立叶。这三种叶在出水前均对折卷成双筒状紧贴叶柄,统称卷叶。叶柄,古称"茄",指其在地下茎上承负荷叶,圆柱形,密生倒刺。花顶生,单生于花梗顶端,高托水面之上。花萼片4～5枚,近三角形,绿色,花后掉落。花蕾桃形、瘦桃形,暗紫、玫瑰红或灰绿色。花瓣多数,因品种而异。单瓣者仅20枚以

**图13-1　荷花**

内,复瓣 20～50 枚,重瓣 51～100 余枚,重台型 100 余枚且雌蕊瓣化。极度重瓣者有近千瓣,雌、雄蕊全部瓣化,多是特殊的珍稀品种,花径最大可达 30 cm,最小仅 6 cm,偶有并蒂花,常视为珍品。花色有白、粉、深红、淡紫、淡绿、黄、复色和间色等变化。花具芳香味。雄蕊多数,雌蕊离生,埋藏于膨大的倒圆锥状海绵质花托内。花托,表面具多数散生蜂窝状孔洞,受精后逐渐膨大,古称"莲房",今称为莲蓬。于花后膨大,每 1 孔洞内生 1 个小坚果,俗称莲子,成熟时果皮青绿色,老熟时为深蓝色,干时坚固。果壳内有种子,两片胚乳之间着生绿色胚芽,俗称莲心,古称"薏"。群体花期 6—9 月,单花花期因花瓣数量不等而不同。单瓣、重瓣花期 3～4 d,重台和千瓣者可达 10 d 以上。花于每日凌晨 2 点前后开放,夜幕降临闭合,次日再开放。花谢后约 30 d 莲子始成熟,重瓣者结实很少或不结实。果熟期 9—10 月。在年度生育期内,先叶后花,单朵花依次而生,一面开花,一面结实,叶、蕾、花、莲蓬并存,最后长成新藕。

**种与品种:**栽培品种很多,依用途不同可分为藕莲、子莲和花莲三大系统。藕莲是以产藕为目的,根茎粗壮,生长旺盛,但开花少或不开花。子莲是以生产莲子为目的,根茎细弱且品质差,但开花多,以单瓣为主。花莲以观花为目的,主要特点是开花多,花色丰富,花型多变,群体花期长,根茎细弱,品质差,一般不作食用。花莲品种又分为若干系、类、型及品种。我国第一部荷花专著《缸荷谱》(杨钟宝,清代)记叙了 33 个荷花品种,其中小体形品种 13 个,并提出了品种分类标准。现代,王其超、张行言两位教授编著的《中国荷花品种图志》记载了 608 个品种。根据种性、植株大小、重瓣性、花色、花径等主要特征分为 3 系、50 群、23 类及 28 组。其中,凡植于口径 26 cm 以内盆中能开花,平均花径不超过 12 cm,立叶平均直径不超过 12 cm,平均株高不超过 33 cm 者为小型品种。凡其中任一指标超出者,即属大中型品种。荷花品种绝大多数是 2 倍体品种,3 倍体品种极罕见,天然 3 倍体品种是'艳阳天'。

(1)中国莲系

中国莲系是观赏莲的主体,由野生莲或子莲、藕莲演化而来,品种丰富多样。根据株型分为大中花型和小花型。前者分为单瓣、复瓣、重瓣、重台和千瓣 5 类。每类又按花色分为红莲型、粉莲型、白莲型和复色莲型,中国莲尚无黄色。大中花型莲出现最早,多为传统品种。后者出现较晚,多为 20 世纪 80 年代培育的品种,分为单瓣、复瓣、重瓣和重台 4 类,分型同前者。

(2)美国莲系

美国莲系原始种仅有黄莲花,属大花群、单瓣类、黄色莲组,其花鲜黄。

(3)中美杂种(交)莲系

中美杂种莲系为 20 世纪 80 年代以来培育的品种,大、中花群主要为单瓣类和复瓣类,小花群分为单瓣类、复瓣类、重瓣类。按色泽分为红、粉、白、黄、复色等型。

同属相近种有黄荷花(又称美国莲(*N. pentapetala*)或美国黄莲(*N. lutea*)),分布在北美,以美国东北部为中心。近年来,园艺工作者用之与中国莲进行杂交,培育出了远缘杂交新品种。

**产地分布:**原产中国,亚洲和大洋洲均有分布。考古发现证明,中国是中国莲的起源和分布中心。南起海南岛,北达黑龙江省同江县,东临上海市和台湾省,西至新疆天山北麓,除青海省和西藏外,全国各地均有分布。主要分布在长江、黄河、珠江等三大流域,垂直分布达海拔高度 2100m。

传统品种以浙江省杭州市和北京市较为集中。20 世纪 80 年代以来,湖北省武汉地区已经成为中国现代荷花品种资源中心和研究中心。济南、济宁、许昌、肇庆、孝感、洪湖等城市已经选定荷花为市花。

**生态习性:**荷花喜温,春季温度上升至 13 ℃,地下茎开始萌动,生长适温为 23~33 ℃,耐高温,当气温高达 40 ℃左右时,还能花繁叶茂。缸、盆种植,只要容器内有水,−5 ℃左右不致受冻。荷花喜湿怕干,喜相对稳定的静水,整个生长期不能缺水。适宜水深 0.3~1.2 m。荷花为阳性植物,喜强光照,极不耐阴。对土壤要求不严,但以 pH 值为 6.5、富含有机质的黏性土壤为佳。长江流域的荷花,4 月上旬发芽,中旬展浮叶,5 月中下旬立叶挺水,6 月上旬始花,6 月下旬至 8 月上旬为盛花期,9 月中旬为末花期,7—8 月为果实集中成熟期,9 月下旬为地下茎成熟期,10 月中下旬茎叶枯黄。整个生育期长 160~190 d,缸养或盆栽生育期为 140 d 左右。

**繁殖与栽培:**常采用营养(分藕)繁殖和有性(播种)繁殖。长江流域以 3 月下旬至 4 月上旬为分藕适期,南方稍早,北方稍迟。选择带有顶芽和保留尾节的藕段或事枝主藕作种藕,盆栽时,主藕、子藕、孙藕均可作种藕。播种繁殖多用于新品种选育,春、秋两季播种。播种时将莲子凹入一端破一小口以便胚芽萌发,称为"破头"。然后浸种催芽,当长出 2~3 片幼叶时便可播种。栽培方式有塘植、缸植和盆植。塘植株行距 2~3m;缸植多用于株形中等品种;盆植以碗莲品种为宜。无论塘、缸、盆植,栽后 2~3 d 始浇灌浅水,以便藕身固定于泥中。随着叶片的生长而逐渐提高水位,水深以不淹没立叶为度。生长期间追施腐熟液肥数次。缸、盆植荷,北方冬季易受冻害,应移至室内或置于深水塘冰层以下,或将种藕挖出放置室内缸中假植。

**观赏与应用:**荷花婀娜多姿、高雅脱俗,是我国传统十大名花之一,其色、香、姿、韵极佳,有"水中芙蓉""花中君子"之美誉。荷花品种繁多,是当之无愧的"水生花卉三姐妹"(莲、睡莲和王莲)中的老大。无论是大片种植,还是缸栽于园林、庭院中,都有很高的观赏价值。荷花是先叶后花,花叶同出,并且一面开花,一面结实,蕾、花、莲蓬并存,与硕大的绿叶交相辉映。尤其是雨后斜阳,花苞湿润晶莹,经叶随风摇曳,水珠在绿叶上滚动,如珍珠般折射出太阳光的七彩,光艳夺目,更加美艳绝伦。夏日炎炎,人们看见荷花,闻到那特有的清香,就有暑气顿消、神清气爽之感。我国各地的湖荡、池塘、河滨和水田里,处处都生长着荷花。

荷花具有色彩艳丽、风姿幽雅,以及全身是宝的多功能特性,其产生的文化现象也自然是多元的。诗人见之可产生诗情,画家见之便引起挥毫的画意,舞蹈家则模仿其风摆荷莲的舞姿,摄影家更是尽情地拍照,就连戏荷的鱼儿、弄蕊的蜂儿也围绕其侧,撒欢弄姿。

农历 6 月 24 日为荷花的生日。古时,每逢这一天,江南苏州一带的人们画船箫鼓,集合于荷花荡,为荷花庆寿。迄今,人们仍喜欢在这一天成群结队地去观赏荷花。荷花是圣洁的代表,更是佛教神圣净洁的象征。荷花作为佛教圣花,有其特殊地位,备受尊崇。荷花出淤泥而不染的特别属性,与人世间佛教信徒希望不受尘世污染的愿望相一致。荷花出尘离染,清洁无瑕,故而中国人民和广大佛教信徒都以荷花"出淤泥而不染,濯清涟而不妖"的高尚品质作为激励自己洁身自好的座右铭。佛教多借莲花譬理释佛,明确莲花净土就是指佛国,佛理最高境界是到达"莲花藏界",佛所坐之座位是"莲花座"。因此,莲花成为佛教圣物、佛事象征。佛教徒双手合十,恰如一朵未开的睡莲或荷花。这也是佛教尊重荷花的一种表现。

中国花文化中,无论诗文、绘画、音乐、舞蹈,还是日用器皿、工艺制品、建筑装饰、饮食、药用等,到处可见荷花绚丽风采。荷花是最有情趣的咏花诗词对象和花鸟画的题材。三国时的曹植在《芙蓉赋》中所言"览百卉之英茂,无斯花之独灵",荷花与被神化的龙及仙鹤一样,成为人们心目中崇高圣洁精神的象征。

荷花是友谊的象征和使者。在中国古代,民间就有春天折梅赠远,秋天采莲怀人的传统。唐时,荷花开始大举进入私家园林,成为园林文化艺术中的重要组成部分。李白《折荷有赠》写道:"涉江玩秋水,爱此红蕖鲜。攀荷弄其珠,荡漾不成圆。佳人彩云里,欲赠隔远天。相思无因见,怅望凉风前。"古往今来,我国无论山岳、江河湖塘或是亭桥楼阁均留下不少以莲命名的名胜古迹。此外,古人常把大臣官邸称作"莲花池",不仅是"夏赏绿荷池",还借莲表达家道昌盛、吉祥如意和对园林式庭院官邸的赞美。

荷花精神早已成为中华人民民族精神的有机组成部分,主要体现在圣洁文化、清廉文化上。北宋文学家、思想家周敦颐的《爱莲说》,道出了自己独爱"莲之出淤泥而不染,濯清涟而不妖,中通外直,不蔓不枝,香远益清,亭亭净植,可远观而不可亵玩焉"。这已成为传世名句,集中描述莲花的优雅风姿、芬芳气质,体现荷花圣洁端庄的品质,清净地伫立于碧水之上,表现出其高雅的风格、顽强的风骨。充分表达了作者对莲花的倾慕之情,将莲花完全人格化了,寓其为花中君子。

在园林中,荷花主要用于布置水景,在大片广阔水面上遍植荷花,可以形成"接天莲叶无穷碧,映日荷花别样红"的壮丽景观。如杭州西湖、武汉东湖、济南大明湖、承德避暑山庄、北京昆明湖和北海等地,都是以大水面广植荷花而著称。以承德避暑山庄的荷花造景为例,湖区的荷景遵循"虽由人作,宛如天开"的造园法则,并按荷花景香、色、姿的特点,灵活多变地构图,形成了以荷花为主景的多处迷人景观,如"冷香亭""香远益清""曲水荷香""观莲所""银湖""青莲岛"等。全国园林水景中以杭州西湖的"曲院风荷"和河北保定的"古莲花池"最负盛誉。20世纪80年代以来,类似"曲院风荷"的荷花专类园还有南京莫愁湖公园、扬州荷花池公园、深圳洪湖公园等多处,尤其是深圳洪湖公园,不仅兴建了荷花展览馆、荷花碑廊、濂溪桥、远香亭等园林建筑,还兴建了莲香湖、荷仙岛、映日潭、逍遥湖等景观,并规划兴建荷花珍品园,让游人一年四季都能欣赏到荷花的风韵。由我国著名的荷花专家王其超教授与广东省三水市西南镇合作创建的"荷花世界",是目前国内外最大的专类园,并设有睡莲专类园、王莲专类园等,为市民提供了一个夏日赏荷纳凉的好去处。此外,我国的洞庭湖、洪湖、广东番禺、中山、昆山、珠海、南海及澳门等地均建有荷花专类园,也有力地推动了地方观光旅游事业的发展。

2)千屈菜(*Lythrum salicaria* Linn.)

**别名**:短瓣千屈菜、败毒草、对叶莲、水柳、水枝柳、水枝锦

**科属**:千屈菜科千屈菜属

**形态特征**:多年生宿根草本挺水植物,株高50～120 cm。地下根茎粗硬,木质化。地上茎直立,四棱形,多分枝,基部木质化。单叶对生或轮生,披针形,全缘,无柄。长穗状花序顶生。小花多而密,生于叶状苞腋中。花序长达40 cm以上,花呈桃红、玫瑰红或蓝紫色。花萼长筒状,花瓣6枚。花期6—10月。

**种与品种**:园艺品种主要有:'火烛',株高90 cm左右,花玫瑰红色;'快乐',株高45 cm左右,花深粉色;'罗伯特',株高90 cm左右,花亮粉色。

同属植物有35种,中国有4种。常见的有:帚枝千屈菜(*L. virgatum*),叶基部楔形,2～3朵花组成聚伞花序;光千屈菜(*L. anceps*),小花3～5朵,组成聚伞花序,全株无毛,分枝少;毛叶千屈菜(var. *tomentosum*),全株被绒毛,花穗大。品种有花穗大而深紫色的'紫花千屈菜',花穗大而暗紫红色的'大花千屈菜',花穗大而桃红色的'大花桃红千屈菜'。

**产地分布**:原产欧洲和亚洲的暖湿地带,美洲大陆和中国南北各地均有野生,中国四川、陕西、河南、山西、河北均有栽培。此外,阿富汗、伊朗、俄罗斯等国也有分布。

**生态习性**：喜温暖及光照充足、通风好的环境,喜水湿,多生长在沼泽地、水旁湿地和河边、沟边。较耐寒,我国各地所植千屈菜均可露地越冬。在浅水中栽培长势最好,也可旱地栽培。对土壤要求不严,以表土深厚、富含大量腐殖质的土壤为好。极易生长,在土质肥沃的塘泥基质中花色鲜艳,长势强,见图 13-2。

图 13-2　千屈菜

**繁殖与栽培**：以分株、扦插法繁殖为主。分株多在 4 月或深秋进行,将老株挖起,去掉老的不定根、茎,再用快刀分成若干块状丛,每块丛留芽 4～6 个,再进行栽培。扦插应在生长旺盛期(6—8 月)进行,剪取长 7～10 cm 的嫩枝,去掉基部 1/3 的叶子插入鲜塘泥中,6～10 d 可生根,极易成活。亦可用播种繁殖,10 d 即可发芽。栽培管理比较简单,露地栽培或水池、水边栽植均可,只在冬天剪除枯枝和残叶,即可越冬。

**观赏与应用**："一枝红艳露凝香,云雨巫山枉断肠",这是诗人对千屈菜的赞赏。其林丛整齐清秀,花色雅致脱俗,观花期长,是一种优良的水生花卉,在园林配置中可作水生花卉园花境背景,亦可丛植于桥、榭、廊、亭及河岸边、水池中或园林道路的两边作为花境材料使用,花开时节,灿烂如锦,景致优雅宜人。如深圳洪湖公园莲香湖岸水边浅水处成片列植的千屈菜景观,不仅衬托了睡莲的艳美,同时也遮挡了单调枯燥的石岸,并对水面与岸上的景观起到了协调的作用。这样的景观非常漂亮、怡人,每到花期,都会吸引众多游人驻足观赏。昆明世博园中的"燕赵紫翠"景观,在小溪两侧拾级点缀千屈菜,潺潺泉水顺流而下,与周围的绿树、泉水、岩山等景物形成了强烈的对比,既突出了主题,又显得层次分明、景色宜人。

千屈菜生命力极强,管理也十分粗放,既可露地栽培,也能盆栽观赏。盆栽可用直径 50 cm 的无底洞花盆装入 2/3 的塘泥,栽植 4～5 株;也可用 20 cm 的小盆,栽植 1～2 株。生长期应不断打顶促使其矮化,盆栽一般保持盆中有浅水。露地栽培可按园林设计要求,选择浅水区和湿地种植株行距 30 cm×30 cm。生长期间要及时拔除杂草,保持水面清洁。为加强通风,应剪除过密、过弱枝,并及时剪除开败的花穗,促进新花穗萌发。在通风良好、光照充足的环境下一般没有病虫害,在过于密植、通风不畅时会有红蜘蛛危害,应及时用杀虫剂防治。冬季露地栽培不用保护可自然越冬,盆栽的应剪除枯枝,保持湿润,一般 2～3 a 分栽 1 次。

3)石菖蒲(*Acorus tatarinowii* Schott.)

**别名**：山菖蒲、药菖蒲、岩菖蒲、水剑草、凌水档、十香和

**科属**：天南星科菖蒲属

**形态特征**：多年生沼生挺水草本植物。植株较矮,20 cm 左右。根茎平卧,上部斜立,根茎多分枝芳香,有多数不定根(丝根)。叶全部基生,叶片带状剑形,中部宽,中部以上渐狭,顶端渐尖,基部呈鞘状,对折抱茎。无明显中脉,直出平行脉多条,稍隆起;基部两侧有膜质的叶鞘,后脱落。花茎基生,三棱形。叶状佛焰苞为肉穗花序长的 2～5 倍,稀近等长。肉穗花序圆柱形,上部渐尖,直立或稍弯。花白色。果序增大,成熟时长 3.5～10 cm,直径粗达 3～4 mm,结果时直径粗达 1 cm。果实成熟时黄呈绿色或黄白色。花期 2～5 月,果期 4～8 月。

**种与品种**：园艺品种有'奥风',株高 25 cm 左右,叶光滑,具淡绿色和米色细条纹。经常作为花

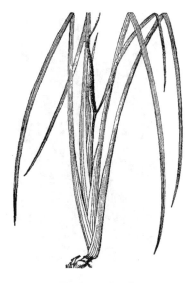

**图 13-3 石菖蒲**

境和水景材料应用,长势稳定,生长良好,也可作盆栽观赏。

**产地分布**:主产于我国,分布于长江以南各省区。印度、泰国也有分布。

**生态习性**:喜生长在山谷溪流的石头上或林中湿地,生长适温为 18~25 ℃。低于 15 ℃植株会停止生长。不耐阳光曝晒,否则叶片会变黄。不耐干旱。稍耐寒,在长江流域可露地生长,见图 13-3。

**繁殖与栽培**:以分株繁殖为主。4 月初,将地下茎连根挖起,去掉泥土、老根和茎后,分割成块状即可分栽。也可在生长期内分栽,但要保护好嫩叶及新生根,否则会影响成活率。选择湿地或栽于浅水处,3 a 左右分栽 1 次。也可盆栽,每 2 a 分栽 1 次。

**观赏与应用**:株丛矮小,叶色深绿光亮,揉搓有芳香,耐践踏,是良好的林下阴湿地环境的地被观赏植物。除可作挺水植物在水池中造景观赏,还可作沉水植物或地被植物观赏。沉水栽培时,栽培床基质应选用直径 3~5 mm 砂粒,水体 pH 值 6.5~7.0 为宜,水温在 15~25 ℃生长最好。

4)黄菖蒲(*Iris pseudacorus* Linn.)

**别名**:黄花鸢尾、水生鸢尾

**科属**:鸢尾科鸢尾属

**形态特征**:植株高大、挺拔。根状茎肥粗且多节,叶片基生,茂密,长剑形,交互排列,叶长 60~100 cm,宽 1.5~2 cm,中肋明显,并具横向网状脉。花茎与叶等长或稍短于叶,3 分枝,每个分枝茎着花 4~12 朵,花径 7~10 cm,花瓣黄色,具有褐色或紫色斑点,每个垂瓣上具有深黄色带。蒴果长形,种子褐色。花期 4—6 月,见图 13-4。

**种与品种**:园艺变种有'巴斯黄菖蒲',花硫黄色;栽培品种有'金毛黄菖蒲',花深黄色;'白花黄菖蒲',花淡米色;'斑叶黄菖蒲',叶片上具白色或黄白色条纹,观赏价值较高。

**产地分布**:原产于南欧、北非和西亚各国,现世界各地均有引种栽培。

**生态习性**:喜温暖、湿润和阳光充足的环境,但亦耐寒,稍耐干旱和半荫。适应性强,砂壤土及黏土都能生长,在水边栽植生长更好。生长适温 15~30 ℃,10 ℃以下停止生长。冬季能耐−15 ℃低温,长江流域冬季叶片不全枯。在北京地区,冬季地上部分枯死,根茎地下越冬。

**繁殖与栽培**:主要用播种繁殖和分株繁殖。播种繁殖于 6—7 月进行,种子成熟,采后即播,成苗率较高;干藏种子播前先用温水浸种半天,床土用营养土较好,发芽

**图 13-4 黄菖蒲**

适温 18~24 ℃,播后 20~30 d 发芽。实生苗 2~3 a 开花。分株繁殖在春、秋季进行,将根茎挖出,剪除老化根茎和须根,用利刀按 4~5 cm 长的段切开,每段具 2 个顶生芽为宜;也可将根段暂时栽植在温沙中,待萌芽生根后再移栽。

盆栽观赏时,盆栽土以营养土或园土为宜,分株后极易成活,盆土要保持湿润或有 2~3 cm 的浅水层。水边或池边栽种时,栽后要覆土压紧,防止被浪花冲走或被鱼咬食,影响扎根。摆放或栽种场所要通风、透光,夏季高温期间应向叶面喷水,生长期间应施肥 2~3 次,以腐熟饼肥或花卉复合肥为主。冬季应及时清理枯叶。盆栽和地栽苗,宜每两年分栽 1 次,起到繁殖更新作用。黄菖蒲病虫害不多。高温干旱的夏、秋季节,于叶片初发锈病时用 15% 三唑酮可湿性粉剂喷洒;用 20% 杀灭菊酯乳油喷杀叶蜂。

**观赏与应用:**花色黄艳,花姿秀美,犹如金蝶飞舞于花丛中,是水景、湿地花卉中的佼佼者。由于黄菖蒲的适应性强,在温带、热带、潮湿、干旱地区都能生长,因此,中国大部分地区都可见到它的影子。黄菖蒲的叶丛、花朵特别茂密,是目前各地湿地水景中使用量较多的花卉,无论是配置在湖畔还是池边,其展示的水景景观都具有诗情画意。如武汉植物园池畔群植的黄菖蒲,在绿树的衬托下,花态形如飞燕,翩翩起舞,靓丽可人。在西方水景中,常配置于规整的水池中,与蓝天、绿树、草地、建筑及睡莲相映,景观效果甚佳。以色列人十分迷恋黄花鸢尾,认为黄色的鸢尾是"黄金"的象征。

5)花菖蒲(*Iris kaempferi* Thunb.)

**别名:**玉蝉花、日本鸢尾、玉琼花

**科属:**鸢尾科鸢尾属

**形态特征:**多年生挺水草本植物,根状茎短粗,黄、白色,植株粗壮,基部棕褐色,纤维状枯死叶鞘。基生叶宽条形,长 50~90 cm,宽 8~18 mm,扁平直立,中脉明显突起是其明显特征。花茎直立坚挺,高 45~80 cm。苞片卵状披叶形,纸质,长 6~8 cm,有花 1~2 朵,直径跨度较大,8~20 cm 范围内均有,外轮花被处下垂,3 瓣,宽卵状椭圆形,端钝,无髯毛;内轮花被片较小,3 瓣,色稍浅,较狭小,长椭圆形,以 3 片紧靠而又直立为特征。原种花为鲜红紫色,直径 15 cm。由日本育成之雄本玉蝉花类群,大花直径可超过 20 cm,有重瓣者,花色自白经淡红、淡蓝至红紫,并有镶边、复色等。花期 4—7 月。蒴果矩圆形,种子褐色,有棱,见图13-5。

**种与品种:**花菖蒲是鸢尾属中育种较早、园艺水平较高的种类。目前绝大多数品种都是从种内杂交选育而成的,亦有少部分种间杂交育成的品种,尤其是黄色系的品种。如与欧洲原产的黄菖蒲进行种间杂交,选育出了'爱知之辉'等著名品种。花菖蒲品种繁多,花色丰富,花瓣各异,花型多变,花朵硕大,具有很高的观赏价值。目前栽培的(特别是在日本)主要是大花和重瓣的品种。花期尤其是群体花期较长,早生者在 5 月上中旬始花,晚花者花期可延至 7 月。日本栽培极盛,17 世纪的江户时代曾对花菖蒲进行较为系统和规范的品种改良,目前已有近 600 个品种,还不包括在日本本土外育成的品种。花色有紫

**图 13-5　花菖蒲**

红、紫、蓝紫、黄白、黄等。花瓣也有重瓣和单瓣之分。日本一些地区已形成了5月份过"鸢尾节"的习俗。目前,日本花菖蒲协会将日本选育的和部分外国选育的花菖蒲品种分为下述几个品系:花菖蒲原变种系、种间杂种系(群)、长井古种系、江户古花系、熊本古花系、伊势古花系、江户系、伊势系、肥后系以及外国种系等。每一个品系都有极其艳丽的一面,这对国内花菖蒲以至花卉的分类是有借鉴意义的。近些年,中国陆续从日本引进花菖蒲品种,其中以南京莫愁湖公园引种最多(约200多个品种),并建立了国内规模最大的鸢尾专类园。

**产地分布:**原产中国内蒙古、黑龙江、山东、浙江等地,俄罗斯、日本和朝鲜半岛也有分布。

**生态习性:**原产地分布于湿草甸子或沼泽地,性喜水湿环境。性强健,耐寒性强,耐热、喜光,但北方需要加保护层越冬才能存活。喜微酸湿润土壤,在碱性土中生长不良,甚至逐渐衰亡。宜栽植于酸性、肥沃、富含有机质的砂质壤土上和阳光充足的地方生长。生长期要求充足水分,适当施肥。

**繁殖与栽培:**常用分株繁殖和播种法繁殖。近年来,一些珍贵的、繁殖能力低下的品种也开始采用组培法进行繁殖。分株一般2~4 a 1次,宜在早春3月或花谢后进行。挖起母株,将根茎分割,各带2~3个芽,分别盆栽或露地栽植即可。注意控制温度,避免根茎腐烂。播种通常是8月底种子成熟后即采即播。发芽适温18~24 ℃,播后25~40 d发芽。播种苗需培育2~3 a后方能开花。若在播种后的冬季不让它休眠,则可提早到约18个月开花。由于栽培周期长,一般只在培育新品种时才使用。

喜水湿,尤其是生长旺季一定要保证水分充足,其余季节水分可相对少一些。通常栽植在池畔或水边,盆栽要充分浇水或将盆钵放于浅水中。生长期和夏季地下部休眠期也不宜过干,但水位要控制在根茎以下,12月底地上部枯萎后,冬季盆土可略干燥。栽培土壤以微酸性为宜,栽植前可混合硫钱、过磷酸钙、硫酸钾等作基肥,亦可用农家肥,基肥必须与土壤拌匀。生长过程中追施3~4次肥。栽植时留叶片约20 cm,将上部剪去后栽植,深度控制在7~8 cm。

**观赏与应用:**花菖蒲叶片翠绿剑形,花朵硕大,色彩艳丽,园艺品种繁多,观叶赏花兼备,是很好的水景绿化材料。无论以盆栽点缀景点,还是地栽设计,多用在专类园、花坛、水边配置、花带、花境、池畔或配置水景花园,都十分适宜,尽显自然飘逸之美。也可作切花应用。若用于布置水生鸢尾专类园,花期时灿烂如霞,非常美艳。随着各种花菖蒲品种从日本的不断引进,极大地拓宽了人们对于鸢尾原先局限于马蔺、蝴蝶花等少数几个颜色较为淡雅的原种的认识,有人发出"原来鸢尾也可以这么艳丽"的惊叹,目前花菖蒲在水景园中大唱主角。在我国,随着人们对环境的要求和欣赏能力日益提高,花菖蒲美丽的花型、清秀的叶形、极好的群植效果、较广的适应性恰好符合当前园林绿化的要求,特别是目前在绿地建设中"湿地"概念的引入应用,就更使沼泽性的花菖蒲成为了现代园林中一种极好的植物,能在"湿地"完善、修复及人工"湿地"景观营造中一展身手,并可与其他鸢尾属植物依地形变化、株高、花色的不同及耐湿程度的差异相互搭配布置成优美景观。

6)香蒲(*Typha orientalis* Presl.)

**别名:**蒲草、水蜡烛、水烛、狭叶香蒲、东方香蒲

**科属:**香蒲科香蒲属

**形态特征:**多年生宿根沼生挺水草本。株高1.6~3 m。地下具肉质根茎。茎直立、粗壮。叶狭条形,宽1~3 cm,基部鞘状抱茎。花单性同株,肉穗花序圆锥形,长30~60 cm,呈蜡烛状,雌雄穗不相连,雄花序在上部,长20~30 cm,黄绿色、浅褐色至红褐色,雌花序在下部,长10~30 cm,褐色至红褐色。子房线形,坚果褐色,种子多数。花期5—8月,果期6—9月,见图13-6。

**种与品种：**香蒲科有 1 属，18 种，我国香蒲植物南北分布广泛，以温带地区种类为最多，共有 11 种。常见栽培类型有：狭叶香蒲（*T. angustifolia*），株高 1～3 m，叶狭线形，长 90～180 cm，宽 1～2 cm，肉穗花序呈蜡烛状，雌雄花序生于同一花轴上，雄花序在上部，浅棕色，雌花序在下部，绿色至棕色，二者间隔 1～3 cm，不相连，小坚果长椭圆形，无沟，种子深褐色；宽叶香蒲（*T. latifolia*），株高 1.5～3 m，叶直立，阔线形，长 100 cm，宽 1～3.5 cm，肉穗花序呈蜡烛状，雌雄花序相连，生于同一花轴上，雄花序在上部，黄绿色，浅褐色至红褐色，雌花序在下部，绿色至棕红色，小坚果披针形，褐色，中国南北地区都有分布；小香蒲（*T. minima*），中国特有品种，植株低矮，50～70 cm，茎细弱，叶线型，雌雄花序不连接，原产中国西北、华北地区，欧洲和亚洲中部地区也有分布。

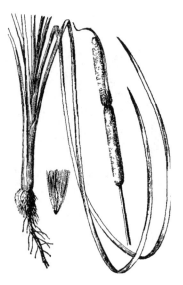

**图 13-6　香蒲**

**产地分布：**分布于中国东北、华北、华东、陕西、云南、湖南、广东等地，欧洲、北美、大洋洲和亚洲北部地区也有分布。多生于水边沼地，但由于人类过度开发，现在野外已很难觅其踪影。

**生态习性：**性耐寒，喜光照，不耐阴，喜浅水湿地，对土壤水质要求不严，适应性强。

**繁殖与栽培：**多采用分株法或播种法。分株繁殖于每年 4—6 月进行，将香蒲地下的根状茎挖出，用利刀截成每丛带有 6—7 个芽的新株，分别定植即可。播种繁殖多于春季进行，播后不覆土，注意保持苗床湿润，夏季小苗成形后再分栽。

喜浅水湿地，对水质要求不严，对水的硬度、含盐量及 pH 值适应范围较广，但水位不宜过深，一般在 10～30 cm 左右，且水位变化幅度不宜过大，否则会生长不良。对土壤要求不严，在沙土及黏土地上均可生长良好。生育期间不可缺水，以免过早开花，以不淹没大多数植株的假茎为度，并清除杂草，追肥 2～3 次。越冬前清除枯死的枝叶，以免影响景观效果。

**观赏与应用：**株形婆娑，叶绿穗奇，色泽淡雅，观叶、观花序俱佳。常用于配置园林水池、湖畔，构筑水景或点缀角隅处，可使水景野趣盎然，形成自然湿地的生态景观。宜作花境、水景背景材料，也可盆栽布置庭院。肉穗花序奇特可爱，称"蒲棒"，是良好的插花材料。与黑心菊、鸢尾叶等花材配置在一起，有清澈的溪水边风蒲猎猎，野花簇簇的感觉。香蒲与玫瑰、文心兰、星辰花等花材配置在一体，寓有红花相依情悠悠，祈祷共织好年华之意。香蒲可吸附水中营养物质及其他元素，增加水体氧含量，抑制有害藻类繁殖，遏制底泥营养盐释放，可用于污水净化，保持水体生态平衡。香蒲植物作为一种多用途的水生花卉，其环境、经济价值在我国尚未受到应有的重视与开发利用。但在国外，尤其是在欧美一些发达国家，香蒲植物得到了较好的开发与利用，特别是在处理城市生活废水治理方面，取得了良好的生态、环境和经济效益，节省了大量的污水处理费用。我国作为一个发展中国家，建设任务重，水环境污染严重，废水治理率低，利用香蒲这一价廉物美、丰富、有效的生物资源治理城市生活废水及工矿废水很有前途。

**7）雨久花**（*Monochoria korsakowii* Regel et Maack）

**别名：**水白菜、蓝鸟花、浮蔷

**科属：**雨久花科雨久花属

**形态特征：**多年生挺水草本。根状茎粗壮直立，具柔软纤维状须根。茎直立或斜上，从根状茎

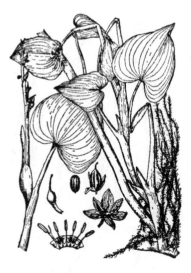

**图 13-7 雨久花**

发出,高 20～70 cm。全株光滑无毛,基部有时带有紫红色。叶基生和茎生,基生叶纸质,卵形至卵状心形,顶端急尖或渐尖,基部心形,全缘,具多数弧状脉。叶柄长达 30 cm 左右,有时膨大成囊状。茎生叶,叶柄渐短,叶柄基部膨大成鞘状抱茎。顶生总状花序,有时再聚成圆锥花序;着花 10 余朵,具 5～10 mm 长的花梗;花被片椭圆形,长 10～14 mm,顶端圆钝。花蓝紫色,花被 6 枚;雄蕊 6 枚,其中 1 枚较大。花药长圆形,浅蓝色,其余各枚较小,花药黄色。雌蕊较雄蕊长。花丝丝状,一侧具有延伸的裂齿。蒴果卵形,长 10～13 mm,种子长圆形,长约 1.5 mm,有纵棱。花期 7—8 月,果期 8—9 月,蒴果卵形,见图 13-7。

**种与品种**:同属在中国南方习见栽培的有:箭叶雨久花(*M. hastate*),叶较小,箭形或三角状披针形,顶端锐尖,总状花序具花 15～60 朵,花蓝紫色带红点,两侧对称。花期稍晚,秋季开放;鸭舌草(*M. vaginalis*),别名水玉簪,株高 20～30 cm,叶片卵形至卵状披针形,总状花序从叶鞘中抽出,不超过叶长,具花 3～6 朵,蓝色,略带红色。

**产地分布**:分布自黑龙江至安徽、江苏、浙江北部。野生于池塘、湖边。

**生态习性**:性强健,耐寒,多生于沼泽地、水沟及池塘的边缘。

**繁殖与栽培**:以分株法繁殖为主,多在每年 3—5 月进行。亦可采用播种法进行育苗,在春季 4—5 月间沿池边、水体的边缘栽植,株行距 25 cm 左右。由于雨久花的种子成熟后常脱落沉入水底,经过休眠后翌年春天即可发芽出苗,因此,利用这种方法,也可获得品质优良的种苗。雨久花花谢后种子陆续成熟,落入土壤后翌年自行萌发。在我国东北经历冬季低混后,雨久花种子发芽率有所提高。雨久花单颗果实可以结种子 200 粒左右,而单株雨久花可结实 650 颗左右,这样,单株雨久花可结实达 13 万粒。

生长期注意及时清除杂草,可施肥促进生长。冬季要剪除枯枝黄叶。注意防治叶斑病、锈病等病害,并要及时控制蚜虫和红蜘蛛危害。

**观赏与应用**:雨久花植株高大挺拔,夏季开花,花大而美丽,淡蓝色,状似飞舞的蓝鸟,别具风韵。因此,雨久花又被称为蓝鸟花。叶色翠绿、光亮、素雅,在园林水景布置中常与其他水生观赏植物搭配使用。因此,是一种极好而美丽的水生观赏植物。也可盆栽观赏。花序可作切花材料。

8)梭鱼草(*Pontederia cordata* Linn.)

**别名**:北美梭鱼草、小狗鱼草、眼子菜

**科属**:雨久花科梭鱼草属(海寿花属)

**形态特征**:多年生挺水草本植物,株高 80～150 cm。根为须状不定根,长 15～30 cm,具多数根毛,新根白色,老根黄白色。地下茎粗壮,黄褐色,有芽眼。地上茎丛生。叶柄绿色,圆筒形,叶片较大,长可达 25 cm,宽可达 15 cm,深橄榄绿色。叶面光滑,呈橄榄色,大部分为倒卵状披针形。穗状花序顶生,长 5～20 cm,密生小花 200 朵以上,蓝紫色,直径约 10 mm,花被裂片 6 枚,近圆形,裂片基部连接为筒状,上方 2 花瓣各有 2 个黄绿色斑点。花枝直立,通常高出叶面。果实初期为绿色,成熟后变为褐色;果皮坚硬,种子椭圆形,直径 1～2 mm。花果期 5—10 月,见图 13-8。

**种与品种**:园艺变种有披针形梭鱼草(var. *lancifolia*),株高 1.2～1.5 m。叶片较窄,花蓝色。

栽培品种有'白心'梭鱼草,花呈白色略带粉红;'蓝花'梭鱼草,花呈蓝色。

同属栽培品种有天蓝梭鱼草(*P. azurea*),株高 120 cm,叶心脏形,花天蓝色,产美洲。

**产地分布:**原产北美,美洲热带和温带均有分布,我国华中地区有引种栽培。梭鱼草为优良的水生花卉,观赏价值极高。

**生态习性:**喜温、喜阳、喜肥、喜湿,怕风不耐寒。在静水及水流缓慢的水域中均可生长,常栽在 20 cm 以下的浅水池或塘边。适宜生长发育的温度范围为 18～35 ℃,18 ℃ 以下生长缓慢,10 ℃ 以下停止生长,越冬温度不宜低于 5 ℃,否则必须进行越冬处理(灌水或移至室内)。在生长迅速、繁殖能力强、条件适宜的前提下,可在短时间内覆盖大片水域。

**繁殖与栽培:**常采用分株法和播种繁殖。分株繁殖可在春、夏两季进行。一般自植株基部切开即可,栽入施足底肥的盆内,在水池中养护。或在春季将地下茎挖出,将其切成块状,每块保留 2～4 芽作繁殖材料。播种繁殖,8—10 月种子不断成熟,应及时采摘。一般采用春季室内播种,在营养土上播种后,再覆一层沙,加水至满,温度保持在 25 ℃ 左右。

**图 13-8  梭鱼草**

幼苗期为浅水或湿润栽培;生长旺盛期,盆内保持满水。一般直接栽植于浅水中,或先植于花缸内,再放入水池。栽培基以肥沃为好,对水质没有特别的要求,但尽量保证没有污染,池、塘最低水位不能少于 30 cm。在春、秋两季各施 1 次腐熟的有机肥,亦可结合除草追肥 2～3 次。肥料要埋入土中,以免扩散到水域从而影响肥效。及时清除枯黄茎叶,以保证株型美观。

**观赏与应用:**梭鱼草植株高大挺拔,叶色翠绿,紫色的圆锥花序挺立半空,尤为动人,且观赏期长,是水景绿化的上品花卉,亦是目前我国应用较多的水生花卉之一。16 世纪从美洲引种到英国,发展很快。至今,多应用于欧美国家水景布置中,尤其是在小庭园的水池中应用广泛。

用于湿地景观布置,可群植于水池边缘、河道两侧、池塘四周或人工湿地上,形成独特的水体景观。夏季花令时节,花序如蜡烛,花色淡蓝略紫。或与千屈菜、花叶芦竹、水葱、再力花等间植,每到花开时节,串串紫花在片片绿叶的映衬下,别有一番情趣;或以 3～5 株点缀于公园水面,或盆栽(长江以北地区)置于个性化的庭园水体中,像竹不是竹,似苇又不像苇,别具一格。

本种系是从国外引进的水生花卉,其嫩叶可用来制作沙拉,种子经干燥后可像谷物那样磨成粉面以供食用。它还是一种蜜源植物。蓝色的花枝也是极佳的新颖切花材料,用其装点居室,更增添优雅的美感。

9)芦竹(*Arundo donax* Linn.)

**别名:**芦竹根、荻

**科属:**禾本科芦竹属

**形态特征:**多年生挺水草本,株高 2～6 m。具有发达根状茎,多节。茎秆较粗,多分枝。叶片扁平,灰绿色。圆锥花序较密,直立,长 30～60 cm。小穗含 2～4 个小花,长 10～12 mm。外稃具 1～2 mm 的短芒,背面中部以下密生白柔毛。内稃长约为外稃的 1/2。花果期 9～12 月,见图 13-9。

**种与品种:**园艺变种有花叶芦竹(var. *versicolor*),别名斑叶芦竹、彩叶芦竹、花叶玉竹等。根部

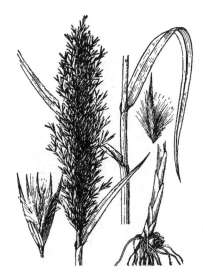

**图 13-9　芦竹**

粗而多结,根状茎粗壮近木质化。秆高 1～3 m,叶宽 1～3.5 cm。叶互生,排成两列,弯垂,具黄白色条纹。地上茎挺直,有间节,整体植株似竹。圆锥花序长 10～40 cm,小穗通常含 4～7 个小花,花似毛帚。初开带红色,之后转白色。因其叶片上有纵向的黄白色条纹,使得它比原种更具园林观赏价值。芦竹是近年来在水体植物景观设计和施工中运用较多的一种优良水生花卉新品种,广布于旧大陆的热带地区,中国江苏、浙江、湖南、广东、广西、四川、云南等地有分布。生长强健,不择土壤,喜温、喜光,耐湿、耐寒,但在北方需要保护越冬。

**产地分布:**起源于地中海周围,较早出现在热带或亚热带的地区,引种到我国后,北起辽宁,南至广西、台湾都有它的踪迹,分布最多的是江浙一带。在南方充当了水土保持林和防风固沙林的重要角色,为优良护堤植物。

**生态习性:**适应性很强,也易于繁殖,它既耐旱又耐涝,既耐热又耐寒,在贫瘠土地、沼泽地、河滩地、河岸、沙荒地或普通的旷野地上都能生长。适应性很强,能在年降水量 300～4 000mm 的范围内生存,在年均温 9～28.5 ℃温度范围内正常生长,能适应 pH 值为 5.0～8.7 的土壤。

**繁殖与栽培:**地下根茎分切繁殖或扦插繁殖。挖出地下茎,清洗泥土和老根,用快刀切成块状,每块带 3～4 个芽,然后栽植。初期水位宜浅,以便提高水温和土温,并注意及时清除杂草。扦插一般在 8—9 月进行。植株剪取后,不能离开水,随剪随插。插床的水位为 3～5 cm,约 20 d 可生根。

**观赏与应用:**芦竹的根茎生长于河岸上会连接成片,具有固定堤坝、防止水土流失的功能,河岸成片的芦竹林对改善生态环境和调节当地气候起到一定作用。在湖南省常宁市丘岗紫色页岩山地上,腐殖质少,土壤层较薄,林木不易着根生长,而引种栽培连片芦竹林获得成功。研究表明,芦竹对土壤中镉的吸收作用显著,并大部分积累在根茎中。在土壤污染较严重的地区,通过种植芦竹可吸收和积累特定种类的重金属离子,对修复土壤有一定的作用。

园林中,芦竹植株挺拔,外形似竹。密生白柔毛的花序随风飘曳,姿态别致。变种花叶芦竹叶色依季节的变化,早春多黄白条纹,初夏增加绿色条纹,盛夏时新叶全部为绿色,观赏价值远胜于原种芦竹。主要用于水景园背景材料,也可点缀于桥、亭、榭四周,或盆栽用于庭院观赏。有置石造景时,还可与群石或散石搭配。花序还可作插花材料。

10)再力花(*Thalia dealbata* Fraser.)

**别名:**水竹芋、白粉塔利亚、水莲蕉

**科属:**竹芋科再力花属(又称塔利亚属)

**形态特征:**多年生挺水常绿草本,株高 2～3 m,株幅 2 m。具根状茎,根系发达。叶片呈卵状披针形,被白粉,灰绿色,边缘紫色,革质,长约 50 cm,宽 25 cm,全缘,叶柄长 30～60 cm,叶鞘大部分闭合。花两性,花苞外有白粉,花梗长,超过叶片 15～80 cm,花紫堇色,径 1.5～2 cm,成对排成松散的圆锥花序,苞片常调落;花期 6—10 月。小坚果黑褐色,球形。果熟期 8—11 月,见图 13-10。

**种与品种:**同属种类还有膝曲水竹芋(*T. geniculata*),多年生常绿草本。株高 2 m,株幅 2 m。叶卵圆形至披针形,灰绿色,长 60 cm,叶柄长至 1.8 m。花紫色,着生在疏松而下垂的圆锥花序上,

花序长 20 cm 左右。

**产地分布:**原产美洲热带,我国华南及长江以南地区有栽培。

**生态习性:**喜温、喜阳、喜肥、喜湿、怕风不耐寒,静水及水流缓慢的水域中均可生长,适宜在 20 cm 以下的浅水中生长,适温 15～30 ℃。在微碱性的土壤中生长良好。耐半荫,怕干旱。生长适温 20～30 ℃,低于 10 ℃ 停止生长。冬季温度不能低于 0 ℃,能耐短时间的 -5 ℃ 低温。入冬后地上部分逐渐枯死,根茎在泥中越冬。

**繁殖与栽培:**常采用播种繁殖和分株繁殖。播种繁殖,种子成熟后可即采即播,一般以春播为主,播后保持湿润,发芽适宜温度 16～21 ℃,约 15 d 可发芽。分株繁殖,将生长过密的株丛挖出,掰开根部,选择健壮株丛分别栽植。或者以根茎分扎繁殖,即在初春从母株上割下带 1～2 个芽的根茎,栽入施足底肥的盆内,在水池中养护。

**图 13-10  再力花**

栽植时一般每丛 10 个芽,每平方米种植 1～2 丛。定植前施足底肥,以花生麸、骨粉为好。室内栽培应在生长期时保持土壤湿润,叶面上应多喷水,每月施肥 1 次。露天栽植,在夏季高温、强光时可适当遮荫。剪除过高的生长枝和破损叶片,对过密株丛适当疏剪,以利于通风透光。一般每隔 2～3 a 分株 1 次。

**观赏与应用:**再力花是近年来从国外引进的一种水生花卉新秀,为优良的大型湿地挺水植物,观赏价值极高。植株高大形似碧竹,叶片青翠,紫色的圆锥花序挺立半空尤为动人,是水景绿化的上品花卉。广泛用于湿地景观布置,群植于水池边缘或水湿低地,形成独特的水体景观,或以 3～5 株点缀公园水面,或盆栽(长江以北地区)置于个性化的庭园水体中。也可成片植于池塘中,与睡莲等浮叶植物配植形成壮阔的景观。还可点缀于山石、驳岸等处,或盆栽放于门口、室内等处作观赏用。它与现代建筑风格的别墅也十分协调,配置于个性化的庭园水体中,同样可收到较好的清新淡雅、安静自然的装饰效果。

11)水葱(*Scirpus validus* Vahl.)

**别名:**苻蓠、莞蒲、葱蒲、莞草、蒲苹、水丈葱、冲天草、翠管草、管子草

**科属:**莎草科藨草属

**形态特征:**多年生宿根挺水草本植物。株高 1～2 m,杆高大通直,呈圆柱状,外形很像我们食用的大葱,但不能食用。杆呈圆柱状,中空。根状茎粗壮而匍匐,须根很多。基部有 3～4 个膜质管状叶鞘,鞘长可达 40 cm,最上面的一个叶鞘具叶片。线形叶片长 2～12 cm。圆锥状花序假侧生,花序似顶生。苞片 1 枚,由杆顶延伸而成钻状。花序具多条辐射枝,长达 5 cm。椭圆形或卵形小穗单生或 2～3 个簇生于辐射枝顶端,长 5～15 mm,宽 2～4 mm,上有数朵小花。鳞片为椭圆形或卵形,顶端有小凹缺,中的伸出凹缺成短尖头,边缘有绒毛,背面两侧有斑点。具倒刺的下位刚毛 6 条,呈棕褐色,与小坚果等长;雄蕊 3 条,花药线形,柱头两裂,略长于花柱。小坚果倒卵形,双凸状,长 2～3 mm。花果期 5—9 月,见图 13-11。

**种与品种:**主要变种有南水葱(*Scirpus validus* Vahl var. *laeviglumis* Tang et Wang),与原种的不同之处是鳞片上无锈色突起的小点,柱头 3。分布于广东、广西、福建、浙江、台湾等省。

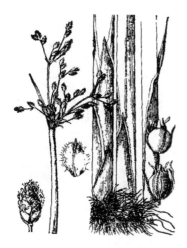

图 13-11 水葱

栽培品种有:'花叶'水葱,又称'棍棒'藨草,株高 1 m,圆柱形灰绿色茎秆上间隔镶嵌有米黄色环状条斑,聚伞花序,小穗褐色,花果期 6—9 月。比原种更具观赏价值。花叶水葱主要产地是北美,现国内各地均有引种栽培。

同属相近种有 200 多种,我国有 40 种,各地均有分布。常见的有:①水毛花(*S. triangulatus*),秆丛生,高 60—100 cm,锐三棱形,基部有 2 叶鞘,无叶片。小穗 2～9,聚集成头状。各地均有分布。②栖霞藨草(*S. chuanus*),根状茎短,株高 60～80 cm。秆疏丛生,较粗壮,三棱形,有 2～3 叶鞘。产于我国山东。

**产地分布**:分布于我国东北、西北、西南各省。朝鲜、日本、澳洲、美洲也有分布。本种在北京与河北地区有野生分布。

**生态习性**:喜欢生长在温暖潮湿的环境中,喜阳光充足。自然生长在池塘、湖泊边的浅水处、稻田的水沟中。适宜生长温度为 15～30 ℃,10 ℃以上开始萌发,5 ℃以下地上部分逐渐枯萎,根茎部分潜在水土中越冬。生长期入水深度在 20 cm 左右,在清纯、清洁的水质中姿色更佳。较耐寒,在北方大部分地区,地下根状茎在水下可自然越冬。

**繁殖与栽培**:可用播种、分株方法繁殖,以分株繁殖为主。盆栽宜播种育苗。分株宜在初春进行,将植株挖起,抖掉泥土,剪去老根,用快刀切成若干块,每块带 3～5 个芽。露地种植,也可盆栽。水景栽植,选择适宜的位置,株行距 30 cm 左右,肥料充足时当年即生长发育成片。栽种初期宜浅水,以利于提高水温促进萌发。水葱生长较为粗放,没有什么病虫害。冬季上冻前剪除上部枯茎。生长期和休眠期都要保持土壤湿润。每 3～5 a 分栽 1 次。

**观赏与应用**:水葱株丛挺拔直立,色泽淡雅,适宜园林中水面绿化、岸边点缀及盆栽观赏。在水景园中主要作后景材料,其茎秆挺拔翠绿,衬得水景园朴实自然,富有野趣。盆栽可以布置庭院,在小池中摆放几盆,或布置在花坛里,别具一格。水葱常与菰草、香蒲、芦苇等混植于湖畔,野趣尤浓。近几年引进的花叶水葱茎秆美丽、翠镶玉嵌,色泽奇特,观赏价值远胜于其原种——水葱,最宜在池、潭等静水中作后景材料,具有很好的园林应用价值。

水葱具有净化水质的作用。茎秆可作插花线条材料,也可用作造纸或编织草席、草包材料。

12)旱伞草(*Cyperus alternifolius* subsp. *flabelliformis*(Rottb.)Kukenth)

**别名**:水竹、伞草、伞莎草、风车草

**科属**:莎草科莎草属

**形态特征**:多年生湿生、挺水植物。植株高度 40～160 cm。茎秆粗壮,直立生长,不分枝。茎三棱形,丛生,上部粗糙,下部包于棕色的叶鞘之中。叶退化为鞘状,棕色,非常显著,约有 20 枚,宽 2～11 mm。叶状苞片呈螺旋状排列在径秆的顶端,向四面放射开展,扩散呈伞状。聚伞花序,有多数辐射枝,每个辐射枝端常有 4～10 个第 2 次分枝,小穗多个,密生于第 2 次分枝的顶端。小穗椭圆形或长椭圆状披针形,具 6 朵至数朵小花。花两性,无下位刚毛,鳞二列排列,卵状披针形,顶端渐尖,长约 2 mm,具锈色斑点,花药顶端有刚毛状附属物,花柱 3 枚。果实为小坚果,椭圆形近三棱形,长约 1 mm。果实 9—10 月成熟,花、果期为夏、秋季,见图 13-12。

**种与品种**:园艺变种有矮旱伞草(var. *nanus*),植株低矮,株高 20～25 cm,总苞伞状。银线旱伞

草(var. *striatus*),茎秆和总苞有白色线条,白、绿相间。

同属相近种有大伞莎草(*C. papyrus*),又称埃及纸莎草,湿地多年生草本,高 2~3 m,茎秆粗壮,三棱形,伞状总苞片 3~10 枚。顶生花序细长下垂成伞形,每花枝顶端着生褐色小花。原产南欧及北非热带地区。

**产地分布**:原产于非洲马达加斯加和西印度群岛,我国南北各地均有栽培。

**生态习性**:性喜温暖、阴湿及通风良好的环境,耐阴性强,适应性强,对土壤要求不严格,以保水强、肥沃的土壤最为适宜,沼泽地及长期积水的湿地也能生长良好。生长适宜温度为 15~25 ℃,不耐寒冷,冬季室温应保持在 5~10 ℃。

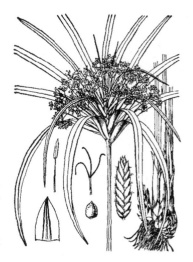

**图 13-12　旱伞草**

**繁殖与栽培**:主要有播种、扦插和分株等方法繁殖。种子繁殖,3—4 月时将种子取出,均匀撒播在具有培养土的浅盆中,播后覆土弄平,浸透水,盖上玻璃,温度保持在 20~25 ℃,10~20 d 便可发芽。分株繁殖一般在 4—5 月结合植株换盆时进行,将老株丛用利刀切割分成若干小株丛作繁殖材料。扦插一年四季都可进行,剪取健壮的顶芽径段 3~5 cm,对伞状叶(苞片)略加修剪,插入沙中,使伞状叶平铺紧贴在沙土上,保持插床湿润和空气湿润,室温以 20~25 ℃ 为宜,20 d 左右在总苞片间会发出许多小型伞状苞叶丛和不定根。用伞状叶水插育苗也可以培育出大量的植株。

扦插用的基质除沙外,常用的还有园土。生产上还有用清水作扦插基质,而且扦插效果也较为理想。扦插方法也可反常规操作,即进行倒插。可盆栽也可地栽。盆栽宜选用口径 30~40 cm 的深盆,盆底施基肥,放入培养土,中间挖穴栽植,栽后保持盆内湿润或浅水。也可沉水盆栽,将盆苗浸入浅水池中培养,生长旺盛期水深应高出盆面 15~20 cm。刚上盆的新植株应放置在荫棚下,以利于植株缩短缓苗期,并要求土壤保持湿润。生长期每 10~15 d 追施 1 次稀饼肥水或其他有机肥。同时,结合追肥,及时清除盆内杂草,剪掉黄叶,保持株形美观。高温炎热的季节,应保持盆内满水,并避免强光直射。立冬前便可进温室越冬,室内越冬时应适当控制基质水分,并可稍见阳光。植株生长 1~2 a 后,当茎秆密集、根系布满盆中时,应及时进行翻盆分株移栽。夏季应注意避开强光,否则茎叶容易发黄枯萎,甚至出现倒株现象。

**观赏与应用**:株丛繁密,苞叶伞状,婆娑别致姿态,富有南国风味,是室内良好的观叶植物。除盆栽观赏外,还是制作盆景的材料,也可水培或作插花材料。江南一带无霜期可作露地栽培,常配置于溪流岸边假山石的缝隙作点缀,更显挺拔秀丽,增添诗情画意。但是,栽植地光照条件要特别注意,应尽可能考虑植株生态习性,选择在背阴面进行栽种观赏。盛夏季节,池塘中茂密地生长着一丛丛的旱伞草,像是一把把撑开的绿色小阳伞,姿态优雅,秀美娴静。

## 13.2.2　浮水花卉

1)睡莲(*Nymphaea tetragona* Georgi)

**别名**:水百合、水浮莲、子午莲、水芹花

**科属**:睡莲科睡莲属

**形态特征**:多年生浮水植物。地下部分具横生或直立的块状根茎,不分枝,生于泥中。叶丛生

**图 13-13 睡莲**

并浮于水面,圆形或卵圆形,边呈波状,全缘或有齿,基部深裂呈心脏形或近戟形,表面浓绿色,背面带红紫色,叶柄细长。花较大,单生于细长的花梗顶端,浮于水面或挺出水面。萼片 4 枚,外面绿色,内面白色。花瓣有白、粉、黄、紫红、浅蓝及中间色。花有香味。花瓣多数。雄蕊多数,心皮多数,合生,埋藏于肉质的花托内。花期夏、秋季,单朵花期 3~4 d。聚合果球形,成熟后不规则破裂,内含卵圆形的坚果(种子),见图 13-13。

**种与品种:**此属全世界有 40 种左右,大部分原产于北非和东南亚的热带地区,欧洲和亚洲的温带和寒带地区也有少量分布。我国有 7 种,目前各地栽培的睡莲均为近百年来从国外引进的品种。本属有很多种间杂种和栽培品种。

睡莲通常根据其耐寒性分为以下两类。

(1)不耐寒(热带)睡莲

不耐寒睡莲原产于热带,喜阳光充足、通风良好、肥沃的砂质壤土,水质清洁及温暖的静水环境,适宜的水深为 25~30 cm。叶缘波状或有明显的锯齿,叶上有一个大缺裂,与叶柄之间有时生出小型植株。开花时花梗将花伸出水面,大部分品种有香气。不耐寒睡莲在我国大部分地区需要温室栽培,可用于水族箱的水景布置。主要种类有如下几种。

①红花睡莲(N. rubra):花深红色,夜间开放。原产印度,不耐寒。

②蓝睡莲(N. caerulea):叶全缘,花浅蓝色,白天开放。原产非洲,不耐寒。

③墨西哥黄睡莲(N. mexicana):叶浮生或稍高出水面,卵形或长椭圆形,表面浓绿色且具褐斑,边缘有浅锯齿。花浅黄色,略挺出水面。白天开放。原产墨西哥,不耐寒,不耐深水。本种是提供黄色基因的重要种质资源。

④埃及白睡莲(N. lotus):又称尼罗河白莲,是最古老的栽培种。叶缘具有尖齿,花白色,傍晚开放,午前闭合。原产非洲,不耐寒。

⑤南非睡莲(N. capensis):原产南非、东非、马达加斯加。花蓝色,大而香。

⑥厚叶睡莲(N. crassifolia):产云南。

(2)耐寒睡莲

华北地区露地栽培的睡莲都属于耐寒睡莲,原产于温带和寒带,耐寒性强,在根部泥土不结冻时,可在露天水池中越冬。叶片圆形或近圆形,全缘。每年春季萌芽生长,夏季开花,花朵多浮于水面上,均属于白天开花的类型,下午或傍晚闭合,成熟后裂开散出种子,先浮于水面,而后沉入水底,冬季地上部茎叶枯萎。主要种类有如下几种。

①矮生睡莲(N. tetragona):又叫子午莲,实际是欧洲白睡莲与小睡莲的杂交种。叶小而圆,表面绿色,背面暗红色。花白色,花径 5~6 cm,每天从下午到傍晚开放;单花期为 3 d。为园林中最常栽种的原种。原产我国,日本及西伯利亚也有分布。耐寒性极强,是培育耐寒品种的重要亲本。

②雪白睡莲(N. candida):根状茎直立不分枝或斜生。叶长圆形,全缘。花托呈四方形。花期为 6—8 月。我国新疆、中亚、西伯利亚、欧洲有分布。较耐寒。

③香睡莲(N. odorata):根茎横生,少分枝。叶圆形或长形,革质全缘,叶背面紫红色,花白色,具有浓香,午前开放。原产美国东部及南部。有红花及大花变种及很多杂交品种,是栽培睡莲的重

要亲本。

④欧洲白睡莲(*N. alba*):根茎横生,黑色。叶圆形,全缘,幼时红色。花白色。白天开放。萼片和花瓣不易分开。原产欧洲及北非,颇耐寒。

⑤块茎睡莲(*N. tuberose*):因花大白色呈杯状,英、美等国称为玉兰睡莲。地下部分块茎平卧泥中,上生小型块茎。叶圆形,幼时紫色,花白色,午后开放,稍有香气。叶和花都高出水面。原产美国,有重瓣及其他变种。比较耐寒。

⑥星芒睡莲(*N. stellata*),又称明显睡莲、印度蓝睡莲、红心芋等。根状茎粗壮,叶圆形或近圆形,纸质,叶缘具有不规则缺裂状锯齿,叶面绿色,叶背带紫色。花青紫色、鲜蓝色或紫红色,花期7—10月,于午前、午后开放。分布于中国云南南部、海南岛、湖北和印度、泰国、越南、缅甸等。

中国植物学家对睡莲的关注程度远不如荷花。国外的植物学家则对睡莲颇为关注,150多年前就已经开始育种工作,据国际睡莲协会、水景园协会2001年出版的《睡莲品种名录》记载,现今品种已达上千个,其中在市场上广泛流行的有300多个。中国自20世纪90年代开始引种以来,现今已有300多个品种。国外的睡莲育种工作已经不仅仅是一些专家、学者的事情,许多水生花卉爱好者也在积极进行育种。蓝色花睡莲只出现在热带睡莲种或品种中,而耐寒睡莲一直没有蓝色。所以,培育出蓝色的耐寒睡莲成为育种家们的百年梦想。泰国睡莲爱好者帕特·松潘茨(Pairat Songpanich)于2003年开始了杂交尝试,并于2007年培育出了世界上第一个蓝色耐寒睡莲品种。

**产地分布**:原产于亚洲、美洲和澳洲,我国分布于云南至东北,以及新疆地区。

**生态习性**:喜阳光充足、通风良好、水质清洁、温暖的静水环境,水流过急不利于生长。要求腐殖质丰富的黏性土。每年春季萌芽生长,夏季开花。花后果实沉没水中。成熟开裂后的种子最初浮于水面,后沉没。冬季地上茎叶枯萎,耐寒类的茎可以在不结冰的水中越冬。不耐寒类则应保持水温18~20 ℃,最适水深25~30 cm,一般在10~60 cm之间均可生长。

V分株繁殖为主,也可播种。分株时,耐寒种通常在早春发芽前进行,不耐寒种对气温和水温的要求高,因此到5月中旬前后进行。播种在3—4月进行,播种后覆土1 cm,灌水10 cm。播种后温度以25~30 ℃为宜,经15 d左右就可发芽,第二年即可开花。

睡莲需要较多的肥料。在生长期中,如果出现叶黄、长势瘦弱的现象,则要追肥。盘栽的可用尿素、磷酸二氢钾等做追肥。池栽的可用饼肥、农家肥、尿素等做追肥。饼肥、农家肥做基肥较好。

**观赏与应用**:睡莲是花、叶俱美的观赏植物。因其花色艳丽,花姿楚楚动人,在一池碧水中宛如冰肌脱俗的少女,故而被人们赞誉为"水中女神"。古希腊、罗马最初敬为女神供奉,16世纪意大利的公园多用其装饰喷泉池或点缀厅堂外景。现欧美园林中选用睡莲作水景主题材料的情况极为普遍。泰国、埃及、孟加拉均以睡莲为国花。古埃及则早在2000多年前就开始栽培睡莲,并视之为太阳的象征,认为它是神圣之花,历代的王朝加冕仪式,民间的雕刻艺术与壁画,均以之作为供品或装饰品,渗透了人们对睡莲的美好情思,并留下了许多动人的传说。

睡莲在园林中应用很早。在2000年前,中国汉代的私家园林中就曾出现过睡莲的身影,如博陆侯霍光园中的五色睡莲池。睡莲花叶俱美,花色丰富,开花期长,深受人们喜爱。作为水景主题材料,由于睡莲根能吸收水中的汞、铅、苯酚等有毒物质,还能过滤水中的微生物,是难得的水体净化的植物材料,所以在城市水体净化、绿化、美化建设中备受重视。

中国大江南北的庭园水景中常栽植各色睡莲,或盆栽,或池栽,供人观赏。池栽分天然水池和人造水池。天然水池形状不规则,水面大,水位深,无排灌系统,应先根据情况对池塘加以改造,种植耐深水品种,为避免品种混乱,可划分若干小区,每区一个品种。这种大面积种植方法,在长势旺盛时,可呈现壮美景观。人造水池为混凝土结构,形状不一,可根据要求进行设计。这类水池可以盆栽沉水,水景材料可灵活摆放,便于设计和调整。比如以睡莲作为主题,配以王莲、芡实、荷花、荇菜、香蒲、鸢尾等材料,将它们按不同方式摆放,可形成不同的水景效果。除池栽外,还可结合景观的需要,选用考究的缸盆,摆放于建设物、雕塑、假山石前,常可收到意想不到的特殊效果。睡莲中的微型品种,可用于布置居室,使人赏心悦目。

2)王莲(*Victoria amazornica* Sowerby.)

**别名**:亚马逊王莲

**科属**:睡莲科王莲属

图 13-14 王莲

**形态特征**:多年生宿根大型浮叶草本,植株浮于水面。有直立的根状短茎和发达的不定须根,白色。王莲是水生有花植物中叶片最大的植物,其初生叶呈针状,长到 2～3 片叶呈矛状,至 4～5 片叶时呈戟形,长出 6～10 片叶时呈椭圆形至圆形,皆平展。到 11 片叶后,叶缘上翘呈盘状,叶缘直立,叶片圆形,像圆盘浮在水面,直径可达 2 m 以上,有较高的观赏价值。世界上最大的王莲叶直径约 2.68 m。叶面光滑,绿色略带微红,有皱褶,背面紫红色,叶柄绿色,长 2～4 m,叶子背面和叶柄有许多坚硬的刺,叶脉为放射网状。叶片可承重 50 kg。花很大,单生,直径 25～40 cm,有 4 片绿褐色的萼片,呈卵状三角形,外面全部长有刺;花瓣数目很多,呈倒卵形,长 10～22 cm,雄蕊多数,花丝扁平,长 8～10 mm;子房下部长着密密麻麻的粗刺。花甚芳香,花期为夏季或秋季,日落而开,日出而合。傍晚伸出水面开放,第二天清晨闭合。王莲花能在三天之内呈现 3 种不同姿态,第一天白色,有白兰花香气,翌日逐渐闭合,傍晚再次开放,花瓣变为淡红色至深红色,第三天闭合并沉入水中。9 月前后结果,浆果呈球形,种子玉米状,黑色,有"水中玉米"之称,见图 13-14。

**种与品种**:同属相近种有克鲁兹王莲(*V. cruziana*),又称巴拉圭王莲,叶片直径 1.5～1.6 m,直立,边缘高达 12～18 cm,叶面生长期始终为绿色,叶背的叶脉为淡红色,花色较淡。分布于巴拿马、阿根廷及巴拉圭等地。克鲁兹王莲早在 20 世纪 50 年代就进入中国。

**产地分布**:原产南美洲亚马逊河一带,现世界各地均有引种栽培。

**生态习性**:喜高水温(30～35 ℃)、高气温(25～30 ℃)、高湿(80%)、阳光充足的环境,喜肥沃土壤,不耐寒。

**繁殖与栽培**:常用播种法,当年冬春播种的王莲,春季就能下水定植,夏季就可以开花。长江中下游地区于 4 月上旬用 25～28 ℃加温进行室内催芽,可将种子放在培养皿中,加水深 2.5～3.0 cm,每天换水 1 次,播种后 1 周发芽。种子发芽后待长出第二幼叶的芽时即可移入盛有淤泥的培养皿中,待长出 2 片叶,移栽到花盆中。6 月上旬幼苗 6～7 片叶时可定植露地水池内。

王莲属大型多年生水生观赏植物,多作一年生栽培。株丛大,叶片更新快。要求在高温、高湿、阳光和土壤养分充足的环境中生长发育。幼苗期需要 12h 以上的光照。生长适宜的温度为 25～35 ℃,其中以 21～24 ℃最为适宜,生长迅速,3～5 d 就能长出 1 片新叶,当水温略高于气温时,对生长更为有利。气温低于 20 ℃时,植株停止生长;降至 10 ℃,植株则枯萎死亡。

　　王莲的栽植台必须有 1 m³，土壤肥沃，栽前施足基肥。幼苗定植后逐步加深水面，7—9月叶片生长旺盛期，追肥 1～2 次，并不断去除老叶，经常换水，保持水质清洁，使水面上保持 8～9 片完好叶。11月初叶片枯萎死亡，采用贮藏室内越冬。

　　**观赏与应用：**王莲在 1801 年由捷克植物学家 Haenke 首先在玻利维亚境内的亚马逊河支流上发现，直到 1849 年才由英国园艺学家 Paxton 在温室中培育成功。它开的第一朵花作为礼品献给了维多利亚女皇。它以巨大厅物的盘叶和美丽浓香的花朵而著称，观叶期 150 d，观花期 90 d。如今王莲已是现代园林水景中必不可少的观赏植物，也是城市花卉展览中必备的珍贵花卉，既具很有高的观赏价值，又能净化水体。家庭中的小型水池同样可以配植大型单株具多个叶盘，孤植于小水体效果好。在大型水体中多株栽培形成群体，则气势恢弘。不同的环境也可以选择栽种不同的品种，如克鲁兹王莲株型较小，叶碧绿，适合庭院观赏；亚马逊环王莲株型较大，更适合大型水域栽培。王莲叶片背面长满了镰刀形的叶脉，这些叶脉很粗，基本上是中空的，浮力很大，它们像蜘蛛网一样均匀地分布着，因此能将叶子稳妥地撑在水面上，承重可达 100 kg。虽然王莲叶子承重能力强，但人站在上面不容易保持叶面均衡受力，为了保证安全，也为了让更多人看到王莲与众不同的美丽，因此不允许游客自行尝试踩到莲叶上去。

　　3）莼菜（*Brasenia schreberi* J. F. Gmel.）

　　**别名：**马蹄草、水荷叶、水葵、水案板、露葵、湖菜、淳菜

　　**科属：**睡莲科莼菜属

　　**形态特征：**多年生宿根浮叶草本植物。株高约 1 m。须根系，主要分布在 10～15 cm 以内的土层中。茎椭圆形，有发达通气组织，分地下匍匐茎和水中茎 2 种。地下匍匐茎多为白色，也有黄色或褐色，匍匐生长于水底泥中；水中茎细长，是地下茎节上丛生的不定根，分枝较多，秋末水中茎顶端形成粗壮、节间较短、绿色或淡红色的休眠芽。叶互生，初发叶片卷曲，有胶质物包裹，叶展平后呈现钝圆形，全缘，大都浮于水面。叶长 15 cm 左右，叶宽 9 cm 左右。叶面绿色，光滑，背面暗红色或仅叶缘及叶脉处为暗红色。叶柄长 20～30 cm，水深处可达 1 m。花两性，完全花，花色暗红或淡绿色，萼片、花瓣各 3 片，子房上位，由伸长的花柄托出水面开放，受粉后花梗向下弯曲，花没入水中。果实近纺锤形，为聚合果，内含种子 1～2 粒。种子卵圆形、淡黄色，见图 13-15。

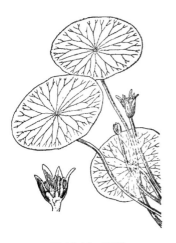

**图 13-15　莼菜**

　　**种与品种：**目前栽培的莼菜品种按莼菜花的食用部分可分为红色品种：花冠为暗红色，叶片背面全暗红色，嫩叶和卷叶也为暗红色，抗逆性较强，生产上采用较多，如'利川红叶'莼菜、'太湖红叶'莼菜、'太湖一号'莼菜等。绿色品种：叶片背面暗红色或仅叶缘为暗红色，嫩梢和卷叶为绿色，抗逆性较差，如'西湖绿叶'莼菜、'太湖绿色'莼菜等。

　　**产地分布：**原产中国，主要分布在黄河以南的湖泊、池塘和沼泽中，以及四川、江苏、浙江、江西、云南、湖南、河南和西南各地。

　　**生态习性：**生长适温为 20～30 ℃，水质清洁、土壤肥沃、水深 20～60 cm 的水域中生长好，水面温度达 40 ℃时生长缓慢，气温低于 15 ℃时生长逐渐停止，同化产物向茎中贮运，休眠芽形成。遇霜冻则叶片和部分水中茎枯死，以地下茎和留存的水中茎越冬。

**繁殖与栽培**：多采用根茎繁殖。根茎繁殖一般采取无病虫的莼菜地下茎、短缩茎、水中茎作繁殖材料，每根需有3～5个节。越冬休眠芽也可作繁殖材料，但因温度较低，不便操作。栽后1个月内水深一般保持在20 cm，此期不能换水。在整个生长过程中，不能缺水，而且要求保持水质清洁、清流透明。冬季地上部分枯萎后，地下茎可越冬。

**观赏与应用**：叶形美观，叶色有红有绿，小巧玲珑，清新秀丽。夏日紫红色的小花镶嵌于碧绿叶缝之中，与水面倒映的碧蓝天空、花草树木构成一幅生动的水景画。所以，不仅适宜于水景的单独布置，也可与其他水生花卉一起配置造景，且适合水草水族箱栽植。

4）萍蓬草（*Nuphar pumilum*（Hoffm.）DC.）

**别名**：水粟、萍蓬莲、黄金莲、鱼虱草、白鳞藕、冷骨风、荷根、水荷藕、百莲藕、水面一盏灯、水萍蓬、矮萍蓬等

**科属**：睡莲科萍蓬草属

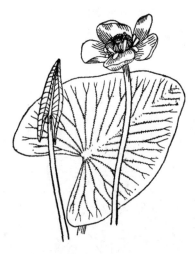

图13-16 萍蓬草

**形态特征**：多年生宿根浮水植物。根状茎肥大，呈块状，横卧于泥中，内部白色呈硬海绵状。直径5～12 cm，长200～1000 cm。叶自根茎先端抽出，初生如荷叶，卵形或阔卵状，先端钝圆，基部深心形，成二远离的钝圆裂片，全缘，浮于水，称"浮水叶"。叶表面为亮绿色，有光泽，背面为紫红色，密生柔毛；叶脉呈多回二歧分叉，侧脉羽状。叶有长柄，具细毛。另有一种叶沉于水中，称"沉水叶"，形较细长，膜质，半透明，叶缘皱缩。花单生于花梗顶端，突出水面，革质，金黄色，直径为2～4 cm。萼片5枚，革质，花瓣状，黄色，多数，10～18枚，椭圆状卵形或楔状矩圆形，顶端截形或微凹，背面有蜜腺。雄蕊多数；子房上位，柱头盘状，有8～10个放射状浅裂。夏季开花，花期为5—8月。浆果近球形，内有宿存萼片和柱头种子多数，粟米状，革质，黄褐色，假种皮肉质。浆果在水中成熟，熟后崩裂，散出种子，见图13-16。

**种与品种**：同属有25种，常见栽培的有：①贵州萍蓬草（*N. bornetii*），浮叶圆形或心状卵形，基部弯缺。花黄色，花小，径约3 cm。分布于我国贵州省内。②中华萍蓬草（*N. sinensis*），浮叶心状卵圆形，叶背面密生柔毛，叶柄长40～70 cm。花黄色，花大，直径5～6 cm。原产我国。③欧亚萍蓬草（*N. Luteum*），浮叶卵状椭圆形，厚革质，深绿色。花大，直径4～6 cm，萼片黄色，花瓣多数，黄色，少数紫色。柱头凹下，10～12裂。分布在欧洲、亚洲北部和非洲北部。④日本萍蓬草（*N. japonicum*），植株粗壮，浮叶长卵形至长椭圆形，叶背黄绿色，无毛，叶基二裂片距离很近。沉水叶波状。花黄色，杂有红色晕，直径4～5 cm。分布在日本。⑤美国萍蓬草（*N. adverna*），叶亮绿色，水面叶厚，革质，长15～30 cm，宽12～23 cm。水中叶少而薄。花金黄色，有红色纹，花径2～4 cm，花期5—8月。分布于美国南部及西部。

**产地分布**：原产我国，生于池沼、河流浅水中。北自黑龙江、吉林、辽宁，南至广东，东至福建、江苏、浙江，西至新疆均有分布。另外日本、西伯利亚、俄罗斯、欧洲也有分布，多为野生。

**生态习性**：性强健，喜生于水呈流动状态的河池中，不需要特殊管理。人工栽培要求温暖、湿润、阳光充足环境，对土壤要求不严，肥沃略带黏性土即可。适宜水深为30～60 cm，最深不要超过1 m。生长适温15～32 ℃，12 ℃以下停止生长。生长以南可在露地水池越冬，北方冬季需要越

冬保护。

**繁殖与栽培**：可用块茎繁殖或分株繁殖。块茎繁殖每年 3—4 月间进行,切取带主芽的块茎 6～8 cm 为一段,或带侧芽的块茎 3～4 cm 为一段,埋于池底泥土中即成。分株繁殖多在 6—7 月间进行,挖取地下茎,除去盆泥,露出茎段,用快刀切取带主芽或有健壮侧芽的地下茎,除去黄叶、老叶,保留心叶及几片功能叶,保留部分根系。营养充足的条件下,新、老植株很快进入生长阶段,当年即可开花。

**观赏与应用**：在自然条件下,浮叶碧绿如玉,黄色小花,娇小迷人,是点缀河川的天然良好材料。人工漪养,可作池塘布景,与睡莲、荷花、莼菜、香蒲、黄花鸢尾、水柳等水生花卉配植,形成多层次、绚丽多姿的景观。盆栽置于庭院建筑物、假山前,或摆放于居室前阳台上,极具观赏价值。若养于小木盆或鱼缸中,像碗莲一样,作为案头小品,亦富有情趣。如昆明世博园"中国馆"的内庭水池,新黄娇嫩的花朵从水中伸出,有如"晓来一朵烟波上,似画真妃出浴时",花虽小如分币,但淡雅飘逸。若是大水面成片种植,景色亦蔚然壮观。莲蓬草的根具有净化水体的功能。

5)芡实(*Euryale ferox* Salisb.)

**别名**：鸡头果、鸡头米、鸡头子、刺莲藕

**科属**：睡莲科芡属

**形态特征**：一年生草本浮水植物,全株具刺。根状茎短肥。叶在短茎上,呈三角形螺旋状生出,即每隔 120°生出一叶,三片叶 360°,正好为一圈,不会相互重叠;初生叶较小,箭形,沉水,称为沉水叶。之后生长的叶较大,圆形,直径 1.5～2.3 m,浮于水面,称浮水叶。叶面绿,叶背紫,多皱纹,叶脉分枝处均被尖刺。叶柄长,中空,多刺。花单生叶腋,具长梗,通常伸出水面,径约 10 cm。花瓣多数,紫色,短于萼。雄蕊多数,子房下位,萼片 4 枚,外面绿色,内面紫色。密被锐刺,花托多刺,浆果海绵质,形似鸡头。种子多数,种皮坚硬,假种皮富有黏性,花期 7—8 月,果期 8—10 月。种仁称芡米,见图 13-17。

**种与品种**：园艺变种或变型有'南芡'和'北芡'。北芡,即刺芡,在我国多分布在江苏苏北洪泽湖和宝应湖一带,适应性强,故称北芡。其花深紫色,叶背、叶柄、果实、果梗上皆密生锐刺。'南芡'又称'苏芡'。花有紫色者,称苏州'紫花芡',产于苏州封门外及太湖一带,为早熟品种,植株庞大,生长强健,除叶背脉上有刺外,全身光滑无刺,花为紫色;翻花为白色者称苏州'白花芡',为晚熟品种,植株形态与紫花品种相似,产地相同,叶面更宽大,直径大于2.0 m。

**产地分布**：原产东南亚,广泛分布于东南亚、日本、朝鲜、印度、孟加拉等地。中国南、北均产,引种栽培历史久远。1809 年印度加尔各答植物园园长罗克斯伯格(Roxburgh)将该种植物引进到欧洲。中科院北京植物园于 1963 年从瑞典引种首批芡实。

**生态习性**：性喜温暖和水湿,生长适宜温度为 20～30 ℃,全生长期 180～200 d,适宜水深为 30～90 cm,土层应富含有机质。

**繁殖与栽培**：气温在 15 ℃以上时可播种催芽,15～20 d 种子萌发。幼苗先生箭形叶,而后生圆形叶,经 20～30 d 植株逐渐长大,叶片生长迅速,叶柄粗壮,进入旺盛生长期,此时要求气温 25～30 ℃,肥水充足。夏末秋初开始抽花,每株可开 18～20 朵,自花授粉,

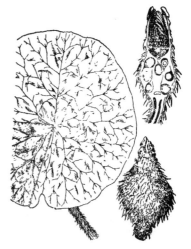

**图 13-17** 芡实

花后弯入水中发育,40~50 d 后果熟。如气温低于 15 ℃,果实难以成熟。熟透后果壳腐烂,种子会散落水中。为采收到种子,果熟前应用塑料袋套扎为妥。

栽培形式有生产性栽培和观赏性栽培两种。生产性栽培通常水面较大,要经过播种催芽、育苗排秧、确定横向和竖向、栽潭和扒潭、起苗定植、除草拥根、控水追肥以及采种留种等程序,而观赏性栽培相对就较为简便一些。在水池中砌筑 1.2~1.5 m 四方形的栽培槽,其高度一般低于水面 25~30 cm。栽培基质通常用 5 份田园土掺入 1 份腐熟的粪肥拌匀配制,将槽填满后用水浸透,土面以低于槽缘 10~15 cm 为佳。在北京通常于 5 月中旬将培育的芡实苗移植于槽中央。

**观赏与应用:**叶片硕大无比,所谓"无比",是指它的叶片直径之大,到目前还没有哪种植物超过它。1996 年国庆节,它与王莲一起布置天安门广场,虽比王莲叶片还要大,但它叶缘不上卷,不出风头,不争春,静静地躺在天安门广场临时水池的角落里,供人欣赏。在江南庭园中,它常与睡莲、荷花、黄菖蒲等一起配置于水景中,富有自然色彩。也在水沟、池塘中栽植,展叶或花期呈现江南田园风光。注意栽植芡实的池内要禁止养鱼。

### 13.2.3　漂浮花卉

凤眼莲(*Eichhornia crassipes*(Mart.)Solms)

**别名:**凤眼兰、水葫芦、水浮莲、洋雨久花

**科属:**雨久花科凤眼莲属

**形态特征:**多年生宿根淡水漂浮草本植物,漂浮水面或生于浅水中。植株 30~50 cm,须根发达,悬垂于水中。茎极短,根丛生于节上,具匍匐枝。茎节上生根,垂生水中,羽状根发达。叶基生,呈莲座状,直立,卵形、倒卵形至肾形,光滑,全缘,浓绿而有光泽。叶柄奇特,基部略带紫红色,中下部膨大为葫芦状气囊,内部具海绵质的通气组织,故能漂浮。花茎单生,高 20~30 cm。蓝紫色花集成短穗状花序,着花 6~12 朵。花序亭亭玉立,在碧翠的绿叶丛衬托下显示出丰腴的身姿,端庄而艳丽。花被漏斗状,紫堇色,径约 3 cm,6 片。花朵也十分奇特,上片较大,中央有深蓝色块斑,瓣心有一明显的鲜黄色,形如眼,故名凤眼莲。夏、秋季开花,花后花葶弯入水中结实。蒴果卵形,有棱,种子多数,见图 13-18。

**种与品种:**园艺变种有大花凤眼莲(var. *major*),花大,粉紫色。黄花凤眼莲(var. *aurea*),花黄色。原产南美,中国现今广为栽培。

同属种类有天蓝凤眼莲(*E. azurea*),株高 10~12 cm,茎粗壮。沉水叶线形至舌状,浮水叶排列成二列,圆状心形至菱形。穗状花序,花淡蓝色,深紫色喉部具黄色斑点。花期 7 月。

**产地分布:**原产南美洲,中国现今已广泛引种栽培。

**生态习性:**对环境适应性很强,在水面、水沟、水田、泥沼、洼地、池塘、河流湖泊中均可生长,喜生于阳光充足、温暖和富含有机质的浅、静水中或流速不大的水体中。不耐寒,长江以北地区需要移入有防寒设施的水池或室内越冬,温度保持 5 ℃以上。

**繁殖与栽培:**主要用分株法繁殖,在生长季节随时可分株,或掰分小芽,投入水中即可。也可播种。用盆、皿栽培,可在底部先放入腐殖土,或塘泥,混入基肥后放水,水深宜 30 cm 左右,再投入植株。

**图 13-18　凤眼莲**

在秦岭、淮河以南可以露地越冬。在北方寒冷地区,一般霜降前移进温室用大缸栽植保存种苗。当气温不低于 20 ℃时就可以进行分蘖繁殖了。将植株上的幼芽切下投入水中,很快就可以生根,生长迅速,繁殖很快。

**观赏与应用:**凤眼莲不仅叶色光亮,花色美丽,叶柄奇特,而且适应性强、管理粗放,又有很强的净化污水能力,可以清除废水中的砷、汞、铁、锌、铜等重金属和许多有机污染物质。因此,它是美化环境、净化水源的良好材料,是园林中装饰湖面、河沟、水体的良好花卉。如在河道旁种植凤眼莲,以竹框之,紫花串串,使人倍觉环境清新、自然可亲。

凤眼莲特别在富营养化的水体中显示出良好的净化作用。对富营养化水体的净化能力比耐性强的浮萍还要强两倍。据报道,养殖 1 个月凤眼莲的水体中总氮除去率达 85.3%,总磷的除去率达 73.6%,氯化物的除去率达 83.8%,BOD 的降低速率达 92.3%,COD 的降低速率为 42.1%,水中溶解氧增加 28.6%。凤眼莲对金属离子的富集作用也很显著。实验的第 3 天,凤眼莲使养殖水体的铜离子的消失率达 53%,实验的第 6 天,养殖水体中的铜离子的消失率 75%。可见,根状茎与根的富集能力远高于叶丛的富集能力。凤眼莲对其他金属离子的富集作用亦相当显著。

在富营养化的水体中能有效地抑制藻类及其他浮游生物的生长。养殖凤眼莲的鱼塘水体仅散发出轻微的腥臭味,但无养殖凤眼莲,鱼塘大量的藻类与浮游生物死亡,散发出强烈的腐臭味。

由于自身繁殖速度较快,尤其是高温季节在富营养的水体中,极易布满水面,需要视其生长情况进行打捞,以免塞满河道或其他水面。在室内水池、大盆缸、水族箱等作点缀材料也很美观。

## 13.2.4　沉水花卉

金鱼藻(*Ceratophyllum demersum* Linn.)

**别名:**松鼠尾、毛刷草

**科属:**金鱼藻科金鱼藻属

**形态特征:**多年生沉水草本;茎长 40～150 cm,平滑,具分枝。叶 4～12 轮生,1～2 次二叉状分歧,裂片丝状,或丝状条形,长 1.5～2 cm,宽 0.1～0.5 mm,先端带白色软骨质,边缘仅一侧有数细齿。花直径约 2 mm;苞片 9～12,条形,长 1.5～2 mm,浅绿色,透明,先端有 3 齿及带紫色毛;雄蕊 10～16,微密集;子房卵形,花柱钻状。坚果宽椭圆形,长 4～5 mm,宽约 2 mm,黑色,平滑,边缘无翅,有 3 刺,顶生刺(宿存花柱)长 8～10 mm,先端具钩,基部 2 刺向下斜伸,长 4～7mm,先端渐细成刺状。花期 6—7 月,果期 8—10 月,见图 13-19。

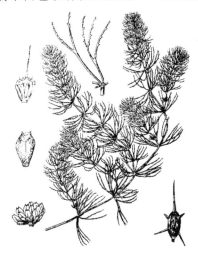

**产地分布:**产于中国的东北、华北、华东地区和台湾省。蒙古、朝鲜、日本、马来西亚、印度尼西亚、俄罗斯和其他一些欧洲国家,以及北非和北美也有分布。

**生态习性:**生于淡水池塘、湖泊、水沟、水库中,于水深 50 cm 左右的清水中常见,也较耐混水。

**繁殖与栽培:**常用分株,也可播种。分株时,将植株剪成 8～10 cm 的枝段,投入水中即可形成新的植株。种子自播能力强。

**图 13-19　金鱼藻**

**观赏与应用**:叶色亮绿,水体净化效果好,可孤植或片植,常被用于河流、湖泊水体绿化及净化。在其他水生花卉边缘适量种植可形成良好的水景,也可于室内水景中应用。具体应用时,一般栽在深水与浅水交汇处,水深不超过 2m,最好控制在 1.5m 左右。水质要清,这是水草生长的重要条件。水体浑浊不宜水草生长,水体浑浊时可先用生石灰调节,将水调清,然后种草。发现水草上附着泥土等杂物,应用船从水草区划过,并用船桨轻轻将水草的污物拨洗干净。

其他水生花卉见表 13-1。

表 13-1 其他水生花卉

| 中文学名 | 拉丁学名 | 科 属 | 生态类型 | 产地与分布 | 形态特征 | 繁殖与栽培 | 应 用 |
|---|---|---|---|---|---|---|---|
| 芦苇(苇子) | *Phragmites communis* | 禾本科芦苇属 | 挺水 | 广布于温带地区,中国多数省有分布 | 株高 1~3 m,具粗壮根状茎,叶狭长,圆锥花序顶生,稍下垂,花紫褐色,花期 10 月 | 分株,耐盐碱,耐酸,抗涝,能成片生长 | 作湖边、河岸低湿处的背景材料 |
| 花叶芦竹(彩叶芦竹) | *Arundo donax* var. *versicolor* | 禾本科芦竹属 | 挺水 | 原产欧洲,我国华东以南主分布 | 株高 0.5~1.5m,叶具美丽条纹,圆锥花序顶生,花枝细长,花小,白色,花期 9—10 月 | 分株,喜温暖,喜光照,耐湿,较耐寒,常生于池沼及低洼湿地 | 池边、山石旁、低洼积水处,也可盆栽,花序作切花或干花 |
| 茭白(菰) | *Zizania caduciflora* | 禾本科菰属 | 挺水 | 原产中国,亚细亚热带及亚热带 | 株高 1~3m,叶互生,线状。圆锥花序大,多分枝,颖果圆柱形,花、果期秋、冬季 | 播种,分株,喜高温多湿,喜生浅水中,忌连作,喜微酸性壤土 | 浅水区绿化结合生产布置水面 |
| 泽泻(水泻) | *Alisma orientale* | 泽泻科泽泻属 | 挺水 | 原产中国,日本、朝鲜、苏联、蒙古 | 株高 0.5~1.0m,具块状球茎,叶椭圆形,基生。圆锥花序具长梗,花小白色,花期 7—8 月 | 分株或播种,喜温暖、通风良好的环境,浅水栽培 | 水边、水生园、沼泽园布置,也可盆栽 |
| 慈姑(茨菰) | *Sagittaria sagittifolia* | 泽泻科慈姑属 | 挺水 | 原产中国,广布亚热带、温带 | 株高 1.2m,肉质须根,匍匐茎、球茎、短缩茎,叶箭形,顶生圆锥花序,白色,花期 7—9 月 | 分球、播种,喜光,喜温暖,宜低洼肥沃浅水,需要通风透光,忌连作 | 水面、岸边、沼泽洼地布置,也可盆栽 |

| 中文学名 | 拉丁学名 | 科　属 | 生态类型 | 产地与分布 | 形态特征 | 繁殖与栽培 | 应　用 |
|---|---|---|---|---|---|---|---|
| 埃及纸莎草（大伞莎草） | *Cyperus haspan* | 莎草科莎草属 | 挺水 | 原产南欧及非洲、埃及与巴勒斯坦中国也有分布 | 株高约 1 m，粗壮根状茎。茎秆簇生，钝三棱形，叶生，顶生花序伞梗极多，细长下垂 | 根状茎繁殖或分株，喜温、喜湿、喜光。低于 10 ℃生长停止，不耐旱，常剪去枯萎、老化植株 | 庭园水景边缘种植，丛植、片植，单株成景效果也非常好，亦常用于切枝 |
| 节节菜 | *Rotala indica* | 千屈菜科节节菜属 | 挺水 | 分布我国南北，印度、斯里兰卡、日本也有分布 | 株高 10～30 cm，节上生根。叶对生，无柄，有一圈软骨质的狭边。花小，腋生穗状花序，紫红色，花期 8—11 月 | 播种，分株，喜生于沼泽地、水田及湿地 | 水边、岸边、沼泽湿地布置，也可盆栽 |
| 菖蒲（臭蒲子） | *Acorus calamus* | 天南星科菖蒲属 | 挺水 | 原产中国和日本，广布世界温带及亚热带 | 根茎扁肥，横卧泥中，有芳香。叶二列状着生，花茎似叶稍细，佛焰苞较长，圆柱状锥形肉穗花序。花小，黄绿色 | 分株，春季进行。栽后适应性强，保持潮湿或一定水位即可 | 岸边或水面绿化，也可盆栽 |
| 灯心草（水灯草） | *Juncus effusus* | 灯心草科灯心草属 | 挺水 | 广布全球，我国各省均有分布 | 株高 40～100 cm，根茎横走。茎簇生，叶片退化呈刺芒状。花序假侧生，聚伞状，条状披针形。花期 5—6 月，果期 6—7 月 | 播种，分株，生长期及时除净杂草，适当施肥 | 水体与陆地接壤处的绿化，也可盆栽 |
| 水生美人蕉（粉叶美人蕉） | *Canna glauca* | 美人蕉科美人蕉属 | 挺水 | 原产西印度群岛至玻利维亚和阿根廷 | 株高 1～1.5 cm，根状块茎，叶阔椭圆形，顶生总状花序，花色红、黄、粉等，花期 7—10 月 | 块茎分割，播种，喜温暖水湿及阳光充足环境，适应炎夏高温，不耐寒，块茎泥土中越冬 | 岸边水际间布置，是人工湿地、水面绿化与净化水质的很好材料 |

| 中文学名 | 拉丁学名 | 科　属 | 生态类型 | 产地与分布 | 形态特征 | 繁殖与栽培 | 应　用 |
|---|---|---|---|---|---|---|---|
| 大漂（漂） | *Pistia stratiotes* | 天南星科大漂属 | 漂浮 | 原产我国长江流域，广布全球热带及亚热带 | 具横走茎，叶无柄，聚生于极度缩短不明显的茎上，倒卵状楔形，肉穗花序贴于佛焰苞中线处，花小，单性，无花被，花期夏、秋季 | 叶腋中腋芽抽生匍匐茎，先端长出新株，即可分株。露地静水水池或流水水域放养，水温高时生长迅速 | 水池、池塘布置，可净化水体 |
| 荇菜（水荷叶） | *Nymphoides peltatum* | 睡菜（龙胆）科荇菜属 | 漂浮 | 产北半球寒温带，我国东北、华北、华南等地 | 茎圆柱形，多分枝，地下茎匍匐状，叶圆形，漂浮水面，上部叶对生，其余互生，花腋生，黄色，花期6—7月 | 播种，分株，喜肥沃土，宜浅水或静水和光线充足的环境，初期水宜浅，后随苗的生长加深水位 | 各种水景绿化与净化材料 |
| 菱（菱角） | *Trapa bispinosa* | 菱科菱属 | 浮水 | 产亚洲、欧洲温暖地区 | 株高0.2 m，叶2型，沉水叶羽状细裂，灰绿色，浮水叶聚生于茎顶，菱盘生于叶腋，花小，乳白色，坚果菱形，具4个短刺状角 | 播种，喜温暖、喜光照、耐深水 | 池塘、河道和水库等绿化结合生产，园林水景中布置水面绿化 |
| 田字萍（蘋） | *Marsilea quadrifolia* | 蘋科蘋属 | 浮水 | 广布世界热带、温带，我国华北以南主分布 | 株高0.05～0.2 m，根状茎匍匐细长，叶由4片倒三角形的小叶组成，呈"十"字形，叶脉扇形分叉 | 孢子、根状茎繁殖，幼年期沉水，成熟时浮水，喜池塘、沼泽、浅水，根状茎泥中越冬 | 水景园林的浅水、沼泽地中成片种植 |

续表

| 中文学名 | 拉丁学名 | 科　属 | 生态类型 | 产地与分布 | 形态特征 | 繁殖与栽培 | 应　用 |
|---|---|---|---|---|---|---|---|
| 浮叶眼子菜 | *Potamogeton natans* | 眼子菜科 眼子菜属 | 浮水 | 广布北半球温带，我国南、北均有栽培 | 根茎白色具红斑。茎圆柱形不分枝。浮水叶卵形，革质，具长柄；沉水叶质厚，叶柄状，半圆柱状线形。穗状花序腋生，黄绿色，花期6—8月 | 种子自繁或根状茎繁殖，喜温暖湿润的池塘、沼泽的浅水 | 静水或缓流中布景 |
| 苦草（扁草） | *Vallissneria natans* | 水鳖科 苦草属 | 沉水 | 原产地中海，我国南北各地均有分布 | 具匍匐茎。叶基生，带状或线形，绿色或略紫红，无叶柄。雄佛焰苞卵状圆锥形，成熟的雄花浮于水面开放，雌佛焰苞筒状，花期秋季 | 播种或切取匍匐茎繁殖。好散射光，喜温暖，能耐低温 | 湖泊、水库、池塘及湿地而景并可净化水质，点缀水族箱 |
| 狐尾藻 | *Myriophyllum verticillatum* | 小二仙草科 狐尾藻属 | 沉水 | 我国南、北淡水中常见，广泛分布于世界各地 | 植株大部沉水，沉水叶4枚轮生，挺出水面枝叶翠绿色，较沉水叶短。花挺出水面，花瓣4，极小，果卵形，具4条沟 | 分株，播种，湖泊生态修复工程中的净水材料，鱼虾蟹塘养殖作为饵料、避难和产卵场所 | 栽于清净的水景区及室内观赏水族养殖的布景材料 |

# 本章思考题

1.水生花卉按其生活方式与形态及对水分要求的不同如何分类？
2.试述水生花卉的习性与繁殖特点。
3.试述水生花卉的观赏特点及在园林应用中应注意的问题。
4.请写出本地常用的水生花卉的名称。

# 14　多肉多浆花卉

**【本章提要】**　本章介绍了多肉多浆花卉的概念、主要的观赏特点和栽培的特点。重点介绍了部分多肉多浆花卉的形态特征、生态习性、繁殖和栽培管理要点等。

## 14.1　概述

### 14.1.1　多浆植物的概念

多浆植物亦称多肉多浆植物、肉质植物、多肉植物,词义来源于拉丁词"Succus"(多浆、汁液),是指植物营养器官的某一部分,如茎或叶或根(少数种类兼有两部分)具发达的薄壁组织用以贮藏水分,在外形上显得肥厚多汁的一类植物。它们大部分生长在干旱或一年中有一段时间干旱的地区,每年有很长的时间根部吸收不到水分,仅靠体内贮藏的水分维持生命。有人把这类植物称为"沙漠植物",这不太确切,多浆植物确实有许多生长在沙漠地区,但却不是都生长在沙漠,而且沙漠里还生长着许多不是多浆植物的其他植物。

全世界共有多浆植物10000余种,它们都属于高等植物(绝大多数是被子植物)。在植物分类上隶属几十个科,个别专家认为有67个科中含有多浆植物,但大多数专家认为只有50余科。

多浆植物大多为多年生草本或木本,少数为一二年生草本,是一大类重要的花卉。常见栽植的多浆植物,在植物分类上包括仙人掌科、番杏科、大戟科、景天科、百合科、萝藦科、龙舌兰科和菊科。而凤梨科、鸭趾草科、夹竹桃科、马齿苋科、葡萄科中也有一些种类常见栽培。近年来,福桂花科、龙树科、葫芦科、桑科、辣木科和薯蓣科的多浆植物也有引进,但目前还很稀有。

在多浆植物中,仙人掌科植物不但种类多(有140余属,2000种以上),而且有其他科多浆植物所没有的器官——刺座(Areole)。同时,仙人掌科植物形态的多样性、花的魅力都是其他科的多浆植物难以企及的。因而园艺上常常将它们单列出来称为仙人掌类(cacti),而将其他科的多浆植物(约55科左右),称为多浆植物。因此,多浆植物这个名词有广义和狭义之分,广义的包括仙人掌类,狭义的不包括仙人掌类。我们可以将仙人掌类植物称为多浆植物,而不能将仙人掌以外的各科多浆植物称为仙人掌类。本章节所指的多浆植物是广义的,包括仙人掌类。

### 14.1.2　生物学特性

1)具有明显的生长期及休眠期

陆生的大部分仙人掌科植物,是原产在南、北美热带地区的,该地区的气候有明显的雨季(通常5—9月)及旱季(10月至翌年4月)之分,长期生长在该地的仙人掌科植物就形成了生长期与休眠期交替的习性。在雨季中吸收大量的水分,并迅速的生长、开花、结果;旱季为休眠期,借助贮藏在体内的水分来维持生命。对于某些多浆植物也同样如此,如大戟科的松球掌(*Euphorbia globosa*)等。

2）具有非凡的耐旱能力

生理上称仙人掌科、景天科、番杏科、凤梨科、大戟科的某些植物为景天代谢途径植物，即 CAM 植物（Crassulacean Acid Metabolsim）。由于这些植物长期生长在少水的环境中，从而形成了与一般植物的代谢途径相反的适应性。这些植物在夜间空气相对湿度较高时，张开气孔、吸收 $CO_2$，对 $CO_2$ 进行羧化作用，将 $CO_2$ 固定在苹果酸内，并贮藏在液泡中。白天时气孔关闭，既可避免水分的过度蒸腾，又可利用前一个晚上所固定的 $CO_2$ 进行光合作用。这种途径是上述 CAM 植物为适应干旱环境的典型生理表现，该途径最早是在景天科植物中发现的，故称为景天代谢途径。

生理上的耐旱机能，必然表现在多浆植物体形的变化和表面结构上。在体质相同的情况下，最大限度地减少蒸腾的表面积。此外，仙人掌及多浆类植物多具有棱肋，雨季时可以迅速膨大，把水分贮藏在体内；干旱时，体内失水后又便于皱缩。

某些种类还有毛刺或白粉，可以减弱阳光的直射；表面角质化或被蜡层也可防止过度蒸腾。少数种类，具有叶绿素的组织分布在变形叶的内部而不外露，叶片顶部（生长点顶部）具有透光的'窗'（透明体），使阳光能从'窗'射入内部，其他部位有厚厚的表皮保护，避免水分大量蒸腾。

3）传宗与接代方式

仙人掌科及多浆类植物大体来说，其开花年代与植株年龄存在一定相关性。一般较巨大型的种类，达到开花年龄也较久；矮型、小型种类达到开花年龄也较短。一般种类在播种后 3～4 a 就可开花；有的种类到开花年代需要 20～30 a 或更长的时间。如北美原产的金琥，一般在播种 30 a 后才开花。宝山仙人掌属及初姬仙人掌属等其球径达 2～2.5 cm 时开花。

在人工栽培条件下，有不少种类不易开花，这与室内阳光不充足有较大关系。仙人掌及多浆类植物在原产地是借助昆虫、蜂鸟等进行传粉而结实的，其中大部分种类都是自花授粉，不结实的。对于人工室内的栽培种，应进行辅助授粉，才易于获得种子。

## 14.1.3　分类

仙人掌类原产南、北美热带、亚热带大陆及附近一些岛屿；部分生长在森林中。多浆植物的多数种类原产在被誉为"多浆植物宝库"的南非，仅少数种类分布在其他洲的热带及亚热带地区。

1）依场地和生态环境分类

从场地和生态环境上看，可把多浆植物分为三类。

①原产于热带、亚热带干旱地区或沙漠地带，在土壤及空气极为干燥的条件下，借助于茎、叶的贮水能力而生存。如金琥等。

②原产于热带、亚热带的高山干旱地区，由于这些地方水分不足、日照强烈、大风及低温等环境条件而形成了矮小的多浆植物。这些植物叶片多呈莲座状或密被蜡层或绒毛。

③原产于热带森林中。这些种类不生长在土壤中，而是附生在树干或岩石上，如昙花、蟹爪、量天尺等。

2）依形态特点分类

多浆植物从形态特点上看，可分为以下几类。

（1）叶多浆植物

贮水组织主要分布在叶片器官内，因而叶形变异极大，从形态上看叶片为主体；茎器官处于次要地位，甚至不显著，如石莲花（*Corallodiscus flabellatus* (Craib.) Burtt.）、雷神（*Agave potatorum* var.

*verschaffeltii*)及燕子掌(*Crassula portulacea*)等。

(2)茎多浆植物

贮水组织主要分布在茎器官内。因而从形态上看,茎占主体、呈多种变态、呈绿色,能代替叶片进行光合作用;叶片退化或仅在茎初生时具叶,而后脱落。如仙人掌(*Opuntia ficus-indica*)及大犀角(*Stapelia gigantean*)等。

(3)茎干状多浆植物

植物的贮水组织主要在茎的基部,形成膨大而形状不一的肉质块状体或球状体;无节、棱和疣状突起;有叶或叶早落,叶直接从根颈处或逐渐变细的几乎无肉质的细长枝上长出,有时枝也早落。以薯蓣科和葫芦科的多浆植物为代表。

3)依植物学分类

在植物学上把多浆植物分为以下几个科。

(1)龙舌兰科

龙舌兰科植物为单子叶植物。全科18~20属,有8~10属是多浆植物。茎长短不一。叶聚生茎基或茎端,肥厚,通常排列成莲座状,叶缘和叶尖常具刺。花序高,浆果或蒴果。常见栽培的属有:龙舌兰属(*Agave*)、福克兰属(*Furcraea*)、酒瓶兰属(*Nolina*)、虎尾兰属(*Sansevieria*)。

(2)夹竹桃科

夹竹桃科植物为双子叶植物。全科215属,但一般认为只有3属是多浆植物,观赏性很强。单叶具平行脉。花单生或簇生,花瓣、花萼片均为5,菁葖果。本科多浆植物大多性喜温暖,生长期要充分浇水。常见栽培的属有:沙漠玫瑰属(*Adenium*)、棒槌树属(*Pachypodium*)、鸡蛋花属(*Plumeria*)。

(3)萝藦科

萝藦科植物为双子叶植物。这是一个含有2800多种植物的大科,藤本或灌木,有部分是多浆植物。单叶,凡是多浆植物除吊灯花属以外大多叶早落。花瓣、花萼片均为5,味恶臭,有些种的花粉粘合成花粉块。菁葖果,种子先端有毛。常见栽培的属有:水牛掌属(*Caralluma*)、吊灯花属(*Ceropegia*)、玉牛角属(*Duvalia*)、丽杯角属(*Hoodia*)、剑龙角属(*Huernia*)、肉珊瑚属(*Sarcostemma*)、国章属(*Stapelia*)、丽钟角属(*Tavaresia*)。

(4)凤梨科

凤梨科植物为单子叶植物。陆生或附生。全科约50属1500种,多浆植物仅分布在5个属中。基生叶通常排列成莲座形,叶狭长,叶缘有刺。穗状花序,苞片通常为彩色。常见栽培的属有:雀舌兰属(*Dyckia*)和剑山属(*Hechtia*)。

(5)仙人掌科

仙人掌科植物多数为多年生草本植物,少数为灌木或乔木状植物。该科有140属2000余种,大多原产美洲热带、亚热带沙漠或干旱地区,以墨西哥及中美洲为分布中心。中国栽培的有600余种,供观赏用。常见栽培的属有:仙人掌属(*Opuntia*)和量天尺属(*Hylocereus*)。

(6)菊科

菊科植物为双子叶植物,是一个有几万种植物的大科。据最新的文献记载,本科中多浆植物分布在24个属内,但常见栽培的仅有千里光属(*Senecio*)。

(7)景天科

景天科植物分布在北半球大部分区域,品种繁多,大约有35属1500余种,中国有10属约240

余种,另有多个引进品种作为观赏花卉。本科植物为多年生肉质草本,夏、秋季开花,花小而繁茂,各种颜色都有。表皮有蜡质粉,气孔下陷,可减少蒸腾,是典型的旱生植物,无性繁殖力强。常见栽培的共有:青锁龙属(*Crassula*)、景天属(*Sedum*)、长生草属(*Sempervivum*)、伽蓝菜属(*Kalanchoe*)、荷叶景天属(*Umbilicus*)、单花景天属(*Monanthes*)、落地生根属(*Bryophyllum*)、石莲花属(*Echeveria*)。

(8)龙树科

龙树科植物所有种都是肉质多刺植物,和仙人掌科很相近,有的品种甚至可以嫁接到某些仙人掌种类上。本科植物都是灌木或乔木,有2~20m高不等,茎干可以储存大量的水分;叶子和刺一起长出,叶在旱季脱落;花单性,雌雄异株。有的品种在初生时茎是匍匐状的,但成熟后会直立起来。有许多品种被引进栽培,作观赏植物。常见栽培的有亚龙木属(*Alluaudia*)。

(9)大戟科

大戟科植物为双子叶植物,约300属,8000种以上,广布于全世界,中国有66属,约864种,各地有产。既有极特殊的沙漠型肉浆植物,也有湿生植物,还有不少是热带森林乔木,还有许多是分布广泛的田间杂草。常见栽培的有:变叶木属(*Codiaeum*)、叶下珠属(*Phyllanthus*)、麻疯树属(*Jatropha*)及大戟属(*Euphorbia*)等,广泛栽培作观赏植物。

(10)百合科

百合科植物为单子叶植物。约230属,4000多种,全世界分布,但以温带和亚热带地区最为丰富。中国60属,近600种,遍布全国。百合科中既有名花,又有良药,有的还可以食用。常见栽培的共有5个属。

(11)番杏科

番杏科植物为双子叶植物,约有126属,1100种。一年生或多年生草本或矮灌木。番杏科植物主要分布在非洲南部,也产于非洲热带、南美洲、亚洲,以及澳大利亚、加利福尼亚。常见栽培的有:肉锥花属(*Conophytum*)、露子花属(*Delosperma*)、日中花属(*Lampranthus*)、虾钳花属(*Cheiridopsis*)、生石花属(*Lithops*)。

(12)马齿苋科

马齿苋科植物为双子叶植物,约19属,580种,广布于全球,美洲最多。一年生或多年生草本或小灌木。常见栽培的有:马齿苋树属(*Portulacaria*)、土人参属(*Talinum*)。

### 14.1.4 多浆植物的观赏利用价值

多浆植物种类繁多,具有很高的观赏利用价值,突出表现在以下几个方面。

1)可供观赏

(1)棱形各异、条数不同

多浆植物的棱肋均突出于肉质茎的表面,有上下竖向贯通的,也有呈螺旋状排列的,有锐形、钝形、瘤状、螺旋棱、锯齿状等十多种形状;条数多少也不同,如昙花属(*Epiphyllum*)、令箭荷花属(*Nopalxochia*)只有二棱,金琥属(*Echinocactus*)有5~20条棱。这些棱形状各异、壮观可赏。

(2)刺形多变

多浆植物通常在变态茎上着生刺座(刺窝),其刺座的大小及排列方式也依种类不同而有所变化。刺座上除着生刺、毛外,有时也着生仔球、茎节或花朵。依刺的形状可区分为刚毛状刺、毛发状刺、针状刺、钩状刺、栉齿状刺、麻丝状刺、舌状刺、顶冠刺、突椎状刺等。这些刺形多变,刚直有力,也是鉴赏的主要方面之一。如金琥的大针状刺呈放射状、金黄色 7～9 枚,使球体显得格外壮观。

(3)花的色彩、位置及形态

多浆植物花色艳丽,以白、黄、红等色为多,而且多数花朵不仅有金属光泽、重瓣性也较强,一些种类夜间开花,花白色还有芳香。从花朵着生的位置来看,分侧生花、顶生花、沟生花等。花的形态变化也很丰富,如漏斗状、管状、钟状、双套状花以及辐射状和左右对称状花均有。因此不仅无花时体态引人,花期中更加艳丽。

(4)体态奇特

多数多浆植物都具有特异的变态茎,扁形、圆形、多角形等。此外,象山影拳(*Piptanthocereus peruvianus* var. *monstrous*)的茎生长发育不规则;棱数也不定,棱的发育前后不一,全体呈熔岩堆积姿态,清奇而古雅。又如生石花(*Lithops pseudotruncatella*)的茎为球状,外形很似卵石,虽是对干季的一种"拟态"适应性,却是可供观赏的奇品。

2)园林应用

多浆植物在园林中应用较为广泛。由于这类植物种类繁多、趣味性强、具有较高的观赏价值,因此一些国家或地区常以这类植物为主体而辟专类花园,向人们普及多浆植物相关知识,使人们饱尝沙漠植物景观的乐趣。如南美洲一些国家及墨西哥均有仙人掌专类园;日本位于伊豆山区的多浆植物园有各种旱生植物 1000 余种;我国台湾的农村仙人掌园也拥有 1000 种左右,其中适于在台湾生长的约达 400 余种。不少多浆植物种类也常作篱垣应用。如霸王鞭(*Euphorbia neriifolia*),高可达 1～2 m,云南省彝族人常将它栽于竹楼前作高篱。原产南非的龙舌兰(*Agave Americana*),在我国广东、广西、云南等省区生长良好,多种在临公路的田埂上,不仅可起到防范作用,还兼有护坡之效。在广东、广西及福建一带的村舍中,也常栽植仙人掌(*Opuntia ficus-indica*)、量天尺(*Hylocereus undatus*)等,用于墙垣防范之用。另外,园林中常把一些矮小的多浆植物用于地被或花坛中。如垂盆草(*Sedum sarmentosum*)在江浙地区作地被植物,在北方大部分地区一般气候条件下也可安全越冬。佛甲草(*Sedum lineare*)多用于花坛。蝎子草(*Sedum spectabile*),又叫八宝,作多年生肉质草本栽于小径旁。我国台湾一些城市将松叶牡丹(*Lampranthus tenuifolius*)栽进安全绿岛等,都使园林更加丰富多彩。

3)其他

许多多浆植物都有药用及经济价值,或果实可食用,或可制成酒类饮料等。例如,仙人掌现已被搬上了餐桌,成为人们喜爱的美食。

## 14.1.5 繁殖技术

多肉多浆植物的繁殖方法有以下几种。

1)扦插(以仙人掌科植物为例)

(1)繁殖方法

扦插繁殖是仙人掌类最简便、应用最广的繁殖方法。此方法是利用仙人掌类营养器官具有较强的再生能力,切取茎节或茎节的一部分以及蘖生的仔球,插入基质中使之生根发芽而成为一个新的植株。此法能保持品种特性,且种苗生长快,到达开花时间早,对于不易开花产生种子的种类尤多采用。

插穗的选择可根据不同种类而异。如容易着生仔球的,可用仔球进行扦插;有分枝的如令箭荷花、蟹爪兰等可切取茎节或枝条进行扦插;仙人柱可把茎切成数段、宝剑切成数块进行扦插;有些不易分蘖仔球的种类,可先切去植株顶端一部分,这样就可以促使其分蘖仔球,以后再把仔球进行扦插;白毛仙人掌、仙人镜等可以把茎剁成拇指大小的小块,然后撒在基质表面,这种方法使繁殖数量大大提高。

扦插时间宜选择在植株生长期的初期和中期较为合适,盛夏和冬季扦插则生根缓慢,梅雨季节扦插插穗易腐烂。

(2)扦插生根的环境条件

①温度:以气温达 20～25 ℃时较易生根,原产热带地区的如花座球属温度可更高些。

②水分:水不能多,更不能排水不良。

③湿度:由于插穗本身含水多,因此不需要很大的湿度。

④光照:插后应稍遮荫,避免阳光直射,但也不能过荫。

⑤基质:透气排水良好又能保持湿润为好,一般多用沙子。

(3)注意事项

插穗切取后不要立即扦插,必须晾干后再扦插。较粗的插穗应多晾几天,以切口干缩为度。切取插穗的刀或剪应锋利且最好能进行消毒。插穗不宜过深,以基部稍入基质为适,对高大的插穗可在旁立支柱固定。有些生根困难的种类可在切口晾干后浸入浓度为 200 ppm 的萘乙酸溶液浸 4 h 再扦插,对促进生根有一定效果。

2)嫁接(以仙人掌科植物为例)

仙人掌类的嫁接繁殖有生长快、长势旺、促进开花、保存畸形变异种造型等特点,应用日趋普遍。大多数种类在气温达到 20～25 ℃时,嫁接成活率最高,但在梅雨季节,由于易感染病菌腐烂而不宜嫁接。

(1)平接

平接方法适合在柱状或球形种类上应用。方法是:在砧木的适当高度用利刀作水平横切,然后再于切面边缘作 20°～45°的切削,以防止切面凹陷太多。在接穗下部也进行水平横切,切后立即放置在砧木切面上,让两者的维管束充分对准,再用细线或塑料袋纵向捆绑使接穗与砧木紧密接触,此外还可以用橡皮筋、重物等来进行绑扎或加压固定。

一些较细的柱形接穗如鼠尾掌、银纽等,嫁接时常把接穗和砧木斜切,两者切面的长度应大致相仿,然后贴合捆绑。这样做是为了扩大结合面和方便捆绑。有些人称之为“斜接”。

(2)劈接

劈接又叫楔接,常用于嫁接蟹爪兰、仙人指等扁平茎的种类和以叶仙人掌作为砧木的嫁接上。嫁接蟹爪兰及仙人指时,砧木以高出盆面 15～30 cm 为适。可先将砧木从需要的高度横切,然后在顶部或侧面不同部位切几个楔形裂口。再将接穗下端两面斜切削去一部分,使之呈鸭嘴形,立即插入砧木楔形裂口,再用仙人掌的长刺或大头针插入使接穗固定。要注意砧木的楔形切口处应深及砧木的髓部,这样接穗和砧木的维管束才易于接触并充分愈合。

在温暖地区,所有的砧木基本上都是量天尺,其又叫三角柱或三棱箭,较粗生,对很多种类的亲和力都很强。目前常用的砧木还有仙人球、卧龙柱、龙神柱、秘鲁天轮柱、叶仙人掌等。

嫁接后要适当遮荫,防止水或农药肥液溅到切口上。一般 4～5 d 即可解除绑扎物,大的接穗可再过几天松绑。松绑后的嫁接苗可逐步见光,再进行正常管理。但要注意不要将接穗碰掉。

3)有性繁殖(以仙人掌科植物为例)

在人工栽培仙人掌类中,大部分是自花不结实的,因而要得到种子则必须进行异株授粉。由于仙人掌类的花期很短,在父本、母本无法同时开花的情况下,可以把花粉用硫酸纸袋或玻璃试管装着放在冰箱中保存,在 3～6 ℃条件下可保存数月。授粉时间通常在柱头完全分叉开张、柱头出现丝毛并分泌黏液发亮时进行。授粉可用干净的毛笔或脱脂棉沾上花粉或用镊子夹柱雄蕊轻轻地抹在母本植株的柱头上。果实的成熟时间视种类不同而异。仙人掌类的果实有浆果和蒴果两种。浆果采收后,应先洗去果肉,再把种子晾干。蒴果成熟时易裂开导致种子散失,故要提前采收。

多数仙人掌类的种子寿命可保持 2 a 左右,但在常温条件下贮藏 1 a,发芽率就大为降低。一般春天采收的种子,可随采随播;秋天收的种子,在第二年春天播。

种子一般在 21～27 ℃条件下发芽良好,多数在 24 ℃时发芽率最高,如果温度太低,则种子发芽缓慢,而且容易腐烂。

播种方法有催芽播种和直接播种两种。在直接播种中,一般小粒种子可以不覆土,极细小的种子可以混些细沙再播。用盆播时应通过浸盆的方法来湿润土壤,并用玻璃或薄膜覆盖保湿,放在阴凉处。

仙人掌类种子发芽时间相差很大,快的 2～3 d,一般在 7 d 左右,慢的 20 d 以上或更长,有的数月甚至 1 a。发芽后逐步移去玻璃或薄膜,把盆放在有散射光的地方。光线过强,易造成幼苗呈红色生长停滞,甚至萎缩死亡;光线过弱,会使幼苗徒长细弱。小苗的水分管理很关键,盆土不能太干,即使是冬季也不能使盆土干透;也不能过湿,否则易感病腐烂死亡。所以盆土保持稍湿润为宜。

### 14.1.6 栽培管理

1)对温度的要求

多浆植物多原产于热带亚热带地区,大多数生长最适宜温度是 20～30 ℃,少数种类适温为 25～35 ℃,而冷凉地带原产的种类维持在 15～25 ℃为好。绝大多数陆生型的仙人掌类在生长期间保持较大的昼夜温差(白天约 35 ℃,晚上 15～25 ℃)对植株生长是有利的。虽然多浆植物很多原产于热带、亚热带,但在实际栽培过程中,当气温达 38 ℃时,它们大多生长迟缓或完全停止而呈休眠或半休眠状态,温度再高就会伤害植株。附生类型的仙人掌更不能忍受高温,因它们原产赤道附近,但当地最高温度并不是太高,只不过是年平均温度较高而已。原产南非的多浆植物,在原产地最热月份的平均温度为 21 ℃,而我国大部分地区夏季气温都很高,所以多浆植物在我国大部分地区度夏都很困难。

除少数茎部近似木质化的种类和一些生长在高山地带的种类外,绝大部分多浆植物都不能忍受 5 ℃以下的低温。如果温度下降到 0 ℃以下,则会受冻死亡。

一般来讲,植物在休眠阶段抗寒性最强。大多数陆生类型的多浆植物,在冬季是休眠的,因而具有较强的抗寒能力。而一些冬季不休眠的多浆植物抗寒性就比较弱,特别是一些冬季开花的种类,更不能遭受低温的袭击。在冬季最低气温不低于 0 ℃的地区,只要有简易设备,如塑料大棚以及通过节制浇水的措施就能安全越冬。

2)对光照的要求

多浆植物都喜欢充足的阳光,而原产沙漠半沙漠地区以及高海拔山区的种类对之要求更甚,这一类植物夏天也可以接受全光而不予遮荫。对于原产草原地带及其他地区栖息于杂草、灌丛中的一些小球形种类,如丽花球属、子孙球属、乳突球属等则要求夏季稍予遮荫。而对昙花属、丝苇属、蟹爪属等热带雨林所产的附生类型,则要求夏季半荫条件,在其他季节,都可完全见光。

在栽培过程中,如果喜半荫的种类在夏天接受全光照,则会被灼伤至萎黄甚至死亡。而如果在荫蔽的条件下栽培多浆植物,则植株会变得柔弱、刺毛稀疏,而且开花很少或者完全不开花。

原产高山地区的仙人掌类植物,由于当地紫外线充足,因此植株色泽好和毛、刺发育好。而当用玻璃温室栽培时,由于玻璃损失了多数紫外线,所以色泽和毛、刺的发育都不及原产地的植株。

3)对水分与空气湿度的要求

多浆植物大多数较耐干旱,浇水次数可以比其他花卉少,但能忍耐干旱并不等于要求干旱。一般在生长旺盛期还是要经常注意补充水分。多浆植物大多数忌水分多,水分多就易导致烂根死亡,如果不能充分掌握浇水原则,则宁干勿湿。

大部分多浆植物的浇水基本原则是冬季控制浇水,以利休眠,春季逐步增加浇水次数,但某些地区雨季时要遮盖,春末夏初时处于生长高峰期,浇水应充足,盛夏高温时有些种类可能需要短暂休眠,浇水要谨慎,秋季也是生长高峰期,浇水也要充足。在生长期,浇水时间一般在盆土表面发白后。至于其他种类,浇水情况要结合原产地的情况来定。

除土壤水分外,空气湿度也有一定的要求。对多数陆生型的多浆植物,相对湿度保持在60%左右比较合适。原产热带雨林的附生类型种类,要求湿度更高。

4)对空气的要求

通风透气对于多浆植物的良好生长是必须的条件。在栽培中,常可看到一些角落处的盆栽植株,虽然光照、温度、土壤等方面都大致合适,植株根系也无问题,但就是看起来生长不良,植株缺乏光泽,其原因就是由于通风不良。如果换到通风良好处培养,就会明显改观。通风不良还会引起浇水后盆土不易干燥,造成烂根以及病虫害的繁衍,如红蜘蛛等。

5)对土壤和营养的要求

虽然很多多浆植物曾经生长在土壤贫瘠的荒漠地区,但在栽培的过程中,还是应该注意土壤和营养的需求。因为很多多浆植物虽然原产于土壤贫瘠之处,但它们的根系分布很广,能够通过大范围的吸收养分来满足其生长需要。而用于盆栽欣赏时,有限的土壤限制了根系的扩展。况且有些种类原产地的土壤条件也并不贫瘠。另一方面,有些种类在贫瘠地区生长状况并不好,这不利于作观赏用。因此作为盆栽观赏,我们的选土及施肥应当以充分满足其生长发育的需要作为标准。

由于我国各地土壤条件差异很大,可供配制培养土的基质很多,因此没有必要去确定某一种公用的配方。一般盆土要求是疏松、透气、排水良好,有一定的腐殖质和营养。施肥的原则是适时、适量和适当。一般在春、秋季节施肥,约半个月施1次,浓度不可过高。

# 14.2 各科多浆植物及其栽培

## 14.2.1 仙人掌科

1)仙人掌(*Opuntia ficus-indica*)

**别名**:仙巴掌、霸王树、火焰、火掌、牛舌头

图 14-1 仙人掌

**科属:** 仙人掌科仙人掌属

**形态特征:** 多浆肉质灌木至小乔状植物。株高 5 m 以上,通常为 2～3 m,枝干形态如手掌,老干木质,圆柱形,表皮粗糙,褐色。茎节扁椭圆形或扁卵形,肥厚肉质,绿色,表面多斑点,点上有刺,分枝左右层叠而生,无叶片。花冠黄色,喇叭形,见图 14-1。果皮红色,极鲜艳。

**产地:** 原产于美洲热带。

**生态习性:** 喜干热气候,亦较耐寒冷,能耐 −10 ℃低温。喜光,耐烈日,不耐阴,喜砂壤土,黏土生长较差,耐干旱,亦较耐水湿。

**繁殖:** 多用扦插繁殖,也可播种繁殖。扦插一年四季均可进行,播种宜随采随播。

**栽培管理:** 不宜长期室内栽培。盆栽宜用砂质土或用塘泥掺细沙,施钙镁磷肥及干粪作基肥,种植宜稍浅,种后任其自然生长。少有病虫害,管理极简易。

**园林用途:** 仙人掌宜盆栽观赏,在热带地区可庭植,可用于专类园布置,果实可食用。

**同属其他花卉:** 常见的栽培品种有白毛掌(*O. leucotricha*)和黄毛掌(*O. microdasys*)等。

2)昙花(*Epiphyllum oxypetalum*)

**别名:** 月下美人

**科属:** 仙人掌科昙花属

**形态特征:** 肉质半灌木。茎色翠绿,秃净光滑,边缘为波浪形,中肋隆起,状似海带。花着生于叶状变态茎的边缘,净白典雅,芳香馥郁。花期夏季。

**产地:** 原产于墨西哥和中南美洲的热带森林。

**生态习性:** 喜温暖湿润和半荫环境。不耐霜冻,忌强光曝晒。土壤要求含腐殖质丰富的砂质壤土。冬季温度不低于 5 ℃,见图 14-2。

**繁殖:** 多用扦插和播种繁殖。扦插,以 3—4 月选取健壮、肥厚的叶状茎,剪成 20～30 cm 长,待剪口稍干燥后插入沙床,保持湿润,插后 20 d 左右生根。用主茎扦插,当年可以开花;用侧茎扦插苗,需要 3～4 a 开花。播种一般需要人工授粉才能结种,播后 2～3 周发芽,实生苗需要 4～5 a 开花。也可用叶片为材料进行组培繁殖。

**栽培管理:** 盆栽常用排水良好、肥沃的腐叶土。盆土不宜太湿,夏季保持较高的空气湿度。避开阵雨冲淋,以免浸泡烂根。生长期每半月施肥 1 次。初夏现蕾开花期,增施磷肥 1 次。肥水施用合理,能延长花期;肥水过多、过度荫蔽易造成茎节徒长,相反影响开花。盆栽昙花由于叶状茎柔弱,应设立支柱。冬季应搬室内养护。

**园林用途:** 昙花花大而洁白,香气浓郁,可作盆花观赏。亦可地栽。花和变态茎可药用。

**同属其他花卉:** 大花昙花(*E. grandiflora*)和杂

图 14-2 昙花

种昙花(*E. hybrida*)等。

3)鼠尾掌(*Aporocactus flagelliformis*)

**别名:**金纽

**科属:**仙人掌科鼠尾掌属

**形态特征:**多年生肉质草本。变态茎细长,匍匐,在原产地高达 2 m,具气生根。有浅棱 10～14。刺座小,辐射刺 10～20,新刺红色。花期 4—5 月,花粉红色,见图 14-3。

**图 14-3 鼠尾掌**

**产地:**原产墨西哥。

**生态习性:**喜温暖湿润和阳光充足环境。不耐寒,较耐阴和耐干旱。土壤要求肥沃、透气和排水良好。冬季温度不低于 10 ℃。

**繁殖:**常用扦插和嫁接繁殖。扦插,可在生长期剪取顶端充实的变态茎作插穗,长 15～20 cm,待剪口干燥后再插入沙床,插壤不宜过湿。插后 50～60 d 生根,根长 2～3 cm 时移栽上盆。嫁接,多在 5—6 月进行,可采用直立的柱状仙人掌作砧木。取鼠尾掌顶端变态茎 10 cm 作接穗,接后 50 d 愈合。

**栽培管理:**在夏季生长期,应充足浇水,多喷水,保持较高的空气湿度。每月施肥 1 次。盛夏在室外栽培,应适当遮荫,冬季搬进室内,应阳光充足,减少浇水。盆栽时需要设立支架,悬挂吊盆栽培,应整形修剪。变态茎有时发生斑点病,可用 65% 代森锌可湿性粉剂 1000 倍液喷洒。

**园林用途:**鼠尾掌易于栽培,为良好的室内花卉,适用于家庭盆栽,也可悬吊栽培。

**同属其他花卉:**康氏鼠尾掌(*A. conzatii*)、鞭形鼠尾掌(*A. Flagriformis*)和细蛇鼠尾掌(*A. leptophis*)等。

4)蟹爪兰(*Schlumbergera truncates*)

**别名:**蟹爪莲、蟹爪

**科属:**仙人掌科蟹爪仙人属

**形态特征:**多年生肉质植物。茎节悬挂向四方扩展,叶状茎扁平,多节,长圆形,鲜绿色,先端截形,边缘具锯齿。花横生于茎节先端,不规则,花色有淡紫、黄、红、纯白、粉红、橙和双色等。

**图 14-4 蟹爪兰**

**产地:**原产巴西。

**生态习性:**喜温暖、湿润和半荫环境。不耐寒,怕烈日曝晒,土壤要求肥沃的腐叶土和泥炭土。冬季温度不低于 10 ℃,见图 14-4。

**繁殖:**常用扦插和嫁接繁殖。扦插全年均可进行。以春、秋季为宜。剪取肥厚变态茎 1～2 节,待剪口稍干燥后插于沙床,插壤湿度不能太大,温度 15～20 ℃,插后 2～3 周生根。嫁接在 5—6 月和 9—10 月进行最好。砧木用量天尺或虎刺,接穗选取健壮肥厚的变态茎2节。下端削成鸭嘴状,用嵌接法,每株砧木可接3个接穗,嫁接后放阴凉处,若接后10 d接穗仍保持新鲜挺拔,表明愈合成活。

**栽培管理:**繁殖后的新枝,正值夏季,应放通风凉爽处养护。如温度过高,空气干燥,茎节生长差,有时发生茎节萎缩死亡。生长期每半月施肥1次。秋季施1~2次磷、钾肥。当年嫁接新枝,能开花20~30朵。培养2~3 a,1株能开花上百朵。

**园林用途:**蟹爪兰宜盆栽,供室内摆设。

**同属其他花卉:**剑桥(var. *Cambridge*)、圣诞焰火(var. *Christmas*)、金幻(var. *Gold Fantasy*)、雪片(var. *Snowflake*)、伊娃(var. *Eva*)、茶花(var. *Camilla*)和金媚(var. *Gold Charm*)等。

5)金琥(*Echinocactus grusonii*)

**别名:**金鯱、金桶球、象牙球

**科属:**仙人掌科金琥属

**图14-5 金琥**

**形态特征:**多年生肉质植物。茎圆球形,单生或成丛。球顶密被黄色绵毛。刺座很大,密生硬刺,金黄色。花着生在顶部的绵毛丛中,钟形,黄色。花期6—10月,见图14-5。

**产地:**原产墨西哥中部。

**生态习性:**喜温暖干燥和阳光充足环境。不耐寒,耐干旱和怕积水。土壤宜肥沃、含石灰质的砂质壤土。冬季温度不低于8 ℃。

**繁殖:**常用播种、扦插和嫁接繁殖。播种,30 a生的母球才能结种,种子来源困难,但种子发芽率高,播后20~25 d发芽。扦插与嫁接,在生长期切除球体的顶部,促使产生子球,待子球长到1 cm时,切下扦插于沙床中,或嫁接在粗壮的量天尺砧木上,当嫁接金琥长大时,可带部分砧木一起重新扦插,落地栽植。

**栽培管理:**生长迅速,每年春季需要换盆,过长根系可适当剪短。盆栽土壤除腐叶土、粗沙以外,可加一些腐熟的干牛粪,效果极佳。生长过程中注意通风和光照,如光线不足,则球体变长,刺色暗淡,影响观赏效果。同时喷雾以增加空气湿度,对其生长极其有利。

**园林用途:**金琥球体碧绿,被金黄色硬刺,顶部有金黄色绵毛,非常美丽壮观。宜盆栽,可培养成大型标本球。

**同属其他花卉:**白刺金琥(var. *albispinus*)等。

6)量天尺(*Hylocereus undatus*)

**别名:**霸王花、三棱箭、三角柱、剑花

**科属:**仙人掌科量天尺属

**形态特征:**攀援性灌木。高3~6 m。茎三棱形。无叶,边缘具波浪形,长成后则成角形,具小凹陷,长有1~3枚不明显的小刺。有气生根。花大,径30 cm,外围花瓣黄绿色、向后曲,内围花瓣白色、直立。花晚间开放,时间短,有香味。

**产地:**分布于美洲热带和亚热带地区。

**生态习性:**喜温暖湿润和半荫环境。怕低温霜雪,忌烈日曝晒,宜选择肥沃、排水良好的酸性砂

质壤土。冬季温度不低于 12 ℃,见图 14-6。

**繁殖**:主要用扦插繁殖。温室条件下,全年均可进行,以春、夏季最适宜,插条剪取生长充实的茎节,长 15 cm 左右,切后需要晾干几天,待切口干燥后插入沙床,插后 30～40 d 可生根。也可用茎组织为材料进行组培繁殖。

**栽培管理**:栽培容易,春、夏季生长期,必须充分浇水和喷水,每半月施肥 1 次,冬季控制浇水,并停止施肥。盆栽很难开花,地栽株高 3～4 m 时才能孕蕾开花。露地作攀援性围篱绿化时,需要经常修剪以利于茎节分布均匀,花开更盛。栽培过程中,过于荫蔽会引起叶状茎徒长,并影响开花。主要发生茎枯病和灰霉病危害,可用 50%甲基托布津可湿性粉剂 1000 倍液喷洒。

**园林用途**:量天尺花朵硕大,具芳香。宜庭植、盆栽或作为篱垣植物,晒干可食用。

图 14-6 量天尺

## 14.2.2 景天科

1)燕子掌(*Crassula protulacea*)

**别名**:玉树、景天树、八宝、看青、冬青、肉质万年青

**科属**:景天科青锁龙属

**形态特征**:常绿小灌木。茎有节,圆柱状,灰绿色,多分枝,小枝褐色。叶扁平肉质,椭圆形,绿色。花粉红色。

**产地**:原产非洲南部。

**生态习性**:喜温暖干燥和阳光充足环境。不耐寒,怕强光和稍耐阴。土壤以肥沃、排水良好的砂壤土为好,忌土壤过湿。冬季温度不低于 7 ℃,见图 14-7。

**繁殖**:用扦插和播种繁殖。扦插,在生长季剪取茎叶肥厚的顶端枝条,长 8～10 cm。稍晾干插于沙床中,插后约 3 周生根。也可切取单叶,待晾干后扦插,一般插后约 4 周可生根。根长 2～3 cm 时上盆。播种于春季 3—4 月或秋季 8—9 月进行,播后15～20 d 发芽。还可用叶片作材料进行组培繁殖。

**栽培管理**:每年春季需要换盆,加入肥土。生长较快,为保持株形丰满,肥水不宜过多。生长期每周浇水 2～3 次,高温的 7—8 月严格控制浇水,盛夏如通风不好或过分缺水,也会引起叶片变黄脱落,应放半荫处养护。入秋后浇水逐渐减少。室外栽培时,要避开暴雨冲淋,否则根部水分过多,易造成腐烂。每年换盆或秋、冬季入室时,应注意整形修剪。

**园林用途**:叶色常绿有光泽,树形端正,肉质茎基部膨大,极似树桩盆景,适宜盆栽点缀厅堂。

**同属其他花卉**:景天树(*C. arborescens*)、神刀(*C. falcata*)、一串连(*C. rupestris*)和绿塔(*C.*

图 14-7 燕子掌

pyramidalis)等。

2)莲花掌(*Echeveria glauca*)

**别名:**石莲花、偏莲座

**科属:**景天科石莲花属

**形态特征:**多年生草本。茎短,具匍匐枝。叶倒卵形,肥厚多汁,淡绿色,表面有白粉。叶呈莲座状,从叶丛中抽出花梗,总状聚伞花序,花淡红色,见图 14-8。

**产地:**原产墨西哥。

**图 14-8　莲花掌**

**生态习性:**喜温暖干燥和阳光充足环境。不耐寒,耐半荫和怕积水烈日。土壤以肥沃、排水良好的砂质壤土为宜。冬季温度不低于 10 ℃。

**繁殖:**常用扦插繁殖。室内扦插,四季均可进行,以 8—10 月为宜,生根快,成活率高。插穗可用单叶、蘖枝或顶枝,剪取的插穗待剪口稍干燥后再插入沙床。插后一般 20 d 左右生根。土壤不宜过湿,否则剪口仍易发黑腐烂,根长 2~3 cm 时上盆。

**栽培管理:**管理简单,每年早春换盆,清理基部萎缩的枯叶和过多的子株。盆栽土用排水良好的泥炭土或腐叶土加粗沙。生长期以干燥环境为好,不需要多浇水。盆土过湿,则茎叶易徒长,观赏期缩短,特别是

冬季在低温条件下,水分过多,根部易腐烂死亡。盛夏高温时,也不宜多浇水,忌阵雨冲淋。生长期每月施肥 1 次。以保持叶片青翠碧绿。但施肥过多,会引起茎叶徒长。2~3 a 生以上的石莲花,植株趋向老化,应重新扦插育苗更新。

**园林用途:**莲花掌叶片紧密排列为莲座形,美丽如花朵,宜作盆花、盆景,也可配植于花坛边缘或配作插花用。

**同属其他花卉:**绒毛掌(*E. pulvinata*)、紫莲(*E. rosea*)、毛叶莲花掌(*E. setos*)、大叶石莲花(*E. gibbiflora*)和艳姿(*E. youngiana*)等。

3)长寿花(*Kalanchoe blossfeldiana*)

**别名:**寿星花、假川莲、圣诞伽蓝菜、矮生伽蓝菜

**科属:**景天科伽蓝菜属

**形态特征:**多年生肉质草本。茎直立,株高 10~30 cm,叶对生,长圆状匙形,深绿色。圆锥状聚伞花序,花色有绯红、桃红、橙红、黄、橙黄和白等。花冠长管状,基部稍膨大,花期 2—5 月,见图 14-9。

**产地:**原产非洲马达加斯加。

**生态习性:**喜温暖稍湿润和充足阳光环境。不耐寒,耐干旱,夏季怕高温,喜冷爽气候,稍遮荫,对土壤要求不严,以肥沃的砂质壤土为好。冬季温度不低于 5 ℃。

**繁殖:**主要用扦插繁殖。在 5—6 月或 9—10 月进行效果最好。选稍成熟的肉质茎,剪取 5~6 cm长,插于沙盆中,用薄膜口袋罩上,插约 14 d 后可生根,30 d 能上盆。种苗不多时,可用叶片扦插,但叶片不能太柔嫩,不易生根。还可采用茎顶和叶为材料进行组培繁殖。

**栽培管理：**盆栽后，在稍湿润环境下生长较旺盛，节间不断生出淡红色气生根。过于干旱或温度偏低，生长减慢，叶片发红，花期延迟。盛夏控制水分，注意通风，若高温多湿，则叶片易腐烂、脱落。生长期每半月施肥 1 次。结合摘心控制植株高度，促使其多分枝、多开花。秋季形成花芽，应加施 1～2 次磷、钾肥。温度超过 24 ℃会抑制开花，如温度适宜，则终年开花不断。

图 14-9　长寿花

**园林用途：**长寿花株形紧凑，叶片晶莹透亮，花朵稠密艳丽，观赏效果极佳，加之开花期在冬、春少花季节，花期长又能控制，为大众化的优良室内盆花。冬季布置厅堂、居室，春意盎然。长寿花是元旦和春节期间馈赠亲友和长辈的理想盆花。

**同属其他花卉：**常见的栽培品种有玉吊钟（*K. fedtschenkoi*）、落地生根（*K. pinnata*）、褐斑伽蓝（*K. tomentosa*）和棒状落地生根（*K. tubiflora*）等。

4）褐斑伽蓝（*Kalanchoe tomentosa*）

**别名：**月兔耳

**科属：**景天科伽蓝菜属

**形态特征：**多年生草本。茎直立，多分枝，叶生枝端。叶片肉质，匙形，密被白色绒毛，叶端具齿，缺刻处有深褐色或棕色斑，见图 14-10。

**产地：**原产非洲马达加斯加。

**生态习性：**喜温暖干燥和阳光充足环境。不耐寒，耐干旱，不耐水湿。土壤以肥沃疏松的砂质壤土为宜。冬季温度不低于 10 ℃。

**繁殖：**主要用扦插繁殖。在生长期选取茎节短、叶片肥厚的插穗，长 5～7 cm，以茎节的顶端最好。剪口稍干燥后插入沙床，插后 20～25 d 生根，30 d 即可盆栽。也可用单叶扦插，将肥厚充实的叶片平放在沙盆上，用手把叶片基部稍压下一点即可，25～30 d 可生根并逐渐长成小植株。

图 14-10　褐斑伽蓝

**栽培管理：**刚盆栽或换盆时，浇水不宜过多，以保持稍干燥为宜。盆土过湿或过干，均会产生基部叶片萎缩或脱落。生长期需要充足阳光，夏季适当遮荫，但过于荫蔽，则枝叶柔弱，绒毛缺乏光泽。冬季放置于室内阳光充足的窗前养护。有时通风差，会发生粉虱、介壳虫危害，可用 40％氧化乐果乳油 1000 倍液喷杀。

**园林用途：**褐斑伽蓝植株被满绒毛，肉质叶片，形似兔耳。叶片边缘着生深褐色斑纹，酷似熊猫，故又有"熊猫植物"的美称。常用于盆栽观赏，用它装饰客室，乐趣无穷。

### 14.2.3　百合科

1)条纹十二卷(*Haworthia fasciata*)

**别名**:锦鸡尾、雏鸡尾、蛇尾兰

**科属**:百合科十二卷属

**图 14-11　条纹十二卷**

**形态特征**:多年生肉质草本。无茎,基部抽芽,群生。根出叶簇,三角状披针形。先端细尖呈剑形、深绿色,背面横生整齐白色瘤状突起。总状花序,小花绿白色,见图 14-11。

**产地**:原产非洲南部。

**生态习性**:喜温暖干燥和阳光充足环境。怕低温和潮湿。对土壤要求不严,以肥沃、疏松的砂质壤土为宜。冬季温度不低于 5 ℃。

**繁殖**:常用分株繁殖和扦插繁殖。分株,全年均可进行,常在 4—5 月换盆时,将母株周围的幼株剥下直接盆栽。扦插,5—6 月将肉质叶片轻轻切下,基部带上半木质化部分,插于沙床,20～25 d 可生根。还可用花序和花被作材料进行组培繁殖。

**栽培管理**:浅栽,生长期保持盆土湿润,每月施肥 1 次。冬季低温、盛夏半休眠状态时,要严格控制浇水,不耐高温,夏季应适当遮荫,若光线过弱,则叶片退化缩小。冬季需要充足阳光,如光线过强,则叶片会变红。盆土过湿,易引起根部腐烂和叶片萎缩,可从盆内托出,剪除腐烂部分,晾干后重新扦插成苗。

**园林用途**:其肥厚叶片紧凑排列,清新高雅,形态精致秀丽,小巧玲珑。深绿叶上的白色条纹对比强烈。十分耐阴,是理想的室内小型盆栽花卉。

**同属其他花卉**:大叶条纹十二卷(var. *Major*)、凤凰(var. *Houo*)等。

2)芦荟(*Aloe vera* var. *chinensis*(Haw)Baker)

**别名**:龙角、油葱、狼牙掌

**科属**:百合科芦荟属

**形态特征**:多年生肉质草本植物。叶灰绿色,肥厚多汁,有光亮,狭长披针形,互生于茎的基部,边缘有刺状小齿,切断后有黏液流出。花茎挺立,顶部着生总状的橙色花序,花期长。叶片肥润嫩绿,见图 14-12。

**产地**:原产非洲南部、地中海地区及印度。

**生态习性**:喜温暖,不耐寒;喜春、夏季湿润,秋、冬季干燥;喜阳光充足,不耐阴;耐盐碱。

**繁殖**:多用扦插或分株繁殖。

**栽培管理**:母株茎部及植株四周,常萌发有侧芽及小株。每年春末,气温稳定回升后,结合换盆,剪下侧芽和小株;小株剪下后,可直接上盆栽植。侧芽可晾干 1～2 d,或在切口处裹以草木灰,插

**图 14-12　芦荟(库拉索)**

入湿沙床内,20～30 d 可发根。越冬温度 5 ℃以上。在排水好、肥沃的砂壤土上生长良好,不需要大肥水。光照过弱不易开花。生长快,应每年换盆。冬季保持盆土干燥。

**园林用途**:芦荟可盆栽观赏,全草可入药。

**同属其他花卉**:大芦荟(*A. arborescens* var. *natalensis*)、花叶芦荟(*A. variegata*)等。

### 14.2.4 龙舌兰科

1)龙舌兰(*Agave americana*)

**别名**:龙舌掌、番麻

**科属**:龙舌兰科龙舌兰属

**形态特征**:年生常绿大型植物。茎极短,叶倒披针形,灰绿色,肥厚多肉,基生呈莲座状,叶缘具疏粗齿,硬刺状。十几年生植株自叶丛中抽出大型圆锥花序顶生,花淡黄绿色,一生只开 1 次花,异花授粉才结实。

**产地**:原产墨西哥。

**生态习性**:喜温暖,稍耐寒;喜光,不耐阴;喜排水好、肥沃而湿润的砂质壤土,耐干旱和贫瘠土壤。

**繁殖**:春季分株繁殖。将根处萌生的萌蘖苗带根挖出,另行栽植。

**栽培管理**:5 ℃以上气温可露地栽培。华北地区多作温室盆栽,越冬温度 5 ℃以上。浇水不可浇在叶上,否则易生病。随新叶生长,及时去除老叶,保证通风良好。管理粗放。

**园林用途**:龙舌兰叶形多样,美观大方,为大型观叶盆花,也可用于花坛、花境、草坪布置。

**同属其他花卉**:金边龙舌兰( var. *marginata-aurea*),见图 14-13、金心龙舌兰(var. *mediopicta*)和银边龙舌兰(var. *marginata-alba*)等。

**图 14-13 金边龙舌兰**

2)虎尾兰(*Sansevieria trifasciata*)

**别名**:虎耳兰、虎皮兰

**科属**:龙舌兰科虎尾兰属

**形态特征**:多年生肉质草本。具匍匐的根状茎。叶从地下茎生出,丛生,直立,线状倒披针形,先端渐尖,基部有槽,灰绿色,有不规则暗绿色横带状斑纹。花轴超出叶片,花白色,数朵成束。

**产地**:原产热带非洲。

**生态习性**:喜温暖干燥和半荫环境。不耐寒,怕强光曝晒。在排水良好、疏松肥沃的砂质壤土中生长最好。冬季温度不低于 5 ℃。

**繁殖**:常用分株繁殖与扦插繁殖。分株,全年都可进行,以早春换盆时为多,将生长拥挤的植株,脱盆后细心扒开根茎,每丛约 3～4 片叶栽植即可。盆土不宜太湿,否则根茎伤口易感染腐烂。扦插以 5—6 月为好,选取健壮叶片,剪成 5 cm 一段插于沙床中,插后 4 周生根,成活率高。待新芽顶出沙床 10 cm 时,即可移栽小盆。还可采用叶片为材料进行组培繁殖。

图 14-14　金边虎尾兰

栽培管理:移栽幼苗时不宜浇水过多,如高温多湿,则易引起根茎腐烂。夏季应稍加遮荫。冬季放室内养护,需要充足阳光,可继续生长。生长期每半月施肥 1 次。有时发生象鼻虫危害,用 50％杀螟松乳油1000 倍液喷杀。

园林用途:虎尾兰叶片坚挺直立,并具有斑纹,美观大方,是盆栽的好品种。可以净化空气,用于室内观赏。

同属其他花卉:金边虎尾兰(var. *Laurentii*)、短叶虎尾兰(var. *Hahnii*)、金边短叶虎尾兰(var. *Golden Hahnii*)、银脉虎尾兰(var. *Bantel's Sensation*)等。

## 14.2.5　番杏科

1)松叶菊(*Lampranthus spectabilis*)

**别名:**龙须牡丹、松叶牡丹、龙须海棠

**科属:**番杏科松叶菊属

**形态特征:**多年生常绿亚灌木。株高 30 cm,茎匍匐,分枝多,红褐色。叶对生,肉质多三棱,挺直像松针。单花腋生,形似菊花,色彩鲜艳。花期 4—5 月。

**产地:**原产非洲南部。

**生态习性:**喜温暖干燥和阳光充足环境。不耐寒,怕水涝,不耐高温,耐干旱。土壤以肥沃的砂质壤土为好。冬季温度不低于 10 ℃,见图 14-15。

**繁殖:**常用播种繁殖和扦插繁殖。播种,在春季 4—5 月进行,采用室内盆播,播后 10 d 左右发芽。扦插,春、秋季均可进行,选取充实的顶端枝条,剪成 6～8 cm 长,带叶插入沙床,插壤不宜过湿,插后 15～20 d 生根。

**栽培管理:**刚盆栽幼苗,盆土以稍干燥为好,当株高 20 cm 时,需要摘心剪去一半,促使多分枝、多开花。生长期需要充足阳光,每半月施肥 1 次,茎叶生长繁茂、健壮,开花不断。如光照不足,节间伸长、柔软,茎叶易倒伏,开花减少。盛夏进入半休眠状态,控制浇水,放冷凉通风处,否则高温多湿会引起根部腐烂。冬季生长缓慢,应少浇水,保持叶片不皱缩。若气温低、湿度大,则叶片易变黄下垂,严重时枯萎死亡。越冬植株在早春整株修剪换盆后,长出新枝叶,可在 4—5 月重新开花。有时发生叶斑病和锈病危害,用 65％代森锌可湿性粉剂 600 倍液喷洒防治。

**园林用途:**松叶菊花朵红色、光亮有丝绒感,极为鲜艳美丽,宜盆栽或作花坛栽培。

**同属其他花卉:**橙黄松叶菊(*L. aurantiacus*)、丝状松叶菊(*L. filicaulis*)和长叶松叶菊(*L. productus*)等。

图 14-15　松叶菊

2)生石花(*Lithops pseudotruncatella*)

**别名**:石头花、头花、象蹄、元宝

**科属**:番杏科生石花属

**形态特征**:多年生肉质草本。无茎,叶对生,肥厚密接,幼时中央只有一孔,长成后中间呈缝状,为顶部扁平的倒圆锥形或筒形球体,灰绿色或灰褐色,外形酷似卵石;新的 2 片叶与原有老叶交互对生,并代替老叶;叶顶部色彩及花纹变化丰富。花从顶部缝中抽出,无柄、黄色,午后开放,花期 4—6 月,见图 14-16。

**产地**:原产南非和西非。

**生态习性**:喜温暖,不耐寒,喜阳光充足、干燥、通风,也稍耐阴。

图 14-16  生石花

**繁殖**:采用播种繁殖。宜秋播。播后 10～20 d 可出苗。苗期忌过度潮湿。生石花每年春季从中间的缝隙中长出新的肉质叶,将老叶胀破裂开,老叶也随着皱缩而死亡。新叶生长迅速,到夏季又皱缩而裂开,并从缝隙中长出 2～3 株幼小新株,分栽幼株即可。

**栽培管理**:用疏松、排水好的砂质壤土栽培。浇水最好浸灌,以防止水从顶部流入叶缝,造成腐烂。冬季休眠,越冬温度 10 ℃以上,可不浇水,过干时喷些水即可。

**园林用途**:开花时花朵几乎将整个植株都盖住,非常娇美。生石花形如彩石,色彩丰富,娇小玲珑,享有"有生命的石头"的美称。

3)宝绿(*Glottiphllum linguiforme*)

**别名**:舌叶花

**科属**:番杏科宝绿属

**形态特征**:常绿多肉植物。植株矮小,地上茎短粗,但柔软而不能直立,呈匍匐状生长。肉质叶呈长舌状,紧密轮生在短茎上,基部抱茎,外皮纸质,淡绿色,似半透明状,光滑具蜡质,肥厚而柔软,内含大量水分,长约 15 cm。花小型,重瓣,鲜黄色,具长梗,单生于叶腋间,春、秋季开花。

**产地**:原产于非洲南部。

图 14-17  宝绿

**生态习性**:喜光照,耐干旱,不耐阴,不耐寒,忌炎热。夏季常处于半休眠状态,春、秋季生长旺盛,越冬温度 10 ℃以上。对土壤要求不严,耐盐碱。

**繁殖**:常用扦插繁殖。时间宜在 5—6 月。扦插基质可用干净的湿沙,待切口晾干后再将其插入沙床中,维持 20 ℃左右的生根适温,一个月后即可生根,待其新根长至 2～3 cm 时,再进行移栽上盆。

**栽培管理**:每年翻盆换土 1 次,用盆不要过大。春、秋季可适当追施液肥,施肥时不要淋洒在叶面上。除夏季需要适当遮荫外,其他季节均需要充足的阳光。冬季移入温室,要少浇水。多年生老株应淘汰。

**园林用途**:手掌叶片肥厚多汁,翠绿透明,形似翡翠,清雅别致。冬季正月开花,花朵金黄色,灼灼耀眼,十分惹人喜爱。佛手掌适宜盆栽,陈设在书桌、窗台、几案,小巧玲珑,非常雅致。

**同属其他花卉**:长宝绿(*G. lnoum*)、佛手掌(*G. uncalum*)等。

### 14.2.6 大戟科

1)虎刺梅(*Euphorbia milii*)

**别名**:铁海棠、麒麟花、虎刺、麒麟刺、狮子簕

**科属**:大戟科大戟属

**形态特征**:攀援状灌木。株高可达 1 m。茎直立具纵棱,其上生硬刺,排成 5 行。嫩枝粗,有韧性。叶仅生于嫩枝上,倒卵形,先端圆而具小凸尖,基部狭楔形,黄绿色。2~4 个聚伞花序生于枝顶,花绿色;总苞片鲜红色,扁肾形,长期不落,为观赏部位;花期 6—7 月。虎刺梅见图 14-18。

**产地**:原产马达加斯加。

**生态习性**:喜高温,不耐寒;喜强光;不耐干旱及水涝。

**繁殖**:扦插繁殖,多春季进行。

**栽培管理**:土壤水分要适中,过湿生长不良,干旱会落叶。冬季室温 15 ℃以上才开花,否则落叶休眠,休眠期土壤要干燥。光照不足总苞色不艳或不开花。

**园林用途**:其花形美丽,颜色鲜艳,茎枝奇特,适宜在专类园中展览。

**同属其他花卉**:峦岳(*E. abyssinica*)、大戟阁(*E. ammak*)、绿鬼玉(*E. deccbta*)、玉麟宝(*E. globosa*)和孔雀姬(*E. flanaganii*)等。

2)霸王鞭(*Euphorbia antiquorum*)

**别名**:金刚纂、火殃簕

**科属**:大戟科大戟属

**形态特征**:常绿灌木。全株含白色有毒乳汁。茎肉质,粗壮直立,小枝绿色。叶对生,倒卵状披针形,先端圆。杯状花序生于翅的凹陷处。霸王鞭见图 14-19。

**图 14-18 虎刺梅**

**图 14-19 霸王鞭**

**产地**:原产印度。中国除华南、西南以外地区均温室栽培。

**生态习性**:喜强光、高温,不耐寒;宜排水好的砂质壤土,耐干旱。

**繁殖**:扦插繁殖。用嫩茎作插穗,四季皆可。

**栽培管理**:浇水宜少,忌水湿,注意通风,冬季室温应在 10 ℃以上。管理粗放。

**园林用途**:霸王鞭生长高大,刚劲有力,四季常青。南方可作庭园树栽培,或作篱笆,也可盆栽,放置在大门出入口处。

### 14.2.7 菊科

1)肉菊(*Kleinia articulata*)

**别名**:伞花绢毛菊、条参、红条参

**科属**:菊科肉菊属

**形态特征**:多年生的多浆肉质草本植物。植株高达 70 cm,茎直立,翠绿色,外被白粉,附着有鳞片,无刺,茎圆柱状,具节,每节下端瘦小,上部膨胀如棒状,近似仙人掌类。花和叶均着生于梢头顶端,头状花序,白色至粉红色,柄较长,具数枚三角状鳞片。叶近三角状,边缘有不规则状浅裂,叶柄光滑无鳞。花为菊而茎似仙人掌类。花期长,从 11 月至翌年 6 月。

**产地**:原产南非。

**生态习性**:喜温暖,耐干热,怕严寒。喜光,耐烈日直射,亦耐半荫。喜肥力持久、排水良好的砂质壤土。冬季温度不低于 6 ℃。肉菊见图 14-20。

**繁殖**:多采用扦插繁殖。四季均可进行(除秋末、早春),以 6—8 月高温期最适宜。用当年生的嫩枝作插穗,每穗 2 节,切口处裹以草木灰,1 节插入沙床内,遮荫并保持湿润,约 30 d 可生根。

**栽培管理**:地植,宜稍高于地面,坎内掺沙并施腐熟饼肥等作基肥。盆栽宜用塘泥或腐叶土拌石灰、过磷酸钙作基肥。浇水不宜过多,保持盆土半干状态即可,阴雨或暴雨天宜搬至室内或防雨棚内,以防止土壤过湿。夏秋旱季,应每日或隔日浇水 1 次,保持土壤湿润。

图 14-20 肉菊

**园林用途**:野生性强,可用于假山和山石地绿化配置。

**同属其他花卉**:星状肉菊(*K. stapeliaeformis*)和银锤肉菊(*K. tomentosa*)等。

2)绿铃(*Senecio rowleyanus*)

**别名**:绿之铃、绿珠帘、螃蟹兰、翡翠珠、绿串珠、一串珠、项链掌

**科属**:菊科千里光属

**形态特征**:多年生蔓性多浆植物。垂蔓可达 1 m 以上。具地下根茎,茎铺散,细弱,下垂。叶绿色,卵状球形至卵椭圆球形,全缘,先端急尖,肉质,具淡绿色斑纹,叶整齐排列于茎蔓上,成串珠状。花小。

**产地**:原产南美。

**生态习性**：不耐寒，喜阳光充足、温暖的环境，稍耐阴；耐干旱，宜排水良好的砂质壤土。

**繁殖**：扦插繁殖，除冬季外，春、夏、秋季均可进行。

**栽培管理**：春、秋两季的生长旺盛期，可放在光线明亮处养护，避免盆土积水，否则会造成根部腐烂。栽培容易，常规管理。

**园林用途**：室内盆栽岩生花卉岩石庭园、吊篮。

**同属其他花卉**：泥鳅掌（*S. pendulus*）、菱角掌（*S. radicans*）、银锤掌（*S. haworthii*）和仙人笔（*S. articulatus*）等。

### 14.2.8　萝藦科

1）豹皮花（*Stapelia pulchella*）

**别名**：犀角、徽纹掌

**科属**：萝藦科国璋属

**形态特征**：多年生肉质草本。株高 10～20 cm。茎丛生，光滑无毛，粗壮四棱形，棱上有对生的粗短软刺，无叶。花基生，单朵或 2～3 朵并生，五角星状，内面黄色，密布暗紫色横纹或斑块，花有异味，花期为夏季。豹皮花见图 14-21。

**产地**：原产南非。

**图 14-21　豹皮花**

**生态习性**：喜温暖、干燥，不耐寒，也忌炎热，喜光；宜排水良好、富含腐殖质的砂砾土，极耐干旱。

**繁殖**：扦插繁殖或分株繁殖，除高温高湿的盛夏季节外，均可进行。扦插可从母株上剪取茎枝或从基部分割丛生茎条，剪成 5～6 cm 长的插穗，置半荫通风干燥 1～2 d，待切口结痂，茎皮向内收缩时插入疏松的半壤土中，少浇水，保持温度 20～25 ℃，插后 10～15 d 生根，待根长 3～4 cm 时即可上盆。分株于早春进行，分栽后应适当节制水量。

**栽培管理**：生长季节应放室外，给以充足的光照；避烈日。冬季应放温暖房间或有阳光充足的居室窗台附近，晚间室温应保持在 5 ℃以上。豹皮花对土壤要求不高，培养土一般壤土加粗沙或沙土即可，不必加入过多的腐殖质。因其是喜干旱植物，浇水应依具体情况而定，一般在天气干燥，茎有轻度萎蔫，盆土表面发白时才浇水。不需要大肥，2～3 周施 1 次较薄液肥，即能生长良好。如在夏、秋季更换 2～3 次培养土，不施肥也可生长旺盛。豹皮花不耐水湿，夏季忌雨淋，浇水过度或盆中积水，均易造成根部腐烂死亡。盆土特别干燥时可浇少量的水。越冬温度 10 ℃以上。

**园林用途**：豹皮花花大色浓，形状别致，可布置于阳台、窗台或明亮的室内。但其花有异味。

2）爱之蔓（*Ceropegia woodii*）

**别名**：心蔓、吊金钱、蜡花、心心相印、吊灯花

**科属**：萝藦科吊灯花属

**形态特征**：茎细长下垂，节间长。叶对生，心形、肉质、银灰色，花淡紫红色，从茎蔓看，好似古人

用绳串吊的铜钱,故名"吊金钱"。又因其茎细长似一条
条的项链垂吊的心形对生叶,所以又叫它"心心相印",
台湾则称其为"爱之蔓"。植株具蔓性,可匍匐于地面或
悬垂,最长可达 90～120 cm。叶心形,对生,长 1～1.5
cm,宽约 1.5 cm,叶面上有灰色网状花纹,叶背为紫红
色。叶腋处会长出圆形块茎,称作"零余子",有贮存养
分、水分及繁殖的功用。春、夏季时,成株会开出红褐
色、壶状的花,长约 2.5 cm,花后会结出羊角状的果实。
爱之蔓见图 14-22。

图 14-22　爱之蔓

　　**产地:**原产于南非及津巴布韦。

　　**生态习性:**性喜温暖。光线充足时,其生长繁茂,在散射光的条件下生长更好。夏季忌上午 11
时至下午 4 时的强阳光直晒,否则叶片发黄、焦边,影响观赏。但放置环境也不能过阴或完全不见阳
光,这样会使茎蔓瘦弱,叶小质薄,也会降低观赏价值。吊金钱喜生于稍湿润的土壤中。

　　**繁殖:**可以扦插繁殖、高压繁殖、播种繁殖或零余子繁殖。春、秋季时,取一对叶子(带一点茎
节)或 2～3 对叶子,扦插于栽培介质中,可套上透明塑料袋提高湿度,约 1 个月即会长出新芽。也可
直接将长有零余子的枝条拔下,将零余子浅埋入介质中,即会发根长成新株。

　　**栽培管理:**在室外培养时,雨季应把其放置在通风避雨处,以防雨淋后盆土过湿,植株沤根而坏
死。在室内栽培时,春、秋季应 3～4 d 浇 1 次水;夏季 2～3 d 浇 1 次水,天气酷热时,可喷水雾润泽
枝叶;冬季应节制浇水,10～15 d 浇水 1 次,保持盆土微湿润即可。如发现蔓梢叶萎蔫,则是缺水的
表现,应及时补充水分,使植株迅速恢复正常生长。

　　爱之蔓喜淡薄肥料,忌施浓肥和单用氮肥。在室内培养时,10～15 d 施 1 次氮、磷、钾相结合的
液肥,每日可向叶面增喷 0.1%～0.2% 的磷酸二氢钾水溶液,则可使叶色鲜艳、亮丽。

　　**园林用途:**爱之蔓常用塑料吊盆栽植,常悬于门侧、窗前,茎蔓随风飘摆,十分有趣;用陶瓷盆栽
置于室内墙角、高花架上或书柜顶上,其茎蔓下垂,可长达 150 cm 左右,飘洒自如,十分受人喜爱。

　　**同属其他花卉:**斑叶爱之蔓(*C. woodii* f. *variegata*)、桑德桑吊灯花(*C. sandersonii*)、狭叶吊灯
花(*C. debilis*)、巴克利吊灯花(*C. barkleyi*)、武蜡泉花(*C. armandii* Rauh.)、薄云(*Ceropegia
stapeliiformis* Haw.)、醉龙(*Ceropegia radicans* Schltr.)、浓云(*C. fusca*)、美丽吊灯花(*C.
elegans*)、细茎蜡泉花(*C. debilia*)、花辛美丝蜡泉花(*Ceropegia cimiciodora* Oberm. 等)。

## 14.2.9　马齿苋科

　　1)半支莲(*Portulaca grandiflora*)

　　**别名:**太阳花、大花马齿苋、松叶牡丹

　　**科属:**马齿苋科马齿苋属

　　**形态特征:**一年生肉质草本。株高 10～15 cm,植株低矮。茎细圆,平卧或斜生,节上有毛。叶
互生或散生,短圆柱形,基部被长柔毛。花单生或数朵簇生顶端,基部被有白色长柔毛的轮生叶状
苞片。花有红、紫、粉红、粉、橘黄、黄、白等色,极丰富,花期 7—8 月。花在阳光下开放,单花期 1 d。
品种与类型众多,有全日开花,重瓣、半重瓣园艺品种。半支莲见图 14-23。

　　**产地:**原产南美、巴西。

图 14-23　半支莲

**生态习性**:喜温暖、光照充足、干燥环境,不择土壤,极耐干旱瘠薄。

**繁殖**:春、夏、秋季皆可播种繁殖,也可扦插繁殖及自播繁殖。

**栽培管理**:适应性强,可裸根移栽,栽培于排水好而肥沃的砂质壤土上可更好地生长,开花多,雨季防涝。管理简单。

**园林用途**:太阳花植株矮小,茎、叶肉质光洁,花色丰艳,花期长。宜布置花坛外围,也可辟为专类花坛。全草可作处方药。

**同属其他花卉**:小琉球马齿苋(*P. insularis* Hosok.)、马齿苋(*P. oleracea* L.)、毛马齿苋(*P. pilosa* L.)、沙生马齿苋(*P. psammotropha* Hance.)、四瓣马齿苋(*P. quadrifida* L.)等。

## 本章思考题

1.何为多肉多浆花卉? 简述它们的特点。

2.简述多肉多浆花卉的观赏特点。

3.简述多肉多浆花卉的栽培特点。

# 15 木本园林花卉

【本章提要】 本章介绍了木本花卉的分类、栽培特点和观赏特点。并重点介绍中国传统名花和常见木本花卉的生态习性、繁殖方法、栽培技术和园林应用等。

## 15.1 概述

### 15.1.1 木本园林花卉的概念

木本花卉指植株的茎和枝条均是木质化,树体有主干,或主干不明显,生长年限及寿命较长,以观花或观叶为主,应用于园林中的花卉植物,是花卉一词的广义化,如牡丹、梅花、月季、桃花、紫荆等。木本花卉一般在栽种数年后,可连年开花,是园林绿化和风景区绿化及庭院布置的主要材料。

### 15.1.2 木本园林花卉的分类

根据木本花卉的生长类型和特点,可将其分为以下几类。

(1)乔木类

乔木类园林花卉具有明显高大的主干,植株高度常达 6 m 至数十米。根据植株生长速度,又可分为速生乔木、中生乔木和慢生乔木,如红叶杨、金丝垂柳、金枝国槐、木瓜、白皮松等。

(2)灌木类

灌木类园林花卉无明显的主干或主干低矮,植株高度在 6 m 以下,如榆叶梅、蜡梅、石榴等。

(3)丛木类

丛木类园林花卉植株矮小,无明显的主干,干茎自地面呈多数生出,如贴梗海棠、夹竹桃等。

(4)藤木类

藤木类园林花卉的植株无明显的主干,茎不能自行直立,是需要缠绕或攀附他物才能向上生长的一类木本花卉。根据其生长特点,又可分为:吸附类,如爬山虎借助吸盘、凌霄借助气生根向上攀缘;卷须类,如葡萄借助其卷须攀附他物;蔓条类,如藤本蔷薇依靠其钩刺攀升;绞杀类,如借助其缠绕性和粗壮而发达的吸附根使被缠绕的植物缢紧而死亡。

(5)匍地类

匍地类园林花卉是指植株的干或枝匍地生长的一类,如铺地柏等。

### 15.1.3 木本园林花卉的栽培特点

木本园林花卉应用于园林中,相对于草本花卉,在栽培管理上,如施肥、浇水、病虫害防治、越冬或越夏保护等方面相对比较省工、省时。由于是多年生木本,一经定植,就可以吸收利用土壤中深层的营养和水分,因此比草本花卉抗性强,适应能力强。但是,在造型技术上要求却相对较高,如果要完成一株乔、灌木的艺术造型,绝不是一季、一年能完成的,而是需要长期的、多年的艺术加工才能完成。造型完成后,还需要定期维护以保持完美株型。

### 15.1.4　木本园林花卉的观赏特色

没有园林植物,就不能称为真正的园林。没有园林树木,园林就没有骨架。可见木本园林花卉对园林的作用有多大。木本园林花卉应用于园林绿地中,具有比草本花卉更多特色的观赏特性和价值。木本园林花卉种类繁多,每个树种各有自己的形态、色彩、风韵、芳香等特色,而且这些特色又随着季节及树龄的变化而有所丰富和发展。

①木本园林花卉的季相美和形态美。如春季枝梢嫩绿,花团锦簇;夏季绿叶成荫,浓影覆地;秋季果实累累,色香具备;冬季则白雪挂枝,银装素裹。一年之中,四季各有不同的风姿和妙趣。以树龄论,木本园林花卉在不同的年龄时期,均有不同的树形树貌。如白皮松在幼龄时全株团簇状似球,壮龄时则亭亭如华盖,老年时则枝干盘虬有飞舞之姿。

②木本园林花卉的个体美主要表现在形体姿态、色彩光泽、韵味联想、芳香及自然衍生美。形体姿态美包括树形、枝形、叶形、花形、果形美。色彩光泽美,指树皮、枝条、叶片、花朵及果实的色彩与光泽度。韵味联想美,是指观赏者在观赏完园林花卉之后,在人脑中产生的用文字表达的文化美,也称为联想美、意境美等。这是人们对植物赋予了自己的感情,将其人格化了。如松、竹、梅被称为"岁寒三友",象征坚贞、气节和理想,代表高尚的品质;红豆表示相思、恋念;紫荆喻示兄弟和睦。园林花卉的这种文化美的形成比较复杂,与民族文化、风俗习惯、文化教育、社会历史等有关系。同时,园林花卉的这种文化美,并不是一成不变的,随着时代的发展也会转变,与时俱进。如梅花,旧时以曲为美,受文人"疏影横斜"的影响,带有孤芳自赏的情调。现代却有了"待到山花烂漫时,她在丛中笑"的积极意义和高尚理想的内容。芳香美是指园林花卉的植株或部分器官能够挥发出怡人的芳香气味,能给人以清新、愉悦之感。自然衍生美是指由于某种花卉美而诱导出的美,如园林花卉诱来的禽鸟形成的"鸟语花香"之美,松针因风吹而起舞相互撞击形成的"松涛"之美等。

③木本园林花卉的群体美,是指同一种类或不同种类搭配在一起形成的群落之美,主要体现在林缘线、林冠线、色彩交替、形状变化及叶花果交替的林相之美、韵律之美、景观之美。同时,还包括园林花卉与环境配合的协调统一的艺术美。园林花卉组合配置后,可以体现出景观的丰富感与平衡感,体现既稳定严肃又活泼之感,达到强调、缓解与增加韵味的效果。

# 15.2　传统名花

1)牡丹(*Paeonia suffruticosa* Andr.)

**别名:**富贵花、木本芍药、洛阳花

**科属:**芍药科芍药属

**形态特征:**为落叶灌木,高达2 m。枝条粗壮。叶呈2回羽状复叶,小叶长4.5~8 cm,阔卵形至卵状长椭圆形,先端3~5裂,基部全缘,叶背有白粉,平滑无毛。花顶生,大型,径10~30 cm;花型有多种;花色丰富,有紫、深红、粉红、黄、白、豆绿等色。花期4月下旬至5月;果期9月。牡丹见图15-1。

**产地分布:**产于中国西部和北部,现各地广泛栽培,并已引种到国外。

**生态习性**：喜温暖而不耐热,较耐寒;喜光但忌夏季曝晒,在弱荫下生长最好,花期若能适当遮荫可延长花期并可保持纯正的色泽。喜深厚肥沃、排水良好、略带湿润的砂质壤土,忌黏土及积水之地。较耐碱,在 pH 值为 8 的土壤中也能正常生长。

**繁殖方法**：以秋季分株为主,也多用芍药根嫁接,也可用压条和播种。

**栽培技术**：可采用裸根移植。牡丹栽培最重要的问题是选择和创造适合其生长的环境条件。不要在低洼地栽植牡丹,以背风向阳处的肥沃土壤为好。由于牡丹的生长期和开花期都集中在春季,此时对水分和养分的需求量很大,故花期前、后应充分供应水肥。每次浇灌后要中耕,防止烂根。施肥应在早春萌芽前后、开花后、秋季落叶后三个时期进行。整形修剪方面,一是定干不要太多,3～5 个为好;二是应及时清除脚芽,防止不必要的养分消耗;三是及时剪除残花和落叶后剪除枝条上部未木质化的枯死部分。病虫害方面主要有黑斑病、根腐病、白粉病等,要注意及时防治。

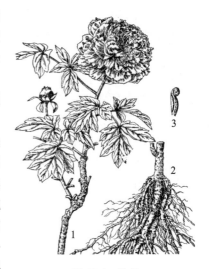

**图 15-1　牡丹**
1—花枝;2—根;3—心皮

**园林用途**：花大且美,香色俱佳,故有"国色天香"的美称,更被赏花者评为"花中之王",从而有"倾国姿容别,多开富贵家。临轩一赏后,轻薄万千花。"的评价。古今园林中常作专类花园及供重点美化;又可植于花台、花池中观赏;亦可行自然式孤植或丛植于岩旁、草坪边缘或配植于庭园;此外,亦可盆栽或作切花。

**种与品种**：同属落叶灌木的还有如下几种。①矮牡丹(*P. jishanensis* T. Hong et W. Z. Zhao.),高达 1 m。叶全为 3 深裂,裂片再浅裂。花期 4—5 月,果期 8—9 月。特产于陕西延安一带山坡疏林中。②紫斑牡丹(*P. rockii* Andr.),叶为 3 回(少数 2 回)羽状复叶,小叶 19～33。花白色,瓣基有紫红色斑点。花期 4 月下旬至 5 月下旬。产于四川北部、陕西南部及甘肃境内。③四川牡丹(*P. decomposita* Hand.-Mazz.),叶为 3 或 4 回羽状复叶,小叶 29～63,全部分裂。花盘在花期半包心皮,心皮 2～5。花期 4 月下旬至 6 月上旬。特产于四川马尔康和金川一带海拔 2600～3100 m 的山坡及河流旁。④大花黄牡丹(*P. ludlowii*(Stern et Taylor)D. Y. Hong),植株高达 2.4 m。花瓣、花丝和柱头黄色,可孕心皮仅 1～2。花期 5—6 月。产于西藏东南部海拔 2700～3300 m 处。已在欧洲栽培,并用于杂交育种。⑤卵叶牡丹(*P. qiui* Y. L. Pei et D. Y. Hong),叶为 2 回 3 出复叶,小叶 9,卵形或卵圆形,多全缘,上面多为紫红色。花瓣基部有红色斑块。花期 4—5 月。产于湖北西部及河南西部。⑥凤丹(*P. ostii* T. Hong et J. X. Zhang),叶为 2 回羽状复叶,小叶多至 15,窄卵形或卵状披针形,多全缘。花瓣纯白色,无紫斑。花期 4—5 月。产于河南西部嵩县及卢氏县,野生居群极少,现已广泛栽培,以安徽铜陵的凤丹最为著名。⑦狭叶牡丹(*P. potanini* Kom.),株高 1～1.5 m。茎圆,绿色。2 回 3 出复叶,2 回裂片又 3～5 或更多深裂。花红色至紫红色,花瓣 9～12。花丝红色,柱头细而弯,花盘肉质。花期 5 月,果期 8 月。产于四川、云南。⑧滇牡丹(*P. delavayi* Franch.),又称野牡丹、紫牡丹。株高不及 2 m。花 2～5,生于枝顶和叶腋,花瓣黄、橙、红或红紫色,花盘肉质,仅包心皮基部。蓇葖果长约 3～3.5 cm,径 1～1.5 cm。花期 5—6 月,产于云南西北部和北部、四川及西藏东南部。⑨黄牡丹(*P. lutea* Franch.),高约 1 m。花黄色,有时瓣缘红色或基部有紫斑,径约 6.3 cm,心皮 3～4。产于云南、四川西南部。

牡丹是中国传统名花,隋唐时期即广为栽培,品种繁多,品种数超过 1000 个。传统上牡丹品种分为 3 类 6 型 8 大色,即单瓣类—葵花型,重瓣类—荷花型、玫瑰型、平头型,千瓣类—皇冠型、绣球型,花色有红、黄、白、蓝、粉、紫、绿、黑 8 色。根据参与品种的亲本来源和栽培习性,将栽培品种分为四大品种群:①中原牡丹品种群,品种 800 多个,栽培面积最广,适于长江以北广大地区栽培,如河南洛阳、山东菏泽、河北易县、北京市、安徽铜陵与亳州等地,著名品种有'白玉''姚黄''豆绿''魏紫''洛阳红''首案红''昆山夜光''赵粉''二乔'等。②西北牡丹品种群,主要分布在甘肃兰州、临洮等,约 300 个品种,著名的有'书生捧墨''雪海冰心''太白醉酒''奥运圣火''紫蝶迎风'等。③江南牡丹品种群主要在长江以南地区,著名品种有'月照星河''射阳紫''红芙蓉''凤尾'等。④西南牡丹品种群主要分布在四川、重庆、贵州、云南及西藏一带,著名品种有'红晕白''垫江红''彭州紫''丽江粉'等。

2)梅花(*Prunus mume* Sieb. et Zucc.)

**别名:**梅、干枝梅

**科属:**蔷薇科李属

**图 15-2　梅花**
1—花枝;2—花纵剖面;3—果枝;4—果纵剖面

**形态特征:**小乔木或灌木。树皮灰褐色,小枝绿色,光滑无毛。叶卵形或椭圆形,尾尖,基部宽楔形至圆形,缘具小锐锯齿;柄有腺体。花单生或 2 朵并生,浓香,先叶开放;花梗短;花萼颜色因品种而异;萼筒宽钟形,先端圆钝;花瓣倒卵形,白色至粉红色。花期冬末春初。果近球形,被柔毛,果肉核粘;核椭圆形,顶端圆形而有小突尖头,基部渐狭成楔形,表面具蜂窝状孔穴,见图 15-2。

**产地分布:**原产于长江流域及其以南各省。日本和朝鲜也产。现中国各地均有栽培。

**生态习性:**性喜光和温暖而略潮润的气候,有一定的耐寒力,个别品种可在东北应用。对土壤要求不高,耐瘠薄土壤。最怕积水,要求排水良好土壤。

**繁殖方法:**以嫁接和播种为主,也可压条。嫁接时,南方多用毛桃作砧木,北方多用山桃、山杏、梅作砧木。但是,毛桃、山桃上嫁接的梅花寿命短、病虫害严重,其他砧木上嫁接的梅花则没有这些问题。

**栽培技术:**梅花可裸根移植。露地栽培,应选择背风向阳之处。树形以自然开心形为好,也可用多主枝自然圆头形。由于梅花对修剪反应敏感,故应采用多疏枝少短截的方法。施肥灌水多以春季开花前、后为主,花芽形成前则应控制水分,增施肥料促进花芽分化。北方应于土壤封冻前灌 1 次封冻水,以减少冬、春季节抽条的数量。

**园林用途:**梅花已有 3000 多年的栽培历史,根据观赏和食用又分为花梅和果梅两类,花梅主要供观赏,果梅主要作加工或药用。

梅花最宜植于庭院、草坪、低山丘陵,可孤植、丛植、群植。又可盆栽观赏,或加以整形修剪成桩景,或作切花瓶插供室内装饰用。同时,由于梅花品种较多,又适合营建专类园。其枝虬曲苍劲嶙峋,风韵洒脱,有一种饱经沧桑、威武不屈的阳刚之美;梅花是孤傲的象征,也是友情的象征。中国的传统文化对梅花在园林中的配置有重要指导意义,如梅、兰、菊、竹被称为花中"四君子",松、竹、梅被称为"岁寒三友"。因此,如何把中国博大精深的传统文化的精髓应用于园林植物造景,是值得园林设计者好好深思的问题。目前,中国建成了南京梅花山梅园、上海市淀山湖梅园、无锡市梅园和武汉市东湖磨山梅园,四个规模很大、品种丰富的梅园。南京市、武汉市等均以梅花作为市花。

**种与品种:**1998 年 11 月,陈俊愉先生及其领导的中国梅花腊梅协会,被国际园艺学会授权为梅花及果梅的国际植物登录权威。目前,中国梅花品种已经超过 300 多个,并对品种按照梅品种演化关系建立了分类新系统,简要概括为 3 系 5 类 18 型。3 系指真梅系、杏梅系和樱李梅系。真梅系品种由梅演化而来,包括直枝梅类、垂枝梅类和龙游梅类。杏梅系为杏与梅的杂交品种。樱李梅系为宫粉梅与'紫叶'李的杂交品种。

①直枝梅类:枝直上或斜生,含品字梅型、小细梅型、江梅型、宫粉型、绿萼型、玉蝶型、朱砂型、黄香型、洒金型 9 型。

②垂枝梅类:枝自然下垂或斜垂,有粉花垂枝型、五宝垂枝型、残雪垂枝型、白碧垂枝型、骨红垂枝型 5 型。

③龙游梅类:枝自然扭曲如龙游,只有 1 型即玉蝶龙游型,如'龙游'梅。

④杏梅类:是梅与杏(山杏)的种间杂交,花、叶、枝居于梅杏之间,不香或微香,花托肿大。有单瓣杏梅型及春后型 2 型。

⑤樱李梅类:枝叶似'紫叶'李,花梗细长,花托不肿大,是'紫叶'李与宫粉梅的人工杂交种,紫叶红花,重瓣大朵,抗寒。仅有'美人'梅型,如'俏美人'梅、'小美人'梅等。美人梅(*P. blireana* 'Meiren'),叶紫红色,似杏叶。花色浅紫,重瓣,花瓣 15~17。花期 3—4 月,先花后叶。杂交种,华北各地有栽培。春季花朵满树,异常美丽。

3)月季(*Rosa chinensis* Jacq. )

**别名:**月月红

**科属:**蔷薇科蔷薇属

**形态特征:**常具钩状皮刺。小叶 3~5,广卵至卵状椭圆形,长 2.5~6 cm,缘有锐锯齿;叶柄和叶轴散生皮刺和短腺毛,托叶大部分附生在叶柄上,边缘有纤毛。花常数朵簇生,罕单生,径约 5 cm,花色深红、粉红至近白色,微香。果卵形至球形,红色。花期 4 月下旬至 10 月,果期 9—11 月。月季见图 15-3。

**产地分布:**产于湖北、四川、云南、湖南、江苏、广东等地,现各地普遍栽培。原种及多数变种早在 18 世纪末、19 世纪初就传至国外,成为近代月季杂交育种的重要原始材料。

**生态习性:**喜光,喜温暖,夏季的高温对开花不利。对土壤要求不严,对环境适应性强。

**繁殖方法:**以扦插和嫁接为主,也可压条、分株和播种。扦插多在春、秋两季进行,嫁接以野蔷薇、白玉棠、刺玫、木香等为砧木,方法可用枝接、芽接、根接。

**栽培技术:**栽植时可裸根移植,栽前应重剪,以后每年入冬前也要重剪,将健壮老枝留 2~4 个芽,剪除弱枝、枯枝、病虫枝及过密枝等,以保证来年萌发粗壮枝条,形成丰满株形。由于月季一年中开花多次,消耗养分较多,因此要多施肥,入冬前施 1 次基肥,生长季施 2~3 次肥料。易受白粉病危害,应及时剪除病枝、集中烧毁,并喷药防治。

**园林用途:**花色艳丽,花期较长,是园林布置的极好材料,宜作花坛、花境及基础栽植用,在草

图 15-3 月季
1—果实；2—花枝

坪、园路角隅、庭园、假山等处配植也很合适，又是盆栽及切花的优良材料。

**种与品种**：常见的变种、变型有如下几种。月月红（var. *semperflorens* Koehne），茎纤细，带紫红晕；小叶较薄，常带紫晕；花单生，紫色至深粉红色，花梗细长而下垂。小月季（var. *minima* Voss.），株高不及 25 cm；叶小而狭；花小，径约 3 cm，玫瑰红色，单瓣或重瓣。绿月季（var. *vividiflora* Dipp.），花淡绿色，花瓣呈带锯齿的绿叶状。变色月季（f. *mutabilis* Rehd.），花单瓣，初开时硫黄色，继而变为橙色、红色，最后呈暗红色。原种及多数变种早在 18 世纪末、19 世纪初被引至欧洲，与欧洲蔷薇等杂交，培育出了众多的现代月季。目前，国际上现代月季品种已达 20 000 余种，大体上分为以下几类。

①杂交茶香月季（*Hybrid Tea Roses*，简称 *HT*）是现代月季中最主要的一类，来源于香水月季与长春月季杂交而成。它的主要特点是株形匀称健美，枝叶清新光洁，一般每个枝条开 1 朵花。花朵硕大，色彩丰富艳丽，气味芳香，花期较长，适宜盆栽和切花等，是最受人们喜爱的一类。优良品种有'林肯''红双喜''香云''十全十美''天晴''贵妃醉酒''国色天香''黄和平'等。

②丰花月季（聚花月季，*Floribunda Roses*，简称 FR），凡花量大、花期长的均可称之为丰花月季。此类月季既有长花梗、较大花径和美丽花形，又具有耐寒性强、开花聚球、花期长的优良特性，但其花径小于杂种香水月季。著名品种有'曼海姆''金荷尔斯坦''北京红''魅力''法国花边''引人入胜''欧洲百科全书'等。

③壮花月季（大花月季，*Grandiflora Roses*，简称 GR）能连续大量开花，花重瓣，瓣数多达 60 片以上，但花径略小于杂种香水月季而大于丰花月季。优良的品种有'伊丽莎白女王''东方欲晓''金色太阳''茶花女'等。

④藤蔓月季（*Climbing Roses*，简称 CL），茎细长柔软，长达 3~5 m，具皮刺。花单生或聚生，花型多样，花色十分丰富，部分种类具芳香，花直径 3~13 cm，因品种而异。可 3 季开花。常见品种有'美人鱼''藤和平''藤墨红''安吉尔''至高无上''花旗藤'等。藤蔓月季广布于欧洲、美洲、亚洲、大洋洲，中国大部分地区有栽培。可用于制作花球、花柱、花篱、花屏障、花墙、花拱门，也可用于装饰园门、棚架、凉廊等，或用于河岸、道路两侧及中央隔离带的绿化。由于藤蔓月季主要是借助茎上的钩刺攀援生长，常常需要人工牵引绑缚，必要时还需要搭设攀援架，才能达到预期的观赏效果。

⑤微型月季（*Miniatures Roses*，简称 Min）株型矮小，呈球状，花头众多，因其品性独特，故又称为"钻石月季"。花期全年均会开放，适合于盆栽、点缀草坪和布置花色图案。常见品种有'金太阳''小女孩''矮仙女''紫薇星''绿冰''满天星'等。

⑥灌木类月季（*Shrub Roses*，简称 SR）指月季中多季开花且花量大的品种，有许多品种是一季开花，但也有一部分品种是多季开花，且花量大。优良品种有'仙境''粗咖啡'等。

⑦地被月季（*Ground Cover Rose*），这是灌丛月季中高度比较矮的一类。有一部分是一季开花，也有一些是花量大、花期长的品种，如'恋情火焰''夏日故事'等。

同属落叶灌木的其他花卉：①玫瑰（*R. rugosa* Thunb.），高达 2 m，枝密生刚毛与倒刺。小叶

5～9,缘有钝齿,表面多皱无毛,背面有柔毛及刺毛。花紫红色,芳香,径 6～8 cm。花期 5—6 月,7—8 月零星开放。果期 9—10 月。产于中国北部,现各地均有栽培,以山东、江苏、浙江、广东为多。变种有:紫玫瑰(var. *typica* Reg.),花玫瑰紫色;红玫瑰(var. *rosea* Rehd.),花玫瑰红色;白玫瑰(var. *alba* W. Robins.),花白色;重瓣紫玫瑰(var. *plena* Reg.),花重瓣,玫瑰紫色,香气浓;重瓣白玫瑰(var. *albo-plena* Rehd.),花重瓣,白色。②缫丝花(*R. roxburghii* Tratt.),高达 2.5 m,小枝细,具成对小刺。小叶 9～13,边缘具细锐单锯齿。花单生,有时 2 朵簇生,淡红色,花托密生细刺。花期 5—7 月。产于江苏、陕西、甘肃、湖北、湖南、四川、江西、云南、贵州、广东。日本也产。③黄刺玫(*R. xanthina* Lindl.),高达 3 m,小枝有硬直皮刺。小叶 7～13,缘有钝锯齿。花单生,黄色。花期 4 月下旬至 5 月中旬。产于东北、华北至西北。④黄蔷薇(*R. hugonis* Hemsl.),高达 2.5 m,枝拱形,有直而扁平之刺,并常有刺毛混生。花单生,淡黄色,微香,单瓣。花期 4—5 月。产于陕西、甘肃、四川等地。⑤刺玫蔷薇(*R. davurica* Pall.),别名山刺玫。高约 1.5 m。小枝圆柱形,有黄色皮刺。小叶 7～9,中部以上有锐齿。花粉红色。花期 6—7 月。产于吉林、辽宁、内蒙古及华北各省。⑥突厥蔷薇(*R. damascena* Mill.),别名香水玫瑰、大马士革蔷薇。高达 2 m,茎常有多数粗壮钩刺。小叶常 5 片,表面光滑,背面密被短柔毛。花 6～12 朵排成伞房花序,粉白至红色,夏、秋季开花。产于小亚细亚,在保加利亚、土耳其等地广为栽培,供观赏及提炼芳香油用,也是近代月季品种的亲本之一。⑦法国蔷薇(*R. gallica* Linn.),高达 1.5 m,具钩刺、刺毛和腺毛。小叶通常 5 片,有时 3 片,叶厚而皱。花单生或 2～4 朵簇生,淡红或深红色。产于欧洲及西亚地区,久经栽培,是近代月季品种的亲本之一。

**同属藤本状灌木的其他花卉:**①多花蔷薇(*R. multiflora* Thunb.),别名野蔷薇。小枝疏生短、粗倒钩状皮刺。奇数羽状复叶,小叶 5～9,倒卵状圆形至矩圆形,先端急尖或圆钝,基部宽楔形或圆形,缘具锐锯齿;托叶边缘篦齿状分裂并有腺毛。圆锥状伞房花序,花白色,芳香,花径约 2 cm。瘦果近球形,径约 6 mm,红褐色。花期 5—6 月,果期 8—9 月。产于华北、华东、华中、华南及西南地区。朝鲜、日本也产。性喜光,也略耐阴;耐寒、耐旱、耐水湿;对土壤要求不严,对有毒气体的抗性强。枝条舒展,花繁叶茂,可作花篱用,可适用于棚架、凉廊、园门、假山的绿化,坡地丛植可起到保持水土的作用。常见的变种有:七姊妹(var. *platyphylla* Thory.),又名姊妹,花深红色,重瓣;荷花蔷薇(var. *carnea* Thory.),又名粉红七姐妹,与七姊妹相近,但花淡粉红色,花瓣大而开张;粉团蔷薇(var. *cathayensis* Rehd. et Wils.),花单瓣,粉红色或玫瑰红色;白玉棠蔷薇(var. *alba-plena* Yü & Ku.),花白色,重瓣。②荼蘼花(*R. rubus* Lévl. et Vant.),别名悬钩子蔷薇。小叶 5～7。圆锥状的伞房花序;花白色,芳香。果深红色。花期 5—6 月,果期 8—10 月。产于华东、华南和华西等山区。③木香(*R. banksiae* Ait.),常绿攀援灌木,枝细长绿色,光滑少刺。小叶 3～5,花白色。花期 4—5 月,果期 9—12 月。变种有重瓣类型,如重瓣白木香(var. *alba-plena* Rehd.),花白色,香味浓烈,叶为 3 小叶;重瓣黄木香(var. *lutea* Lindl.),花淡黄色,香味淡,常 5 小叶。变型有单瓣黄木香(f. *lutea* Lindl.),花黄色,单瓣。以上种和变种均产于中国。

4)杜鹃花(*Rhododron simsii* Planch.)

**别名:**映山红、照山红

**科属:**杜鹃花科杜鹃花属

**形态特征:**半常绿灌木。高达 3 m,有亮棕色或褐色扁平糙伏毛。叶纸质,椭圆形,长 3～5 cm。花 2～6 朵簇生于枝端,深红色,有紫斑;雄蕊 10 枚。蒴果密被糙伏毛,卵形。花期 4—6 月,果期 10

月。杜鹃花见图 15-4。

**图 15-4　杜鹃花**
1—雌蕊；2—雄蕊；3—果实及花柱；4—花枝

**产地分布**：产于中国，长江流域和珠江流域各地，东至台湾省，西至四川、云南省均有分布。

**生态习性**：较耐热，喜气候凉爽和湿润气候，喜酸性土壤。耐瘠薄，怕积水，不耐寒，华北地区多盆栽，温室越冬。

**繁殖方法**：以分株和嫁接为主，也可扦插、压条、播种。

**栽培技术**：需要带土球移植。杜鹃花类的共同特点是喜酸性土壤，忌碱性和黏质土壤。喜光、喜凉爽湿润气候，惧烈日曝晒，在烈日下嫩叶易被灼伤枯死。所以，应选用酸性盆土栽培，并注意排水、浇水和喷雾等工作。浇水则要酸性水为好，施肥时宜淡不宜浓。整形修剪上，主要采用自然圆头形。夏季酷暑时期要注意遮荫，防止日灼。

**园林用途**：为世界名花，花繁叶茂，绮丽多姿。最宜在林缘、溪边、池畔及岩石旁边成丛成片栽植，或于疏林下散植，也是良好的地被、花境和花篱及盆栽材料。

**种与品种**：变种有白花杜鹃（var. *eriocarpum* Hort.），花白色或浅粉红色；紫斑杜鹃（var. *mesembrinum* Rehd.），花较小，白色杂有紫色斑点；彩纹杜鹃（var. *vittatum* Wils.），花白色具紫色条纹。栽培历史悠久，故园艺品种极多。20 世纪初欧洲栽培的杜鹃花品种，不管是常绿或半常绿的均为日本所产的东亚杜鹃，又叫‘皋月’杜鹃或‘仙客’杜鹃或‘谢豹花’杜鹃，花期 6—8 月，均难以进行催花栽培。但是，中国产的杜鹃花（R. *simsii* Planch.），则很易催花。罗伯特·福穷（Robert Fortune）将中国杜鹃引入欧洲作为杂交育种的亲本，使欧洲的杜鹃花品种大放异彩。由于当时的工作中心是在比利时的根特市，故欧洲园艺界习惯称其为“比利时杜鹃”。之后许多国家每年都向比利时定购供圣诞节用的杜鹃。目前，杜鹃花的品种已经数以千计。盆栽的杜鹃按花期及来源分为春鹃、夏鹃、春夏鹃和西洋鹃等类型。春鹃均是先花后叶，花期在 4 月左右；夏鹃为先叶后花，花期5—6 月；春夏鹃几乎是春鹃和夏鹃的杂交种，从春季到夏季开花不断，花期最长；西洋鹃泛指从欧洲引进的杜鹃品种。若从花的形状上来分，则有筒形、漏斗形、喇叭形、碗形、瓮形、钟形、碟形、辐射形、叠花形等。按照花冠裂片及花蕊瓣化程度，又可分为单瓣型、半重瓣型、重瓣型及套瓣型（叠花形）。按照花朵直径分类，可分为小花型、中花型、大花型、巨花型等。欧美及日本等国的园艺界人士习惯将杜鹃分为两大类，一是落叶杜鹃类，二是常绿杜鹃类。中国的常绿杜鹃类虽然资源多，但仍然弃之于荒山而未充分栽培利用，但在欧洲庭园中却被大量应用。所以，中国园林工作者要抓紧时间开展这方面的工作。

**同属落叶灌木的其他花卉**：①白花杜鹃（R. *mucronatum* G. Don.），别名毛白杜鹃。半落叶，高达 2 m，小枝有密而开展的灰柔毛及黏质腺毛。花白色，花期 4—5 月。产于湖北、浙江，杭州园林中有大片露地栽植。②迎红杜鹃（R. *mucronulatum* Turcz.），别名蓝荆子。高达 2.5 m，小枝疏生鳞片花淡红紫色，先叶开放。花期 3—4 月。产于东北、华北山地；朝鲜、日本、俄罗斯也产。③黄杜鹃（R. *molle* G. Don.），别名羊踯躅。高达 1.4 m。叶纸质，叶表、背均有毛。花金黄色，径 5～6 cm。花期 4—5 月。产于长江流域。花大而美丽，但全株有毒，要慎用。④满山红（R. *mariesii* Hemsl. et Wils.），高达 2 m。叶常 3 枚轮生枝顶，故又叫 3 叶杜鹃。花玫瑰紫色，成对生于枝顶。花期 4 月。

产于长江流域,北达陕西省,南达福建省、台湾省。是强酸性土指示植物之一。⑤美丽杜鹃(*R. calophytum* Franch.),别名美容杜鹃。高达 12 m。叶厚革质,长圆状倒披针形;顶生短总状伞形花序,有花 15~30 朵;花冠阔钟形,红色或粉红色至白色。蒴果,长圆柱形。花期 4—5 月,果期 9—10 月。中国特有种。产于陕西南部、甘肃东南部、湖北西部、四川东南部、西部及北部、贵州中部及北部、云南东北部。

**同属常绿乔木的其他花卉:**①大树杜鹃(*R. giganteum* Forr. ex Tagg.),高达 25 m。叶厚革质。顶生总状伞形花序,花乳白色带蔷薇红色。花期 2—5 月。产于云南西部和西北部。②云锦杜鹃(*R. fortunei* Lindl.),别名天目杜鹃。高达 12 m。叶厚革质。顶生总状伞形花序,花有香味;花冠粉红色。花期 4—5 月。产于陕西、湖北、湖南、河南、安徽、浙江、江西、福建、广东、广西、四川、贵州及云南东北部。③马缨杜鹃(*R. delavayi* Franch.),别名马缨花。高达 12 m。顶生伞形花序;花冠深红色。花期 5 月。产于广西西北部、四川西南部及贵州西部、云南全省和西藏南部。

5)茶花(*Camellia japonica* Linn.)

**别名:**曼陀罗树、晚茶花、耐冬、红茶花

**科属:**茶花科茶花属

**形态特征:**常绿小乔木或灌木,高达 9 m。叶革质,椭圆形,深绿色,发亮,无毛,边缘有锯齿。花顶生,红色、白色等无柄;苞片及萼片约 10 片,组成苞被,外有绢毛,脱落;花瓣 6~7 片,也有重瓣的。蒴果圆球形,果皮厚木质。花期 1—4 月。果期秋季。茶花见图 15-5。

**产地分布:**产于中国东南和西南地区,目前国内各地广泛栽培。日本也产。

**生态习性:**稍耐阴,喜半荫。喜温暖湿润气候。要求肥沃排水良好的微酸性土壤。不耐酷热,气温达 29 ℃以上时,则生长停止。超过 35 ℃时则叶子会被晒焦。耐寒性较差,如山东青岛公园中的茶花,可耐−10 ℃低温。北方多盆栽。

**繁殖方法:**以嫁接为主,也可扦插、分株、压条和播种。

**栽培技术:**需要带土球移植。栽培宜选酸性土壤,盆栽要配制酸性培养土。秋末要施足基肥,生长期要结合浇水追肥,采用薄肥勤施的原则。栽培中要注意培养和维护树形,花期需要摘蕾疏花,以保证花朵硕大。盆栽时要注意浇酸性水。

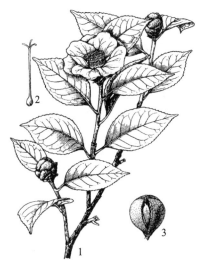

**图 15-5 茶花**
1—花枝;2—雌蕊;3—蒴果

**园林用途:**叶色鲜绿而有光泽,四季常青,花大而美丽,观赏期长,宜在园林中作点景用。另花期正值少花季节,而更显珍贵稀有。多用于点缀庭院和花坛,丛植或群植于疏林边缘或草坪一角。长江以南多与白玉兰、桂花、蜡梅等配植,形成芳香园林绿地。

**种与品种:**茶花是中国的传统名花,有众多古树名木,园艺品种多达 3 000 个以上,花大多数为红色或淡红色,亦有白色,按瓣数多分为单瓣、半重瓣和重瓣 3 个类型。栽培变种很多,主要有:①白茶花(var. *alba* Lodd.),花白色。②白洋茶(var. *alba-plena* Lodd.),花重瓣,白色。③重瓣花茶花(var. *polypetala* Mak.),花重瓣,白色而有红纹。④红茶花(var. *anemoniflora* Curtis),花红色,有 5 枚大花瓣,雄蕊有瓣化现象。⑤紫茶花(var. *lilifolia* Mak.),花紫红色,叶狭披针形。⑥玫瑰茶花

(var. *magnoliaeflora* Hort. ),花玫瑰色,近于重瓣。⑦金鱼茶(var. *spontanea-forma trifida* Mak.),花单瓣或半重瓣,红色;叶端3裂如鱼尾状,又常有斑纹。⑧朱顶红(var. *chutinghung* Yu),花型似红茶花,但呈朱红色,雄蕊大多瓣花,仅余2~3枚。⑨鱼血红(var. *yuxiehung* Yu),花色深红色。⑩什样锦(var. *shiyangchin* Yu),花色粉红色,常有白色或红色的条纹或斑点。

同属常绿乔木的其他花卉:①油茶(*C. oleifera* Abel.),嫩枝红褐色;芽鳞密被金黄色长柔毛;花色纯白,花期9月至翌年2月。从长江流域到华南各地广泛栽培。②云南茶花(*C. reticulata* Lindl.),别名滇茶花。花红色。花期11月至翌年3月。产于云南,栽培品种繁多,达300个以上。③长瓣短柱茶(*C. grijsii* Hance.),芽鳞无毛;子房密被灰黑色硬毛。产于中国南方,为茶花育种的优良亲本。④浙江红茶花(*C. chekiangoleosa* Hu.),花期4月。产于中国东南地区。

同属常绿灌木的其他花卉:①金花茶(*C. chrysantha*(Hu)Tuyama),高达5 m,干皮灰白色。叶长椭圆形至宽披针形,叶表侧脉显著下凹。花黄色至金黄色,1~3朵腋生。蒴果扁圆形,端凹,萼宿存。花期11月至翌年3月。产于广西东兴县、邕宁县,90%的野生资源仅产于中国广西十万大山的兰山支脉。喜温暖、湿润气候,耐瘠薄,也喜肥;耐涝,不耐水湿,好酸性土壤。是中国最早发现的开黄色花的茶花花。花色金黄,多数种具蜡质光泽,晶莹可爱,花型多样,有杯状、壶状、碗状和盘状等,秀丽雅致,被誉为"茶族皇后",是茶花育种的重要亲本。国家一级重点保护树种。亚热带地区可植于常绿阔叶树群下观赏。②茶梅(*C. sasanqua* Thunb.),高1.5 m左右。叶椭圆形至长卵形。花白色,略有芳香,无柄。蒴果,无宿存花萼。花期11月至翌年1月。产于长江以南地区。日本有产。③茶(*C. sinensis*(Linn.)O. ktze.),丛生灌木状。叶革质,长椭圆形。花白色,芳香,花梗下弯。蒴果扁球形,萼宿存。花期9—10月,果期翌年10月成熟。产于中国,长江以南各地广泛栽培,北至河南信阳有栽培,在盐碱土上不能生长。是中国茶叶的主要来源,园林中可作绿篱。

6)桂花(*Osmanthus fragrans*(Thunb.)Lour.)

**别名:**木犀、岩桂

**科属:**木犀科木犀属

**形态特征:**高达8 m,树皮灰褐色。叶片革质,椭圆形至椭圆状披针形,全缘或上半部具细锯齿。聚伞花序簇生于叶腋;花极芳香;花冠黄白色、淡黄色、黄色或橘红色。果椭圆形,紫黑色。花期9—11月,果期翌年4—5月,见图15-6。

**产地分布:**产于中国西南部。现各地广泛栽培。

**生态习性:**喜温暖环境,宜在土层深厚,排水良好,肥沃、富含腐殖质的偏酸性砂质土壤中生长。

**繁殖方法:**主要以嫁接为主,也可扦插和压条。嫁接的砧木可用小叶女贞、小蜡、大叶女贞、流苏等。

**栽培技术:**需要带土球移植。具有二次萌芽、二次开花的特性,养分消耗很大,故宜于入冬前施足基肥。在二次萌芽前要进行追肥,以使秋季花多味浓。

图 15-6 桂花

**园林用途:**树冠卵圆形,终年常绿,枝繁叶茂,秋季开花,芳香四溢,中秋佳节,香闻数里,可谓"独占三秋压群芳"。当夜静月圆,几疑天香云外来。园林中应用普遍,常作园景树,可孤植或对植于窗前、亭际、山旁、水滨、溪畔、石际等,并配以青竹、松树、红枫、南天竹等树种,形成优雅的景观,如在我国传统庭院栽培中,常对植于厅堂前,谓之"两桂当庭""双桂流芳"等;在苏州古典园林中,网师园中有"小山丛桂轩"、留园中有"闻木犀香轩"、沧浪亭有"清香馆"、怡园有"金粟亭"、耦园有"木犀廊"和"储香馆"等传世景观。此外,也可成丛、成林栽于园林中形成疏林草地等。

**种与品种:**在园艺栽培上,由于花的色彩不同,有'金'桂、'银'桂、'丹'桂、'四季'桂等品种。近几年,又发现有'金叶'桂、'红叶'桂、'曲枝'桂等新品种或新类型。

# 15.3　常见木本花卉

1)桃花(*Prunus persica* Linn. (*Amygdalus* persica Linn.))

**别名:**花桃、碧桃

**科属:**蔷薇科李属

**形态特征:**落叶小乔木或灌木。高达 8 m,树皮暗红褐色,小枝绿色,向阳处转红色,具大量小皮孔,老枝干上分泌桃胶;复芽。叶长圆披针形、椭圆披针形,先端渐尖,基部宽楔形,缘具细或粗锯齿,齿端具腺体或无腺体。花单生,先叶开放;梗极短;萼筒钟形绿色而具红色斑点,萼片卵形至长圆形,顶端圆钝;花瓣粉红色。果向阳面具红晕,外面密被短柔毛,腹缝明显,果梗短而深入果洼;果肉白色、浅绿白色、黄色、橙黄色或红色,多汁有香味,甜或酸甜。核大,离核或粘核,表面具纵、横沟纹和孔穴。花期3—4月,果期6—9月。桃花见图 15-7。

**图 15-7　桃花**

**产地分布:**中国各地广泛栽培。世界各地也均有栽培。

**生态习性:**喜光,喜肥沃而排水良好的土壤,耐旱性强,不耐水湿。有一定的耐寒力。

**繁殖方法:**以嫁接为主,砧木北方多用山桃,南方多用毛桃。也可用杏、李子、郁李等。也可用播种、压条法。

**栽培技术:**可裸根移植。因喜光性强,树形宜采用开心形。修剪时要注意留好更新枝,防止枝条过早衰弱。因成花容易,故消耗很大,要及时施基肥和追肥。

**园林用途:**花、果、枝、干等均有良好的观赏效果,是重要的春季观花植物之一,孤植、群植、片植、散植均可,常结合水体、柳树或地形等景观要素营造"桃红柳绿"的春季景观。也可植作专类园观赏,结合地形,间以常绿针叶树和草坪,如北京植物园的桃花园。

**种与品种:**常见的栽培变型有①寿星桃(f. *densa* Makino),树形矮,花重瓣。②碧桃(f. *duplex* Rehd.),花重瓣,淡红色。③绯桃(f. *magnifica* Schneid.),花重瓣,鲜红色。④红花碧桃(f. *rubroplena* Schneid.),花半重瓣,红色。⑤绛桃(f. *camelliaeflora*(Van Houtte)Dipp.),花半重瓣,深红色。⑥千瓣红桃(f. *dianthiflora*(Van Houtte)Dipp.),花半重瓣,淡红色。⑦单瓣白桃(f. *alba*(Lindl.)Schneid.),花单瓣,白色。⑧千瓣白桃(f. *Albo-plena* Schneid.),花半重瓣,白色。⑨撒金碧桃(f. *versicolor*(Sieb.)Voss.),花半重瓣,白色,有时一枝上的花兼有红色和白色,或白花而有红

色条纹。⑩紫叶桃花(f.*atropurpurea* Schneid.),叶紫色。⑪垂枝碧桃(f.*pendula* Dipp.),枝下垂。⑫塔形桃(f.*pyramidalis* Dipp.),树形窄塔形或窄圆锥形。

桃品种的分类形式很多。按照果实特点分类,可分为油桃,果面光滑无毛;毛桃,果实表面多毛。按照枝条特点,可分为直枝桃和垂枝桃。按照花瓣数量分类,可分为单瓣类、半重瓣类和重瓣类3类。按照花瓣形状分类,可分为阔瓣桃和窄瓣桃(菊花桃)。按照果肉颜色分类,可分为红肉桃、白肉桃、黄肉桃和绿肉桃(冬桃)3类。按照果核的特点分类,可分为光核桃、黏核桃、离核桃等。按照果实形状分类,可分为圆形桃和扁形桃(蟠桃)等。

2)樱花(*Prunus serrulata* Lindl. (*Cerasus serrulata* Lindl.))

**别名:**山樱花

**科属:**蔷薇科李(樱)属

**图 15-8 樱花**
1—花朵;2—花纵切末雄蕊;3—果枝

**形态特征:**乔木,高达 25 m。树皮暗褐色,具横裂皮孔。单叶互生,卵形至卵状椭圆形,缘具芒或尖锐锯齿;柄顶端有2~4个腺体;托叶披针状线形,边缘锯齿状。花伞房状或总状花序,花瓣先端有缺刻,白色或淡粉红色,萼裂片有细锯齿,苞片呈篦形至圆形。果球形,红色,后变紫褐色。花期3—5月,果期6—8月,见图 15-8。

**产地分布:**产于北半球温带环喜马拉雅山地区,包括中国、日本、印度北部、朝鲜。世界各地都有栽培,以日本樱花最为著名,有 200 多个品种。

**生态习性:**喜光,喜温暖湿润,适宜于深厚肥沃的砂质土壤生长;耐寒和耐旱力强,但抗烟尘及抗风力弱,不耐盐碱土,也忌积水低洼地。

**繁殖方法:**以嫁接为主,砧木可用樱桃、山樱花、尾叶樱、桃和杏等。也可分株、压条、扦插等。

**栽培技术:**可裸根移植。北方以春植为宜,南方多行秋植。幼树整形宜在春季轻剪,成龄树忌修剪。施肥不宜多,要根据土壤情况而定。

**园林用途:**树体高大,繁花似锦,花色艳丽,妩媚多姿,既有梅花之幽香,也有桃花之艳丽。盛开时节,花繁艳丽,满树烂漫,如云似霞,极为壮观。故宜群植或大片栽植,造成"花海"景观;也可孤植,尤以常绿树种为背景,可形成"万绿丛中一点红"的诗情画意。可三五成丛点缀于绿地形成锦团,也适于山坡、庭院、路边、建筑物前布置,也可作小路行道树,又是制作盆景的优良材料。国内观赏樱花的著名景点有西安的青龙寺、武汉大学珞珈山校园、北京玉渊潭公园、南京林业大学樱花大道等。

**种与品种:**①垂枝樱花(*P. subhirtella* 'Pendula'),乔木,高达20m。大枝横生,小枝直立或下垂。叶长椭圆形,先端有细长尖,基部楔形,缘具锐尖锯齿。花淡红白色。产于日本,中国引种栽培。②东京樱花(*P. yedoensis*),乔木,高达 16 m。花白色至淡粉红色,常为单瓣。产于日本,中国引种栽培。③大山樱(*P. sargentii*),乔木,高达 20 m。花红色,无芳香。产于日本,中国引种栽培。

常见栽培变种有:①毛樱花(var. *superba* Wils.),花单瓣,花型小,径约 2 cm,白色或粉红色,花梗及萼片均无毛,2~3 朵花排成总状花序。产于中国长江流域,日本和朝鲜也产。②日本晚樱(var. *lannesiana*(Carr.)Rehd.),高达 10 m。叶倒卵形,先端长尾,缘具长芒状齿,柄上端有 1 对腺体。花单或重瓣、下垂,粉红或近白或黄绿色,芳香,2~5 朵聚生。果卵形,熟时黑色,但结果少。花期 4—5 月。产于日本,中国引种栽培。其栽培变型有重瓣白樱花(f. *albo-plena* Schneid.),花白色,重瓣。重瓣红樱花(f. *rosea* Wils.),花粉红色,极度重瓣。红白樱花(f. *albo-rosea* Wils.),花重瓣,花蕾淡红色,开花后变白色,有 2 叶状心皮。瑰丽樱花(f. *superba* Wils.),花大型,淡红色,重瓣,有长梗。日本晚樱的园艺品种达几百个,先按花色分有白花类、红花类(包括粉红及浓红色)、绿花类(包括带浅黄绿色的类型)3 大类。再按春季嫩叶颜色分为绿芽类群、黄芽类群、红芽类群和褐芽类群。类群下再按花型分为单瓣类、复瓣类和重瓣类及小花种、大花种等系或种。

3)杏(*Prunus armeniaca* Lam.)

**别名:**杏树、杏花

**科属:**蔷薇科李属

**形态特征:**小乔木,高达 15 m,树皮灰褐色,纵裂;多年生枝浅褐色,皮孔大而横生,一年生枝浅红褐色。叶宽卵形或圆卵形,先端急尖至短渐尖,基部圆形至近心形,缘有圆钝锯齿;叶柄基部常具 1~6 腺体。花单生,白色或淡粉色,先叶开放;花梗极短;萼紫绿色或鲜绛红色。果球形,稀倒卵形,橙黄或黄红色,常带红晕,微被短柔毛;果肉多汁,熟时不开裂;果核平滑,卵形或椭圆形,两侧扁平,顶端圆钝。花期 3—4 月,果期 5—7 月,见图 15-9。

**产地分布:**产于中国各地,尤以华北、西北和华东地区种植较多,黄河流域为栽培中心。

**生态习性:**喜光,可耐—40 ℃低温,也耐高温;耐轻度盐碱,耐干旱,但极不耐涝。

**繁殖方法:**常用播种和嫁接方法。嫁接一般用野杏或山杏作砧木。

**栽培技术:**可裸根移植。树形以自然圆头形为宜。因萌芽力和成枝力弱,故不宜重剪,否则枝稀树弱。施肥因树体开花结果情况而定。

**图 15-9 杏**

**园林用途:**"春色满园关不住,一枝红杏出墙来"描述了杏树的观赏特色。园林中最宜结合生产群植成林,也可在草坪、水边、墙隅孤植,山坡等处丛植或片植,阶前、墙角处、路边等地应用效果也很好。

**种与品种:**①山杏(var. *amsu*(Maxim.)Yu et C. L. Li),叶较小,花 2 朵并生,稀 3 朵簇生。果实密生绒毛,橙红色或红色。核网纹明显。②垂枝杏(var. *pendula* Jacq.),枝条下垂,观赏性强。变型有斑叶杏(f. *variegata* Schneid.),叶有斑纹,可花、叶、果共赏。

4)榆叶梅(*Prunus triloba* Lindl.)

**别名:**榆梅

图 15-10　榆叶梅

科属:蔷薇科李属

形态特征:小乔木或灌木,高 5 m。小枝细,树皮紫褐色。叶椭圆形至倒卵形,长 3～6 cm,缘具粗重锯齿。花单生或 2 朵并生,粉红色,径 2～3 cm。核果球形,红色。花期 4 月,先叶或与叶同放。果期 7—9 月。榆叶梅见图 15-10。

产地分布:产于中国北部,黑龙江、河北、山西、山东、江苏、浙江等地均产,华北、东北多栽培。

生态习性:喜光,耐寒,较耐旱,但不耐水涝。

繁殖方法:常用嫁接繁殖,砧木可用山桃、毛桃、山杏或榆叶梅实生苗。

栽培技术:早春或秋季可裸根移植。栽培管理简易,树形采用自然形。花后应短剪,以保证来年花繁枝茂。

园林用途:植株丛生,枝暗红色,花期全株花团锦簇,呈现一派欣欣向荣的景象。可成丛、成片栽植于房前、墙角、路旁、坡地、水边;若以松柏类或竹丛为背景,与连翘、金钟花等组植,可收色彩调和之效。也可盆栽催花和作切花材料。

种与品种:常见变种有鸾枝(var. *atropurpurea* Hort.),小枝紫红色,花单瓣或重瓣,紫红色。变型有单瓣榆叶梅(f. *normalis* Rehd.),花单瓣。复瓣榆叶梅(f. *multiplex* Rehd.),花复瓣,粉红色。重瓣榆叶梅(f. *plena* Dipp.),花大,深粉红色。据北京林业大学调查,北京有栽培品种 40 多个。

同属相似种有毛樱桃(*P. tomentosa* Thunb.),别名山豆子。高约 3 m,幼枝密生绒毛。叶表面皱,有柔毛,背面密生绒毛。花期 4 月。毛樱桃主产于华北、东北、西南地区,日本也产。喜光,较耐寒,耐瘠薄及轻碱性土。播种或分株繁殖。

5)樱桃李(*Prunus cerasifera* Ehrh.)

别名:樱李

科属:蔷薇科李属

形态特征:高达 8 m。叶片椭圆形、卵形或倒卵形,有细尖单锯齿或重锯齿。花白色,单生,单瓣,花瓣长圆形或匙形,缘波状。核果近球形或椭圆形,黄色、红色或黑色,微被蜡粉,具有浅侧沟,粘核;核表面平滑或粗糙或有时呈蜂窝状,背缝具沟,腹缝有时扩大具 2 侧沟。花期 4—5 月,果期 6—7 月。樱桃李见图 15-11。

产地分布:产于新疆,国外也产。

生态习性:喜光,也较耐阴。耐寒能力强,适宜肥沃排水良好的壤土。不耐积水。

繁殖方法:嫁接为主,砧木可用毛桃、山桃、山杏、李、梅等。也可扦插。

栽培技术:小苗可裸根移植,大树要带土球移植。栽培

图 15-11　樱桃李

管理简单,树形宜用自然形。

**园林用途:**花蕾紫红密集,开后花瓣白色,配以紫叶,非常美丽。可植于草坪、水边、常绿树丛前等处,也是良好的行道树。

**种与品种:**品种、变型颇多,有垂枝、花叶、紫叶、红叶、紫叶等变型。如'紫叶'李'Atropurpurea'、'红叶'李'Newportill'等。叶片三季紫红色,园林应用很广泛。

同属紫叶灌木还有紫叶矮樱(*Prunus×cistena* 'Pissardii'),高 2.5 m,枝条幼时紫褐色,木质部红色。叶全年紫红色或深紫红色。花蕾紫红色,开花后单瓣,白色,花心紫红。花期 4—5 月。杂交种,中国各地均有栽培。

6)郁李(*Prunus japonica* Thunb.)

**别名:**小桃红

**科属:**蔷薇科李属

**形态特征:**落叶灌木,高 1.5 m。枝细而密,冬芽 3 枚并生。叶卵形至卵状椭圆形,先端长尾状,基部圆形,缘有锐重锯齿。花粉红或近白色,与叶同放。果球形,熟时深红色。郁李见图 15-12。

**产地分布:**产于华北、华中至华南地区。日本、朝鲜也产。

**生态习性:**喜光,耐寒也耐旱,不耐水湿。

**繁殖方法:**分株或播种,对重瓣品种可以毛桃或山桃作砧木进行嫁接繁殖。

**栽培技术:**小苗可裸根移植。栽培管理简单,树形宜用自然形。

**园林用途:**花朵繁茂,植株低矮,适于庭园丛植,也可盆栽或作切花材料。

**种与品种:**变种有北郁李(var. *engleri* Koehne),叶基心形,叶背脉有短硬毛。花梗长,果径 1~1.5 cm。产于东北各地,作庭园观赏用。重瓣郁李(var. *kerii* Koehne),别名南郁李。叶背无毛,花半重瓣,花梗短。产于东南各地。

**图 15-12 郁李**

同属相近种有麦李(*P. glandulosa* Thunb.),高 2 m。叶缘有细钝齿。花粉红或近白色。花期 4 月,先叶开放。产于中部及北部。日本也产。主要变型有重瓣粉红麦李(f. *sinensis* Koehne)、重瓣白麦李(f. *albo-plena* Koehne)等。北京可露地越冬。

7)海棠花(*M.Spectabilis* Borkh.)

**别名:**楸子

**科属:**蔷薇科苹果属

**形态特征:**小乔木,高达 8 m。小枝红褐色,嫩时密被短柔毛;老枝灰褐色。叶椭圆形,先端短锐尖,基部宽楔形至圆形,缘有紧贴细锯齿。花在蕾时红艳美丽,开放后呈淡粉红色至白色。单瓣或半重瓣,萼片三角状卵形,宿存。果近卵形,黄色,基部不凹陷,味微苦。花期 4—5 月,果期 8—9 月。海棠花见图 15-13。

**图 15-13 海棠花**

产地分布:产于中国,是栽培历史悠久的著名观赏花木,尤其是在华北、华东地区尤为常见。

生态习性:喜光,抗寒力强,耐干旱,忌水湿,较耐盐碱。

繁殖方法:以嫁接为主,砧木常用山定子、海棠果等。也可用播种、分株、压条等繁殖方法。

栽培技术:小苗可裸根移植。栽培管理简单,树形宜用自然圆头形。春季开花前剪去枯枝、弱枝、病枝,并浇 1 次催芽催花水。

园林用途:枝繁叶茂,春季花开时粉红色的花蕾繁密,秋季黄果挂满枝头,是优美的观花、赏果树种,可孤植、丛植于庭院、窗前、廊边,也可植于水边、山坡、草坪、常绿树丛前,景观效果良好,也可盆栽或作切花材料。

种与品种:同属常见落叶乔木还有 ① 海棠果(*M. prunifolia*(Willd.)Borkh.),与海棠花的区别是花白色,或稍带红色。果实大,红色。比海棠花耐湿能力强。产于中国华北,东北南部及西北地区也有分布。② 西府海棠(*M. micramalus* Mak.),别名小果海棠。与前两种不同之处在于,果期萼片多已脱落,花红色,花柱5,果实小于海棠果。树姿直立,花朵密集。产于中国北部。栽培品种很多,果实形状、大小、颜色和成熟期均有差别。常见的有'重瓣粉'海棠、'重瓣白'海棠、'红宝石'海棠、'瑰丽'海棠、'凯尔斯'海棠等。③垂丝海棠(*M. halliana*(Voss.)Koe.),嫩枝、嫩叶均带紫红色;花粉红色,下垂。有重瓣、白花等变种。产于长江以南及西南等地,各地广泛栽培。

8)木瓜(*Chaenomeles sinensis*(Thouin)Koehne)

别名:光皮木瓜、木瓜海棠

科属:蔷薇科木瓜属

形态特征:落叶小乔木,高达 10 m。树皮片状脱落,短小枝常成棘刺状。叶椭圆卵形或椭圆长圆形,先端急尖,基部宽楔形或圆形,缘有刺芒状尖锐锯齿;柄有腺齿;托叶膜质,卵状披针形。花单生于叶腋,梗短粗;萼筒钟状;萼片三角状披针形;花瓣倒卵形,淡粉红色;雄蕊多数,长不及花瓣一半。果长椭圆形,橙黄色,木质,芳香,梗短。花期 4 月,果期 9—10 月。木瓜见图 15-14。

产地分布:产于山东、陕西、湖北、江西、安徽、江苏、浙江、广东、广西等地。

生态习性:喜光,喜温暖,耐严寒,对土壤要求不严,但不耐积水,也不耐盐碱。

繁殖方法:以播种为主,也可嫁接或压条。

栽培技术:小苗可裸根移植。栽培管理简易,树形宜用自然圆头形。春季花前一般不做重剪,仅剪去枯枝、弱枝、病枝,并浇 1 次催芽催花水。

**图 15-14 木瓜**

1—花枝;2—果实;3—花;4—叶及叶缘

**园林用途**:树皮斑驳可爱,早春先叶开花;秋叶橙红色,橙黄色果实挂于枝头,芳香袭人,是一种优良的观花、赏果兼赏秋叶的良好树种。果皮干燥后仍光滑,不皱缩,故又有"光皮木瓜"之称。常植于庭院观赏,也可大面积植作木瓜林。

**种与品种**:同属落叶灌木有①贴梗海棠(*Ch. speciosa*(Sweet)Nakai),别名皱皮木瓜。高达 2 m,枝开展,有刺。叶卵形至椭圆形,长 3~8 cm,缘有尖锐锯齿;托叶肾形或半圆形,缘有尖锐重锯齿。花 3~5 朵簇生于二年生老枝上,红、粉红或白色,径约 3~5 cm。果卵形至球形,径 4~6 cm,黄色或黄绿色,芳香。花期 3—4 月,先叶开放。果期 9—10 月。产于中国陕西、甘肃、四川、贵州、云南、广东等地;缅甸也产。喜光,有一定耐寒能力,对土壤要求不严,但不宜在低洼积水处栽植。早春叶前盛开的花朵,簇生于枝间,鲜艳而美丽,且有重瓣及半重瓣品种,秋天又有黄色、芳香的果实,可于草坪、庭园或花坛内丛植或孤植,又是绿篱及基础种植材料,还是盆栽和切花材料。②木瓜海棠(*Ch. cathayensis*(Hemsl.)Schneid.),别名毛叶木瓜、木瓜。高达 5 m,枝直立,具短枝刺。叶缘具芒状细尖锯齿。花淡红色或近白色,花期 3—4 月,先叶开放。产于陕西、甘肃、江西、湖北、湖南、四川、云南、贵州、广西等地。③日本贴梗海棠(*C. japonica* Lindl.),别名倭海棠。高不及 1 m,枝开展,有刺,小枝紫红色,二年生枝有疣状突起。叶缘具圆钝锯齿。花 3~5 朵簇生,砖红色。产于日本,中国各地引种栽培。

**9)棣棠**(*Kerria japonica*(Linn.)DC.)

**别名**:地棠花、地团花

**科属**:蔷薇科棣棠属

**形态特征**:高达 2 m,小枝有棱。叶卵形至卵状椭圆形,长 4~8 cm,先端长尖,缘有尖锐重锯齿。花金黄色,径 3~4.5 cm,单生于侧枝顶端。瘦果黑褐色,生于盘状花托上,萼宿存。花期 4 月下旬至 5 月底,果期 7—8 月。棣棠见图 15-15。

**产地分布**:产于河南、湖北、湖南、江西、浙江、江苏、四川、云南、广东等地;日本也产。

**生态习性**:性喜温暖、半荫而略湿之地。

**繁殖方法**:以分株为主,也可扦插、播种。

**栽培技术**:小苗可裸根移植。栽培管理简易,树形宜用丛状形。花芽在新梢上形成,故宜每隔 2~3 a 剪除老枝 1 次,以促进发新枝多开花。剪后加强肥水管理,尽快促发新枝,恢复树形。

**园林用途**:花、叶、枝俱美,可丛植于篱边、墙际、水畔、坡地、林缘及草坪边缘,或作花径、花篱,或点缀假山与岩石园。

图 15-15　棣棠

**种与品种**:变种有重瓣棣棠(var. *pleniflora* Witte),观赏价值更高,并可作切花材料,栽培更普遍。

**10)枇杷**(*Eriobotrya japonica*(Thunb.)Lindl.)

**别名**:卢桔

**科属**:蔷薇科枇杷属

**形态特征**:常绿小乔木,高达 10 m。叶片革质,披针形、倒披针形、倒卵形或椭圆长圆形,下面密

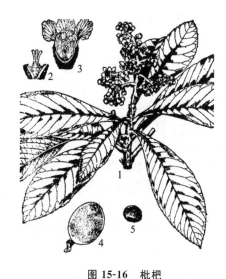

**图 15-16　枇杷**
1—花枝；2—雌蕊；3—花冠纵切示雄蕊；
4—果实；5—种子

生灰棕色绒毛。圆锥花序顶生；花瓣白色，长圆形或卵形；芳香。果实球形或长圆形，黄色或橘黄色。花期 10—12 月，果期 5—6 月。枇杷见图 15-16。

**产地分布**：中国的四川、湖北等地有野生。各地广为栽培，南方作为果树栽培。日本、印度、越南、缅甸、泰国、印度尼西亚也产。

**生态习性**：喜光，稍耐阴，喜温暖气候和肥水湿润、排水良好的土壤，不耐严寒。

**繁殖方法**：以播种和嫁接为主，也可扦插和压条。嫁接的砧木可用枇杷实生苗、石楠、榅桲等。

**栽培技术**：移栽需要带土球，栽前疏去部分枝叶。栽培管理简易，树形宜用自然形。不需要重剪，不可随意剪去枝条顶端，因为花芽在枝条顶端。秋后开花前施 1 次基肥。

**园林用途**：树形整齐美观，叶大荫浓，四季常春，春萌新叶白毛茸茸，秋孕冬花，春实夏熟，在绿叶丛中，累累黄金果实犹如金丸，香味深远，古人称其为佳实。枇杷为美丽观赏树木和果树，可植于公园、庭园，也可做行道树。

**种与品种**：同属常绿乔木还有：①大花枇杷（*E. cavaleriei*（H. Lév.）Rehd.），别名山枇杷。花瓣白色。果实橘红色。花期 4—5 月，果期 7—8 月。产于四川、贵州、湖北、湖南、江西、福建、广西、广东，越南北部也产。②云南枇杷（*E. bengalensis*（Roxb.）Hook. f.），又名南亚枇杷。花瓣白色。果实卵球形。花期 11 月至翌年 2 月。产于印度、缅甸、泰国、柬埔寨、老挝、越南、印度尼西亚。

11）火棘（*Pyracantha fortuneana*（Maxim.）Li）

**别名**：火把果

**科属**：蔷薇科火棘属

**形态特征**：常绿灌木，高约 3 m。枝常拱形下垂，短侧枝成刺状。叶倒卵形至倒卵状长椭圆形。花白色，复伞房花序。果近球形，红色。花期 3—5 月，果期 8—11 月，见图 15-17。

**产地分布**：产于陕西、江苏、浙江、福建、湖北、湖南、广西、四川、云南、贵州等地。

**生态习性**：喜光，也耐阴，不耐寒，要求土壤排水良好。

**繁殖方法**：播种和扦插为主。

**栽培技术**：移栽需要带土球，少伤根系。栽前适当重剪，疏去大部分枝叶。成活后栽培管理简单，树形宜用自然圆头形。生长季要及时修剪，维护好树形。

**园林用途**：初夏百花繁密，入秋果红如火，且留存枝头甚久，美丽可爱。庭园中火棘常作绿篱及基础种植材料，也可丛植或孤植于草地边缘或园路转角处。果枝是瓶插的好材料。

**图 15-17　火棘**

种与品种:常见栽培品种有'小丑'火棘'Harieguin',高达 3 m,枝拱形下垂。叶倒卵状长椭圆形,叶边缘乳白色或乳黄色。花白色,花期 4—5 月,果期 8—11 月。枝叶繁茂,叶色美观,初夏白花繁密,入秋果红如火,且留枝头甚久,是优良的观叶兼观果树种。整形修剪后可作庭院绿篱的优良植物材料,可丛植,也可孤植于草坪边缘及园路转角处。

同属常绿灌木还有:①狭叶火棘(*P. angustifolia* Schneid.),高达 4 m。叶狭长椭圆形至狭倒披针形。花白色,伞房状花序。果橘红色或砖红色。花期 5—6 月;果熟期 9—10 月。产于中国西南部及中部。②细圆齿火棘(*P. crenulata* Roem.),高达 5 m。叶长椭圆形至倒披针形。花白色,复伞房花序,果橘红色。花期 5—6 月,果期 9—10 月。

12)中华石楠(*Photinia beauverdiana* Schneid.)

**别名:**石楠千年红、扇骨木

**科属:**蔷薇科石楠属

**形态特征:**半常绿灌木或小乔木,高达 10 m。叶片薄纸质,长圆形。复伞房花序。果卵形,紫红色。花期 5 月,果期 7—8 月。中华石楠见图 15-18。

**产地分布:**产于陕西、河南、江苏、安徽、浙江、江西、湖南、湖北、四川、云南、贵州、广东、广西、福建等地。

**生态习性:**喜温暖湿润气候,喜土层深厚、排水良好的肥沃壤土。

**繁殖方法:**常用播种、扦插、嫁接。

**栽培技术:**移栽需要带土球,少伤根系。成活后栽培管理简单,维持树冠呈自然形。

**图 15-18　中华石楠**

**园林用途:**嫩叶鲜红色,老叶紫红色,非常美丽,主要用作绿篱、球状散植,或盆栽观赏。

**种与品种:**栽培品种有'红罗宾'石楠(*Ph.* × *fraser* 'Red Robin'),简称红叶石楠。现黄河流域及以南地区均有栽培。适应性强,喜温暖湿润气候,较耐寒;对土质要求不高,耐瘠薄土壤,有一定的耐盐碱性和耐干旱能力;喜强光,强光照射下,幼叶及芽的色彩更为艳丽,也有很强的耐阴能力;对二氧化硫、一氧化碳等有害气体抗性较强。

13)紫荆(*Cercis chinensis* Bunge.)

**别名:**满条红

**科属:**豆科(或云实科)紫荆属

**形态特征:**落叶灌木,高 5 m。枝条常呈之字形曲折状,黑褐色皮孔小而密集。叶心形,长 5～13 cm,柄端膨大。花紫红色,4～10 朵簇生于二年生及以上的老枝和茎上。荚果,条形,具窄翅,幼时常有紫红色晕。花期 3—4 月;果期 8—10月。紫荆见图 15-19。

**产地分布:**产于黄河流域及其以南各地。

**图 15-19　紫荆**

1—花枝;2—叶枝;3—花朵;4—花瓣;
5—果实;6—种子;7—雄蕊

**生态习性**:喜光;喜湿润肥沃土壤,耐干旱瘠薄,不耐水淹;耐寒性强;萌蘖性较强,耐修剪。

**繁殖方法**:分株为主,也可播种、扦插和嫁接及压条。

**栽培技术**:移栽需要带土球,少伤根系。栽前适当重剪,成活后栽培管理简单,生长季除保留用作更新的基部萌蘖外,将其他的及时除去。花后可剪短枝梢,以维持树冠呈多主枝自然圆头形。

**园林用途**:干丛生,早春先花后叶,花艳形美,形似蝴蝶,满树嫣红,适于庭园、公园和四旁绿化美化。丛植或孤植,若以常绿的松柏或粉墙为背景,景观效果更佳。

**种与品种**:栽培变型有白花紫荆(f. *alba* P. S. Hsu),高达 5 m。花白色。上海、北京、河南等地偶见栽培。短毛紫荆(f. *pubescens* Wei),枝、叶柄及叶背脉上均被短柔毛。

近几年从国外引进了红叶加拿大紫荆(*C. canadensis* 'Forest Pansy'),小乔木。叶片心型,新叶青铜色至紫红色,继而变为深绿色,秋季变为黄色。花苞紫红色,花色玫瑰红色。花期 3—5 月,先花后叶。现在北方园林中推广应用,既可植于庭院、公园,又可种于路边,是极佳的风景园林树种。

14)紫藤(*Wisteria sinensis*(Sims.)Sweet.)

**别名**:藤萝、朱藤、黄环

**科属**:豆科(蝶形花科)紫藤属

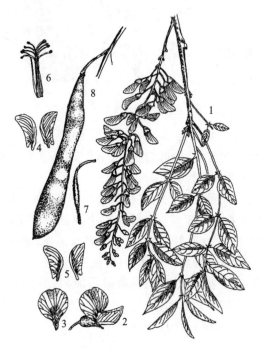

**图 15-20 紫藤**
1—花枝;2—花朵;3—旗瓣;4—翼瓣;
5—龙骨瓣;6—雄蕊;7—雌蕊;8—荚果

**形态特征**:大型木质藤本,茎左旋,长达 10 m。小叶 7～13,卵状椭圆形至卵状披针形,长 5～8 cm,先端渐尖,基部阔楔形。花序长 15～30 cm;花紫色或深紫色,芳香。荚果扁平,密被黄色绒毛。花期 4—5 月,果期 9—10 月。紫藤见图 15-20。

**产地分布**:产于河北以南、黄河长江流域和陕西、河南、广东、贵州、云南。

**生态习性**:喜光,略耐阴;较耐寒,喜深厚肥沃、排水良好的土壤。对城市环境的适应性较强。

**繁殖方法**:播种、扦插均可。

**栽培技术**:移栽需要带土球,少伤根系。栽前适当重剪,成活后需要搭设棚架。不作棚架栽培时,可修剪整形成大灌木状。生长季防止棚架因枝叶过重而跌落。休眠期间应适当剪除过密枝和细弱枝,以利春季花繁枝茂。

**园林用途**:枝繁叶茂,遮荫效果好,花序美观而芳香,适用于棚架、园门、凉廊及庭院绿化,也可用于制作盆景、山地水土保持。

**种与品种**:同属落叶藤木还有:① 藤萝(*W. villosa* Rehd.),与紫藤的主要区别是老叶叶背、小叶柄密被白色柔毛。花淡紫色。果密被灰白色绒毛。花期 4—5 月,果期 9—10 月。产于河北、山东、江苏、安徽、河南。②白花藤萝(*W. venusta* Rehd. et Wils.),与藤萝相似,但花序较短,花白色。花期 4—5 月,果期 9—10 月。产于华北地区。③多花紫藤(*W. floribunda*(Willd.)DC.),茎细,为右旋。小叶 13～19。花序特长,达 30～90 cm;花紫色至蓝紫色,芳香。花期 4—5 月,果期 9—10 月。

产于日本,中国长江以南有栽培。目前生产上有较多园艺品种,花色有白、淡红及杂色,也有重瓣类型。④美国紫藤(*W. frutescens* DC.),花序长 5～15 cm,花蓝紫色,开花的延续时间短于紫藤,无芳香。荚果无毛。花期春末夏初。果期夏季至初冬。产于美国南部。

15)玉兰(*Magnolia denudate* Desr.)

**别名:**白玉兰、望春花、木花树

**科属:**木兰科木兰属

**形态特征:**落叶乔木,高达 25 m。幼枝具短绒毛,冬芽具大形鳞片,密被淡灰绿色长毛。叶倒卵形,先端短而突尖,基部楔形。花白色芳香,先叶开放;花萼、花被相似,共 9 片,肉质。聚合蓇葖果圆柱形,熟后开裂。种子具鲜红色肉质假种皮。花期 3—4 月,果期 8—10 月。玉兰见图 15-21。

**产地分布:**产于中部各省,北京以南均有栽培,现世界各地均有引种。

**生态习性:**喜暖润,喜光,稍耐阴,怕积水,耐寒力较强,抗二氧化硫能力强。

**繁殖方法:**以嫁接为主,砧木多用木兰,以秋季嫁接为宜。

**栽培技术:**不耐移植,故移栽时需要带土球,少伤根系。北方不宜晚秋或冬季移植,以春季移栽为好,最好在开花前或花谢后刚展叶时进行为佳。成活后加强肥水管理,特别是应在开花前及花后施以速效肥料,秋季落叶后施足基肥。不耐修剪,故宜少剪或不剪为好。

**图 15-21 玉兰**
1—叶枝;2—花枝;3—去花被片

**园林用途:**早春名贵花木,花大、洁白、芳香,株高,有“玉树”之称,为中国传统名花,上海市市花。传统园林中多与金桂对植,寓意“金玉满堂”;在宅院中与海棠、迎春、牡丹、桂花相配,形成“玉堂春富贵”之意境。现代多配置在庭院、园林、厂矿、机关小园中,常孤植、散植、丛植于草坪、岩际、池畔等处,或对植于入口处,或列植于建筑物前,也可作行道树。在长江以南地区,常与茶花、茶梅、迎春、南天竹等配植,形成早春景观。大型园林中可开辟玉兰专类园,此外,也可作桩景盆栽。

**种与品种:**目前,玉兰新品种有‘红运’玉兰、‘黄’玉兰、‘晚花’玉兰、‘夏花’玉兰、‘小白花’玉兰、‘长叶’玉兰、‘重瓣’玉兰等 40 多个。

**同属落叶乔木的其他花卉:**①木兰(*M. liliflora* Desr.),别名紫玉兰、辛夷、木笔。花期晚于玉兰,花瓣外面紫色,内面近白色。产于中国中部地区。②二乔玉兰(*M.* × *soulangeana* (Lindl.) Soul.-Bod.),别名朱砂玉兰。花瓣外面淡紫,内面白色,叶前开放。为玉兰与木兰的杂交种。较玉兰抗寒,尤抗晚霜,目前国内外栽培普遍。③天女花(*M. parviflora* Sieb. & Zucc.),别名小花木兰。花萼淡粉红色,反卷,花柄细长。花期 6 月,随风招展,如天女散花。产于辽宁、安徽、江西及广西北部,朝鲜、日本亦产。④望春玉兰(*M. biondii* Pamp.),别名华中木兰。花瓣外 3 片紫红色,中、内轮花瓣基部紫红色。花期 3 月,先叶开放。产于陕西、甘肃、河南、湖南、湖北、四川等地。⑤武当木兰(*M. sprengeri* Pamp.),花瓣 12 片,玫瑰红色并具深紫色纵纹。产于陕西、甘肃、河南、湖南、湖北、四川、贵州等地。花期 3—4 月,先花后叶。⑥宝华玉兰(*M. zenii* Cheng),花瓣 9,白色,中下部淡紫红色,花期3—4月,先花后叶。产于江苏宝华山。⑦西康玉兰(*M. wilsonii* (Finet at Gagnep.)Rehd.),花白色,盛开时呈浅碟状,花期5—6月。产于云南北部,四川西部及中部和贵州等地。⑧黄山木兰(*M. cylindrical* Wils.),花瓣9,外面3片萼片状,中、内2轮白色,基部常红色。花期5—6月。中国特有种。零星分布于安徽、浙江、江西、福建等,国家三级保护渐危种。⑨天目木兰(*M. amoenal* Cheng),花红色,花期4—5月。中国特有种。产于浙江、安徽、江西、江苏等地。国家三级保护渐危种。⑩厚朴(*M. officinalis* Rehd. et Wils.),树皮厚,紫褐色。叶簇生于枝顶,倒卵状椭圆形,叶大型。花白色,花期5月,先叶后花。中国特有种。⑪凹叶厚朴(*M. officinalis* subsp.biloba(Rehd. et Wils.)(Cheng)Law.),叶集生枝顶,革质,顶端呈2钝圆浅裂。花白色,与叶同放。产于安徽、江西、浙江、湖南、福建等省。

**同属常绿乔木的其他花卉**:广玉兰(*M. grandiflora* Linn.),别名洋玉兰、大花玉兰、荷花玉兰。常绿乔木,高达30 m。枝、芽、叶背和叶柄均密被褐色或灰褐色短绒毛。叶厚革质,椭圆形或倒卵状椭圆形,叶面深绿色,有光泽。花白色,芳香,直径15~20 cm;花被片9~12,厚肉质,倒卵形;聚合果圆柱状长圆形或卵圆形,密被褐色或淡灰黄色绒毛。花期5—6月,果期9—10月。产于北美洲东南部,现世界各地广泛栽培,栽培品种150个以上。中国长江流域以南栽培较多,兰州及北京也有栽培。喜光,幼时稍耐阴。喜温暖湿润气候,有一定抗寒力。适宜于肥沃、湿润与排水良好的微酸或中性土壤,在碱性土上叶易发生黄化,忌排水不良,对烟尘及二氧化硫有较强抗性。根系深广,抗风力强。四季常青,花大洁白,状如荷花,芳香馥郁,为优良的城市绿化树种。"翠条多力引风长,点破银花玉雪香。韵友自知人意好,隔帘轻解白霓裳",这是清朝沈同的《咏玉兰》里描述广玉兰的诗句。现在,广玉兰更是被世人冠以"芬芳的陆地莲花"的美誉。广玉兰在长江以南常作行道树,不仅夏日可为行人提供必要的庇荫,而且还能很好地美化街景,还可以广泛用于庭园、公园、墓地等绿地中,适合孤植于草坪上,列植于通道两旁、花台上。该树种与西式建筑搭配尤为协调,故在西式庭园中更为常用。该树种耐烟、抗风,对二氧化硫等有毒气体有较强抗性,也常用于工厂防护林。

16)白兰(*Michelia alba* DC.)

**别名**:白缅桂

**科属**:木兰科含笑属

**形态特征**:常绿乔木,高达17 m。枝广展,呈阔伞形树冠;枝叶有芳香;嫩枝及芽密被淡黄白色微柔毛,老时毛渐脱落。叶薄革质,长椭圆形或披针状椭圆形,上面无毛,下面疏生微柔毛,干时两面网脉均很明显;托叶痕几达叶柄中部。花白色,极香;花被片10片,披针形。蓇葖熟时鲜红色。花期4—9月,常不结实,见图15-22。

**产地分布**:产于印度尼西亚,现广植于东南亚地区。中国福建、广东、广西、云南、四川等省区栽培极盛,长江流域及其以北各省区多盆栽,温室越冬。

**生态习性**:喜光照充足、暖热湿润和通风良好的环境,不耐寒,不耐阴,也怕高温和强光,宜排水良好、疏松、肥沃的微酸性土壤,忌烟气、台风和积水。

**繁殖方法**:可用扦插、压条法,也可以木兰为砧木用靠接法繁殖。

**栽培技术**:不耐移植,故移栽时需要带土球,少伤根系。栽后要注意防止土壤积水,以免烂根。北方秋末要及时入室注意越冬防冻。施肥应以有机肥为主。

**园林用途**:花夏、秋季开放,洁白清香,花期较长;叶色浓绿,为著名的庭园观赏树种,园林中多栽为行道树或庭荫树。

**种与品种:**同属常绿乔木还有:①黄兰(*M. champaca* Linn.),花黄色,极香。产于西藏东南部、云南南部及西南部,福建、台湾、广东、海南、广西等省有栽培。②深山含笑(*M. maudiae* Dunn.),花纯白色,芳香。花期2—3月。产于浙江南部、福建、湖南、广东、广西、贵州。③乐昌含笑(*M. chapensis* Dandy.),花芳香,花被片淡黄白色带绿。产于江西南部、湖南西部及南部、广东西部及北部、广西东北部及东南部。④峨眉含笑(*M. wilsonii* Finet & Gagnep.),花黄色,芳香。产于四川中部、西部。⑤金叶含笑(*M. foveolata* Merr. ex Dandy.),花被片淡黄绿色,基部带紫色。产于贵州东南部、湖北西部(利川)、湖南南部、江西、广东、广西南部、云南东南部。⑥长蕊含笑(*M. longistamina* Y. W. Law.),花蕾椭圆体形,花被片白色。产于广东北部。⑦阔瓣含笑(*M. platypetala* Hand.-Mazz.),花被片白色。产于湖北西部、湖南西南部、广东东部、广西东北部、贵州东部。⑧紫花含笑(*M. crassipes* Y. W. Law),花极芳香;紫红色或深紫色。产于广东北部、湖南南部、广西东北部。⑨多花含笑(*M. floribunda* Finet & Gagnep.),花被片白色,先端常有小突尖。产于云南、四川、湖北,缅甸也产。⑩灰毛含笑(*M. foveolata* Merr. ex Dandy var. cinerascens Y. W. Law & Y. F. Wu),花淡黄色或乳黄色。产于湖北、湖南、浙江、福建。⑪石砾含笑(*M. shiluensis* Chun & Y. F. Wu),花白色。产于海南。⑫黄心夜合(*M. martinii* (H. Lév.) H. Lév.),花淡黄色、芳香。产于河南、湖北、四川、贵州、云南。

**图 15-22　白兰**
1—花枝;2—叶背面柔毛;3—雄蕊;
4—雌蕊群;5—心皮及子房纵剖;6—花瓣

17)含笑(*Michelia figo* (Lour.) Spreng.)

**别名:**含笑梅、香蕉花

**图 15-23　含笑**
1—花朵;2—果枝

**科属:**木兰科含笑属

**形态特征:**常绿灌木,高达5 m。分枝密,小枝、芽、叶柄、花梗均有锈毛。叶革质,倒卵形或倒卵状圆形。花单生叶腋,芳香,花被片6,淡黄色,边缘带紫色。因花不全开,故名"含笑"。聚合蓇葖果卵形,先端呈鸟嘴状。花期3—5月,果期7—8月,见图15-23。

**产地分布:**产于华南各省区,长江流域各地也常见栽培。

**生态习性:**喜弱荫,不耐暴晒和干燥;喜暖热多湿气候及酸性土壤,不耐石灰质土壤,有一定耐寒力;对氯气有较强抗性。

**繁殖方法:**主要用播种、分株、压条和扦插法。

**栽培技术:**不耐移植,故移栽时需要带土球,少伤根系。栽后要注意防止土壤积水,以免烂根。北方秋末要及时入室注意越冬防冻。施肥应以有机肥为主,宜薄肥勤施。

**园林用途:**树体紧凑,四季葱郁,花时散发出香蕉香味,幽香袭人,适于庭院、小游园、花园、公园或街道上成丛种植,也可配植于草坪边缘或稀疏林丛之下,使人在休息之中享受到宜人的芳香气味,也是盆栽佳品。

**种与品种:**同属常绿灌木还有云南含笑(*M. yunnanensis* Franch.),别名皮袋香。高达 4 m,全株被深红色平伏毛。花白色,极芳香。花期 3—4 月,果期 8—9 月。产于云南中部、南部。

18)蜡梅(*Chimonanthus praecox*(Linn.)Link.)

**别名:**黄梅花、香梅、腊梅

**科属:**蜡梅科蜡梅属

图 15-24  蜡梅
1—花枝;2—果枝;3—雄蕊;
4—花托;5—花纵

**形态特征:**落叶小灌木,高达 4 m。小枝近方形,淡灰色,有纵条纹和椭圆形皮孔。叶半革质,椭圆状卵形至卵状披针形,长 7~15 cm,叶端渐尖,叶基圆形或广楔形,叶表有硬毛。花单生,径约 2.5 cm,花被外轮蜡黄色,中轮有紫色条纹,浓香。瘦果种子状,生于壶形果托中。花期 12 月至翌年 3 月,远在叶前开放,果期 8—10 月。蜡梅见图 15-24。

**产地分布:**产于湖北、湖南、陕西等地,现各地有栽培。河南鄢陵是传统的蜡梅栽培生产基地。

**生态习性:**喜光亦略耐阴,较耐寒。耐干旱,花农有"旱不死的蜡梅"的谚语,但忌水湿。萌芽力强,耐修剪。对二氧化硫有一定抗性,能吸收汞蒸气。

**繁殖方法:**主要用嫁接法,叶芽为麦粒大小时为最适期,砧木常用狗牙梅。也可用播种和压条法。

**栽培技术:**不耐移植,故移栽时需要带土球,少伤根系。当叶芽长大后即不适宜移植。栽后要注意防止土壤积水,以免烂根。每年入冬前或在早春施肥 1 次,应以有机肥为主。树形以自然形为主,也可根据需要修剪整理成各种形式,如单干形、多干形、龙游形、屏扇形等。民间传统的蜡梅桩修剪造型有"疙瘩梅""悬枝梅"等整形方法。

**园林用途:**花开于寒月早春,迎霜傲雪,凌寒怒放,久放不凋,比梅花开得早,轻黄缀雪,冻梅含霜,香气浓而清,艳而不俗。曾有诗赞美之:"枝横碧玉天然瘦,恋破黄金分外香。"中国传统上喜与南天竺等常绿观果树种相搭配,红果、绿叶、黄花相映成趣,极得造化之妙。也可作为盆花、桩景和瓶花,独具特色,如民间传统的蜡梅桩景有"疙瘩梅""悬枝梅""龙游梅""扇形梅"等造型。

**种与品种:**变种有罄口蜡梅(var. *grandiflora* Mak.)、素心蜡梅(var. *concolor* Mak.)、狗牙蜡梅(var. *intermedius* Mak.)、小花蜡梅(var. *parviflorus* Turrill)等。栽培品种常见的有'吊金钟''黄脑壳''早黄'等。

19)连翘(*Forsythia suspense*(Thunb.)Vahl.)

**别名:**黄寿丹、黄花杆

**科属:**木犀科连翘属

**形态特征:**落叶灌木,高达 3 m。枝开展,拱形下垂,节间中空。叶片卵形或卵状椭圆形,近基部具锯齿或粗齿。花单生或数朵生于叶腋,先叶开放;花萼绿色;花冠黄色,淡香。蒴果卵圆形,疏生疣点皮孔。花期 3—4 月,果期 7—9 月。连翘见图 15-25。

**产地分布**:产于中国北部、中部及东北各地,现各地有栽培。

**生态习性**:喜光,也较耐阴;耐寒;耐干旱、瘠薄,怕涝;萌蘖性强。

**繁殖方法**:常用扦插法,也可用分株、压条、播种法。

**栽培技术**:移栽易成活。成活后管理简单,花后应剪去枯枝、弱枝即可。树形以自然丛状形为主。

**园林用途**:早春先叶开花,香味淡雅,满枝金黄,艳丽可爱,适于宅旁、亭阶、墙隅、篱下与路边配置,也适宜在溪边、池畔、岩石、假山下栽种,植作花篱或大面积群植于风景区内的向阳坡地也很美观。常与花期相近的榆叶梅、丁香、碧桃等组合配植,色彩更丰富,景观更好。

**种与品种**:栽培品种有'金叶'连翘'Aurea',叶金黄色;'金脉'连翘'Goldenvein',叶脉金黄。

**同属落叶灌木的其他花卉**:① 金钟花(*F. viridissima* Lindl.),枝直立,髓片状。产于中国中部、西南。② 金钟连翘(*F.* × *intermedia* Zabel),它是连翘与金钟花的杂交种,性状介于两者之间,有多数园艺变种。③ 东北连翘(*F. mandshurica* Uyek),高 3 m,枝髓片状。叶广卵形至椭圆形,缘有不整齐粗据齿。花黄色,1～6 朵腋生。产于辽宁沈丹铁路沿线山地。④ 卵叶连翘(*F. ovata* Nakai),高 1.5 m。叶卵形至广卵形,背脉明显隆起。产于朝鲜,中国东北地区有引种。

20)紫丁香(*Syringa oblata* Lindl.)

**别名**:华北紫丁香、丁香

**科属**:木犀科木香属

**图 15-25　连翘**

1—叶枝;2—花枝;3—蒴果;4—花冠展开

**图 15-26　紫丁香**

1—果枝;2—花朵;3—蒴果;
4—雄蕊;5—种子

**形态特征**:落叶灌木,高 4 m。枝条粗壮。叶广卵形,宽度大于长度,基部心形或截形。圆锥花序长 6～15 cm;花萼钟状;花冠紫色,端 4 裂,开展。蒴果卵圆形或长椭圆形,顶端渐尖。花期 4—5 月,果期 6—10 月。紫丁香见图 15-26。

**产地分布**:产于辽宁、内蒙古、河北、山东、陕西、甘肃、四川。朝鲜也产。

**生态习性**:喜光,也耐半荫;耐寒、耐旱、耐瘠薄,忌积涝、湿热和酸性土。

**繁殖方法**:多用扦插法,也可播种、分株、嫁接法。嫁接的砧木常用大叶女贞。

**栽培技术**:移栽易成活。成活后管理简单,花后应剪去枯枝、弱枝即可,并注意及时除去根蘖,以调节树势。树形以多主枝自然形或自然丛状形为主。

**园林用途**:紫色花序生于枝顶,绿叶衬托下十分美丽,且花香芬芳袭人,清香远溢,是中国最常见的观赏花木之一,可丛植于庭园、公园、草坪、风景区等,也可植于建筑物前、亭廊周围,亦可列植作行道树。矮化后盆栽亦佳,切花可插瓶。与其他丁香种类可配植成专类园。

**种与品种**:常见变种有白丁香(var. *alba* Rehd.),叶小,花白色;紫萼丁香(var. *giraldii* Rehd.),叶先端狭尖,花序轴和花萼紫蓝色;佛手丁香(var. *plena* Hort.),花重瓣,白色;湖北丁香(var. *hupehensis* Pamp.),叶卵形,花紫色。

**同属落叶灌木的其他花卉**:①辽东丁香(S. *wolfii* Schneid.),枝粗壮。叶较大,长 10～15 cm。圆锥花序大而长,花冠淡蓝紫色,裂片内曲。主产于东北和华北地区。②垂丝丁香(S. *reflexa* Schneid.),圆锥花序狭圆筒状,下垂,长 10～18 cm。产于湖北,为丁香中极美丽的一种。③红丁香(S. *villosa* Vahl.),圆锥花序顶生,密集;花紫红色至近白色,芳香。产于中国北部。④欧洲丁香(S. *vulgaris* Linn.),别名洋丁香。与紫丁香相似。花有纯白、淡蓝、堇紫、重瓣等类型。产于欧洲,中国各地有引种。⑤花叶丁香(S. × *persica* Linn.),别名波斯丁香。高 2 m,小枝细长。叶常全缘,稀具 1～2 小裂片。花冠淡紫色,冠筒细弱,近圆柱形。产于中亚、西亚、地中海地区至欧洲;中国北部有引种。栽培品种有白花'Alba'、红花'Rubra'和粉红花'Rosea'等品种。⑥什锦丁香(S. × *chinensis* Schmidt ex Willd.),别名华丁香,是欧洲丁香与花叶丁香的杂交种。高 5 m。圆锥花序大而疏散,略下垂;花冠淡紫红色。⑦小叶丁香(S. *microphylla* Diels.),别名四季丁香。叶较小,长 1～4 cm;两面及缘具毛。花序紧密,花细小,淡紫红色。春、秋两季开花。产于中国中部及北部。⑧毛叶丁香(S. *pubescens* Turcz.),别名巧玲花、雀舌花。高 4 m,小枝细,稍四棱。叶圆卵形至卵形,背面沿脉具柔毛。产于中国北部。⑨羽叶丁香(S. *pinnatifolia* Hemsl.),奇数羽状复叶,叶轴具狭翅,小叶对生,7～11 枚;基部楔形或近圆,常歪斜。产于内蒙古和宁夏交界的贺兰山区、陕西、甘肃、青海及四川等地。中国特有种,国家三级保护濒危种。

21)迎春(*Jasminum nudiflorum* Lindl.)

**别名**:金腰带、串串金

**科属**:木犀科茉莉属

**形态特征**:半常绿灌木,高达 5 m。枝条下垂,有四棱。叶对生,小叶 3,卵形至长圆状卵形。花冠高脚杯状,黄色,裂片 6,约为花冠筒长度的 1/2。常不结果。花期 2—4 月,叶前开放,见图 15-27。

**图 15-27 迎春**
1—花枝;2—叶枝

**产地分布**:产于中国北部、西北、西南各地。

**生态习性**:喜光,稍耐阴,耐寒,喜湿润但怕涝,耐盐碱。

**繁殖方法**:分株为主,也可用扦插法。

**栽培技术**:移栽易成活。成活后管理简单,花后应剪去枯枝、弱枝即可。树形以自然丛状形为主。

**园林用途**:一年生枝条鲜绿色,早春黄花可爱喜人,与梅花、茶花、水仙并称为"雪中四友"。宜配置在湖边、溪畔、桥头、墙隅,或在草坪、林缘、坡地丛植、群植;也可密植用作花篱和地被,亦是制作盆景的良好材料。

**种与品种**。常绿灌木还有:①茉莉(J. *sambac* (Linn.) Ait.),枝细长呈藤木状或直立,高达 3 m;幼枝有短柔毛。单叶对生,薄纸质,椭圆形或宽卵形。聚伞花序,花常 3 朵,白色,浓香,重瓣者常不结实。花期 5—11 月,7—8 月开花最盛。产于印度、伊朗、阿拉伯。中国广东、福建及长江流域常见栽培。喜光也稍耐阴,夏季高温潮湿,光照强,则开花最多,香味最浓。光照不足,则叶大,枝细,花小。不耐寒,较喜肥。株形玲珑,枝叶繁茂,叶色如翡翠,花朵似玉玲,且花期长,香气清雅而持久,浓郁而不浊,华南、西双版纳等地可作树丛、树群之下木,也可作花篱植于路旁。长江流域及以北多盆栽。花朵可作襟花佩带,也用于装饰花篮、花圈。②云南黄素馨(*J. mesnyi* Hance),别名南迎春、野迎春。高达 3 m,枝细长拱形,柔软下垂,绿色,有四棱。叶对生,小叶 3。花单生,花冠黄色。花期 4 月,延续时间长。产于云南。③素馨花(*J. grandiflorum* Linn.),攀援灌木,高 4 m。叶对生,羽状深裂或具 5～9 小叶,卵形或长卵形。聚伞花序顶生或腋生,有花 2～9 朵;花芳香,白色。果未见。花期 8—10 月。产于云南、四川、西藏及喜马拉雅地区。

22)石榴(*Punica granatum* Linn.)

**别名:**安石榴、海榴

**形态特征:**石榴科石榴属落叶灌木,高达 5 m。枝条顶部常成尖锐长刺。叶倒卵状长椭圆形,长 2～8 cm,有光泽,长枝上对生,短枝上簇生。花朱红色,径约 3 cm;萼筒钟形,顶端 5～7裂,裂片稍外展,质厚。浆果,有肉质外种皮。花期 5—7 月,果期 9—10 月,见图 15-28。

**产地分布:**原产于伊朗和阿富汗。汉代时引入中国,栽培广泛。

**生态习性:**喜光,耐寒,耐旱,喜湿润、肥沃的石灰质土壤,可适应 pH 值为 4.5～8.2。

**繁殖方法:**常用扦插法,也可用分株、压条和播种法。

**栽培技术:**移栽易成活,可裸根移植。成活后管理简单,因花多果大消耗多,应加强肥水管理,秋季要施基肥,夏季要追肥。树形以多主枝自然形或自然丛状形为主,也可培养成有干的树形。注意及时剪去枯枝、弱枝及不用于更新的根蘖、徒长枝。

**园林用途:**树姿优美,叶色翠绿而有光泽,花大鲜艳,花期极长,又正值少花的夏季,观赏价值极高。在我国传统文化中,石

**图 15-28 石榴**
1—花枝;2—花萼;3—果实

榴有"万子同苞"之称,象征子孙满堂、多子多孙,是代表吉祥的树种,故在庭院中广为栽植,也是各地旅游风景区中常见的树种。为西安市的市花,智利的国花。

**种与品种:**常见栽培变种有白石榴(var. *albescens* DC.),花白色,单瓣,果实黄白色;千瓣白石榴(var. *multiplex* Sweet.),花白色,重瓣;千瓣红石榴(var. *planiflora* Hayne.),花大,粉红色,重瓣;玛瑙石榴(var. *lagrellei* Van Houtte.),花重瓣,具红色和黄白色条纹;月季石榴(var. *nana* Pers.),低矮灌木,枝密而向上,叶和花都较小,5～7 月开花不断,故又称四季石榴;重瓣月季石榴(var. *plena* Voss.),株矮,叶小,花红色,重瓣;黄石榴(var. *flavescens* Sweet.),花黄色;墨石榴(var. *nigra* Hort.),枝细柔,叶狭小,花小,多单瓣,果熟时呈紫黑色。

23)紫薇(*Lagerstroemia indica* Linn.)

**别名:**痒痒树、百日红

**形态特征:**千屈菜科紫薇属落叶灌木,高 5 m 左右。干常扭曲,薄片状剥落后光滑。叶近对生,

**图 15-29　紫薇**

椭圆至倒卵形。顶生圆锥花序,花瓣 6,皱缩,鲜红色,具爪。蒴果,种子具翅。花期 6—9 月,果期 9—12 月,见图 15-29。

**产地分布:**产于亚洲南部及澳洲北部。中国为其分布中心地带,华东、华中、华南及西南地区常见栽培。

**生态习性:**耐旱、怕涝,喜温暖湿润,喜光,喜肥,对二氧化硫、氟化氢等有害气体的抗性强。

**繁殖方法:**常用扦插法和播种法,也可用压条和嫁接法。

**栽培技术:**移栽最好带土球,成活后管理简单,入冬前或早春进行重剪,以促使当年新梢花序硕大。如果不采种,则花后应剪去花序,减少养分消耗。树形以有主干自然圆头形或自然丛状形为主,也可培养成多主干的丛状形。

**园林用途:**树姿优美,树干光滑,花色艳丽,花期极长,且正值夏秋少花季节。可广泛用于公园、庭园、道路和街区绿化等,也是观花、观干的盆景良材。

**种与品种:**常见栽培变种有银薇(var. *alba* Nichols.),花白色或微带淡堇色,叶色淡绿;翠薇(var. *rubra* Lav.),花紫堇色,叶色暗绿。

常见栽培品种有:斑叶紫薇(Variegata)、红叶紫薇(Rubrifolia)、矮紫薇(Petile Pinkie),高 60 cm,花序较小,宜作花篱;红叶矮紫薇(Nana Rubrifolia),株型矮,嫩叶紫红色,花玫瑰红至桃红,宜盆栽;匍匐紫薇(Prostrata),高 40 cm,枝干扭曲,花红色,因花枝较细软,花期时枝下垂,几乎伏地,宜作地被及盆栽等。

同属常绿乔木还有大花紫薇(*L. speciosa*(Linn.)Pers.),别名大叶紫薇,高达 25 m,叶革质,矩圆状椭圆形或卵状椭圆形,背密生绒毛。花萼具 12 条棱。花淡红色,后变紫色,顶生圆锥花序长,花瓣 6,几不皱缩,有短爪。雄蕊学 100 以上。花期 5—7 月,果期 10—11 月。产于东南亚,中国华南地区有引种。喜温暖湿热气候,不耐寒。花大而美丽,落叶前叶色变黄或橙红色,常栽于庭园、路边和草坪上,供观赏用。

24)木槿(*Hibiscus syriacus* Linn.)

**别名:**朝开暮落花、篱障花

**科属:**锦葵科木槿属

**形态特征:**落叶灌木,高达 6 m。叶菱状卵形,基部楔形,端部 3 裂,边缘钝齿。花单生叶腋,茎 5~8 cm,有淡紫、红、白等色。蒴果卵圆形,径约 1.5 cm,密生星状绒毛。花期 6—9 月,果期 9—11 月,见图 15-30。

**产地分布:**产于东亚,中国自东北南部至华南各地均有栽培,尤以长江流域为多。

**生态习性:**喜光,耐半荫;喜温暖湿润气候,也颇耐寒;耐干旱及瘠薄土壤,但不耐积水。对二氧化硫、氯气等抗性较强。

**繁殖方法:**常用扦插法,也可播种、压条和嫁接。

**栽培技术:**移栽易成活,可裸根移植。成活后管理简单。树形可用有主干自然圆头形或有主干多主枝自然形,或修剪成自然丛状形作绿篱。生长季注意及时抹去树干下部的萌蘖。冬季应重剪,疏去过弱枝、病虫枝、密挤枝,其他枝均重剪,来年新梢就会开花繁多。

**园林用途**：夏、秋季开花，花期长且花朵大，有许多不同花色、花型的变种和品种，常作围篱及基础种植材料，宜丛植于草坪、路边或林缘，也可作绿篱或与其他花木搭配。

**种与品种**：常见栽培品种有'白花牡丹'木槿'Totusalbus'，花白色，单瓣；'大花纯白'木槿'Diana'，花白色，径约 12 cm，多花；'白花褐色'木槿'Monstrosus'；'白花红心'木槿'Red Heart'，花瓣白色，花心红色；'蓝花红心'木槿'Blue Bird'，花瓣蓝色，花心红色；'玫瑰红'木槿'Wood-bridge'，花玫瑰粉红色，中心变深；'粉花重瓣'木槿'Flore-plenus'，花瓣白色，带粉红色晕；'美丽重瓣'木槿'Speciosus'，粉花重瓣，中间花瓣小；'白花重瓣'木槿'Albo-plenus'；'白花褐心重瓣'木槿'Elegantissimus'，花粉红色，重瓣；'桃红重瓣'木槿'Paeoniflorus'，花桃红色，带红晕；'斑叶'木槿'Argenteovariegata'，不规则的白色斑块沿叶缘排列或达中部等。

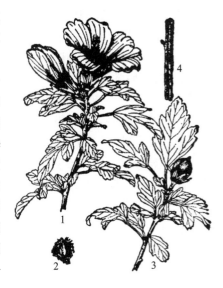

**图 15-30　木槿**
1—花枝；2—种子；3—果枝；4—枝（示沟槽）

同属落叶灌木还有：①木芙蓉（*H. mutabilis* Linn.），别名芙蓉花，高达 2 m，茎具星状毛及短柔毛。叶基部心形。花大，单生枝端叶腋；花冠常为淡红色，后变深红色。花期 9—10 月。产于中国，黄河流域至华南地区均有栽培，尤以四川成都一带为盛，故成都有"蓉城"之称。②海滨木槿（*H. hamabo* Sieb. et Zucc.），别名海槿、海塘树，高达 5 m。叶片近圆形，厚纸质，两面密被灰白色星状毛。花冠钟状。花期 7—10 月。③红叶槿（*H. acetosellae* Welw. ex Hiern.），品种有'Jungle Red'，别名紫叶槿、丽葵，高达 3 m。全株暗紫红色，枝条直立，长高后常弯曲或下垂。叶近卵形，掌状 3～5 裂，裂片边缘有波状疏齿。花单生于枝上部叶腋，冠钟状，绯红色，有深色脉纹，喉部暗紫色。花瓣 5，宽倒卵形。花期 7—10 月。

25) 扶桑（*Hibiscu rosa-sinensis* Linn.）

**别名**：大红花、朱槿、佛槿

**科属**：锦葵科木槿属

**形态特征**：常绿灌木，高达 6 m。叶广卵形至长卵形，有粗齿。花冠常鲜红色，花丝和花柱较长，伸出花冠外，梗有关节。蒴果卵球形，有喙，见图 15-31。夏、秋季开花，花期 5—11 月。

**产地分布**：产于中国南部，福建、台湾、广东、广西、云南、四川等地区均有分布；现温带至热带地区均有栽培。

**生态习性**：喜光，喜温暖湿润气候，不耐寒，华南地区多露地栽培，长江流域及其以北地区需温室越冬。

**繁殖方法**：常用扦插法，也可用压条法。

**栽培技术**：移栽要求带土球。成活后管理简单。树形可用有主干自然圆头形或有主干多主枝自然形，或修剪成自然丛状形。生长季注意通风，疏去过弱枝、病虫枝、密挤枝，维持树冠完整，花后剪去残花以减少消耗。北方秋季应及时入室以防冻。

**图 15-31　扶桑**
1—叶片；2—花蕾；3—花朵、花丝及花柱

**园林用途:**花大色艳,花期长,除红色外,还有粉、橙黄、黄、粉边红心及白色等不同品种;除单瓣外,还有重瓣品种。可孤植、丛植于房前、亭侧、池畔及街道两侧,也可植作花篱。扶桑盆栽是布置节日公园、花坛、宾馆、会场及庭院的最好花木之一。

**种与品种:**常见栽培变种有重瓣扶桑(var. *rubro-plenus* Sweet),花重瓣,花色多样。产于华南地区。

栽培品种甚多,如'锦叶'扶桑'Cooperi',叶片有白、红、淡红、黄、淡绿色等不规则斑纹。花小,朱红色。花期长。

**同属常绿灌木的其他花卉:**①吊灯花(*H. schizopetalus*(Mast.)Hook. f.),别名拱手花篮。高达 4 m。叶椭圆形或卵状椭圆形。花单朵腋生,花大而下垂;花瓣红色,几乎全年开花。产于非洲热带。华南地区庭园内多有栽培。极不耐寒。②黄槿(*H. tiliaceus* Linn.),高 4～7 m。叶广卵形,革质。花黄色。蒴果卵形。花期 6—8 月。产于华南和台湾等地;日本、印度、马来西亚及大洋洲也有分布。

26)瑞香(*Daphne odora* Thunb.)

**别名:**睡香、蓬莱紫、毛瑞香、千里香、山梦花

**科属:**瑞香科瑞香属

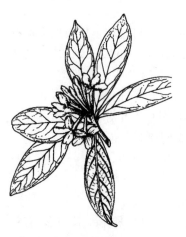

**图 15-32 瑞香**

**形态特征:**常绿灌木,高达 2 m。枝丛生,光滑。叶互生,长椭圆形至倒披针形。花白色或淡红紫色,芳香,短总状花序簇生。核果圆球形,红色,见图 15-32。花期 3—4 月。

**产地分布:**产于中国长江流域,江西、湖北、浙江、湖南、四川等地均有分布。

**生态习性:**喜阴,忌日光曝晒;耐寒性差,北方盆栽,冬季室内越冬。喜排水良好的酸性土壤。

**繁殖方法:**常用扦插法、压条法。

**栽培技术:**宜选择排水良好的半阴处栽植,移栽要求带土球。成活后管理简单,树形可用自然圆头形或自然丛状形。生长季注意通风,疏去过弱枝、病虫枝、密挤枝,维持树冠完整。施肥不宜过多、过浓。北方秋季应及时入室以防冻。

**园林用途:**株形优美,早春开花,芳香且常绿,宜林下、路缘丛植或与假山、岩石配植。

**种与品种:**常见栽培变种有金边瑞香(var. *marginata* Thunb.),叶缘具金黄色,花极香;白花瑞香(var. *leucantha* Makino.),花纯白色;水香(var. *mrosacea* Makino.),花被裂片的内方白色,背面略带粉红色;毛瑞香(var. *atrocaulis* Rehd.),花被外侧有灰黄色绢状毛。

27)八仙花(*Hydrangea macrophylla*(Thunb.)Ser.)

**别名:**绣球花

**科属:**虎耳草科(八仙花科)八仙花属

**形态特征:**落叶灌木,高达 4 m。小枝粗壮,皮孔明显。叶大有光,倒卵形至椭圆形,长 7～20 cm,粗锯齿。顶生伞房花序近球形,径达 20 cm,几乎全为不育花;扩大之萼片 4,卵圆形,全缘,粉红、蓝或白色,极美丽,见图 15-33。花期 6—8 月,很少结果。

产地分布:产于湖北、四川、浙江、江西、广东、云南等地。日本也有分布。各地庭园习见栽培。

生态习性:喜荫,喜温暖气候,耐寒性不强。喜湿润、富含腐殖质而排水良好的酸性土壤。

繁殖方法:常用扦插、分株和压条法。

栽培技术:宜选择排水良好的半荫处栽植,移栽要求带土球。成活后管理简单,树形可用自然圆头形或自然丛状形。生长季注意通风,疏去过弱枝、病虫枝、密挤枝,维持树冠完整。花后剪去残花以节约养分,并促生新枝。待新枝长到 10 cm 左右时进行摘心,使侧芽充实,有利于翌年花球硕大美丽。注意加施肥水,可延长花期。

园林用途:花球大而美丽,且耐阴性较强,暖地可配植于林下、路缘、棚架边及建筑物的北面。也可盆栽。

**图 15-33  八仙花**

种与品种:常见栽培品种有'紫阳花''Otaksa',高约 1.5 m,叶质较厚,花序中全为不育花,极美丽;'银边'八仙花'Maculata',叶较小,边缘白色;'斑叶'八仙花'Variegata',叶面有白色至乳黄色斑块。

同属落叶灌木的其他花卉:①东陵八仙花(*H. bretschneideri* Dipp.),高达 4 m,树皮薄片状剥裂。叶柄常带红色。伞房花序,边缘不育花,先白色,后变浅粉紫色。花期 6—7 月。产于黄河流域各山地。②圆锥八仙花(*H. paniculata* Sieb.),高达 8 m,小枝粗壮略方形。叶对生,有时上部 3 叶轮生。圆锥花序顶生,不育花全缘,白色,后变淡紫色;可育花小,白色。花期 8—9 月。产于长江以南,日本也有分布。③腊莲绣球(*H. strigosa* Rehd.),高达 3 m,小枝密生粗伏毛。叶缘具突尖锯齿。伞房状聚伞花序顶生,有大形白色不育边花。花期 8—9 月。产于长江流域、西北、西南至华南地区。④中国绣球(*H. chinensis* Maxim.),小枝、叶柄及花序幼时有伏毛。伞房花序顶生,无总花梗,可育花白色,5 数。花期 6—7 月。产于台湾、福建、广东、广西、江苏、贵州、湖南、云南、安徽等地。

28)夹竹桃(*Nerium indicum* Mill.)

别名:柳叶桃、红花夹竹桃

科属:夹竹桃科夹竹桃属

形态特征:常绿灌木,高达 5 m。具水状液汁。叶革质,3～4 枚轮生,枝下部为对生,窄披针形。花序顶生,萼 5 深裂,花冠漏斗状,5 裂,向右覆盖,深红色或粉红色。蓇葖果 2,细长,见图 15-34。花期 6—10 月。

产地分布:产于伊朗、印度、尼泊尔。中国长江以南广为引种栽培,北方园林中有栽培。

生态习性:喜光,喜温暖湿润气候,耐寒性稍差,耐旱性强;抗烟尘及有毒气体能力强;对土壤适应能力强,碱性土上也能正常生长。

繁殖方法:常用扦插和分株法。

**图 15-34  夹竹桃**

1—花枝;2—花冠展开;3—花萼

**栽培技术:**宜选择排水良好的土壤栽植,移栽最好带土球。成活后管理简单,树形可用有主干自然圆头形或无主干自然丛状形。不需要重剪,盆栽时维持树冠完整即可。

**园林用途:**姿态潇洒,花色艳丽,兼有桃竹之胜,自初夏开花,经秋季乃止,有特殊香气,其又适应城市自然条件,常植于公园、庭院、街头、绿地等处;也是极好的背景树种;性强健、耐烟尘、抗污染,是工矿区等生长条件较差地区绿化的良好树种。

**种与品种:**栽培品种有'白花'夹竹桃、'紫花'夹竹桃、'橙红'夹竹桃、'粉花重瓣'夹竹桃、'橙红重瓣'夹竹桃、'斑叶'夹竹桃。

**图 15-35 鸡蛋花**
1—花枝;2—叶枝;3—叶柄;
4—花冠;5—蓇葖果;6—种子

29)鸡蛋花(*Plumeria rubra* Linn.)

**别名:**缅栀子

**科属:**夹竹桃科夹竹桃属

**形态特征:**常绿小乔木,高约 8 m。枝条肉质,具乳汁。叶厚纸质,长圆状倒披针形或长椭圆形。聚伞花序顶生;花冠外面白色,花冠筒外面及裂片外面左边略带淡红色斑纹,花冠内面黄色;花气芳香。蓇葖果双生,圆筒形,绿色。花期 5—10 月,果期 7—12 月,见图 15-35。

**产地分布:**产于墨西哥,现广植于亚洲热带及亚热带地区。中国广东、广西、云南、福建等地区有栽培,在云南南部山中有逸为野生的。

**生态习性:**强阳性花卉,日照越充足生长越繁茂,故不耐寒,在温带栽培冬季落叶是其耐寒性差的表现,需入室越冬。

**繁殖方法:**常用扦插和压条法。

**栽培技术:**宜选择排水良好处栽植,移栽要求带土球。成活后管理简单,树形可用有主干自然圆头形。生长季防止积水,施肥少量多次,不要过浓。

**园林用途:**花白色黄心,芳香;叶大深绿色,树冠美观,常栽作观赏。适于庭院、草地、窗前、水滨等处丛植,也可盆栽。

**种与品种:**栽培品种有'红'鸡蛋花'Acutifolia',花冠深红色,喉部黄色;'黄'鸡蛋花'Lutea',花冠黄色;'三色'鸡蛋花'Tricolor',花白色,喉部黄色,裂片外周缘桃色,裂片外侧有桃色筋条。

30)紫羊蹄甲(*Bauhinia purpurea* Linn.)

**别名:**玲甲花、羊蹄甲、白紫荆

**科属:**豆科(苏木科)羊蹄甲属

**形态特征:**常绿小乔木,高达 10 m。叶硬纸质,近圆形,基部浅心形,先端分裂。总状花序侧生或顶生,花瓣桃红色、紫红色、白色。荚果带状,扁平。花期 9—11 月,果期翌年 2—3 月,见图 15-36。

**产地分布:**产于亚洲热带地区,中国华南各地普遍栽培。

**图 15-36 紫羊蹄甲**

**生态习性**:喜温暖、光热充足、雨量充沛气候,在排水良好的砂壤土上生长良好。

**繁殖方法**:常用扦插和压条法。

**栽培技术**:宜选择排水良好的土壤栽植,移栽最好带土球。成活后管理简单,树形可用有主干自然圆头形。盆栽时注意施肥,但要薄肥勤施。

**园林用途**:树冠开展,枝桠低垂,花大而美丽,秋、冬时节开放,花期较长,且叶片很有特色。在广州及其他华南城市常作行道树及庭院风景树。

**种与品种**:同属常绿乔木还有:①白花羊碲甲(*B. variegata* Linn.),别名宫粉羊蹄甲,高达15 m。叶近革质,广卵形至近圆形。总状花序侧生或顶生。荚果带状。花期全年。产于中国南部。变种有白花洋紫荆(var.*candida* Buch.-Ham.),花白色,产于福建、广东、广西、云南等地。②红花羊蹄甲(*B. blakeana* Dunn.),高达10 m。叶革质,近圆形或阔心形。总状花序;花瓣红紫色。花期全年。本种于1965年被定为香港的市花,1997年被定为香港特别行政区的区徽。

31)凤凰木(*Delonix regia*(Bojer.)Raf.)

**别名**:凤凰花、红花楹

**科属**:豆科(云实科或苏木科)凤凰木属

**形态特征**:落叶乔木,高达20 m。小枝被短柔毛并有明显的皮孔。复叶长20～60 cm,羽片对生,小叶25对,密集对生,先端钝,基部偏斜;下部的托叶明显地羽状分裂,上部刚毛状;叶柄上面具槽,基部膨大呈垫状,中脉明显。伞房状总状花序顶生或腋生;花大而美丽,鲜红至橙红色,花梗4～10 cm;花托盘状或短陀螺状;萼片里面为红色,边缘为绿黄色;花瓣匙形,红色,具黄及白色花斑,开花后向花萼反卷,瓣柄细长;雄蕊红色,长短不等,向上弯,花丝粗,花药红色。荚果带形,长30～60 cm,稍弯曲,暗红褐色,熟时呈黑褐色,顶端有宿存花柱。种子有毒,忌食。花期6—7月,果期8—10月,见图15-37。

**图 15-37 凤凰木**

**产地分布**:产于马达加斯加,世界热带地区常栽种。中国云南、广西、广东、福建、台湾等省引入栽培。

**生态习性**:喜光,喜温暖湿润气候;不耐寒冷,忌积水,不耐烟尘。

**繁殖方法**:常用播种法。

**栽培技术**:宜选择排水良好的土壤栽植,移栽最好带土球。成活后管理简单,树形可用有主干自然圆头形。经常注意修剪,保证树冠丰满匀称。盆栽时注意施肥,但要薄肥勤施。

**园林用途**:树冠扁圆而开展,枝叶茂密,叶如鸟羽,轻柔飘逸,花大而色艳,盛开时满树如火,红花与绿叶相映成趣,色彩夺目,故得名凤凰木。中国南方城市的植物园和公园栽种颇盛,亦可作为庭荫树或行道树。

32)双荚决明(*Cassia bicapsularis* Linn.)

**别名**:金边黄槐

**科属**:豆科(云实科或苏木科)决明属

**形态特征**:落叶灌木,高3 m。小叶3～5对,倒卵形至长圆形,叶缘金黄。总状花序,花金黄色,有紫色脉纹。荚果细,长达15 cm。花期9月至翌年1月,果期11月至翌年3月,见图15-38。

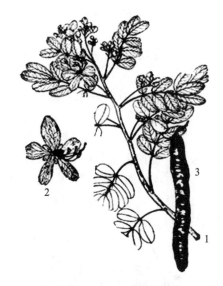

**图 15-38　双荚决明**

1—花枝；2—花朵；3—荚果

**产地分布：**产于热带美洲。中国台湾和华南地区有引种。

**生态习性：**阳性树种，较耐寒，华北地区有引种，冬季需掘起埋土或温室越冬；耐干旱瘠薄，对土壤要求不严。

**繁殖方法：**常用扦插和播种法。

**栽培技术：**宜选择排水良好的土壤栽植，可裸根移植。成活后管理简单，树形可用自然丛状形。生长季可摘心促进分枝增多，开花量大。花前和花期追肥 2～3 次，以补充磷钾肥为主，也可喷 0.2% 的磷酸二氢钾，使花朵肥大并延长花期。花后注意修剪，保证来年花繁叶茂。郑州地区不能露地越冬，入冬前要起苗放入低温温室，或埋入土壤中越冬。翌年再重新栽植。

**园林用途：**花黄色，极美丽，可装饰林缘，或作低矮花坛、花境的背景材料；也可用于庭园和公路绿化。

**种与品种：**同属常绿灌木有黄槐（*C. surattensis* Burm.），别名粉叶决明，高达 5 m。小枝、叶和花序均被毛。总状花序腋生，花瓣鲜黄至深黄色，卵形至倒卵形。荚果，花果期全年。

产于印度、斯里兰卡、印度尼西亚、菲律宾和澳大利亚、波利尼西亚等地，目前世界各地均有栽培。中国广西、广东、福建、台湾等省区引入栽培。喜高温、多湿及阳光充足环境，适应性强，有一定耐寒性，耐半阴，但不抗风。树姿优美，黄花满树，宜成丛或成片栽植，也常作绿篱和行道树，也适于庭院观赏。

33) 木棉（*Bombax malabaricum* DC.）

**别名：**英雄树、攀枝花、烽火树

**科属：**木棉科木棉属

**形态特征：**落叶乔木，高达 40 m。树皮灰白色，幼树树干及枝常有圆锥状粗刺；大枝平展，轮生，树冠伞形。掌状复叶，小叶 5～7 片，长圆形至长圆状披针形，顶端渐尖，基部阔或渐狭，全缘，羽状侧脉上举，托叶小。花单生枝顶叶腋，常红色，有时橙红色，萼杯状，花瓣肉质，倒卵状长圆形，两面被星状柔毛；花丝较粗，向上渐细；花柱长于雄蕊。蒴果长圆形，密被灰白色长柔毛和星状柔毛。种子多数，倒卵形，光滑。花期 2—3 月，果期 6—7 月，见图 15-39。

**产地分布：**产于亚洲南部至大洋洲，华南和西南地区有产。

**生态习性：**喜光，喜暖热湿润气候，不耐寒；较耐干旱。

**繁殖方法：**常用嫁接和分株法。

**图 15-39　木棉**

**栽培技术:**宜选择排水良好的土壤,带土球栽植。树形可用有主干自然形。一般在花后剪去一些下垂、密挤、徒长、病虫枝等,不要花前修剪,以免影响开花。因开花量大,花前和花期追肥,以补充磷钾肥为主。

**园林用途:**树形高大雄伟,早春先花后叶,花朵鲜红,如火如荼,素有"英雄树"之称。华南常作行道树、庭荫树和庭园观赏树。为攀枝花市、广州市、高雄市和台中市的市花,阿根廷的国花。

**种与品种:**同属落叶乔木的还有长果木棉(*B. insigne* Wall.),高达 20 m,树干无刺。小叶 7～9 片,近革质,倒卵形或倒披针形,叶柄长于叶片。花单生于枝的近顶端,花梗粗棒状,萼厚革质,坛状球形;花瓣肉质,长圆形或线状长圆形,花色为红、橙或黄色。蒴果栗褐色,长圆筒形,具 5 棱。花期 3 月,果期 4 月。产于中国西部及南部地区。安达曼岛、缅甸、老挝、越南也有分布。

34)榕树(*Ficus microcarpa* Linn. f. )

**别名:**小叶榕、细叶榕

**科属:**桑科榕属

**形态特征:**常绿乔木,高达 30 m。枝具下垂须状气生根。叶椭圆形至倒卵形,长 4～10 cm,先端钝尖,基部楔形,全缘或浅波状,羽状脉,侧脉 5～6 对,革质,无毛,隐花果腋生,近扁球形,径 8 mm,花期 5—6 月,见图 15-40。

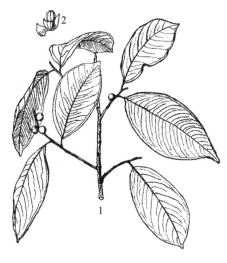

图 15-40　榕树
1—果枝;2—花

**产地分布:**产于浙江、江西、广东、海南、福建、台湾、广西、贵州、云南等地。印度、马来西亚等也有分布。

**生态习性:**喜光,亦耐阴。喜暖热、多雨气候及酸性土壤,生长快,寿命长。

**繁殖方法:**常用播种和扦插法。

**栽培技术:**移栽易成活,成活后管理简单。作为行道树,树形可用有主干自然圆头形。盆栽作盆景,可随设计而呈现不同的造型。也可修剪成自然丛状形作绿篱。作为孤植树,可任其生长,不作过多修剪。但是,在南方道路两旁及住宅小区中,因树体过大或根系伸展引起地面凸起影响交通、地下管道等,则需要及时修剪枝叶,控制长势。最好在种植榕树的时候,在根部周围加建防护墙,让其根须垂直向地下生长,防止根须向地面生长,危及地下管道和地面建筑物。

**园林用途:**树冠庞大,枝叶茂密,气根低垂,又可入土成支柱干,能形成"独木成林"的热带风情景观,是华南和西南地区常见的行道树及遮荫树。可孤植于草坪、池畔、桥头,也可列植于河流沿岸、宽阔道路两旁。福州森林公园和广西阳朔县都有极美丽的古榕树景观。

**种与品种:**栽培品种有'黄金'榕'Golden-leaves',嫩叶或向阳叶呈金黄色;'花叶'榕('乳斑'榕)'Milky Strip',叶表面绿色,并有浅黄色或乳白色的斑块;'黄斑'榕'Yellow-stripe',叶缘黄色并具绿色条带。

**同属常绿乔木的其他花卉:**①印度榕(*F. elastica* Roxb. ex Hernem. ),别名印度橡皮树,叶厚革质,较大;叶柄粗壮;托叶膜质,深红色。产于印度、缅甸。栽培品种有'花叶'印度榕(Variegata),叶稍圆,叶缘及叶上有许多不规则的黄白色斑块。'金边'橡皮树(Aureo Marginata),叶边缘为淡黄色,中间为翠绿色。'白斑'橡皮树'Doescheri',叶较窄并有许多白色斑块。'金星'橡皮树'Goldstar',叶较一般橡皮树大而圆,幼嫩时为褐红绿色,后变为红褐色,靠近边缘散生稀疏针头大小的斑点。长江以北地区多盆栽,温室越冬。②高山榕(*F. altissima* Blume.),别名大叶榕。叶厚革质,托叶厚革质,外被灰色毛。产于海南、广西、云南、四川等地。东南亚地区也有分布。华南地区常栽培观赏。③垂叶榕(*F. benjamina* Linn.),树冠广展,小枝下垂,叶薄革质。产于华南和西南地区。

35)金丝桃(*Hypericum monogynum* Linn.)

**别名**:金丝海棠、照月莲、土连翘

**科属**:藤黄科金丝桃属

**图 15-41　金丝桃**
1-2.金丝梅;1—花枝;2—叶片;
3-6.金丝桃;3—蒴果;4—花枝;5—花朵;6—雌蕊

**形态特征**:常绿、半常绿或落叶灌木,高达 1 m。小枝圆柱形。叶长椭圆形,基部渐狭、稍抱茎。花鲜黄色,单生或 3～7 朵成聚伞花序;花瓣 5,宽倒卵形,花丝长于花瓣,花柱合生,端 5 裂。蒴果卵圆形。花期 6—7 月,果熟期 8—9 月,见图 15-41。

**产地分布**:产于河北、河南、陕西、江苏、浙江、福建、江西、湖北、四川、广东等地。

**生态习性**:性喜光,略耐阴,喜湿润的河谷或半荫坡地砂壤土;耐寒性不强。

**繁殖方法**:常用扦插、播种法。

**栽培技术**:不耐移植,故移栽时应少伤根系,中小苗带宿土,成丛大苗应带泥球。移植在春、秋两季均可,以春季移植为好。管理粗放,但由于是在当年春季抽生的新梢上分化花芽,入夏以后就能开花,开花后很少分生侧枝,加上植株的耐寒力不强,冬季会大量抽干死亡,因此应在秋季落叶后把丛生枝条全部剪掉,每年彻底更新 1 次,这样才能保证年年开花,并使植株永远呈现出鲜嫩翠绿的状态。在管理上还应注意冬季培土防寒,在北方宜种植在背风向阳处。栽后要注意防止土壤积水,以免烂根。

**园林用途**:花叶秀丽,仲夏时黄花密集,可植于庭院内、假山旁及路边、草坪一角等,也可作为花篱。

**种与品种**:同属常见常绿灌木还有①密花金丝桃(*H. densiflorum* Pursh.),高达 1.5 m。叶对生,线形、线状长圆形或倒披针状椭圆形。聚伞花序顶生,花黄色。蒴果圆锥形。花期 6—8 月,果期 8—10 月。产于美国。杭州、温州、南京、上海及江西庐山等地有引入栽培。喜光也耐半阴,忌积水,耐瘠薄,耐寒性较强。②金丝梅(*H. patulum* Thunb.),半常绿,小枝 2～4 棱。叶卵状长椭圆形或广披针形。花金黄色,花丝短于花瓣,花柱 5,分离。蒴果卵形。花期 5—8 月,果期 6—10 月。产于陕西、四川、云南、贵州、江西、湖南、湖北、安徽、江苏、浙江、福建等地。

36)檵木(*Loropetalum chinense*(R. Br.)Oliv.)

**别名**:香雪、锯木条

**科属:**金缕梅科檵木属

**形态特征:**常绿灌木或小乔木,高5 m或更高。叶卵形或椭圆形。花瓣带状线形,淡黄白色。蒴果褐色,近卵形。花期5月果期8月,见图15-42。

**产地分布:**产于长江中下游及其北回归线以北地区。印度北部亦有分布。

**生态习性:**喜光也耐半荫,喜温暖气候及酸性土壤,耐干旱但不耐瘠薄,适应性较强。

**繁殖方法:**常用播种和嫁接法。

**栽培技术:**宜选排水良好、肥沃的微酸性之处栽植。不耐移植,故移栽时少伤根系,中、小苗带宿土,成丛大苗应带泥球。移植在春、秋两季均可,以春季移植为好。管理粗放,但栽后要注意防止土壤积水,以免烂根。在管理上还需注意冬季培土防寒,在北方宜种植在背风向阳处。树形可根据需要修剪整理成球形、自然丛状形、单干圆头形等。若制作盆景,

图 15-42  檵木

可修剪成单干、双干、曲干和丛林式等,树冠加工成潇洒的自然形或错落有致的圆片造型。

**园林用途:**树形美观,花朵繁密,初夏开花如覆雪,颇为美丽。宜丛植于草地、林缘或与石山相配合,亦可搭配植于风景林,与杜鹃、南天竹、洒金珊瑚等成片、成丛组合配植,或植作花篱。也是制作盆景的良好材料。

**种与品种:**栽培变种有红花檵木(var. *rubrum* Yieh.),别名红桎木、红檵花、红檵木。嫩枝被暗红色星状毛。越冬老叶呈暗红色。花4~8朵簇生于总状花梗上,呈顶生头状或短穗状花序。花期4—5月。枝繁叶茂,树态优美多姿,叶片和花朵均为紫红色,花期甚长,花瓣细长如流苏,是非常珍贵的庭园观赏树种和树桩盆景材料。孤植、丛植、群植、片植均可,广泛应用于道路绿化、小区、庭院绿化等。也常用作绿篱、色带。通过与绿色、黄色的色块植物搭配,可形成大气的色带景观。其木桩造型古朴、成景效果突出,亦常见于高档小区、私家庭院,或点缀酒店大厅、办公楼、会客厅等公共场所。

37)变叶木(*Codiaeum variegatum*(Linn.)Bl.)

**别名:**洒金榕

**科属:**大戟科变叶木属

**形态特征:**常绿灌木,高达2 m。叶互生,薄革质,颜色和形状及大小变异很大,叶色有淡绿、绿、紫色,或间有白、黄、红色斑纹或斑点,或中脉或脉上红或紫色;叶形有线形至椭圆形,全缘或分裂,扁平、波状或螺旋状扭曲。总状花序腋生,雌雄同株异序,花萼5裂;花瓣小,5~6枚,稀缺。蒴果近球形,白色,稍扁,花期9—10月,见图15-43。

图 15-43  变叶木

1—叶形;2—花序;3—果序

**产地分布:**产于马来半岛至大洋洲,现广泛栽培于热带地区。中国南部各省区有引种栽培。

**生态习性**:喜光,喜温暖湿润气候,不耐寒,但较耐旱。

**繁殖方法**:常用扦插法。

**栽培技术**:宜选排水良好、土壤肥沃处栽植。不耐移植,故移栽时应少伤根系,中、小苗带宿土,成丛大苗应带泥球。栽培管理简单,每年春季进行 1 次修剪整形。夏季注意防止积水烂根,冬季注意防寒。

**园林用途**:叶形、叶色变化丰富,华南地区常丛植于庭院,或作观叶绿篱。北方多盆栽。

**种与品种**:园艺品种甚多,常见的有'桃叶珊瑚叶'变叶木'Aucubifolium',花白色。'赤剑'变叶木'Disriaile',花白色。叶主脉和侧脉金黄色,散生不规则黄色斑点。'琴叶彩叶'变叶木'LM. Rutherford',花白色。叶片 3 浅裂,戟状,形似提琴,叶脉和叶缘黄色,成熟叶中脉和叶缘红色,叶面带绿色斑块。'华丽'变叶木'Magnificent',花白色。叶片椭圆状披针形,先端突尖,叶缘稍呈波状,新叶黄绿杂色,成熟叶褐粉红杂色。花期夏季。'虎尾'变叶木'Majesticum',花白色。叶片细长披针形,顶端尖锐,深绿色,散生大小不等的黄色斑点。

38)米仔兰(*Aglaia odorata* Lour.)

**别名**:树兰、米兰

**科属**:楝科米仔兰属

图 15-44 米仔兰

**形态特征**:常绿灌木至小乔木,多分枝,高达 5 m。羽状复叶,叶轴有窄翅,小叶 3~5 片,倒卵形至长椭圆形。花黄色,极芳香,成腋生圆锥花序。浆果卵形或近球形。夏、秋季开花,见图 15-44。

**产地分布**:产于东南亚,现广植于世界热带及亚热带地区。华南地区有引种栽培,长江流域及其以北地区常盆栽。

**生态习性**:喜光略耐阴,喜暖怕冷,喜肥沃土壤,不耐旱。

**繁殖方法**:可用扦插、压条法。

**栽培技术**:宜选排水良好、土壤肥沃处栽植。不耐移植,故移栽时应少伤根系,中、小苗带宿土,成丛大苗应带泥球。栽培管理简单,树形宜用有主干的自然圆头形或自然丛状形,生长季修剪整形维持树冠完整,修剪后注意加强肥水,促发新枝健壮。夏季注意防止积水,以免烂根,冬季注意防寒。

**园林用途**:树姿优美,叶形秀丽,枝叶繁密常青,花金黄香,馥郁如兰,花期长,可布置于庭园作观赏用,也可盆栽于室内作观赏用。

**种与品种**:栽培变种有小叶米仔兰(var. *microphyllina* C. DC.),复叶常具 5~7 小叶,间有 9 枚,狭长椭圆形或狭倒披针状长椭圆形。产于海南,南方各省区均有栽培。栽培品种有'四季'米仔兰'Macrophlla',四季开花不断。

39)光叶子花(*Bougainvillea glabra* Choisy.)

**别名**:三角花、簕杜鹃、毛宝巾

科属：紫茉莉科叶子花属

形态特征：藤状灌木。茎粗壮，枝下垂，叶腋内有1个粗壮而稍弯曲的枝刺。叶片纸质，卵形或卵状披针形，长5~13 cm，宽3~6 cm，顶端急尖或渐尖，基部圆形或宽楔形。花顶生，花梗与苞片贴生，每个苞片上生1朵花；苞片呈紫色或红色，长2.5~3.5 cm，宽约2 cm，纸质；花被管长约2 cm，疏生柔毛，有棱。花期冬、春季，见图15-45。

产地分布：产于巴西，中国长江流域以南各地区广泛栽培。

生态习性：喜温暖、湿润环境，耐热不耐寒，不耐旱，对土壤要求不严，长江以北地区盆栽。

繁殖方法：常用扦插法，也可用压条法和嫁接法。

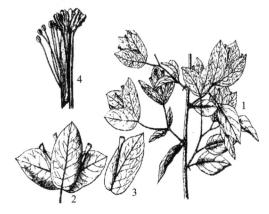

图15-45 光叶子花
1—花枝；2—苞片和花；
3—花生苞片上；4—花剖面

栽培技术：宜选排水良好、土壤肥沃处栽植。不耐移植，故移栽时应少伤根系。栽培管理简单，树形宜用有主干的自然圆头形，或根据场所和个人喜爱修剪成需要的形状。入冬前或春季要修剪1次，以促进萌发新枝。生长季修剪整形以维持树冠完整，修剪后应注意加强肥水，促发新枝健壮。夏季注意防止积水，以免烂根，冬季注意防寒。由于植株年生长量较大，因此应注意施肥和更换盆土。根据基肥适量、追肥及时、薄肥勤施的原则，上盆时应施适量基肥，有机肥和长效肥相结合，豆饼和复合肥按1∶1比例放入盆底，在生长期应少施氮肥、多施磷钾，氮肥多了易造成徒长，导致节间过长，难以控制花期且开花少。也可采用药物矮化法，在叶子花生长季节，等刚发出新枝条（5~10 cm）时用多效唑（矮壮素）兑水1∶700倍，10 d浇1次，共浇3次；也可用多效唑兑水1∶1000倍每7 d左右用喷壶喷撒叶片进行矮化，但花芽来临前应停止药物矮化处理。

园林用途：树形纤巧，枝叶扶疏，花色艳丽，且花期较长，华南及西南温暖地区多植于庭院里、宅旁、棚架上、围墙内、屋顶上和各种栅栏里，柔条拂地，红花满架，观赏效果甚佳。北方宜栽培于温室。还可进行人工绑扎，用于各种攀附花格、廊柱等，形成美丽的花屏、花柱，也可培养成灌木状观赏。亦可制成微型盆景、小型盆景、水旱盆景等，置于阳台、几案，十分雅致。光叶子花为深圳市和珠海市的市花。

种与品种：园艺品种较多，常见的有①'大红（深红）'三角梅'Willd Crimsonlake'，叶大且厚，深绿无光泽，幼叶深红色；枝硬，刺小；花苞片大红色。②'金斑大红'三角梅'Lateritia Gold'，叶宽卵圆形至宽披针形，缘具黄白色斑块，新叶斑块为黄色，渐变为黄白色。③'皱叶深红'三角梅 B.×buttiana 'Barbara Karst'，叶片圆形，带银边斑纹，边缘皱卷。花较大，叶状花苞呈深红色。④'金斑重瓣大红'三角梅 B.×buttiana 'Chili Red Batik Variegata'，叶片外缘金黄色，花重瓣，红色。⑤'珊红'三角梅 B.×buttiana 'Manila Magic Pink'，叶圆形，绿色，重瓣花，叶状花苞红紫色。⑥'橙红'三角梅'Auratus'，茎干刺小，枝条硬，能直立。叶大且薄，椭圆形，叶状苞片橙红色。花期3—5月、8—10月。⑦'金叶'三角梅'Golden Lady'，枝刺较多。叶较小，正面光亮，金黄色。花苞片淡紫色。⑧'银边浅紫（粉糚）'三角梅'Eva'，叶片椭圆，银边斑叶；花浅紫色，花量较少。⑨'金斑浅紫'三角梅'Hati Cadis'，叶长形，较大，边缘具金色斑；花浅紫色。

426 园林花卉学

同属常绿藤本的其他花卉:美丽叶子花(*B. spectabilis* willd.),攀援状灌木,与光叶子花区别在于枝叶密被柔毛,枝拱形下垂;单叶互生,卵形全缘或卵状披针形,被厚绒毛,顶端圆钝。花顶生,苞片红色。产于巴西,中国南方各地均有栽培。

40)鸡爪槭(*Acer palmatum* Thunb.)

**别名:**鸡爪枫

**科属:**槭树科槭属

**形态特征:**落叶小乔木或灌木,高达 8 m。树冠伞形,枝条开张,细弱,树皮深灰色;当年生枝紫色或淡紫绿色,多年生枝淡灰紫色或深紫色。叶纸质,5～9 掌状深裂,常 7 裂,裂片长圆卵形或披针形。伞房花序,萼片 5 枚,暗红色;花瓣紫色。果翅开展成钝角。花期 5 月,果期 9—10 月,见图 15-46。

**图 15-46 鸡爪槭**

**产地分布:**产于东亚,中国长江流域各地均有分布。朝鲜和日本也有分布。

**生态习性:**喜弱光,耐半荫,在阳光直射处孤植易受日灼。喜温暖湿润气候及肥沃排水良好的壤土。

**繁殖方法:**常用播种法和嫁接法。

**栽培技术:**宜选排水良好、土壤肥沃处栽植。不耐移植,故早春移栽时应少伤根系,大苗带土球。栽培管理简单,树形宜用有主干的自然圆头形,或根据场所和个人喜爱修剪成需要的形状。生长季施 2～3 次速效肥,保持土壤适当湿润,秋季则宜偏干为好。

**园林用途:**树姿婆娑,叶形秀丽,且园艺品种众多,均为珍贵的观叶树种。常植于草坪、山坡、溪边、池畔、墙隅、亭廊四周、山石间作点缀。尤其是以常绿树或白粉墙作背景的衬托下,更显得美丽多姿。

**种与品种:**园艺栽培品种很多,如'条裂'鸡爪槭'Linearilobum',叶深达基部,裂片线形,有疏齿或近全缘。'细叶'鸡爪槭'Dissectum',别名'羽毛枫',叶片掌状深裂,几达基部,裂片狭长,又羽状细裂,树体较小。'红细叶'鸡爪槭'Dissectum Ornatum',别名'红羽毛枫',株态、叶形同'细叶'鸡爪槭,惟叶色常年红色或紫红色。'紫细叶'鸡爪槭'Dissectum Atropurpureum',别名紫羽毛枫,叶形同'细叶'鸡爪槭,但叶片常年古铜紫色。'紫红'鸡爪槭'Atropurpureum',别名'红枫',叶片常年红色或紫红色,枝条紫红色。'垂枝'鸡爪槭'Pendula',枝梢下垂。

**同属常见落叶树种的其他花卉:**①复叶槭(*A. negundo* Linn.),别名梣叶槭、羽叶槭。高达 20 m,树皮黄褐色或灰褐色,小枝圆柱形,有白粉,当年生枝绿色,多年生枝黄褐色。奇数羽状复叶,有 3～7 小叶;小叶纸质,卵形或椭圆状披针形。花单性异株,雄花花序聚伞状,雌花的花序总状。果翅狭长,两翅成锐角。花期 4—5 月,果期 9 月。产于北美。中国华东、东北和华北地区有引种栽培。近几年引进了国外的新品种,如'金叶'复叶槭'Aureum',小叶金黄色;'金斑(花叶)'复叶槭'Aureo-variegatum',小叶呈黄、白、粉、红粉色;'金边'复叶槭'Aureo-marginatum',小叶边缘呈黄色。②青榨槭(*A. davidii* Franch.),高达 15 m,树皮竹绿或蛙绿色,常纵裂成蛇皮状;小枝细瘦,圆柱形;当年生嫩枝紫绿色或绿褐色,多年生老枝黄褐色或灰褐色。叶纸质,长圆卵形或近于长圆形,缘具不整齐钝圆齿。花杂性,雄花与两性花同株,下垂总状花序,顶生于着叶的嫩枝;花黄绿色,翅果嫩时淡绿色,熟后黄褐色,展开成钝角或几乎成水平状。花期 4 月,果期 9 月。产于华北、华东、中南、西南各省区。③挪威槭(*A. platanoides* Crim.),高达 12 m,树冠卵圆形;枝条粗壮,树皮表面有细长的条纹。叶片光滑,宽大浓密,秋季叶片呈黄色。产于欧洲,分布在挪威到瑞士的广大地区。目前中国也有引入栽培。④美国红枫(*A. rubrum* Linn.),别名红花槭。高达 30 m,树冠圆形。叶掌状 3~5 裂,表面亮绿色,背面泛白。果翅红色。产于美国东海岸。是我国近几年引进的美化、绿化城市园林的理想珍稀树种之一。

41)栀子(*Gardenia jasminoides* Ellis.)

**别名**:黄栀、山栀子

**科属**:茜草科栀子属

**形态特征**:常绿灌木,高达 3 m。干灰色,小枝绿色。叶长椭圆形,革质而有光泽,全缘。花单生枝端或叶腋,花萼 5~7 裂,裂片线形;花冠高脚碟状,白色,浓香,先顶常 6 裂。果卵形,具 6 纵棱,顶端有宿存萼片,花期6—8 月,见图 15-47。

**产地分布**:产于长江流域。

**生态习性**:喜光,蔽荫处叶色浓绿但开花稍差;喜温暖湿润气候,耐热;喜肥沃、排水良好、酸性轻黏壤土,也耐干旱瘠薄;抗二氧化硫能力强。

**繁殖方法**:常用扦插法,也可用压条法。

**栽培技术**:宜选排水良好、土壤肥沃的酸性土地栽植。中、小苗带宿土,成丛大苗应带土球。树形宜用自然丛状形,生长季修剪以维持树冠完整,花后剪去残花,注意加强肥水,促发新枝健壮。夏季注意防止积水,以免烂根,冬季注意越冬防寒。

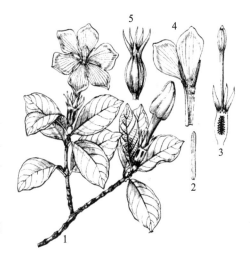

**图 15-47 栀子**
1—花枝;2—雄蕊;3—花萼、子房纵切;
4—花冠展开;5—浆果及宿存萼片

**园林用途**:叶色亮绿,四季常青,花大洁白,芳香馥郁,又有一定耐阴和抗有毒气体的能力,故是良好的绿化、美化、香化材料,可成片丛植或配置于林缘、庭前、院隅、路旁,作花篱也极适宜,也是盆栽佳品。

**种与品种**:栽培变种有①大花栀子(var. *grandiflora* Nakai.),叶较大。花单生枝顶,大而重瓣,白色,具芳香。花期 3—7 月;果期 5 月至翌年 2 月。产于山东、长江流域以南以及西南的四川、贵州、云南等地。②雀舌花(var. *radicana*(Thunb.)Makino.),叶对生,披针状倒卵形;花顶生于新梢上,重瓣,白色,花气芳香。产于中国浙江、广东、海南等省,日本也有分布。

42)龙船花(*Ixora chinensis* Lam.)

**别名**:仙丹花

**科属**:茜草科龙船花属

**形态特征**:常绿灌木,高达 2 m。叶对生,有时由于节间距离极短几乎成 4 枚轮生,披针形、长圆状披针形至长圆状倒披针形。花序顶生,具短梗,分枝红色,每分枝着生 4~5 朵花;花冠红色或红黄色。果近球形,双生,熟时红色,花期 5—7 月,见图 15-48。

**图 15-48　龙船花**

1—花枝;2—花冠纵切;3—子房纵切;4—果实

**产地分布:**产于亚洲热带,中国华南地区有野生。

**生态习性:**喜光,喜温暖潮湿环境,宜半荫,不耐寒,忌干旱干燥,以肥沃、疏松、酸性砂质壤土为佳,忌碱性土。

**繁殖方法:**常用扦插法和播种法,也可用压条法。

**栽培技术:**宜选排水良好、土壤肥沃的酸性土地栽植。中、小苗带宿土,成丛大苗应带土球。树形宜用自然丛状形,生长季要修剪以维持树冠完整。花后剪去残花,注意加强肥水,促发新枝健壮,使其多次着花。夏季注意防止积水,以免烂根,冬季注意越冬防寒。

**园林用途:**花色红,极美丽,花期极长,常丛植、列植、片植成花篱、花境,或与假山、置石配置。

**同属常绿灌木的其他花卉:**①红龙船花(*I. coccinea* Linn.),高达 3 m,叶对生,全缘,椭圆状卵形或椭圆形。聚伞花序顶生,橘红色至深红色。浆果球形。花期 5—12 月。产于中国西南和亚洲热带。②白仙丹(*I. parviflora* Vahl.),分枝多,叶长椭圆形至卵形。聚伞花序近半球状,花白色,芳香。夏秋开花。产于印度及斯里兰卡。③黄龙船花(*I. lutea*(Veitch)Hutchins.),高达 2 m。叶薄革质或纸质。花黄色。浆果近球形。产于印度、马来西亚。中国有引种栽培。

43)凌霄(*Campsis grandiflora*(Thunb.)Schum.)

**别名:**紫葳、中国凌霄、凌霄花

**科属:**紫葳科凌霄属

**形态特征:**落叶藤本,茎长达 10 m。老枝灰色,条状纵裂。小叶 7~9 片,两面无毛,卵形至卵状披针形,长 3~6 cm,先端渐尖,边缘疏生锯齿。圆锥花序,花冠内面鲜红色,外面橙黄色,直径 5~7 cm。花萼淡绿色,裂至中部。蒴果如豆荚,先端钝,花期 6—8 月,果期 10—11 月,见图 15-49。

**产地分布:**产于中国中部和东部,日本也有分布。

**生态习性:**喜光,稍耐阴;喜温暖湿润的环境;耐旱,忌积水;对土壤要求不严,喜排水良好的微酸性至中性土壤。有一定耐寒性,北方可露地栽培。

**繁殖方法:**常用扦插、埋根、分株法,也可用播种、压条法。

**栽培技术:**移栽容易成活。栽前适当重剪,成活后需要搭设棚架。生长季要注意防止棚架因枝叶过重而跌落。休眠期间至开花前,适当剪除过密枝和细弱枝,以利春季花繁枝茂,使树形合理。开花前可施肥、灌水,促进植株生长。

**图 15-49　凌霄**

1—花枝;2—花冠展开示雄蕊;3—花萼及雌蕊

**园林用途:**翠绿的叶片团团如盖,干枝虬曲多姿。夏季柔条随风飘舞,红花绿叶相映成趣,适用于棚架、凉廊、园门、树干、假山、岩石、墙体和各种篱垣的绿化。

**种与品种:**同属落叶藤木的还有美国凌霄(*C. radicans*(Linn.)Seem.),小叶 9～13 片,叶轴及小叶背面有柔毛。短圆锥花序,花冠直径约 4 cm,橙红至鲜红色,萼浅裂至 1/3。蒴果长圆柱形,先端尖。花期 6—8 月,果期 11 月。产于北美洲,中国各地引种栽培。耐寒、耐湿和耐盐碱能力强。

44)金银花(*Lonicera japonica* Thunb.)

**别名:**忍冬、金银藤、二色花藤、二花

**科属:**忍冬科忍冬属

**形态特征:**半常绿缠绕藤本,长达 9 m。幼枝红褐色,密被毛,老茎条状剥落。叶纸质,卵形至矩圆状卵形,长 3～8 cm,有糙缘毛。总花梗单生于小枝上部叶腋;具苞片及小苞片;萼齿卵状三角形或长三角形,有毛;花冠长 2～6 cm,唇形,外被披毛,上唇 4 裂片,顶端钝形,下唇带状反曲;花柱细长;浆果,圆形,直径 6～7 mm,熟时蓝黑色。花期 4—6 月(秋季亦常开花),果期 10—11 月,见图 15-50。

**产地分布:**产于中国,北起东北三省,南到广东、海南省,东从山东省,西到喜马拉雅山均有分布。

**生态习性:**适应性很强,喜阳,亦耐阴,耐寒性强,亦耐干旱和水湿,对土壤要求不严。

**繁殖方法:**常用扦插法,也可用播种、压条和分株法。

图 15-50　金银花
1—花枝;2—花纵剖面;3—果及叶状苞片;4—几种叶形

**栽培技术:**移栽容易成活。栽前适当重剪,成活后需要搭设棚架。休眠期间至开花前,适当剪除过密枝和细弱枝,以利花繁枝茂。

**园林用途:**植株轻盈,藤蔓细长,花朵繁密,先白后黄,状如飞鸟,春、夏季开花不断,色香俱备。适合于在林下、林缘、建筑物北侧等处作地被栽培;还可以作绿化矮墙;亦可以利用其缠绕的特点制作花廊、花架、花栏、花柱以及缠绕假山石等。

**种与品种:**①黄脉金银花(var. *aureo-reticulata* Nichols.),叶较小,有黄色网脉。②紫脉金银花(var. *repens* Rehd.),叶面光滑,脉带紫色,叶基有时分裂,花冠白色带紫。③红花金银花(var. *chinensis* Baker.),茎及嫩叶带紫红色,花冠外面带紫红色。

**同属常见藤木的其他花卉:**①淡红忍冬(*L. acuminata* Wall.),落叶或半常绿,幼枝常被糙毛。叶形变化较大,具缘毛。双花集生于小枝顶端成近伞房状花序或单生于叶腋,花冠黄白色而有红晕。果卵圆形,蓝黑色。花期 6—7 月,果期 10—11 月。产于西藏、云南、甘肃、秦岭以南至两广北部和台湾等地。缅甸、印度尼西亚和菲律宾也有分布。②毛萼忍冬(*L. trichosepala*(Rehd.)Hsu),花着生方式与淡红忍冬相似,萼齿密被糙毛及缘毛,花冠淡紫色或白色,长约 2 cm,密被倒糙毛。果卵圆形,蓝黑色。花期 6—7 月,果期 10—11 月。产于安徽、浙江、江西和湖南等地。③台尔曼忍冬(*L. tellmanniana* Spaeth.),是盘叶忍冬与贯叶忍冬的杂交种。蔓长达 6 m,叶椭圆形,先端钝或微尖,基部圆形,表面深绿色,叶脉微凹,主脉基部橘红色,背面被粉。伞形花序 5 个一组呈节状排列,

花序下面 1~2 对叶片基部合生成近圆形或卵圆形的盘,盘两端钝形或具小尖头。花冠橘红色或黄红色,花瓣二唇形,雄蕊 5 个,长出花瓣。花期 6—7 月。1981 年从美国明尼苏达州引入,东北南部至华北地区有栽培。④金红久忍冬(*L. heckrotti*),杂交品种。蔓长达 5 m,老蔓灰色。叶卵状椭圆形。花 10 朵轮生于枝端,花冠 2 轮,外轮玫红色,内轮黄色,具香味,花冠 2 唇形,上唇 4 裂,下唇反卷。花期 4—6 月。

45)苏铁(*Cycas revoluta* Thunb.)

**别名**:铁树、凤尾松、避火蕉

**科属**:苏铁科苏铁属

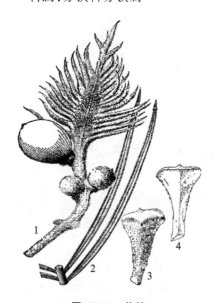

**图 15-51 苏铁**

1—大孢子叶及种子;2—羽状叶片的一段;
3—小孢子叶腹面;4—小孢子叶背面

**形态特征**:常绿灌木至小乔木,树高 3 m,稀达 8 m。茎干粗短。叶柄痕菱形,老叶向下弯拱,长 0.55~2.0 m;羽状裂片厚革质,呈"V"形上展,缘显著反卷,两侧不对称;叶色深绿,有光泽。雄球花长圆柱形,被黄色绒毛,小孢子叶木质,孢片螺旋状排列;雌球花稍呈扁球形,被黄褐色绒毛。种子倒卵圆形,红色或橘红色,被灰黄色短毛,后渐脱落。花期 6—8 月,种子 10 月成熟,见图 15-51。

**产地分布**:产于中国东南部,现全国各地均有栽培。华南、西南各省区多露地栽培供庭院观赏,长江流域以北地区多盆栽,温室越冬。日本、菲律宾、印尼亦有分布。

**生态习性**:喜温暖湿润气候,不耐水湿,比较耐旱,不耐寒冷。生长缓慢,寿命可达 200 余年。华南地区 10 年生以上的树木每年可开花结籽,而长江流域及以北地区盆栽植株则不常见开花。民间有"铁树开花,千年一遇"之语,形容其开花次数之少。

**繁殖方法**:常用播种和分株法。

**栽培技术**:宜选排水良好、土壤肥沃的酸性土地栽植。生产中多盆栽,移栽宜在 5 月温度较高时带宿土进行,以利于根系恢复。树形宜用苏铁特有的自然形,重点是保护叶片不受损害从而得以维持树冠完整。夏季注意防止积水烂根,少施浓肥防止徒长,冬季注意越冬防寒。

**园林用途**:植株厚重挺拔,树型整齐优美,极具热带风情,可布置于规则式花坛中心作为主景,四季浓绿,有赏心怡神之感;或盆栽供会场及厅堂观赏,庄严肃穆;老干上鳞状叶痕别具风韵,配以怪石,制作盆景亦佳。

**同属常绿树种的其他花卉**:①华南苏铁(*C. rumphii* Miq.),别名刺叶苏铁,高达 10 m。上部叶柄偶有残存,叶丛直向上生长。叶柄具刺。花期 5—6 月,种子扁球形或卵形,10 月成熟。原产印尼、澳洲北部、南亚及马达加斯加等地。②云南苏铁(*C. siamensis* Miq.),高 0.3~1.8 m,干基膨大,下部间或分枝。叶丛略向下斜展;叶柄具锥状刺。大孢子叶上部边缘篦齿状深裂。产于云南西南部至南部,两广地区有栽培。缅甸、泰国、越南也产。③篦齿苏铁(*C. pectinata* Miq.),高约 3 m,树干较粗。叶柄短,具疏刺,刺略下弯;两面叶脉显著隆起,叶表叶脉中央有一凹槽。雄球花较粗。产于云南、四川、广州,东南亚地区也有分布。④海南苏铁(*C. hainanesis* C. J. Chen),高达 5 m。叶柄两侧密生尖刺;中部羽状裂片基部两侧不对称,下延;叶表中脉显著隆起。种子卵圆形。产于海南。⑤攀枝花苏铁(*C. panzhihuaensis* Linn. Zhou et S. Y. Yang),高约 3 m,树干圆柱形,上端略粗。叶表中脉微凸,叶背中脉显著隆起;叶柄两侧具短刺。种子卵状球形,橙红色。产于四川南部,是苏铁科自然分布的最北缘种。⑥贵州苏铁(*C. guizhouensis* K. M. Lan et R. F. Zon),高约 2 m。叶柄两侧具短刺,羽状裂片无毛,基部两侧不对称,边缘稍反曲。大孢子叶深羽裂,裂片钻形,下部的柄粗短。国家一级保护树种。

46)五针松(*Pinus parviflora* Sieb. et Zucc.)

**别名:** 五钗松、五针松、日本五针松

**科属:** 松科松属

**形态特征:** 常绿乔木,高达 25 m。一年生枝条幼时绿色,后呈黄褐色,密生淡黄色柔毛。针叶 5 针 1 束,边缘具细锯齿,背面无气孔线,叶鞘早落。球果卵圆形或卵状椭圆形,中部种鳞宽倒卵状斜方形或长方状倒卵形。种子无翅。花期 4—5 月,球果翌年 6 月成熟。五松针见图 15-52。

**产地分布:** 产于日本。中国长江流域各城市和山东青岛等地引种栽培。

**生态习性:** 喜光,也能耐阴。喜深厚排水良好的微酸性土,不耐低湿和高温。生长缓慢。

**繁殖方法:** 常用播种、嫁接法,砧木多用黑松;也可扦插。

**栽培技术:** 宜选排水良好、土壤肥沃的微酸性土地栽植。移栽要带土球。树形宜用有主干圆头形。修剪上重点是维持树冠完整。夏季注意防止积水烂根和徒长。

**图 15-52 五针松**

**园林用途:** 为名贵观赏树种,宜与山石相配,可孤植,也可对植于门庭建筑物两侧。常盆栽或制作桩景、盆景。

**种与品种:** 常见栽培品种有'银尖''短针''矮丛''龙爪'和'斑叶'五针松等。

**同属常见栽培的其他花卉:** 白皮松(*P. bungeana* Zucc. ex Endl.),别名虎皮松、白骨松、蛇皮松。高达 30 m,一年生小枝灰绿色。针叶 3 针 1 束,边缘有细锯齿,叶鞘早落。球果卵圆形或圆锥状卵形,种鳞的鳞盾近菱形,有横脊,鳞脐生于鳞盾中央。产于山西、河南西部、陕西秦岭、甘肃南部及天水麦积山、四川北部江油观雾山及湖北西部等地。辽宁南部、河北、北京、山东,南至长江流域广为栽植。其树姿优美,苍翠挺拔,树皮斑驳奇特,碧叶白干,宛如银龙。自古即植于宫廷、寺院、名园之中。对植、孤植、列植或群植成林皆宜。

47)观赏棕榈

棕榈科植物中的很多成员茎干优美、叶片多姿、花果奇特而风靡全球热带、亚热带地区,成为了展示独特热带风光的重要园林观赏植物。这些具有很高观赏价值的种类被称为观赏棕榈。棕榈科学名"Palmae"中的"Palm"是棕榈、手掌的双义词,源于棕榈的掌状叶片。棕榈科植物具有大型叶片,大体可分成掌状叶和羽状叶。掌状叶,又称扇形叶。具有掌状叶的常称为棕、榈或葵,如华棕、贝叶棕、蒲葵、棕榈、穗花轴榈等。国外和台湾省有人又称羽状叶棕榈植物为槟榔科、椰科,如椰子、布迪椰子、竹节椰子、加拿利椰子、三角椰子等。然而也有例外,如散尾葵为羽状叶,但不称其为散

尾椰子。因此,棕榈植物、椰子类是一个总的泛称。

观赏棕榈中有很多种类不仅为人们提供了观赏上的精神享受,还为人们提供了名目繁多的生活用品、工业原料。如椰子,不仅是观赏植物中的佼佼者,也是世界上最重要的 10 种经济树种之一,被美其名曰"摇钱树"或"天树",全世界热带地区有 5 亿多农户靠它为生,它也是热带地区的象征树。另如油棕,被称为"油王",1 hm² 的产油量达 80000 kg,是东南亚地区重要的食用油来源。现仅介绍一种常见并能在北京露地越冬的树种——棕榈。

棕榈(*Trachycarpus fortunei*(Hook. f.)H. Wendl.)

**别名**:棕树、山棕

**科属**:棕榈科棕榈属

**图 15-53 棕榈**

**形态特征**:常绿乔木,高达 10 m。老叶柄及下部黑褐色叶鞘常残存于树干,叶常集生干顶,形如扇,近圆形,径 50～70 cm,掌状裂深达中下部;叶柄长 40～100 cm,两侧细齿明显。雌雄异株,圆锥状肉穗花序腋生,花小而呈黄色。核果肾状,球形,茎约 1 cm,蓝褐色,被白粉。花期 4—6 月,10—11 月果熟。棕榈见图 15-53。

**产地分布**:产于亚洲,除西藏外我国秦岭以南地区均产,长江流域及其以南各地普遍栽培,长江以北地区(可推广到北京)小范围栽培。

**生态习性**:喜光稍耐阴,喜温暖湿润气候,耐寒性强,对土壤要求不严,可耐轻盐碱,也耐一定的干旱与水湿。抗大气污染能力强,对二氧化硫、氟化氢有很强的吸收能力。

**繁殖方法**:常用播种法。

**栽培技术**:宜选排水良好、土壤肥沃的微酸性土壤栽植。移栽宜在春季 5 月温度较高时带土球进行,以利根系恢复。栽后要注意保湿,仅保留 3～5 个叶片,甚至只留 1～2 个心叶。但是这就需要 2～3 a 的时间才能恢复到完整的树冠。树形宜用棕榈特有的自然形,栽培中要保护叶片不受损害从而保持树冠完整。如果秋季移植,应预留 2 个月的生长恢复期。夏季注意防止积水烂根,少施浓肥防止徒长,冬季注意越冬防寒。

**园林用途**:树形优美,叶形独特,落叶少,且不遮挡行车视线,无安全隐患,在南方城市中常栽植于道路两侧、分车绿带或中央绿带中;北方城市多丛植、群植于园林绿地中,或于开阔地带成片栽植,或植于庭院,营建亚热带风光,还可以和山石、水体、景墙、门窗等组景,相映成趣。根系浅,不会危及墙基及地下管线。

48)观赏竹

在园林中应用的竹子,统称为观赏竹。中国竹资源种类多,约 40 余属,近 500 余种,具有极重要的科研、经济、生产和文化价值。竹类是重要的林业资源,素有"第二森林"之誉,亦用于园林建设。它婀娜多姿,寒冬不凋,四时青翠,是东方美的象征。自古以来,竹类深受中国人民的喜爱,被当做做人的楷模。在中国传统造园中,常用比兴手法,借竹虚心劲节、严冬不凋的形象、品格,将其应用配置,赋予特定的主题和寓意,创造意境,抒情言志。如把竹和松、梅组合配置,誉为"岁寒三友";把竹与梅、兰、菊相配置,称为"花中四君子"。竹子秆型挺拔秀丽,枝叶洒脱多姿,四季常青,独具风韵,有声、影、意、形之"四趣"。

观赏竹属于禾本科竹亚科。竹子的茎秆多中空、有节。主秆叶和普通叶显著不同。包着竹秆的叶称为秆箨,由箨鞘(相当于叶鞘)、箨叶(相当于叶片)、箨舌(相当于叶舌)、箨耳(相当于叶耳)组成。普通叶为单叶,具短柄,与叶鞘相连处成一关节,叶片易自叶鞘处脱落。叶片窄长,具有平行叶脉。禾本科植物的花小而不显著,花序通常由小穗组成,每一小穗有花1至数朵。花由外稃(苞片)、肉稃各1片包被,内、外稃间有2枚特化的小鳞片(浆片),雄蕊通常3枚,雌蕊子房1室,1胚珠,柱头常成羽毛状或刷帚状。禾本科植物的果实多为颖果,果皮与种皮愈合,不开裂,内含1种子;少数为胞果或浆果。

全世界的观赏竹共70余属1200多种,主要分布于热带及亚热带地区,少数分布在温带和寒带地区,以亚洲种类为最多。中国产约40属500多种,主要分布于秦岭、淮河以南广大地区,黄河流域也有少量分布,北部多为栽培种。现仅介绍一种常见的竹种——孝顺竹。

孝顺竹(*Bambusa multiplex*(Lour.)Raeusch. ex J. A. et J. H. Schult.)

**别名:**凤凰竹、凤尾竹、簕竹、莿竹

**科属:**禾本科刺竹属

**形态特征:**灌木型丛生竹。秆高2～7 m,径1～3 cm,节间圆柱形,绿色,老时变黄色,长20～30 cm;秆箨宽硬,向上渐狭,先端近圆形;箨叶直立,三角形或长三角形,顶端渐尖而边缘内卷;箨鞘硬而脆,背面草黄色;箨耳不明显或不发育;箨舌甚不显著,全缘或细齿裂。叶片线状披针形,长4.5～13 cm,宽6～12 mm,顶端渐尖,叶表深绿色,叶背粉白色,叶舌截平。笋期6—9月。孝顺竹见图15-54。

**产地分布:**产于广东、广西、云南、贵州、四川、湖南、浙江、福建、江西等地。

**生态习性:**性喜温暖湿润气候,喜排水良好、湿润的土壤,是南方暖地竹种中耐寒力和适应性最强的竹种之一,可以引种北移。一般年份,南京地区小气候地段能安全越冬。

**图 15-54 孝顺竹**

1—竿箨背面;2—叶枝;
3—花枝;4—竿及节上分枝

**繁殖方法:**常用分株或分兜法。

**栽培技术:**易移栽,常用连竹秆带竹鞭挖出法移植。管理很容易,不需要特别管理。

**园林用途:**竹秆青绿优美,枝叶密集下垂,姿态婆娑秀丽,为传统的观叶竹类,长江以南地区广泛应用在庭园中,或作划分空间的高型绿篱,或植于建筑物附近及假山边,或在大门内外入口角道两侧列植或对植,也可在宽阔的绿地上散植,其下可设座椅,翠叶蔽日,使人有素雅清静之感。此外,还可植于宅旁基础绿地中作缘篱用,也常在湖边、河岸栽植。

**种与品种。**常见栽培品种有:①'凤尾'('孝顺')竹'Fernleaf',秆高1～2 m,径4～8 mm,常自基部第二节开始分枝,每小枝具叶10枚以上,宛若羽状。枝叶稠密,纤细而下弯,在长江流域以南各地常植于庭院,尤其适宜盆栽或作为低矮绿篱。②'花秆'孝顺竹'Alphonse',竹秆金黄色,间有绿色纵条纹。③'菲白'孝顺竹'Aabo-variegata',叶片在绿底上有白色纵条纹。④'条纹'凤尾竹

'Stripestem Fernleaf',与凤尾竹相似,节间浅黄色,并有不规则深绿色纵条纹。

**同属相近种的其他花卉:**①佛肚竹($B. ventricosa$ McCl.),别名佛竹、密节竹。灌木状,幼秆深绿色,稍被白粉,老时转为黄色。秆2型,正常秆圆筒形、畸形秆秆节甚密,节间较正常秆为短,基部显著膨大呈瓶状。箨叶卵状披针形;箨鞘无毛,初时深绿色,老后则变成橘红色;鞘口刚毛多,纤细;箨耳发达,箨舌极短,箨叶卵状披针形,秆基部的直立,上部的稍外反,脱落性。每小枝具叶7~13枚,叶片卵状到长圆状披针形,两面同色,背面被柔毛。广东省特产,广州、阳江、九龙、香港等地均有栽培。②青皮竹($B. txtilis$ McCl.),秆高6~8 m,径3~5 cm,秆具白粉和毛,分枝高。箨鞘厚革质,箨耳小,箨舌高,箨片基部作心形收缩。产于江西、广东、广西、福建、浙江、台湾等地。③花眉竹($B. longispiculata$ Gmble. ex Brandis.),秆高约9 m,径4~6 cm,初为绿色。箨鞘无毛,绿色间有白条。箨耳不等大,箨舌略成弧形,箨片先端急尖,基部收缩。产于江西、广东、广西、福建、浙江、台湾等地。

# 本章思考题

1. 根据木本花卉的生长类型和特点,可将其分为哪几类? 请每类各写出10种。
2. 试述木本园林花卉的个体美和群体美的主要表现形式。
3. 何谓观赏棕榈? 本地区露地和室内盆栽的种类有哪些?
4. 何谓观赏竹? 本地区常见的观赏竹有哪些?
5. 试写出10种本地常见的木本花卉的习性、繁殖特点与应用。

# 16　草坪与地被植物

【本章提要】　本章介绍了草坪与地被植物的概念、分类及园林应用;草坪与地被植物的建植及养护管理;重点介绍部分园林中常用的草坪与地被植物种类。

## 16.1　草坪

### 16.1.1　草坪的概念和分类

1)草坪的概念

草坪(Turf)是指多年生低矮草本植物在天然形成或人工建植后经养护管理而形成的相对均匀、平整的草地植被。其目的是为了保护环境、美化环境,以及为人们的休闲娱乐和体育活动提供优美舒适的场地。它包括草坪植物的地上部分以及根系和表土层构成的整体。草坪这个概念包括以下三个方面的内容:①草坪的性质为人工植被,它由人工建植并需要人工定期修剪等养护管理,具有强烈的人工干预性质;②其基本的景观特征是以低矮的多年生草本植物为主体相对均匀地覆盖地面,以此和其他园林地被植物相区别;③草坪具有明确的使用目的。

2)草坪应用发展史

草坪的生产和利用有着悠久的历史。人类最初利用草地美化环境应该看作是草坪的萌芽,相关的史料记载可追溯到 2000 多年前。

20 世纪以来,草坪的应用和发展研究在美国空前繁荣。现代草坪业在美国形成,并在全世界范围内蓬勃兴起,以致今天广泛地渗入到人类生活,成为现代社会不可分割的组成部分。越是技术和文明先进的地方,草坪应用越普遍。

利用草坪的历史十分悠久,但在草坪利用以来 2000 年左右的时间内,草坪的应用并没有得到很大的发展。改革开放后,草坪的发展也开始了历史的转折时期。20 世纪 90 年代以后,草坪行业呈加速发展的趋势。表现在公众对草坪作用的进一步认识方面,草坪使用的面积加大,草坪企业大量涌现。科学研究、对外交流、人才培养等各个方面都有所增强,我国草坪事业开始追赶国际草坪业的发展步伐、融入世界草坪业发展的大潮。

3)草坪的分类

(1)根据草坪的用途分类

根据用途不同草坪可分为游憩草坪、运动草坪、观赏草坪、放牧草坪、飞机场草坪、森林草坪、护坡护岸草坪。

①游憩草坪:可开放供游人入内休息、散步、游戏等户外活动之用。一般选用叶细、韧性较大、较耐踩踏、绿色期长、耐修剪的草种。一般铺设在公园、广场、街道、工厂、学校、医院、机关和居住区的绿地中。

②运动草坪：供体育活动用的草坪，如足球场草坪、网球场草坪、高尔夫球场草坪、棒球场草坪、武术场草坪、儿童游戏场草坪等。各类运动场，均需要选用适于体育活动的耐践踏、耐修剪、有弹性、耐刈割、有健壮发达的根系、恢复力强的草坪植物。

③观赏草坪：以观赏为目的的草坪。一般是不供游人进入的场地。要求植物叶细，观赏期长，茎叶整齐美观，色泽好，不耐践踏但观赏价值高的草坪植物。

④疏林草坪：以草坪为主，点缀少量乔木和灌木，构成乔、灌、草相结合的草地景观。此类草坪夏季有林木避荫，冬天有充足阳光，是一个可供游人假日休息和活动的场所。选择有一定耐阴性、耐践踏、常绿时间长的草坪植物。多用于森林公园、风景区、疗养院、防护林带和工矿周边的绿化。

⑤护坡护岸草坪：在坡地、水岸为保持水土流失而铺的草地，称为护坡护岸草坪。护坡护岸草坪一般选用适应性强，根系发达，草层紧密，抗性强、固土力强、耐旱、耐寒的草种。一般铺设在铁路、公路、水库、堤岸、陡坡等场所。

⑥飞机场草坪：在飞机场铺设的草坪。此类草坪一般选择耐旱、耐磨、管理粗放的草种。

⑦放牧草坪：在风景区或森林公园中以放牧为主兼顾观赏作用的草坪。此类草坪草可供动物食用，耐践踏、管理粗放。

（2）根据草坪植物的组成分类

根据植物组成不同草坪可分为单纯草坪、混合草坪、缀花草坪。

①单纯草坪：由一种草本植物组成的草坪，称为单一草坪或单纯草坪。在我国南方等地一般选用马尼拉草、中华结缕草、假俭草、地毯草、草地早熟禾、高羊茅等。单一草坪草通常生长整齐、美观、低矮、稠密、叶色一致，养护管理要求精细。

②混合草坪：由好几种禾本科多年生草本植物混合播种而形成，或禾本科多年生草本植物中混有其他草本植物的草坪或草地，称为混合草坪或混合草地。可按草坪功能性质、抗性不同和人们的要求，合理地按比例配比混合以提高草坪效果。此类草坪的优点是通过不同草坪植物特性的互补，能延长草坪的绿色观赏期，提高草坪的使用功率和功能。

③缀花草坪：在以禾本科植物为主体的草坪或草地上（混合的或单纯的），配置一些开花华丽的多年生草本植物，称为缀花草坪。如鸢尾、石蒜、葱兰、韭兰、红花酢浆草等草本宿根花卉和球根花卉。这些花卉的种植数量一般不超过草坪总面积的 $1/4 \sim 1/3$。分布有疏有密，自然错落，有时长叶，有时开花，有时花与叶均隐没于草地之中，地面上只见一片草地，远望绿茵似地毯，别具风趣，可供人欣赏休息。

（3）根据不同的阔林空间分类

根据阔林空间不同草坪可分为空旷草坪、闭锁草坪、开朗草坪、稀树草坪、疏林草坪、林下草坪。

①空旷草坪：草地的边缘上种植少量乔灌木或不栽植任何乔灌木的草坪。这种草地由于比较开阔，主要是供体育游戏或群众活动用，平时供游人散步、休息，节日可作演出场地。在视觉上比较单一，一片空旷，在艺术效果上具有单纯而壮阔的气势，缺点是遮荫条件较差。

②闭锁草坪：闭锁草坪是指在空旷草地的四周，用乔木、建筑、土山等高于视平线的景物包围起来。这种四周包围的景物不管是连接成带的或是断续的，只要占草地四周的周界达 3/5 以上，同时屏障景物的高度在视平线以上，其高度大于草地长轴的平均长度的 1/10，则称为闭锁草坪。

③开朗草坪：草坪四周边界的 3/5 范围以内，没有被高于视平线的景物屏障时，这种草坪称为开朗草坪。

④稀树草坪:当草坪上稀疏地分布着一些单株乔灌木,株行距很大,且这些树木的覆盖面积(郁闭度)为草坪总面积的20%～30%时,称为稀树草坪。稀树草坪主要是供大量人流活动游憩用的草坪,又有一定的蔽荫条件,有时则作为观赏草坪。

⑤疏林草坪:在草地上布置有高大乔木,其株距在10 m左右,其郁闭度在30%～60%。

⑥林下草坪:在郁闭度大于70%以上的密林地,或树群内部林下,由于林下透光系数很小,阳性禾本科植物很难生长,只能种植一些含水量较多的阴性草本植物,即是林下草坪。这种林地和树群,由于树木的株行距很密,不适于游人在林下活动,过多的游人入内,会影响树木的生长,同时林下的阴性草本植物,组织内含水量很高,不耐踩踏,因而这种林下草地,以观赏和保持水土流失为主,游人不允许进入。

(4)根据草坪的形状和园林布局形式分类

根据形状和园林布局形式不同草坪可分为自然式草坪、规则式草坪。

①自然式草坪:充分利用自然地形或模拟自然地形起伏,创造原野草地风光,只要在地形面貌上是自然起伏的,在草地上和草地周围布置的植物是自然式的,草地周围的景物布局、草地上的道路布局、草地上的周界及水体均为自然式时,这种草地或草坪,就是自然式草地和草坪。

②规则式草坪:草坪的外形具有整齐的几何轮廓,多用于规则式园林中,如花坛,或植于路边,或用于衬托主景等。凡是地形平整,或为具有几何形的坡地,阶地上的草地或草坪与其配合的道路、水体、树木等布置均为规则式时,就称为规则式草地或草坪。

4)草坪草的分类

(1)根据地理分布分类

根据地理分布不同草坪草可分为暖地型草坪草和冷地型草坪草。暖地型草坪草多分布于热带和亚热带地区,耐寒性差;冷地型草坪草多分布于温带、寒带或热带和亚热带的高海拔地区。在草坪建设中常将两者混合播种,可得到较好的观赏效果。

(2)依据形态特征分类

根据植物外部形态特征不同,草坪草可分为禾本科草坪草和莎草科草坪草。

①禾本科。主要包括:早熟禾亚科(羊茅属、早熟禾属、翦股颖属、黑麦草属)、画眉草亚科(狗牙根属、结缕草属、野牛草属)、黍亚科(蜈蚣草属、毯草属、钝叶草属、金须茅属、雀稗属、狼尾草属)。

②莎草科。主要包括:苔草属、嵩草属。

(3)根据草叶宽度分类

①宽叶草类:叶宽,茎粗壮,生长强健,适应性强,适于大面积种植,如结缕草、地毯草、假俭草、竹节草等。

②细叶草类:茎叶纤细,可形成致密草坪,但生势较弱,要求阳光充足,土质良好。如红顶草、细叶结缕草、早熟禾及野牛草等。

(4)根据草种高矮分类

①低矮草类:株高在20 cm以下,可形成低矮致密的草坪,具有发达的匍匐茎和根茎,耐践踏,管理方便。大多数种类适应于夏季高温多雨的地区。多用无性繁殖,草皮形成时间长,成本高。常用草种:结缕草、细叶结缕草、狗牙根、野牛草、地毯草、假俭草等。

②高型草类:株高一般30～100 cm,多为播种繁殖,生长快,能在短期内形成草坪,适用于大面积草坪的种植。要经常刈割才能形成平整的草坪。常用草种:早熟禾、翦股颖、黑麦草等。

### 16.1.2 草坪质量指标体系

科学地选择适宜于当地气候和土壤条件的优良草坪草种,是建植草坪成败的关键。它关系着草坪的持久性、品质、对杂草和病害的抗性等重大问题。各类草坪都具有各自的基因特性,因而对外界的环境条件表现出不同的适应特性。关键是在满足草坪所需的前提下,依据草坪的生态环境条件,选择适宜该环境条件的品种。

高质量草坪表现在以下 9 个方面。

①质地:指草坪的触感、光滑度和硬度。从质地角度要选择生长低矮、纤细、光滑、草姿美的草种。

②枝条密度:指在单位面积内植物的地上部分(茎、叶)的数量。草坪密度随草坪草的品种不同而异。

③覆盖性:指草坪的茎叶覆盖地貌的能力。它与草坪的观赏价值有关,也与草坪的种类和管理技术水平密切相关。具有根茎、匍匐茎的草类覆盖性好。

④颜色及绿色期:草坪草的颜色和绿色期的长短是选择草坪草的基本指标。

⑤适应性:不同的草坪草的抗旱、抗寒、耐热、耐阴、耐贫瘠的适应能力不同。

⑥抗逆性:主要指耐践踏性、耐磨性和耐修剪性。不同的草种对外力的抗逆能力也各不相同。

⑦抗病虫能力:抗病虫的能力强。

⑧芜枝层产生的能力:芜枝层的产生,能使草层积累过多的有机物质,容易使草垫过厚,造成草坪退化。

⑨成坪速度:主要指草坪草的生长发育速度和寿命的长短。

### 16.1.3 草坪的作用

当代草坪业之所以能够迅速发展,在于草坪对人类具有巨大的贡献,它在保护和改善脆弱的城市生态系统,重建更亲近自然、清新优美的环境中具备独特的价值。美国著名的草坪学家 J. B. Beard 认为草坪具有三方面的作用:功能性、娱乐性、观赏性,即它具有生态效益、美学价值和娱乐功能。

1)草坪是园林的重要组成部分

草坪在园林绿地景观中,常与乔木、灌木等配置成优美的景观。它作为园林绿地的基本底色,对树木、花卉、山石、建筑、道路、广场等起到衬托作用,起到协调统一的作用,使它们形成一个有机整体。

2)草坪的生态功能

草坪具有很强的吸附和滞留粉尘的能力,草坪上空的粉尘量为裸地的 1/6~1/3。冬季草坪枯黄后,草坪的粉尘比裸地少 23% 左右。草坪对减少城市里二次扬尘和减缓噪声污染等也有较好效果。北京市园林研究所测定,20 m 宽的草坪可减弱噪音 2 dB;四周为 2~3m 高多层桂花树的 250 $m^2$ 的草坪,比同面积的石板路减少噪音 10 dB。运动场地草坪绿色宜人,对光线的吸收和反射都比较适中,不眩目,使人的眼睛感到舒服。场地只有铺植草皮才能防止泥泞,晴天扬尘也少。不论公园、庭院平坦地或坡地,使用草坪和地被植物遮蔽地面不让黄土见天,对保持水土、涵养水源、保护环境等都是有效措施。

3)草坪的生产功能

观赏草坪要定期进行修剪,以保持其整齐、美丽的外观和良好的弹性。草坪草大多是优良的禾本科牧草,茎秆细软多汁,叶片鲜嫩,营养丰富,因而割下来的草坪草是家畜的优质饲料。在城市中种植草坪,可以与家畜养殖业有机地结合起来,以取得更好的经济效益。

### 16.1.4 草坪的建立

#### 1.土地整理

土地整理是建立草坪的第一步,应按各种草坪的要求对地形进行整理。自然式的园林景观,要求地形有适当的起伏变化;规则式的园林景观,则要求地形相对整齐平整。两者均要求排水良好,不积水,过干或过湿均不利于草坪的成坪。一般情况下,草坪中心位置应该略高于四周,以利排水,从中心向外,每 3m 长度地势下降 6~10 cm。

多数草坪地应该阳光充足,有少量荫蔽尚可,大多数草种不耐阴。对土壤要求不严,砂质土应施用基肥,以有机肥为主;黏性土壤加入适量砂土和腐殖质,改良土质。

对选好的草坪地通常深耕 20~25 cm,土质太差可深耕超过 30 cm,整地时同时施入基肥,草坪土应该多施用氮肥,适量配合磷钾肥、人粪尿、草木灰、过磷酸钙、骨粉等,肥料放入 10 cm 以下土层。整地应该耕松表土,去除杂草和垃圾,辗压平整。

#### 2.建立草坪

草坪建立前,首先要进行草坪植物的繁殖,然后用各种方法进行铺设和栽植。

1)播茎法

有很多种类的草坪草具有匍匐茎,如狗牙根、地毯草、细叶结缕草、匍匐翦股颖等,可用播茎法繁殖。将草皮掘起,抖落根部附土或用水冲洗,然后撕开根株或剪成 5~10 cm 长的小段,每段至少具有 1 节,将撕开的植物体均匀撒布在土壤上,覆上细土约 1 cm 厚,稍做镇压,喷水。之后每日浇水 1 次,成活后 3~5 天浇水 1 次。播茎法一般春季和秋季都可进行,细叶结缕草一般春播,5~10 m² 可播种 1 m² 种草,1.5~2 a 可形成草皮。此方法的优点是:获得的草皮单纯、统一、均匀。

2)分栽法

将草皮掘起后,仔细松开株从,切成一定的长度,按一定距离穴栽或条栽,如细叶结缕草、狗牙根等。行距为 30~40 cm。每平方米可栽植 30~50 m² 的地块。栽后要镇压,充分灌水,保持土壤湿润,2 a 可以成坪。若需要快速成坪,则可以适当密植。

3)铺设法

铺设草坪能迅速形成草坪有以下几种方法:密铺法、间铺法、条铺法、点铺法。

(1)密铺法

将带土草皮切成长宽 20 cm×20 cm 的小块连续密铺形成草坪,具有快速形成草坪且易于管理的特点。常用于时间短、急于成坪的作业。草皮间缝排列,缝宽 2 cm,缝内填满细土,铺设后用木片拍实,碾压,喷水养护,10 d 可成坪。

(2)间铺法

间铺法可以节省草皮,可以采取铺砖式和梅花点式。一种是用长方块草皮,用铺砖式,各块间行距 3~6 cm,铺设面积占总面积的 1/3;另一种是各块草皮相间排列,形似梅花,铺设面积占总面积的 1/2。草皮铺设后即做镇压,随后浇水。

(3)条铺法

将草皮切成 6~12 cm 宽的长条,以行距 20~30 cm 铺植。条铺法草皮经半年时间,可以成坪。

(4)点铺法

点铺法做法是先挖穴,穴深 6~7 cm,株距 15~20 cm,呈三角形排列,将草皮撕成小块植入穴中,埋实拍实,铺平地面,碾压浇水。用此法植草较为均匀,形成草坪迅速,但费工费时。

4)铺设新方法

(1)植生带栽植法

将优质草种、肥料和基质混合后夹在两层无纺布中间,经过机械复合,定位后成品。植生带宽 1 m,每卷长 50 m,每卷可铺设 50 m²。铺设植生带时,先将其铺在平整的地上,然后覆盖 1~2 cm 厚的细土,压实,浇水养护,在水的作用下,无纺布慢慢腐烂,草种开始萌芽,1~2 个月后可成坪。此法有出苗整齐、密度均匀、成坪迅速等优点,适合于斜坡、陡坡。

(2)喷浆栽植法

喷浆栽植法可用于播种或植草法。用于植草法时,先将草皮分松洗净,切段,长度 4~6 cm,将塘泥、黄心土、河泥和适量肥料加水混合成浆,喷在栽植地上,将草段均匀地撒在泥浆上。如果是播种法,则将种子撒在泥浆上即可。此法具有成坪迅速、草坪均匀一致、长势良好的优点。

(3)工业化生产地毯式草皮

地毯式草皮生产就是以适合当地生长的草种种子或其根茎,撒种在采用无纺布、塑料薄膜、聚丙烯编织片及其他材料做垫基(隔离层)的种植床上,经过培育形成草皮出圃。场地要求地势平坦,土质适宜,气候优越。种植基质应该因地制宜、就地取材,减少投入。如细沙、草炭、炉灰、其他植物纤维均可作为基质材料。生产技术:①整地。将草炭、细沙、有机肥料和可作种肥的化肥,配成质地疏松、肥力适中的种床基质,均匀地铺撒在平整好的地面上,厚度在 3~5 cm。②播种。利用手握播种机或大型播种机进行播种。③铺网。在周边采取固定措施,将网压入表土下,预防风吹。④喷水。将水滴雾化,均匀喷撒。⑤锄草。苗期随时拔除杂草。⑥修剪。出圃前修剪 1~2 次,剪后适量镇压。⑦起草皮。用专用草皮机,按规范的长度、宽度起挖草皮。

5)播种法

大部分草坪可春播或秋播,以深秋播种出苗最为整齐。大面积建立草坪时,可用条播机播种,小面积都用人工播种。播后用钉耙纵、横向各耙 1 遍,然后用木磙镇压。微粒种子下种后应覆盖稻草保墒。播种法要求有熟练的撒播技术,才能保证下种均匀,另外,管理也较费工。不同草类品种其播种量不同,表 16-1 显示不同草种的播种量。

表 16-1  不同草种的播种量                                    单位:g/m²

| 季节<br>品种 | 春 | 夏 | 秋 |
|---|---|---|---|
| 早熟禾 | 15~20 | 15~20 | 10~15 |
| 黑麦草 | 30~35 | 30~35 | 25~30 |
| 高羊茅 | 35~40 | 35~40 | 30~35 |
| 紫羊茅 | 30~35 | 30~35 | 25~30 |

续表

| 品种 季节 | 春 | 夏 | 秋 |
|---|---|---|---|
| 翦股颖 | 10～12 | 10～12 | 8～10 |
| 狗牙根 | 10～12 | 10～12 | 8～10 |
| 结缕草 | 25～30 | 25～30 | 20～25 |
| 白三叶 | 8～12 | 8～12 | 8～10 |

## 16.1.5　草坪的养护管理

草坪的养护管理能维护草坪的正常生长与草坪的观赏性。为了确保草坪的生长发育,除了使用以前的管理方法,在现在的草坪管理中新的管理办法也应加以应用。这些新的管理措施包括刈剪、施肥、灌溉、覆土、碾压、打孔、除草和防治病虫害等。

1)刈剪

依据草坪的种类和计划强度,新枝条应至少长到 2 cm 或更高时再开始修剪。草坪的修剪是草坪管理中最重要的一个环节,适度地修剪草坪能够控制草坪植物的生长高度,使草坪保持平整美观,以适应观赏的需要。修剪的最大优点是促进禾草根的分蘖,增加草坪的密度和平整度。修剪次数越多,草坪的密集度就越大。草坪修剪,还能增加草坪的"弹性"。

草在春、夏季生长快,应注意刈剪,一般是 15～20 d 修剪 1 次,秋季应少剪,便于冬季形成良好的覆盖层。修剪下的断草若不很多可不耙掉,作为草皮的薄层覆盖之用,在干旱季节还可以保持土壤水分,腐烂后可增加土壤中腐殖质,特别对沙土及黏土,作用更大。薄的覆盖层可以防止杂草种子发芽。但若刈剪间隔时间较长,断草长,则刈剪后必须耙除断草,以免覆盖太厚引起叶片枯黄,甚至腐烂,雨季遮荫处尤应注意。若长期不进行刈剪,茎叶向上长,而下部叶片由于日光不足变得枯黄,只在顶梢生长少量叶片。此时若刈剪,则将上部茎叶全部剪去,使草地呈现一片枯黄,至少一周后方能逐渐变绿。短剪可使草坪短期内维持优美景观,但必须施肥灌水。

刈剪不当会给草坪带来损害。因此剪草长度原则上既要使草坪呈现优美状态,又要使草皮能正常生长。除剪股颖草皮之外,一般应保持 4 cm 高为宜,不得超过 6 cm。在迅速生长季节,每周刈剪 1 次,且在雨后镇压。但细叶结缕草通常不刈剪。

大面积刈剪草坪时可用剪草机,小庭院用短柄剪,完全扎根的草可用镰刀。滚刀式剪草机修剪的草坪质量最好,广泛应用于高尔夫球场、体育场、公园、草皮场及其他商业管理的草坪,但灵活性差。旋刀式剪草机灵活方便、费用低。可以用修剪高草、坚硬草籽梗、杂草,可以沿墙根修剪,适用于水土保持、庭院草坪或其他维护性草坪。扫雷式剪草机可以把高的草叶打成细的地面覆盖物,主要适用于不需要经常修剪的设施草坪。5—7 月为草地生长旺季,在梅雨前刈剪 1～2 次,梅雨后 1 次,三伏天 1 次。

2)施肥

在某些情况下,为了使幼苗、枝条和匍匐茎能快速成坪,采用少量多次的施肥方法非常有效,它也是非常重要的措施。施肥本身也具有自维功能,但一方面我们对草坪质量要求越来越高,另一方面环境条件不完全适宜某类草坪的生长,再者草坪因在实用性、践踏方面的影响加大,这些都需要高层次的栽培管理水平。理想的施肥方案应该是在生长季节每隔1~2周,使用少量的植物所必需的营养。根据植物的生长情况,随时调整施肥量,应该避免过量施用肥料。对于大多数草坪,每年至少需要施用2次肥,才能保证草坪正常生长和保持良好的外观。若一年中只施1次肥,对冷季型草坪来说夏末施肥是最佳时间,对暖季型草坪则以春末为好。暖季型草坪第2次施肥最好安排在初夏或仲夏;冷季型草坪第2次施肥则应放在初次生长高峰过后的仲春或晚春。施肥时间主要受两个限制因素:草坪病害和对环境胁迫的抗性。早春、仲春大量施速效氮肥会加重冷季型草坪的病害,初夏、仲夏要避免施肥,以利于提高冷季型草坪抗胁迫能力;暖季型草坪在晚夏和初秋施肥可降低草坪的抗冻能力,施肥量不要超过 4 kg/666.7 m² 速效氮。当温度增加到胁迫水平时,冷季型草坪施肥不要超过 2 kg/666.7 m² 速效氮或缓释氮肥 4 kg/666.7 m²。施肥很重要的一点是要均匀地施在草坪上,草坪上一条黑一条绿,说明施肥不均匀。施肥机具有两种:一种是用于施液体化肥的施肥机;另一种是施粒状化肥的施肥机。

3)灌溉

对刚播种或栽植的草坪,灌溉是一项重要的管理养护措施。水分供应不足是造成草坪建植失败的主要原因。但随着草坪草的逐渐成长,灌溉次数应逐渐减少,强度也应逐渐加强。一般在高温干旱季节每5~7 d早、晚各浇1次透水,应湿润根部至10~15 cm。其他季节浇水时,以保持土壤根部有一定的湿度为宜,保持灌溉均匀,并清除草面灰尘。

4)病虫及杂草控制

草坪内生长杂草,不仅有碍观瞻,而且影响草坪正常生长,严重时还会使草坪成片死亡。一般用两种方法除草。一种是人工剔除,挖出草坪内杂草,将根一起去除。另一种是用除草剂杀除,效果快速有效,但对无性繁殖材料的生长有抑制作用。因此,大部分除草剂要推迟到绝对必要时才能施用。

草坪病害大多属真菌类,如锈病、白粉病、菌核病、炭疽病等。它们常存在于土壤枯死的植物根、茎、叶上,遇到适宜的气候条件便侵染危害草坪,使草坪生长受阻,导致草坪成片、成块枯黄或死亡。防治方法通常是根据病害发生侵染规律采用杀菌剂预防或治疗。预防常用的杀菌剂有甲基托布津、多菌灵、百菌清等。危害草坪的害虫有夜蛾类幼虫、黏虫、蜗虫、蛴螬、蝼蛄、蚂蚁等食叶和食根害虫,常用的杀虫剂有杀虫双、杀灭菊酯。防治时对草坪进行低剪,然后再进行喷雾。

5)打孔

打孔的目的是改良草坪的物理性能,增加土壤透气性,促进地下部分生长。草坪地每年应打孔、叉土通气1~2次,大面积草坪用打孔机。打孔深度5~8 cm,打孔后,在草坪上填盖沙子,然后用齿耙、硬扫帚将沙子堆扫均匀,使沙子深入孔中,同时改善深层土壤渗水状况。草面沙层厚度不要超过 0.5 cm。在小面积及轻壤土草坪上通气,可用挖掘叉按8~10 cm 间距和深度掘叉,叉头直进直出,以免带起土块。对不同土质可变换不同规格的挖掘叉,也可采用锹等工具。锹铡时可切断一些坪草根系,促进根系旺盛生长。打孔、叉土通气最佳时间在每年的早春。

6)更新复壮和加土滚压

草坪若出现斑秃或局部枯死,应及时更新复壮,即早春或晚秋施肥时,将经过催芽的草籽和肥料混在一起均匀洒在草坪上,或用滚刀将草坪每隔20 cm切一道缝,施入堆肥,可促生新根。对经常修剪、浇水、清理枯草层造成的缺土、根系外漏现象,要在草坪萌芽期或修剪后进行加土滚压,一般每年1次,滚压多于早春土壤解冻后进行。滚压可使根部与土壤密接,生长季节滚压可使叶丛紧密平整。

## 16.1.6　常见草坪草植物

1)假俭草(*Eremochloa ophiuroides* Hack.)

**别名:**苏州草

**科属:**禾本科蜈蚣草属

**形态特征:**多年生禾草。具匍匐茎,秆斜上升,高达 30 cm。节间短,叶鞘压扁,密集基部、鞘口具灰色的簇状短毛。叶舌短膜质,具纤毛,约 0.5
mm,形成短脊。叶耳短,叶片扁平,长 3~9 cm,宽
2~4 mm,先端钝,见图16-1。总状花序单生于秆顶
端,长 4~6 cm,宽 2 mm,直立,或稍呈镰刀状弯曲。
穗轴于节间压扁,略呈棒状,长约 2 mm。小穗对生于
各节。有柄小穗退化,仅留一压扁的柄。无柄小穗呈
覆瓦状,排列于穗轴的一侧,长约 4 mm,含 2 小花。
第一花雄性,仅含 3 枚雄蕊;第二花两性,柱头红棕
色。第一颖与小穗等长,脊下部边缘有不明显的短
刺,上部有宽翼状翅;第二颖略呈舟状。多年生草本,
有匍匐茎。秆斜生,高 30 cm,叶片扁平。

**图 16-1　假俭草**

**产地:**原产我国,为华南地区的优良草种。

**生态习性:**生潮湿草地,适合生长于南方阳光充足之处,喜壤土,蔓延力强,根深、耐旱、耐践踏,为良好的固土植物。若土壤湿润、冬季无霜冻,则可保持长年绿色。狭叶和匍匐茎平铺地面,能形成紧密而平整的草坪,几乎没有其他杂草侵入。

**繁殖:**播种、扦插、分株。入冬种子成熟落地后,有一定自播能力,故可用种子直播建植草坪。无性繁殖能力也很强,普遍采用移植草块和埋植匍匐茎的方法进行草坪建植,一般 1 m² 草皮通过移植法可建成 6~8 m² 草坪。

**栽培管理:**假俭草的茎叶平铺地面,形成的草坪自然、平整、美观。即使是在 5—9 月的生长季节,也无须经常修剪,相对其他草坪,节省了一定的机械和人工费用。由于假俭草生长旺盛,对地表覆盖度高,其他杂草难以侵入,即使是生命力强健的香附子草、牛筋草也难以找到可乘之机,因此杂草较少,在一定程度上减少了除杂草的工作量。水肥管理粗放,对水、肥要求不严,在生长季节,追加些氮肥即可,水分以保持土壤湿润为好。但在干旱季节,应注意补充水分,保证草坪健康生长。假俭草具有很强的抗性,病虫害少。

**园林用途:**可用于运动场草坪、固土护坡。假俭草由于其茎叶平铺地面,形成的草坪密集,外观平整美观,草坪质地厚实柔软而富有弹性,舒适而不刺皮肤,其秋、冬季开花抽穗,花穗多且微带紫色,远望一片棕黄色,别具特色,是华东、华南诸省较理想的观光草坪植物。

**其他同属植物:**百足草(*E. ciliaris*)。

2)结缕草(*Zoysia japonica*)

**别名:**锥子草、延地青、崂山草、老虎皮

**科属:**禾本科结缕草属

**图 16-2 结缕草**

**形态特征:**多年生草坪植物。具直立茎,秆茎淡黄色。叶片革质,长 3～4 cm,扁平,有一定韧性,表面有疏毛,见图 16-2。花期 5—6 月,总状花序。果呈绿色或略带淡紫色。须根较深,一般可深入土层 30 cm 以上,该草种花期 5—6 月。

**产地:**原产亚洲东南部,主要分布在中国、朝鲜和日本等温暖地带。

**生态习性:**阳性,耐阴,耐热,耐寒,耐旱,耐践踏。适应性和生长势强。喜温暖湿润气候,尤其在四季气温变化不显著、昼夜温差小的地区生长最好。耐寒性强,低温保绿性也比大多数暖季型草坪强。适应范围广,具有一定的抗碱性。最适于生长在排水好、较细、肥沃、pH 值为 6～7 的土壤中。

**繁殖:**结实率较高,成熟后易脱落,种子表面附有蜡质保护物,不易发芽,通常播前应进行种子处理以提高其发芽率。传统的繁殖方法是用带土小草块移栽铺设来建设草坪。1 m² 草块可以栽植 3～5 m²。近年来播种繁殖逐步兴起,对种子进行催芽处理后再进行播种,一般播种量为 8～10 g/m²,足球场的播种量增加到 18 g/m² 左右。华南地区多于雨季播种,这样可以省去苗期浇水。

**栽培管理:**铺建草坪,起草块,20 cm×20 cm,厚 5～6 cm。修建草坪时,首先要设计好排水系统,必要时要设地下排水设施,然后整地,施足底肥,去除石块。铺建草坪时草块要平,草块间留有 2～3 cm 的缝隙,用土填满、压实,喷足水即可。铺草块建草坪见效快、效果好。草坪的养护管理十分重要,在生长旺盛季节,一个星期要修剪 1～2 次,保证草的高度在 1～3 cm 左右,才符合各种球类运动场草坪的要求。为了控制好球场草坪的高度,并且保持草色浓绿,就要加强草坪的喷水及施肥的管理工作,一般施用颗粒状的混合肥。只有在良好的养护条件下,同时增加修剪的次数,才能达到草坪草高度适宜、生长健壮、枝叶浓绿的效果。

**园林用途:**结缕草不仅是优良的草坪植物,还是良好的固土护坡植物。它的最大用途是用来铺建草坪足球场、运动场地、儿童活动场地。

**同属其他植物:**细叶结缕草(*Z. tenuifolia* Willd. ex Trin.)。

3)狗牙根(*Cynodon dactylon* (Linn.)Pers.)

**别名:**绊根草、爬根草、感沙草、铁线草、百慕大草

**科属:**禾本科狗牙根属

**形态特征:**狗牙根具有发达的根状茎和细长的匍匐茎,匍匐茎扩展能力极强,长可达 1～2 m,每茎节着地生根。叶披针形或线形,长 2～10 cm,宽 1～7 mm,主脉两侧有两条暗线,叶舌短;穗状花序,长 2～5 cm,3～6 枚指状排列于茎顶,小穗排列于穗轴一侧,长 2～2.5 mm,含 1 小花;颖果,椭圆形。狗牙根见图 16-3。

**产地:**日本和朝鲜南部,我国黄河流域以南广为栽培。

**生态习性:**狗牙根性喜温暖湿润气候,耐阴性和耐寒性较差,最适生长温度为 20～32 ℃,在 6～9 ℃时几乎停止生长,喜排水良好的肥沃土壤。狗牙根耐践踏,侵占能力强。

**繁殖:**狗牙根繁殖能力强,但种子不易采收,多采用分根茎法繁殖。一般于春、夏期间,挖起草

茎,敲掉泥土,均匀拉开撒铺于地面,覆土压实,保持湿润,数日内即可生根,萌发新芽,约经 20 d 左右即能滋生新匍匐枝。

**栽培管理:**养护管理比较粗放,轧剪、施肥、病虫防治均相应减少次数,但夏日炎热缺雨季节,由于根浅生,经不住干旱,应适当浇水。用狗牙根铺设的草坪运动场,因球赛踏坏的草坪,必须当晚就进行喷灌浇水,一般 3～5 d 即可萌发新芽,7～8 d 即可完全复苏。

**园林用途:**狗牙根匍匐茎发达蔓延力很强,根茎广铺地面,为良好的固堤保土植物,常用以铺建草坪或球场,可用于高尔夫球道、发球台及公园绿地、别墅区草坪的建植。

4)野牛草(*Buchloe dectyloides*(Nutt.)Engelm.)

**别名:**水牛草

**科属:**禾本科野牛草属

图 16-3 狗牙根

**形态特征:**多年生草本植物。野牛草具匍匐茎,秆高 5～20 cm,较细弱;叶片线形,长 10～20 cm,宽 0.1～0.2 cm,两面疏生细小柔毛,叶色灰绿,见图 16-4;雌雄同株或异株;雄花序 2～8 枚,长 5～15 mm,为总状花序,雄穗含 2 小花,无柄,两行紧密覆瓦状排列于穗轴一侧,外稃长于颖片;雌穗含 1 小花,大部分 4～5 枚簇生呈头状花序。

图 16-4 野牛草

**产地:**原产北美中西部较干旱地区。

**生态习性:**野牛草适应性强,喜光,又耐半荫,耐土壤瘠薄,具较强的耐寒能力,在中国东北、西北地区有积雪覆盖的情况下,在 -34 ℃也能安全越冬。极抗旱,需水量是一般冷季型草的 30%～40%。在降水量 400～600 mm 的地区,若季节降水量均衡,基本不用浇水,而且在耐受 2～3 个月的严重干旱后,仍不致死亡。野牛草见图 16-4。

**繁殖:**野牛草的繁殖以无性繁殖为主,繁殖体主要是匍匐茎。以匍匐茎作为建植材料。培育新品种可用播种繁殖。

**栽培管理:**分栽时,分栽面积比为 1:10,穴栽距离为 10 cm,分栽后应立即浇水,保证土壤湿度,以促进恢复生长,通常 5～7 d 即可成活。野牛草再生能力强,生长迅速,植株也较高,养护中要加强修剪,通过修剪以控制高度,延长绿期,保持坪面的整齐美观,最适修剪高度为 3～5 cm,全年修剪 3～5 次;野牛草对氮肥敏感,通过施氮肥可增加其密度和叶色,一般每次可施尿素 15～20 g/ m²;野牛草耐旱不耐淹,灌水不宜过多。每年 3 月下旬至 4 月初,用竹耙对草坪枯枝层进行清除,可促进草坪返青,提早 7～10 d。野牛草是暖季型草坪草中寿命较长的草,在一般养护条件下,只要每隔 5～7 a 进行 1 次更新,它可维持 20 a 以上,增施肥料促进匍匐枝延伸或分栽或播种花序以促进草坪的更新。

**园林用途:**野牛草被看作是"环境友好"的草种,因为它只需最低限度的水、肥和农药。野牛草抗二氧化硫、氟化氢等污染气体的能力较强,是冶炼、化式等工业区的环保绿化植物;在园林中的湖边、池旁、堤岸上,栽种野牛草作为覆盖地面材料,既能保持水土,防止冲刷,又能增添绿色景观。

5)草地早熟禾(*Poa pratensis* L.)

**别名:**六月禾、肯塔基

**科属:**禾本科早熟禾属

图 16-5　草地早熟禾

**形态特征:**多年生草本,具匍匐细根状茎;根须状。秆直立,疏丛状或单生,光滑、圆筒状,高可达 60~100 cm,具 2~3 节,上部节间长 11~19 cm。叶舌膜质,截形,长 1~2 mm。叶片条形,先端渐尖,光滑,扁平,内卷,长 6~18 cm,宽 3~4 mm。叶鞘粗糙,疏松,具纵条纹,长于叶片。圆锥花序卵圆形,或塔形,开展,先端稍下垂,长 13~22 cm,宽 2~4 cm。每节 3~4 分枝,二次分枝。小枝上着生 2~4 小穗。小穗卵圆形,草绿色,成熟后草黄色,草地草熟禾见图 16-5。

**产地:**原产于欧亚大陆、中亚细亚区。

**生态习性:**草地早熟禾喜光耐阴,喜温暖湿润,又具很强的耐寒能力,耐旱能力较差,夏季炎热时生长停滞,春、秋季生长繁茂;在排水良好、土壤肥沃的湿地生长良好;根茎繁殖能力强,再生性好,较耐践踏。草地早熟禾要求排水良好、质地疏松而含有机质丰富的土壤,在含石灰质的土壤上生长更为旺盛,最适宜 pH 值为 6.0~7.0。

**繁殖:**通常采用播种方式建植。春、夏、秋季均可播种,最宜秋播,夏季宜早,以备越夏和避免杂草竞争。高寒地区,春播宜在 4—5 月间,秋播可在 7 月;条播行距 30 cm,播深 2~3 cm。作为草场,一般播种量为每亩 0.5~0.8 kg,草坪育苗,播种量每亩 7~8 kg。种子发芽期为 10~15 d,成坪较慢,约需 60 d。

**栽培管理:**常与多年生黑麦草、紫羊茅等生长迅速的草种混播。在冬季比较寒冷的地区,多年生黑麦草的混合比例一般不应超过 15%。草地早熟禾叶色浓绿,外观极美,养护时必须做到细致,应及时修剪(留茬 3~6 cm)、施肥和浇水。草地早熟禾生长年限较长,易出现草垫层,影响水、肥的渗透和空气的流通,从而导致草坪逐渐退化,这时可采用竖切机以 2~3 cm 的间隔竖切,这样做既能改善地表的通透性,又能切断根茎,促进植株分蘖,使草坪持久。

**园林用途:**主要用于铺建运动场、高尔夫球场、公园、路旁草坪、铺水坝地等,是重要的草坪草。

**同属其他植物:**细叶早熟禾(*P. amothystina* L.)、加拿大早熟禾(*P. compressa* L.)

6)匍匐翦股颖(*Agrostis stolonifera*)

**别名:**四季青、本特草

**科属:**禾本科翦股颖属

**形态特征:**多年生草本,具有长匍匐枝,直立茎基部膝曲或平卧。叶鞘无毛,下部的长于节间,上部的短于节间;叶舌膜质,长圆形,长 2~3 mm,先端近圆形,微裂;叶片线形,长 7~9 cm,扁平,宽达 5 mm,干后边缘内卷,边缘和脉上微粗糙。圆锥花序开展,卵形,长 7~12 cm,宽 3~8 cm,分枝一般 2 枚,近水平开展,下部裸露;小穗暗紫色,见图 16-6。

**产地:**原产于欧亚大陆。

**生态习性:**翦股颖用于世界大多数寒冷潮湿地区。它也被引种到了过渡气候带和温暖潮湿地区稍冷的一些地方,是最抗寒的冷地型草坪草之一。能够忍受部分遮荫,但在光照充足时生长良好,耐践踏性中等。可适应多种土壤,但最适宜于在肥沃、中等酸度、保水力好的细壤中生长,最适土壤 pH 值为 5.5~6.5。它的抗盐性和耐淹性比一般冷季型草坪草好,但对紧实土壤的适应性很差。

图 16-6 翦股颖

**繁殖:**可用种子直播建坪也可以通过匍匐茎繁殖建坪。

**栽培管理:**在修剪高度为 1.8 cm 或更低时能形成优质的草坪,过高的修剪高度、匍匐生长习性会引起过多的芜枝层的形成和草坡质量的下降。定期施肥会使芜枝层生成达到最小,垂直修剪可加速幼茎的生成和匍匐茎节上根的生成。氮肥的需要量:在果领上,每个生长月纯氮 2.5~5.0 g/m$^2$;修剪高度高的草坪 2.0~3.5 g/m$^2$。翦股颖的长势与灌溉有很大关系,在干燥、粗质土壤上进行充分灌溉是非常必要的。翦股颖较易染病害,包括币斑病、褐斑病、长蠕孢菌病、镰刀菌枯萎病、腐霉枯萎病、红丝病、条黑粉病和灰雪霉病,应经常在易发病的地方使用杀菌剂。

**园林用途:**低修剪时,翦股颖能产生最美丽、细致的草坪,在修剪高度为 0.5~0.75 cm 时,翦股颖是适用于保龄球场的优秀冷季型草坪草。也可用于高尔夫球道、发球区和果领等高质量、高强度管理的草坪。

**同属其他植物:**红顶草(*A. alba* L.)、绒毛翦股颖(*A. canina* L.)。

7)地毯草(*Axonopus compressus*(Swartz)Baeuv.)

**别名:**大叶油草

**科属:**禾本科地毯草属

**形态特征:**多年生草,具长匍匐茎。秆高 15~40 cm,压扁,节常被灰白色柔毛;叶宽条形,质柔薄,先端钝,秆生,叶长 10~25 cm,宽 6~10 mm,匍匐茎上的叶较短;叶鞘松弛,压扁,背部具脊,无毛;叶舌短,膜质,长 5 mm,无毛。总状花序通常 3 个,最上 2 个成对而生,长 4~7 cm;小穗长圆状披针形,长 2.2~2.5 mm,疏生丝状柔毛,含 2 小花。地毯草见图 16-7。

**产地:**原产于南非。

图 16-7 地毯草

**生态习性:**喜潮湿的热带和亚热带气候,年降雨量要求在 775 mm 以上,不耐霜冻;适于在潮湿的砂土上生长,不耐干旱,旱季休眠;不耐水淹,耐荫蔽,地毯草对土壤要求不严,在冲积土和较肥沃的砂质壤土上生长最好,在干旱砂土等较干燥环境下生长不良。

**繁殖:**主要用根蘖繁殖,极易成活,株行距 50 cm×50 cm。用种子繁殖时,要求整地精细,播种季节以夏初或夏末为宜,撒播、条播均可,播种后用滚筒滚压,不需要盖土。每亩播种量为 0.4 kg。

**栽培管理:**因为地毯草匍匐茎蔓延迅速,草坪会变得密集而高,而且秋季会开出高而粗糙的花穗,所以作为休息活动草坪、疏林草坪和运动场草坪,必须根据具体的情况进行必要的修剪。地毯草经常受践踏,根系浅,不耐旱,因此为了保证地毯草生长良好,在其干旱时应注意及时浇水。在春、夏、秋三季可各干施 1 次氮肥,每 100 m² 施用 150 g,施后立即浇水。对于受损太严重的草坪,应当暂时禁止游人进入,让其恢复良好。

**园林用途:** 地毯草为优良的固土护坡植物材料,广泛用于铺设草坪及与其他草种混合铺建活动场地。草质粗糙,但较耐践踏且较耐阴,可用它作为休息活动的草坪。

其他草坪草植物见表 16-2。

表 16-2　其他草坪草植物

| 植物名称 | 学　名 | 科　属 | 形态特征 | 繁殖 | 园林用途 | 同属其他植物 |
|---|---|---|---|---|---|---|
| 羊胡子草 | *Carex regescens* | 禾本科苔草属 | 多年生低矮草本,秆高 3～10 cm,根茎细长呈绳索状,叶基生成束,叶片纤细,花、果期 4—6 月 | 播种、分株 | 观赏草坪植物 | 异穗苔草 (*C. heterostachya*) |
| 扁穗莎草 | *Cyperus compressus* | 禾本科莎草属 | 一年生草本,秆较纤细,高 5～25 cm,叶基生,短于秆,叶稍紫褐色,花、果期 7—9 月 | 播种 | 观赏草坪植物 | |
| 紫羊茅 | *Festuca rubra* | 禾本科羊茅属 | 多年生草本,株高 45～70 cm,基部红色或紫色,分枝丛生,先匍匐后直立,叶细长,线形内卷,光滑油绿色。花期 6—7 月 | 播种 | 观赏、固土、保持水土 | 羊茅 (*F. ovina*) |
| 多花黑麦草 | *Lolium multiflorum* | 禾本科黑麦草属 | 多年生草本作二年生栽培。茎丛生,分蘖力强。秆高 50～70 cm,叶片宽 3～5 cm,叶色浓绿、窄细 | 播种 | 观赏草坪植物 | |
| 冰草 | *Agropyron cristatum* | 禾本科冰草属 | 多年生草本。秆高 30～75 cm,叶片宽 2～5 cm,边缘内卷,寿命长 10～15 a | 播种 | 观赏、运动草坪、饲料 | |

# 16.2　地被植物

## 16.2.1　地被植物的概念和分类

1)地被植物的概念

地被植物是指低矮的植物群体,它们能覆盖地面,包括草本、蕨类、小灌木和藤本植物等。

2)地被植物的分类

(1)按植物学特性分

①灌木类地被植物:指植株低矮、分枝众多、易于修剪选型的灌木,如杜鹃花、栀子花、枸杞等。

②草本地被植物:指多年生、自播繁衍能力强的草本植物,如三叶草、马蹄金、麦冬等。

③矮生竹类地被植物:指生长低矮、匍匐性、耐阴性强的植物,如菲黄竹、菲白竹、凤尾竹、鹅毛竹等。

④藤本及攀援地被植物:指耐性强、具有蔓生或攀援特点的植物,如常春藤、爬山虎、金银花等。

⑤蕨类地被植物:指耐阴性、耐湿性强,适合生长在温暖湿润环境中的蕨类植物,如凤尾蕨、水龙骨等。

(2)按观赏特性分

①观果地被植物:此类植物果实鲜艳、有特色,如紫金牛、万年青等。

②观叶地被植物:此类植物叶色美丽、叶形独特、观叶期较长,如金边阔叶麦冬、紫叶酢浆草等。

③观花地被植物:此类植物花期较长、花色绚丽,如松果菊、大花金鸡菊、宿根天人菊等。

## 16.2.2　地被植物的特点

①多年生植物,常绿或绿色期较长,观赏期和可利用的时间较长。

②具有美丽的花朵或果实,而且花期越长,观赏价值越高。

③具有独特的株型、叶型、叶色,叶色具有季节性变化,从而给人以绚丽多彩的感觉。

④具有匍匐性或良好的可塑性,可以充分利用特殊的环境做成不同的造型。

⑤植株相对较为低矮。在园林配置中,植株的高矮取决于环境的需要,可以通过修剪人为地控制株高,也可以进行人工造型。

⑥具有较为广泛的适应性和较强的抗逆性,耐粗放管理,能够适应较为恶劣的自然环境。

⑦具有发达的根系,有利于保持水土以及提高根系对土壤中水分和养分的吸收能力,或者具有多种变态地下器官,如球茎、地下根茎等,利于贮藏养分,保存营养繁殖体,从而具有更强的自然更新能力。

## 16.2.3　地被植物的应用价值

地被植物具有较强或特殊净化空气的功能,如有些植物吸收二氧化硫和净化空气能力较强,有些则具有良好的隔音和降低噪音效果。地被植物具有一定的经济价值,如可用作药用、食用或作香料原料,可提取芳香油等,利于在必要或可能的情况下,将建植地被植物的观赏价值、生态效益与经济效益结合起来。

### 16.2.4 地被植物在园林中的应用原则

①因地制宜,适地选种:栽培要根据不同时期的光、水分、温度、土壤等土地条件的差异,选择相应的品种,尽量做到适地适种。

②要注意季相、色彩的变化与对比:地被植物种类繁多,花期有早有晚,色彩也极其丰富。如果在种植设计时配合得当,注意季相的变化,又考虑同一季节中彼此的色彩、长姿搭配,以及与周围环境色彩的协调和对比,就会起到事半功倍的效果。

③要与周围环境相协调,与功能相符合:不同的绿地环境,其功能和要求也不同。如居民小区和街心公园,其功能是美化环境,为广大群众提供优美的休息场所。在这一地段,一般以种植宿根花卉为主,适当搭配灌木、易修剪造型的植物、树姿优美的小乔木等植物材料,来营造优雅的街区小景观。

④地被植物种类的选择和开发应用要有乡土特色:不同地区要遵守以本土植物为主、适当引进外来新优品种的原则,建成有地方特色的风景园林景观。

### 16.2.5 地被植物的开发利用前景

地被植物种类繁多,花色缤纷鲜艳,芳香怡人,使人赏心悦目,还可以陶冶情操,增进健康。与草坪相比,其成本低,养护简单,易于管理,前景十分广阔,可开发的市场大。近年来,创建园林城市、生态城市的热潮已在中国大地兴起,对地被植物需求猛增,市场潜力十分巨大。同时也为地被植物的发展提供了良好契机,发展地被植物这一产业势在必行。

### 16.2.6 地被植物的养护管理

①重视整地工作:园林地被植物多数是多年生植物,一旦选定种类栽培后,最好不随意更动,所以栽植前的整地工作力求细致。在有条件的地方,尽可能多施有机肥料作基肥。

②加强前期管理:前期管理工作是种植地被植物成败的关键。无论用播种、移苗或是其他方式种植地被植物,栽后都应及时浇水,并使土壤经常保持湿润,直至出苗或成活。为了使地被植物生长旺盛,应根据植物的不同特性,结合浇水补充一些肥料,特别是观花地被植物在花期前后施肥是比较重要的,有条件的地方要尽量做好。

③防止空秃:每年要注意做好补缺工作,空秃的地方应及时补种,以免杂草从此蔓延,形成优势种,而压过地被植物。

④适当密植:此类植物不是欣赏其个体美,而是欣赏成片的效果。必须群植,适当加密株行距,使其三四个月内能基本达到覆盖地面的效果。

⑤适时修剪:对一些自然生长植株较高且耐修剪的种类,一定要掌握适时修剪。经修剪后,植株高矮相宜,枝叶密集,覆盖效果和观赏效果会更好,所谓"适时"就应依据地被植物生长规律,在既美观又省工的前提下确定其一年中修剪的时期、次数和高度。

⑥抗旱浇水:地被植物一般为适应性较强的抗旱品种,除了连续干旱无雨天气,其他时候不必人工浇水。当年养殖的小型观赏和药用地被植物,应每周浇透水 2～4 次,以水渗入地下 10～15 cm 处为宜。

⑦更新复苏:在地被植物养护管理中,常因各种不利因素,成片出现过早衰老现象。此时应根

据不同情况,对表土进行刺孔,使其根部土壤疏松透气,同时加强肥水。对一些观花类的球根及鳞茎等宿根地被,应每隔 5～6 a 进行 1 次分根翻种,否则也会引起自然衰退。

⑧地被群落的调整与提高:地被植物栽培期长,但并非一次栽植后一成不变。除了有些品种能自行更新复壮外,其他的品种均应从观赏效果、覆盖效果等方面考虑,人为进行调整与改善。

## 16.2.7 常见地被植物

1)蔓花生(*Arachis duranensis*)

**别名:**长啄花生、遍地黄金、巴西花生藤

**科属:**蝶形花科蔓花生属

**形态特征:**多年生宿根草本植物,叶互生,倒卵形。茎为蔓性,株高 10～15 cm 左右,匍匐生长。花为腋生,蝶形,金黄色,花期春季至秋季。

**产地:**原产于亚洲热带地区及南美洲。

**生态习性:**蔓花生在全日照及半日照条件下均能生长良好,有较强的耐阴性。对土壤要求不严,但以砂壤土为佳。生长适温为 18～32 ℃。蔓花生有一定的耐旱及耐热性,对有害气体的抗性较强,见图 16-8。

**繁殖:**蔓花生可以用播种及扦插繁殖,由于种子采收较费工,现大量繁殖时均采用扦插法。扦插可于春、夏、秋季进行,一般选择在雨季或阴天进行,以中段节位做插条为佳,可促使其早生根,分枝也较多,返青之后再适当施肥促其生长。

**图 16-8 蔓花生**

**栽培管理:**在做地被植物栽培时,栽培株行距以 25 cm×30 cm 为宜,在短期内就可形成致密的草坪。在草坪建植前每亩施入 1000～1500 kg 腐熟有机肥,在生长期根据情况追肥。如果土壤较肥沃,蔓花生长势良好,可不必施肥,或根据植株长势而定。蔓花生观赏性强,四季常青,且不易滋生杂草与病虫害,一般不用修剪,可有效节省人力及物力。

**园林用途:**蔓花生可用于园林绿地、公路的隔离带作地被植物。由于蔓花生的根系发达,也可植于公路、边坡等地防止水土流失。

2)麦冬(*Ophiopogon japonics*)

**别名:**麦门冬、沿阶草、书带草

**科属:**百合科沿阶草属

**形态特征:**多年生草本植物,根粗壮,常膨大成椭圆形;茎缩短,地下根茎细长。叶基生,下垂常绿,见图 16-9。为常绿暖季型草坪地被植物。花期 7 月,果熟期 11 月。

**产地:**中国。

**生态习性:**喜温暖的气候条件,有一定的抗寒能力,耐热性强;需水较多,但也耐旱。耐阴和耐贫瘠性较强,各种土壤均可种植。

**繁殖:**种子和营养繁殖均可。以分株繁殖为主,可于 3—4 月掘出老株,切去块根供药用,剪去上部叶片,留 5～7 cm 长,再从根部切开,以 3～5 株成丛穴植,株距 25～30 cm,每 3～4 a 分株 1 次。

图 16-9　麦冬

栽培管理:简单粗放,宜在土壤湿润、通风良好的半荫环境中栽植,除施足基肥外,还应增施液体肥料。

园林用途:麦冬植株低矮,终年常绿,宜布置在庭园内山石旁、台阶下、花坛边,或成片栽于树丛下。也可盆栽,布置室内。根可入药。

同属其他植物:沿阶草(O. bodinieri)、多花沿阶草(O. tonkinensis)、宽叶沿阶草(O. platyphyllus)、狭叶沿阶草(O. stenophyllus)。

麦冬花柱通常粗短,基部宽阔,略呈长圆锥形,花被片几乎不展开,花茎通常比叶短得多。而沿阶草花柱细长,基部不宽阔,圆柱形,花被片在花盛开时部分展开,花茎通常稍短于叶或两者近似等长。

3)土麦冬(*Liriope spicala*)

别名:山麦冬、麦门冬

科属:百合科麦冬属

形态特征:多年生草本。根稍粗,有膨大的纺锤状的变态块根,有匍匐茎。叶线形,丛生,总状花序。花簇生,花色淡紫或近白色。紫果圆形,蓝黑色。花期6—8月,果期9—10月。

产地:中国。

生态习性:喜荫,怕阳光直射,在肥沃、湿润、排水良好的砂质壤土中生长良好,较耐寒,见图16-10。

繁殖:分株和播种繁殖。

栽培管理:每隔 2～3 a 分株 1 次,于 3—4 月进行。应栽植于通风良好的半荫环境中,经常保持土壤湿润。盆栽麦冬,夏季应移至荫棚下,冬天移入冷床或冷室内。

园林用途:土麦冬因植株低矮,叶片绿色期长,园林中可用作岩石、假山、台阶边缘的地被植物,也宜作花坛、花境、树坛、花径的镶边材料或盆栽观赏。

同属其他植物:阔叶土麦冬(*L. platyphylla*)、禾叶土麦冬(*L. graminifolia*)。

图 16-10　土麦冬

4)山菅兰(*Dianella ensifolia*)

别名:老鼠砒、山猫儿、山大箭兰、山交剪、桔梗兰、绞剪草

科属:百合科山菅兰属

形态特征:多年生草本植物,株高 0.3～0.6 m,叶线形,2 列基生,革质,花序顶生,花青紫色或绿白色。浆果紫蓝色,球形,成熟时如蓝色宝石。花期夏季,见图16-11。

产地:中国。

生态习性:喜半荫或光线充足环境,喜高温多湿,越冬温度在 5 ℃以上,不耐旱,对土壤条件要求不严。生于岛上向阳山坡地、裸岩旁及岩缝内。

**繁殖**:分株繁殖,春天播种繁殖。

**栽培管理**:山菅兰适应性强,栽培管理简单,分蘖性强,3~4 a分株1次。

**园林用途**:为阴生植物,多植于林带下作地被,效果良好。

**同属其他植物**:银边山菅兰(*Dianella ensifolia* 'Silvery Stripe')、金线山菅兰(*Dianella ensifolia* 'Marginata')。

图 16-11 山菅兰

5)红花檵木(*Lorpetalum chindense* var. *rubrum*)

**别名**:红桎木、红檵花

**科属**:金缕梅科檵木属

**形态特征**:为檵木的变种。常绿灌木或小乔木。树皮暗灰或浅灰褐色,多分枝。嫩枝红褐色,密被星状毛。叶革质互生,卵圆形或椭圆形,长 2~5 cm,先端短尖,基部圆而偏斜,不对称,两面均有星状毛,全缘,暗红色。4—5月开花,花期长,约30~40 d,秋季能再次开花。花3~8朵簇生在总梗上,呈顶生头状花序,花色为紫红,见图16-12。

**产地**:中国。

**生态习性**:喜温暖,耐寒,耐半荫;要求排水良好、湿润肥沃的微酸性土壤,耐干旱瘠薄。

图 16-12 红花檵木

**繁殖**:以扦插繁殖为主,亦可采用播种、嫁接、压条繁殖。扦插繁殖:嫩枝扦插于 5~8 月,采用当年生半木质化枝条,剪成 7~10 cm 长带踵的插穗,插入土中 1/3;插后搭棚遮荫,适时喷水,保持土壤湿润 30~40 d 即可生根。播种繁殖:一般在 10 月采收种子,11 月冬播或将种子密封干藏至翌春播种,种子用沙子擦破种皮后条播于半沙土苗床,播后 25 d 左右发芽,发芽率较低。一年生苗高可达 6~20 cm,抽发 3~6 个枝,2 a 后可出圃定植。嫁接繁殖:主要采用切接和芽接。嫁接于 2—10 月均可进行,切接以春季发芽前进行为好,芽接则宜在 9—10 月。以白檵木中、小型植株为砧木进行多头嫁接,加强水肥和修剪管理,1 a 内可以出圃。压条繁殖:可在 5 月中旬进行高空压条。

**栽培管理**:红檵木移栽前,施用以有机肥为主的基肥,结合撒施或穴施复合肥,注意充分拌匀,以免伤根。生长季节用中性叶面肥 800~1000 倍稀释液进行叶面追肥,每月喷 2~3 次,以促进新梢生长。南方梅雨季节,应注意保持排水良好,高温干旱季节,应早、晚各浇水 1 次,中午结合喷水降温。秋、冬季及早春注意喷水,保持叶面清洁、湿润。红檵木具有萌发力强、耐修剪的特点,在早春、初秋等生长季节进行轻、中度修剪,这一方法可以促发新枝、新叶,使树姿更美观,延长叶片红色期,并可促控花期。生长季节中,摘去部分成熟叶片及枝梢,经过正常管理 10 d 左右即可再抽出嫩梢,长出鲜红的新叶。

**园林用途**:红花檵木枝繁叶茂,姿态优美,耐修剪,耐蟠扎,可用于绿篱,也可用于制作树桩盆景,花开时节,满树红花,极为壮观,可孤植、丛植、群植。

**同属其他植物**:檵木(*L. chinense*)、大果檵木(*L. lanceum*)。

6)假连翘(*Duranta repens*)

**别名**:番仔刺、篱笆树、洋刺、花墙刺、桐青、白解

**科属**:马鞭草科假连翘属

**图 16-13　假连翘**

**形态特征**:常绿灌木,植株高 1.5～3 m。枝条常下垂,有刺或无刺,嫩枝有毛。叶对生,稀为轮生;叶柄长约 1 cm,有柔毛;叶片纸质,卵状椭圆形、倒卵形或卵状披针形,长 2～6.5 cm,宽 1.5～3.5 cm,基部楔形,叶缘中部以上有锯齿,先端短尖或钝,有柔毛。总状花序顶生或腋生,常排成圆锥状;花冠蓝色或淡蓝紫色,长约 8 mm,核果球形,直径约 5 mm,熟时红黄色,有光泽。花、果期 5—10 月。假连翘见图 16-13。

**产地**:原产热带美洲。

**生态习性**:喜温暖湿润气候,抗寒力较低,遇 5～6 ℃长期低温或短期霜冻,植株受寒害。喜光,亦耐半荫。对土壤的适应性较强,砂质土、黏重土、酸性土或钙质土均宜。较喜肥,贫瘠地生长不良。耐水湿,不耐干旱。

**繁殖**:以播种育苗为主,也可扦插繁殖。种子一年四季均可采集,种子无休眠期,宜随采随播,发芽时气温应在 20 ℃以上,一般播后 10 d 左右可发芽,发芽率约 50%。实生苗一般应培育二年方可上盆或出圃。扦插于春末夏初进行,选用 1～2 a 生嫩枝,截成每 15 cm 长一段,插入湿沙床内,约经 1 个月可发根,1 个半月左右可入圃培育,翌年或第三年可出圃。用于曲枝造型的,宜在幼苗第二年生时,即开始进行。

**栽培管理**:生长期要求水分充足,自春季至秋季每 10～15 d 追施 1 次液肥,干旱季节要注意浇水,保持空气湿度。花后应适当修剪,以利于重新发枝,再次开花。

**园林用途**:果悬挂梢头,橘红色或金黄色,有光泽,如串串金粒,经久不脱落,极为艳丽,为重要观果植物。适于作绿篱、绿墙、花廊,或攀附于花架上,或悬垂于石壁、砌墙上,均很美丽。枝条柔软,耐修剪,可卷曲为多种形态,作盆景栽植,或修剪培育作桩景,效果尤佳。

**同属其他植物**:白花假连翘(var. *alba*)、花叶假连翘(var. *variegata*)、金叶假连翘(*Duranta repens* cv.'Variegata')。

7)金森女贞(*Ligustrum japonicum* 'Howardii')

**别名**:哈娃蒂女贞

**科属**:木犀科女贞属

**形态特征**:叶革质,厚实,有肉感;春季新叶鲜黄色,至冬季转为金黄色,部分新叶沿中脉两侧或一侧局部有云翳状浅绿色斑块,色彩明快悦目;节间短,枝叶稠密。花白色,果实呈紫色。金森女贞见图 16-14。

**产地**:日本关东以西,中国台湾。

**生态习性**:耐热性强,能耐 35 ℃以上高温;耐寒性强,可耐 −9.7 ℃低温。金叶期长:春、秋、冬

三季金叶占主导。只有夏季持续高温时会出现部分叶片转绿的现象。冬季植株下部老叶片有部分转绿现象,但温度越低,新叶的金黄色越明艳。喜微酸性土壤。

**图 16-14 金森女贞**

**繁殖**:扦插繁殖,插穗最好选取约 8~10 cm 长、具有 3~4 片叶的健壮枝,扦插深度以 1.5~2.0 cm 为宜。

**栽培管理**:金森女贞苗高度在 25~30 cm 之间,主枝有三分叉的小苗。每平方米种植 25~36 株即可形成不错的景观效果。种植后加强水分管理,有喷灌设施的条件下,种植后 7~10 d 内,每天 9:00—17:00 隔 2~3 h 喷水 1 次,喷水时间 5~10 min。夏季生长速度快,只要能保证种植后 7~10 d 保持正常的湿度,便能保证生长势,7~10 d 后可每天喷水 1~2 次,喷水时间 10~15 min,一般在种植后 1 个月左右,可以去遮荫网,保证光照,促进小苗快速生长,防止徒长和叶片因光照不足造成畸形等情况的发生。金森女贞萌芽能力强,苗长到 10 cm 以上,便要对单杆苗进行打顶,打顶高度控制在 8~10 cm 左右,对有 2 个及以上分支的苗,可以适当轻度打顶,高度控制在 10~15 cm,以促进萌发更多分支。由于苗的长势不可能保持较高的一致性,可每隔几天来回进行打顶几次,到大部分苗经过 1~2 次打顶时结束。

**园林用途**:金森女贞长势强健,萌发力强;底部枝条与内部枝条不易凋落;叶片宽大,叶片质感良好,株形紧凑,是非常好的自然式绿篱材料;金森女贞耐半荫,且在光照不足处仍具有相当数量的金黄色叶,既可作界定空间、遮挡视线的园林外围绿篱,也可植于墙边、林缘等半荫处,遮挡建筑基础,丰富林缘景观的层次。金森女贞叶片的色彩属于明度较高的金黄色,与红叶石楠搭配,便可以营造出相当出人意料的效果。被业界誉为"红叶石楠的黄金搭档"。

**同属其他植物**:金叶女贞(*L. Vicaryi*)、小叶女贞(*L. quihoui*)、金边女贞(*L. ovalifolium* var. *aureo-marginatum*)、红叶女贞(*L. quihoui* Carr. f. *atropurea*)。

其他地被植物见表 16-3。

**表 16-3 其他地被植物**

| 植物名称 | 学名 | 科属 | 形态特征 | 繁殖 | 园林用途 | 同属其他植物 |
|---|---|---|---|---|---|---|
| 酢浆草 | *Oxalis pes-caprae* | 酢浆草科酢浆草属 | 多年生草本。根茎细长,茎细弱,常褐色,多分枝,被柔毛。托叶明显;小叶 3 片,倒心形,花单生或数朵组成腋生伞形花序。花期 5—8 月,果期 6—9 月 | 分株、切茎 | 花坛、花境、疏林地及林缘大片种植 | 红花酢浆草(*O. corymbosa*)、一片心酢浆草(*O. simplex*)、铁十字酢浆草(*O. deppei* 'Iron Cross')、紫叶酢浆(*O. triangularis* cv. *purpurea*) |

续表

| 植物名称 | 学名 | 科属 | 形态特征 | 繁殖 | 园林用途 | 同属其他植物 |
|---|---|---|---|---|---|---|
| 美女樱 | *Verbena hybrida* | 马鞭草科马鞭草属 | 多年生草本,茎四棱、横展、匍匐状,低矮粗壮,丛生而铺覆地面,全株具灰色柔毛,穗状花序顶生,多数小花密集排列呈伞房状。4月至霜降前持续开花 | 播种、扦插 | 花坛、花境、花台、园林隙地、树坛 | 细裂叶美女樱(*V. tenera*) |
| 马蹄金 | *Dichondra repens* | 旋花科马蹄金属 | 多年生匍匐小草本,茎细长,被灰色短柔毛,节上生根。叶肾形至圆形,先端宽圆形或微缺,基部阔心形,叶面微被毛,背面被贴生短柔毛,花冠钟状,较短至稍长于萼,黄色 | 播种、分株 | 地被植物,暖地型宽叶草坪 | |
| 红尾铁苋 | *Acalypha pendula* | 大戟科铁苋菜属 | 多年生常绿蔓性小灌木。叶互生,卵圆形,先端渐尖,基部楔形,叶缘具锯齿,柔荑花序具毛,红色 | 扦插 | 花坛、吊盆、地被 | 红桑(*A. silkesiana*)、金边红桑(*A. wilkesiana* 'Marginata') |
| 雪花木 | *Breymia nivosa* | 大戟科黑面神属 | 株高0.5~1.2 m,叶互生,排成2列,小枝似羽状复叶。叶缘有白色或乳白色斑点,新叶色泽更加鲜亮。花小,极不明显 | 扦插、高压 | 绿篱、林缘、护坡地、路边 | 彩叶山漆茎(*B. nivosa* 'Rose-picta') |
| 翠芦莉 | *Ruellia brittoniana* | 爵床科芦莉草属 | 单叶对生,线状披针形。叶暗绿色,新叶及叶柄常呈紫红色。叶全缘或疏锯齿,花腋生,花冠漏斗状,具放射状条纹,细波浪状,多蓝紫色,少数粉色或白色。花期3—10月,开花不断 | 扦插、分株、播种 | 花境、花坛、基础栽植、地面覆盖 | 紫叶翠芦莉(*R. devosiana*)、大花翠芦莉(*R. elegans*)、粉花翠芦莉(*R. brittoniana* 'pink') |

续表

| 植物名称 | 学名 | 科属 | 形态特征 | 繁殖 | 园林用途 | 同属其他植物 |
|---|---|---|---|---|---|---|
| 冷水花 | *Pilea cadierei* | 荨麻科 冷水花属 | 多年生草本。茎肉质,无毛。叶对生,狭卵形或卵形,先端渐尖或长渐尖,基部圆形或宽楔形,边缘在基部之上有浅锯齿或浅牙齿。雌雄异株 | 扦插、分株 | 花境、花坛、地被 | 泡叶冷水花(*P. nummariifolia*)、皱叶冷水花(*P. mollis*)、银叶冷水花(*P. spruceana*)、 |
| 菲黄竹 | *Sasa auricoma* | 禾本科 赤竹属 | 混生竹。地被竹种,秆高 30~50 cm,径 2~3 mm。嫩叶纯黄色,具绿色条纹,老后叶片变为绿色 | 埋蔸移鞭法 | 地被、色块、盆栽 | 菲白竹(*Sasa fortunei*) |

# 本章思考题

1. 何为草坪?何为草坪草?

2. 简述草坪的分类方法。

3. 简述草坪草的分类方法。

4. 简述高质量草坪的建植条件。

5. 简述草坪的作用。

6. 简述草坪的建植方法。

7. 简述草坪的栽培管理方法。

8. 何为地被植物?简述地被植物的分类。

9. 简述地被植物的特点。

10. 简述地被植物的应用价值。

11. 简述地被植物的园林配置原则。

12. 简述地被植物的栽培管理方法。

# 参 考 文 献

[1]  北京林业大学园林系花卉教研组.花卉学[M].北京:中国林业出版社,1990.
[2]  王莲英.花卉学[M].2版.北京:中国林业出版社,2011.
[3]  姬君兆,黄玲燕.花卉栽培学讲义[M].北京:中国林业出版社,1985.
[4]  陈俊愉.中国农业百科全书·观赏园艺卷[M].北京:中国农业出版社,1996.
[5]  刘燕.园林花卉学[M].2版.北京:中国林业出版社,2009.
[6]  包满珠.花卉学[M].2版.北京:中国农业出版社,2003.
[7]  陈有民.园林树木学[M].北京:中国林业出版社,1990.
[8]  刘庆华.花卉栽培学[M].北京:中央广播电视大学出版社,2001.
[9]  南京林业学校.花卉学[M].北京:中国林业出版社,1993.
[10]  徐民生.仙人掌类花卉栽培[M].北京:中国林业出版社,1984.
[11]  胡绪岚.切花保鲜新技术[M].北京:中国农业出版社,1996.
[12]  高俊平.观赏植物采后生理技术[M].北京:中国农业大学出版社,2002.
[13]  王华芳.花卉无土栽培[M].北京:金盾出版社,1997.
[14]  郁明谏,李淑珍,郁明发,等.人工土绿化栽培技术[M].上海:上海科学技术文献出版社,1999.
[15]  周武忠.园林植物配置[M].北京:中国农业出版社,1999.
[16]  徐化成.景观生态学[M].北京:中国林业出版社,1999.
[17]  周维权.中国古典园林史[M].北京:清华大学出版社,1999.
[18]  俞孔坚.景观文化生态与感知[M].北京:科学出版社,1998.
[19]  中国大百科全书[M].北京:中国大百科全书出版社,1998.
[20]  余树勋.花园设计[M].天津:天津大学出版社,1998.
[21]  徐德嘉.古典园林植物景观配置[M].北京:中国环境科学出版社,1997.
[22]  唐学山,李雄,曹礼昆.园林设计[M].北京:中国林业出版社,1997.
[23]  胡长龙.园林规划设计[M].北京:中国农业出版社,1995.
[24]  宗白华.中国园林艺术概观[M].南京:江苏人民出版社,1987.
[25]  余树勋.园林美与园林艺术[M].北京:科学出版社,1987.
[26]  彭一刚.中国古典园林分析[M].北京:中国建筑工业出版社,1986.
[27]  童宪.造园史纲[M].北京:中国建筑工业出版社,1983.
[28]  戴碧湘.艺术[M].北京:文化艺术出版社,1983.
[29]  谢凝.高山水审美——人与自然的交响曲[M].北京:北京大学出版社,1990.
[30]  刘敦桢.苏州古典园林[M].北京:中国建筑出版社,1984.
[31]  陈从周.说园[M].上海:同济大学出版社,1984.
[32]  冯钟平.中国园林建筑[M].北京:清华大学出版社,1988.

[33] 孟兆桢.避暑山庄园林艺术[M].北京:紫禁城出版社,1985.

[34] 陈俊愉,程绪珂.中国花经[M].上海:上海文化出版社,1990.

[35] 郭维明,毛龙生.观赏园艺概论[M].北京:中国农业出版社,2001.

[36] 北京林业大学园林花卉教研室.花卉识别与栽培图册[M].合肥:安徽科学技术出版社,1995.

[37] 康亮.园林花卉学[M].北京:中国建筑工业出版社,2008.

[38] 车代弟.园林花卉学[M].北京:中国建筑工业出版社,2009.

[39] 卢思聪.中国兰与洋兰[M].北京:金盾出版社,1994.

[40] 邓中福.养兰一步入门[M].福州:福建科学技术出版社,2007.

[41] 中国科学院中国植物志编辑委员会.中国植物志[M].北京:科学出版社,2010.

[42] 林侨生.观叶植物原色图谱[M].北京:中国农业出版社,2002.

[43] 鲁涤非.花卉学[M].北京:中国农业出版社,2000.

[44] 黄秋生.国外水生花卉的发展状况[J].中国花卉园艺,2003(5):33.

[45] 刘艳,李冬玲,任全进,等.几种新优水生花卉的观赏和利用[J].中国野生植物资源,2004,23(3):26-27.

[46] 李尚志,钱萍,秦桂英,等.现代水生花卉[M].广州:广东科技出版社,2003.

[47] 李尚志,杨常安,管秀兰,等.水生植物与水体造景[M].上海:科学技术出版社,2007.

[48] 李尚志.水生植物造景艺术[M].北京:中国林业出版社,2000.

[49] 汪舟明,崔娜欣.梭鱼草与再力花[J].花木盆景,2006(4):15.

[50] 王庆祥.水族造景与水草鉴赏[M].上海:科学技术出版社,2005.

[51] 王意成,刘树珍,王泳.水生花卉养护与应用[M].南京:江苏科学技术出版社,2005.

[52] 温放.水景园中的珍宝——花菖蒲(1—5)[J].中国花卉园艺,2005(8):4-8.

[53] 喻勋林,曹铁如.水生观赏植物[M].北京:中国建筑工业出版社,2005.

[54] 赵家荣,秦八一.水生观赏植物[M].北京:化学工业出版社,2003.

[55] 中国科学院植物研究所.中国高等植物图鉴(第一至四册)[M].北京:科学出版社,2001.

[56] 中国数字植物标本馆 http://www.cvh.org.cn/.

[57] 中国植物图像库 http://www.plantphoto.cn/.

[58] 朱家枏.拉汉英种子植物名称[M].2版.北京:科学出版社,2006.

[59] 施振周.园林花木栽培新技术[M].北京:中国农业出版社,1999.

[60] 谢维荪.仙人掌类与多肉花卉[M].上海:上海科学技术出版社,1999.

[61] 周秀梅,李保印,关文灵,等.园林树木学[M].北京:水利水电出版社,2013.

[62] 申晓辉,李保印,曹基武.园林树木学[M].重庆:重庆大学出版社,2012.

[63] 刘与明,黄全能.园林植物1000种[M].福州:福建科学技术出版社,2011.